高等学校人工智能通识教育系列教材

U0736830

计算思维
与人工智能
（第5版）

郝兴伟　编著

中国教育出版传媒集团

高等教育出版社·北京

内容简介

　　本书定位计算机与人工智能通识教育，教学目标为培养学生计算思维和人工智能应用能力，为各学科与计算技术及人工智能的交叉融合提供计算机学科及人工智能基础知识。以"领域问题+计算"的计算思维培养模式为主线，全面讲解问题求解的传统算法和人工智能思想。从技术和应用的视角对计算机技术、人工智能技术、应用与科技伦理进行了深入浅出的讲解。

　　全书共分为8章，分别是：第1章绪论，介绍知识、学习、认知、思维和逻辑等跨学科范畴的通识性知识，阐明计算在科学研究和知识创新中的重要性。第2章计算与计算机，讲解现代电子计算机的发明，数据进制、字符编码，计算机硬件组成，计算机操作系统，计算机网络及物联网。第3章问题求解与算法，从方法论的视角介绍问题及问题求解策略与基本过程，讲解计算机问题求解的基本过程，算法及复杂性，以及传统的问题求解算法。第4章数据与数据结构，讲解数据结构的概念，数据结构在软件编程中的重要性，讲解线性表、树和图结构的逻辑结构、物理存储结构及常用操作算法。第5章计算机程序，讲解计算机程序的概念，编程思想，以及软件开发的基本过程。以 Python 语言为例，讲解程序设计语言的基本构成及面向对象技术。第6章人工智能，从技术的视角全面介绍人工智能的核心技术，包括人工智能的产生与发展，神经网络，机器学习，深度学习，生成式人工智能等。第7章人工智能应用，从应用的视角讲解自然语言处理、语音技术、计算机视觉、生成式人工智能。第8章社会发展与科技伦理，讲解信息安全、数据隐私和科技论理问题。

　　本书可作为高等学校非计算机类专业学生的计算机基础和人工智能通识教育教材。

图书在版编目（CIP）数据

　　计算思维与人工智能／郝兴伟编著 . -- 5 版 . 北京 ：高等教育出版社，2025.7. --（高等学校人工智能通识教育系列教材）. -- ISBN 978-7-04-065079-2

　　Ⅰ. O241；TP18

　　中国国家版本馆 CIP 数据核字第 20250RR290 号

Jisuan Siwei yu Rengong Zhineng

策划编辑	王　康	责任编辑	王　康	封面设计	张　志	版式设计	徐艳妮
责任绘图	裴一丹	责任校对	刁丽丽	责任印制	存　怡		

出版发行	高等教育出版社	网　　址	http://www.hep.edu.cn
社　　址	北京市西城区德外大街 4 号		http://www.hep.com.cn
邮政编码	100120	网上订购	http://www.hepmall.com.cn
印　　刷	北京瑞禾彩色印刷有限公司		http://www.hepmall.com
开　　本	787 mm×1092 mm　1/16		http://www.hepmall.cn
印　　张	27	版　　次	2004 年 7 月第 1 版
字　　数	600 千字		2025 年 7 月第 5 版
购书热线	010-58581118	印　　次	2025 年 7 月第 1 次印刷
咨询电话	400-810-0598	定　　价	55.00 元

物 料 号　65079-00

计算思维
与人工智能
（第5版）

郝兴伟　编著

1　计算机访问 https://abooks.hep.com.cn/1273761 或手机微信扫描下方二维码进入新形态教材网。

2　注册并登录后，计算机端进入"个人中心"，点击"绑定防伪码"，输入图书封底防伪码（20位密码，刮开涂层可见），完成课程绑定；或手机端点击"扫码"按钮，使用"扫码绑图书"功能，完成课程绑定。

3　在"个人中心"→"我的学习"或"我的图书"中选择本书，开始学习。

计算思维与人工智能（第5版）

郝兴伟　编著

出版单位　高等教育出版社

开始学习　收藏

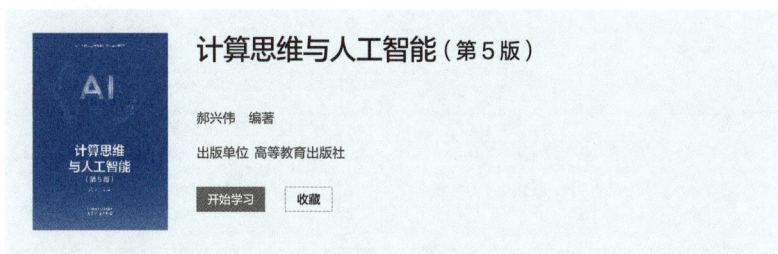

　　受硬件限制，部分内容可能无法在手机端显示，请按照提示通过计算机访问学习。

　　如有使用问题，请直接在页面点击答疑图标进行咨询。

第 5 版前言

当前，人工智能技术正以前所未有的态势席卷全球。如果说 2016 年 AlphaGo 的横空出世点燃了公众对人工智能的极大关注，那么如今 ChatGPT 和 DeepSeek 等技术的涌现，则实实在在地为人们的生活带来了便利和深远的影响。历经 70 余年的技术积淀与突破，今天在数据、算法和算力三大核心要素的共同驱动下，生成式人工智能崛起，人工智能在社会经济生活中展现出强大的力量，已经成为第四次科技革命和产业变革的核心驱动力，是推动社会数字化、智能化转型的重要力量，是发展新质生产力的核心要素。

随着生成式人工智能的崛起，人工智能的广泛应用已经成为社会经济生活中的一种重要变革力量，在生产力跃升、激发创新活力、重塑生产模式与思维方式等方面发挥着关键作用。在这样的时代背景下，社会迫切需要大量掌握人工智能等新一代信息技术的复合型、创新型和应用型人才。为适应社会发展对人工智能人才的需要，从 2024 年春季开始，全国各高校掀起了全面开展人工智能教育的高潮。这是"四新"建设的延续和深化，是各专业适应社会需求、深度融合信息技术的新发展方向和路径。

人工智能教育是时代的需要，无论是理工农医，还是人文社科，在所有专业的人才培养方案中，人工智能已经成为各个专业人才培养方案必不可少的内容。人工智能作为计算学科的一个重要研究领域，需要具备一定的计算机基础知识和数学知识，人工智能的学习必须建立在一定的计算机系统知识基础之上。因此，从教学设计出发，如果单独开设人工智能课程并不适合非计算机专业的学生，这样学生将缺少对计算学科的基本认识，不利于学科交叉融合。人工智能本身是计算思维的高阶层次，因此可以将传统的计算机基础和人工智能融合，计算思维与人工智能的内容体系是开展计算机通识教育良好的教学方案。

2023 年，作者完成了《大学计算机——计算思维的视角》（第 4 版）教材的编写，增加了人工智能的内容。经历两年的教学实践，发现人工智能的内容偏少，已经跟不上技术的发展。在"领域问题+计算"计算思维培养模式上，支撑"计算模型"的内容过少。恰逢新一轮人工智能教育改革，利用近两年的时间，不断研究，学习借鉴了其他高校在人工智能方面的教学经验，确定在计算思维课程中丰富"计算模型"的内容，并从技术视角和应用视角两个方面讲解人工智能，从而让学生能够更好地理解和应用人工智能技术。

本次改版，知识结构和知识体系设计依然遵循"领域问题+计算"计算思维培养模式，该模式遵循了领域问题求解的基本思想，是马克思主义方法论的具体实现，也反映了数字化的重要时代特征，在十余年的教学实践中得到了充分的锤炼和肯定。本次改版，对计算机系统内容进行了较大的删减，计算机程序采用 Python 语言进行编程，增加了人工智能技术、应用和科技伦理的内容，从而更好地反映技术进展和前沿以及社会需求。

本书各章内容介绍如下。

第1章 绪论。介绍知识、逻辑、思维、认知、学习、素质等跨学科范畴的通识性知识，阐明计算在科学研究和知识创新中的重要性，讲解计算技术在现代问题求解中的重要性，介绍计算思维的概念及主要方法。

第2章 计算与计算机。从人类的记数讲起，简要介绍计算工具的演化过程。讲解数据与二进制、字符及其编码、材料与存储、电子计算机的基本组成及工作原理、计算机操作系统的组成及功能，以及计算机网络和物联网技术。

第3章 问题求解与算法。从心理学、方法论的视角介绍人类问题求解的基本思想和一般过程，给出了一个普适的计算机问题求解模型。讲解算法及复杂性问题，总结并介绍问题求解的主要方法，并给出相应的典型例子。较详细地讲解复杂问题求解中的两类常见基元问题，即查找和排序算法，并对算法的复杂性进行分析。

第4章 数据与数据结构。阐明数据与数据结构的概念，以及其在计算机软件系统中的意义及重要性。对三种主要的数据结构，线性表、树和图进行较详细的讲解，包括它们的逻辑结构、物理存储结构及常用操作算法。最后还讲解数据结构在路径问题、工程施工和拓扑排序中的应用，展示数据结构在问题求解中的强大功能。

第5章 计算机程序。计算机强大的功能都是通过计算机程序实现的。讲解计算机程序的概念，编程思想，程序分类和程序开发方法。讲解计算机程序设计语言的概念、分类和发展。以 Python 语言为例，讲解程序设计语言的基本构成，以及过程式和面向对象编程技术。

第6章 人工智能。从技术的视角全面介绍人工智能的核心技术，包括人工智能的产生与发展、神经网络、机器学习、深度学习、生成式人工智能等。

第7章 人工智能应用。从应用的视角讲解自然语言处理、语音技术、计算机视觉、生成式人工智能，并给出相应的程序实现实例。

第8章 社会发展与科技伦理。讲解信息安全问题、数字加密技术，数据隐私问题以及科技论理问题。

本书有以下三个方面的特点。

(1) 在写作理念上，面向信息社会计算机通识教育需求，以培养学生计算思维的意识和能力、激发学生学习兴趣为出发点，目的是提高学生科学修养和信息素养，培养学生利用计算技术分析问题、解决问题的能力。从而更好地推动学科交叉融合，更好地培养适应新时代社会发展需求的各学科复合型、创新型人才。

(2) 在内容组织上，以"领域问题+计算"计算思维培养模式为主线，整个课程内容按照领域问题，形式化与建模，数据设计和算法设计，软件系统开发等几个阶段层层展开，将计算思维培养无形地融入各个章节中。同时，对于涉及的科学人物，将其科学贡献进行简单注解，从而激发学生崇尚科学的精神，潜移默化地培养学生的道德品性和价值观。

（3）在写作过程中进行了多次的修订，为保证内容的前后一致和写作理念的贯彻，作者始终坚持独立完成，而不是多人简单分工写作。在教学实践中，不断积累和吸收他人好的研究成果及精彩内容，以充实本书，力求精益求精。

本次改版是在社会数字化、智能化快速推进，高校大力开展人工智能教育和人才培养突出学科交叉融合的时代背景下完成的。十多年间，作者主动发起或积极参与了大量的与数字化、智能化、人才培养等相关的学术研究、教学研究、系统研发、社会服务等，对社会需求和人才培养都深有感受，这些经验体会也都反映在了本次的内容修订中。

在本次改版的酝酿、策划、目录设计过程中，得到了山东大学本科生院、软件学院、计算机学院等单位领导和老师们的帮助，他们参与了本书目录的研讨，并给出了许多良好建议。感谢阿里云郝天博的大力支持，他对人工智能在工业领域的应用有着深刻的认识和研究，对教材内容提出了良好的建议并参与了部分代码的设计，在此向他们表示衷心的谢意。

我们的初衷是不断优化教材内容，促进各学科与信息技术的交叉融合，以更好地培养适应数字化、智能化时代社会发展需求的高素质人才，然而，由于作者水平所限，对有些知识的研究、认识和理解还不够深入，甚至有偏差，这势必会影响内容的讲解质量，恳请各位老师和同学不吝批评指正。联系方式：hxw@ sdu. edu. cn。

郝兴伟
2025 年春于济南山东大学

目录

第 1 章

绪论

【本章导读】

进入 21 世纪，随着物联网、大数据、云计算、人工智能等新一代信息技术的快速发展，第四次科技革命和产业变革已经到来，人类社会正在进入数字化和智能化时代。新技术推动了整个社会的数字化转型和产业升级，不仅带来了社会生产力和生产关系的变革，而且推动着人类文明和人类思维的变化。在当今社会，各个学科与计算的交叉、融合越来越深入，曾经界限分明的学科壁垒被打破，科学技术逐渐成为和文学修养、艺术修养一样的一种科学修养，成为信息社会中每个人都应具备的基本素质和能力。

本章将从宏观上介绍信息社会的发展及主要特征，信息社会中人的能力需求与信息素养。从传统的推动人类进步的自然科学特征出发，介绍计算机技术在科学技术中的地位和作用。从人类思维的角度出发，介绍人类思维的基本形态及特征。介绍计算机技术在问题求解中的基本思想和方法，对计算思维的概念、表现和方法学进行介绍，并给出自己的研究和观点。分析计算思维在学科交叉、知识创新、问题求解及人们日常工作和生活中的作用。给出了一个简略的计算机学科知识图谱，从而为本课程知识结构设计的理解和后续章节内容的学习给出一个指引。

【知识要点】

第 1.1 节：农业革命，工业革命，信息社会，数据，信息，信息化，信息技术，信息产业，信息社会的特征，能力素质，信息素养，信息意识，知识社会。

第 1.2 节：知识，知识分类，科学，科学研究，思维，形象思维，逻辑思维，灵感（顿悟），概念，判断，命题，推理，归纳推理，演绎推理，三段论，假言推理，选言推理。

第 1.3 节：计算数学，计算机科学，计算机科学知识图谱，计算科学，计算思维，抽象，分解，简约，递归，算法，程序，模拟，仿真，计算机应用系统，网络。

第 1.4 节：物联网，学科融合，交叉学科，计算物理，计算化学，计算生物学，社会计算。

第 1.5 节：图灵奖，诺贝尔奖，微积分，经典力学，原子论，电磁学，量子力学，相对论，理论创新，应用创新。

▶▶ **1.1　信息社会与信息素养**

在社会学中，关于人类社会的发展阶段有不同的划分方法。根据生产力发展水平，人类社会的发展可分成以下几个阶段，即古代社会、农业社会、工业社会和信息社会。古代社会通常是从人类出现的原始社会（约公元前 200 万年—公元前 1 万年）算起，到农业社会之前的这段漫长的人类社会发展时期。关于人类起源，千百年来，不论是人类学家、考古学家、历史学家还是生物学家、化学家，甚至神学家、哲学家，都曾对人类起源做过各种角度的研究，时间各不相同。在古代社会，生产力低下，人类为了能够生存，过着狩猎捕鱼采摘野果的原始生活。农业社会大约始于公元前 1 万年至公元前 3000 年之间，人类从依赖狩猎采摘的生活方式转向依赖农业和畜牧业的生活方式，这一时期被称为农业革命，其特点是以农牧业为主的开垦荒地、种植谷物的农业经济和部分地区的游牧业经济。在这一时期，人类社会基本上以封建专制的形式组织，形成了农业国家。

直到进入 18 世纪中叶，在欧洲开始了一轮产业革命，又称工业革命①，它是一场以机器取代人力，以大规模工厂化生产取代个体作坊手工生产的生产与科技革命。在这一时期，逐渐出现了现代纺织、轻工、钢铁、汽车、化工和建筑等产业，劳动分工专业化和城市化不断发展，产生了教育、医疗、保险、服务等现代社会机构与制度，人类社会迈入了工业社会。

随着工业革命的推进，以英国为代表的西欧国家和美国先后实现了工业化，生产力水平得到了极大提高。同时这也导致了各资本主义国家之间经济、政治发展的不平衡，帝国主义国家之间争夺殖民地和世界霸权的斗争日趋激烈，从而引发了第一次世界大战②和第二次世界大战③。在第二次世界大战中，军方迫切需要快速的计算工具，1946 年，电子计

---

① 工业革命（the industrial revolution）开始于 18 世纪 60 年代，通常认为它发源于英格兰中部地区，是资本主义工业化的早期历程，即资本主义生产完成了从工厂手工业向机器大工业过渡的阶段。工业革命是以机器取代人力，以大规模工厂化生产取代个体工厂手工生产的一场生产与科技革命，一般将这一时期称为第一次工业革命（18 世纪 60 年代—19 世纪 40 年代），又称蒸汽时代。1870 年前后，科学技术快速发展，新的发明不断出现，特别是电力和电器的发明和广泛应用，传统的以蒸汽动力为代表的工业生产被电力设备所改造，人类社会进入电气时代，这一时期称为第二次工业革命（19 世纪 60 年代—20 世纪 40 年代）。

② 第一次世界大战（1914 年 7 月—1918 年 11 月），是帝国主义国家两大集团——同盟国与协约国之间为重新瓜分世界，争夺势力范围和霸权进行的世界规模的战争。其结果是以德国为首的同盟国集团战败，英、法削弱，美、日地位上升，世界战略格局发生重大改变。这次大战促进了俄国十月社会主义革命的成功和世界上第一个社会主义国家——苏联的出现，同时促进了殖民地半殖民民族解放运动的空前高涨。

③ 第二次世界大战（1931 年 9 月—1945 年 9 月），也称世界反法西斯战争，以纳粹德国、意大利、日本三个法西斯轴心国及仆从国与反法西斯同盟和全世界反法西斯力量进行的第二次全球规模的战争。战争最后以世界反法西斯同盟战胜法西斯告终，深刻地改变了人类历史，在客观上推动了科学技术的发展，带动了航空技术、原子能、重炮等领域的发展与进步。

算机问世。在这一时期，原子能技术、航天技术等现代科技快速发展，史称第三次工业革命，从此人类社会进入后工业社会，又称信息社会。

1.1.1 计算机与信息社会

1946 年 2 月 14 日，人类历史上第一台电子计算机埃尼阿克（ENIAC）在美国宾夕法尼亚大学诞生。1947 年 12 月 16 日，美国贝尔实验室发明了晶体管，推动了以半导体技术、集成电路技术为代表的微电子技术的快速发展。人类社会开始进入一个不同于工业社会特征的一种新的社会。1963 年，日本学者梅棹忠夫在《朝日放送》上发表《信息产业论》，初次使用了"信息化"概念，形成了农业社会、工业社会和信息社会的人类演进过程观点。

关于信息社会，并没有一个标准的定义，几种比较典型的说法是：信息社会是指脱离工业化社会以后，信息将起主要作用的社会；是以电子信息技术为基础，信息成为重要的社会资源，信息产业和信息服务在国民经济中占据重要地位。在信息社会的表述中，信息社会又称为信息化社会。那么什么是信息，什么是信息化呢？从含义上讲，信息是一个抽象名词，而"信息化"则具有动名词的性质，它不仅描述信息本身，而且强调了一种信息的产生、表示和存储、传递、加工和利用的过程。如工业信息化、农业信息化、教育信息化等。信息社会是人类脱离工业化社会后，信息起主要作用的社会。

在农业社会和工业社会中，物质和能源是主要资源，所从事的是大规模的物质生产。而在信息社会中，信息成为比物质和能源更为重要的资源，以开发和利用信息资源为目的的信息经济活动迅速扩大，逐渐取代工业生产活动而成为国民经济活动的主要内容。以计算机、微电子和通信技术为主的信息技术革命是社会信息化的动力源泉。

在很多情况下，数据、信息和信号三个概念容易令人混淆和迷惑。这给问题的描述带来了麻烦，在这里我们对这三者的含义做一个简单的区分。数据（data）是用来承载或记录信息的按一定规则排列组合的符号，可以是字母、数字、文字、图形、图像等内容。信息（information）是加工后的数据，信息是数据所承载的含义，信息通过数据来表达，对接受者有价值。比如：文字本身可视为数据，而文字表达的含义则是信息。数据是信息的载体，对信息的接收始于对数据的接收，对信息的获取只能通过对数据背景的解读，即将数据转化为信息。信号（signal），则是通信系统中的概念，它属于物理层的概念，是指数据在媒体中的传播形式，如数字信号、模拟信号等。

在许多时候，信息社会也常被称为知识社会，但两个概念的侧重有所不同。信息社会的概念是建立在信息技术进步的基础之上，而知识社会的核心是知识和创新，它涵盖了更广泛的思想、文化和科技方面的内容，信息社会仅仅是实现知识社会的手段。在知识社会里，每个人都应具备必要的信息技术能力，从浩若烟海的信息海洋中获取知识。信息技术又推动着知识共享、知识创新的全球化，成为人类社会可持续发展的源泉。

1.1.2 信息社会的特征

1946 年，伴随着电子计算机的诞生，人类社会开始进入信息社会。信息社会是建立在信息技术基础之上的，随着信息技术的发展，信息社会的内涵也在不断丰富与拓展。在 20 世纪 60 年代，信息社会提出初期，主要指通信技术、微电子技术和计算机技术及其影响。在 20 世纪 80 年代，关于"信息社会"较为流行的说法是"3C"社会（通信化、计算机化和自动控制化）、"3A"社会（工厂自动化、办公室自动化、家庭自动化）。到了 20 世纪 90 年代，随着互联网技术的快速发展，关于信息社会的说法又加上了多媒体技术和计算机网络技术等新特征。不管技术如何发展，作为一种社会形态，我们可以从以下三个方面来描述信息社会的基本特征。

1. 经济领域的特征

从宏观层面讲，社会经济活动可划分为农业、工业和服务业三大产业。而进入信息社会后，信息技术的发展和应用推动传统产业结构发生重大变革，一种新型的产业形态，即信息产业形成并快速崛起。工业社会开始向信息社会转型。信息技术的发展催生了一大批新的就业形态和就业方式，劳动力人口开始大量向信息产业集中，信息劳动者数量快速增长。传统的雇佣方式受到挑战，全日制工作方式朝着居家、远程办公等弹性工作方式转变。

在信息社会，信息、知识成为重要的生产力要素，和物质、能源一起构成社会赖以生存的三大资源。信息技术革命催生了一大批新兴产业，信息产业迅速发展壮大，信息行业产值在全社会总产值中的比重迅速攀升，并成为社会的支柱产业。传统产业普遍开展技术改造，工业社会所形成的各种生产设备被信息技术所改造，成为一种智能化设备，劳动效率不断提高，生产成本不断降低，企业组织结构得以优化和重构。

2. 工作生活方面的特征

在信息社会中，数字化的生产工具在生产和服务领域广泛普及与应用。互联网成为重要的通信媒介，有线网络和无线网络遍布社会各个角落，固定电话、移动电话、电视、计算机等各种信息化终端设备随处可见，物联网已逐步形成。各种电子设备和家庭电子类消费产品都具有上网能力，人们可随时随地均可获取信息，开展远程办公以及进行线上交易等。

信息技术的发展也推动着人们生活、消费和娱乐方式的不断变化，借助于网络和智能手机等终端设备，人们的日常生活，从出行、购物、餐饮、社会交往到看病就医，都在发生重大改变，越来越多活动构建于在信息化基础之上，传统模式被颠覆，个人可自由支配的时间增多，活动空间大幅扩展。同时，数字化和智能化技术的应用在带来便利的同时，也引发了个人隐私泄露等潜在风险，网络诈骗、电信诈骗、黑客攻击等成为新的社会问题。

3. 社会价值观念上的特征

在信息社会中，信息技术在社会生产、市场经营、科研教育、医疗保健、社会服务、休闲娱乐以及家庭生活等方面得到广泛应用。信息社会对人们的世界观、人生观、价值观以及伦理道德等产生影响和变革。在信息社会，尊重知识的价值观成为社会风尚，人们具有更积极地创造未来的意识倾向，价值取向、行为方式都在默默地发生变化。

▶ 1.1.3 个人素质与信息素养

不同的社会发展阶段和生产力发展水平，对劳动者有不同的能力需求，要求劳动者应具有不同的能力素质，能力素质简称素质。所谓"素质"，是指决定一个人行为习惯和思维方式的内在特质，广义上讲，还可包括知识和技能。素质是一个人能做什么（知识、技能）、想做什么（角色定位、自我认知）和怎么做（价值观、品质、动机）的内在特质组合。

能力素质模型广泛运用于人力资源管理的各项业务中，如员工招聘、员工发展、工作调配、绩效评估以及员工晋升等。能力素质模型包含：知识、技能和素质三个大的类别。不同企业由于所从事的行业、特定的发展时期、业务重点、经营战略等的差异，对人才素质的要求也不相同。在同一个单位，不同职务、不同岗位对人才素质的要求也不同。

1. 21 世纪的能力结构

美国 21 世纪劳动委员会，美国教育技术 CEO 论坛，美国"21 世纪素质能力伙伴组织"等，都对信息社会人的能力素质进行了研究，认为在当今信息社会，每一个就业者应具备如下几个方面的能力素质。

（1）基本学习技能，熟练地进行听、说、读、写、算的能力，是信息社会对人的基本要求，只有具备这样的能力，才能在世界范围内进行科学、文化的沟通与交流。

（2）终身学习能力，除了具备有效的听、说、读、写、算等基本学习技能外，还应具有继续学习和终身学习的能力。

（3）信息素养，熟练掌握与运用信息技术，能够有效地对信息进行获取、分析、加工、利用、评价以及问题求解、信息创造和发布。

（4）创新思维能力，具有发散思维、批判思维、联想以及抽象概括与逻辑推理等方面的创新型思维能力。

（5）人际交往与合作能力，人际交往是彼此传播信息、沟通知识和经验、交流思想和情感的过程。良好的人际关系是获得信息的重要途径，是保证身心健康、事业成功的重要因素。合作能力则表现为团队意识、适应能力、领导能力和服务精神。

2. 信息素养

所谓信息素养（information literacy），是指人们利用网络、各种软件工具来确定、查找、评估、组织和有效地生产、使用和交流信息，解决实际问题或进行信息创造的能力。基本的信息素养已经成为学生毕业后适应信息社会的基本条件，以适应日常生活、学习和工作环境的要求，它是更好地参与社会组织和其他与人交往的活动所需要的基本技能。

可以从以下四个方面来理解信息素养。

（1）信息意识

所谓信息意识，就是指人的信息敏感程度，是人们在生产和生活中自觉和自发地识别、获取和使用信息的一种心理状态。个体获取和利用信息的能力与信息意识有密切的关系，一个获取和利用信息能力强的人必然是一个拥有高度信息意识的人。

（2）信息知识

所谓信息知识就是指人们为了获取信息和利用信息而应该掌握和具有的与信息技术相

关的知识，它代表了计算机科学相关的学科基本概念、知识和技能。掌握其中的主要概念和基础知识，可以为学习信息技术、使用信息技术和终身学习提供知识和能力上的储备。

（3）信息能力

信息能力是指利用信息技术来解决相关领域实际问题或进行信息创造的能力，可以分成两个方面：一是掌握计算机操作系统及相关常用工具软件的使用能力，包括操作系统本身、常用办公软件、简单的多媒体制作工具、简单的编程环境和工具，特别是一些常用的软件工具包，同时具备利用计算机解决相关领域问题的能力；二是运用互联网等现代信息基础设施的能力，了解网络基本知识，熟悉互联网的使用，能够利用互联网进行信息获取、分析、评价、加工、利用和创新，以及利用互联网进行信息制作、组织、发布和传播的能力。

（4）信息道德

信息素养不仅仅是信息技术，它还应该包括信息伦理道德、法律、文化等许多社会人文因素。加强互联网法律和道德意识，自觉抵制不健康的内容，不组织和参与非法活动，不利用计算机网络从事危害他人信息系统和网络安全、侵犯他人合法权益的活动等，做有知识、有责任感、有贡献的信息的消费者和创造者。

进入 21 世纪，第四次科技革命①和产业变革已经到来。特别是近年来，以物联网、大数据、云计算、人工智能、区块链等为代表的新一代信息技术的快速发展，社会正在迎来新一轮数字化转型和产业升级，社会迫切需要掌握信息技术的复合型和创新型人才，具备良好的信息素养成为每一个就业者满足工作岗位胜任力的主要标志。

▶▶ 1.2 人类思维与逻辑学

在人类现代科技文明前夜的漫长岁月中，宗教统治着人类，科学是神学的婢女。人类对世界的认识，从传统的"地心说"②到哥白尼的"日心说"③，不仅是人们对世界认识的

---

① 第四次科技革命，通常被认为是进入 21 世纪后，人类为应对三次科技革命和工业化后所面临的全球能源与资源危机、全球生态与环境危机、全球气候变化危机（如：北冰洋冰盖融化）等多重挑战，由此引发的新一轮工业革命，又称绿色革命。它是信息社会发展的更高阶段，数字化和智能化成为第四次科技革命和产业变革的核心要素，成为社会发展的重要推动力，人类开始向智能社会迈进。

② 地心说，又称天动说，是古人认为地球是宇宙的中心，是静止不动的，其他的星球都环绕着地球而运行的一种学说。大约公元前 360 年，古希腊学者欧多克斯（Eudoxus of Cnidus，公元前 408—355 年）提出了一个以地球为中心的宇宙模型，这是地心说的早期形式之一，后经亚里士多德、托勒密进一步发展而逐渐建立和完善起来。数学家、天文学家托勒密认为，地球处于宇宙中心静止不动，从地球向外依次有月球、水星、金星、太阳、火星、木星和土星，它们在各自的轨道上绕地球运转。尽管他把地球当作宇宙中心是错误的，但地心说是世界上第一个行星体系模型，它对近代科学的发展做出了重要贡献。

③ 日心说，也称为地动说，是关于天体运动的和地心说相对立的学说，它认为太阳是宇宙的中心，而不是地球。日心说由波兰天文学家哥白尼（1473—1543 年）提出，有力地打破了长期以来居于宗教统治地位的"地心说"，改变了人类对自然对自身的看法，更正了人们的宇宙观。哥白尼是欧洲文艺复兴时期波兰天文学家、数学家、教会法博士、神父，经过几十年观察和计算，完成了他的伟大著作《天体运行论》，1543 年在他去世前不久出版，成为日心说（也称为"日心地动说"）正式提出的标志。

巨大进步，更是科学对宗教的胜利。人类需要在大自然中努力求生，一切的活动都包含着思考，思考使人类打破宗教与神学对人类思想的禁锢，使人类得以生存和发展。

在现代科学发轫之前，科学问题被当作哲学的一部分来研究，被称为自然哲学。术语"science"（科学，拉丁语为 scientia）原本只有"knowledge"（知识）的意思。然而，随着科学方法的广泛运用，自然哲学逐渐转变为了一种源于实验和数学的可靠方法体系，与哲学的其他领域分道扬镳。到了 18 世纪末，它开始被称为"科学"以示其与哲学的区别。

▶ 1.2.1 知识与科学研究

在人类社会的发展过程中，在生活、劳动和社会实践中，人们对客观事物产生认识，总结经验，形成知识。知识不是与生俱来的，人们还可以通过学习、研究、推理来创造知识。知识是哲学领域最为重要的一个概念，关于知识，没有一个严格的定义，一般说知识是人类对物质世界以及精神世界探索的结果总和。柏拉图对知识的定义是：一条陈述能称得上是知识必须满足三个条件——它一定是被验证过的，正确的，而且是被人们相信的。这也是科学与非科学的区分标准，对知识的研究称为认识论。

1. 知识、知识分类与学习

一个人的成长与能力，与他掌握知识、学习知识、运用知识的能力紧密相关。在哲学领域，对"什么是知识"这个问题激发了古今中外无数伟大思想家的兴趣，但从未形成一个统一而明确的定义，这并不影响我们对知识的学习和应用。在近代，除了哲学家，对知识概念感兴趣的还有教育学家、心理学家，他们抛开知识的哲学范畴，从学习的视角研究知识与认知方法，即知识的学习性特征。近年来，这一研究进入信息技术领域，机器学习（machine learning）成为人工智能（artificial intelligence）最基础的特征。

从一般意义上讲，知识可分为简单知识和复杂知识、具体知识和抽象知识、显性知识和隐性知识等。从教育心理学的视角，对知识有如下的不同分类。

传统教育心理学按照客体化知识本身的性质来划分，将知识分为：① 根据知识的层次划分，分为感性知识和理性知识，又称实践知识和理论知识；② 根据知识获取的途径划分，分为直接知识和间接知识；③ 根据知识的形式划分，分为概念、规则和高级规则等；④ 按照学科领域划分，分为数学知识、物理知识、生物知识等。

现代认知心理学根据人类学习的信息加工过程的实验研究结果，按照知识获取的心理加工过程的性质与特点，将知识分为两类，即陈述性知识、程序性知识。① 陈述性知识是描述客观事物的特点及关系的知识，也称为描述性知识。陈述性知识主要包括三种不同水平：符号表征、概念、命题。② 程序性知识是一套关于办事的操作步骤的知识，也称操作性知识。这类知识主要用来解决"做什么"和"如何做"的问题，用来进行操作和实践。

与哲学不同，教育心理学是从知识的来源、知识的产生过程、知识的客观形态、表征形式、知识的学习特性等角度对知识进行研究。从知识获取和学习的角度，当代教育心理学家根据知识学习过程的心理特点来考虑知识的类型，使知识的类型能反映出学习的不同心理过程。例如，根据学习的对象知识的特点，美国认知教育心理学家奥苏贝尔（David Pawl Ausubel，1918—2008年）将有意义的学习分为五类，即：表征学习、概念学习、命题学习、解决问题的学习、创造学习。

2. 知识体系与学科分类

随着人类语言和文字的出现，知识得以记录、传播和传承。进入现代社会后，科技进步推动了知识的爆炸式增长，科学知识浩若烟海，它们随着岁月而积累和沉淀，丰富和发展，形成反映自然、社会、思维等的客观规律的分科知识体系，即科学理论体系。按研究对象不同，科学通常分为自然科学和社会科学。

自然科学以整个自然界为研究对象，研究自然界中物质的类型、状态、属性及运动形式，揭示自然界发生的现象及本质，进而把握这些现象和过程的规律性，更好地利用和遵循自然界规律。自然科学包含的主要学科有数学、物理、化学、天文学、地球科学等基础学科，还包含生命科学、医学、材料科学、计算机科学等实用学科。社会科学是关于社会事物的本质及其规律的科学，是科学化的研究人类社会现象的科学。广义的社会科学是人文科学和社会科学的统称，包含哲学、社会学、艺术学、心理学、政治学、经济学、人类学等学科。

按照研究方法不同，科学又分为理论科学和实验科学两类。理论科学主要偏重理论总结和理性概括，强调普遍的理论认识。在研究方法上，以演绎法为主，不局限于描述经验事实，例如数学。实验科学则是以实验观察为主要研究方法的科学，例如物理、化学。

科学是美好的，从经验知识到科学理论，它为我们寻求问题解决方案提供了知识和方法。但是，不是所有问题都可以用科学方法加以解决，科学有其局限性。例如，道德、价值判断、社会取向、个人态度、人类情感等，这些问题很难用科学方法加以解决。同时，科学不等同于真理，它依然受到人们从自然现象中探寻本质能力的限制。原来被认为是"金科玉律"的科学知识，也可能在科学的发展中被修正，甚至被否定。例如，现在我们知道"地心说"是一种错误的结论，但是在当时，它是通过科学方法构建起来的，只是受限于人的观察和认识能力。在社会生产和生活中，我们还需要时时能够清除非科学、伪科学的干扰、迷惑和误导，享受科学带给我们的便利和美好。

3. 科学与科学研究

科学是反映自然、社会、思维等的客观规律的分科知识体系。科学不仅包含知识本身，还包含获取知识的过程。和日常生活知识不同，科学知识不能靠简单积累经验的方法来获得，而是从确定研究对象的性质和规律这一目的出发，通过观察、调查和实验而得到，科学研究是人们获取科学知识的重要途径。它是人们对自然界的现象和认识由不知到知之，由知之较少到知之较多，进而逐步进入事物内部而发现其基本规律的认识过程。

根据研究内容不同，科学研究分为基础研究与应用研究两种类型。所谓基础研究，是指为获得关于现象和可观察事实的基本原理及新知识而进行的实验性和理论性研究，它不以任何专门或特定的应用或使用为目的。研究结果通常具有一般的或普遍的正确性，成果常表现为一般的原则、理论或规律并以论文的形式在科学期刊上发表或学术会议上交流。应用研究是指为获得新知识而进行的创造性研究，主要是针对某一特定的实际目的或目标，为解决实际问题提供科学依据。

按照科学研究的性质分类，可分为定性研究和定量研究。从研究逻辑上看，定性研究是基于描述性的研究，它在本质上是一个归纳的过程，即从特殊情景中归纳出一般结论。定性研究侧重于和依赖于对事物含义、特征、隐喻、象征的描述和理解。定量研究主要搜集用数量表示的资料或信息，并对数据进行量化处理、检验和分析，从而获得有意义结论的研究过程。它通过研究对象的特征，按某种标准做量的比较来测定对象特征数值，或求出某些因素间量的变化规律，目的就是对事物及数值或可测量属性做出回答，故称定量研究。

人们在科学研究过程中遵循或运用的、符合科学一般原则的各种手段和途径称为科学方法，包括在理论研究、应用研究等科学活动过程中采用的思路、程序、方法和模式等。简单讲，科学方法就是科研工作者在从事一项科学发现时所采用的方法。根据科学研究的内容和研究阶段不同，典型的科学方法有以下几种。

（1）获取科学事实的方法

① 观察，通过视觉、听觉、嗅觉、触觉等感觉器官或借助一定的科学仪器，例如：显微镜、X 光等，有目的、有计划地考察客观对象的现象、状态变化等。

② 实验，根据一定的研究目的，运用科学仪器、设备等物质手段，在人为控制或模拟自然现象的条件下获取科学事实、探索其本质和规律的方法。根据研究的目的不同，实验有定性实验、定量实验、对照实验、模拟实验等。

（2）整理科学事实的方法

对于观察或实验得到的数据和信息，通常需要进一步进行整理，从而总结、发现其中的特点、规律和重要信息，整理科学事实常用的方法有以下几种。

① 比较，通过相关对象之间的对比，确定它们的差异点和共同点，并发现其共同规律的思维方法。例如，求同比较、求异比较、综合比较等。

② 分类，根据对象的共同点和差异点，将对象区分为不同的种类，而且形成有一定从属关系的不同等级的系统的逻辑方法。例如，二元分类法、多元分类法、树状分类法等。

③ 类比，根据两类对象之间某些相同或相似，推出它们在其他方面也可能相同或相似的逻辑推理方法。例如，共存类比法、因果类比法、对称类比法、综合类比法等。

④ 归纳，从不同的特定的事件中发展出普遍的原则的方法称为归纳，是一种从个别到一般的逻辑思维方法。例如，完全归纳法、不完全归纳法、科学归纳法等。

⑤ 演绎，与归纳法相反，是一种从一般到个别的逻辑思维方法，又称为推理。

⑥ 分析，通过把整体分解为部分，或把复杂事物分解为简单要素，或把过程分解为阶段，或把动态凝固为静态的方法来对事物进行研究的思维方法。

⑦ 综合，与分析相反，通过把各个部分、各个方面、各个层次、各种因素结合起来，从而对对象动态地考察的思维方法。

（3）构造科学理论体系的方法

① 假说，根据科学原理和事实，对未知的新事实做出的假定性说明。科学理论方法构建的一般过程通常是从提出科学假说开始的，科学假说是科学理论形成和发展的桥梁，通过科学假说，建立科学命题，形成科学命题系统。假说可以通过观察、实验等进行验证。

② 模型，模型是所研究的系统、过程、事物或概念的一种表达形式，以便对其中的概念、数量关系、逻辑关系进行研究和分析。不同的研究阶段，可以建立不同的概念模型和逻辑模型，也可以建立物理模型，例如最终产品的样品。

③ 科学理论，是对某种经验现象或事实的科学解说和系统解释。它是由一系列特定的概念、原理、命题以及对这些概念、原理和命题的严密论证与推理组成的系统化的知识体系，它用概念、判断、推理的形式对客观对象的本质及其规律进行科学合理的解释。

科学研究的方法不是僵硬和一成不变的，新技术的发展反过来也推动着科学研究方法的进步。随着计算机的发明，传统的经典理论研究和实验研究在强大的计算技术支持下，不断地发生飞跃。计算机强大的计算能力和惊人的速度使许多无法实现的实验得以在计算机中得到模拟、仿真和实现。

▶ 1.2.2 人类的思维活动

人类是一种高级动物，除了可以通过眼、耳、鼻、舌、皮肤等直接感觉器官与外界环境发生联系，对周围事物的变化进行感知外，还可以通过大脑的思维对外部世界产生间接的反应。感觉和知觉通常是人类感官对客观世界的一种直接反映，反映的是事物的个别属性或者外部特征，属于感性认识。

思维（thinking）是人的大脑利用已有知识和经验对具体事物进行分析、综合、判断、推理等认识活动的过程，是人脑对客观现实概括的和间接的反映，它反映的是事物的本质和事物间规律性的联系，属于理性认识。思维和感觉、知觉有着本质的不同，例如：我们经常遇到刮风下雨等自然现象，这是对自然现象的感知。如果从雨的形成原因来看待下雨现象，建立因果关系，则就是思维。可见，在认识过程中，思维实现着从现象到本质、从感性到理性的转化，使人达到对客观事物的理性认识，从而构成人类认识的高级阶段。

1. 思维的特性

在人类的各种活动中，思维有着独特的性质，主要表现在以下几个方面。

（1）概括性，思维的前提是人们已经形成或掌握的概念。掌握概念，就是对一类事物加以分析、综合、比较，从中抽象出共同的、本质的属性或特征并加以归纳。概括是思维活动的速度、灵活度、广度和深度等智力品质的基础。

（2）间接性，间接性是思维凭借知识、经验对客观事物进行的间接反应。具体表现为：① 思维凭借知识经验，能对没有直接作用于感觉器官的事物及其属性或联系做出反应。例如，清早起来发现院子里的地面湿了，可以判定可能昨天夜里下雨了。② 思维凭借着知识经验，能对不能直接感知的事物及其属性做出反应。思维的间接性使人能够揭示不能感知的事物的本质和内在规律。③ 思维凭借知识经验，能在对现实事物认识的基础上进行蔓延式的无止境的扩展。假设、想象和理解，都是通过这种思维的间接性作为基础的。例如，制定计划、预测未来等。思维的这种间接性，使思维能够反作用于实践，指导实践。

（3）逻辑性，思维具有逻辑性，即思维就是在表象、概念的基础上进行分析、综合、判断、推理等认识活动的过程，在这个过程中思维遵循特定的思维规则。

2. 思维的分类

根据思维主体和客体的不同特点，人类的思维活动通常分为形象思维、逻辑思维和灵感三种类型，其中，形象思维与逻辑思维是人类思维的两种基本形态。

（1）形象思维（imaginal thinking），"形象"一词开始时仅指人的面貌形状特征，在文学艺术创作中，形象通常是指利用语言、文字、绘画等来刻画和描写的人物或事物，例如文学形象、艺术形象等。从心理学上讲，形象是人们通过视觉、听觉、触觉、味觉等各种感觉器官在大脑中形成的关于某种事物的整体印象。形象不是事物本身，而是人们对事物的感知，不同的人对同一事物的感知不会完全相同，其正确性受到人的意识和认知过程的影响。

形象思维是指人们在认识世界的过程中，对事物表象，在进行感受和认识的基础上，结合主观的认识和情感进行识别，并用一定的形式、手段和工具创造和描述形象的一种基本的思维形式。形象思维常常表现为以下几种方法：① 模仿法，以某种模仿原型为参照，在此基础之上加以变化产生新事物的方法。② 想象法，在脑中抛开某事物的实际情况，而构成深刻反映该事物本质的简单化、理想化的形象。直接想象是现代科学研究中广泛运用的进行思想实验的主要手段。③ 组合法，从两种或两种以上事物或产品中抽取合适的要素重新组合，构成新的事物或新的产品的创造技法。④ 移植法，将一个领域中的原理、方法、结构、材料、用途等移植到另一个领域中去，从而产生新事物的方法。

（2）逻辑思维（logical thinking），是在表象、概念的基础上进行分析、综合、判断、推理等认识活动的过程，又称"理论思维""抽象思维"或"闭上眼睛的思维"。逻辑思维更多的是理性的理解，而不多用感受或体验。逻辑思维是一种确定的，而不是模棱两可的，是一种有条理、有根据的思维。在逻辑思维中，要用到概念、判断、推理等思维形式和分析、比较、综合、抽象、概括等方法，掌握和运用这些思维形式和方法的程度称为逻辑思维能力。在逻辑思维中，概念是思维的基本单位，推理是思维的主要形式。

（3）灵感（inspiration）又称顿悟，灵感是一种特殊的思维，它是在不知不觉中突然迅速发生的，灵感与人的潜意识密切相关。

在人类的思维活动中，形象思维与逻辑思维是两种基本的思维形态，两者不是对立的，无论是科学研究还是艺术创作，逻辑思维和形象思维的结合将使我们的工作更加完美。此外，人的思维往往具有惰性，当一种新事物、新理论刚出现时，总会受到各个方面的挑剔和反对。但是，许多已经流行的观点，即使有弊病，却很难纠正。这种对新事物、新理论、新设想的抗拒心理即为思维惰性，因循守旧、看问题片面、迷信权威等都是思维惰性的表现。

3. 思维方法与过程

思维是一个复杂的、高级的认识过程，是人们运用存储在长时记忆中的知识、经验，对外界输入的信息进行分析、综合、比较、抽象、概括、判断和推理的过程。虽然思维存在着个体差异，但思维的基本过程和所采用的基本方法都是相似的。

（1）分析，用于把握事物的基本结构、属性和特征，就是把客观事物分解为各个部分分别加以研究。分析的方法有定性分析、定量分析、结构分析、功能分析、信息分析、模式分析以及流程分析等。没有分析，思维就不能具体深入。

（2）综合，是把对事物各个部分、侧面或属性等统一为整体的思维方法，旨在从整体上把握事物的本质和规律。没有综合，思维的信息材料是零碎、片段的，不能统一为整体，难以对各个部分、侧面和属性有确切的了解。

（3）比较，比较是将几种有关事物加以对照，确定他们之间相同和不同的地方。

（4）抽象，抽象就是将事物的本质属性抽取出来，舍弃事物的非本质属性。

（5）概括，概括是形成概念的一种思维过程和方法。把从具有某些相同属性的事物中抽取出来的本质属性，推广到具有这些属性的一切事物，形成关于这类事物的普遍概念。

概括和抽象有联系，没有抽象就不能进行概括。在进行抽象和概括时，要注意舍弃次要的、非本质的属性，把主要的、本质的属性抽取出来，再通过概括代表同类事物的全体。

在人类的思维活动中，对思维对象通过分析、综合、比较、抽象和概括，借助于词的作用形成概念。在概念基础上，反映事物关系的、概念之间的联系构成判断。然后，根据已知判断和逻辑思维规则，可以推出新的判断，即为推理。通过推理，获得事物的现象和本质、原因和结果之间的内在联系。

▶ 1.2.3 逻辑学

人类的一切行为和活动，如学习知识、问题求解、科学研究、发明创造等都与人的思维有关。思维不仅与具体内容有关，通常还表现出特定的形式，这就是逻辑。逻辑是抽象掉具体内容后的思维形式，是人类思维的形式化。逻辑对于人类思维的训练至关重要。

早在公元前 5 世纪前后，古代中国、古印度和古希腊的哲学家就热衷于关于思维的研究，在对思维规律研究的基础上，古希腊哲学家亚里士多德（公元前 384 年—公元前 322 年）创立了逻辑学（logic），这是一门探索、阐述和确立有效推理原则的学问，是关于思维形式及其规律的学说。亚里士多德的逻辑又称为传统逻辑（traditional logic），其重点是研究思想的形式，又称为形式逻辑。传统逻辑主要的推理是演绎推理，因此也称为演绎逻辑。

1. 逻辑形式及其表示

逻辑就是思维的规律，逻辑学就是关于思维规律的学说，重点研究内容是思维的逻辑形式。逻辑通常表现为各种概念、判断、命题①、因果关系等，它们是逻辑推理的基础。对逻辑的描述分为自然语言描述和数学描述。用自然语言来描述逻辑，充分使用了人类的语言工具，便于阅读、理解和交流，但自然语言容易产生歧义和二义性，因而影响了逻辑的严谨性。用数学语言描述逻辑，称为数理逻辑，具有严谨、便于演算和推理的优点，便于机器实现，缺点是可读性较差，需要较好的数学基础。

（1）概念（concept），是人们对外部环境感知、经验和学习的产物。人类在认识事物的过程中，从感性认识上升到理性认识，把所感知的事物的共同本质特点抽象出来，加以概括，就成为概念。表达概念的语言形式是词或词组，用以反映事物的本质属性。

概念都有内涵和外延两个方面，内涵是指概念的含义、性质，外延是指概念包含事物的范围大小，即适用范围。在日常用语中概念就是一个词或词组，从哲学层面讲，概念是思维的基本单位。在概念基础上进一步构成判断和推理。

（2）判断（judgement），反映事物关系的、概念之间的联系称为判断。判断是对于思维客体所做的肯定或否定，或指明思维对象是否具有某种属性的思维过程，以语句形式表达。从质上分，判断分为肯定判断和否定判断，从量上分为全称判断、特称判断和单称判断。

全称判断是断定一类事物的全部都具有或都不具有某种属性的判断，其形式是："所有 A 都是（都不是）B"，例如，"所有计算机都有操作系统"。特称判断是反映某类事物中至少有一个对象具有或不具有某种性质的判断，例如，"有些课程不是必修课"。单称判断是反映某个独一无二的事物是否具有某种性质的判断，例如，"张三是三好学生"。

（3）推理（reasoning），是思维的基本形式之一，是由一个或几个已知的判断（前提）推出新判断（结论）的过程，有直接推理、间接推理等，概念如图 1-1 所示。

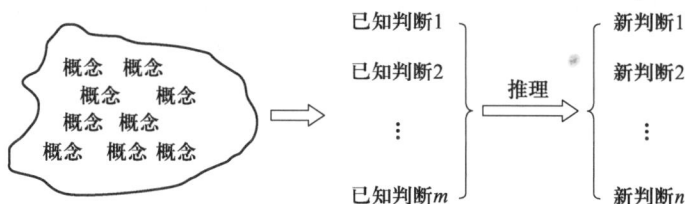

图 1-1　逻辑推理概念

推理可分为归纳推理和演绎推理两种主要推理形式。归纳推理就是从事实出发，加以概括，从而解释观察到的事物之间的关系，得出一般结论。从一般到个别，将理论、原则运用于具体对象则是演绎推理。

---

① 在现代哲学、逻辑学、语言学、数学中，命题是指一个判断（陈述）的语义内容（实际表达的概念），这个概念是可以被定义并观察的现象。命题不是指判断（陈述）本身，而是指所表达的语义。当相异判断（陈述）具有相同语义的时候，它们表达相同的命题。在逻辑学上，命题指表达判断的语言形式，由系词把主词和宾词联系而成。在数学中，一般把判断某一件事情的陈述句叫作命题，或者把判断真假陈述句叫作命题，判断为真的句子叫真命题，判断为假的句子叫假命题。

2. 逻辑推理形式及规则

逻辑推理分为归纳推理和演绎推理两种。归纳推理（inductive reasoning）是一种从个别性知识推出一般性结论的推理，分为完全归纳法和不完全归纳法，不完全归纳法又分为简单枚举法（或然性推理）和科学归纳法（必然性推理）。演绎推理（deductive reasoning）是由一般到特殊的推理方法，包括三段论、假言推理、选言推理等形式。

演绎推理的主要形式及相应的推理规则如下所述。

（1）三段论（syllogism）

三段论是传统逻辑中的一类主要推理，又称直言三段论。古希腊哲学家亚里士多德首先提出了关于三段论的系统理论。三段论由大前提和小前提推出结论。例如："凡金属都能导电"（大前提），"铜是金属"（小前提），"所以铜能导电"（结论）。三段论属于一种演绎逻辑，不同于归纳逻辑，具有较强的说服力。

（2）假言推理（modus ponens，hypothetical reasoning）

假言推理也称为条件推理（conditional reasoning），是根据假言命题的逻辑性质进行的推理，分为充分条件假言推理、必要条件假言推理和充分必要条件假言推理三种。

① 充分条件假言推理，是根据充分条件假言命题的逻辑性质进行的推理。充分条件假言命题的一般形式是：如果 p，那么 q。根据对 p 和 q 的肯定和否定，可以组合四种不同形式的推理，其中两种是逻辑正确的，两种是逻辑错误的。

逻辑正确的推理规则如下。

规则 1：肯定前件，肯定后件，即如果 p，那么 q；p，所以，q。

例如：如果谁违法，他就要受到法律制裁；张某违法，所以，张某必会受到法律制裁。

规则 2：否定后件，否定前件，即如果 p，那么 q；非 q，所以，非 p。

例如：如果谁得了感冒，他就一定要发烧；小李没发烧，所以，小李没感冒。

逻辑错误的推理如下。

根据规则，充分条件假言推理的否定前件式和肯定后件式都是无效的。例如，下列两个推理都是不正确的。

如果降落的物体不受外力的影响，那么，它不会改变降落的方向；这个物体受到了外力的影响，所以，它会改变降落的方向。

如果开车闯红灯，就属于交通违法行为；小张交通违法了，所以，小张开车闯红灯了。

② 必要条件假言推理，是根据必要条件假言命题的逻辑性质进行的推理。必要条件假言命题的一般形式是：只有 p，才 q。

逻辑正确的推理规则如下。

规则 1：否定前件，否定后件，即只有 p，才 q；非 p，所以，非 q。

例如：只有年满十八岁，才有选举权；小王不到十八岁，所以，小王没有选举权。

规则 2：肯定后件，肯定前件；即只有 p，才 q；q，所以，p。

例如：只有勤奋用功，才能取得好成绩；小张取得了好成绩，所以，小张学习很勤奋。

逻辑错误的推理如下。

根据规则，必要条件假言推理的肯定前件式和否定后件式都是逻辑错误的。例如：

只有学习成绩好，才能评三好学生；小王学习成绩好，所以，小王一定是三好学生。

只有学习成绩好，才能评三好学生；小王不是三好学生，所以，小王学习成绩不好。

③ 充分必要条件假言推理，是根据充分必要条件假言命题的逻辑性质进行的推理。充分必要条件假言命题的一般形式是：p 当且仅当 q。

根据规则，充分必要条件假言推理的 4 个逻辑形式，都是逻辑正确的。

规则 1：肯定前件式，一般形式是：p 当且仅当 q；p，所以，q。

规则 2：肯定后件式，一般形式是：p 当且仅当 q；q，所以，p。

规则 3：否定前件式，一般形式是：p 当且仅当 q；非 p，所以，非 q。

规则 4：否定后件式，一般形式是：p 当且仅当 q；非 q，所以，非 p。

例如，下述推理都是正确的。

一个数是偶数当且仅当它能被 2 整除；这个数是偶数，所以，这个数能被 2 整除。

一个数是偶数当且仅当它能被 2 整除；这个数能被 2 整除，所以，这个数是偶数。

一个数是偶数当且仅当它能被 2 整除；这个数不是偶数，所以，这个数不能被 2 整除。

一个数是偶数当且仅当它能被 2 整除；这个数不能被 2 整除，所以，这个数不是偶数。

（3）选言推理（disjunctive reasoning）

选言推理是根据选言命题的逻辑性质而进行的推理。选言命题有相容与不相容之分，相应地，选言推理分为相容选言推理和不相容选言推理两种。

① 相容选言推理，就是以相容选言命题为前提，根据相容选言命题的逻辑性质进行的推理。相容选言命题的一般形式是：p 或者 q，p 和 q 称为选言支。

规则 1：否定一部分选言支，就要肯定另一部分选言支。

规则 2：肯定一部分选言支，不能否定另一部分选言支。

根据规则，相容选言推理只有一个逻辑正确的形式，即否定肯定式：

p 或者 q；非 p，所以，q。

或者

p 或者 q；非 q，所以，p。

例如：小张出差了或去开会了；小张没出差，所以，小张开会去了。

② 不相容选言推理，就是以不相容选言命题为前提，根据不相容选言命题的逻辑性质进行的推理。不相容选言命题的一般形式是：要么 p，要么 q。

不相容选言推理有以下两条规则。

规则 1：肯定一部分选言支，就要否定另一部分选言支。肯定否定式一般形式：要么 p，要么 q；p，所以，非 q。

规则 2：否定一部分选言支，就要肯定另一部分选言支。否定肯定式一般形式：要么

p，要么 q；非 p，所以，q。

例如：大学毕业，要么考研，要么就业；小张考研了，所以没就业。

3. 逻辑思维规律

在思维过程中，可以将思维分为普通逻辑思维阶段和辩证逻辑思维阶段。普通逻辑思维阶段遵循传统逻辑基本规律，又称思维的基本规律或思维规律，即遵循同一律、矛盾律和排中律。矛盾律和排中律是古希腊哲学家、逻辑学家亚里士多德首先提出的。亚里士多德虽未曾明确提出同一律，但在他的某些言论中已有关于同一律的思想。

（1）同一律

同一律就是在同一思维过程中，必须在同一意义上使用概念和判断，不能混淆不相同的概念和判断，包括：思维对象的同一、概念的同一和判断的同一。同一律的一般形式是：A 是 A，A 可以是任何思想，任何一个概念或命题。同一律要求在思维和论证过程中，概念的一致性，不能偷换、混淆概念或命题。

例如：某人擅长诡辩，一日，去饭馆吃饭，先要了一盘包子，服务员端上后，此人说不要包子了，要服务员换了一碗面条。此人吃完面条后，未付款就走。服务员说：您的面条还没付钱呢？此人说：面条是包子换的。服务员说：包子也没付钱呢。此人诡辩到：包子没吃，当然不能付钱了。服务员一时语塞。这位"白吃"先生逻辑似乎有道理，那问题出在哪儿呢？其实，他用"面条是包子换的"这句话做掩护，偷换了包子的所有权这个概念。因为，此人开始要的包子，他并未付钱，所以包子还是属于餐馆的。后来，包子换成了面条，面条当然也是餐馆的，他吃了面条，就应该付钱。

（2）矛盾律

矛盾律又称不矛盾律，矛盾律要求在同一思维过程中，对同一对象不能同时做出两个自相矛盾的判断，即不能既肯定它，又否定它。作为思维规律，矛盾律是指任一命题不能既真又不真。矛盾律即是要保证思想的无矛盾性，避免犯"自相矛盾"的错误。历史上有许多违背矛盾律的经典例子，例如：罗素悖论、国王悖论、理发师悖论等。

国王悖论：唐·吉诃德的仆人桑乔·潘萨跑到一个小岛上，成了这个岛的国王。他颁布了一条奇怪的法律：每一个到达这个岛的人都必须回答一个问题："你到这里来做什么？"如果回答对了，就允许他在岛上游玩，而如果答错了，就要把他绞死。一天，有一个胆大包天的人来了，他照例被问了这个问题，而这个人的回答是："我到这里来是要被绞死的。"请问桑乔·潘萨是让他在岛上玩，还是把他绞死呢？如果应该让他在岛上游玩，那他说的"要被绞死"的话就是错话。既然他说错了，就应该被处绞刑。但如果要把他绞死呢？这时他说的"要被绞死"的话就是对的，既然他答对了，就不该被绞死，而应该让他在岛上玩。小岛的国王发现，他的法律无法执行，因为不管怎么执行，都使法律受到破坏。他思索再三，最后让卫兵把他放了，并且宣布这条法律作废。

（3）排中律

在思维过程中，排中律是指任一事物在同一时间里具有某属性或不具有某属性，而没有其他可能。通常被表述为 A 是 B 或不是 B。在现代逻辑中，表示为 $A \lor \neg A$（A 或非 A）。排中律要求，对于两个自相矛盾的命题，不能同时肯定也不能同时否定。否则，将犯模棱两可的错误，这是一种常见的违反排中律规则的逻辑错误。

矛盾律和排中律有时候会不容易辨别，我们看下面的例子：

有一块空地可以种庄稼，甲、乙两人讨论这块地种什么庄稼好。甲一会儿说应该种小麦，一会儿又说不应该种小麦。针对甲的说法，乙说："你的两种意见，我都不同意"。分析甲、乙两人的说法，看看他们犯了什么逻辑错误。

甲的说法违反了矛盾律的要求，犯了"自相矛盾"的错误，因为他同时断定了这块空地"应该种小麦"和"不应该种小麦"这两个相互矛盾的判断。针对甲的说法，乙的说法违反了排中律的要求，因为排中律认为两个互相矛盾的判断不能同真，也不能同假，而乙恰好断定上述两个判断都是假的。

康德[①]曾断言：逻辑学在亚里士多德之后"一步也不能前进了"。但不到一百年，逻辑学的"数学"转向引发了逻辑革命。20 世纪 30 年代后，现代逻辑学（modern logic）蓬勃发展，它广泛采用数学方法，其研究的广度和深度都大大超过了传统逻辑学。大英百科全书将逻辑学列于众学科之首，联合国教科文组织把逻辑学与数学、天文学和天体物理学、地球科学和空间科学、物理学、化学、生命科学并列为七大基础学科。今天，逻辑早已超越了哲学的范畴，成为数学和计算机科学的重要研究内容。

▶ 1.3 计算科学与计算思维

在自然科学中，理论科学和实验科学被认为是创造知识的主要途径。理论科学强调学科的基本理论，从学科基本概念和基本理论出发，以演绎推理为主要手段来创造新知识，主要代表是数学学科，数学也成为理论科学研究的主要工具。实验科学则以观察和总结自然规律为主要科学方法来创造新知识，其代表学科如物理学、化学等。

在科学研究中，总会伴随着大量的计算问题，有些计算任务从数学上证明是费时或难解的。计算机的出现和发展正在不断地改变着这种状况，许多过去的难解问题得以解决，计算机已经成为科学研究不可或缺的重要工具，计算科学也逐渐从它的数学母体中分离，成为一门重要的基础学科，且不断地渗透到各个学科中去，在人类追求真理、探索未知世界的过程中展现出其独特的能力和科学价值。

▶ 1.3.1 计算与计算科学

谈到计算，自然会想到数学，因为最早的数学就是从记数和算术开始的。每个人从孩童时代开始就接触到数，从对数字 0 到 9 的认知，到学会算术的加减法，可以说数学伴随

---

① 伊曼努尔·康德（Immanuel Kant，1724—1804 年），出生和逝世于德国哥尼斯堡（现俄罗斯加里宁格勒），德国哲学家、作家，德国古典哲学创始人，其学说深深影响近代西方哲学，开启了德国古典哲学和康德主义等诸多流派。康德是启蒙运动时期最后一位主要哲学家，是德国思想界的代表人物。他调和了勒内·笛卡儿的理性主义与弗朗西斯·培根的经验主义，被认为是继苏格拉底、柏拉图和亚里士多德后，西方最具影响力的思想家之一。

了我们的一生。但是，数学很抽象，数学是理论的，数学令人心生畏惧。很多人，特别是许多非理工的学生常常会问这样的问题——数学有什么用？数学不仅仅是简单的算术，数学还培养了我们的表达能力、分析能力和逻辑思维。数学是一切问题求解的重要工具，它的智慧在我们学习的过程中不知不觉地内化和融入我们的血液和灵魂中。

1. 计算与数学应用

传统的数学主要以纯粹数学研究为主，那些深奥抽象的数学理论让普通人望而却步，在许多人眼里，存在数学无用论的观念。进入 20 世纪，计算工具的发展使得数学和应用有了更多的结合，使数学的发展出现新的生机。20 世纪 40 年代，我国著名数学家华罗庚（1910—1985 年）就把数学分成三个部分，即纯粹数学、应用数学和计算技术（计算数学和计算机）。这些思想的来源和演变过程与华罗庚的国际视野有关。1936年华罗庚访问英国，他看到并学习了英国剑桥学派是如何搞纯粹数学理论研究的；1946年他看到苏联除了重视纯粹数学外，还高度重视发展应用数学以及培养人才；后来华罗庚到美国普林斯顿高等研究院工作，有机会结识爱因斯坦与其他大师，特别是向冯·诺依曼学习，了解了如何发展计算机及相关学科。1956 年，华罗庚被任命为中国科学院计算技术研究所筹备组组长，直接领导发展中国的计算数学和计算技术，为数学和应用之间搭桥铺路。

计算是数学的主要问题，计算问题不仅仅是简单的数字加减乘除，现代社会中大量的工程问题都是用计算来完成的，从建筑工程设计、机械设计、天气预报到导弹发射的各项参数计算、卫星发射运行轨迹计算等，都包含着巨大的数据计算量。也正是这些客观需求，才导致了计算机的产生和发展，数值计算成为计算机的主流应用。作为机器，其运算速度、运算精度及运算可靠性都是人工所无法比拟的。

计算机的发明，极大地推动了数学在实践中的应用，应用数学得到了快速发展。随着数学的工程化应用日益广泛，计算所要解决的问题越来越多，越来越复杂。以研究计算为核心的数学分支——计算数学得到了发展壮大。计算数学又称为数值计算方法或数值分析，主要研究内容包括代数方程、线性代数方程组、微分方程的数值解法，函数的数值逼近，矩阵特征值的求法，最优化计算问题，概率统计计算等问题，还包括解的存在性、唯一性、收敛性和误差分析等理论问题。计算机的出现是 20 世纪数学发展的重大成就，同时极大地推动了数学理论的深化以及数学在社会和生产力第一线的直接应用。数学计算离不开计算机，是计算机建起了数学和应用之间的桥梁。

2. 计算机科学和计算科学

计算机的诞生推动了计算机科学的产生和发展。计算机科学是一门包含各种各样与计算和信息处理相关主题的系统学科，早期重点在硬件结构的研究和计算理论可行性方面。目前已经发展成为一门研究计算及相关理论、计算机硬件、软件及相关应用的学科。计算机科学研究的领域包括：计算机体系结构，计算机操作系统，计算机网络，数据与数据结构，算法，程序设计，数值计算，数据库系统，信息处理，图形图像处理，信息安全，人工智能，以及不同层面的各类计算机应用。

一个简略的计算机科学学科知识图谱如图 1-2 所示。

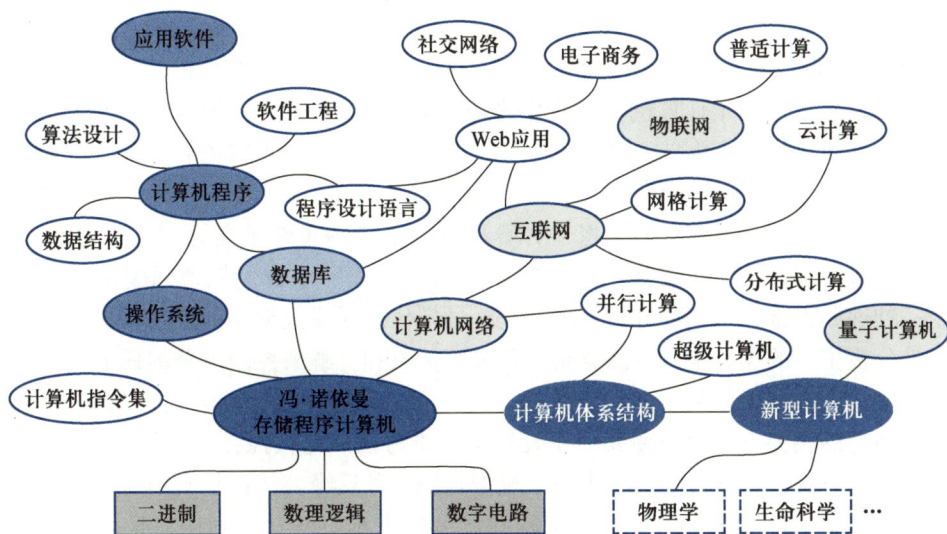

图 1-2　计算机科学学科简略知识图谱

计算机技术的发展和应用，也推动了计算科学（科学计算）的研究。与计算机科学需要研究计算机的硬件系统相比，计算科学的研究领域相对集中，它主要关注构建数学模型和量化分析技术，同时通过计算机算法和程序来分析和解决科学问题。计算科学已广泛渗透到其他学科的问题求解中，是继理论科学和实验科学后的一种新的科学形态，它拓展了理论和实验无法验证的问题，在量子物理、量子化学、生物计算、社会计算等众多学科领域中表现出强大的发展和应用潜力。

▶ 1.3.2　计算思维

计算机是人类 20 世纪最伟大的发明之一。从电子计算机诞生之日起，还没有哪一项技术能和计算机技术一样发展迅速，今天计算机技术已经渗透到人类工作和生活的方方面面。历史上每一项伟大的技术发明，对人类的影响都不会局限于技术本身，它对社会的改变是全方位的，还会影响人们的价值观念、伦理道德和思维方式。

1. 计算思维的概念

在科学发展中，学科总是在不断地分化和融合。进入 21 世纪，计算机技术已经越来越深入地渗透到各个学科，不仅为其他学科的研究提供了新的手段和工具，其方法论特性也直接渗透和影响到其他学科，并延伸到各个基础研究领域。例如，计算数学用计算机解决各种数学问题，提出和研究求解各种数学问题的高效而稳定的算法，设计和研究用数值模拟方法来代替某些耗资巨大甚至是难以实现的试验。计算数学与其他领域交叉渗透，形成了诸如计算物理、计算化学、计算生物学、计算经济学、计算社会学等一批新兴交叉学科。

人类的思维与工具有关，计算机技术的发展和应用的普及，正在影响和改变着我们对世界的认识，也影响着我们的思维方式。2006 年 3 月，美国卡内基-梅隆大学计算机科学系主任周以真（Jeannette M. Wing）教授在美国计算机权威期刊 *Communications of the ACM* 杂志 49 卷第 3 期上发表了题为 *Computational Thinking* 的文章，提出了"计算思维"的概念，指出计算思维是运用计算机科学的基础概念进行问题求解、系统设计以及人类行为理解等涵盖计算机科学之广度的一系列思维活动。计算思维最根本的内容，即其本质是抽象（abstract）和自动化（automation）。

为了让人们更易于理解，她又将"计算思维"更进一步地定义为：通过约简、嵌入、转化和仿真等方法，把一个看来困难的问题重新阐释成一个我们知道问题怎样解决的方法；是一种递归思维，是一种并行处理，是一种把代码译成数据又能把数据译成代码，是一种多维分析推广的类型检查方法；是一种采用抽象和分解来控制庞杂的任务或进行巨大复杂系统设计的方法，是基于关注分离的方法；是一种选择合适的方式去陈述一个问题，或对一个问题的相关方面建模使其易于处理的思维方法；是按照预防、保护及通过冗余、容错、纠错的方式，并从最坏情况进行系统恢复的一种思维方法；是利用启发式推理寻求解答，也即在不确定情况下的规划、学习和调度的思维方法；是利用海量数据来加快计算，在时间和空间之间，在处理能力和存储容量之间进行折中的思维方法。

人类思维本身是一个思维科学和逻辑学的概念，每个学科有每个学科思维的特点，因此，不能把计算思维和形象思维与逻辑思维对等起来看待。确切地讲，计算思维还算不上一种新的思维形态，它只是形象思维和逻辑思维在计算科学中的应用和表现。但是，计算思维比其他学科的思维又具有更广的普适性，它是从概念到逻辑，从逻辑到物理实现的重要手段。从自然科学中的计算机模拟、仿真和计算机辅助，到社会科学中的大数据收集、处理和分析，社会问题的风险评估、预测和控制，无不与计算机技术有关。

计算思维是计算科学及计算机技术发展和广泛应用的产物，计算思维吸取了问题解决所采用的一般数学思维方法，现实世界中复杂系统的设计与评估的一般工程思维方法，涉及复杂性、智能、心理、人类行为的理解等一般科学思维方法。我们可以通俗地理解，在问题求解中，借助于计算机与否，人的思维是有差异的，这种借助于计算能力进行问题求解的思维和意识就是计算思维。计算思维通常表现为人们在问题求解时对数据及其组织、算法、程序、系统、数字化、自动化、智能化等概念的潜意识的应用。

计算思维正在影响人们传统的思考方式。例如：计算生物学正在改变着生物学家的思考方式；计算博弈理论正在改变着经济学家的思考方式；纳米计算正在改变着化学家的思考方式；量子计算正在改变着物理学家的思考方式；计算机网络正在改变着社会学家和政治家的思维广度。因此，开展计算思维的训练对于各学科的发展、知识创新及解决各类自然和社会问题都具有重要的作用。

2. 计算思维中的主要方法

我们工作和生活都是由一系列的问题求解构成，而问题求解是一项复杂的思维活动。无论是一种什么样的思维形式，都是由一系列的、实践中可操作的方法来构成的。在问题求解中，相对于逻辑思维形态上普遍意义下的利用概念、判断和推理来思考问题不同，计算思维是利用计算工具来解决问题的思维形式，因此，计算思维更具体和实际，更像是一种工程思维。

利用计算的手段求解问题的基本过程可描述为：① 问题定义及形式化，即首先要正确地领悟问题及用户需求，明确涉及的对象，然后对问题进行形式化描述；② 建立问题的逻辑模型，根据问题定义，建立 IPO（input-process-output）问题求解模型，确立输入输出关系；③ 数据与算法设计，即设计数据的表达和组织结构，在此结构上设计数据处理算法；④ 编程，根据算法设计，编写程序代码，并进行调试；⑤ 运行和维护，对完成的程序上线运行，并对运行中发现的问题或用户新的需求进行维护。这是计算机问题求解的一个基本范式，其中包含了许多共性的方法，即构成计算思维的基本方法，这些典型的方法有以下几个。

（1）抽象。在自然语言中，通常把凡是不能被人们的感官所直接把握的东西，即所谓的"看不见，摸不着"的东西，叫作"抽象"。在科学研究中，抽象是从许多事物中，舍弃个别的、非本质的属性，抽取共同的、本质的属性的过程。共同属性是指那些能把一类事物与他类事物区分开来的特征，这些具有区分作用的属性又称本质属性。不同的研究目的，抽象的特点也不相同。

在计算机问题求解中，其前两步的问题定义和形式化以及建立问题逻辑模型就是对问题的抽象过程，它给问题求解提供了一个信息化的逻辑视图，是计算机求解问题的第一步，抽象是计算思维的基本方法。可见，在计算机问题求解中，问题抽象的基本方法是问题定义、数据定义及业务流程的形式化描述（IPO），其结果是系统需求报告。

美国计算机科学家理查德·卡普（Richard Karp）[1]认为：任何自然系统和社会系统都可视为一个动态演化系统，演化伴随着物质、能量和信息的交换，这种交换可映射为符号变换，使之能利用计算机进行离散的符号处理。这是物理世界和计算机软件世界的一种逻辑映射，计算机及其运行的软件系统实现了自然系统的观念，成为问题求解的手段和工具。

（2）分解。在一般的科学思维中，抽象包含了分离、提纯和约简三个环节，在工程思维中，解决复杂系统问题，也存在分解问题。计算机求解问题作为自然世界到软件世界的映射，分解也是最常用的设计复杂系统的方法。当面临一个庞杂的任务或要设计一个复杂的系统时，计算机工程采用了任务分解和模块化的思想，把一个复杂的任务或系统分解成相对简单的若干子系统，如果某个子系统还比较复杂，再进一步细分，直到每个部分是相对简单的为止。问题分解需遵循各子系统相对独立的原则，即要保证高内聚低耦合。

（3）约简。在一些自然或社会问题中，我们所面对的问题或数据有时候会过于复杂，约简就是要在保证问题或数据特征能反映甚至更能揭示原问题或数据的本质特征的前提下，对问题或数据等进行简化。例如，高维数据空间的降维处理，从而把一个看来困难的问题重新阐释成一个我们知道怎样解决的问题。

---

[1] 理查德·卡普（Richard Karp，1935 年—），美国著名计算机科学家，曾在加州大学伯克利分校（UC Berkeley）长期任教，1972 年提出的"NP 完全性理论"，证明了 21 个经典的组合优化问题都是 NP 完全的，这一工作极大地推动了计算复杂性理论的发展，对计算机科学和数学领域产生了深远影响，他的研究成果至今仍是算法设计和复杂性理论研究的重要基石，1985 年获图灵奖。

（4）递归。递归就是用自身定义自身的方法。在数学上有很多的概念是递归定义的，例如求一个自然数 n 的阶乘，可定义为：$n! = n \times (n-1)!, 0! = 1$。在复杂问题求解中，递归通常可以把一个复杂的问题通过层层转化，转化为一个与原问题相似的规模较小的问题。在计算机程序中，递归算法不仅能够更好地证明算法的正确性，而且只需少量的程序代码就可描述出解题过程所需要的多次重复计算，大大地减少了程序的代码量。

（5）算法。在人的一般思维中，做任何事情，首先要想的问题是如何做，然后再进一步规划做事的具体步骤，这就是算法的概念，也就是说，算法是解决问题的方法和对求解问题步骤的描述。当我们把一个复杂的系统分解为一系列相对独立的子系统或功能模块的时候，接下来就要完成每一个模块了，即把它的输入变成输出。这和我们的逻辑思维如出一辙，是一个概念、判断和推理的思考过程。可以说，计算思维中的算法刻画了我们一般的逻辑思维过程，是逻辑思维的形式化描述。

（6）程序。在我们的日常生活中，程序本是指"做事程序"的意思，即做事的具体步骤。随着计算机的诞生，程序被赋予了新的含义，即程序（program）是为实现特定目标或解决特定问题而用计算机语言编写的命令序列的集合。程序是算法的计算机语言实现，在系统的 IPO 模型中，算法是问题求解的方法描述，而程序则是该方法的实现，使得该功能在计算机上是可执行的。

（7）模拟。模拟是仿照现有系统的硬件、软件、环境、条件，进行抽象，构建一个新系统来模拟现有系统，即模拟出现有系统的一个抽象模型。模拟系统的输入和输出与现有系统一致，不能输入现有系统中没有的输入数据。以现有系统为基础，建立模型，构建模拟系统，可以实现对现有系统的使用培训和教学。模拟可以完全由软件来实现。

（8）仿真。仿真是以功能为基础的模仿，通过改变输入参数，研究输出变化。当所研究的系统造价昂贵、实验的危险性大或需要很长的时间才能了解系统参数变化所引起的后果时，仿真是一种特别有效的研究手段。仿真的过程包括建立仿真模型和进行仿真实验两个主要步骤。计算机为仿真技术提供了先进的工具，加速了仿真技术的发展，计算机仿真具有方便、灵活、经济的特点。可仿真的系统可以是电气、机械、化工、水力、热力等系统，也可以是经济、管理、社会、生态等系统。

模拟和仿真都不是真实发生的，两者名字相似，容易混淆。例如，模拟驾驶和驾驶仿真，模拟飞行和飞行仿真，所建系统是不同的。我们可以从系统输入来区分模拟和仿真，如果系统中的输入都是和原有系统一致的，那这就是对原有系统的模拟。否则，如果系统的输入不一定和原系统一致，那就是对原有系统的仿真，而非模拟。可见，仿真比模拟的要求更高，实现起来也更复杂。模拟可以完全用软件实现，仿真则可能涉及系统的物理实现。

（9）计算机应用系统。利用计算机求解问题，本质上是使用计算机应用系统。例如，我们利用计算机进行文字编辑、财务管理、上网浏览、网络聊天等，我们打交道的是相应的计算机软件，而不是直接使用计算机的计算和存储部件，计算机应用系统需要通过安装在计算机硬件上的操作系统等系统软件来使用计算机的硬件资源。

（10）网络。网络有多种含义，例如，交通运输网、邮政网络、通信网、计算机网络，甚至社会关系网等。在数学上，网络可看作是由节点和连线构成的图，表示研究诸对象及其相互联系。从抽象角度看，网络是从同类问题中抽象出来的用数学中的图论来表达并研究的一种模型，从而可以研究通路问题、最短路问题、排工问题、寻径等一系列实际问题。

在计算机学科，计算机网络是指把不同地理位置的计算机通过通信线路和网络设备连接在一起，实现计算机之间的通信和资源共享。计算机网络包含了许多非常有价值的科学方法，例如：OSI 参考模型是抽象最好的例子，网络协议是典型的形式化的例子。这对我们利用网络建模和研究网络应用具有重要的启发意义和参考价值。

计算思维的本质是抽象和自动化，抽象强调的是问题的形式化定义及建立逻辑模型，而自动化则是逻辑的物理实现，即构建计算机应用系统。计算机应用系统是问题求解方法的实现，为问题的求解提供了工具和手段，计算机的自动化、高速度、高精确度、可靠性等特性使我们敢于去处理那些庞杂的、人工根本无法完成的问题求解任务，计算机仿真系统还可以对那些无法实际进行的实验或者需要高昂代价的项目利用计算机仿真技术来模拟和实验。

最后，我们需要强调的是，计算机技术已经广泛应用在我们工作生活的方方面面，计算机已经成为我们工作和生活中不可或缺的工具，计算思维也必将在不知不觉中潜移默化地渗透到我们每个人的思维活动中。当我们在科学研究和求解问题时，会自觉或不自觉地问：这个问题可以数字化吗？可以用计算机求解吗？如何来求解？求解的代价有多大？等等，当你有这样的一种思维意识时，初步的计算思维就形成了。

在计算机教育领域，关于计算思维的研究非常活跃，名词众多，例如：算法思维、程序思维、数据思维、网络思维等，这些概念大都是计算机学科研究人员的提法，并没有一个大家一致认可的科学定义，尚不能和哲学、心理学和逻辑学中的形象思维和逻辑思维的概念相提并论。但是，作为一种方法论的探索，计算思维的研究无疑具有积极的意义，将计算机技术进行问题求解的基本思想、方法和基本步骤融入我们的思维过程中，从而为我们的科学研究和学科应用提供新的思路、方法和技术。

▶▶ 1.4　学科交叉与融合

进入 21 世纪，以物联网、大数据、云计算和人工智能技术为代表的新一代信息技术快速发展，推动了社会数字化转型和产业升级，人类社会正在迎来新一轮的科技革命和产业变革。在这样的时代背景下，计算科学和其他学科的结合越来越广泛，越来越深入，计算科学已经成为各学科领域不可或缺的一部分，并发展出了许多交叉学科。学科交叉和融合不是简单的计算机应用，而是计算思维给广泛的学科问题求解所带来的一种新思想，是策略、方式、手段上的变化，融合正在促进各学科的突破性发展。

▶ 1.4.1 物联网与社会数字化

今天，我们必须清醒地认识到，这个社会已经数字化了。在计算机发明以前，我们把数据、文字、声音、影像通过纸笔记录在报刊、图书和影片中。甚至到 1991 年，美国麻省理工学院（MIT）Kevin Ashton 教授首次提出物联网概念以前，在社会的各种应用场景，比如商业、医疗中数据的采集依然是以纸笔为主，人类社会数字化的进程进展缓慢。

1999 年麻省理工学院建立了"自动识别中心"，提出"万物皆可通过网络互联"，阐明了物联网的基本含义，即：通过射频识别、红外感应器、激光扫描器、气体感应器、全球定位系统等信息传感设备，按约定的协议，采用 Bluetooth、BigBee、Z-Wave 等短距离无线通信技术，从而把任何物品与互联网连接起来，进行信息交换，以实现智能化识别、定位、跟踪、监控和管理。物联网的出现，为数据采集、传输等提供了更加广泛和便捷的技术手段。

进入 21 世纪，物联网技术发展迅速，基于物联网技术的社会基础设施建设突飞猛进。在生产制造、商业、物流、交通、安防监控、医疗、教育、餐饮娱乐等几乎所有业务流程中，都伴随着数据自动采集，每时每刻都产生了海量数据，数据正成为一种重要资源。

▶ 1.4.2 无处不在的计算

在数学领域，对于传统的数学难题，数学家们正在利用计算机的高速、高精度运算能力和自动化特性来寻找答案。例如：四色定理的证明，寻找最大的梅森素数，密码学研究等。此外，人们还开发了一系列的数学计算程序。例如 MATLAB、Maple、Mathematica 等，为科学研究、工程设计以及必须进行有效数值计算的众多科学和工程领域提供了一种全面的解决方案，具有数值计算与分析、数字信号处理、数据可视化、系统建模与仿真、财务管理与金融工程分析等功能，并在很大程度上摆脱了传统非交互式程序设计语言（如 C、FORTRAN）的编辑模式。

计算机的模拟仿真技术在物理学、化学、工程、自然灾害预测等各个领域更是表现出无可替代的强大作用。正如美国经典物理学教材《计算机模拟方法在物理学中的应用》的作者在前言中所说，"计算物理是当今基础物理学和应用物理学中的一部分，计算已经变得和理论与实验一样同等重要。计算能力是科技工作者的一项重要技能。"在化学领域，计算化学更是取得了重要成果。例如：1998 年，英国人约翰·波普（John Pople）获得诺贝尔化学奖，其获奖理由是约翰·波普系统完整地建立了量子化学方法学，被应用于化学的各个分支。波普在量子化学和计算化学的研究中，基于薛定谔等物理学家提出的量子力学的基本原理，设计了量子化学综合软件包 Gaussian，将分子的特性以及某一化学反应输入计算机后，输出的将是对该分子的性质以及化学反应发生情况的描述，其结果常被用来解释各种类型的实验结果，使得量子化学计算与实验技术相得益彰。

化学反应极为迅速，在数百万分之一秒间，电子已经完成从一个原子向另一个原子的迁移。经典化学已经难以跟上这样的步伐，要想借助实验方法去描绘化学过程中的每一个小步骤几乎是不可能的任务。2013 诺贝尔化学奖授予了马丁·卡普拉斯（Martin Karplus）、迈克尔·莱维特（Michael Levitt）和亚利耶·瓦谢尔（Arieh Warshel），以奖励他们在"发展复杂化学体系多尺度模型"方面所做的贡献。他们综合了两个不同领域方法的精华，设计出了基于经典物理与量子物理学两大领域的方法，让化学家们得以借助计算机的帮助揭示化学的神秘世界。如今化学家在计算机上所进行的实验几乎与在实验室里做的一样多。从计算机上获得的理论结果被现实中的实验证实，之后又产生了新的线索，引导我们去探索原子世界工作的原理。在这一角度，理论和实践呈现出相辅相成、互相促进的关系。

在生命科学领域，霰弹枪算法（shotgun algorithm）大大提高了人类基因组测序的速度，蛋白质结构可以用绳结来模拟，蛋白质动力学可以用计算过程来模拟，细胞和电路类似，是一个自动调节系统，在疾病控制、药物研发中，计算生物学得到空前的发展。在医学领域，机器人手术、可视化技术以及各种借助于计算机的分析诊断系统早已在临床中广泛应用。

在人文和社会科学领域，社会学、经济学、管理学、法学、文学、艺术、体育等各学科，借助于计算机，通过抽象、建模而建立的数据信息系统举不胜举，将研究从定性分析向定量研究发展，使研究更高效更科学。例如：社会科学统计软件包 SPSS（statistical package for the social sciences）①，它是一个强大的数据统计分析软件包，具有数据管理、统计分析、统计建模、图表分析、输出管理等功能。其中，统计分析过程包括描述性统计、均值比较、一般线性模型、相关分析、回归分析、对数线性模型、聚类分析、数据简化、生存分析、时间序列分析、多重响应等若干大类。每类中又分不同的统计过程，如回归分析中又分线性回归分析、曲线估计、Logistic 回归、Probit 回归、加权估计、两阶段最小二乘法、非线性回归等多个统计过程。

计算科学和各学科的融合，不仅改变了各学科领域传统的研究模式，同时，研究的成果又不断地改变着我们生产和生活方式。今天，计算已经无处不在，计算技术已经嵌入到生产设备、劳动工具、电子产品、手持设备等各种各样的生产工具和生活用品中，使它们智能化，从而为人类的生活带来了无限便利，让我们的生活更加美好。

▶ 1.4.3 学习与知识创新

人非生而知之，我们所具有的任何知识和见地都源自后天的学习和经验，它要么来自个人的实践所得，要么源自他人的实践和所得，即便是圣人也不外如此。而借助

---

① SPSS 是世界上最早的统计分析软件，由美国斯坦福大学的三位研究生 Norman H. Nie、C. Hadlai (Tex) Hull 和 Dale H. Bent 于 1968 年研究开发成功，同时成立了 SPSS 公司。2000 年，随着 SPSS 产品服务领域的扩大和服务深度的增加，正式将英文全称更改为"统计产品与服务解决方案（statistical product and service solutions）"，标志着 SPSS 战略方向的重大调整。

于书本和教师的传授学习他人从实践所得的知识与经验，是我们提高自己学识并由此提升素质和能力的最便捷途径。在学习过程中，不仅要学习知识本身，更要学习他人思考问题、研究问题和解决问题的好的思想和方法。《礼记》云"博学之，审问之，慎思之，明辨之，笃行之"，这才是正确的学习态度，而不应该止步于书本的知识和教师的传授。

任何一门学科都包含基本理论和科学方法，基础知识、基本理论、基本技能层面的学习只能算是学习的初级阶段，只有领悟了如何思考、如何观察、如何发现和如何解决问题，掌握了其中的科学方法，才可以说达到了学习的最高境界。学习不仅与心理学、教育学有关，它还是一个哲学问题，既涉及知识本身，也涉及学习心理。对于知识，我们要做到不仅要知其然，还要知其所以然。对于学习本身，我们还要了解学习的心理学特征，了解人类学习行为是如何发生和发展的，人类的认知过程，学习的内部加工和外显行为等有关学习理论。

自然科学脱胎于哲学，在自然科学中随处可以看到哲学的影子，随时可以看到科学家观察世界、思考问题的身影。科学家工作的最终目标，就是帮助人们更深刻、更准确的认识、把握自然，借此产生和加深人们对自然界的基本看法和观点，形成正确的世界观。与此同时，科学家还建立了研究的思路和方法，形成了科学的方法论。因此，可以说科学探索是哲学发展的重要源泉，也是人类建立正确世界观的重要途径。

不同的学习阶段，学习也有着本质的不同，高等教育和基础教育的重要不同就是大学生不仅要学习知识，而且要学会创造知识。从各自学科的基础理论出发，领悟基本的科研思路和方法，从既往科学大家的身上感悟知识之外的睿智，从而培养自己的创造意识和创造能力，为科学进步贡献自己的聪明才智。在这个数字化和智能化的时代，计算思维必将为我们的知识创新开阔思路，赋能我们的研究、工作和生活。

▶▶ 1.5 思想的力量与启示

榜样的力量是无穷的。英国哲学家弗朗西斯·培根在《论学问》中曾经说过"读史使人明智"，在人类社会发展的滚滚红尘中，那些为了人类进步做出杰出贡献的人物，他们非凡的科学成就和勇于探索的精神，对年轻学子树立远大的理想抱负，建立积极的世界观、人生观和价值观，以及养成高尚的道德情操和对人格塑造有重要影响。

我们从计算学科出发，回顾近代科学的发展历史和出现的一代代科学大师、业界杰出人物，感受他们的思想和精神，以求对我们的研究有所启发和激励。

1. 阿兰·麦席森·图灵与图灵奖

阿兰·麦席森·图灵（Alan Mathison Turing），英国著名数学家、逻辑学家、密码学家，被称为计算机科学之父、人工智能之父。1912 年 6 月 23 日生于英国帕丁顿，1931 年进入剑桥大学国王学院，师从著名数学家哈代，1938 年在美国普林斯顿大学取得博士学位。第二次世界大战爆发后返回剑桥，曾协助军方破解德国著名的恩尼格玛（Enigma）密码，帮助盟军取得了第二次世界大战的胜利。图灵终身未婚。1954 年 6 月 7 日在曼彻斯特去世，年仅 42 岁。

图灵少年时就表现出独特的直觉创造能力和对数学的爱好。1926 年，他考入伦敦有名的舍本（Sherborne）公学，受到良好的中等教育。他在中学期间表现出对自然科学的极大兴趣和敏锐的数学头脑。1936 年 5 月，图灵完成了表述他最重要的数学成果的论文《论可计算数及其在判定问题中的应用》（*On Computable Numbers*, *with an Application to the Entscheidungsproblem*），该文于 1937 年在《伦敦数学会论文集》第 42 期上发表后，立即引起广泛的注意。文中，他分析了计算的过程，给出了理论上的"通用"计算机概念，并利用这一概念解决了大卫·希尔伯特[①]提出的一个著名的判定问题。1936 年 9 月，图灵应邀到美国普林斯顿高级研究院学习，与丘奇[②]一同工作。

1937 年，图灵发表了题为《可计算性与 λ 可定义性》（*Computability and λ-Definability*）的文章，拓广了丘奇提出的"丘奇论点"，形成"丘奇–图灵论题"，对计算理论的严格化，对计算机科学的形成和发展都具有奠基性的意义。1938 年，图灵在普林斯顿获博士学位，其论文题目为《以序数为基础的逻辑系统》（*Systems of Logic Based on Ordinals*），1939 年正式发表，在数理逻辑研究中产生了深远影响。1938 年夏，图灵回到英国，仍在剑桥大学国王学院任研究员，继续研究数理逻辑和计算理论，同时开始了计算机研制工作。

1939 年，第二次世界大战欧洲战场爆发，战争打断了他的正常研究工作，1939 年秋，他应召到英国外交部通信处从事军事工作，主要是破译敌方密码。由于破译工作的需要，他参与了世界上最早的电子计算机的研制工作。1945 年，图灵结束了在外交部的工作，继续恢复计算机逻辑研究工作。同年，开始了"自动计算机"（ACE）的逻辑设计和具体研制工作，完成了一份长达 50 页的关于 ACE 的设计说明书（*Proposals for Development in the Mathematics Divison of an ACE*）。在图灵的设计思想指导下，1950 年研制出了 ACE 样机。该说明书在保密了 27 年之后，于 1972 年正式公开。

1950 年，图灵提出关于机器思维的问题，他的论文《计算机和智能》（*Computing Machinery and Intelligence*），引起了广泛的关注和深远的影响。1956 年，在收入一部文集时此文改名为《机器能够思维吗？》（*Can a Machine Think?*），该文至今仍是研究人工智能的首选读物之一。

图灵思想活跃，他的创造力也是多方面的。在《形态形成的化学基础》一文中，他用

---

① 大卫·希尔伯特（David Hilbert, 1862—1943 年），德国数学家，是 19 世纪和 20 世纪初最具影响力的数学家之一。希尔伯特 1862 年出生于哥尼斯堡，1943 年在德国哥廷根逝世。他因为发明和发展了大量的思想观念（例如：不变量理论、公理化几何、希尔伯特空间）而被尊为伟大的数学家、科学家。希尔伯特和他的学生为形成量子力学和广义相对论的数学基础做出了重要贡献。他还是证明论、数理逻辑、区分数学与元数学之差别的奠基人之一。希尔伯特在 1900 年 8 月 8 日于巴黎召开的第二届世界数学家大会上的著名演讲中提出了 23 个数学难题，希尔伯特问题在过去百年中激发数学家的智慧，指引数学前进的方向，对数学发展具有巨大的影响和推动作用。

② 阿隆佐·丘奇（Alonzo Church, 1903—1995 年），美国数学家，1936 年发表可计算函数的第一份精确定义，对算法理论的发展做出巨大贡献。丘奇在普林斯顿大学受教并工作 40 年，曾任数学与哲学教授。

相当深奥而独特的数学方法，研究了决定生物的颜色或形态的化学物质（他称之为成形素）在形成平面形态（如奶牛体表的花斑）和立体形态（如放射形虫和叶序的分布方式）中的分布规律性，试图阐释"物理化学规律可以充分解释许多形态形成的事实"这一思想。图灵还进行了后来被称为"数学胚胎学"的奠基性研究工作。他还试图用数学方法研究人脑的构造问题，例如估算出一个具有给定数目的神经元的大脑中能存储多少信息的问题等。这些，至今仍然是吸引着众多科学家的新颖课题。

图灵是一位科学史上罕见的具有非凡洞察力的奇才，他是计算机逻辑的奠基者，提出了"图灵机"和"图灵测试"等重要概念。为纪念其在计算机领域的卓越贡献，美国计算机协会（association for computing machinery，ACM）于 1966 年设立"图灵奖"，专门奖励那些对计算机科学研究与推动计算机技术发展有卓越贡献的杰出科学家。设立的初衷是因为计算机技术的飞速发展，尤其到 20 世纪 60 年代，已成为一个独立的有影响的学科，信息产业也逐步形成，但在这一产业中却一直没有一项类似"诺贝尔""普利策"等的奖项来促进该学科的进一步发展，于是"图灵奖"便应运而生，它被公认为是计算机界的"诺贝尔"奖。

2. 自然科学领域的科学巨匠

在自然科学领域，从理论到应用，众多的科学巨匠和科学家潜心科学，他们的成就将科学不断推向更高水平，为科技进步和人类文明做出了开拓性和奠基性的工作。在科学的殿堂里，群星璀璨，我们不能一一列举，只是通过一些具有划时代意义的科学巨人的研究和贡献，再一次体会他们的思想，聆听智慧的声音。

艾萨克·牛顿（Isaac Newton，1643—1727 年），英国伟大的数学家、物理学家、天文学家和自然哲学家，研究领域包括物理学、数学、天文学、神学、自然哲学和炼金术。其主要贡献包括：发明了微积分，发现了万有引力定律，建立了经典力学理论，设计并实际制造了第一架反射式望远镜等。

1687 年，牛顿出版了《自然哲学的数学原理》一书，对万有引力和三大运动定律进行了描述。这些描述奠定了此后三个世纪里物理世界的科学观点，并成为现代工程学的基础。牛顿是万有引力定律的发现者，他在 1665—1666 年开始考虑这个问题。在伽利略[①]等人工作的基础上进行深入研究，总结出了物体运动的三个基本定律（牛顿三定律）。牛顿把地球上物体的力学和天体力学统一到一个基本的力学体系中，创立了经典力学理论体系，正确地反映了宏观物体低速运动的宏观运动规律，实现了自然科学的第一次大统一，是人类对自然界认识的一次巨大飞跃。

在牛顿的全部科学贡献中，微积分的创立是牛顿最卓越的数学成就。牛顿为解决运动

---

① 伽利略·伽利雷（Galileo di Vincenzo Bonaulti de Galilei，1564—1642 年），意大利天文学家、物理学家和工程师、欧洲近代自然科学的创始人。伽利略被称为"观测天文学之父""现代物理学之父""科学方法之父""现代科学之父"。伽利略研究了速度和加速度、重力和自由落体、相对论、惯性、弹丸运动原理等。伽利略提倡哥白尼的日心说，与当时普遍的地心说观点相悖。1615 年，尼古拉·洛里尼神父将伽利略关于日心论的著作提交给罗马宗教裁判所，得出的结论是日心论"在哲学上是愚蠢而荒谬的"，与圣经和上帝相违背，并被定义为异端，后被软禁。

问题，创立了这种和物理概念直接联系的数学理论，牛顿称之为"流数术"。它所处理的一些具体问题，如切线问题、求积问题、瞬时速度问题以及函数的极大和极小值问题等，是在总结前人的研究成果基础上，对以往分散的结论加以综合，将自古希腊以来求解无限小问题的各种技巧统一为两类普通的算法——微分和积分，并确立了这两类运算的互逆关系，从而完成了微积分发明中最关键的一步，为近代科学发展提供了最有效的工具，开辟了数学上的一个新纪元。牛顿未及时发表微积分的研究成果，他研究微积分可能比莱布尼茨早一些，但是莱布尼茨所采取的数学符号等表达形式更加合理，且关于微积分的著作出版时间比牛顿早。

牛顿被誉为人类历史上最伟大、最有影响力的科学家。为了纪念牛顿在经典力学方面的杰出成就，"牛顿"的名字后来成为衡量力的大小的物理单位。在晚年，牛顿潜心于自然哲学与神学，1727年3月31日，牛顿在伦敦病逝。

戈特弗里德·威廉·莱布尼茨（Gottfried Wilhelm Leibniz，1646—1716年），德国哲学家、数学家，在数学史和哲学史上都占有重要地位，被誉为17世纪的亚里士多德。在数学上的贡献有：和牛顿先后独立发明了微积分（1684年），他所使用的微积分的数学符号被更广泛地使用。对二进制的发展做出了贡献。

在哲学上，莱布尼茨的乐观主义最为著名。他认为，"我们的宇宙，在某种意义上是上帝所创造的最好的一个"。他和笛卡尔、巴鲁赫·斯宾诺莎被认为是17世纪三位最伟大的理性主义哲学家。在预见了现代逻辑学和分析哲学诞生的同时，莱布尼茨也显然深受经院哲学传统的影响，更多地应用第一性原理或先验定义，而不是实验证据来推导以得到结论。

约翰·道尔顿（John Dalton，1766—1844年），英国化学家、物理学家，原子论的创立者，近代化学之父。道尔顿继承古希腊朴素原子论和牛顿微粒说，1803年提出原子论，其要点：① 化学元素由不可分的微粒——原子构成，它在一切化学变化中是不可再分的最小单位。② 同种元素的原子性质和质量都相同，不同元素原子的性质和质量各不相同，原子质量是元素基本特征之一。③ 不同元素化合时，原子以简单整数比结合。

在科学理论上，原子论揭示了一切化学现象的本质都是原子运动，明确了化学的研究对象，对化学真正成为一门学科具有重要意义。在哲学思想上，原子论揭示了化学反应的现象与本质的关系，继天体演化学说诞生以后，又一次冲击了当时僵化的自然观，为科学方法论的发展、辩证自然观的形成及整个哲学认识论的发展具有重要意义。

迈克尔·法拉第（Michael Faraday，1791—1867年），世界著名的自学成才的科学家，英国物理学家、化学家，发明家，他是发电机和电动机的发明者。不仅如此，是法拉第把磁力线和电力线的重要概念引入物理学，通过强调不是磁铁本身而是它们之间的"场"的思想，为当代物理学中的许多进展开拓了道路。

1812年2—4月，21岁的法拉第有幸在皇家研究所听了戴维①的四次化学讲演。这位

---

① 汉弗莱·戴维（Sir Humphry Davy，1778—1829年），英国化学家，一生科学贡献甚丰，包括：开创农业化学，发明煤矿安全灯，发现钠、钾、镁、钙等单质。戴维本人认为，自己的最大贡献是发现法拉第。

大化学家渊博的知识立即吸引了年轻的法拉第。他精心整理听课笔记并装订成一本精美的书册，取名《戴维爵士演讲录》，并附上一封渴望做科学研究工作的信，于1812年圣诞节前夕一起寄给了戴维。法拉第热爱科学的激情感动了戴维，他所精心整理装订的"精美记录册"更使戴维深感欣慰，于是戴维特推荐他于1813年3月进入皇家研究所当他的助手，从此法拉第走上了科学研究的道路。

1820年，丹麦物理学家汉斯·奥斯特（1777—1851年）发现电流的磁效应，发现如果电路中有电流通过，它附近罗盘的磁针就会发生偏移，磁效应受到了科学界的关注。1821年，英国《哲学年鉴》主编约请戴维撰写一篇文章，评述自奥斯特的发现以来电磁学实验的理论发展概况，戴维把这一工作交给了法拉第，法拉第在收集资料的过程中，对电磁现象产生了极大的热情，并开始转向电磁学研究。

1821年，法拉第从电磁效应中得到启发，认为假如磁铁固定，线圈就可能会运动。根据这种设想，他成功地发明了一种简单的装置。在装置内，只要有电流通过线路，线路就会绕着一块磁铁不停地转动。事实上法拉第发明的是第一台电动机。1831年，法拉第发现一块磁铁穿过一个闭合线路时，线路内就会有电流产生，这个效应叫电磁感应。电磁感应俗称磁生电，电磁感应可以用来产生连续电流，这是发电机的原理。

詹姆斯·克拉克·麦克斯韦（James Clerk Maxwell，1831—1879年），英国伟大的物理学家、数学家，经典电磁理论的创始人。科学史上，称牛顿把天上和地上的运动规律统一起来，是实现第一次大综合，而麦克斯韦把电学、磁学和光学统一起来，是实现第二次大综合，其成就与牛顿齐名。1873年麦克斯韦出版的《论电和磁》被尊为继牛顿《自然哲学的数学原理》之后的一部最重要的物理学经典。

麦克斯韦生前没有享受到他应得的荣誉，因为他的科学思想和科学方法的重要意义直到20世纪科学革命来临时才充分体现出来，他没能看到科学革命的发生。1879年11月5日，麦克斯韦因病在剑桥逝世，年仅48岁。那一年正好爱因斯坦出生。麦克斯韦被普遍认为是对20世纪最有影响力的19世纪物理学家。没有电磁学就没有现代电工学，也就不可能有现代文明。造福于人类的无线电技术，就是以电磁场理论为基础发展起来的。

海因里希·鲁道夫·赫兹（Heinrich Rudolf Hertz，1857—1894年），德国物理学家，于1888年首先证实了电磁波的存在，通过实验，他证明电信号像麦克斯韦和法拉第预言的那样可以穿越空气，这一理论是发明无线电的基础。他注意到带电物体当被紫外光照射时会很快失去它的电荷，发现了光电效应，后来由爱因斯坦给予解释。

在当时的德国，人们依然固守着牛顿的传统物理学观念，法拉第、麦克斯韦的理论对物质世界进行了崭新的描绘，但是违背了传统，因此在德国等欧洲中心地带毫无立足之地，甚至被当成奇谈怪论。当时支持电磁理论研究的，只有波尔茨曼和亥姆霍兹，赫兹后来成了亥姆霍兹的学生。在老师的影响下，赫兹对电磁学进行了深入的研究，在进行了物理事实的比较后，他确认，麦克斯韦的理论比传统的"超距理论"更令人信服，于是他决定用实验来证实这一点。1886年，赫兹经过反复实验，发明了一种电波环，用这种电波环做了一系列的实验，终于在1888年发现了人们怀疑和期待已久的电磁波。赫兹的实验公布后，轰动了全世界的科学界，由法拉第开创、麦克斯韦总结的电磁理论，至此取得了决定性的胜利。

路易斯·巴斯德（Louis Pasteur，1822—1895 年），法国微生物学家、化学家，近代微生物学的奠基人。像牛顿开辟了经典力学一样，巴斯德开辟了微生物领域，创立了一整套独特的微生物学基本研究方法。他研究了微生物的类型、习性、营养、繁殖、作用等，奠定了工业微生物学和医学微生物学的基础，并开创了微生物生理学。在战胜狂犬病、鸡霍乱、炭疽病、蚕病等方面都取得了成果。

他用一生的精力证明了三个科学问题：① 每一种发酵作用都是由于一种微菌的发展，用加热的方法可以杀灭那些让啤酒变苦的恼人的微生物，从而发明了"巴氏杀菌法"，并应用在各种食物和饮料上。② 每一种传染病都是一种微菌在生物体内的发展。③ 传染病的微菌，在特殊的培养之下可以减轻毒力，使他们从病菌变成防病的疫苗。他意识到许多疾病均由微生物引起，于是建立起了细菌理论，使医学迈进了细菌学时代。

阿尔弗雷德·伯纳德·诺贝尔（Alfred Bernhard Nobel，1833—1896 年），瑞典化学家、工程师、发明家、军工装备制造商和炸药的发明者。诺贝尔的父亲伊曼纽尔·诺贝尔是位发明家，在俄国拥有大型机械工厂。在父亲永不停息的创造精神的影响和引导下，诺贝尔走上了科学发明道路。他的 299 种发明专利中有 129 种发明是关于炸药的，因此诺贝尔又被称为炸药大王。

诺贝尔本质上是一位和平主义者，希望他发明的破坏性炸药有助于消灭战争。他对各种人道主义和科学的慈善事业捐款十分慷慨，在他生命的最后几年里，立下遗嘱，设立了后来成为国际最高荣誉的奖项——诺贝尔奖。诺贝尔奖创立于 1901 年，按照诺贝尔最后的遗嘱，奖项设为：物理学奖、化学奖、生理学或医学奖、文学奖、和平奖，后来的诺贝尔经济学奖则是瑞典国家银行在 1968 年为纪念诺贝尔而增设的。

德米特里·伊万诺维奇·门捷列夫（1834—1907 年），19 世纪俄国化学家，他发现了元素周期律，并就此发表了世界上第一份元素周期表。门捷列夫在批判地继承前人工作的基础上，对大量实验事实进行了订正、分析和概括，并进行了大量的实验。1869 年 2 月19 日，他发现了元素周期律，这就是：简单物体的性质，以及元素化合物的形式和性质，都和元素原子量的大小有周期性的依赖关系。

由于时代的局限性，门捷列夫的元素周期律并不是完整无缺的。1894 年，稀有气体氩的发现，对周期律是一次考验和补充。1913 年，英国物理学家莫塞莱在研究各种元素的伦琴射线波长与原子序数的关系后，证实原子序数在数量上等于原子核所带的阳电荷，进而明确作为周期律的基础不是原子量而是原子序数，进一步阐明了周期律的本质，把周期律这一自然法则放在更严格更科学的基础上。元素周期律经过后人的不断完善和发展，在人类的科学研究中一直发挥着重要的作用。

托马斯·阿尔瓦·爱迪生（Thomas Alva Edison，1847—1931 年），美国著名发明家、企业家，他是历史上第一个系统性地将大规模生产原则与电气工程研究相结合的发明家，他建立的门洛帕克实验室（Menlo Park Laboratory）被誉为现代工业研发实验室的雏形。

爱迪生是技术史上著名的天才之一，拥有超过 2 000 项发明，其中的四大发明——留声机、电灯、电力系统和有声电影，对人类的文明进步起到了巨大的推动作用。

马克斯·普朗克（Max Karl Ernst Ludwig Planck，1858—1947 年），德国物理学家，量子力学的创始人，20 世纪最重要的物理学家之一，因发现能量子而对物理学的进展做出了重要贡献。量子力学被认为是 20 世纪最重要的科学发现，其重要性甚至可以超过爱因斯坦的相对论。

1900 年，普朗克提出了一个大胆的假说，认为：辐射能（即光波能）不是一种连续不断地流的形式，而是由小微粒组成的，他把这种小微粒叫作量子。普朗克的假说与经典的光学说和电磁学说相对立，使物理学发生了一场革命，使人们对物质性和放射性有了更为深刻的了解。从此，揭开了量子力学的序幕。

阿尔伯特·爱因斯坦（Albert Einstein，1879—1955 年），美籍德裔犹太人，现代物理学的开创者、奠基人。他创立了代表现代物理学的相对论，为核能开发奠定了理论基础，开创了现代科学新纪元，被公认为是自伽利略、牛顿以来最伟大的科学家、物理学家。

1905 年 3 月，发表量子论，提出光量子假说，解决了光电效应问题。1905 年 6 月 30 日，德国《物理学年鉴》接受了爱因斯坦的论文《论动体的电动力学》，在同年 9 月的该刊上发表。这篇论文是关于狭义相对论的第一篇文章，它包含了狭义相对论的基本思想和基本内容。论文并没有立即引起很大的反响，但是德国物理学权威普朗克注意到了他的文章，认为爱因斯坦的工作可以与哥白尼相媲美，正是由于普朗克的推动，相对论很快成为人们研究和讨论的课题，爱因斯坦也受到了学术界的注意。当年，爱因斯坦 26 岁。

相对论认为，光速在所有惯性参考系中不变，它是物体运动的最大速度。由于相对论效应，运动物体的长度会变短，运动物体的时间膨胀。但由于日常生活中所遇到的问题，运动速度都是很低的（与光速相比），看不出相对论效应。爱因斯坦在对时空观的彻底变革的基础上建立了相对论力学，指出质量随着速度的增加而增加，当速度接近光速时，质量趋于无穷大，给出了著名的质能关系式：$E=mc^2$，这对后来发展的原子能事业起到了指导作用。

埃尔温·薛定谔（Erwin Schrödinger，1887—1961 年），奥地利物理学家，量子力学奠基人之一，发展了分子生物学。因发展了原子理论，和狄拉克（Paul Dirac）共获 1933 年诺贝尔物理学奖，于 1937 年荣获马克斯·普朗克奖章。物理学方面，在德布罗意[①]物质波理论的基础上，建立了波动力学。

1924 年，德布罗意提出了微观粒子具有波粒二象性，即不仅具有粒子性，同时也具有波动性。在此基础上，1926 年薛定谔提出用波动方程描述微观粒子运动状态的理论，后称薛定谔方程，奠定了波动力学的基础。薛定谔方程是量子力学中描述微观粒子

---

① 路易·维克多·德布罗意（Louis Victor de Broglie，1892—1987 年），法国理论物理学家，波动力学创始人，物质波理论的创立者，量子力学的奠基人之一，1929 年获诺贝尔物理学奖。

运动状态的基本定律，它在量子力学中的地位大致相似于牛顿运动定律在经典力学中的地位。

史蒂芬·威廉·霍金（Stephen William Hawking，1942—2018 年），英国剑桥大学应用数学及理论物理学教授，当代最重要的理论物理学家和宇宙学家，还被称为"宇宙之王"。21 岁时因不幸患卢伽雷氏症，导致肌肉萎缩，只有二根手指可以活动。1985 年，因患肺炎做了穿气管手术，被彻底剥夺了说话的能力，演讲和问答只能通过语音合成器来完成。

他提出了关于宇宙大爆炸和黑洞蒸发的重要理论，在统一 20 世纪物理学的两大基础理论——爱因斯坦的相对论和普朗克的量子论方面走出了重要一步。1988 年出版《时间简史》，副标题是从大爆炸到黑洞，在经典物理和量子物理方面，探讨了宇宙的起源。

3. 应用创新让我们的生活更美好

不是所有的人都可以有伟大的原始理论创新，但在科技应用领域，一大批伟大的科技创新和发明改变着我们的生活，让我们的生活更加美好。从爱迪生到比尔·盖茨，从 IBM 到苹果公司，从思科到华为，从浏览器到搜索引擎，从 Facebook 到微信，从亚马逊商城到阿里巴巴，从 ChatGPT 到 DeepSeek，给我们的生活带来了美好的体验和无限的便利，这是一个"不怕做不到，就怕想不到"的时代。

在信息化高度发达的社会，正如 MIT 尼尔·格申菲尔德[1]教授所说的那样，科技创新不再是少数被称为科学家的人群的专利，每个人都是科技创新的主体。传统的以技术发展为导向、科研人员为主体、实验室为载体的科技创新活动正面临挑战，以用户为中心、以社会实践为舞台、以共同创新、开放创新为特点的用户参与的创新 2.0 时代已经到来。

▶▶ 本章小结

本章首先介绍了人类社会的发展，介绍了信息社会及其特征、信息社会对人的能力需求，介绍了素质和信息素养的基本概念，明确了学习计算机技术的重要性。讲解了人类思维与逻辑学的相关知识，从人类思维的高度，介绍了计算科学在人类思维中的作用，并讲解了主要的计算思维方法。从科学知识体系角度，给出了计算机科学一个简略的科学知识图谱，介绍了计算科学和其他学科的交叉和融合。最后，介绍了自然科学领域的那些划时代的科学巨匠及他们的科学成就，还介绍了应用创新的思想，以期对学生未来的学习和科研工作有所启迪。

---

[1] 尼尔·格申菲尔德（Neil Gershenfeld，1959—），麻省理工学院（MIT）教授，Fab Lab（Fabrication Laboratory）概念的创始人，他的理念是"个人制造"，即通过技术赋能，让每个人都能成为创造者，而不仅仅是消费者。格申菲尔德在物联网领域也有重要贡献，他提出了"物联网"这一概念的早期雏形，并研究了如何将计算和通信能力嵌入物理对象中。

1. 关于人类历史发展，可以从生产力、生产关系、政治制度等不同的角度来划分，若从生产关系和政治制度角度划分，人类社会都经历了哪几种社会发展阶段？并简要说明。

2. 什么是信息社会？信息社会的主要特征是什么？

3. 简述下列概念：

数据，信息，信号，素质，信息技术，信息素养，信息社会

4. 在教育界，通常将广义知识分为知识和技能，谈谈你对知识和技能的理解。

5. 关于"命题"，在哲学、数学、逻辑学、语言学中有不同的定义和解释，说明在数学中关于命题的概念，并举例说明。

6. 什么是思维？思维和感觉有何不同？人类思维有哪几种基本形态？并简要说明。

7. 在日常生活中，关于思维经常涉及悖论、诡辩术，阅读下列故事。

有三个人住店，每人交了 10 元钱，后来老板娘说今天住店优惠，返回住店费 5 元钱，并要店小二交给三个住店的人。店小二将其中的 2 元钱私自扣下，然后退给了每个人 1 元钱。这样，每个人就相当于付了 9 元钱的住店费，一共是 9×3 = 27 元钱，店小二扣下了 2 元钱，这样共 27+2 = 29 元钱，那么三人交的 30 元钱的那 1 元钱去哪儿了呢？

分析上述故事，说明其中的逻辑错误。

8. 在哲学和逻辑学上，将思维分为形象思维与逻辑思维两种主要的思维形态，对于计算思维、数学思维、工程思维等新的提法，你如何理解？

9. 如何理解"计算思维的本质是抽象和自动化"这句话的含义？计算思维有哪些主要的方法？简要说明。

10. 关于计算思维，除了周一真教授的定义外，不同的学者和研究人员也给出了许多不同的解释。本书认为：借助于计算能力进行问题求解的思维和意识就是计算思维，计算思维通常表现为人们在问题求解时对计算、算法、数据及其组织、程序、自动化等概念的潜意识的应用。你如何理解计算思维？

11. 模拟和仿真是两个非常相似的概念，但本质不同，如何理解？

12. 对于计算科学和各学科的交叉和融合，你如何理解？从 1998 年和 2013 年的诺贝尔化学奖中你受到怎么样的启示？你如何理解专业知识和计算思维及计算素养的关系。

13. 电在人类文明中具有举足轻重的地位，历史上许多人对电都做出过杰出贡献，除了法拉第和麦克斯韦外，还有库仑、伏特、奥斯特、安培等。请说明他们的主要贡献。

14. 量子理论是 20 世纪最伟大的科学成就之一，这一领域还有哪些伟大的科学家，他们都做出了哪些非凡的成就？请留意他们做出成就的年龄。

15. 网络社会是一个"不怕做不到，就怕想不到"的社会，从微软、IBM、Sun、Google、百度、Facebook、Twitter、华为、阿里巴巴、腾讯、字节跳动、DeepSeek 等这些企业的巨大成功中，你得到了怎样的启示？

16. 关于第四次科技革命，它的产生背景、主要技术、发展方向，你是如何理解的？

17. 结合物联网技术的发展，谈谈你对社会数字化转型的认识，对社会发展有何影响？

第 2 章

计算与计算机

【本章导读】

早在公元前 1500 多年前，人类就掌握了"结绳记数"的方法。在人类漫长的文明发展过程中，记数和计算伴随着人类文明的不断发展和进步。社会需求推动计算工具的不断发展，直到 20 世纪中叶电子计算机的发明，计算才进入电子计算机时代，计算机也成为人类从工业社会进入信息社会的直接推动力，成为第三次科技革命的重要标志。

本章从数的起源和计算的演化讲起，讲述了人类研究计算工具的漫长历史。对电子计算机的产生背景，从理论基础到技术发展进行了梳理，讲解电子计算机的诞生和电子计算机的不同发展阶段。讲解数制的概念，以及数的计数和存储方式。讲解电子计算机硬件系统和软件系统，对微型计算机硬件进行了介绍。最后，讲解了计算机网络（计算机互联）的概念与技术，进一步介绍了互联网（网络互联）和物联网（万物互联）相关知识。

【知识要点】

第 2.1 节：数的记法，数的符号，阿拉伯数字，算筹，算盘，纳皮尔筹，计算尺，计算器。

第 2.2 节：差分机，分析机，机电式计算机，二进制，数理逻辑，逻辑演算，布尔代数，图灵机，ENIAC 计算机，UNIVAC 计算机，ABC 计算机，计算机的发展。

第 2.3 节：冯·诺依曼计算机体系结构，基于总线的微型计算机结构，多处理器计算机结构，中央处理器，多核处理器，CPU 指令集，运算速度，存储器，内存储器，外存储器，机械硬盘，固态硬盘，硬盘分区，I/O 系统，接口，指令系统，微机，主板。

第 2.4 节：数的进制，二进制，原码，反码，补码，定点存储，浮点存储，ASCII 码，汉字编码，汉字区位码、汉字机内码、汉字输入码、汉字字形码，Unicode 编码。

第 2.5 节：操作系统，简单批处理操作系统，多道程序批处理系统，分时系统，处理器管理，内存储器管理，外存储器管理，设备管理，人机接口。

第 2.6 节：计算机网络，OSI 参考模型，数据封装，数据解封装，网络协议，TCP/IP 模型，IP 地址，网络地址，广播地址，私有地址，子网编址，ARPA 网，域名，域名解析，Web 服务，浏览器/服务器（B/S）架构，物联网（IoT），感知层，网络层，无线通信。

2.1 数与计算问题

数是抛开事物的具体特征，表示事物量的概念，数是事物的高度抽象，誉为自然科学之父。从数的概念产生之日起，记数和数的计算问题也相伴而生，并始终伴随着人类的进化和人类文明的发展过程。

2.1.1 数的起源

我们试图从已有的研究成果中探究数的起源，但发现这和关于人类的起源一样，没有定论。就如人类的起源、语言和文字的产生一样，人类学家、考古学家、生物学家、历史学家，甚至哲学家、宗教人士和神学家都有自己的研究和观点，但在学术上却难以达成一致。关于数的概念，一种朴素的说法是人类的祖先为了生存，他们过着群居生活，白天搜寻野兽和飞禽、采摘果蔬等食物，晚上一起享受。在长期的共同生活中，他们需要交流思想和情感，于是产生了语言。在人类语言的发展中，逐渐有了数的概念。最早的数的概念是"有"和"无"，后来把"有"分成了"一""二""三"和"多"等不同情况，这样就有了数。

1. 数的记法

怎么来记录数呢？考古学家发现，在中东地区的幼发拉底河与底格里斯河之间及周围，产生过一种文化，他们在树木或者石头上刻痕划印来记录流逝的日子，这和埃及文化一样。虽然他们相距甚远，但都用单划表示"一"。大约在 5000 年以前，埃及的祭司在一种用芦苇制成的草纸上书写数的符号。公元前 1500 年，南美洲秘鲁印加人（印第安人的一部分）习惯于"结绳记数"——每收进一捆庄稼，就在绳子上打个结，用结的多少来记录收成。"结"与痕有一样的作用，也是用来表示自然数的。

对于数的记法，中国先民也是"结绳而治"，就是用在绳上打结的办法来记事表数。后来又改为"书契"，即用刀在竹片或木头上刻痕记数，用一划代表"一"。《周易》中说"上古结绳而治，后世圣人易之为书契"，就是说上古结绳记数。《说文解字》上说伏羲"始作易八卦，以垂宪象。及神农氏结绳为治以统其事"。又说黄帝指示仓颉"初造书契"。直到解放初，我国有些少数民族部落仍然采用结绳和刻木的方法记事记数。今天，我们还常用"正"字来记数，每一划代表"一"。当然，这个"正"字还包含着"逢五进一"的意思。

在中国，记数法发展出数字符号记数和算筹记数两种方法。数字符号记数可以追溯到中华文明的早期。在西安半坡遗址就出土了大量带有数字符号的陶片，在临潼姜寨遗址，在距今 4400 年到 4600 年的陶片上也有很多的数字符号。在登封的陶文中有算筹记数符号。甲骨文中的数字符号（如图 2-1 所示）则更加完备，记数法采用了现代意义上的十进制记数法。

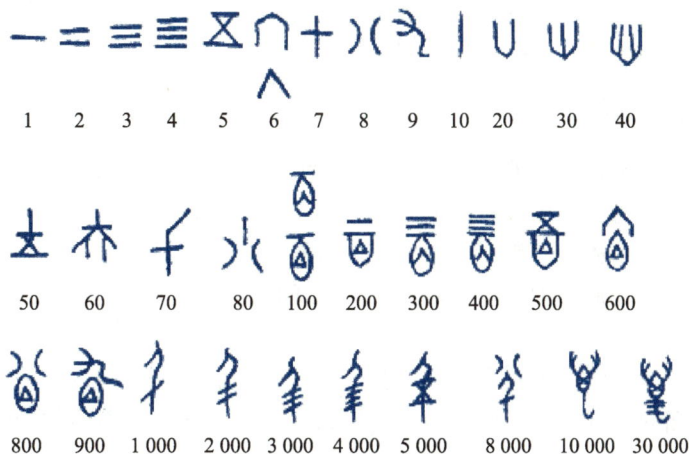

图 2-1　甲骨文中的数字

考古发现，不同的文明和文字，都有其独特的记数法，例如：中文数字、罗马数字、阿拉伯人数字（阿拉伯文字中的数字）、阿拉伯数字等。在这些不同的记数法中，阿拉伯数字的影响最为广泛。阿拉伯数字是由印度人发明，经阿拉伯人传入欧洲，被欧洲人误认为是阿拉伯人的记数法。阿拉伯数字由 1、2、3、4、5、6、7、8、9、0 十个符号组成，采用十进制法记数，笔画简单，书写方便，特别是用来笔算时，演算便利。阿拉伯数字逐渐在各国流行起来，成为世界各国通用的数字记法。

2. 阿拉伯数字

公元 3 世纪，古印度的一位科学家巴格达发明了阿拉伯数字。最古老的记数的数目大概至多到 3，为了要设想 "4" 这个数字，就必须把 2 和 2 加起来，5 是 2 加 2 加 1，3 这个数字是 2 加 1 得来的。后来古编人在这个基础上加以改进，并发明了表达数字的 1、2、3、4、5、6、7、8、9、0 十个符号。

公元 700 年前后，阿拉伯人征服了印度旁遮普地区，他们吃惊地发现：被征服地区的数学比他们先进，于是就吸收这些数字。公元 771 年，印度北部的数学家被抓到了阿拉伯的巴格达，被迫给当地人传授新的数学符号和体系，以及印度式的计算方法。后来，阿拉伯人把这种数字传入西班牙。公元 10 世纪，又由教皇热尔贝·奥里亚克传到欧洲其他国家。公元 1200 年左右，欧洲的学者正式采用了这些符号和体系。公元 13 世纪，在意大利数学家斐波那契的倡导下，普通欧洲人也开始采用阿拉伯数字，15 世纪时这种现象已相当普遍。正因阿拉伯人的传播，所以人们称其为 "阿拉伯数字"。

阿拉伯数字用 0、1、2、3、4、5、6、7、8、9 共 10 个数字记数，采用位值法，高位在左，低位在右，从左往右书写。借助一些简单的数学符号（小数点、负号等），这个系统可以明确地表示所有的有理数，从而建立起了现代意义上的数字和计算体系。为了表示极大或极小的数字，人们在阿拉伯数字的基础上创造了科学记数法。

大约在 13 到 14 世纪，阿拉伯数字从欧洲传入我国，由于我国自己的数字表示方式（〇、一、二、三、四、五、六、七、八、九、十、百、千、万、亿……）也很方便，所以没有普遍使用，直到 20 世纪初阿拉伯数字才在我国逐渐推广使用。

▶ 2.1.2 计算工具

数总是和计算联系在一起的，古人的结绳记数、刻痕记数、石子或贝壳记数等不仅是一种记数方法，本身也包含了计算的概念。在人类文明的发展过程中，人们在社会生产劳动中，总是在不断地创造新的生产、生活工具，这也包括了计算工具。古今中外，人类创造了众多的计算工具，每一种计算工具的发明无不闪烁着智慧的光芒。

1. 算筹

算筹是我国古代发明的记数和计算工具。据史书记载和考古发现，古代的算筹是一根根同样长短和粗细的小棍子，长约 12 cm 左右，径粗 2~3 mm，多用竹子制成，也有用木头、兽骨、象牙、金属等材料制成的，大约几十甚至上百枚为一束，放在一个布袋里，系在腰部随身携带。需要记数和计算的时候，就把它们取出来，放在桌上、炕上或地上进行摆弄。关于算筹的起源，有说法是算筹源于使用蓍草制成的算策。蓍草是一种多年生草本植物，每年生一茎，可用作算策，作为占卜工具。至于算筹出现的年代，据史料推测，一种普遍的说法是算筹最晚出现在春秋晚期战国初年，即公元前 400 年前后。

（1）算筹记数

在算筹记数法中，以纵横两种排列方式来表示单位数目，其中 1~5 均分别以纵横方式排列相应数目的算筹来表示，6~9 则以上面的算筹再加下面相应的算筹来表示。表示多位数时，个位用纵式，十位用横式，百位用纵式，千位用横式，依次类推，遇零则置空，如图 2-2 所示。

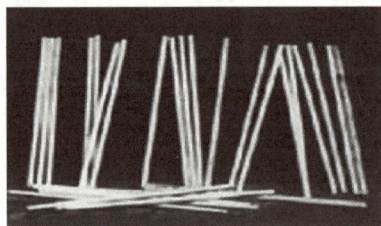

(a) 算筹　　　　　　　　　　　　　(b) 算筹记数

图 2-2　算筹工具

算筹是我国古代长期使用的计算工具。用算筹表示一个多位数字，称为布筹，有纵、横两种布筹方法。像现在用阿拉伯数字记数一样，把各位的数目从左往右横列，但各位数目的筹式要纵横相间，遇零用空位。13 世纪后，算筹式记数法被描摹应用于纸上，空位加框"□"，由于行书连笔书写的习惯，以后演变为圈"〇"，这就是中国的零的符号。

此外，在《九章算术》和《梦溪笔谈》卷八中有"算法用赤筹、黑筹，以别正负之数"的说法。

（2）算筹计算

算筹不仅可以记数，更重要的是还可以使用算筹进行运算。使用算筹进行计算的方法，称为筹算。算筹一般布置在地面运算，也有布置在桌上运算的。南宋黄伯思著《燕几图》中列举布算桌，长 7 尺，宽 5 尺许，小布算长宽为 5 尺余。清代数学家劳乃宣说："盖古者席地而坐，布算于地，后世施于几案"。不论是地面、桌子还是几案，我们都可以把他们视为算板，筹算就是在算板上进行的。

从本质上说，算筹表示的是一种位置模式。算筹在算板上按照需要排列，形成筹式，同样的筹，所在的位置不同，表示的数也不同，这是进位制的思想，可见我国古代的算筹记数法实际上是一种进位制思想了。人们发明了筹算的一些基本法则，可以使用算筹完成四则运算、开方、方程求解等多种复杂的计算。中国古代数学之所以在计算方面取得了许多卓越的成就，在一定程度上应该归功于这一符合十进位制的算筹记数法。

中国古代十进位制的算筹记数法在世界数学史上是一个伟大的创造。把它与世界其他古老民族的记数法作一比较，其优越性是显而易见的。古罗马的数字系统没有位值制，只有七个基本符号，如要记稍大一点的数目就相当犯难。古美洲玛雅人虽然懂得位值制，但用的是 20 进位；古巴比伦人也知道位值制，但用的是 60 进位制。20 进位制至少需要 20 个数码，60 进位制则需要 60 个数码，这就使记数和运算变得十分复杂，远不如只用 10 个数码便可表示任意自然数的十进位制来得简捷方便。有学者认为，印度的阿拉伯数字体系起源于中国的算筹，认为正是由于中国的累积式记数方法与印度表示数的符号开启了光辉的两国古代文明。

算筹在中国使用了两千多年，直到后来算盘被推广以后，才逐渐被取代。然而，与算筹有关的语汇却保留至今，如"筹划""筹策""运筹策帷幄之中，决胜于千里之外"等，可见，算筹的创造在中国科学文化史上所起的伟大作用。

2. 算盘

在中国古代，算筹是主要的记数和计算工具，但是算筹零散，携带麻烦，容易丢失，且筹算时的搬移也很麻烦。随着社会的进步，一种新的计算工具出现了，这就是算盘。用算珠代替了算筹，用木棒将算珠串起来，固定在木框中，用手指拨动算珠代替移动算筹。这种美妙的设计是对算筹的绝好改进。算盘是我国的伟大发明，人们往往把算盘的发明与中国古代四大发明相提并论。

关于算盘发明的确切时间，有多种不同的说法，最早可以追溯到公元前 700 多年。在张择端所绘的《清明上河图》中，赵太丞家药铺柜就画有一架算盘。可见，早在北宋（960—1127 年）或北宋以前我国就已普遍使用算盘了。公元 1450 年，吴敬在《九章详注比类算法大全》里，对算盘的用法记述较详。各个时期的算盘样子不完全相同，明代初年的算盘，中间是一根细木片将上下珠隔开。明代中叶，横梁才加固渐宽。明朝末年的算盘，已和近代相同。到了现代，人们为了减少拨珠清盘的麻烦，对算盘又作了一些改进，由原来上档两株变为一珠，并加上了清盘装置。算珠的形状、大小更适于操作。几款常见的算盘如图 2-3 所示。

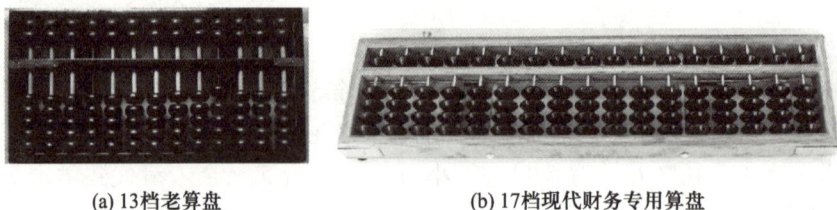

(a) 13档老算盘 　　　　　　　(b) 17档现代财务专用算盘

图 2-3　算盘

使用算盘，运算时有相应的珠算口诀，可以快速地完成加减乘除运算。在 20 世纪 80 年代以前，算盘是各部门会计人员的必备工具，并经常举办打算盘比赛。计算速度之快令人咋舌。即使在现代计算机普遍使用的今天，还有不少人将它作为智力训练和计算训练的工具。

3. 纳皮尔筹

到 16、17 世纪，欧洲的自然科学已逐渐进入到一个蓬勃发展的时期。随着天文、航海、工程、贸易以及军事的发展，改进数字计算方法成了当务之急。苏格兰数学家约翰·纳皮尔（John Napier，1550—1617 年）在研究天文学的过程中，为了简化其中的计算而发明了对数①。1612 年，纳皮尔发明了一种筹算工具，即纳皮尔筹。它可以用加法和一位数乘法完成多位数乘法运算，也可以用除法和减法代替多位数的除法，从而简化了计算。

纳皮尔筹的计算原理是"格子"乘法。例如，要计算 934×314，首先将 9、3、4 和 3、1、4 摆成如图 2-4（a）所示的形式，然后，将 9、3、4 分别和 3、1、4 做乘法运算，运算结果的两位分别写在交叉格子对角线的上下，如图 2-4（b）所示；然后从右下角开始，将沿右上左下对角线方向上的数字相加，并向上一对角线进位，就得到所要求的结果 293276，如图 2-4（c）所示。

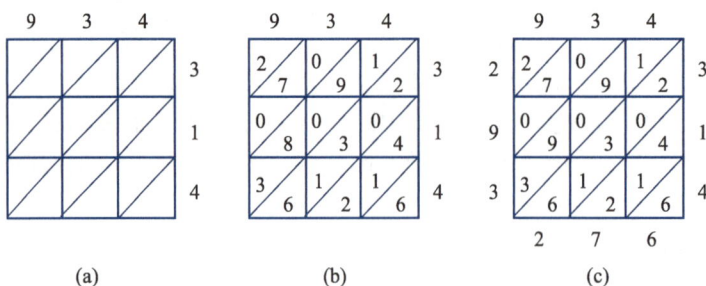

(a)　　　　　　　　(b)　　　　　　　　(c)

图 2-4　纳皮尔筹的计算原理

---

① 如果 a 的 x 次方等于 N，即 $a^x = N$（$a>0$，且 a 不等于 1），那么数 x 叫作以 a 为底 N 的对数（logarithm），记作 $x = \log_a N$。其中，a 叫作对数的底数，N 叫作真数。以 10 为底的对数叫作常用对数，记作 $\log_{10} N$，简记为 $\lg N$。称以自然数 e 为底的对数为自然对数（natural logarithm），记作 $\log_e N$，简记为 $\ln N$。

这种简单的计算在当时很受欢迎,流行了许多年。纳皮尔筹与中国的算筹在原理上大相径庭,其对角线上的数字相加包含了进位的思想。纳皮尔最伟大的贡献是发明了对数。根据对数运算原理,人们还发明了对数计算尺。300多年来,对数计算尺一直是科学工作者,特别是工程技术人员必备的计算工具,直到20世纪70年代才让位给电子计算器。

4. 计算尺

在 John Napier 对数概念发表后不久,根据对数的计算原理,$\log_a(xy) = \log_a x + \log_a y$,1620年,英国数学家埃德蒙·甘特(Edmund Gunter,1581—1626年)发明了一种使用单个对数刻度的计算工具,他把对数刻在一把尺子上,在尺子上刻一条线,在线的两侧,分别标出数字和它的对数值,当计算两个数 x、y 的乘积时,分别找到 x 和 y 的对数刻度,将两个刻度值相加,相加后的刻度对应的数就是两个数 x、y 的乘积。这种用于计算乘法的工具尺称为甘特计算尺。1630年,英国数学家威廉·奥特雷德(William Oughtred)[①] 发明了圆形计算尺。

(1)计算尺的构成

计算尺,又称算尺(slide rule),或对数计算尺,最初是利用对数运算原则进行乘除运算的工具。普通计算尺的样子像个直尺,由上下两条相对固定的尺身、中间一条可以移动的滑尺和可在尺上滑动的游标三部分组成。游标是一个刻有极细的标线的玻璃片,用来精确判读。尺身和滑尺的正反面备有许多组刻度,每组刻度构成一个尺标。尺标的多少与安排方式是多种多样的,在一般的排列形式中,从上到下刻有 A 尺标、B 尺标、CI 尺标、C 尺标和 D 尺标,其中 A、B、C、D 是 10 对数刻度,CI 是倒数刻度,从右到左排列,如图 2-5 所示。

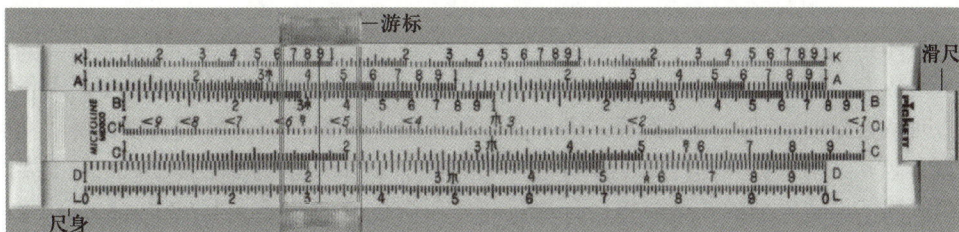

图 2-5 计算尺

对数刻度和倒数刻度用于乘除计算。尺标上还有用于其他运算的函数刻度,包括常用对数、自然对数和指数函数刻度,有些计算尺包含一个毕达哥拉斯刻度,这是用来算三角形边的,还有算圆的刻度和计算双曲函数的刻度。当然,不是所有的算尺都包含这些刻度,在计算尺上,刻度及其标识都是高度标准化的,不同的算尺差别主要在里面包含哪些刻度以及它们的出现次序。

---

① 威廉·奥特雷德(William Oughtred,1574—1660年),17世纪英国著名数学家、天文学家和神学家,他在数学符号和计算工具的发明方面做出了重要贡献。在1631年出版的著作《数学之钥》中首次使用"×"表示乘法运算,还引入":"表示比例,使用"cos"表示余弦函数,为三角函数的符号化奠定了基础。

（2）对数计算尺的数学原理

把游标上的标线和其他固定尺上的刻度对齐，观察尺子上其他记号的相对位置，从而实现数学运算。计算尺上的刻度都是按对数增长分布的，数 x 到左端起始刻线位置的距离与 $\lg x$ 成正比，由于对数满足：

$$\lg(xy) = \lg(x) + \lg(y)$$
$$\lg(x/y) = \lg(x) - \lg(y)$$

因此，乘或除就可以用尺身和滑尺上的两段长度相加或相减来求得。比如计算 1.8×2.1，首先，将滑尺起始刻度与 A 尺标的刻度 1.8 对齐，相当于 A 尺标的刻度右移了 lg1.8 的距离，滑尺上的数字与 A 尺标上的刻度对应；然后，滑动游标，将刻线停在滑尺的 2.1 的刻线上，此时刻度线就是 lg1.8+lg2.1，对应 A 尺标的刻线是 3.79（最后一位估读）。即该刻度线就是 3.79 的对数，从而求得 $1.8 \times 2.1 = 3.79$，完成两个数的乘法运算，如图 2-6 所示。

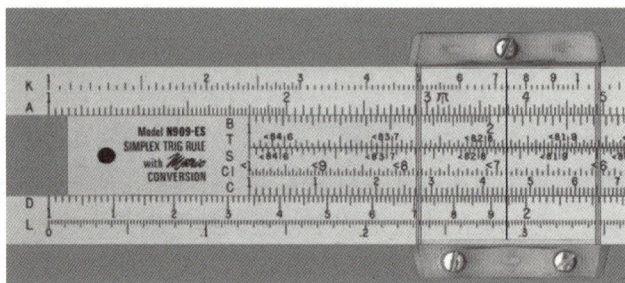

图 2-6　计算尺的乘法运算

很多计算尺还可以完成更复杂的运算。除了对数刻度，还有其他的辅助刻度，刻着常用数学函数表，例如常见的三角函数、乘方、开方、正切、余切、矢量运算等。只要有相应的辅助函数刻度，都可利用滑尺上的一点对准尺身上的另一点，然后移动游标，借助指示线读出运算结果。算尺的计算结果有三位有效数字，可满足一般工程计算的精度要求。

在计算器出现之前的几百年里，计算尺随着科学技术的发展、生产需要的增加和工艺水平的提高而逐渐进步。18 世纪末，瓦特独具匠心，在尺座上添置了一个滑标，用来存储计算的中间结果。大约在 19 世纪后半段，随着各种生产、建设需要，算尺也被改进成更现代的形式，并被大规模生产。历经数百年，计算尺成为计算工具发展历史上工艺最先进、制造最精美、品种最繁多的计算工具。进入 20 世纪 70 年代，算尺才被电子计算器所取代，成为过时技术。

5. 机械式计算机（器）

17 世纪，欧洲的天文学、数学和物理学研究非常活跃，科学家在科学研究中面临着繁重的计算工作。就在计算尺发明的同一时期，人们开始了机械式计算机的设计。在当时，钟表已经经历了 300 多年的发展，欧洲的钟表业已经比较发达，机械钟表采用齿轮转动进行计时，这体现了计算和进位的思想，机械式计算工具正是受到了钟表计时思想的启发。

1623 年，德国科学家威廉·契克卡德（Wilhelm Schickard，1592—1635 年）教授为他的挚友德国天文学家约翰尼斯·开普勒（Johannes Kepler，1571—1630 年）制作了一个通过转动齿轮操作，进行六位以内数加减法，并能通过铃声输出答案的"计算钟"①。契克卡德计算机能做 6 位数加减法，并设置了"溢出"响铃装置；机器上部附加一套圆柱形"纳皮尔算筹"，因此也能进行乘除运算。1960 年，契克卡德家乡的人根据示意图重新制作出契克卡德计算机，惊讶地发现它确实可以工作。1993 年 5 月，德国为契克卡德诞辰 400 周年举办展览会，隆重纪念这位被一度埋没的计算机先驱。

1642 年，继契克卡德之后，法国科学家布莱士·帕斯卡（Blaise Pascal）②为了帮助年迈的父亲计算税率税款，设计制造了一台机械式计算机。他费时三年共做了三个模型，第三个模型于 1642 年完成，他称之为"加法器"。帕斯卡加法器是一种系列齿轮组成的装置，是一个长 20 英寸（1 英寸＝2.54 厘米）、宽 4 英寸、高 3 英寸的长方体盒子，外壳用黄铜材料制作，面板上有一列显示数字的小窗口，用专用的铁笔来拨动转轮以输入数字，能够做 6 位加法和减法。帕斯卡加法器向人们昭示：可以用一种纯机械装置去代替人的思考和记忆。1971 年瑞士苏黎世联邦工业大学的尼古拉斯·沃尔斯（Niklaus Wirth）③将自己发明的通用计算机语言命名为"Pascal 语言"，就是为了纪念帕斯卡在计算机领域的卓越贡献。

1674 年，在帕斯卡去世十年后，德国著名数学家莱布尼茨（Gottfried Wilhelm Leibniz，1646—1716 年）在研读了帕斯卡关于"加法器"的论文之后，激发起了强烈的发明欲望，决心将这种机器的功能扩大到乘除运算，在一些著名的机械专家和能工巧匠的帮助下，终于在 1674 年造出了一台更加完整的机械计算机，他称之为"乘法器"。在这台计算机中，莱布尼茨利用"步进轮"装置使重复的加减运算变成了乘除运算。

在中国，从明朝（1368—1644 年）末期开始，西方传教士为了传播宗教信仰，不惜远涉重洋，来到东方文明的发源地中国。为了博取中国人的好感，他们一方面用汉语传播基督教义，另一方面，他们也传播西方的天文、数学、物理等先进科学技术知识，他们正是用科学的钥匙叩开了中国宫廷的大门。17 世纪，中国清政府（1644—1911 年）对西方科学也并不是毫无兴趣，特别是清朝的康熙（1654—1722 年）皇帝就喜欢学习西方科学。在清宫中，出现了康熙年间御制的象牙计算尺及仿制的手摇计算机。

20 世纪中叶，手摇计算机成为主要的计算工具，应用于科研、财政、税务等重要

---

① 长久以来，学界一致认为第一台机械式计算机是由布莱士·帕斯卡（Blaise Pascal）于 1642 年发明的。1935 年，研究人员在研究开普勒档案时，发现了契克卡德写给开普勒的两封信，在他的一封信里发现了该机器的示意图，当时人们不知道上面所画内容的意思。直到 1957 年，一位开普勒的传记作者才认出来，那是一台机械式计算机，它比帕斯卡计算机的诞生早了近 20 年。

② 布莱士·帕斯卡（Blaise Pascal，1623—1662 年）法国数学家、物理学家、哲学家。年幼的帕斯卡对父亲一往情深，他每天都看着年迈的父亲费力地计算税率税款，于是，他想到了为父亲制作一台可以计算税款的机器。1642 年他设计并制作了一台能自动进位的加减法计算装置，被称为是世界上第一台数字计算器。

③ 尼古拉斯·沃尔斯（Niklaus Wirth，1934—2024 年），瑞士著名计算机科学家，被誉为"Pascal 语言之父"，同时也是结构化程序设计的先驱者之一。沃尔斯提出了著名的公式："算法+数据结构=程序"，这一理念深刻影响了计算机科学的发展，并成为他 1984 年获得图灵奖的核心贡献。

部门，代表了当时一个国家工业及机械制造业的最高水平，其精密的构造与灵巧的计算原理至今仍令人惊叹不已。图 2-7 是我国 20 世纪六七十年代常见的一种飞鱼牌机械式计算机。

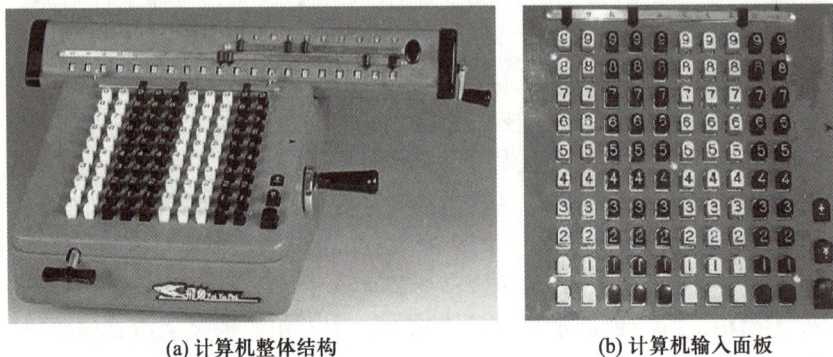

(a) 计算机整体结构　　　　　　　　(b) 计算机输入面板

图 2-7　机械式计算机（器）

在机械式计算机中，内部有一组互相连锁的齿轮组成，当一个齿轮转到 10 时，会让高位的齿轮转 1 位，这是十进制"逢十进一"的思想。面板上有若干列数字按键，每列有 10 个数字 0~9，用于输入数字。面板中数字键的列数和算盘类似，表达了数字的范围。上面有一组窗口，显示计算结果。

6. 电子计算器

20 世纪 50 年代，随着电子计算机的诞生，一种采用集成电路的便携式电子计算器也随之出现。从 20 世纪 70 年代开始，微处理器技术开始用于计算器制程，1971 年 Intel 为日本 Busicom 公司生产了计算器芯片，1972 年惠普推出第一款掌上科学计算器 HP-35，随着电子计算机的应用，机械式计算机随之退出历史舞台，传统计算工具被取代。

电子计算器可以进行各种算术运算，一般分为简单计算器、科学型计算器及各种专用计算器等。算术型计算器主要进行加、减、乘、除等简单的四则运算，科学型计算器可进行乘方、开方、指数、对数、三角函数等方面的运算，又称函数计算器。除了上述通用计算器外，还有各种各样的专用计算器，如个人所得税计算器、房贷计算器等。

▶▶ 2.2　计算机的产生和发展

20 世纪初伴随着科技进步以及社会需求，各种现代意义上的电子计算机陆续研制成功，将计算工具的发展推进到一个新高度。1946 年，随着第一台电子计算机的出现，也引发了第三次科技革命，从此人类社会从电气时代迈入电子计算机时代，计算技术和计算机的发展也进入一个快速发展的新时期。

▶ 2.2.1 电子计算机诞生的前夜

从 1642 年帕斯卡发明机械式计算机到 19 世纪初叶，计算工具的研究停滞了近 200 年。18 世纪末 19 世纪初，英国正在经历第一次工业革命，随着纺织机、蒸汽机的发明和广泛应用，使得英国社会呈现一派繁荣景象，各种工业发明创造不断涌现，也预示着一种使用蒸汽驱动的新型计算机的来临。

1. 巴贝奇和"差分机"

18 世纪末，法国发起了一项宏大的人工编制《数学用表》的计算工程，在没有先进计算工具的那个年代，这是件极其艰巨的工作。法国数学界调集大量的人力，组成了人工手算的流水线，最终完成了 17 卷的书稿。即便如此，计算出的数学用表仍然存在大量错误。有一天，英国数学家查尔斯·巴贝奇[①]与著名女天文学家卡罗琳·赫舍尔（1750—1848 年）凑在一起，对两大部头的天文数表评头论足。面对错误百出的数学表，巴贝奇萌生了研制计算机的构想。巴贝奇在他的自传《一个哲学家的生命历程》里，写到了大约发生在 1812 年的一件事："有一天晚上，我坐在剑桥大学分析学会的办公室里，神志恍惚地低头看着面前打开的一张对数表。一位会员走进屋来，瞧见我的样子，忙喊道：'喂！你梦见什么啦？'我指着对数表回答说：'我正在考虑这些表也许能用机器来计算！'"

巴贝奇的第一个目标是制作一台差分机（difference engine），其基本原理为帕斯卡在 1654 年提出的差分思想，即：一元 n 次多项式的 n 次差分值为一常数。下面以计算机中的经典数字 1024 作为一次函数的系数构造函数，来说明该算法的基本思想。

设有一次函数：

$F(x) = 10x + 24, \quad x \in \mathbf{N}$

定义一次差分 $F^1(x)$：

$F^1(x) = \Delta F(x) = F(x+1) - F(x)$

计算函数及其差分如下：

x	0	1	2	3	4	5	...
$F(x)$	24	34	44	54	64	74	
$F^1(x)$	10	10	10	10	10		

不难发现，每个相邻 x 的 $\Delta F(x)$ 的值是一个常数，即 x 的系数，对于任意的一个一次函数 $F(x) = ax + b$，这一结果是一样的。

那么，对于一元二次函数呢？我们构造二次函数如下：

$F(x) = 10x^2 + 2x + 4, \quad x \in \mathbf{N}$

---

① 查尔斯·巴贝奇（Charles Babbage，1792—1871 年）是科学管理的先驱，出生于英国一个富有的银行家家庭，童年时期，显示了极高的数学天赋，年轻时就读于剑桥大学，并留校任教。1819 年，设计完成了"差分机"，是计算机研究的先驱人物之一。

同时定义一次差分和二次差分：

$$F^1(x) = \Delta F(x) = F(x+1) - F(x)$$

$$F^2(x) = \Delta F^1(x) = F^1(x+1) - F^1(x)$$

分别计算 $F(x)$，$F^1(x)$，$F^2(x)$，得到差分表如下：

x	0	1	2	3	4	5	⋯
$F(x)$	4	16	48	100	172	264	
$F^1(x)$	12	32	52	72	92		
$F^2(x)$	20	20	20	20			

从上表可以发现一个规律，就是对于二次多项式，每个相邻的 x 对应的一次差分之差（即二次差分）的值为常数。研究表明，三次、四次、……，甚至 n 次多项式的 n 次差分均遵循这样的差分规律，即：n 次多项式的 n 次差分值为一常数。

差分规律是一项伟大的发现，有了差分，在计算多项式时就可以用加法代替乘法，我们只需要准备好 $x=0$ 时 $F(x)$ 及各次差分的值，后面任意 x 所对应的 $F(x)$ 值均可通过加法得出。即只要有了第 1 列 $F(0)$、$F^1(0)$ 和 $F^2(0)$ 的值，第 2 列的 $F(1)$ 即可通过 $F(0)+F^1(0)$ 得到，$F^1(1)=F^1(0)+F^2(0)$ 得到。同理，根据第 2 列的数据可以计算第 3 列的 $F(2)$ 和 $F^1(2)$。以此类推，任意列的数据都可通过前一列的数据得到。即：求解 $F(n)$，只需前 n 列数据的不断迭代。

上述算法求解思想是一个伟大的发现。因为，许多常见的函数在数学上称为解析函数，它们都可以用一元 n 次多项式逼近（幂级数展开），表达为 $f(x) = a_n x^n + a_{n-1} x^{n-1} + \cdots + a_1 x + a_0$。对于常用的三角函数、对数函数同样也都可以转换为多项式。借助差分思想，这些函数可以进一步转换为加法，而加法运算则可以由机械计算机自动完成，由此，绝大部分数学运算就都可以交给机器了，从而快速准确地完成一个个函数表的计算。

由于当时工业技术水平很低，从设计绘图到机械零件加工，历经十年的艰苦努力，1822 年，第一台差分机制造完成，它可以处理 3 个不同的 5 位数，计算精度达到 6 位小数，这种机器非常适合于编制航海和天文方面的数学用表。同年，巴贝奇向英国皇家天文学会递交了一篇名为《机械在天文与计算表中的应用》的论文，详细阐述了"差分机"的构造。成功的喜悦激励着巴贝奇，他连夜奋笔上书皇家学会，要求政府资助他建造第二台运算精度为 20 位的大型差分机。由于主要零件的误差达不到精度要求，最终以失败告终。

1834 年，巴贝奇提出了一项新的更大胆的设计。他最后冲刺的目标，不是仅仅能够制表的差分机，而是一种通用的数学计算机，巴贝奇把这种新的设计叫"分析机"。巴贝奇首先为分析机构思了一种齿轮式的"存储库"，每一齿轮可存储 10 个数，总共能够存储 1 000 个 50 位数。分析机的第二个部件是所谓"运算室"，其基本原理与帕斯卡的转轮相似，但他改进了进位装置，使得 50 位数加 50 位数的运算可完成于一次转轮之中。此外，巴贝奇也构思了送入和取出数据的机构以及在"存储库"和"运算室"之间运输数据的部件。巴贝奇的分析机设计精巧，用蒸汽机作为动力，驱动大量的齿轮机构运转。

分析机的研制极其艰辛。1842 年冬天，英国数学天才奥古斯塔·爱达·拜伦①拜见了巴贝奇，从此成为巴贝奇的研究伙伴，担负了为分析机编制一批函数计算程序的重担。新的差分机和分析机的设计太过超前，对主要零部件的设计要求极高，由于当时的工业技术水平很低，主要零件的误差达不到要求精度。经过近 20 年的苦苦支撑后，研究宣告失败。

巴贝奇的设计太过超前，最终没能造出来。然而，他们留给了计算机界后辈们一份极其珍贵的精神遗产，包括 30 种不同的设计方案，近 2 100 张组装图和 50 000 张零件图……，更包括那种在逆境中自强不息，为追求理想奋不顾身的拼搏精神！1981 年，美国军方将其花费 250 亿美元和 10 年光阴，研发的一种计算机程序设计语言正式命名为 Ada 语言，以寄托人们对爱达的纪念和钦佩。

一个多世纪过去了，现代电子计算机的结构几乎就是巴贝奇分析机的翻版，只不过它的主要部件被换成了大规模集成电路而已。今天我们再回首看看巴贝奇的设计，分析机的思想依然闪烁着天才的光芒，他想用完全自动的方式执行一系列算术运算，而这一系列运算的步骤由操作者一开始时就输入机器，这就是"存储程序"的思想，与现代电子计算机有相同的基本原理，而以前所有的计算工具都没有这种思想。巴贝奇的设计是先进的，但限于当时技术条件，没有成功。为纪念巴贝奇诞辰 200 周年，1985 年，英国伦敦科学博物馆根据巴贝奇的设计图纸，采用 18 世纪的技术设备，历时 17 年，开始复制差分机，2002 年完成，它包含 4 000 多个零件，重达 2.5 吨，并且能正常运转。

2. 制表机——现代计算机的雏形

1880 年，美国进行了一次人口普查。人口普查需要处理大量的数据，如年龄、性别等，还要统计出每个社区有多少儿童和老人，有多少男性公民和女性公民等。1880 年的普查完成之后，又花费了 7 年多的时间才完成了数据的统计处理。美国人意识到按照当时的人口增长速度，下一次 1890 年的普查，十年也不可能完成统计，于是招标寻找解决办法。

人口普查数据是否可由机器自动进行统计呢？采矿工程师霍列瑞斯（Herman Hollerith，1860—1929 年）想到了纺织工程师雅卡尔（Jacquard）②80 年前发明的穿孔纸带。雅卡尔提花机通过穿孔纸带上的小孔，来控制提花操作的步骤，即编写程序。1888 年，受雅卡尔提花织布机的启发，霍列瑞斯根据织布机的原理，利用穿孔卡片输入和存储数据，开发了卡片制表系统，这一系统被认为是现代计算机的雏形。

---

① 奥古斯塔·爱达·拜伦（Augusta Ada Byron，1815—1852 年），英国著名诗人拜伦之女，具有极高的数学天赋。1842 年与巴贝奇相识，翻译了巴贝奇的《分析机概论》。Ada 为分析机编写了计算三角函数的程序、级数相乘程序、伯努利函数程序等一系列程序。因此，Ada 被公认为世界上第一位程序员。

② 约瑟夫·玛丽·雅卡尔（Joseph Marie Jacquard，1752—1834 年），法国发明家，1805 年，设计出人类历史上首台可设计织布机——雅卡尔提花机，即通过纺织物以经线、纬线交错组成凹凸花纹，对将来发展出其他可编程机器（例如计算机）起了重要作用。

霍列瑞斯巧妙的设计在于自动统计，他在机器上安装了一组盛满水银的小杯，穿好孔的卡片就放置在这些水银杯上。卡片上方有几排精心调好的探针，探针连接在电路的一端，水银杯则连接于电路的另一端。与雅卡尔提花机穿孔纸带的原理类似，只要某根探针撞到卡片上有孔的位置，便会自动跌落下去，与水银接触接通电流，启动计数装置前进一个刻度。由此可见，霍列瑞斯穿孔卡表达的是二进制信息，有孔处能接通电路计数，代表该项目为"有"，无孔处不能接通电路计数，表示该项目为"无"。

1890 年，制表系统在美国人口普查中得到应用，该机器完成了美国人口普查的大规模数据处理工作。在 1880 年的人口普查中人工用了 7 年的时间对数据进行统计处理，而在 1890 年使用制表机仅用 6 周就得出了准确的人口数据（62 622 250 人）。因此，霍列瑞斯被人们称为信息处理之父。1896 年，霍列瑞斯成立了制表机器公司（Tabulating Machine Company），为穿孔卡片机配备了自动送卡器。1924 年，在托马斯·约翰·沃森[①]的领导下，公司更名为国际商业机器公司（International Business Machines Corporation，IBM），主要生产打孔机、制表机一类产品，这就是今天世界著名的 IBM 公司。

20 世纪 40 年代，第二次世界大战结束后，电子计算机的时代已经来临，老沃森很怀疑这些用真空管和电子零配件装成的庞然大物，而且还有很多吱吱作响的机械，听起来像满满一屋子的人在织布一样。他甚至断言："世界市场对计算机的需求大约只有 5 台。"父子俩发生了激烈的争执。IBM 二号人物，他的儿子小托马斯·沃森在 1952 年担任 IBM 总裁后，大举进军计算机业，并成功地将 IBM 转型为计算机公司。至 20 世纪 50 年代末，IBM 的计算机已经占据了美国 70% 的份额，从此奠定了 IBM 在计算机领域的优势地位，被称为蓝色巨人。

1994 年，IBM 为了纪念其创始人霍列瑞斯受雅卡尔织布机的启发，将其操作系统命名为 OS/2 Warp，其中 Warp 即是纺织布上的经线的意思，以纪念纺织工业。

3. 机电式计算机

1937 年，哈佛大学应用数学教授霍华德·艾肯（Howard Aiken，1900—1973 年）受巴贝奇思想启发，设想制造一台计算机，帮助解决那些比较复杂的代数方程。1937 年，艾肯正式提出一份题为《自动计算机的设想》的论文，提出把各单元记录机器连接在一起，并利用打孔纸进行控制的构想，以及采用机电方法而不是纯机械方法来实现巴贝奇分析机的想法。1937 年底，艾肯的想法引起了 IBM 总经理托马斯·沃森的兴趣，得到了 100 万美元的资助，经过 4 年的艰苦努力，艾肯与他的助手们共同研制成功了世界上第一台通用机电式计算机 Mark-Ⅰ，也叫"自动受控计算机"，人们后来把它称为继电器计算机。

Mark-Ⅰ 由开关、继电器、转轴以及离合器构成，使用了 76.5 万个零件，有一跟长 15 m 的传动轴，由一个 4 kW 的电机驱动，基本计算单元使用同步式机械，使用了 3 000

---

① 托马斯·约翰·沃森（Thomas John Watson，1874—1956 年），国际商用机器公司（IBM）创始人。1896 年进入美国"全国收款机公司"担任推销员，1914 年进入计算制表记录公司任公司经理。1924 年改计算制表记录公司为 IBM 公司，成为 IBM 的创始人。

个电气开关来控制机器的运转。Mark-Ⅰ长15.5 m，高2.4 m，重达5 t，几乎塞满了研究所的一间大屋子，运行时声音很响，人们很难在它身旁说话。这部机器虽不是电子控制，但仍被视为电子计算机的一种，主要是因为其指令是用穿孔纸带来输入机器，指令在存储器、运算器和控制器中进行处理，运算的结果出现在穿孔卡片上并且指令可以更新。

1944年8月，IBM将Mark-Ⅰ赠给哈佛大学，它在哈佛大学服役了15年，主要任务是为美国海军进行计算，包括后勤服务、射击弹道计算以及极为保密的第一颗原子弹的数学模拟等，直到1959年才被淘汰。Mark-Ⅰ在计算机发展史上占据重要地位，是电子计算机产生之前的最后一台著名的计算机，许多现代计算机先驱者都在这台机器上工作过。

▶ 2.2.2 计算机的理论基础

任何一项伟大的发明，除了社会需求的推动，还必须建立在一定的理论基础和物质基础之上。和早期的计算工具需要手工来操作不同，现代计算机要解决的核心问题就是计算的自动化。这种天方夜谭般的想法，随着二进制、数理逻辑等理论研究的不断深入，科学家从理论上证明了计算自动化的可行性，这为未来现代电子计算机的物理实现奠定了理论基础。

1. 二进制

在数的世界里，除了π、e及虚数i，最神奇的数就是0和1了。1679年，德国天才数学家威廉·莱布尼茨发明了一种计算法，用两个数"0"和"1"代替原来的十位数，这就是今天的二进制。在德国图灵根著名的郭塔王宫图书馆保存着一份弥足珍贵的手稿，内容为："1与0，一切数字的神奇渊源。这是造物的秘密美妙的典范，因为，一切无非都来自上帝。"这正是莱布尼茨的手迹，表达了莱布尼兹二进制的思想。

关于这个神奇美妙的数字系统，莱布尼茨还赋予了它宗教的内涵。他在写给好友［一位当时在中国传教的法国耶稣教会牧师布维（Joachim Bouvet，1662—1732年，中文名：白晋）］的信中说："第一天的伊始是1，也就是上帝。第二天的伊始是2，……到了第七天，一切都有了。所以，这最后的一天也是最完美的。因为，此时世间的一切都已经被创造出来了。因此它被写作'7'，也就是'111'（二进制111等于十进制7），而且不包含0。只有当我们仅仅用0和1来表达这个数字时，才能理解为什么第七天才最完美，为什么7是神圣的数字。"

莱布尼茨将自己的二进制发明告诉布维，希望能引起他心目中的"算术爱好者"中国康熙（1654—1722年）皇帝的兴趣。布维惊讶地发现，莱布尼茨的"二进制的算术"与中国古代的一种建立在两个符号基础上的符号系统是非常近似的，这两个符号分别由间断的与连续的横线组成，即"— —"和"——"，这就是中国《易经》中卦的基本组成部分。这些间断的与连续的横线被称为"阴""阳"，它们组成了八个符号，这就是八卦占卜系统。布维向莱布尼茨介绍了《周易》和八卦系统，并说明了《周易》在中国文化中的权威地位。在莱布尼茨眼中，八卦就是他的二进制的中国翻版。此外，中国的阴阳太极对莱布尼茨的研究也曾产生影响。他感到这个来自古老中国文化的符号系统与他的二进制之间的关系实在太明显了，因此断言：二进制乃是具有世界普遍性的、最完美的逻辑语言。

17 世纪莱布尼茨发明的二进制和传统的十进制相比，有两个突出的优点：① 只有两个数字"0"和"1"，从物理上讲更容易记数，即数的表示更容易。因为，任何具有两个不同稳定状态的元件都可以用于存储二进制数据。② 计算简单，对二进制进行算术运算的规则比十进制简单得多。因为数的功能就是记数和计算，当二进制在这两方面具有突出的优势时，它就为现代计算机的研制提供了数据计算方面的理论和依据。

2. 数理逻辑

在人类思维中，除了数字计算外，还有逻辑推理。逻辑的世界远比数的世界简单，数是无穷的，而逻辑值只有"真"和"假"两个值。算术运算更加复杂且不断发展，而逻辑运算也要简单得多。但是，亚里士多德建立的古典逻辑学是建立在自然语言之上的，其逻辑表达和推理规则虽然可以解决逻辑问题，但却无法和数学一样，通过数学符号建立表达式，以便进行逻辑演算，更不能实现计算的自动化。

早在 17 世纪，就有人提出能不能利用计算的方法来代替人们思维中的逻辑推理过程。德国数学家莱布尼茨就曾经设想过能不能创造一种"通用的科学语言"，可以把推理过程像数学一样利用公式来进行计算，从而得出正确的结论。在莱布尼茨看来，大量的人类推理可以被归约为某类运算，他认为"精练推理的唯一方式是使它们同数学一样切实，这样我们能一眼就找出错误，并且在人们有争议的时候，我们可以说：让我们计算，而无须进一步的忙乱，就能看出谁是正确的。"，为此，莱布尼茨设计了演算推论器。

在经历了 200 多年后，逻辑研究的"数学"转身预示着现代逻辑学的诞生，这就是数理逻辑。数理逻辑的本质就是用数学的方法研究逻辑问题，概念、命题、判断和逻辑规则被符号化，以便进行表达、演算和推理。莱布尼兹的数理逻辑探索并没有出版，直到 19 世纪 80 年代，其完整的体系才在弗雷格①的《概念演算》和皮尔士②及其学生的著作中形成。

3. 逻辑演算

数理逻辑又称符号逻辑、理论逻辑。它是用数学的方法研究关于推理、证明等逻辑或形式逻辑问题，其研究对象是对证明和计算这两个直观概念进行符号化以后的形式系统。

---

① 弗里德里希·路德维希·戈特洛布·弗雷格（Friedrich Ludwig Gottlob Frege，1848—1925 年），德国数学家、逻辑学家和哲学家，被公认为数理逻辑和分析哲学的奠基人。出版了《概念演算——一种按算术语言构成的思维符号语言》（1879）、《算术的基础——对数概念的逻辑数学研究》（1884）、《算术的基本规律》（1893）等著作，引入量词（如"全部""有些""无"等范畴）符号。

② 查尔斯·桑德斯·皮尔士（Charles Sanders Peirce，1839—1914 年）美国哲学家、逻辑学家、数学家，著有《逻辑研究》（1883）、《论符号》（On signs）等著作，他将符号分为三类：图像符号（icon，基于相似性）、指示符号（index，基于因果关系）和象征符号（symbol，基于约定关系）。这一理论为现代符号学和语言学奠定了基础。把逻辑看作符号学的形式分支，定义了归纳推理的概念。

所谓数学方法，就是指数学采用的一般方法，包括使用符号和公式，已有的数学成果和方法，特别是使用形式的公理方法。数理逻辑研究的主要内容包括三个方面，即：命题演算、谓词逻辑和谓词演算。

（1）命题演算

在哲学、数学、逻辑学、语言学中，命题是指一个判断或陈述的语义，即实际所要表达的概念，这个概念是可以被定义并观察的现象。命题不是指判断或陈述本身的文字符号表达，而是指所表达的语义。当相异的判断或陈述具有相同语义的时候，它们表达相同的命题。简单讲，命题是指表达判断的语言形式，判断有"真"或"假"的语义。或者说，可以判断真假的陈述句叫作命题，判断为真的语句叫真命题，判断为假的语句叫假命题，不能判断真假的命题则是伪命题。

命题演算就是研究关于命题如何通过一些逻辑连接词构成更复杂的命题以及逻辑推理的方法。如果我们把命题看作运算的对象，如同代数中的数字、字母或代数式，而把逻辑连接词看作运算符号，就像代数中的"加、减、乘、除"那样，那么由简单命题组成复合命题的过程，就可以当作逻辑运算的过程，也就是命题的演算。在数理逻辑中，常用的逻辑运算符有：∧（与运算，and 运算）、∨（或运算，or 运算）、¬（非运算，not 运算）、→（A→B，A 是 B 的充分条件）、↔（A↔B，A、B 互为充分必要条件）。

在命题演算中，逻辑运算也同代数运算一样具有一定的性质，满足一定的运算规律。例如满足交换律、结合律、分配律，同时也满足逻辑上的同一律、吸收律、双否定律、三段论定律等。利用这些定律，我们可以进行各种操作，包括：逻辑推理，简化复合命题，推证两个复合命题是不是等价，即它们的真值表是不是完全相同等。例如：

$p \wedge (q \vee r) = (p \wedge q) \vee (p \wedge r)$

命题演算的一个具体模型就是逻辑代数。逻辑代数也叫作开关代数，它的基本运算是逻辑加、逻辑乘和逻辑非，也就是命题演算中的"或""与""非"，运算对象只有两个数，0 和 1，相当于命题演算中的"真"和"假"。逻辑代数的运算特点如同电路分析中的开和关、高电位和低电位、导电和截止等现象完全一样，都只有两种不同的状态，因此，它在电路分析中得到广泛应用。利用电子元件可以组成相当于逻辑加、逻辑乘和逻辑非的门电路，就是逻辑元件。还能把简单的逻辑元件组成各种逻辑网络，这样任何复杂的逻辑关系都可以有逻辑元件经过适当的组合来实现，从而使电子元件具有逻辑判断功能。

（2）谓词逻辑

有时候，命题是复杂的，有的命题又包含了子命题。例如："凡金属都能导电，铜是金属，所以铜能导电"。这是一个三段论命题，其中"凡金属都能导电""铜是金属""铜能导电"就是子命题。如果将命题"凡金属都能导电"用 p1 表示，命题"铜是金属"用 p2 表示，命题"铜能导电"用 p3 表示，用 p1 ∧ p2 能导出 p3 吗？命题演算将无法导出，也就是说命题演算对于三段论等复杂逻辑的推理还不完备，这就出现了谓词逻辑。

谓词逻辑就是把命题分解成个体词、谓词和量词等非命题成分，研究由这些非命题成分组成的命题形式的逻辑性质和规律。只包含个体谓词和个体量词的谓词逻辑称为一阶谓词逻辑，简称一阶逻辑，又称狭义谓词逻辑。此外，包含高阶量词和高阶谓词的称为高阶逻辑。

个体词是可以独立存在的客体，它可以是具体事物或抽象概念。个体词分个体常项和个体变项，前者通常用 a,b,c,… 表示，个体变项通常用 x,y,z,… 表示。

谓词是用来刻画个体词的属性或事物之间关系的词。谓词分谓词常项和谓词变项，谓词常项表示具体性质和关系，谓词变项表示抽象的或泛指的谓词，用 F,G,P,… 表示。

量词是在命题中表示数量的词，量词有两类：全称量词（$\forall$），表示"所有的"或"每一个"；存在量词（$\exists$），表示"存在某个"或"至少有一个"。

单独的个体词和谓词不能构成命题，只有将个体词、谓词和量词连接在一起，构成一个逻辑表达式时，才形成命题。例如，对于命题：M 中至少存在一个 x，使 p(x) 成立，就可以写成逻辑表达式"$\exists x \in M$，p(x)"。

（3）谓词演算

在谓词逻辑基础上进行的逻辑运算就是谓词演算，它是比命题演算更精细的逻辑推导。下面通过例子来说明。

例如：P(x) 表示 x 是一棵树，则 P(y) 表示 y 是一棵树，用 Q(x) 表示 x 有叶，则 Q(y) 表示 y 也有叶。这里 P、Q 是一元谓词，x、y 是个体，式子"$\forall x(P(x) \rightarrow Q(x))$"表示每一棵树都有叶子。式子"$\exists x(P(x) \wedge \neg Q(x))$表示有一棵没有叶子的树。

上述 P 和 Q 都作用于一个变元，称为一元谓词，也有二元、三元，甚至多元谓词。事实上，数学中的关系，函数都可以看成谓词。例如 x≤y 可以看成二元谓词，x+y=z 可以看成三元谓词，因此谓词演算的公式可表示数学中的一些命题。

从人类认知的层面讲，数理逻辑是对人类认知机理和认知过程的符号化的逻辑推导，是一个数学演算的过程。而我们所追求的计算机从根本上讲也是要模拟人类的认知活动，就如莱布尼兹所设计的演算推论器，通过计算机这样的一种机器，将人类的认知和推理活动自动化。不同于体力劳动的机械化，计算机是一种更高层面的机器代替人力的设计，是脑力劳动的机器化。因而，数理逻辑为计算机的设计奠定了理论基础。

4. 布尔代数

1847 年，英国人乔治·布尔（George Boole，1815—1864 年）发表《思维规律研究》创立逻辑代数学，成功地把形式逻辑归结为一种代数。布尔认为，逻辑中的各种命题能够使用数学符号来代表，并能依据规则推导出对应于逻辑问题的适当结论。布尔的逻辑代数理论建立在两种逻辑值"真（True）""假（False）"和三种逻辑关系"与（and）""或（or）""非（not）"基础上。1854 年，布尔出版了他的名著 *The Laws of Thought*，在该书中他详细阐述了现在以他的名字命名的布尔代数，或称逻辑代数。

所谓布尔代数，是指一个有序的四元组 <B，·，+，->，其中 B 是一个非空的集合，"·"与"+"是定义在 B 上的两个二元运算，即"与"运算和"或"运算，"-"是定义在 B 上的一个一元运算，即"非"运算，它们具有如表 2-1 所示的运算规则。

表 2-1　逻辑运算规则

a	b	a and b	a or b	not a
False	False	False	False	True
False	True	False	True	True
True	False	False	True	False
True	True	True	True	False

在布尔代数中，设 a，b，c 是集合 B 的元素，用 1 表示 True，0 表示 False，它们还满足如下关系。

(1) $a+b=b+a$，$a \cdot b=b \cdot a$

(2) $a \cdot (b+c)=a \cdot b+a \cdot c$，$a+(b \cdot c)=(a+b) \cdot (a+c)$

(3) $a+0=a$，$a \cdot 1=a$

(4) $a+\bar{a}=1$，$a \cdot \bar{a}=0$

因此，对于布尔表达式可以进行代数运算，举例如下（其中省略运算符号 $\cdot$）：

$F=AB\bar{C}+A\bar{B}+AC$

　$=AB\bar{C}+A(\bar{B}+C)$

　$=AB\bar{C}+A\overline{\bar{B}\bar{C}}$

　$=A(B\bar{C}+\overline{\bar{B}\bar{C}})$

　$=A \cdot 1$

　$=A$

布尔代数本质上是一个有关思维和推理的数学模型，它把逻辑简化成极为容易和简单的一种代数。布尔代数的问世是数学史上新的里程碑。像所有的新生事物一样，布尔代数发明后没有受到人们的重视。欧洲大陆著名的数学家蔑视地称它为没有数学意义的、哲学上稀奇古怪的东西。在 19 世纪，由于缺乏物理背景，布尔代数研究缓慢。

20 世纪 30 年代开始，布尔代数在理论上和应用上都取得了重要进展。大约在 1935 年，美国数学家马歇尔·哈维·斯通（Marshall Harvey Stone，1903—1989 年）首先指出布尔代数与环之间有明确联系，使布尔代数在理论上有了一定的发展。布尔代数在代数结构、逻辑演算、集合论、拓扑空间理论、测度论、概率论、泛函分析等数学分支中均有应用。

在工程技术领域，布尔代数为自动化技术、电子计算机的逻辑设计提供了理论基础，为数字电子计算机的二进制、开关逻辑元件和逻辑电路设计铺平了道路。由于布尔在符号逻辑运算中的特殊贡献，很多计算机语言中将逻辑运算称为布尔运算，将其结果称为布尔值。

1938 年，香农（Claude Elwood Shannon，1916—2001 年）在他的硕士论文《继电器与

开关电路的符号分析》中指出：能够用二进制系统表达布尔代数中的逻辑关系，用"1"代表"真（True）"，用"0"代表"假（False）"，并由此用二进制系统来构筑逻辑运算系统。并指出，以布尔代数为基础，任何一个机械性推理过程，对电子计算机来说，都能像处理普通计算一样容易。香农把布尔代数与计算机二进制联系在了一起。

▶ 2.2.3 计算模型与图灵机

计算，可以说是人类最先遇到的数学问题，并且在漫长的历史年代里，始终伴随着我们的工作和生活。直观地看，计算一般是指运用事先规定的规则，将一组数值变换为另一组数值的过程。对某一类问题，如果能找到一组确定的规则，按这组规则，当给出这类问题中的任一具体问题后，就可以完全机械地、在有限步内求出结果，则说这类问题是可计算的。这种规则就是算法，这类可计算的问题也可称为存在算法的问题，这就是直观上的能行可计算或算法可计算的概念。

在 20 世纪以前，人们普遍认为，所有的问题都是有算法的，人们的计算研究就是找出算法来。但是 20 世纪初，人们发现有许多问题经过长期研究，仍然找不到算法，例如希尔伯特第十问题①等。于是人们开始怀疑，是否对这些问题来说，根本就不存在算法，即它们是不可计算的。这种不存在性当然需要证明，这时人们才发现，无论对算法还是对可计算性，都没有精确的定义。按前述对直观的可计算性的陈述，根本无法做出不存在算法的证明，因为"完全机械地"指什么？"确定的规则"又指什么？仍然是不明确的。实际上，没有明确的定义也不能抽象地证明某类问题存在算法，不过是否存在算法的问题一般是通过能否构造出算法来确证的，因而可以不涉及算法的精确定义问题。

1. 可计算性问题

1934 年，美国普林斯顿大学数学教授库尔特·哥德尔（Kurt Gödel，1906—1978年）在法国数学家埃尔布朗（Jacques Herbrand，1908—1931 年）思想的启示下提出了一般递归函数的概念，并指出：凡算法可计算函数都是一般递归函数，反之亦然。1936年，美国数理逻辑学家克林（Stephen Cole Kleene，1909—1994 年）又加以具体化。因此，算法可计算函数的一般递归函数定义后来被称为埃尔布朗-哥德尔-克林定义。同年，美国数学家丘奇②证明了他提出的 λ 可定义函数与一般递归函数是等价的，并提出算

---

① 希尔伯特第十问题（Hilbert's tenth problem），1900 年，德国数学家戴维·希尔伯特（David Hilbert，1862—1943 年）在巴黎第二届国际数学家大会上作的题为"数学问题"的著名讲演中，提出 23 个问题作为对未来数学家的挑战，其中第 10 个问题是：对于任意多个未知数的整系数不定方程，要求给出一个可行的方法，使得借助于它，通过有限次运算，可以判定该方程有无整数解。该问题又称为不定方程（或丢番图方程）的可解答性。经过长期研究，1970 年，马季亚谢维奇（Y. Matijacevic）在他人工作基础上否定地解决了这一问题，即证明了该算法是不存在的，即希尔伯特第十问题是不可解的。

② 阿隆佐·丘奇（Alonzo Church，1903—1995 年），美国数学家，1936 年发表可计算函数的第一份精确定义，对算法理论的系统发展做出巨大贡献。他从英国数学家阿兰·图灵的论文出发证明了基本几何问题的算法不可解性。同时证明了一阶逻辑中真命题全集的解法问题是不可解的。

法可计算函数等同于一般递归函数或 λ 可定义函数，这就是著名的"丘奇论点"，也称为丘奇论题。

至此，用一般递归函数给出了可计算函数的严格数学定义，但在具体计算过程中，就某一步运算而言，选用什么初始函数和基本运算仍有不确定性。为消除所有的不确定性，图灵在他的《论可计算数及其在判定问题中的应用》一文中从一个全新的角度定义了可计算函数，他全面分析了人的计算过程，把计算归结为最简单、最基本、最确定的操作动作，从而用一种简单的方法来描述那种直观上具有机械性的基本计算程序，使任何机械（能行）的程序都可以归约为这些动作。这种简单方法以一个抽象自动机概念为基础，其结果是：算法可计算函数就是这种自动机能计算的函数。

图灵把可计算函数定义为图灵机可计算函数，这不仅给计算下了一个完全确定的定义，而且第一次把计算和自动机联系起来，对后世产生了巨大的影响，这种"自动机"后来被人们称为"图灵机"。1937 年，图灵在他的《可计算性与 λ 可定义性》一文中证明了图灵机可计算函数与 λ 可定义函数是等价的，从而拓广了丘奇论点，得出：算法可计算函数等同于一般递归函数或 λ 可定义函数或图灵机可计算函数。这就是"丘奇–图灵论题"，相当完善地解决了可计算函数的精确定义问题，对数理逻辑的发展起了巨大的推动作用，对计算理论的严格化，对计算机科学的形成和发展都具有奠基性的意义。

2. 图灵机

1936 年，图灵在可计算性理论的研究中，提出了一个通用的抽象计算模型。图灵的基本思想是用机器来模拟人们用纸笔进行数学运算的过程，他把这样的过程归结为两种简单的动作：① 在纸上当前位置写上或擦除某个符号；② 从纸的当前位置移动到另一个位置。这两种动作重复进行。这是一种状态的演化过程，从一种状态到下一种状态，由当前状态和人的思维来决定，这与人下棋的思考类似，其实这是一种普适思维。为了模拟人的这种运算过程，图灵构造了一台抽象的机器，即图灵机（Turing machine）。

图灵机是一种自动机的数学模型，对于图灵机，有多种不同的画法，根据图灵的设计思想，我们可以将图灵机概念模型表示为图 2-8 所示的形式。

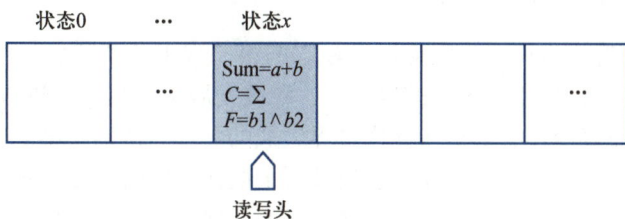

图 2-8　图灵机概念图

该机器由以下几个部分组成。

（1）一条无限长的纸带。纸带被划分为一个连一个的格子，每个格子可用于书写符号和运算。纸带上的格子从左到右依次被编号为 0，1，2，…，纸带的右端可以无限伸展。

（2）一个读写头。读写头可以读取格子上的信息，并能够在当前格子（当前位置）上书写、修改或擦除格子上的数据。

（3）一个状态寄存器。它用来保存当前所处的状态。图灵机的所有可能状态的数目是有限的，并且有一个特殊的状态，称为停机状态。

（4）一套控制规则。根据当前读写头所指的格子上的符号和机器的当前状态来确定读写头下一步的动作，从而进入一个新的状态。

显然，图灵机可以模拟人类所能进行的任何计算过程。图灵机的结构看上去是朴素的，看不出和计算自动化有什么联系。但是，如果把上述过程形式化，计算过程的状态演化，就变成了数学的符号演算过程。通过改变这些符号的值来完成演算。而每一个时刻所有符号的值及其组合，则构成了一个特定的状态。只要能用机器来表达这些状态，并且控制状态的改变，计算的自动化就实现了。

图灵机的概念具有十分独特的意义，如果把图灵机的内部状态解释为指令，并与输入信息和输出信息一样存储在机器里，那就成为电子计算机了。这开创了"自动机"这一学科分支，促进了电子计算机的研制工作。在给出通用图灵机的同时，图灵就指出，通用图灵机在计算时，其"机械性的复杂性"是有临界限度的，超过这一限度，就要靠增加程序的长度和存储量来解决。这种思想开启了后来计算机科学中计算复杂性理论的先河。

1936年，图灵在论文《论可计算数及在密码上的应用》中，严格地描述了计算机的逻辑结构和原理，从理论上证明了通用计算机存在的可能性，图灵把人在计算时所做的工作分解成简单的动作，与人的计算类似，机器需要：① 存储器，用于存储计算结果；② 一种语言，表示运算和数字；③ 扫描；④ 计算意向，即在计算过程中下一步打算做什么；⑤ 执行下一步计算。具体到每一步计算，则分成：a. 改变数字和符号；b. 扫描区改变，如往左进位和往右添位等；c. 改变计算意向。这就是通用"图灵机"的思想。

▶ 2.2.4 电子计算机的诞生

进入20世纪中叶，以电力广泛应用为标志的第二次工业革命已经经历了近百年的时间。整个19世纪，在两次工业革命的推动下，科技发展突飞猛进。进入20世纪，工业革命后的世界矛盾也日渐突出，导致了两次世界大战的爆发。特别是第二次世界大战，其影响涉及政治、经济、军事、外交、文化和科技各个层面，同时，在客观上推动了科学技术的发展，带动了航空技术、原子能、重炮等领域的发展与进步，也推动了新兴电子计算机的研制。正是在这样的一种历史背景下，使得电子计算机成为20世纪人类最伟大的发明，成为人类社会从工业社会进入信息社会的主要推动力。

1. ENIAC 计算机

早在第一次世界大战时期，美国陆军弹道实验室负责人、著名数学家奥斯瓦尔德·韦伯伦（Oswald Veblen）邀请诺伯特·维纳[①]教授来到美国马里兰州阿贝丁试炮场，为高射炮编制射程表。在这里，维纳不仅萌生了控制论的思想，而且第一次意识到了高速计算机的必要性。1940年，维纳在给他的好友，模拟计算机发明人布什的信中写道：现代计算机应该是数字式，由电子元器件构成、采用二进制，并在内部存储数据。维纳提出的这些原则，为电子计算机指引了正确的方向。第二次世界大战军事上的需求又进一步推动了电子计算机的研制。

1943年，为了完成新式火炮的试验任务，美国陆军军械部派数学家戈德斯坦中尉从宾夕法尼亚大学莫尔学院召集一批研究人员，帮助计算弹道表。莫尔学院的两位青年学者——36岁的物理学家约翰·莫奇利（John Mauchly, 1907—1980年）和24岁的电气工程师布雷斯帕·埃克特（Presper Eckert, 1919—1995年）向戈德斯坦提交了一份研制电子计算机的方案，即"高速电子管计算装置的使用"，建议用电子管代替继电器以提高机器的计算速度，计划于1943年6月开始实施，这就是电子数字积分计算机ENIAC（Electronic Numerical Integrator And Computer），中文译为"埃尼阿克"。项目由莫奇利任总设计师，负责机器的总体设计；埃克特任总工程师，负责解决复杂而困难的工程技术问题；勃克斯作为逻辑学家，负责为计算机设计乘法器等大型逻辑器件；戈德斯坦负责协调项目进展，组成了承担开发任务的四人小组，整个开发共有200多人参加这一工作。

1944年夏天，戈德斯坦在阿贝丁火车站邂逅了著名数学家约翰·冯·诺依曼（John von Neumann, 1903—1957年），戈德斯坦向冯·诺依曼介绍了正在研制的计算机。当时冯·诺依曼担任弹道研究所顾问，正在参加美国第一颗原子弹研制工作，同样遇到了原子弹研制过程中的大量计算问题。几天后，冯·诺依曼专程到莫尔学院参观了还未完成的ENIAC，并且参加了为改进ENIAC而召开的一系列专家会议，并被聘为ENIAC研制小组顾问。

1945年6月，冯·诺依曼在对ENIAC等当时计算机作了充分的研究后，决定重新设计一台计算机，于是起草了一份长达101页的设计报告 *First Draft of a Report on the EDVAC*（《关于EDVAC的报告草案》），他将这台新计算机命名为EDVAC（Electronic Discrete Variable Automatic Calculator，离散变量自动电子计算机）。报告广泛而具体地介绍了制造电子计算机和程序设计的新思想，明确规定了计算机的五大部件，即运算器、逻辑控制装置、存储器、输入和输出设备，并描述了这五部分的职能和相互关系。根据电子器件双稳工作状态的特点，冯·诺依曼建议在电子计算机中采用二进制，并分析了二进制的优点，预言二进制的采用将大大简化机器的逻辑线路。同时，他还提出了"存储程序"的设计思想，即用存储数据的部件存储指令，在存储程序的控制下，使整个运

[①] 诺伯特·维纳（Norbert Wiener, 1894—1964年），美国应用数学家，控制论创始人，随机过程和噪声过程的先驱，在电子工程方面贡献良多。在第二次世界大战期间，维纳接受了一项与火力控制有关的研究工作，促使他深入探索了用机器来模拟人脑的计算功能，建立预测理论并应用于防空火力控制系统的预测装置。1948年，维纳发表《控制论》，宣告了这门新兴学科的诞生。

算完全自动化。这份报告是计算机发展史上一个划时代的文献，为计算机的设计树立了一座里程碑，报告中所提出的计算机结构被称为冯·诺依曼计算机结构，按这一结构建造的计算机称为存储程序计算机。ENIAC 和后来的 EDSAC[①] 计算机均是按照 EDVAC 的思想设计制造的。

1946 年 2 月 14 日，美国宣布第一台通用电子计算机埃尼阿克（ENIAC）在宾夕法尼亚大学研制成功。历史学家记录了这台计算机当时的情形：使用了 17 468 只电子管，7 200 个二极管，70 000 多只电阻器，10 000 多只电容器，6 000 多只继电器，电路焊接点多达 50 万个，有 30 个操作台。能进行每秒 5 000 次加法运算，用它完成每一条弹道的计算只需几分钟，而过去即使一个熟练计算员，使用手摇计算器计算一条弹道也要花 20 h。ENIAC 是个庞然大物，占地 170 m^2，重 30 t，它耗电 150 kW，由于耗电量巨大，当打开电源时，整个费城的电灯都为之变暗。

1947 年，承担开发任务的"莫尔小组"的埃克特和莫奇利离开宾夕法尼亚大学，在费城一个临街的小楼里创立了"埃克特-莫奇利计算机公司"（Eckert-Mauchly Computer Company），成为世界上第一个以制造计算机为主业的公司。在公司经营过程中，由于资金困难，两位发明家把公司卖给了雷明顿兰德公司，并继续保持密切合作。

1951 年 6 月 14 日，莫奇利和埃克特再次联袂，在 ENIAC 基础上生产了通用自动计算机 UNIVAC（Universal Automatic Computer），并交付美国人口统计局使用。这台机器使用了 5 000 个电子管，它总共运行了 7 万多个小时才退出使用，被认为是第一代电子管计算机趋于成熟的标志，其意义超过了 ENIAC。UNIVAC 先后生产了近 50 台，不仅成功应用于美国人口统计局的公众数据处理，还成功预测了 1951 年的美国总统大选中"艾森豪威尔将会当选美国总统"，使美国甚至整个西方舆论和民众大为震惊。因此，在计算机技术史研究中，人们普遍认为，UNIVAC 的意义超过了 ENIAC，计算机技术史研究中一般都认为：1951 年 6 月 14 日，标志着人类社会进入了计算机时代。

2. 巨人计算机

很长时期以来，人们一直认为，第一台电子计算机是美国人于 1946 年研制成功的 ENIAC。近年来，许多计算机技术史研究人员不断提出，认为图灵服务的机构曾于 1943 年研制出 CO-LOSSUS（巨人）计算机，其设计采用了图灵提出的某些概念，它应是世界上第一台现代意义上的电子计算机。不过，巨人计算机对计算机发展的影响十分有限。首先，它不是通用计算机，只用于破译秘密情报；其次，它属于高级机密，直到战后几十年才露出真面目。

3. ABC 计算机

还有一种说法认为，世界上最早的电子数字计算机应该是阿塔纳索夫（John Vincent Atanasoft，1904—1995 年）和贝瑞（Clifford Berry，1918—1963 年）在 1937 年到 1941

---

① EDSAC（Electronic Delay Storage Automatic Calculator，电子延迟存储自动计算机）由英国剑桥大学莫里斯·文森特·威尔克斯（Maurice Vincent Wilkes）领导、设计和制造，EDSAC 以冯·诺依曼的 EDVAC 为蓝本，使用水银延迟线作存储器，利用穿孔纸带输入和电传打字机输出，于 1949 年 5 月 6 日正式运行。

年开发的阿塔纳索夫-贝瑞计算机（Atanasoff-Berry Computer，ABC）。当时，阿塔纳索夫在爱荷华州立大学物理系任副教授，为学生讲授如何求解线性偏微分方程组，由于不得不面对繁杂的计算，从而启发了他研制电子计算机的念头，并于1935年开始探索运用数字电子技术进行计算工作的可能性。经过两年反复研究试验，思路越来越清晰，随后，他找到当时正在物理系读硕士学位的研究生贝瑞，两人在1939年造出来了一台完整的样机。

ABC计算机是电子与电器的结合，电路系统中装有300个电子真空管执行数字计算与逻辑运算，机器使用电容器进行数值存储，数据输入采用打孔读卡方法，还采用了二进制。因此，ABC的设计中已经包含了现代计算机中4个最重要的基本概念，从这个角度来说它是一台真正现代意义上的电子计算机。20世纪70年代，曾经出现过ENIAC和ABC谁是世界上的第一台计算机之争，只不过打官司的不是两台计算机的设计者本人，而是Honeywell和Sperry Rand两家计算机公司。

▶ 2.2.5 计算机的发展

读史使人明鉴。历史是前人的足迹，是前人经验与教训的总结和记录。回顾科学技术的发展历史，总是带给我们许多的启发和灵感。从20世纪40年代开始，自现代意义上的计算机发明以来，已经走过了80多年的历程，今天计算机已经成为人类社会中必不可少的工具。人们通常按照计算机组成部件所采用的技术，将计算机的发展分为以下几代。

1. 第一代计算机（1946—1956年）

20世纪50年代是计算机研制的第一个高潮时期，那时计算机中的主要器件都是用电子管（真空管）制成的，后人将用电子管制作的计算机称为第一代计算机，典型产品有1951生产的UNIVAC。电子管器件有许多明显的缺点，例如，体积大，耗电量大，运行时产生大量的热量，可靠性较差，价格昂贵，这些都使计算机发展受到限制。

第一代计算机的主要特点是：采用电子管作为基础器件；使用汞延迟线作为存储设备，后来逐渐过渡到用磁芯存储器；输入、输出设备主要是用穿孔卡片；无操作系统，采用机器指令或汇编语言，使用非常不方便。这一时期，计算机发展有三个特点：即由军用扩展至民用，由实验室开发转入工业化生产，由科学计算扩展到数据和事务处理。

2. 第二代计算机（1957—1964年）

1947年12月16日，美国贝尔实验室的肖克利[1]、巴丁[2]和布拉顿[3]发明了晶体管，这

---

[1] 威廉·肖克利（William B. Shockley，1910—1989年），美国著名物理学家，因对半导体的研究和发现了晶体管效应，与巴丁和布拉顿分享了1956年度的诺贝尔物理学奖。1955年离开HP实验室，在美国硅谷创建肖克利实验室股份有限公司，触发了形成硅谷半导体工业的创业连锁反应。

[2] 约翰·巴丁（John Bardeen，1908—1991年），美国物理学家，因晶体管效应和超导的BCS理论分别于1956年和1972年两次获得诺贝尔物理学奖。

[3] 沃尔特·布拉顿（Walter Houser Brattain，1902—1987年），美国物理学家，1929年大学毕业进入美国贝尔实验室，因对半导体的研究和发现晶体管效应，与肖克利和巴丁分享了1956年度的诺贝尔物理学奖。

是微电子技术发展的第一个里程碑，开辟了电子时代的新纪元。晶体管不仅能实现电子管的功能，同时它具有体积小、质量轻、发热少、功耗低、效率高、寿命长等优点。使用晶体管以后，电子线路的结构大大改观，于是晶体管开始被用来作为计算机器件。

20 世纪 50 年代初期，晶体管在计算机中的应用还主要是在军方。从 1957 年以后，晶体管电子计算机经历了大规模的发展过程。从印制电路板到单元电路和随机存取存储器，从运算理论到程序设计语言，不断的革新使晶体管电子计算机日臻完善。因此，通常将这一时期采用晶体管作为主要电气元件而制造的计算机称为第二代电子计算机。由于大量采用了晶体管和印制电路，因此计算机体积不断缩小，功能不断增强。同时，在 1957 年，计算机高级程序语言 FORTRAN 和 COBOL 相继面世，并被应用于第二代电子计算机编程。

3. 第三代计算机（1965—1969 年）

1958 年，杰克·基尔比[①]和罗伯特·诺伊斯[②]发明了集成电路。集成电路（integrated circuit, IC）是一种微型电子器件或部件，它是经过氧化、光刻、扩散、外延、蒸铝等半导体制造工艺，把一个电路中所需的晶体管、二极管、电阻、电容和电感等元器件及连接导线全部集成在一起，制作在一小块或几小块半导体晶片或介质基片上，然后焊接封装在一个管壳内，成为具有所需电路功能的微型结构。

关于集成电路，按功能结构分类，集成电路分为模拟集成电路、数字集成电路和数/模混合集成电路三大类。按制作工艺分类，集成电路分为半导体集成电路和膜集成电路，膜集成电路又分为厚膜集成电路和薄膜集成电路。按规模分类，即集成电路的集成度，指单块芯片上所容纳的元件数目，集成电路分为小规模集成电路（small scale integrated circuits，集成度小于100）、中规模集成电路（medium scale integrated circuits，集成度在100与1 000之间）、大规模集成电路（large scale integrated circuits，集成度在1 000~10 000之间）和超大规模集成电路（very large scale integrated circuits，集成度在1 万~100 万之间）等。

第三代计算机是指采用中、小规模集成电路制造的电子计算机。1964 年开始出现，运算速度可达每秒几百万次，甚至几千万次、上亿次。20 世纪 60 年代末大量生产，其机种多样化、系列化，外部设备品种繁多，并开始与通信设备相结合，从而发展为由多台计算机连接组成的计算机网络，从此计算机走入了网络时代。

4. 第四代计算机（1970 年至今）

第四代计算机是指从 1970 年以后采用大规模集成电路（LSI）和超大规模集成电路（VLSI）为主要电子器件制成的计算机。在大规模、超大规模集成电路的基础上，人们研

---

① 杰克·基尔比（Jack Kilby，1923—2005 年），美国物理学家，1958 年宣布制成第一块集成电路，2000 年因在发明和开发集成电路芯片方面的重要贡献获诺贝尔物理学奖。

② 罗伯特·诺顿·诺伊斯（Robert Norton Noyce，1927—1990 年），集成电路的发明者之一。曾就职于肖克利实验室，1957 年与摩尔一起离开肖克利，创立仙童半导体公司，1968 年与摩尔一起创立英特尔公司，他有"硅谷市长"或"硅谷之父"（the Mayor of Silicon Valley）之称。1990 年 6 月 3 日，诺伊斯因游泳时突然心脏病发作去世。

制成功了微处理器（micro process unit，MPU）。微处理器具有计算机中央处理器（central process unit，CPU）的计算和控制单元，唯一不同的是，在 MPU 中没有集成计算机的存储器。这有两个方面的原因，一是集成技术的限制，二是考虑到计算机系统的扩展性。

微处理器通常由一片或少数几片大规模集成电路组成，这些电路执行计算机控制部件和算术逻辑部件的功能，基本组成有：寄存器堆、运算器、时序控制电路，以及数据和地址总线。微处理器是微型计算机的运算控制部分，能完成取指令、执行指令，以及与外界存储器和逻辑部件交换信息等操作，与存储器和外围电路芯片组合即可成为一台计算机。

微处理器的出现，使计算机更加小型化，制造成本不断降低。这推动了计算机应用的普及，并朝着个人应用迈进，预示着个人计算机时代的来临。在大规模、超大规模集成电路时代，计算机的发展出现了两个完全不同的方向，一个是继续沿着高端计算和处理应用的高性能计算机发展，一个是向着个人计算机方向发展。而所有的发展，都与集成电路技术的发展息息相关，对于微型计算机，主要经历了以下几个发展阶段。

（1）第一阶段（1971—1973 年），1969 年，英特尔（Intel）公司为日本一家名为 Busicom 的公司设计制造一种用于该公司计算器产品的整套电路。1971 年 11 月 15 日，Intel 公司的年轻工程师弗德里科·费金（Federico Faggin）成功地在 4.2 mm×3.2 mm 的硅片上，集成了 2 250 个晶体管，晶体管之间的距离是 10 μm，外层有 16 只针脚，这是第一个 4 位的微处理器，即 Intel 4004，成为微处理器诞生的标志。4004 的最高频率有 740 kHz，能执行 4 位运算，支持 8 位指令集及 12 位地址集。随后发布了改进的 Intel 4040 微处理器。

1971 年 11 月 Intel 公司在 Intel 4004 基础上，加上一块 256 字节的只读存储器电路、一块 320 位的随机存取存储器和一块 10 位的寄存器电路，构成英特尔公司命名为 MCS-4 的微型电子计算机，从而开创了新一代计算机。1972 年初又诞生了 8 位微处理器 Intel 8008，以该微处理器为核心，研制了 MCS-8 型微型计算机。

（2）第二阶段（1974—1977 年），1973 年后陆续出现了第二代微处理器（8 位），属于中低端的 8 位微处理器，70 多条指令，集成度 6 000，时钟频率 1 MHz。如 Intel 8080（1974 年）、摩托罗拉公司的 M6800（1975 年）、齐洛格（Zilog）公司[①]的 Z80（1976 年）等。相继研发了不同的微型计算机，这包括 Intel 公司的 MCS-80 微型计算机，以 Z80 为 CPU 的 TRS-80 计算机和以 6502 为 CPU 的 Apple-II 计算机。

其中，苹果公司的 Apple-II 计算机自 1977 年在美国西岸问世后，由于其外形设计不像一个大块的电子仪器，它更像一台家用电器，无论是放在办公室和家里，都不显得那么突兀，因此在 20 世纪 80 年代初期风靡世界，直到 20 世纪 80 年代末被新的机型所替代。

[①] Zilog 公司由微处理器发明人弗德里科·费金（Federico Faggin）和 Intel 早期产品 8080 开发部经理 Ralph Ungermann 于 1974 年共同创立，和 Intel、Motorola 公司并称为世界上三大微处理器厂商，该公司生产的 Z80 系列控制器曾得到广泛应用。1998 年，Zilog 公司被 TPG（Texas Pacific Group）收购。

（3）第三阶段（1978—1985 年），1978 年出现了第三代微处理器，字长 16 位，集成度 2.9 万，基本指令周期 0.5 μs（10^{-6} 秒）。典型的处理器有：Intel 8086、Z8000、M68000、Intel 8088（1979 年）、Intel 80186（1981 年）、Intel 80286（1982 年），其中 Intel 8086 成为 x86 微处理器名称的起源。

随着微型计算机的不断普及，IBM 公司于 1979 年 8 月组织了个人计算机研制小组。两年后宣布了 IBM-PC，1983 年又推出了扩充机型 IBM-PC/XT，引起计算机工业界极大震动。在这一时期，Apple 公司推出了 Macintosh 微型计算机（1984 年）。1984 年，IBM 选用 Intel 80286 作为 CPU，推出 IBM PC/AT 微型计算机，超过了苹果电脑公司。

（4）第四阶段（1985—1992 年），1985 年出现了第四代微处理器（32 位），如 Intel 80386，在 Intel 80386 微处理器上，在面积约为 10 mm×10 mm 的单个芯片上，可以集成大约 32 万个晶体管，工作主频达到 25 MHz，有 32 位数据线和 24 位地址线。随后，以 80386 为 CPU 的 COMPAQ 386、AST 386、IBM PS2/80 等微型计算机相继诞生，它们的性能已经与 20 世纪 70 年代大中型计算机大致相匹敌。

1989 年，英特尔推出 Intel 80486 芯片，这款经过四年开发和 3 亿美元资金投入的芯片突破了 100 万个晶体管的界限，集成了 120 万个晶体管，使用 1 μm 制造工艺，时钟频率从 25 MHz 逐步提高到 33 MHz、40 MHz、50 MHz。在微机发展史上，一般将从 Intel 8086 以来一直延续的指令系统通称为 x86 指令系统。

（5）第五阶段（1993—2005 年），如果按照处理器字长来划分的话，1993 年以后可以视为处理器发展的第五阶段。1993 年 2 月，Intel 公司推出了 Pentium（或称 P5，中文名为"奔腾"，俗称 586）的微处理器，它具有 64 位内部数据通道，36 位数据总线，集成了 310 万个晶体管，工作电压从 5 V 降到 3 V。1997 年 5 月，Intel 公司展出了一种速度高达 702 MHz 的 Pentium Ⅱ 芯片。1999 年 2 月，推出 Pentium Ⅲ 微处理器。2000—2002 年期间，Intel 陆续推出 Pentium 4 以及以其为基础的 Xeon（至强）、Itanium 2（安腾）。2005 年，Intel 推出双核心处理器 Pentium D，Intel 的双核心构架更像是一个双 CPU 平台。

（6）第六阶段（2006 年—），2006 年 7 月 27 日，英特尔发布了 Core 2 Duo（酷睿 2），标志着进入了酷睿（Core）系列微处理器时代。"酷睿"是一款领先节能的新型微架构，设计的出发点是提供出众的性能和能效，提高每瓦特性能，即能效比。

2011 年初，英特尔发布新一代处理器微架构 SNB（sandy bridge），采用全新的 32 nm 制造工艺，理论上实现了 CPU 功耗的进一步降低，及其电路尺寸和性能的显著优化，这就为将来整合图形核心（核芯显卡）与 CPU 封装在同一块基板上创造了有利条件。此外，第二代酷睿还加入了全新的高清视频处理单元，进一步提高了酷睿处理器的视频处理时间。

这些年来，集成电路技术的发展突飞猛进，集成度越来越高，为高性能计算机的发展提供了技术基础。电路集成度的增长主要取决于两个因素：一是晶体生长技术的水平；二是制造设备、加工精度、自动化程度和可靠性，使器件尺寸进入深亚微米级领域。1993 年，随着集成了 1 000 万个晶体管的 16 MB Flash 和 256 MB DRAM 的研制成功，集成电路进入了特大规模集成电路 ULSI（ultra large-scale integration）时代。1994 年，集成 10^8 个元器件的 1 GB DRAM 的研制成功，进入巨大规模集成电路 GSI（giga scale integration）时代，巨大规模集成电路的集成组件数达到了 10^9 以上。

在计算机的发展史上，人们根据计算机所采用的电子器件的不同，将计算机的发展分为四代。从第一代到第四代计算机，虽然其电子器件有本质的不同，但计算机的体系结构都是相同的，都采用了冯·诺依曼计算机体系结构。20 世纪 80 年代开始，随着并行计算机的发展，计算机体系结构出现多样性，有人将这一时期的计算机称为第五代计算机，其特征就是硬件系统支持高度并行和推理，软件系统能够处理知识信息，具备人工智能功能。

随着计算机芯片集成度的不断提高，器件的密度越来越大，由于电子引线不能互相短路交叉，引线靠近时会发生耦合，高速电脉冲在引线上传播时要发生色散和延迟，以及电子器件的扇入和扇出系数较低等问题，使得高密度的电子互连在技术上有很大困难。此外，超大规模集成电路的引线问题也会造成时钟扭曲（clock skew），散热也会影响芯片的正常工作，这将限制经典电子计算机的速度，也成为人们开展新型计算机研发的动力。新型的计算机也被称为第六代计算机，如超导计算机、神经网络计算机、生物计算机等。

▶▶ 2.3　计算机系统结构

对计算机系统的认识和理解，可以分成三个不同的层次：① 计算机系统结构，就是从概念上理解计算机的定义，包括计算机的组成部分及各部分的功能特性，即外特性。② 计算机系统组成，就是理解计算机系统结构的逻辑实现。例如，在计算机系统结构中，定义了什么样的指令集系统及其功能，计算机系统组成将如何实现指令集系统功能的逻辑结构。③ 计算机系统实现，理解计算机体系结构下计算机组成的物理实现，包括：处理器、主存等部件的物理结构，器件的集成度和速度，器件、模块、插件、底板的划分与连接，专用器件设计，信号传输技术，电源、冷却及装配等技术以及相关的制造工艺和技术。

▶ 2.3.1　计算机体系结构

计算机体系结构（computer architecture）是人们从外部对计算机系统的认识，它从概念上定义了一台计算机应该具有的组成部分和功能。对于计算机系统来说，对应一种计算机体系结构可以设计不同计算机组成，同样，对于一种计算机组成结构也可以有多种不同的物理实现，这就是我们见到的品牌、型号各异的计算机产品。

对计算机系统的认识，计算机体系结构层面过于抽象，计算机的物理实现则需要深入到制造计算机所需要的电子器件，又过于具体，缺少普遍性。因此，我们将结合计算机系统结构和计算机系统组成介绍在计算机技术发展中几种典型的计算机结构，以便大家从概念、逻辑和物理上理解计算机硬件系统及其组成。

1. 冯·诺依曼计算机体系结构

在 20 世纪初，在研究能够进行数值计算的机器时，科学家并没有一个成熟的设计方案，更没有计算机结构的概念。20 世纪 40 年代中期，美籍匈牙利科学家，现代计算机的先驱冯·诺依曼大胆地提出，采用二进制作为数字计算机的数制基础。同时，他还提出了存储程序的概念，将预先编好的程序和数据一样存储在计算机中，然后由计算机来按照人们事前制定的程序来执行数值计算工作。

冯·诺依曼提出了计算机制造的三个基本原则：① 采用二进制逻辑；② 程序存储执行；③ 计算机由 5 个部分组成，即运算器、控制器、存储器、输入设备、输出设备，其中，运算器、控制器功能称为中央处理单元（CPU）。该理论被称为冯·诺依曼计算机体系结构，如图 2-9 所示。

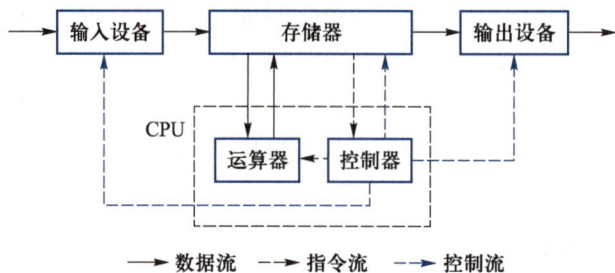

图 2-9　冯·诺依曼计算机体系结构

冯·诺依曼结构也称普林斯顿结构，是一种将程序指令存储器和数据存储器合并在一起的存储器结构。程序指令存储地址和数据存储地址指向同一个存储器的不同物理位置，因此程序指令和数据的位宽相同。输入设备负责把数据和程序输入计算机，存储器存储数据和程序（指令序列）以及程序运行过程中的中间结果，运算器负责算术逻辑运算，控制器控制各部分的协调工作，输出设备负责将运算结果输出。

在计算机的发展历史上，冯·诺依曼计算机体系结构是开创性的，它是后来计算机设计和制造的逻辑模型，几乎所有的微型计算机都采用了冯·诺依曼计算机体系结构。随着微电子技术和计算机技术的快速发展，许多新的计算机体系结构陆续出现，特别是多核并行技术的发展，使得冯·诺依曼计算机的串行处理思想已经不能适应计算机硬件中多处理器的需求。

2. 基于总线的微型计算机结构

对于绝大多数人来讲，工作和生活中接触的计算机通常是微型计算机。所谓微型计算机，简单讲，就是由大规模集成电路组成的、体积较小的电子计算机。微型计算机又简称微机，也称个人计算机或个人电脑（personal computer，PC）。微型计算机通常以微处理器为基础，配以内存储器及输入输出（I/O）接口电路和相应的辅助电路而构成。

所谓微处理器（micro processor，MP），就是用一片或少数几片大规模集成电路组成的中央处理器（central processing unit，CPU），这些电路执行控制部件和算术逻辑部件的功能。微处理器与传统的 CPU 相比，具有体积小、质量轻和容易模块化等优点。微处理器的基本组成部分有：寄存器堆、运算器、时序控制电路，以及数据和地址总线。微处理器能完成取指令、执行指令，以及与外界存储器和逻辑部件交换信息等操作，是微型计算机的运算控制部分。微处理器与存储器和外围电路芯片组成微型计算机。

微型计算机诞生于 20 世纪七八十年代，苹果计算机公司的 Apple-Ⅱ 计算机和 IBM 的 IBM-PC 微型计算机得到了极大发展，价格不断下降，性能不断提高。计算机不再仅仅是一种计算工具，而成为人们工作和生活的一部分。虽然微机的品牌和型号很多，但从体系结构和组成上来讲，微型计算机都采用了基于总线的计算机结构，如图 2-10 所示。

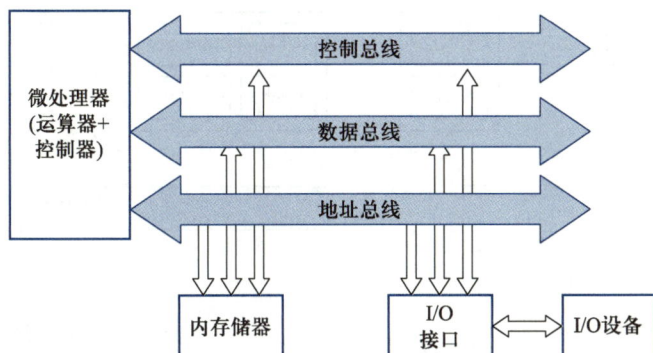

图 2-10　基于总线的微型计算机体系结构

总线（bus）是计算机各种功能部件之间传送信息的公共通信线路，由若干条导线组成。它是 CPU、内存、输入、输出设备传递信息的公用通道，主机的各个部件通过总线相连接，外部设备通过相应的接口电路再与总线相连接，从而形成计算机硬件系统。在总线连接的结构上，总线上挂有多个设备，设备与总线以高阻形式连接。这样在设备不占用总线时自动释放总线，以方便其他设备获得总线使用权。按照所传输信息种类不同，总线分为数据总线、地址总线和控制总线，分别用来传输数据、数据地址和控制信号。

在计算机中，总线是各个部件之间传输数据的通道。从通信原理讲，一条线路在同一时间只能传输一个比特，因此，要同时传输更多比特，需要多条线路。总线中包含的单条线路的数量称为宽度，以位或比特为单位，总线宽度越大，传输速度越快。总线的传输速度，即单位时间内可以传输的总数据数为总线频率和宽度的乘积。

为保证系统的可扩展性和设备兼容性，国际上制定了相应的计算机工业总线标准，每一个工业标准都包括三个方面。① 机械结构规范：有关模块尺寸、总线插头、总线接插件以及安装尺寸等方面的规定；② 功能规范：有关总线每条信号线（引脚）、功能以及工作过程的规定；③ 电气规范：有关总线每条信号线的有效电平、动态转换时间、负载能力等的规定。常见的计算机总线标准有：ISA（industrial standard architecture）总线（IBM，1984）、PCI（peripheral component interconnect）总线（Intel，1991）等。

3. 多处理器计算机体系结构

传统的计算机体系结构是以图灵机理论为基础，属于冯·诺依曼体系结构。本质上，图灵机和冯·诺依曼体系结构是一维串行的，即经典的冯·诺依曼计算机只有一个 CPU。随着集成电路技术的发展，CPU 的集成度和主频已经接近极限，通过提高 CPU 主频和集成度来提高 CPU 性能，进而提高计算机性能的潜力已经很小。

不难理解，通过在计算机中增加 CPU，实现多个 CPU 之间的并行运算，可以提高计算机的整体性能，这就是多 CPU 计算机的概念。随着多处理器概念的出现，推动了各种新型计算机体系结构的出现，典型的结构有集中式共享存储器结构和分布式多处理器结构，其中的处理器可能是单核的，也可能是多核的，如图 2-11 所示。

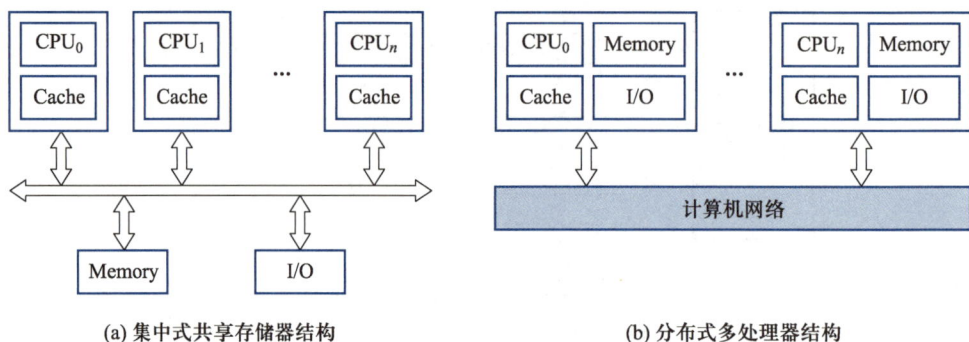

(a) 集中式共享存储器结构　　　　　　　　　　(b) 分布式多处理器结构

图 2-11　多处理器计算机体系结构

集中式共享存储器结构常用于超级计算机（超算），分布式多处理器结构则用于云计算，两者都是为了提高计算机系统的整体算力。计算机体系结构的变化不仅是硬件结构上的变化，同时，多处理器并行计算对程序员的思维、设计能力、编程思想、编程能力都是一种挑战。正如弗林教授[①]所讲，"计算机体系结构"就是将现有的技术和机器实现结合起来，以实现给定成本下的最优化系统的一门艺术。多核并行计算机体系结构不仅仅关注的是硬件，更多的是软件问题，以提高计算机系统的整体性能。

2.3.2　计算机系统组成

从 20 世纪 40 年代电子计算机诞生起，计算机已经经历了 80 多年的发展历程。随着微电子技术，特别是集成电路技术的快速发展，计算机系统的硬件指标已经发生了翻天覆地的变化。但是，计算机体系结构设计的发展相对缓慢，对应的计算机系统组成及基本原理也未发生根本性的突破。

1. 中央处理器

中央处理器是一台计算机的运算核心和控制核心，其主要功能是根据计算机指令进行

---

① 迈克尔·J. 弗林（Michael J. Flynn，1934 年—），美国斯坦福大学教授。1955 年加入 IBM，从事电路设计和计算机体系结构设计，参与 IBM 7090 和 System 360 设计。1972 年，提出计算机按照指令流和数据流分类的 Flynn 分类法，1975 年进入斯坦福大学，并建立仿真实验室。

算术逻辑运算。CPU 由运算器、控制器、寄存器和实现它们之间联系的数据、控制及地址总线构成。在微型计算机中 CPU 又称微处理器。

从 1971 年 Intel 制造出 Intel 4004 微处理器开始，CPU 经历了 50 多年的发展，从最早的 4 位、8 位处理器，到今天的 16 位、32 位、64 位处理器，CPU 主频也达到了 3 GHz 甚至更快。特别是 2005 年以来，多核 CPU 得到了快速发展，是 CPU 研究的转折点，也为 CPU 的发展开辟了新的发展方向，从而为高性能计算机的研发提供了更好的保证。

（1）典型的 CPU 结构

典型的 CPU 结构主要包括运算器和控制器两个部分。运算器即算术逻辑单元（arithmetic logic unit，ALU），是 CPU 的执行单元，是所有中央处理器的核心组成部分，主要由"与门"和"或门"构成的算术逻辑单元组成，主要功能是进行二进制算术运算和逻辑运算。控制器主要负责指令译码，并且发出为完成每条指令所要执行的各个操作的控制信号。CPU 逻辑结构如图 2-12 所示。

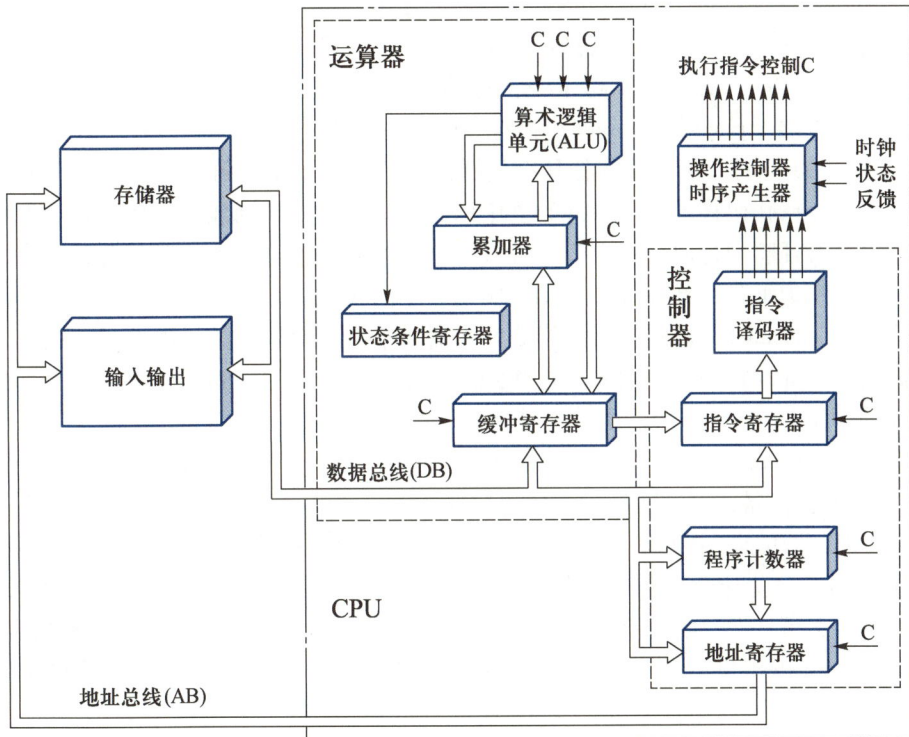

图 2-12　典型计算机 CPU 结构

① 算术逻辑单元，ALU 可以执行定点或浮点算术运算、移位运算以及逻辑运算，也可执行地址运算和转换。

② 控制器，由指令译码器（instruction decoder，ID）、指令寄存器等电路组成，主要负责指令译码，并且发出为完成每条指令所要执行的各个操作的控制信号，启动 ALU 单

元完成运算。计算机只能执行指令，计算机指令通常由操作码和地址码两部分组成，操作码指明特定的指令，地址码指定被操作数据（简称操作数）的存放在位置，即指明操作数地址。

③ 寄存器（register），包括通用寄存器、专用寄存器和控制寄存器。通用寄存器分定点数和浮点数两类，它们用来保存指令执行过程中临时存放的寄存器操作数和中间（或最终）的操作结果。通用寄存器是中央处理器的重要组成部分，大多数指令都要访问通用寄存器。通用寄存器的宽度决定计算机内部的数据通路宽度，其端口数目往往可影响内部操作的并行性。专用寄存器是为了执行一些特殊操作所用的寄存器。

在上述寄存器中，地址寄存器用来保存当前 CPU 所要访问的内存单元或 I/O 设备的地址。由于内存和 CPU 之间存在着速度上的差别，所以必须使用地址寄存器来保存地址信息，直到内存读/写操作完成为止。数据缓冲寄存器用来暂存微处理器与存储器或输入/输出接口电路之间待传送的数据。地址寄存器（AR）和数据寄存器（DR）在微处理器的内部总线和外部总线之间，还起着隔离和缓冲的作用。

计算机能且只能执行指令，其执行过程可分为 4 个阶段。

① 提取（fetch），从内存或高速缓冲存储器中检索指令，经数据总线送往指令寄存器，由程序计数器（program counter）指定存储器的位置。

② 解码（decode），指令译码器从存储器提取到的指令字，解析为指令操作码和操作数地址码。指令操作码被送到指令译码器中译码，地址码则送到地址形成部件。地址形成部件根据指令特征将地址码形成有效地址，送往主存的地址寄存器。对于转移指令，要将形成的有效转移地址送往程序计数器中，实现程序的转移。

③ 执行（execute），控制器根据指令译码器对于指令操作码的译码，产生出实现指令功能所需要的全部动作的控制信号。这些控制信号按照一定的时间顺序发往各个部件，控制各部件的动作。

④ 写回（writeback），以一定格式将执行阶段的结果简单地写回，运算结果经常被写进 CPU 内部的暂存器，以供随后指令快速存取。

关于 CPU 的功能，根据其用途不同，对于高档计算机或服务器，一种发展趋势是将计算机常用的一些功能设计成机器指令，以提高程序运行速度。对于普通 PC，这种设计没有太大意义，因为这些功能，普通用户并无需求，集成却需要增加成本。例如，很难想象将 Java 虚拟机设计在 CPU 中，这样的 CPU 对一台普通 PC 几乎没有任何实际意义。

实际的情况是，人们对服务器的要求越来越高，而普通的个人计算机并不需要太大的计算能力。随着网络泛在化，以及智能终端的普及，人们对传统 PC 的需求会减弱，我们只要通过手机等智能设备，连接到服务器，现有的需要 PC 完成的计算任务将由一个大型服务器作为数据和计算的中心来完成计算和存储等工作。

（2）多核处理器

推动计算机性能提高的主要因素有两个，一个是半导体制造工艺的不断提高，其二则是计算机体系结构的发展。半导体制造工艺决定了 CPU 的性能，人们通过提高时钟频率提高计算机性能，目前，单 CPU 计算机的主频已达到 3 GHz，提高主频带来的最大问题是高热，主频超过 2 GHz 时，功耗将达到 100 W。这导致设计的复杂度提高，也导致芯片运行不稳定，因此，主频提高的空间已经不大。此外，科学家还通过采用超标量技术，通过增加部件方式实现单位时间内执行更多指令的目的，以提高 CPU 速度。但是，单纯提高 CPU 速度还遇到和存储器匹配的问题，这将影响计算机整体性能的提高。

2002 年，计算机性能的提高降到了每年 20% 的低水平，主要有三个方面的原因：① 风冷芯片技术的最大功耗已经达到了极限；② 指令级并行很难再有效提高；③ 存储器时延难以降低。2004 年，Intel 宣布取消高性能单一处理器的研究计划，通过同一芯片上的多处理器而不是单一的处理器来提高计算机的整体性能，这是一个重要的转折，也标志着多核并行计算机时代的到来。

所谓多核（multi-core），从物理上讲，是指在一个处理器芯片上封装了多个微处理器，每个处理器有独立的控制流和内部状态。从软件开发角度讲，多核指一个芯片包含了多个执行单元，可以使线程并行执行。需要注意的是，多核和多处理器是两个不同的概念，多核是指在一个处理器芯片上有多个处理器核心，它们之间通过 CPU 内部总线通信。多处理器是指多个独立的 CPU 工作在一个系统中，多个 CPU 之间通过主板上的系统总线通信。多核处理器为未来的计算机发展做出了象征性指引，无论是在计算机性能上还是减少电力消耗上，多核处理器都是最值得关注的研究方向。

（3）计算机指令系统

我们使用计算机，其实就是运行计算机程序。从本质上讲，程序是指令的集合。对于每一台计算机，都有一组相应的计算机指令，构成机器的指令系统，每条指令都由相应的逻辑电路执行。可见，指令系统是计算机硬件的语言系统，又称机器语言。

① 指令的一般形式。指令（instruction）是用于规定计算机进行某种具体操作的命令，计算机的指令格式与机器字长、存储器容量及指令的功能相关。一条计算机指令通常由操作码和地址码两个部分构成，格式如下：

操作码	地址码

操作码表示操作的性质和功能。指令类型的多少取决于给出操作码位数 n 的大小，n 越大，则指令条数（2^n）越多，功能越强，指令系统规模越大。地址码用于指定操作数或存放操作数的地址。根据地址码不同，有不同的指令格式，包括：零地址指令（无操作码，如停机指令），一地址指令（只给出一个操作数地址，另一操作数隐含在累加器 AC 中），二地址指令（给出两个操作数地址），三地址指令（给出两个操作数地址和运算结果地址）。

对于每一种指令格式各有其特点，零地址、一地址和两地址指令具有指令短，执行速度快，硬件实现简单等特点，多为小型机、微型机所采用。而两地址以上的指令格式具有功能强，便于编程等特点，多为字长较长的大、中型机所采用。例如，三地址指令格式优点是：操作结束后，两个操作数的内容均未被破坏，但缺点是，增加一个地址后，使得指令码加长，增加存储空间，加大取值时间，因此，这种指令格式只在字长较长的大、中型机上采用。

② 指令分类。计算机指令对应了计算机硬件的电路实现，常见的计算机指令分为：数据处理指令，包括算术运算指令、逻辑运算指令、移位指令、比较指令等；数据传送指令：包括寄存器之间、寄存器与主存储器之间的传送指令等；程序控制指令：包括条件转移指令、无条件转移指令、转子程序指令等；输入/输出指令：包括各种外围设备的读、写指令等，有的计算机将输入/输出指令包含在数据传送指令中；状态管理指令：包括诸如实现存储保护、中断处理等功能的管理指令。

（4）CPU 主要性能指标

计算机性能在很大程度上是由 CPU 的性能决定的，而 CPU 性能主要体现在其运行程序速度上。影响运行速度的性能指标包括 CPU 时钟频率、Cache 容量、指令系统等参数。

① 主频，又称 CPU 时钟频率（CPU clock speed），主频表示在 CPU 内数字脉冲信号震荡的速度。从本质上讲，CPU 执行一条指令，就是 CPU 内部各部件状态的一次变化。所以，主频越高，每秒能执行的指令数就越多，运算速度则越快。

② 外频，CPU 通过系统总线和内存之间传输数据，因此，系统总线的工作频率直接影响 CPU 的数据处理速度，把系统总线的工作频率称为 CPU 外频率，简称外频。

③ 倍频，倍频指 CPU 主频和系统总线之间相差的倍数，全称是倍频系数，简称倍频。最初 CPU 主频和系统总线速度是一样的，但 CPU 的速度越来越快，倍频技术也就相应产生。它可使系统总线工作在相对较低的频率上，在主频不变的情况下，CPU 速度可以通过倍频来提升，即主频=外频×倍频系数。

④ 地址总线宽度，计算机内存储器都是按照字节编址的，地址总线宽度决定了 CPU 可以寻址的物理地址空间大小，例如 32 位地址总线，最多可以直接访问 2^{32} B，即 4 GB 的物理空间。

⑤ 数据总线宽度，数据总线负责内存和 CPU 之间的数据传送，数据总线宽度指 CPU 中运算器与存储器之间进行互连的总线二进制位数，它决定了 CPU 与二级缓存、内存以及输入/输出设备之间一次数据传输的信息量。

⑥ 机器字长，是指 CPU 一次能够处理的二进制位数。通常是 CPU 内部数据总线的宽度，以及内部寄存器的大小。机器字长反映了计算机的运算精度，字长越长，数的表示范围也越大，精度也越高。

⑦ CPU 指令集，在计算机中，指示计算机硬件执行某种运算、处理的命令称为指令。CPU 在设计时就规定了一系列与其硬件电路相配合的指令系统，一台计算机上全部指令的集合称指令集，是一台计算机全部功能的体现。机器类型不同，其指令系统也不同，因而功能也不同。计算机指令结构一般分为复杂指令集和精简指令集两大类。

研究人员通过测试发现，各种指令的使用频率相差悬殊，最经常使用的往往是一些比较简单的指令，它们占指令总数的 20%，而在程序中出现的频率却占到 80% 左右。基于上述研究，在传统计算机指令系统中，选取使用频率最高的少数指令，采用大量的寄存器、高速缓冲存储器技术，通过优化编译程序，提高它们的处理速度，这样的指令集称为精简指令集，对应的计算机为精简指令集计算机（reduced instruction set computer，RISC）。

在 RISC 中，许多功能不能直接用指令来完成，需要编写相对复杂的微程序实现。相反，如果我们把这些用程序实现的功能指令化，则可以提高 CPU 速度，相应地，这必然会提高指令集规模，增加指令系统硬件实现的复杂度，称这样的指令集为复杂指令集，对应的计算机为复杂指令集计算机（complex instruction set computer，CISC）。

⑧ 高速缓存，是 CPU 与内存之间设立的一种高速缓冲存储器（cache），也称缓存。由于和高速运行的 CPU 数据处理速度相比，内存的数据存取速度太慢，为此在内存和 CPU 之间设置了高速缓存，用来保存下一步将要处理的指令和数据，以及在 CPU 运行的过程中重复访问的数据和指令，从而减少 CPU 直接到速度较慢的内存中访问。

缓存一般分为 L1 Cache（一级缓存）、L2 Cache（二级缓存）和 L3 Cache（三级缓存）三级。一级缓存集成在 CPU 内，在 CPU 管芯面积不能太大的情况下，L1 高速缓存的容量较小。L2 和 L3 缓存有芯片内和芯片外两种实现，受 CPU 大小和制造工艺所限，芯片外缓存没有被集成进芯片内部，而是集成在主板上，通过高速总线与 CPU 连接。

另外，为缓解计算机主机与外接设备之间传输速度的不同，外接设备上通常也设计相应的缓冲存储器，如硬盘缓存、显示卡缓存（简称为显存）、网卡缓存等。

⑨ 运算速度，是衡量计算机性能的一项重要指标。通常所说的计算机运算速度是指每秒钟所能执行的指令条数，一般用"百万条指令/秒（million instructions per second，MIPS）"来描述。微机一般采用主频来描述运算速度，主频越高，运算速度就越快。

⑩ 工作电压，指 CPU 正常工作所需的电压。早期 CPU 的工作电压一般为 5 V，随着 CPU 主频的提高，CPU 工作电压逐步下降，以解决发热过高问题。低电压可以使 CPU 工作时的温度降低，温度低才能让 CPU 工作在一个非常稳定的状态，此外，低电压还可以提高笔记本电脑、平板电脑等便携设备的电池续航时间。

2. 存储器

在计算机中，程序和数据存储在存储器中，存储器采用磁性材料或半导体器件作为存储介质，分为内存储器和外存储器两大类。

（1）内存储器

内存储器是计算机系统的主要存储部件，通常是半导体存储器，关闭电源或断电，数据会丢失。内存储器包括寄存器、高速缓冲存储器和主存储器等。寄存器和高速缓冲存储器在 CPU 芯片的内部，主存储器由插在主板内存插槽中的内存条（即 RAM 芯片）组成。内存储器和 CPU 之间通过地址总线、数据总线、信号控制线连接。

当 CPU 启动一次存储器读操作时，先将地址码由 CPU 通过地址总线送入地址寄存器 MAR，然后使控制总线中的读信号 READ 线有效，MAR 中地址码经过地址译码后选中该地址对应的存储单元，并通过读写驱动电路，将选中单元的数据送入数据寄存器 MDR，然后通过数据总线读入 CPU。

计算机系统中，不论是数据还是程序，都以存储字的形式保存在存储体中。所谓存储字，是指计算机作为一个整体一次存放或取出内存储器的数据。例如：8 位机的存储字是

8 位字长；16 位机的存储字是 16 位字长；32 位机的存储字是 32 位字长……。在现代计算机系统中，内存储器一般都以字节编址，即一个存储地址对应一个 8 位存储单元，简称存储单元。这样一个 16 位存储字就占两个连续的存储单元，一个 32 位的存储字则占 4 个连续的存储单元。在 Intel x86 系统中，存储字的地址用构成存储字的多个连续存储单元中最低端的存储单元的地址表示，该存储单元存放的是存储字中的最低 8 位。

例如，将 32 位存储字 12345678H（数据的 16 进制表示）存放在内存中，需要占用 24300H~24303H 四个地址的存储单元，其中最低字节 78H 存放在 24300H 中，则该 32 位存储字的地址即 24300H，如图 2-13 所示。不同的 CPU 结构，其存储字的组织和地址也不完全相同，但大同小异。

从图 2-13 可以看出，每一个存储单元的地址是 20 位（5 位十六进制数），为什么是 20 位呢？其实，存储地址决定了可访问的存储单元数量，这里面包含了存储器存储容量的概念。一个半导体存储芯片的存储容量是指存储器可以容纳的二进制信息量，以存储器中的地址寄存器 MAR 的可编址数与存储字位数的乘积表示。例如，某存储器芯片的 MAR 为 16 位，存储字长为 8 位，则其存储容量为 $2^{16} \times 8$ 位 = 64 K×8 位，64 K 即 16 位的编址数，即可以编址的存储单元数；20 位 MAR 的编址数为 $2^{20} \times 8$ 位，即 1 024 K（1 M）。

在现代计算机结构中，地址寄存器和数据寄存器的宽度决定了存储器的存储容量，一个 M 位地址总线、N 位数据总线的半导体存储器芯片的存储容量为 $2^M \times N$ 位，这个容量是系统的内存最大容量，内存的实际装机容量不一定和最大容量相等。例如，一台计算机，其地址总线为 32 位，则内存允许的最大容量为 2^{32} B = 4 GB，而实际装机容量可能只有 1 GB 或 2 GB。

内存地址	存储单元
⋮	⋮
24300H	78H
	56H
	34H
24303H	12H
⋮	⋮

图 2-13　内存中的数据组织

（2）外存储器

外存储器是指除计算机内存及 CPU 缓存以外的存储器，此类存储器一般断电后仍然能保存数据。常见的外存储器有磁盘、磁带、硬盘、光盘、U 盘、固态硬盘等。

① 硬盘及其分类。硬盘是最常见的外存储器，按照所使用的存储介质不同，又分为机械硬盘和固态硬盘。机械硬盘即是传统普通硬盘，采用磁性存储介质，主要由盘片、盘片转轴、磁头及控制电机、磁头控制器、数据转换器、接口、缓存等几个部分组成。机械硬盘中所有的盘片都装在一个旋转轴上，每张盘片之间是平行的，在每个盘片的存储面上有一个磁头，磁头与盘片之间的距离比头发丝的直径还小，所有的磁头联在一个磁头控制器上，由磁头控制器负责各个磁头的运动。磁头可沿盘片的半径方向运动，加上盘片每分钟几千转的高速旋转，磁头就可以定位在盘片的指定位置上进行数据的读写操作。

固态硬盘（solid state disk 或 solid state drive，SSD），也称为电子硬盘或者固态电子盘，是由控制单元和固态存储单元（DRAM 或 Flash 芯片）组成的硬盘。和传统硬盘采用

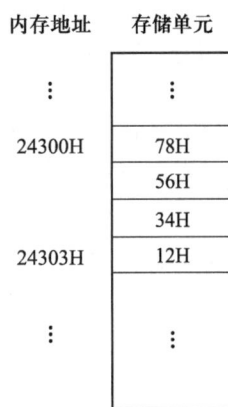

磁性材料作为存储介质不同，固态硬盘采用闪存（Flash 芯片）或 DRAM 作为存储介质。固态硬盘没有机械装置，因而抗震性极佳，其芯片的工作温度范围很宽（-40 ℃ ~ 85 ℃）。常见的固态硬盘形式有笔记本硬盘、微硬盘、存储卡、优盘等样式。

② 光盘。光盘由基层、中间反射层和保护膜三层结构构成。基层由硬质塑料制成，坚固耐用；中间反射层由极薄的铝箔制成，是记录信息的载体；上层为透明的保护膜，用以保护中间的反射层，以免划伤。光盘通常是单面的，正面存储信息，背面印制标签。

光盘的存储也采用二进制，基本原理是：利用刻录在反射层上的凹坑记录信息。凹坑边缘转折处表示"1"，平坦无转折处表示"0"。在读取信息时，光盘驱动器的激光头发出激光束聚焦在高速旋转的光盘上，激光束照射在凹坑边缘转折处和平坦处反射回来的光的强度会突然发生变化，从而表示 0 和 1。

3. 输入输出

在计算机系统中，除主存之外，其他与 CPU 传输数据的软硬件机构统称为输入/输出系统（input/output，I/O 系统），其主要作用将计算机外的数据或程序输入计算机，同时将计算机处理后的数据输出到输出设备或计算机系统外部。

计算机系统的输入和输出通常是通过各种各样的输入设备和输出设备完成的。常用的输入设备有键盘、鼠标、扫描仪等。常用的输出设备有显示器、打印机、绘图仪等。磁带、磁盘、光盘的驱动器既是输入设备，又是输出设备。通常情况下，将输入设备和输出设备称为外围设备，简称外设。

（1）输入输出接口

输入输出等外围设备在结构和工作原理上与 CPU 有很大的差异，它们都有各自单独的时钟、独立的时序控制和状态标志。CPU 与外围设备工作在不同速度下，其速度之差一般能够达到几个数量级。此外，CPU 与外围设备从数据格式到逻辑时序往往也不相同。例如，CPU 内部和 RAM 采用二进制编码表示数据，而外围设备一般采用 ASCII 编码。因此，CPU 与外围设备间的连接与信息交换不能直接进行，必须引入相应的逻辑部件解决两者之间的同步与协调、数据格式转换等问题，这就是输入输出接口（I/O 接口）。

输入输出接口是通过"接口电路"实现的，用于系统本身的接口电路集成在主板芯片组中，其余的接口电路以电路卡的形式随设备一起提供，通常称为"适配器（adaptor）"，插接到计算机主板上的扩充插槽中，再与外部设备连接。例如，常见的键盘接口、显卡、声卡、网卡等，都属于输入输出接口，或叫作适配器。随着微电子技术的发展，现在大多数的接口不再以独立的插卡形式存在，其功能已经集成在计算机主板中。

（2）接口功能

从本质上讲，接口的基本功能就是实现外围设备和主机之间的通信，接口涉及的问题包括：通信控制、数据缓冲、数据格式转换等。按照通信方式，可以将接口进行分类。① 按传输数据宽度分类，通信可分为并行传输和串行传输，又称传输模式。与此对应，接口可分为并行接口和串行接口。例如，打印机接口为并行接口，连接 Modem 的接口则为串行接口。并行接口通常用于短距离通信，而串行接口用于长距离通信。② 在串行通信中，按操作节拍分类，串行通信分为异步传输和同步传输。根据串行数据通信中的异步传输和同步传输方式，当接口与 CPU 之间采用串行传输时，接口可分为同步接口和异步接口两类。同步接口通信设计简单，但要求通信双方必须同步，异步接口通过增加起始和终止位通信，实现方便，键盘输入、网络接口都采用异步接口方式。

▶ 2.3.3 微型计算机举例

在工作和生活中，人们接触最多的计算机是微型计算机，即微机或个人电脑。可以说，微机是冯·诺依曼计算机体系结构的一种物理实现，它是以微处理器为基础，配以内存储器及输入输出（I/O）接口电路和相应的辅助电路而构成的计算机，其特点是采用基于总线的计算机体系结构，如图 2-10 所示。

为了对微机有一个全面的感性认识，我们介绍微机的硬件组成及各个部分的功能。所谓硬件，是指构成计算机的物理设备，即由机械、电子器件构成的具有输入、存储、计算、控制和输出功能的实体部件。一台典型的微型计算机的外部及内部结构如图 2-14 所示。

(a) 微型计算机系统　　　　　　　　(b) 微型计算机内部结构

图 2-14　典型的微型计算机

一台微型计算机，通常被分成主机和外围设备两个部分，主机是指安装在机箱内的计算机部件，而外围设备则是指通过接口和主机相连的部件。随着技术发展，传统的微机物理结构通过电源外置、采用固态硬盘等，各种独立外设接口板载化，使得微机机箱尺寸在不断缩小，摆放和使用更加灵活方便。

（1）电源：电源是计算机中不可缺少的供电设备，它的作用是将 220 V 交流电转换为电脑中使用的 5 V、12 V、3.3 V 直流电，其性能的好坏，直接影响到其他设备工作的稳定性，进而会影响整机的稳定性。

（2）主板：主板（mainboard）是安装在机箱内，连接 CPU、内存储器、外存储器、各种适配卡、外部设备的电路板，集成了组成计算机的主要电路，包括：CPU 插槽、内存插槽、BIOS 芯片、I/O 控制芯片、键盘接口、鼠标接口、硬盘接口、串行并行接口、指示灯接口、主板电源供电接插件等。比较流行的主板结构为南北桥结构。

（3）接口，接口是主机和外围设备之间的连接电路，主板的外部接口通常统一集成在主板后半部，并探出机箱，以便连接外围设备。主板通常按照规范用不同的颜色表示不同的接口，以免搞错。例如，键盘和鼠标可能都采用 PS/2 圆口，键盘接口一般为蓝色，鼠标接口一般为绿色，便于区别。串口可连接 Modem 和方口鼠标等，并口一般连接打印机。

随着计算机外围设备的日益增多，1994 年，英特尔、IBM 等多家公司联合提出通用串行总线（universal serial bus，USB）技术标准，也称通用串联接口，用于规范计算机与外部设备的连接和通信。USB 具有通用、传输速度快、支持热插拔功能。

（4）显卡，是连接显示器和主板的接口，显卡在工作时与显示器配合输出文字、图形和视频，显卡的作用是将计算机系统所需要的显示信息进行转换驱动，并向显示器提供行扫描信号，控制显示器的正确显示，是连接显示器和个人计算机主板的重要元件。

对于显示器，有显示分辨率和刷新频率两个指标。显示分辨率表示显示器水平方向和垂直方向能够显示的像素数，如 1 024×768、1 280×1 024 等。刷新频率则指每秒钟屏幕刷新的次数，频率过低则会出现闪烁，一般要达到 75 Hz 以上即可。这和我们生活中使用的护眼灯原理相同，因为交流电电压随时间变化，导致灯的亮度随时间变化，从而引起眼睛的疲劳。当频率达到一定的数值后，眼睛将感觉不到这种亮度变化，从而缓解疲劳。

（5）声卡，声卡是连接外部音响和主板的接口，其作用是当发出播放命令后，声卡将计算机中的声音数字信号转换成模拟信号送到音箱上发出声音。

（6）网卡，又称网络接口卡（network interface card，NIC），工作在计算机网络的数据链路层，是局域网中连接计算机和传输介质的接口，负责数据的链路层封装和信号转换。传统网卡一般为独立网卡，需要安装在总线插槽中，现在主机一般为板载网卡。

（7）调制解调器，调制解调器（modem）是通过电话线上网时必不可少的设备之一。它的作用是将计算机中的数字数据和电话线传输的模拟信号进行转换。调制解调器有内置和外置两种，目前在主板上通常集成了调制解调器部件，并通过相应的接口和电话线连接。外置的调制解调器则需要通过 COM 端口和主机连接。

对于一台微型计算机，上述部件被安装在机箱内，构成了微型计算机的主机。并通过相应的接口和外部设备连接，共同构成一个完整的计算机硬件系统。常见的外围设备有以下几种。

（1）键盘，键盘是主要的输入设备，通常为 104 或 105 键，通过 USB 口、专用键盘接口、发射器或蓝牙无线连接到主机，用于字符输入。

（2）鼠标，鼠标最早由美国斯坦福研究所道格拉斯·恩格尔巴特（Douglas Engelbart，1925—2013 年）于 1964 年发明，是一种图形输入设备。鼠标技术的发展很快，现在使用的鼠标种类繁多，按工作原理，鼠标分为机械鼠标和光电鼠标，可通过鼠标专用接口、USB 口、发射器或蓝牙无线连接到主机。

（3）显示器，又称监视器，用于将用户的输入数据或计算机中的数据显示到屏幕上，显示器通过数据线和显卡连接到主机。根据成像原理不同，显示器有阴极射线管（cathode ray tube，CRT）显示器、液晶显示器（liquid crystal display，LCD）、等离子显示器（plasma display panel，PDP），以及发光二极管（light-emitting diode，LED）显示器等。

（4）打印机，通过它可以把计算机中的文件打印到纸上，它是重要的输出设备之一。根据打印的原理不同，打印机有针式打印机、喷墨打印机、激光打印机等不同类型。

（5）光驱，用来读写光盘内容的设备，光驱可分为 CD-ROM 驱动器、DVD 光驱（DVD-ROM）、具有刻录功能的刻盘机等。

（6）闪存盘，通常也被称作优盘（U 盘）、闪盘，是一种通用串行总线 USB 接口的无须物理驱动器的微型高容量移动存储器，它采用闪存（flash memory）存储介质，具有体积小、速度快、防磁、防震、防潮、不用驱动器、无须外接电源、即插即用等特点。

（7）存储卡及读卡器，存储卡是利用闪存技术达到存储电子信息的存储器，一般应用在数码相机等小型数码产品中作为存储介质，样子小巧，犹如一张卡片，故称闪存卡。通常情况下，计算机中没有专门的闪存卡接口，因此，要读取闪存数据，需要有相应的读卡器。读卡器通过 USB 接口和计算机主机连接，支持热拔插。

随着微电子技术的发展，各种各样的数码产品不断涌现，如智能手机、数码相机、数码摄像机、摄像头、扫描仪、电视卡等设备，都可以通过专用的外设接口连接到计算机，实现外设和计算机之间的数据传输和管理。

▶▶ 2.4　数值表示与字符编码

计算机系统可分为硬件系统和软件系统两部分。对于软件系统，包括数据和代码两个方面，数据是处理对象的表示，代码用于数据处理。数据不仅仅是数学意义上的数字，还包括字符、图形、图像、视频、音频等多媒体数据。为此，我们可以把数据分为数值型数据和文本型数据两大类，因为除字符型数据外，图形、图像、视频、音频最终也都转化为数值型数据。数据的表示（存储）与计算是计算机需要解决的两个根本问题，即：记数与计算。

▶ 2.4.1　数与进制

在日常生活中，通常讲的数是由 0~9 十个数字以及小数点和正负号构成的，我们将由十个数字符号构成的数称为十进制数。在 2.1 节我们已经看到，数有两个用途，一个用途是记数，另一个用途则是计算。记数就是记录"数量"，我们知道，数"量"的大小与表示它的进制是没有关系的。但是，在计算工具中，数的计算需要物理实现，不同的数制，其计算的实现必将不同，数的进制直接关乎计算机的硬件设计和制造。

1. 数的进制

数制（numbering system）即表示数值的方法，也称计数制，是用一组固定的符号和统一的规则表示数值的方法。数制有非进位数制和进位数制两种。表示数值的数码与它在数中的位置无关的数制称为非进位数制，如：罗马数字就是典型的非进位数制。按进位的原则进行计数的数制称为进位数制，简称"进制"。对于任何进位数制，都具有以下特点。

（1）数制的基数确定了所采用的进位计数制。表示一个数字时所用的数字符号的个数称为基数（radix）。对于 N 进位数制，有 N 个数字符号。如：十进制中有 10 个数字符号：0~9，基数为 10；二进制有 2 个数字符号：0 和 1，基数为 2；八进制有 8 个数字符号：0~7，基数为 8；十六进制共有 16 个数字符号：0~9、A~F，基数为 16。

（2）在 N 进位数制计算中，逢 N 进 1，借 1 当 N。在 N 进制数的加减运算中，两个数字相加，如果和大于等于 N，则向高位进位。在做减法运算时，如果被减数小于减数，则可以向高位借位，每借 1，则按照 N 来使用。如：十进制中逢 10 进 1，借 1 当 10；二进制中逢 2 进 1，借 1 当 2。

在计算机中，采用二进制不仅可以容易找到合适的存储材料，而且二进制的运算规则简单。但是，一个数采用二进制表示时，对应的进制数字串较长。因此，在计算机学科中许多时候也使用八进制和十六进制来表示数，以简化数字的书写。数的不同进制表示及十进制数与其他进制数之间的对应关系见表 2-2。

表 2-2　四种常用进制数的表示及对应关系

十进制	二进制	八进制	十六进制	十进制	二进制	八进制	十六进制
0	0	0	0	8	1000	10	8
1	1	1	1	9	1001	11	9
2	10	2	2	10	1010	12	A
3	11	3	3	11	1011	13	B
4	100	4	4	12	1100	14	C
5	101	5	5	13	1101	15	D
6	110	6	6	14	1110	16	E
7	111	7	7	15	1111	17	F

（3）采用位权表示法。任何一个 r 进制具有有限位小数的正数，都可以表示为

$$(a_n a_{n-1} \cdots a_1 a_0 \cdot b_1 b_2 \cdots b_{m-1} b_m)_r \tag{2-1}$$

其中 a_i，$b_j \in \{0,1,2,\cdots,r-1\}$，$i=0,1,\cdots,n$，$j=1,2,\cdots,m$

对于数字的整数部分，对应的十进制数值：

$$(a_n a_{n-1} \cdots a_1 a_0)_r = a_0 \times r^0 + a_1 \times r^1 + \cdots + a_{n-1} \times r^{n-1} + a_n \times r^n = \sum_{i=0}^{n} a_i r^i \tag{2-2}$$

对于数字的小数部分，对应的十进制数值：

$$(0. b_1 b_2 \cdots b_m)_r = b_1 \times r^{-1} + b_2 \times r^{-2} + \cdots + b_m \times r^{-m} = \sum_{i=1}^{n} b_i r^{-i} \tag{2-3}$$

由以上式子可知，处在不同位置上的数码 a_i 和 b_j 所代表的值不同，一个数字在某个位

置上所表示的实际数值等于该数值与这个位置的因子 r^i、r^j 的乘积，r^i、r^j 由所在位置相对于小数点的距离 i、j 来确定，简称为位权（weight）。因此，任何进制的数字都可以写出按位权展开的多项式之和。

在日常工作和生活中，我们看到的数字通常是十进制数，为了表明一个特定进制的数，通常在数的后边加一个特定字母来表示它所采用的进制：字母 D 表示十进制（decimal notation）；字母 B 表示二进制（binary notation）；字母 O 表示八进制（octal notation）；字母 H（或在数的前面加"0x"）表示十六进制（hexdecimal notation）。例如：567.17D（十进制数 567.17）、110.11（十进制数 110.11，省略了字母 D）、110.11B（二进制数 110.11）、245O（八进制数 245）、234.5BH（十六进制数 234.5B）。

2. 二进制及其意义

在数的各种进制中，二进制是其中最简单的一种计数进制，它的数码只有两个，即 0 和 1。二进制对于现代计算机的研制具有重要的理论意义。这通常表现在以下几个方面。

（1）在自然界中，具有两种状态的材料俯拾皆是，如电灯的"亮"与"灭"，电平的高与低、电磁场的 N 极和 S 极等，容易实现数的存储，即记数。计算机的电子器件、磁存储和光存储的原理都采用了二进制的思想，即通过磁极取向、表面凹凸来记录数据 0 和 1。

（2）二进制的运算规则简单，只有三种运算，即：

$$0+0=0 \quad 0+1=1 \quad 1+1=10$$

这样的运算很容易实现，在电子电路中，只要用一些简单的算术逻辑运算元件就可以完成。同时，采用数据的补码表示，可以将数据的减法运算变为加法运算。同时，由于乘法运算可以通过加法实现，除法运算可以通过减法实现。因此，只需要设计一个加法器，就可以完成"加""减""乘""除"算数运算，降低了计算部件设计与实现的难度。

3. 不同进制数之间的转换

（1）二进制数转换为十进制数

根据式（2-1）~式（2-3），对于一个二进制数，如果希望求出它对应的十进制数，可以写出该数的位权展开式，从而很容易地算出它对应的十进制数。例如：

$11010101B = 1 \times 2^0 + 0 \times 2^1 + 1 \times 2^2 + 0 \times 2^3 + 1 \times 2^4 + 0 \times 2^5 + 1 \times 2^6 + 1 \times 2^7 = 213D$

$0.1101B = 1 \times 2^{-1} + 1 \times 2^{-2} + 0 \times 2^{-3} + 1 \times 2^{-4} = 0.5 + 0.25 + 0.0625 = 0.8125D$

（2）十进制数转换为二进制数

一个十进制数转换为二进制数，需要整数部分和小数部分分别转换：

① 对式（2-2）稍做分析可知，整数部分的转换可采用"除基数取余法"，即用基数 2 多次去除被转换的十进制数，记下余数的值，直到商为 0。将每次所得到的余数按逆序排列，就是转换后的二进制数。

例如，将十进制数 65 转换为二进制数，采用"除基数取余法"，计算过程如下：

$$\begin{array}{r}
2 \overline{)66} \qquad\qquad\qquad\qquad\quad \text{余数} \\
2 \overline{)33} \cdots\cdots\cdots\cdots 0 \quad a_0 \\
2 \overline{)16} \cdots\cdots\cdots 1 \quad a_1 \\
2 \overline{)8} \cdots\cdots 0 \quad a_2 \\
2 \overline{)4} \cdots 0 \quad a_3 \\
2 \overline{)2} \cdots 0 \quad a_4 \\
2 \overline{)1} \cdots 0 \quad a_5 \\
0 \cdots 1 \quad a_6
\end{array}$$

上述计算过程依次求得 $a_0, a_1, a_2, \cdots$，因此，得到的二进制串为 1000010，即有 66D = 1000010B。从计算机存储方面考虑，通常记为 0100 0010，即按照字节记录，不足 8 位的前面补 0。

② 分析公式（2-3），小数部分的转换可采用"乘基数取整法"，把要转换数的小数部分乘以新进制的基数，把得到的整数部分作为新进制小数部分的最高位；把上一步的小数部分再乘以新进制的基数，把整数部分作为新进制小数部分的次高位；依次进行，直到小数部分变成零为止，或者达到预定的要求为止。

例如：将十进制的 0.715 转换为二进制，保留 5 位小数。计算过程如下：

0.715×2 = 1.430，取整数部分，即 $b_1 = 1$

0.43×2 = 0.86，取整数部分，即 $b_2 = 0$

0.86×2 = 1.72，取整数部分，即 $b_3 = 1$

0.72×2 = 1.44，取整数部分，即 $b_4 = 1$

0.44×2 = 0.88，取整数部分，即 $b_5 = 0$

对于得到的各位数字，按正序排列，就是所对应的二进制数。

则 0.715D ~ 0.10110B

对于十进制转换为八进制、十六进制的方法，与上述转换为二进制的方法相同。

（3）二进制转换为八进制、十六进制

我们知道，$8 = 2^3$、$16 = 2^4$，也就是说，1 个八进制位等于 3 个二进制位，1 个十六进制位等于 4 个二进制位。因此，我们可以很容易实现二进制数与八进制数，二进制数与十六进制数之间的转换，或者相反。

从二进制转换成八进制（十六进制）的方法是，从小数点开始，整数部分向左每 3 位（4 位）一组划分，当最左一组不足 3 位（4 位）时在前面补 0；小数部分向右每 3 位（4 位）一组划分，最右一组不足 3 位（4 位）时在后面补 0；然后每一组再转换成一个 8 进制（16 进制）数符（可见表 2-2）即可完成。将八进制、十六进制数据转换为二进制数的方法和上面的过程相反。

▶ **2.4.2 数的原码、反码与补码**

在计算机中数的表示和运算都是以二进制的形式进行的。一个数在计算机中的内部表示称为**机器数**。通常规定，机器数的最高位为符号位，符号位为 0 表示正数，符号位为 1 表示负数，称作数符。机器数所表示的数值称为**真值**，采用最高位表示符号位，其他位为真值的机器数形式称为数的原码表示。

在对两个数进行加减法运算时，若将符号位和数值位同时参与运算，则会得出错误的结果。为此，一个带符号位的机器数通常有原码、反码和补码三种不同的表示方法。正数的原码、反码和补码形式完全相同，负数则有不同的表示形式。

1. 原码

原码是机器数的一种简单表示法。其符号位用 0 表示正号，用 1 表示负号。例如，对于以下的二进制数：

$X_1 = +1010101$ 和 $X_2 = -1010101$

其原码记作：

$[X_1]_原 = [+1010101]_原 = 01010101$，$[X_2]_原 = [-1010101]_原 = 11010101$

原码机器数的表示范围因字长而定，采用 8 位二进制原码表示时，其真值占 7 位，1 位为符号位，则二进制的原码取值范围为：$[11111111, 01111111]$，即：$[-127, 127]$。应该注意的是：对数字 0 的表示有两种原码形式：00000000 和 10000000，即 $+0$ 和 -0。可见，虽然编码了 256 种状态，但表示的数是 $[-127, 127]$ 以及 $+0$ 和 -0。

若数采用原码表示，直接进行二进制加法运算，结果可能是不正确的。例如：

$X = +6$，$\quad [X]_原 = 0000\ 0110$

$Y = -3$，$\quad [Y]_原 = 1000\ 0011$

两数直接做加法运算：

$$\begin{array}{r} 0000\ 0110 \\ +\quad 1000\ 0011 \\ \hline 1000\ 1001 \end{array}$$

显然，直接用这两个数相加，结果为 10001001，即 -9，是不正确的；若将这两个数的原码相减，得 "-3"，结果也是不正确的。可见采用数的原码表示不能进行正确的算术运算。为此计算机中引入了反码和补码的概念。

2. 反码

机器数的反码可以由原码得到。如果机器数为正数，则该机器数的反码和原码相同；如果机器数为负数，则其反码是对原码除符号位以外的所有数位取反。例如，以下二进制数：

$X_1 = +1010101$ 和 $X_2 = -1010101$

其反码记作：

$[X_1]_反 = [[+1010101]_原]_反 = [01010101]_反 = 01010101$

$[X_2]_反 = [[-1010101]_原]_反 = [11010101]_反 = 10101010$

数的反码表示没有直接的用途，它只是作为求补码的中间过程。

3. 补码

机器数的补码可以由原码得到，如果机器数是正数，则该机器数的补码与原码相同，如果机器数是负数，则该机器数的补码是对它的原码除符号位外的各位取反，并且在末位上加1得到，即负数的补码等于其反码加1。例如，以下二进制数：

$X_1 = +1010101$ 和 $X_2 = -1010101$

其补码记作：

$[X_1]_\text{补} = [[+1010101]_\text{原}]_\text{补} = [01010101]_\text{补} = 01010101$

$[X_2]_\text{补} = [[-1010101]_\text{原}]_\text{补} = [11010101]_\text{反} + 1 = 10101010 + 1 = 10101011$

机器数的补码表示范围因字长而定，如果采用8位二进制补码表示，其真值的表示范围为：$[-128, 127]$，即二进制整数补码的取值范围为：$[10000000, 01111111]$。对于数字0的补码表示只有一种形式：00000000，不再是原码表示中的+0和−0两种表示。为什么是这样的呢？我们看，对于8位数，其编码空间及分别对应的十进制数为：

0000 0000	对应十进制数 0
⋮	⋮
0111 1111	对应十进制数 127
1000 0000	对应十进制数 −128
⋮	⋮
1111 1111	对应十进制数 −1

根据补码定义，已知一个数可以写出该数的补码形式；反之亦然，已知一个数的补码，也可求出该数的真值。根据数的补码形式，如果符号位为0，表示正数，对应的数值即为数的真值；如果符号位为1，则表示负数，真值则是首先减1，然后再求反，即为负数的真值。可见，采用补码表示，每个数都有一个唯一的补码，数字0的补码表示只有一种00000000，补码为1000 0000的数对应的数的真值为−128，而不是−0。

通过机器数的补码表示，可以将减法运算转化为加法运算来完成。例如，计算6−3，可表示为(+6)+(−3)，采用补码表示，计算过程如下：

$X = +6, [X]_\text{原} = 00000110, [X]_\text{补} = 00000110$

$Y = -3, [Y]_\text{原} = 10000011, [Y]_\text{补} = 11111101$

两数相加：

```
      0000 0110……+6 的补码
  +   1111 1101……−3 的补码
      0000 0011…… 3 的补码
```

在计算机中，用补码存储数据，在进行运算时，直接用补码进行运算。减去一个数相当于加上这个数的补码，数的符号位也作为数值一起参与运算，允许产生进位。当计算结果的绝对值超过表示数的二进制位数允许表示的最大值时，将发生溢出。补码存储数据为计算机硬件设计提供了极大的方便，计算机中只需要设计加法器即可，不需要减法器。

▶ 2.4.3　数的定点存储和浮点存储

在计算机中，一般用若干个二进制位表示一个数或一条指令，把它们作为一个整体来处理、保存或传送，这样一个作为整体来处理的二进制字串称为**计算机字**。表示数据的字称为数据字，表示一条指令的字称为指令字。这个二进制字所占的位数称为字长。

计算机字长通常是由计算机硬件所决定的，此外，从软件的角度，数据类型也定义了数据占用存储单元的大小，通常是计算机一个字节的倍数，同类型的数据字长相同。一般来说，字长为 8 的倍数，如 8 位字长、16 位字长、32 位字长、64 位字长等。不同字长的数据字，取值范围差别很大，字长越大，它可表示的数的范围也越大。当被表示的数超出其所能表示的范围时，将会发生"溢出"的错误，从而导致数据处理失败。

对于数值型数据，在计算机中如何存储呢？二进制只是表明了采用的进制，对于固定长度的存储单元（计算机字），如何存储一个数的整数和小数部分呢？在计算机中，对于任意一个数字，其存储分为定点存储和浮点存储两种，又称为定点表示和浮点表示。采用定点表示的数称为**定点数**，采用浮点表示的数称为**浮点数**。定点数是指规定小数点固定在某一位置上，浮点数是指小数点位置可以任意浮动。

1. 定点数

数的定点表示是指数据字中小数点的位置固定不变。一般用来表示整数或一个纯小数，所谓纯小数，就是不含整数位的小数，即小数点前均为 0，小数点后面的第 1 位不为 0 的小数，例如：0.105，但 0.015 不是纯小数，而 0.15 是纯小数。

（1）定点整数。当表示一个整数时，小数点固定在数据字最后一位之后，小数点不占存储位数，如图 2-15（a）所示。

（2）定点小数。当表示一个纯小数时，小数点固定在符号位之后，数值最高位以前，小数点不占存储位数，如图 2-15（b）所示。

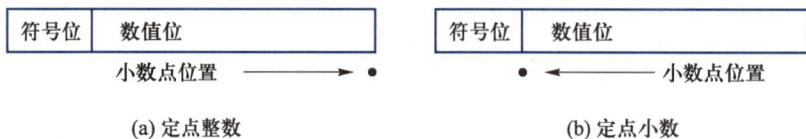

(a) 定点整数   (b) 定点小数

图 2-15　数字定点表示法

例如，字长为 16 时，对于整数"+32767"和小数"-2^{-15}"，在计算机中，采用补码表示，其存储如图 2-16 所示。

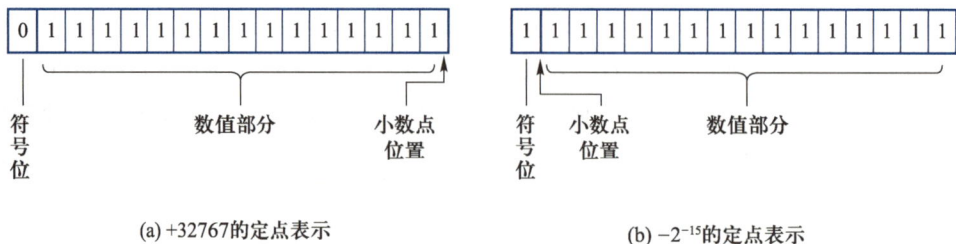

(a) +32767的定点表示   (b) -2^{-15}的定点表示

图 2-16　数的定点表示法示例

对于图 2-16（b），表示的为什么是数字 -2^{-15} 呢？因为是补码表示，最高位为 1，可知该数是负数，它的真值是补码减 1，再求反，这样就得到 0000 0000 0000 0001，其中后 15 位为真值。根据二进制到十进制小数部分的转换式（2-3），得到该小数为 2^{-15}，又因为是负数，因此，对应的十进制数值为 -2^{-15}。

小数在计算机中的存储比较麻烦，我们从十进制到二进制的转换可以知道，将一个十进制的小数表示成二进制数，无论用多少位二进制，都有可能出现不能够精确表示的问题，这就是机器误差，这就使得在程序设计中，涉及小数操作的运算可能存在误差。

2. 浮点数

在数学中，我们学习过科学记数法①。采用科学记数法，一个数分为尾数（mantissa）和指数（exponent）两部分，例如：光速为 30 万千米/秒，即 300 000 000 m/s，可记为 3.0×10^8，其中，3.0 为尾数，8 为指数。采用科学记数法的好处是：当一个数很大或很小时，将数的所有数位都写出，将难以清楚知道它的大小，还会浪费空间，此时使用科学记数法写，数的数量级、精确度和数值会更加清晰可读。

根据数的科学记数法思想，在计算机中，数的浮点表示法是指在一个机器字中，将比特位分成两部分，一部分存储尾数，另一部分存储指数。采用浮点存储，在机器字长不变的情况下，有效地扩大了数据的存储范围和精度。对于一个数 N，通过浮点表示法可以表示（注意：M 和 E 中都包含有各自的符号位）为

$$N = M \times 2^E$$

例如：要表示 17 这个数，我们知道 $17 = 17.0 \times 10^0 = 0.17 \times 10^2$，类似地，$17 = (10001)_2 \times 2^0 = (0.10001)_2 \times 2^5$，再如，$0.25 = 1 \times 2^{-2} = (0.1)_2 \times 2^{-1}$。可以证明，$(b_1 b_2 \cdots b_m)_2 = (0.b_1 b_2 \cdots b_m)_2 \times 2^m$。在数的浮点表示中，尾数和阶码都有自己的符号位，以表示负数的情况。

在浮点表示中，虽然小数点可以浮动，例如，$17 = (0.10001)_2 \times 2^5 = (0.010001)_2 \times 2^6$，这将导致同一个数浮点数的表示可以不唯一，给计算机的处理增加复杂性。为了解决这个问题，我们规定尾数部分小数点后的第一位不能为 0，也就是说尾数必须以 0.1 开头，这使得尾数和阶码将是唯一的，这称为正规化（normalize）。由于尾数部分的最高位必须是 1，这个 1 就不必保存了，可以节省出一位来用于提高精度，即最高位的 1 是隐含的。

在计算机中，数的浮点表示法比较复杂，在实现时，为了表示唯一，都进行了正规化，我们可以将上面的思想用图的形式来表示，数的浮点表示法结构如图 2-17 所示。

尾数 M 为一纯小数，M 的小数点位置位于尾数部分的数符位之后，并且最高位从数据中第一个非零数位开始；阶码 E 为一整数。尾数的长度决定数的精度，阶码的大小决定数的取值范围。利用浮点数可以扩大实数的表示范围。

---

① 科学记数法是一种记数的方法。把一个数表示成 a 与 10 的 n 次幂相乘的形式（$1 \leqslant a < 10$，n 为整数），这种记数法叫作科学记数法。当我们要标记或运算某个较大或较小且位数较多时，用科学记数法免去浪费很多空间和时间。

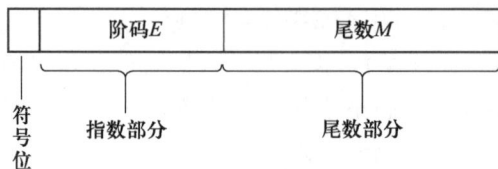

图 2-17 数的浮点表示法结构

在计算机中保存一个浮点数时，阶码 E 的长度和尾数 M 的长度都是固定的。一般浮点数的机器字长为 32 位，数符占 1 位，阶码占 8 位，尾数占 23 位。此外还有双精度的浮点数：其字长为 64 位，数符占 1 位，阶码占 11 位，尾数占 52 位，用来表示精度要求更高的数。

当数的指数位数小于阶码长度减 1 时在前面补 0；当数的尾数位长度小于 M 的长度减 1 时在后面补 0，因为尾数是小数点后面的部分，后面补 0 不改变尾数的大小。反之，如果数的尾数位长度大于 M 的长度减 1 则多出的位自动丢弃；如果数的指数位数大于阶码长度减 1 时，则数的大小超出了浮点表示的范围，发生"溢出"错误。可见，数值采用浮点表示时，可能会产生一定的误差，这种误差称为"机器误差"。

例如，数据"0.00000111011"的 M 值为"0.111011"；阶码 E 为 -5，即"-101"，其浮点表示如图 2-18 所示。

图 2-18 32 位浮点数的结构

由于不同计算机所选的基数、尾数和阶码的长度不同，因此对浮点数表示有较大差别，这不利于软件在不同计算机之间的移植。为此，1985 年，美国电气电子工程师协会 IEEE 制定了 IEEE 754 标准。IEEE 754 标准规定了浮点数的存储形式，即根据计算机处理的实数的范围不同，将实数分成单精度浮点数和双精度浮点数两类。

单精度浮点数用 32 位表示实数（数符占 1 位，阶码占 8 位，尾数占 23 位）；双精度数用 64 位表示实数（数符占 1 位，阶码占 11 位，尾数占 52 位），用"0"表示正数，"1"表示负数。为了处理负指数的情况，通常将一个较大的数和指数相加，作为阶码存储。例如，对于阶码占 8 位的情况，在当数据是负指数时，存储时将数值加上 127 后得到一个正数，然后进行存储，尾数中的 1 不存储，只存储小数部分。

由于浮点数表示的精度有限，计算结果的末尾可能被舍弃，从而带来机器误差，即做浮点运算存在精度损失问题。比如 $128.25 = (10000000.01)_2$，需要 10 个有效位，如果尾数部分只有 8 位（IEEE 754 标准是 23 位或 52 位），算上隐含的最高位 1，一共有 9 个有效位，那么 128.25 的浮点数表示只能舍去末尾的 1，表示成（10000000.0）$_2$，其实跟 128 相等了。在多个数进行加法运算时，计算顺序不同也可能导致不同的运算结果。

▶ 2.4.4 字符数据与字符编码

在计算机所要处理的数据中，除数值型数据外，更多的数据还有字符（文本）、图形、图像、视频、音频等多媒体数据，对这些数据如何存储和处理呢？在字符、图形、图像等这些非数值型数据中，图形图像数据其实存储的都是一个个像素的 RGB 颜色值，本质上也是数值，其他的多媒体数据也类似。因此，就剩下字符数据的表示和存储问题了。

从外在表现看，不管是数字还是文字或字符，实际上都是一个个的图形符号。可以和图形图像一样直接保存这些图形符号，但是，数据处理困难。因此，一种理想的解决方案就是对字符进行编码，从而统一数据的输入、存储、显示或打印输出。

字符编码的关键是编码所使用的位长度，即编码的二进制位数，它决定了可编码的字符的数量，或者说编码的空间大小。例如，采用 8 位二进制数可以编码 $2^8 = 256$ 种不同的字符，其对应的二进制编码范围是 0000 0000 ~ 11111111，采用 16 位二进制数则可以编码 2^{16} 种，6 万多个不同的字符。可见，编码位数越多，编码空间越大，但所占存储空间也大。

1. ASCII 码

ASCII 码（American Standard Code for Information Interchange，美国信息交换标准码）是基于拉丁字母[①]的一套字符编码系统，主要用于显示现代英语和其他西欧语言，它原为美国国家标准，1967 年确定为国际标准。ASCII 码采用单字节编码方案，用 8 个二进制位表示 1 个字符，其中，标准 ASCII 码最高位为 0，共可编码 128 个字符，其中 95 个可打印或显示的字符，33 个不可打印或显示的字符，即控制字符（0 ~ 31 和 127）。

在 ASCII 码应用中，每个字符对应一个 ASCII 编码，该编码对应一个二进制串，其数值称为字符的 ASCII 码值。字符的 ASCII 码值经常用十进制表示，例如：空格的 ASCII 码值为 32，数字 0 ~ 9 对应的 ASCII 码值为 48 ~ 57，大写字母 A ~ Z 对应的 ASCII 码值为 65 ~ 90，小写字母 a ~ z 的 ASCII 码值为 97 ~ 122 等。

由于一个 ASCII 编码长度为 8 个二进制位。因此，保存一个 ASCII 码只需一个字节。由于一个字节的内容可以用一个 2 位十六进制数来表示，所以在书写字符的 ASCII 码时，也常使用十六进制。ASCII 编码如表 2-3 所示。

---

① 拉丁字母（Latin alphabet），也称罗马字母（Roman alphabet），是目前世界上流传最广的字母体系，源自希腊字母。拉丁字母（用于英语、德语等）、阿拉伯字母（用于阿拉伯语）、斯拉夫字母（西里尔字母，用于俄语、乌克兰语等）被称为世界三大字母体系。约公元前 7 世纪至前 6 世纪时，拉丁字母由希腊字母间接发展而来，成为古罗马人的文字，古罗马灭亡前共包含 23 个字母，11 世纪时增加了 J、U、W，形成了今天的 A ~ Z 26 个字母。西方大部分国家和地区使用拉丁字母，我国汉语拼音方案也采用拉丁字母。

表 2-3 ASCII 码表

低4位 \ 高4位	0000	0001	0010	0011	0100	0101	0110	0111
0000	NULL	DLE	空格	0	@	P	`	p
0001	SOH	DC1	!	1	A	Q	a	q
0010	STX	DC2	"	2	B	R	b	r
0011	ETX	DC3	#	3	C	S	c	s
0100	EOT	DC4	$	4	D	T	d	t
0101	ENQ	NAK	%	5	E	U	e	u
0110	ACK	SYN	&	6	F	V	f	v
0111	BELL	ETB	'	7	G	W	g	w
1000	BS	CAN	(	8	H	X	h	x
1001	HT	EM	)	9	I	Y	i	y
1010	LF	SUB	*	:	J	Z	j	z
1011	VT	ESC	+	;	K	[	k	{
1100	FF	FS	,	<	L	\	l		
1101	CR	GS	−	=	M	]	m	}
1110	SO	RS	.	>	N	^	n	~
1111	SI	US	/	?	O	_	o	DEL

在 ASCII 编码中，可以分为三个部分：① 从 00H~1FH 共 32 个字符，大都为控制字符，用于通信或控制，有的可以显示，有的不能显示。② 20H~7FH 共 96 个字符，为阿拉伯数字、英文字母大小写、括号等字符，除了空格（20H）和删除键（7FH）外均为可打印字符。③ 对于 ASCII 编码的高四位，只编码 0000~0111 空间，还有 1000~1111 未编码，即从 80H~FFH 共 128 个字符，称为扩展 ASCII 字符，由 IBM 制定，为非标准 ASCII 码，这些字符表示框线、音标和其他欧洲非英语系的字母。

2. 汉字编码

汉字是象形文字，与西文字符相比，汉字具有量多、字形复杂的特点。因此，汉字的编码更加复杂，对于汉字的输入、存储和显示，都需要有特定的编码。

（1）国标码

为了解决中文编码问题，中国国家标准总局 1980 年发布了《信息交换用汉字编码字符集　基本集》，并于 1981 年 5 月 1 日开始实施，标准号为 GB 2312—1980。基本集共收入汉字 6 763 个和非汉字图形字符 682 个。整个字符集分成 94 个区，每区有 94 个位。每个区位上有唯一一个字符，因此可用所在的区和位来对汉字进行编码，因此又称区位码。

在该标准的汉字编码表中，汉字和符号按区位排列，其中，01~09 区是符号、数字区，16~87 区是汉字区，10~15 和 88~94 是未定义的空白区。如"啊"字的区位码为

"1601"，"白"的区位码是"1655"。区位码的排列如表 2-4 所示。

表 2-4　国标汉字区位码表

区码\位码	01	02	03	04	05	06	07	08	09	10	11	12	13	14	15	…	91	92	93	94
01		、	。	·	ˉ	ˇ	″	々	—	～	‖	…	'	'		…	←	↑	↓	≡
02	i	ii	iii	iv	v	vi	vii	viii	ix	x						…	XI	XII		
03	！	"	#	￥	%	&	'	(	)	＊	+	，	－	。	/	…	{			}
04	ぁ	あ	ぃ	い	ぅ	う	ぇ	え	ぉ	お	か	が	き	ぎ	く	…				
05	ァ	ア	ィ	イ	ゥ	ウ	ェ	エ	ォ	オ	カ	ガ	キ	ギ	ク	…				
⋮																				
09			—	─	│	│	┄	┄	┆	┆	┆	┊	┊	┊		…				
16	啊	阿	埃	挨	哎	唉	哀	皑	癌	蔼	矮	艾	碍	爱	隘	…	胞	包	褒	剥
17	薄	雹	保	堡	饱	宝	抱	报	暴	豹	鲍	爆	杯	碑	悲	…	丙	秉	饼	炳
⋮																				
55	住	注	祝	驻	抓	爪	拽	专	砖	转	撰	赚	镰	桩	庄	…				
56	丁	兀	兀	丐	廿	卅	丕	亘	丞	鬲	孬	噩	丨	禺	丿	…	伖	攸	佚	佝
⋮																				
87	鳌	鳍	鳎	鳏	鳐	鳓	鳔	鳕	鳗	鳘	鳙	鳜	鳝	鳟	鳢	…	鼹	鼽	鼾	齄
⋮																				
94																…				

GB2312—80 标准将收录的汉字分成两级：第一级是常用汉字计 3 755 个，置于 16~55 区，按汉语拼音字母/笔形顺序排列；第二级汉字是次常用汉字计 3 008 个，置于 56~87 区，按部首/笔画顺序排列。除常用简体汉字字符外，GB2312—80 标准中还包括希腊字母、日文平假名及片假名字母、俄语西里尔字母等字符，未收录繁体中文汉字和一些生僻字。

1995 年我国又颁布了《汉字编码扩展规范》（GBK），主要解决 GB/T 2312—1980 字符集容量不足的问题。GBK 覆盖全部 GB/T 2312—1980 汉字，新增 21 886 个扩展字符，包括繁体字、生僻字、古汉字、日韩汉字（部分兼容）。

（2）汉字机内码

保存一个汉字的区位码要占用两个字节，区号、位号各占一个字节。区号、位号都不超过 94，所以这两个字节的最高位仍然是"0"。为了避免汉字区位与 ASCII 码无法区分，汉字在计算机内的保存采用了机内码，也称汉字内码。目前占主导地位的汉字机内码是将区码和位码分别加上数 A0H 作为机内码。如"啊"字的区位码的十六进制表示为 1001H，而"啊"字的机内码则为 B0A1H。这样汉字机内码的两个字节的最高位均为"1"，很容易与西文的 ASCII 码区分。以 GB/T 2312—1980 国家标准制定的汉字机内码也称为 GB2312 码。它和国标区位码的换算关系是：机内码=区位码+A0A0H。

像 ASCII 码字符一样，汉字在排序时所依据的大小关系也是根据它的编码的大小来确定的，即分在不同区里的汉字由机内码的第一字节决定大小，在同一区中的汉字则由第二字节的大小来决定。由于汉字的内码都大于 128，所以汉字无论是高位内码还是低位内码都是大于 ASCII 码的（仅对 GB2312 码而言）。

需要说明的是，在我国台湾省，目前广泛使用的是"大五码（BIG-5）"，对于这种内码一个汉字也是用两个字节表示，可表示 13 053 个汉字。

（3）汉字输入码

由于汉字具有字量大、同音字多的特点，怎样实现汉字的快速输入也是应解决的重要问题之一。为此，不少个人或团体发明了多种多样的汉字输入方法，如：全拼输入法、双拼输入法、智能 ABC 输入法、表形码输入法、五笔字型输入法等。对于任何一种汉字输入法，都有一套汉字的输入编码，我们称为汉字输入码。汉字输入码实际上是输入汉字时所使用的代码，它按该输入法所制定的规则编码，编码输入后，再查找这个汉字的内码。因此，汉字输入码不是汉字在计算机内部的表示形式，只是一种快速有效地输入汉字的手段。

不同的输入法汉字输入码完全不同，如"汉"字在拼音输入法中的输入码为"han"，而在五笔字型输入法中的输入码为"icy"。目前已经出现了汉字的语音输入法，实际上是以录音设备所采集到的声音数据作为汉字输入码的。

（4）汉字字形码

汉字字形码又称汉字字模，它是指一个汉字供显示器和打印机输出的字形点阵代码。要在屏幕上或打印机上输出汉字，操作系统必须输出以点阵形式组成的汉字字形码。汉字点阵有多种规格：简易型 16×16 点阵、普及型 24×24 点阵、提高型 32×32 点阵、精密型 48×48 点阵，点阵规模越大，字形也越清晰美观，在字模库中所占用的空间也越大。此外，现在经常使用的还有多种轮廓字模库，这种汉字的字模保存的是采用抽取特征的方法形成字的轮廓描述。这种字形的好处是字体美观，可以任意地放大缩小甚至变形，如 PostScript 字库、TrueType 字库等，就是这种字形码。

计算机对汉字的输入、保存和输出过程是这样的：在输入汉字时，操作者在键盘上输入输入码，通过输入码找到汉字的国标区位码，再计算出汉字的机内码，然后以内码保存汉字。当显示或打印汉字时，则首先从指定地址取出汉字的内码，根据内码从字模库中取出汉字的字形码，再通过一定的软件转换，将字形输出到屏幕或打印机上。

3. Unicode 编码

在 20 世纪 80 年代，计算机系统都是英文的，因此，英美以外的国家通常需要对计算机系统进行本地化，具体讲就是对计算机操作系统和应用软件做本地化，以支持本地语言的输入、存储和输出问题。例如，在我国操作系统要做汉化，以支持汉字的输入输出。

在各种各样的编码方案中，通常将 ASCII 码字符集作为编码的一部分，这可以解决双语环境，即支持英语和其本地语言，但却无法同时支持多语言环境（指可同时处理多种语言混合的情况）。为此，和国际标准化组织 ISO 一样，多语言软件制造商组成的统一码联盟研究多语言的统一编码问题，这就是 Unicode 编码。

Unicode 编码系统分为编码方式和实现方式两个层次。Unicode 用数字 0~0x10FFFF 来映射这些字符，最多可以容纳 1 114 112 个字符，或者说有 1 114 112 个码位，码位是可以分配给字符的数字。在程序处理中，需要将字符的 Unicode 值（码位）转换成程序中的数据，这种转换分成三种格式，包括：UTF-8、UTF-16、UTF-32。UTF 是指 Unicode 字符集转换格式（UCS transformation format），即怎样将 Unicode 定义的数字转换成程序数据。

UTF-8 编码以字节为单位对 Unicode 进行编码，其特点是将 Unicode 值分成四个区间，对不同范围的字符使用不同长度的编码，编码长度可以是 1~4 个字节。UTF-16 编码以 16 位无符号整数为单位，UTF-32 编码则以 32 位无符号整数为单位。

在计算机系统中，编码与操作系统和应用软件直接相关。在非 Unicode 环境下，由于不同国家和地区采用的字符集不一致，很可能出现无法正常显示所有字符的情况。微软公司使用了代码页（codepage）转换表的技术来过渡性的部分解决这一问题，即通过指定的转换表将非 Unicode 的字符编码转换为同一字符对应的系统内部使用的 Unicode 编码。可以在 Windows 操作系统的"语言与区域设置"中选择一个代码页作为非 Unicode 编码所采用的默认编码方式，即遇到非 Unicode 字符时，按该字符集处理。在这种情况下，一些非英语的欧洲语言编写的软件和文档很可能出现乱码。而将代码页设置为相应语言中文处理又会出现问题，这一情况无法避免。从根本上说，完全采用统一编码才是解决之道。

在创造 Unicode 之前，有数百种编码系统。但是，没有一个编码可以包含足够的字符，也无法包括所有的语言。即使是单一种语言，例如英语，也没有哪一个编码可以适用于所有的字母、标点符号以及常用的技术符号。这些编码系统会互相冲突。也就是说，两种编码可能使用相同的数字代表两个不同的字符，或使用不同的数字代表相同的字符，这给计算机的数据处理带来的麻烦。目前，世界上有一大批计算机专家、语言学家都在专门研究 Unicode，Unicode 标准已经不单是一个编码标准，已经成为记录人类语言文字资料的一个巨大的数据库，同时从事人类文化遗产的发掘和保护工作。

▶ 2.4.5 数据存储单位

在生活中，有 m（米）、km（千米）、立方米（m³）等长度和体积单位，也有 g（克）、kg（千克）等质量单位，它们分别用于衡量物体的长度、体积和质量，对于这些长度、体积和质量单位，我们很容易产生一种感性的认识。那么，数据在计算机中存储时，通过磁盘、光盘或半导体存储器作为存储媒介，又如何衡量数据存储量的多少呢？

在计算机中，根据存储介质的物理特性，数据都采用二进制进行存储。数据的最小单位为位或比特（b 或 bit），1 比特为 1 个二进制位。由于 1 比特太小，无法用来表示出数据的信息含义，所以又引入了"字节"（Byte，B）作为数据存储的基本单位。在计算机中规定，1 字节为 8 个二进制位。除字节外，还有千字节（KB）、兆字节（MB）、吉字节（GB）、太字节（TB）、拍字节（PB）等。它们的换算关系是：

$$1\,KB = 1\,024\,B = 2^{10}\,B$$
$$1\,MB = 1\,024\,KB = 1\,048\,576\,B = 2^{20}\,B$$
$$1\,GB = 1\,024\,MB = 1\,048\,576\,KB = 1\,073\,741\,824\,B = 2^{30}\,B$$
$$1\,TB = 1\,024\,GB = 2^{40}\,B$$
$$1\,PB = 1\,024\,TB = 2^{50}\,B$$

数据和物质不同，物质是看得见摸得着的，是可以直接感知的。而数据在磁盘、光盘和半导体等存储媒介中，我们无法直接感知，需要借助于读写设备完成数据的读取和写入。从数据存储设备的角度，在计算机系统中，数据的存取都是以字节为单位的，也就是说，最小的存储单位是字节，但最小的可操作单位是比特。但是，随着信息技术的日益普及，信息的数字化存储已经成为一种最基本的形式，字节（B）和米（m）、克（g）等长度与质量单位一样，成为衡量媒介存储数据量多少的基本单位，也是表示信息量的单位。

▶▶ 2.5　计算机系统管理

计算机系统由计算机硬件和计算机软件两部分组成。从概念上讲，计算机软件是在计算机中运行的程序，程序是计算机指令序列，指令在 CPU 中执行，从而控制计算机硬件的运行。计算机软件通常分为系统软件和应用软件两个层面。系统软件是指控制和协调计算机及外部设备，支持应用软件开发和运行的程序，系统软件通常直接对计算机硬件指令系统编程，系统软件使得计算机使用者和其他应用软件无须考虑所运行的硬件平台。例如，操作系统、软件开发环境中的编译器、数据库管理系统等，都属于系统软件的范畴。其中，操作系统是最核心的系统软件，整个计算机系统的运行都是在操作系统控制下完成的。

应用软件是针对某一种或者某一类具体的应用而设计的软件。应用软件通常使用高级语言编写，在操作系统中运行，无须对计算机硬件直接控制，所有的硬件操作都是通过操作系统间接完成的。除了上述系统软件，其他的软件都可归为应用软件的范畴，例如：字处理器、图形图像处理软件、各种办公软件、管理软件，以及操作系统自带的实用程序等。

▶ 2.5.1　计算机操作系统

在计算机发展初期，从 20 世纪 40 年代后期到 50 年代中期，当时没有操作系统的概念，程序员都是直接与计算机硬件打交道的。机器通过控制台运行，控制台包括显示灯、触发器、某种类型的输入设备和打印机。用机器代码编写的程序通过输入设备（如卡片阅读机）输入计算机，甚至通过按键输入操作命令，来控制计算机各个部件的运行。如果一个错误使得程序停止，那么错误原因将由显示灯指示。程序员开始检查处理器、寄存器和主存储器，以确定错误的原因。如果程序正常完成，运行结果通过打印机打印输出。

早期计算机系统的运行方式引出了两个主要问题。

（1）任务调度，大多数装置都使用一个硬拷贝的签约表预订机器时间。通常，一个用户可以以半小时为单位签约一段时间。有可能用户签约了 1 小时，而只用了 45 分钟就完成了工作，在剩下的时间中计算机只能闲置，这会导致浪费。另一方面，如果用户遇到一个问题，没有在分配的时间内完成，那么在解决这个问题之前将被强制停止。

（2）准备时间，一个程序的运行，通常包括往内存中加载编译器和高级语言程序（源程序），保存编译好的程序（目标程序），然后加载目标程序和公用函数并链接在一起，成为机器可执行的机器指令序列。每一步都可能包括安装或拆卸磁带，准备卡片组等。如果在此期间发生错误，用户只能全部重新开始，从而导致时间预约计划失败。

上述操作模式称为串行处理，反映了用户必须顺序访问计算机的事实。为使串行处理更加有效，开发了各种各样的系统软件工具，包括：链接器、加载器、调试器和 I/O 驱动程序，它们作为公用软件，对所有的用户来说都是可用的，不需要每次重新加载，这些公用软件成为后来操作系统概念的雏形。

20 世纪 50 年代中期，第一个简单批处理操作系统（也是第一个操作系统）开发完成，用在 IBM 701 计算机上。其中心思想是使用一个称为监控程序（monitor）的软件，用户不再直接访问机器。相反，用户把卡片或磁带中的作业提交给计算机操作员，由他把这些作业按顺序组织成一批，并将整个批作业放在输入设备上，供监控程序使用。每个程序完成处理后返回到监控程序，同时，监控程序自动加载下一个程序。监控程序完成调度功能，一批作业排队等候，处理器尽可能迅速地执行作业，没有任何空闲时间，从而提高了 CPU 利用率。监控程序就是现代意义上的操作系统，成为现代操作系统发展的开端。

随后，人们对操作系统的管理思想不断改进，形成了多道程序批处理系统、分时系统等不同的计算机系统管理思想。现代意义下的操作系统的思想和概念日趋成熟，即：所谓操作系统（operating system，OS），就是安装在计算机硬件上的第一层系统软件，负责整个计算机资源的管理，包括：处理器管理、内存储器管理、外存储器管理（文件管理）、设备管理、任务管理等，同时，操作系统还在用户和计算机之间提供一种交互界面或操作接口。任何其他软件都必须在操作系统的支持下才能运行。操作系统在计算机系统中所处的位置如图 2-19 所示。

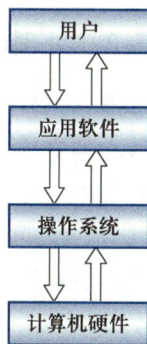

图 2-19　操作系统在计算机系统中所处的位置

在图 2-19 中可以清晰地看到，应用软件是通过操作系统来控制计算机运行的。从本质上讲，应用软件，即用户程序是一组指令的集合，这些指令对应计算机 CPU 的指令系统。所谓运行程序，就是操作系统将可执行的程序文件（指令序列）调入内存，通过数据总线依次送入 CPU 中执行，逐条执行程序中的指令。

在多道程序运行的计算机系统中，多个程序需要共享系统资源。操作系统需要为这多个程序分配 CPU 资源，程序的执行表现出间断性的特征。这些特征都是在程序执行过程中发生的，是动态的过程，而传统的程序本身是一组指令的集合，是一个静态的概念，无法描述程序在内存中的执行情况。我们无法从程序的字面上看出它何时执行，何时停顿，也无法看出它与其他执行程序的关系，因此，程序这个静态概念不能如实反映程序并发执行过程的特征。为了描述程序动态执行过程的性质，引入"进程"的概念。

20 世纪 60 年代，Multics[①]的设计者首次使用了"进程（process）"这个术语，它比

---

① Multics（MULTiplexed information and computing system）是 1964 年由美国贝尔实验室、麻省理工学院及美国通用电气公司共同参与研发的，是一套安装在大型主机上多人多任务的分时操作系统。1969 年，因 Multics 计划的工作进展过于缓慢，最后遭裁撤而中止。Multics 计划停止后，由贝尔实验室的两位软件工程师 Thompson 与 Ritchie 以 C 语言为基础而发展出 UNIX 操作系统。因此，Multics 被认为是现代操作系统的基础，是加快 UNIX 操作系统发展的催化剂。

作业更通用更能描述任务的动态活动。简单地讲，进程是程序的执行过程。当操作系统将一个可执行程序调入内存，开始执行程序指令时，即启动一个进程。也就是说，一个程序的执行对应一个进程，如果一个程序执行两次，虽然程序代码是一样的，但是两个进程。进程的概念是操作系统结构的基础，是操作系统分配系统资源的基本单位。例如，处理器时间片的分配，内存单元的分配，网络端口号分配都是按进程进行的。

在传统操作系统中，进程既是基本的分配单元，也是基本的执行单元。进程的概念主要有两点：第一，进程是一个实体。每一个进程都有自己的地址空间，包括文本区域（text region）、数据区域（data region）和堆栈（stack region）。文本区域存储处理器执行的代码；数据区域存储变量和进程执行期间使用的动态分配的内存；堆栈区域存储着活动过程调用的指令和本地变量。第二，进程是一个"执行中的程序"。程序是一个没有生命的实体，只有处理器赋予程序生命时，它才能成为一个活动的实体，这就是进程。

▶ 2.5.2 处理器管理

处理器是一台计算机的心脏，包含运算器和控制器两大部件，可以说处理器是计算机系统最核心的资源，程序指令的执行都是通过处理器完成的。因此，如何为程序进程分配CPU 时间，在多个程序进程之间如何调度，以及处理在计算机系统运行过程中所出现的各类与 CPU 有关的问题，就成为操作系统的首要任务。

操作系统对计算机资源的管理都以进程为单位，对处理器的管理也不例外，可以分成以下几个方面。

（1）进程控制，包括创建进程，进程终止，进程阻塞，进程唤醒。引发进程创建的事件有：用户登录、作业调度、服务请求、应用请求。当创建一个进程时，操作系统将为新进程分配资源、并将进程放入就绪队列。引起进程终止的事件有：正常结束、异常结束（发生错误）用户强行中止。当一个进程终止时，该进程所拥有的全部资源，或者归还给其父进程，或者归还给系统。正在执行的进程，当出现某个事件时，如等待 I/O 完成时，操作系统将处理器分配给另一就绪进程，并进行切换。当被阻塞进程所期待的事件出现时，如 I/O 操作完成，则由有关进程（比如，用完并释放了该 I/O 设备的进程）调用唤醒原语，将等待该事件的进程唤醒，然后再将该进程插入到就绪队列中，等待执行。

（2）进程调度，在分时多任务系统中，一个作业从提交到执行，通常都要经历多级调度。调度的目的是为进程分配 CPU 资源，根据不同的资源分配策略，有不同的调度算法，常用的调度算法有：① 先来先服务（FCFS）：每次调度是从后备作业队列中，选择一个或多个最先进入该队列的作业；② 短作业（进程）优先调度算法：是指对短作业或短进程优先调度的算法；③ 时间片轮转调度算法（round-robin）：为保证人机交互的及时性，系统使每个进程依次按时间片轮流的方式执行；④ 优先权调度算法，按进程的优先权调度。

（3）进程通信，进程通信是指进程之间的信息交换、高效地传送大量数据的一种通信方式。进程通信分为共享存储器系统、消息传递系统以及管道通信系统三种方式。

2.5.3　存储器管理

内存储器是计算机用于保存数据和程序的重要部件，是计算机硬件系统的重要组成部分。当程序运行时，操作系统将程序代码调入内存，并创建一个进程。进程需要占据存储空间，进程运行过程中，还需要为程序变量动态地申请和释放内存空间，进程终止时，进程所占据的内存空间被释放。对于进程所使用的存储器的管理，也是由操作系统完成的。

操作系统对内存储器的管理功能可以归纳为 4 个主要方面：① 存储分配/回收，实现存储单元的各种分配/回收。② 存储共享/保护，实现同时驻留内存的各类程序和数据的共享/保护。③ 地址重定位，实现各种地址变换机制，完成静态和动态地址重定位。④ 存储扩充，实现虚拟存储器和各种存储调度策略。其中，存储器的分配和回收是内存管理的基础。对于存储器的分配和回收，主要有以下不同的管理方式。

（1）分区分配存储管理。系统将整个内存分为空闲分区及已占用两个部分，内存分配就是在空闲分区中分配若干分区给进程。分区分配采用以下两种分配方式：① 固定分区分配。固定分区分配是最简单的多道程序的存储管理方式。由于每个分区的大小固定，必然会造成存储空间的浪费，因此现在很少将它用于通用的计算机中。② 动态分区分配。动态分区分配是根据进程的实际需要，动态地分配内存空间的管理方式。

（2）分页存储管理。用户程序的逻辑地址空间被划分成若干个固定大小的区域，称为"页"（page）。同时将内存空间分成若干与逻辑页长度相等的物理块或页框（frame）。这样，可将用户程序的任一逻辑页对应到内存的任一物理块中，实现了离散分配。这时内存中的碎片其大小显然不会超过一页。

（3）分段存储管理。用户为了程序的可读性、可共享性、易保护性、便于动态链接性而总是将程序分为代码段、数据段、栈段等区域。分段存储管理方式的引入，就是为了适应用户的这种编程要求。

在分段存储管理方式中，作业的地址空间被划分为若干个段，每个段定义一组逻辑信息。例如，有主程序段 MAIN、子程序段 X、数据段 D 及栈段 S 等，每个段都有自己的名字。为了实现简单起见，通常可用一个段号来代替段名，每个段都从 0 开始编址，并采用一段连续的地址空间。段的长度由相应逻辑信息组长度决定，因而各段长度不等。整个作业的地址空间，由于是分成多个段，其逻辑地址由段号（名）和段内地址所组成。

除了上述存储分配策略外，还包括段页式存储管理、请求分页存储管理方式和虚拟内存管理等。不管哪种内存管理策略，操作系统都通过相应的算法实现内存空间的分配和回收，从而为进程的运行提供所需的内存空间。

2.5.4　文件与外存管理

计算机外存储器可以永久保存信息，这和内存储器数据在关机时即丢失不同。因此，计算机系统中的程序、数据，甚至操作系统本身通常都是保存在外存储器中。和计算机内存对信息的使用不同，外存储器中对信息的存储和应用都以文件方式进行，因此对外存的管理就是对文件的管理，文件管理是计算机操作系统的重要功能。

操作系统在设计中包含了文件系统，通过文件系统实现对外存储器资源的管理。所谓文件系统，是指含有大量的文件及其属性的说明，对文件进行操纵和管理的软件，以及向用户提供使用文件的接口等的程序集合。文件系统负责管理在外存上的信息，并把对信息的存取、共享和保护等手段提供给操作系统和用户。

1. 文件及信息组织

文件是存储在外存介质上信息的集合，在计算机外存储器中，数据和程序都是以文件的方式组织和存储的。对于任何一个文件，都存在着两种形式的结构。

（1）逻辑结构，这是从用户观点出发，所观察到的文件组织形式，是用户可以直接处理的数据及其结构，它独立于文件存储的物理特性，又称为文件组织。文件的逻辑结构可分为两大类：一是有结构文件，它是指由一个以上的记录构成的文件，又称为记录式文件；二是无结构文件，是指由字符流构成的文件，又称为流式文件。

（2）物理结构，又称为文件的存储结构，是指文件在外存上的存储组织形式，这与存储介质的存储特性有关。存储介质的物理结构不同，比如：磁带存储、磁盘存储、半导体存储和光存储，文件的物理组织结构也不相同。无论是文件的逻辑结构还是其物理结构，都会影响对文件的存取速度。

在计算机中，无论是内存还是外存，数据都是以二进制形式存储的。对于记录式文件，其存储数据是按照数据类型转化的计算机字，有明确的数据类型语义，又称二进制文件。对于流式文件，数据类型为字符类型，存储的是字符的编码，又称文本文件。

2. 文件命名

每个文件都有一个文件名，系统按文件名对文件进行识别和管理。在操作系统中，文件名分两部分：主文件名和扩展名，两者之间用句点"."隔开。主文件名用来标识不同的文件，不能省略，扩展名用于标识文件类型，有时候可以省略。操作系统不同，对文件名的命名规定不完全相同。

在 Windows 操作系统中，主文件名由 1~255 个字符组成，允许使用空格或汉字。由于有些字符操作系统已经赋予了特定的含义，因此，在用户文件命名时不能使用，这些字符有：\、/、＊、?、"、<、>、|等。其中，斜杠字符用于路径中的路径分隔符，字符"?"和"＊"通常用作通配符，"?"代表一个任意的字符，"＊"代表 0 个或多个任意的字符，字符"<"和">"用于输入输出导向。

扩展名由 1~4 个字符组成，一般表示文件类别。例如，扩展名"txt"表示这是一个文本文件（内容由合法的中西文字符组成的文件）；扩展名"exe"表示是一个可执行的程序文件，其中是一些可以运行的二进制指令代码。扩展名不是由操作系统规定的，通常与特定的应用程序相关联，被特定的应用程序打开和操作。

文件除了主文件名和扩展名外，还包含若干属性，如文件类型、文件大小、创建日期时间、最近一次修改的日期时间、最近一次被访问的日期时间、存取属性（只读、隐藏）等。此外，操作系统通常还设置文件安全属性，包括用户及权限设置。例如，在 Windows 系统中，通过"我的电脑"和"资源管理器"工具，可以看到计算机中的文件，右击文件图标，在打开的快捷菜单中可以查看文件属性。

3. 文件目录

为了方便文件管理，操作系统的文件系统维护一个文件目录表。文件目录具有将文件名转换为该文件在外存的物理位置和记录文件控制信息的功能。一个目录项通常包括以下内容：文件主标识、文件类型、文件存取权限、各类用户对该文件的存取权限，文件的进程（用户）计数、文件存取时间，最近被修改的时间等。多个文件的目录项组成一张目录表。目录表项还可以指向另一目录表项，从而构成多级的树形目录结构。

由目录表项构成的多级树形目录结构，可以很好地支持用户对文件的分类管理。通常情况下，一个磁盘上往往存储了大量文件，为了管理方便，通常需要对文件分类管理，进行分门别类的组织。从用户的角度看，把一类文件组织在一起，定义一个逻辑空间，并起一个名字，这就是文件夹，也称目录。但是，从操作系统层面，文件夹并不是一个独立的物理实体。系统存储的每一个文件都对应一个目录项，目录项对应具体的物理存储空间。

在使用操作系统时，文件夹都有相应的名字，目录名的规定和文件名的规定一样，但是一般不带扩展名，同一个目录下的目录名不能重名，也不能和同一个目录下的文件重名。在目录当中，除可以保存多个文件外，还可以建立和保存子目录，即子文件夹，从而形成多级目录结构。对于每一个磁盘或磁盘分区，有一个唯一的根目录。在根目录下，除文件之外，可以建立子目录，每一个目录当中又可以包含目录，上下级目录之间为父子关系，根目录没有父目录，而最底层的目录没有子目录。

对磁盘中目录的创建、删除、重命名、目录转移等操作都是由操作系统来完成，不同的操作系统，提供相应的操作系统命令，实现文件操作。在早期的 DOS 等命令行操作系统中，在系统提示符下输入相应命令进行目录操作。在 Windows 等图形界面的操作系统中，可以通过"我的电脑"和"资源管理器"工具来完成目录（文件夹）操作。

例如，某计算机硬盘的目录结构如图 2-20（a）所示。在 Windows 操作系统中利用"我的电脑"可显示系统的文件夹结构目录树，如图 2-20（b）所示。

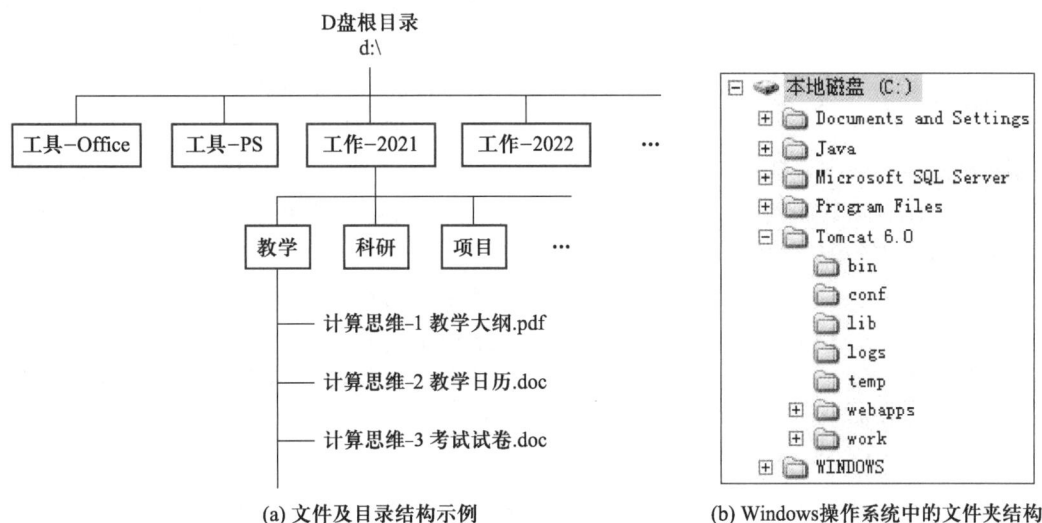

(a) 文件及目录结构示例　　　　(b) Windows操作系统中的文件夹结构

图 2-20　树形目录结构图

在目录结构的创建中，虽然目录结构的命名没有特别要求，但是，从管理的角度，采用前缀命名便于管理。例如，文件夹"工作-2021""工作-2022"等，因为操作系统通常是按照名字的字母顺序来排列的，这样把相近的文件夹或文件可以列在一起，便于查找。

4. 文件路径

在进行文件操作过程中，若操作对象不是当前盘上当前目录中的文件，这时就需要指明文件所在位置。一是需要指出它在哪个磁盘上，二是需要指出它所在的目录。由于目录可能是多层次的，这就需要一种方法指明它的确切位置。所谓"路径"就是描述文件所在位置的一种方式。路径的描述有两种：绝对路径和相对路径。绝对路径是从根目录开始描述，直到文件所在的子目录，指定文件绝对路径的一般形式是：

[<盘符>:]\<子目录$_1$>\<子目录$_2$>\……\<子目录$_n$>\

其中<子目录$_1$>、<子目录$_2$>……<子目录$_n$>是包含被查找文件的各级目录名。不加盘符时默认为当前盘的盘符。反斜杠（\）为 Windows 操作系统路径分隔符。例如要对 C 盘上 WINDOWS 目录下的 SYSTEM 子目录中的文件 System. ini 操作，其绝对路径为：

C:\WINDOWS\SYSTEM\System. ini

相对路径是相对于当前盘上的当前目录来设置路径的，这里常用到两个特殊的符号："."表示当前目录；".."表示上一级目录。例如：在图 2-20（a）所示的目录结构中，设当前路径是 D 盘根目录，即 D:\，则文件"计算思维-1 教学大纲.pdf"对应的绝对路径是：D:\工作--2021\教学\，如果要从该路径转到工作-2022\教学\目录，则相对路径是：..\..\工作--2022\教学\。

5. 存储空间管理

外存和内存一样，新建文件需要占用存储空间，删除文件则会释放空间，因此这就存在外存空间的管理问题。为了实现存储空间的分配，首先必须记住空闲存储空间的情况。为此，首先，系统应为分配存储空间而设置相应的数据结构；其次，系统应提供对存储空间进行分配和回收的功能。常用的文件存储空间管理方法有以下几种。

（1）空闲表法。系统为外存上的所有空闲区建立一张空闲表，每个空闲区对应于一个空闲表项。空闲表中包括：序号、该空闲区的第一个盘块号、该区的空闲盘块数等信息。应将所有空闲区按其起始盘块号递增的次序排列，形成空闲盘块表。当进行文件写操作时，从空闲表中分配外存空间。

（2）位示图法。位示图是利用二进制的一位来表示磁盘中一个盘块的使用情况。当其值为"0"时，表示对应的盘块空闲；为"1"时表示已分配。有的系统把"0"作为盘块已分配的标志，把"1"作为空闲标志。磁盘上的所有盘块都有一个二进制位与之对应，这样由所有盘块所对应的位构成一个集合，称为位示图。

6. 外存分配方式

当在磁盘上新建文件时，操作系统需要为新建的文件分配存储空间，并进行数据的存储，为新建文件分配存储空间是操作系统的重要功能之一，常用的外存分配方法有以下几种。

① 连续分配。连续分配要求为每一个文件分配一组相邻接的盘块。通常，它们都位于一条磁道上，在进行读/写时，不必移动磁头，仅当访问到一条磁道的最末一个盘块时，才需要移到下一条磁道。因此存取速度最快。

② 链接分配。通过在每个盘块上的链接指针，将同属于一个文件的多个离散的盘块链接成一个链表，由此所形成的物理文件称为链接文件。由于链接分配是采取离散分配方式，从而消除了外部碎片，故可显著地提高外存空间的利用率，当文件动态增长时，可动态地再为它分配盘块。此外，对文件的增、删、改也十分方便。

③ 索引分配。索引分配方式支持直接访问。当要读文件的第 i 个盘块时，可以方便地直接从索引块中找到第 i 块盘的盘块号；此外，索引分配方式也不会产生外部碎片。当文件较大时，索引分配方式无疑是优于链接分配方式的。

▶ 2.5.5 设备管理

在一个计算机系统中，键盘、显示器、打印机等都是计算机硬件的重要组成部分，和 CPU、内存、外存相比，这些在主机箱外部并和主机连接的设备称为外围设备。操作系统的设备管理是用于对外部设备输入、输出进行控制和管理的子系统。由于 I/O 设备种类繁多，特性和操作方式相差很大，操作系统的设备管理除要保证外设高效均衡地得到使用外，还应使设备管理软件独立于其物理特性，为用户使用外设提供一个统一方便的操作接口。

1. 设备的类型

计算机系统中 I/O 设备类型繁多，从操作系统观点看，主要性能指标有：数据传输速率、数据传输单位、设备共享属性等。因此，可以对设备按不同的方式进行分类。

（1）按传输速率分类，可分为：① 低速设备，传输速率为每秒钟几个字节至数百个字节的设备，典型的低速设备有键盘、鼠标、语音输入输出设备；② 中速设备，传输速率在每秒钟数千字节至数十千字节的一类设备，典型的中速设备有行式打印机、激光打印机等；③ 高速设备，传输速率在数百千字节至数兆字节的一类设备，典型的高速设备有磁带机、磁盘机、光盘机等。

（2）按信息交换单位分类，可分为：① 块设备，信息存取以数据块为单位的设备，称为块设备（block device）。典型的块设备是磁盘，每个盘块的大小为 512 B～4 KB。磁盘设备具有传输速率高、可寻址，即可随机地读/写任意一块等特征。② 字符设备，用于数据的输入和输出，基本单位是字符，故称为字符设备（character device）。字符设备种类繁多，如交互式终端、打印机等。字符设备常采用中断驱动方式。

（3）按设备共享属性分类，可分为：① 独占设备，指在一段时间内只允许一个用户（进程）访问的设备，系统一旦把这类设备分配给某进程后便由该进程独占，直至用完释放。② 共享设备，指在一段时间内允许多个进程同时访问的设备。当然，对于每一时刻而言，该类设备仍然只允许一个进程访问。共享设备必须是可寻址的和可随机访问的设备。典型的共享设备是磁盘。③ 虚拟设备，通过虚拟技术将一台独占设备变换为若干台逻辑设备，供若干个用户（进程）同时使用，通常把这种经过虚拟技术处理后的设备，称为虚拟设备。

2. 设备分配

在计算机系统中，设备是计算机系统的重要硬件资源，并由操作系统统一管理。当进程向系统提出 I/O 请求时，只要是可能和安全的，设备分配程序便按照一定的策略，把其所需的设备分配给用户（进程）。在有的系统中为了确保 CPU 与设备之间通信，还应分配相应的控制器和通道。为了实现设备分配，还必须在系统中设置相应的数据结构。

在进行设备分配时，通常都需要借助于一些表格的帮助。在表格中记录了相应设备或控制器的状态及对设备或控制器进行控制所需的信息。在进行设备分配时所需的数据结构表格有设备控制表、控制器控制表、通道控制表、系统设备表等。

设备分配算法与进程调度算法相似，但相对简单，通常采用以下两种分配算法。

（1）先来先服务。当有多个进程对同一设备提出 I/O 请求时，该算法根据进程对某设备提出请求的先后次序，将这些进程排成一个设备请求队列，设备分配程序总是把设备首先分配给队首进程。

（2）优先级高者优先。在进程调度中的这种策略，是优先权高的进程优先获得处理器。如果对这种高优先权进程所提出的 I/O 请求，也赋予高优先权，显然有助于这种进程尽快完成。在利用该算法形成设备队列时，将优先级高的进程排在设备队列前面，而对于优先级相同的 I/O 请求，则按先来先服务原则排队。

▶ 2.5.6 人机界面

操作系统在计算机系统中的另一个作用是在用户和计算机之间提供一个用户接口，即人机操作界面。我们通常说，使用计算机，其实是使用计算机程序。用户运行程序，需要通过操作系统调度和管理。首先，操作系统将程序调入内存，程序中的指令通过数据总线发往 CPU 执行。可见，操作系统是用户程序和计算机的桥梁。

除了运行用户的应用程序外，操作系统还为用户提供了大量的实用程序，例如：Windows "开始" 菜单中的 "控制面板" "附件" 程序组中包含的程序，这些程序本身不属于操作系统的范畴，但是却是用户常用的程序，为用户使用计算机提供了方便和工具。

操作系统为用户提供的人机界面分为两种类型。

（1）命令行接口（command line interface，CLI）。使用 CLI 界面的典型操作系统就是 DOS，系统开机后，显示当前驱动器、目录和系统提示符 ">"，例如：C:>。在系统提示符下，可以输入操作系统命令或可执行程序名，然后按回车键确认。此时，操作系统将在当前目录或 Path 路径中查找指定的可执行文件，如果存在，将调入内存执行；否则，显示错误提示：Bad command or file name，即错误的命令或文件名，其中命令指操作系统命令。

（2）图形用户接口（graphic user interface，GUI）。命令行界面的特点是简单，不足是需要记住大量的命令。采用图形用户接口的操作系统是 Windows 和苹果公司的 macOS 操作系统，现在的 Linux 也采用图形界面。GUI 接口的特点是将程序组织成图标的方式在桌面上显示，或组织到特定的菜单中，供用户选择执行。好处是用户无须记住程序的名字和路径，操作直观。不足之处是对计算机资源的需求更大。

▶▶ 2.6 计算机网络

在计算机的发展历史上，计算机网络与互联网的出现，无疑将计算机应用扩大到更大的地域空间，甚至全世界。最初，我们研究计算工具，就是想能够代替纸与笔，提高计算速度和精度，降低人的劳动强度。20 世纪 60 年代后期，随着计算机应用的日益广泛，我们需要在不同计算机之间实时交换数据，计算机网络的概念就诞生了。

▶ 2.6.1 计算机网络技术

网络是一个普适的概念，一般用来对交通系统、通信系统及各类管道系统进行建模，从而形成诸如：交通网络、电信网络、邮政网络、有线电视网、自来水管网、煤气管网、污水管网等。在计算机领域，计算机网络则是指将分布在不同地理位置的计算机，通过通信线路连接在一起形成的网络，其目的是实现计算机之间的通信和资源共享。计算机网络彻底改变了计算机的单机运行模式，互联网、物联网、基于网络的计算，如分布式计算、网格、云计算等，都是建立在计算机网络基础上的。

1. 计算机通信与 OSI 模型

计算机网络是一个异构的环境，联网的计算机硬件、操作系统都可能不同。要保证不同厂商生产的计算机、网络设备之间能够相互通信，1978 年，国际标准化组织 ISO 提出了"开放系统互连参考模型"，即著名的 OSI/RM 模型（open system interconnection/reference model）。OSI 模型是对计算机网络的抽象，将计算机网络划分为七层，如图 2-21 所示。

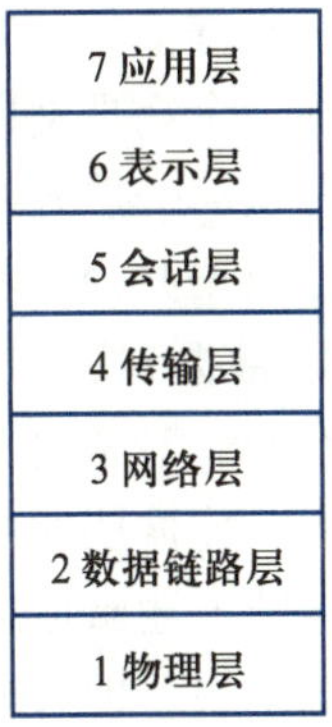

7 应用层
6 表示层
5 会话层
4 传输层
3 网络层
2 数据链路层
1 物理层

图 2-21　OSI 参考模型

在 OSI 参考模型中，共分为七层，自下而上依次为：物理层（physics layer）、数据链路层（data link layer）、网络层（network layer）、传输层（transport layer）、会话层（session layer）、表示层（presentation layer）、应用层（application layer）。各层的功能定义如下。

（1）应用层
提供用户应用软件和网络之间的接口服务，这些应用软件通常具有网络通信功能。

（2）表示层
由于网络环境的异构性，不同的硬件和软件平台所表示的数据格式不同。表示层提供通用的数据格式，以便在不同系统的数据格式之间进行转换，保证通信双方数据的可识别。

（3）会话层

为通信双方提供建立、维护和结束会话连接的功能，包括访问验证和会话管理等通信机制。例如：服务器验证用户登录便是由会话层完成的。

（4）传输层

将上层生成的数据分段（segment），负责数据的可靠传输和流量控制。

（5）网络层

将传输层生成的数据分段封装（encapsulate）成数据包（packet），包中封装有网络层报头，其中含有源站点和目的站点的网络逻辑地址。根据数据包的目标网络地址，实现网络间的路由（路径选择），将数据从一个网络传送到另一个网络，直到目标网络。

网络层为传输层数据提供了端到端的网络数据传送功能，使得传输层摆脱路由选择、交换方式、拥挤控制等网络传输细节。

（6）数据链路层

将网络层的数据包封装成数据帧（frame），数据帧含有源站点设备和目的站点设备的物理地址（MAC 地址）。数据链路层关心的问题包括：物理地址、网络拓扑、错误通告、数据帧的有效传输和流量控制。

（7）物理层

提供计算机及网络设备物理接口的机械、电气、功能和过程特性。如：规定使用电缆和接头的类型，传送信号的电压等。在这一层，数据帧对应的比特流被转换成媒介可传输的电、光等信号，并在媒介中传输。

在一个物理网段内，根据数据帧所包含的物理目标地址，信宿接收信源发送来的数据，并从第一层开始逐层向上传送（解封装），最终到达应用层，由应用层的用户应用程序接收数据并处理收到的数据，从而实现了两台设备之间的通信。

2. 数据封装与解封装

在 OSI 参考模型中，信源方从应用程序产生数据（第七层、第六层和第五层），经过传输层，传输层的协议将上层数据分割成数据段；数据段到达网络层，网络层协议在数据段上封装上逻辑地址（如：IP 地址），变成数据包，逻辑地址用于网络寻址（路由）；然后传给下层，即数据链路层，数据链路层将物理地址（MAC 地址）添加到数据包中，形成数据帧，数据帧在网络中传输，计算机根据数据帧的目的 MAC 地址决定是否接收数据。我们把这样的一个过程称为数据封装。

封装后的数据帧是一种特定格式的比特串，在物理层比特串被编码成可传播的电信号或光信号，发送到通信媒介，进行信息传输。在接收方，计算机通过数据帧的目的 MAC 地址决定是否接收数据。当数据被接收后，在信宿端，信息从一层到七层经过一个和数据封装相反的过程，即解封装（deencapsulation），将收到的数据流还原为用户应用程序识别的数据。从而实现了计算机之间的通信。数据封装和解封装过程如图 2-22 所示。

数据的封装和解封装都是通过相应的网络协议完成的，在完整的数据通信中，还包括为了获得信宿的物理地址而进行的广播、数据包从一个网络到另一个网络时的路径选择等更加复杂的工作，最终完成数据从信源到信宿的传输，实现网络中运行在两台设备上的两个应用程序之间的数据通信。

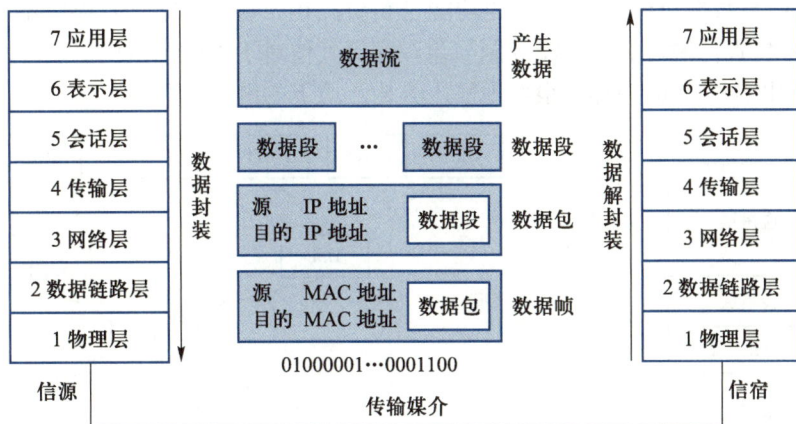

图 2-22　数据封装与解封装

3. 网络协议与 TCP/IP 模型

在 OSI 参考模型中，每一层都定义了相应的功能，而各层的功能又如何实现呢？我们知道，从计算机的角度出发，所有的功能都是通过执行程序来实现的。其实，在网络中也不例外，所有的网络设备，例如交换机和路由器等，也都具有执行程序的功能，虽然它们没有计算机这样的键盘和显示器。这种被执行的完成各层功能的程序就是网络协议。

网络协议是一个很抽象的概念，我们举一个简单的例子，我们国家的身份证号有 18 位数字和字母组成，当我们看到一个人的身份证号码时很容易知道这个人的出生年月日，为什么会这样呢？这是因为，我们的身份证号码是由特定格式的，即：地区码（6 位）+出生年月日（8 位）+顺序码（3 位）+校验位（1 位），共 18 位。要让计算机之间互相读懂传递的数据，这些数据也必须定义格式，这就是协议，所以说协议规定了特定的数据格式。

网络 OSI 参考模型分层太细，为了实现方便，真正的网络通信并没有在 OSI 的每层上开发或定义网络协议，而是将 OSI 参考模型进行了简化，这就是 TCP/IP 网络模型。TCP/IP 模型是美国国防部高级研究计划署 ARPA[①] 为其 ARPA 网研发的网络通信模型，它将 OSI 参考模型中的第一层和第二层合并成为网络接入层（network access layer）；对应 OSI 参考模型中的第三层（网络层），称为互联网层；OSI 参考模型中的第四层不变，仍然为传输层；将 OSI 参考模型中的五、六、七层合并成一层，称为应用层（application）。

TCP/IP 网络模型如图 2-23 所示，各层对应的网络协议如图 2-24 所示。

在 TCP/IP 模型中，核心协议是 TCP 和 IP。TCP 为传输控制协议，工作在传输层，主要功能是数据分段、流量控制，以及为应用程序提供可靠传输服务。所谓可靠传输，就是要控制数据的丢失、重复和乱序问题，这是数据通信中必须要解决的问题。IP 为互联网协

---

① 美国国防部高级研究计划署 ARPA 成立于 1958 年 2 月，又称 DARPA（Defense ARPA），它是在 1957 年苏联发射世界第一颗人造地球卫星 Sputnik 的背景下诞生的，其目标就是负责前瞻性科研项目的研发，以确保美国在诸多技术领域上的绝对领先。

议，是 TCP/IP 协议簇中最为核心的协议，工作在网络层，所有的 TCP、UDP、ICMP 等数据都被封装在 IP 数据包中传送。IP 的功能是负责路由（路径选择），提供不可靠、无连接的服务，不负责传输可靠性、流控制、包顺序等其他对于主机到主机协议的服务。IP 协议隐藏了不同网络之间的差异，很好地解决异构环境下的网络互联问题。

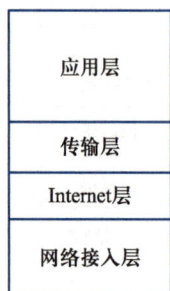

图 2-23　TCP/IP 网络模型　　　　图 2-24　TCP/IP 网络模型对应的各层协议

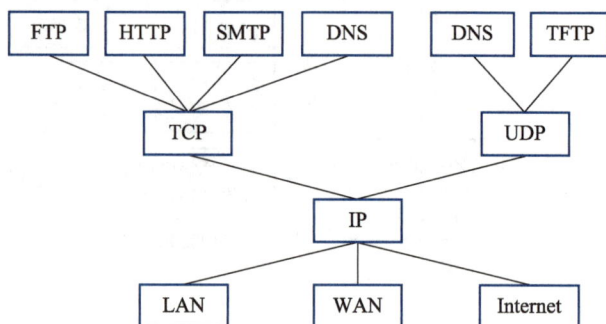

4. 网络编址

在 TCP/IP 网络模型中，一个很重要的概念就是每台计算机都有一个唯一的网络地址。通过 TCP/IP 协议实现了网络之间的互联，网络地址可以确定网络中唯一的一台计算机，建立在 TCP/IP 模型下的网络互联概念如图 2-25 所示。

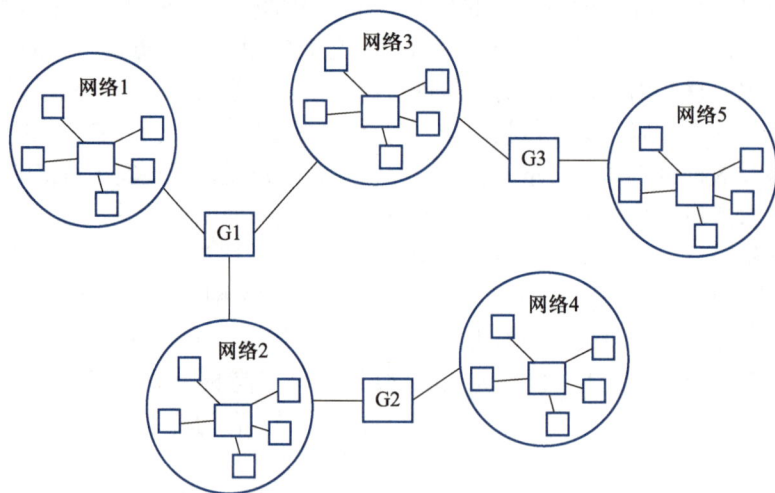

图 2-25　网络互联示意图

不同的物理网络技术，有不同的编址方式；不同物理网络中的主机，有不同的物理网络地址。因此，网络互联必须将不同物理网络技术统一起来。在统一的过程中，首先要解决的就是地址的统一问题，为全网的每一网络和主机都分配一个互联网地址，这就是通常讲的 IP 地址，以此屏蔽物理网络地址的差异。

目前我们所用的 IP 协议是 v4 版本，即 IPv4。IPv4 是 1981 年由 RFC791 标准化的，每个 IP 地址长 32 比特，由网络标识和主机标识两个部分组成，网络标识确定主机属于哪个网络，主机标识确定网络中一台具体的主机。IP 地址的格式为：网络标识 . 主机标识。

（1）IP 地址的表示

IPv4 地址长 32 比特，用 4 个十进制整数表示，每一个整数都给出一个 IP 地址中二进制数的 8 位，并且在每一个数字之间用点分开，称为"点分十进制表示法"。例如，IP 地址为 11001010 11000010 00000111 01000010 记为：202.194.7.66。

当地址长度确定后，网络号（NetworkID）长度将决定了整个互联网中能包含的网络的数量，主机号（HostID）长度则决定每个网络能容纳的主机数量。

（2）IP 地址的分类

在 TCP/IP 协议簇中，IP 地址主要分为三类：A 类、B 类、C 类地址，不同类的网络标识和主机标识所占的位数不同。

① A 类 IP 地址示意图（如图 2-26 所示）

图 2-26　A 类 IP 地址示意图

只有大型网络才需要使用 A 类 IP 地址，也只有大型网络才允许使用 A 类 IP 地址。对于 A 类 IP 地址，虽然网络标识符占用了 8 位，但由于第一位必须为 0，因此只可以提供 2^7 个 A 类型网络（实际为 $2^7-2=126$ 个）。由于主机标识符占了 24 位，每一个 A 类网络中，可以包含 $2^{24}-2$ 台主机（16 777 214）。

② B 类 IP 地址示意图（如图 2-27 所示）

图 2-27　B 类 IP 地址示意图

中型网络可以使用 B 类 IP 地址。对于 B 类 IP 地址，网络标识符占 16 位，但由于前两位必须为 10，因此只可以提供 2^{14} 个 B 类型网络（实际为 $2^{14}-2=16\ 382$ 个）。由于主机标识符占 16 位，每一个 B 类网络中，可以包含 $2^{16}-2$（65 534）台主机。

③ C 类 IP 地址示意图（如图 2-28 所示）

图 2-28　C 类 IP 地址示意图

一般小型网络使用 C 类 IP 地址。对于 C 类 IP 地址，网络标识符占用了 24 位，但由于前三位必须为 110，因此可以提供 2^{21} 个 C 类型网络（实际为 $2^{21}-2=2\ 097\ 150$ 个）。由于主机标识符占 8 位，每一个 C 类网络中，只有 $2^8-2=254$ 台主机。

假如，某个 IP 地址为 W. X. Y. Z，则 A、B、C 类网络属性如表 2-5 所示。

表 2-5　A、B、C 类网络属性表

类别	网络标识符	主机标识符	第一位数	网络数	每网络中的最大主机数
A	W	. X. Y. Z	1..126	126	16 777 214
B	W. X	. Y. Z	128..191	16 382	65 534
C	W. X. Y	. Z	192..223	2 097 150	254

（3）广播地址和私有地址

除了以上 A、B、C 三个主类地址外，还有 D 类与 E 类地址以及保留的特殊用途地址。保留的特殊用途地址主要包括广播地址和私有地址。所谓"广播"，就是当一个数据包中的接收方的 IP 地址为广播地址时，将有多于一台的主机接收到相同的数据包。直接广播（direct broadcast）是针对某个指定网络的广播，直接广播地址是一个有效的网络地址，以及主机位全为"1"的地址。本地广播（local broadcast）就是针对发送方所在的局域网的广播，32 位全部为"1"的地址为本地广播地址。

另外，还有一些特定的 IP 地址没有被分配，这些地址称为私有地址（private address）或专用地址。保留的私有地址如表 2-6 所示。

表 2-6　私 有 地 址

类别	私有地址范围
A	10. 0. 0. 0～10. 255. 255. 255
B	172. 16. 0. 0～172. 31. 255. 255
C	192. 168. 0. 0～192. 168. 255. 255

私有地址通常用于不与 Internet 连接的企业内部，可以任意使用。另外，还可以结合网络地址转换（NAT）实现到 Internet 的连接，这种方案通常用于宽带网中的 IP 地址分配。采用私有 IP 地址的主机可以容易地访问 Internet，但外部的主机要访问一个具有私有 IP 地址的主机将非常困难，因为私有 IP 地址的主机不一定是唯一的，需要经过 NAT 转换。

5. 子网编址

在 TCP/IP 网络中，网络内部的通信和网络之间的通信是不相同的。网络之间的通信需要经过路由来完成，也就是说需要路由器来进行路径寻址，计算机的 TCP/IP 属性中必须设置默认网关地址。否则，即使两台计算机都连接到同一台交换机的端口，两台计算机之间也是不可达的。这给网络增加了安全性，但是，采用"网络标识. 主机标识"的 IP 地址二级结构，对于 A 类、B 类网络来讲，一个网络中容纳的主机数量众多，很少有哪个机构拥有如此巨量的主机，造成 IP 地址资源的巨大浪费。

从 1985 年起在 IP 地址中增加了一个"子网号"的概念，将二级 IP 地址变成为三级的 IP 地址，这种做法称为划分子网（subnetting）。三级 IP 地址结构将主机号部分进一步划分为子网号和主机号两部分，这样不仅可以节约网络号，又可以充分利用主机号部分巨大的编址能力，于是便产生了子网编址技术。

（1）子网编址模式下的 IP 地址结构

一般地，32 位的 IP 地址被分为两部分，即网络号和主机号，称为二级结构。而子网编址的思想是，将主机号部分进一步划分为子网号和主机号。在原来的 IP 二级地址结构中，网络号部分就标识一个独立的物理网络，引入子网模式后，网络号部分加上子网号才能唯一地标识一个物理网络。子网编址使得 IP 地址具有一定的内部层次结构，这种层次结构便于分配和管理。IPv4 地址三级结构如图 2-29 所示。

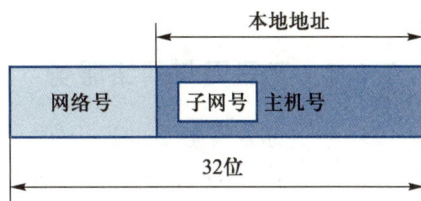

图 2-29　IPv4 地址三级结构

划分子网属于一个单位内部的事情，对外部网络透明，对外仍然表现为没有划分子网的一个网络。凡是从其他网络发送给本单位某个主机的 IP 数据报，仍然是根据 IP 数据报的目的网络号，先找到连接在本单位网络上的路由器。然后此路由器在收到 IP 数据报后，再按目的网络号和子网号找到目的子网。最后就将 IP 数据报直接交付目的主机。

（2）子网掩码及其表示

子网划分有固定长度子网和变长子网两种方法，为简单起见，下面只介绍固定长度子网划分方法。一个物理网络选定其子网地址模式后，如何方便有效地将子网模式表达出来呢？IP 协议规定，每一个适应子网的节点都有一个 32 位的子网掩码（subnet mask），如果子网掩码中某位为 1，则对应的 IP 地址中的位为网络地址（包括网络号和子网号）中的一位，如果位模式中的某位为 0，则对应 IP 地址中的位为主机地址中的一位。这种机制通常是通过向主机位借位来形成的，通过对主机位从左往右借位，来形成子网。

例如，一个 C 类网络 192.168.1.0，主机位占 8 bit，如果子网掩码为 11111111 11111111 11111111 11000000，则前三个字节为网络地址，后一个字节中的前两位代表子网，最后的 6 位为该网络中的主机地址。也就是说，这个 C 类网络从主机位借了 2 位，用于划分子网，共分成四个子网，每个子网中有 $2^6 = 64$ 台主机。被划分子网掩码最直接的标识方式是一个 32 位的位模式，这种方法既笨拙又容易出错，很少为人采用。一般采用类似前面 IP 地址的点分十进制方法表示，如上述的子网掩码记为：255.255.255.192。

采用从左向右借位，在 C 类网络中，主机字段共 8 bit，从左向右每位的权值是 2^7，2^6，…2^1，2^0，即 128，64，…。这样，如果借两位，子网掩码第四字节的值就是 1100 0000，即 128+64=192；如果借 3 位，则为 1110 0000，即 128+64+32=224，依此类推。

采用子网编址后，可以将一台主机的 IP 地址记为 192.168.1.66/255.255.255.192，其中斜杠的前面部分表示 IP 地址，后面部分表示子网掩码，或记为 192.168.1.66/26，斜杠的后面部分表示子网掩码的长度。采用子网编址后，增加了网络管理的灵活性，但也会浪费一些有效的主机 IP 地址，因为在一个网络中，主机位全 0 的 IP 地址为网络号，主机位全 1 的 IP 地址为广播地址，无论是网络号还是广播地址都是不可分配的。

6. 计算机 IP 地址的设置

要将计算机连接到网络，必须要设置计算机的 IP 地址。不同的计算机操作系统或版本，设置计算机 IP 地址的途径不完全一致，但大同小异。需要配置的参数都包含 IP 地址、子网掩码、默认网关和首选 DNS 服务器地址。这些参数可以手工设置，也可以自动获取。大多数的网络环境或家庭使用，通常选择自动获取，这是由我们的网络提供商确定的。

2.6.2 互联网与网络服务

1957 年，苏联发射了世界上第一颗人造地球卫星 Sputnik①，这引起了美国的极大震惊，从此拉开了太空时代的序幕。美国总统艾森豪威尔的反应之一就是创建国防部高级研究计划署（Advanced Research Projects Agency，ARPA）。1958 年 2 月，ARPA 正式成立，其目标就是负责前瞻性科研项目的开发，以确保美国在诸多技术领域上的绝对领先。ARPA 成立后，便邀请物理学、信息技术、材料学和其他领域的顶尖专家加入这个机构，然后给予他们大量的资金和充分的自由。

1. ARPA 网

ARPA 的重要机构之一是信息处理技术处（IPTO），致力于网络通信、图形图像处理和高性能计算研究。20 世纪 60 年代，林肯实验室的拉里·罗伯茨（Lawrence Roberts，1937—2018 年）在分布式网络方面的研究受到了美国军方的注意，于是，IPTO 处长鲍勃·泰勒（Bob Taylor）出面邀请拉里·罗伯茨加入 ARPA，并主持 ARPA 网络项目。1967 年，罗伯茨来到 ARPA，着手筹建分布式网络，并进行规划和设计。1968 年 6 月，罗伯茨正式向 ARPA 提出了自己的研究报告"资源共享的计算机网络"，其核心思想是让 ARPA 的所有计算机相互连接，让大家彼此共享各自的研究成果。根据该研究报告，美国防部建立了 ARPA 网。

2. 互联网的诞生

1969 年，时任麻省理工学院电子工程系助理教授的罗伯特·卡恩（Robert Elliot Kahn，1938 年—）参与阿帕网"接口信息处理机"（IMP）项目，负责最重要的系统设计。IMP 就是今天网络关键设备路由器的前身。1970 年，卡恩设计出第一个"网络控制协议"（network control protocal，NCP），即网络通信最初的标准。NCP 存在两个重要缺陷，即网络中的主机没有设置唯一的地址，且缺乏纠错能力。随着 ARPA 联网主机数量的增多，网络性能迅速下降。1972 年，卡恩与时任斯坦福大学助理教授的文顿·瑟夫

---

① 苏联发射的人类第一颗人造卫星"伴侣号"，卫星于 1957 年 10 月 4 日由苏联的 R7 火箭在拜科努尔航天基地发射升空，它是一只直径为 58 cm、重 83 kg 的金属球，沿椭圆轨道绕地球运转，距地面的最大高度为 900 km，绕地球一圈约 98 min。作为人类历史上的第一颗人造地球卫星，卫星内部装有温度计、电池、无线电发射器（随着温度的变化而改变蜂鸣声的音调）和氮气（为卫星的内部提供压力），外部装有 4 根鞭状天线。经过 92 天太空飞行后在重返地球时烧毁。Sputnik 的发射成功在政治、军事、技术、科学领域带来了新的发展，也标志着人类航天时代的来临，也直接导致了美国和苏联的航天技术竞赛。

（Vinton Cerf，1943 年—）一起着手研究一种新的改进型协议，以替换 ARPA 网中的 NCP，这就是著名的 TCP/IP 协议。

1975 年，ARPA 网的运行管理移交给美国国防通信局（DCA）。1982 年 DCA 将 ARPA 网各站点的通信协议全部转为 TCP/IP。1983 年 1 月 1 日，在 ARPA 网中，NCP 被永久停止使用。同时，ARPA 网被分成两部分，一部分作为军用，称为 MILnet，另一部分作为民用。ARPA 网开始从一个实验型网络向实用型网络转变，成为全球 Internet 正式诞生的标志。

在互联网中，所有联网的计算机可以分为两大类，一类是服务器，另一类是客户机。服务器为客户机提供网络服务，客户机使用服务器的服务。常用的服务有 Web 服务（网站服务）、E-mail 服务以及各种应用服务器（例如网络游戏、在线办公等），此外还有一些为保证网络运行的基础服务，如 DNS 域名解析服务、动态主机地址分配服务 DHCP 等。

3. 域名与域名解析服务

从 OSI 参考模型数据封装过程可以看出，在计算机网络中，要实现计算机之间的通信，每台计算机必须有一个 IP 地址。理论上讲，访问一台计算机必须要记住计算机的 IP 地址，但是，要记住大量的 IP 是很困难的，可以说是不现实的。这就产生了域名的概念，所谓域名（domain name）是用于标识和定位互联网上一台计算机的具有层次结构的计算机命名方式，与计算机的 IP 地址相对应。相对于 IP 地址而言，计算机域名更便于理解和记忆。

DNS 域名是 IP 地址的符号表示，它由主机名和域名两个部分构成。域是分层组织的，每个域又可以包含子域。例如：在域名 www.sdu.edu.cn 中，www 是服务器主机名，sdu.edu.cn 代表主机所在的域，其中 sdu 域是 edu 的子域，edu 域是 cn 的子域。一个完整的域名由两个或两个以上部分组成，各部分之间用英文句点"."来分隔，最后一个"."的右边部分称为顶级域名（top-level，TLD），最后一个"."的左边部分称为二级域名（second-level，SLD），二级域名的左边部分称为三级域名，依此类推，每一级的域名控制它下一级域名的分配。

在计算机通信中，域名必须转换为 IP 地址，因此互联网中提供了域名解析服务（domain name service，DNS），其基本功能就是为用户提供从 DNS 域名到 IP 地址的解析翻译工作。在互联网中，域名解析是由专门的 DNS 服务器完成的，这些 DNS 服务器构成一个域名系统，是全球互联网运行的基础。根据所处的层次不同，DNS 服务器分成 DNS 根服务器、DNS 顶级服务器和应用 DNS 服务器，分别由具体的 DNS 管理机构负责维护运营，并提供域名注册服务。

4. Web 服务

在互联网中，人们最多的应用就是网页浏览，即通过浏览器登录网站，浏览网页内容，该模式称为计算机的浏览器/服务器模式（browser/server，B/S），如图 2-30 所示。

在 Web 浏览器地址栏中，用户输入要访问的网页网址 URL（http://网址/路径/文件名.扩展名），向 Web 服务器提出 HTTP 请求。Web 服务器根据 URL 中指定的网址、路径和网页文件，调出相应的 HTML、XML 文档或 JSP、ASP 文件，根据文档类型（服务器页和静态页面），Web 服务器决定是否执行文档中的脚本程序，还是直接将网页文件发送到客户端。

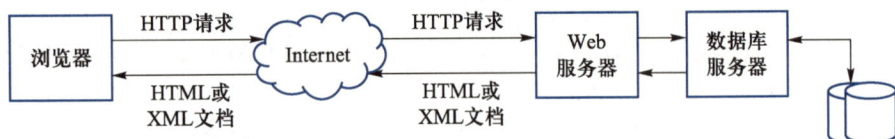

图 2-30　浏览器/服务器（B/S）三层体系结构

　　一般情况下，所有的 Web 应用几乎都要用到数据库管理数据。对数据库的管理和操作都是通过数据库服务器完成的，这些程序代码被以服务器端脚本程序的方式编写在 ASP、JSP 等服务器页面中，负责和数据库服务器建立连接并完成必要的数据增删改查等数据库操作，然后利用获得的数据产生一个新的包含动态数据的 HTML 或 XML 文档，并将其发送给客户端 Web 浏览器。最后由 Web 浏览器解释该文档，在浏览器窗口中显示给用户。

▶ 2.6.3　物联网

　　1991 年，英国剑桥大学计算机研究室只有主计算机房有咖啡壶，而研究人员的实验室分布在不同楼层，当他们跑过去时经常发现咖啡已经没了。为了避免这种白跑一趟的情况，Quentin Stafford-Fraser 和 Paul Jardetzky 博士决定在咖啡壶上安装摄像头，实时查看咖啡壶内咖啡的状态。在当时，已经有摄像头技术和计算机网络技术，虽然这些技术在现在看来比较初级，但已经能够实现将摄像头拍摄的图像传输到计算机上。然后，再编写程序来实现图像的抓取和传输，各部门研究人员在内部计算机网络上可以查看咖啡壶图像，大家就不用再频繁起身去查看咖啡是否煮好了。

　　这个新颖的想法把咖啡壶通过摄像头和网络与计算机连接起来，实现了物与物、人与物之间的信息交互，它所带来的便利正是大家都需要的。咖啡壶监控尝试是视频监控领域的开端，开启了通过网络进行远程监控的先河，为后来视频监控在安全防范、交通管理、智能家居等众多领域的广泛应用提供了经验，这也被认为是后来诞生的物联网最早的雏形。

1. 物联网的诞生

　　20 世纪 90 年代，随着万维网的出现，互联网商用和民用发展迅速。人们已经逐渐意识到计算机和互联网在信息处理方面的强大能力，但也发现其在获取物理世界信息方面存在不足，计算机几乎完全依赖人类输入信息，而现实世界中有大量的信息无法及时地通过人工输入的方式被计算机获取和处理。人们渴望有一种方式能够让计算机自动地获取和处理物理世界的信息，实现物理世界与数字世界的实时一致。

　　1999 年，美国宝洁公司品牌经理凯文·阿什顿（Kevin Ashton）负责发布玉兰油彩妆系列，他发现物品条形码技术在供应链管理中存在局限性，无法实时准确地追踪物品的位置和状态等信息。比如有一种棕色唇膏常出现库存报告显示正常，但货架上却缺货的情况，原因就是条形码无法提供更详细的位置等信息，不能满足企业对库存精准管理以及对产品全流程追踪的需求，这促使他思考新的技术手段来解决这些问题。他开始对使用 RFID 技术管理宝洁供应链产生兴趣，并提出了物联网（Internet of things，IoT）这一新概念，用于描述通过无处不在的传感器将物理世界与互联网连接起来。

2. 物联网基础架构

物联网结构通常分为四层，每一层都有其特定的功能和作用。以下是常见的物联网结构分层。

（1）感知层（感知与数据采集层）

通过感知层设备，如温度传感器、湿度传感器、GPS 模块、摄像头、RFID 读写器等，从物理世界中采集数据，并将这些数据转换为数字信号，传输到网络层。

（2）网络层（数据传输层）

通过有线或无线网络，比如 WiFi、蓝牙、ZigBee、LoRa、4G/5G、NB-IoT 等，将感知层采集到的数据传输到处理层，确保数据能够高效、安全地从感知层传输到处理层。

（3）处理层（数据处理与分析层）

利用云计算、边缘计算、大数据分析、人工智能（AI）、机器学习（ML）等技术，对从网络层传输过来的数据进行存储、处理和分析。通过数据分析和处理，提取有价值的信息，支持决策和自动化控制。

（4）应用层（服务与用户接口层）

将处理后的数据转化为具体的应用服务，提供给用户或设备使用，实现物联网的最终价值。如智能家居、智慧城市、工业物联网、智能医疗、智能农业等。

为确保物联网系统的安全性、可靠性和隐私保护，物联网建设中还将充分使用数据加密、身份认证、访问控制、防火墙等技术，贯穿整个物联网结构，对设备管理、数据安全、隐私保护、身份认证等网络安全提供保障。

3. 相关技术

物联网的构建涵盖了物理感知、通信、计算和安全等多个方面，这些技术的协同作用推动了物联网的广泛应用和发展。

（1）传感器技术。传感器用于采集环境数据（如温度、湿度、光照等），是物联网感知层的关键。

（2）射频识别（RFID）。RFID 技术用于自动识别和跟踪物体，广泛应用于库存管理、智能仓储、商品追溯等。

（3）嵌入式系统。嵌入式系统是物联网设备的核心，负责数据处理和控制。例如，智能设备、工业控制系统、医疗设备等。

（4）边缘计算。边缘计算将数据处理任务转移到网络边缘，减少延迟和带宽压力。例如，实时数据处理、自动驾驶、智能制造等。

（5）无线通信技术。包括① WiFi：高速、短距离通信，适用于家庭和办公室。② 蓝牙：低功耗、短距离通信，常用于可穿戴设备和智能家居。③ ZigBee：低功耗、低速率，适合大规模传感器网络。④ LoRa：长距离、低功耗，适用于广域物联网应用。⑤ 5G：高速、低延迟，支持大规模设备连接。

（6）网络安全技术。网络安全技术保护物联网设备和数据免受攻击和泄露。

此外，一个完善的物联网系统，还可能包括：① 云计算技术，提供强大的数据存储和计算能力。② 大数据技术，用于处理和分析物联网产生的海量数据，提取有价值的信息。③ 区块链技术，提供数据安全和可信机制，增强物联网系统的安全性。④ 人工智能（AI）技术，用于数据分析和模式识别，提升物联网系统的智能化水平。

物联网的产生与发展是技术进步和需求驱动的结果，它作为新一代信息技术的重要组成部分，近年来在许多领域取得了显著进展。在智能家居领域，物联网技术实现了设备的互联互通，用户可通过语音或移动应用远程控制家电，提升了生活便利性和安全性。在医疗健康领域，远程医疗和智能穿戴设备为患者提供了更便捷的健康管理服务。工业互联网方面，物联网推动了生产线的自动化和智能化，提升了生产效率和产品质量。在智慧城市中，物联网通过实时数据采集与分析，优化了交通管理和公共安全，提高了城市运行效率。物联网技术的快速发展正在深刻改变各行各业，对社会数字化转型起到了重要的推动作用。

▶ 本章小结

本章从数的起源开始，讲述了人类记数和计算的演化历程。讲解了计算工具的发展历程，然后对电子计算机的发明，从理论到电子技术发展两条主线进行了介绍，特别是在电子技术发展的每一个阶段，对那些标志性的理论成果及科学家进行了介绍，希望对我们的研究和工作有所启发和激励。然后，按照计算机系统的结构，从计算机硬件和计算机软件两个方面，详细介绍了电子计算机的组成及基本工作原理。在传统的数和进制、数据编码的讲解中，重点是突出它们的思想，具体的数据进制转换不做特别要求。最后，对计算机网络、互联网和物联网进行了讲解，较详细地讲解了计算机网络技术中核心的知识概念。

▶ 思考题

1. 兴趣是最好的老师，社会需求也是推动人类发明创造的原动力，从现代计算机的发展来看，这两句话对你有何启示？

2. 回顾计算机的发展历程，可以看出半导体技术的发展是 20 世纪计算机发展的重要推动力，你认为在这个发展历史上有哪些开创性的发明，它给了你怎样的启示？

3. 查尔斯·巴贝奇是计算机研究的先驱人物，1819 年，他设计完成了第一台"差分机"，但他最终没有完成第二台"差分机"的制造，他的传奇一生对我们有哪些启发？

4. 国际商用机器公司 IBM 是当今计算机领域的巨人，总结 IBM 的发展历史，你对IBM 的发展有何感想？

5. 任何一项重大的科学发明，都有相应的理论基础，计算机诞生的主要理论基础是什么？如何理解？

6. 什么是图灵机？它对电子计算机的发明有何意义？

7. 在自然科学的发展历程中，电子技术的发展为人类文明的发展和改善人类生活做出了巨大贡献，列举对有关电的研究和应用中做出巨大贡献的科学家，并说明他们的科学成就。

8. 美国著名发明家尼古拉·特斯拉（Nikola Tesla，1856—1943 年）被称为被世界遗忘的伟人，他都有哪些伟大的发明？

9. 简述 ENIAC 计算机的诞生过程。

10. 为什么说通用自动计算机 UNIVAC 比 ENIAC 计算机更具有意义？

11. 简述电子计算机发展的历程，说明每一代电子计算机的主要特点。

12. 什么是微型计算机？简述微处理器的发展阶段。

13. 在计算机中，数的存储采用二进制，对于任何整数都可以精确地实现十进制和二进制的转换，但对于带有小数点的数，则可能出现误差。例如：对于一个数 $x_1 =$ 1234.567，将其转换为二进制 x_2，然后再将 x_2 转换为十进制数 x_3，看看会出现什么结果？（设二进制数保留小数点后 11 位）

14. 有两个数 $X = 18.25$ 和 $Y = 17$，设数据字长为 32 位，完成下列任务：

（1）写出 X 和 $-Y$ 的补码表示。

（2）列出算式 $X-Y$ 的计算过程，并求结果。

15. 什么是字符编码？在计算机中，为什么要进行字符编码？

16. 对于汉字，有哪些编码？并说明每种编码的含义和功能。

17. 在计算机的发展历史上，冯·诺依曼计算机体系结构是开创性的，它有哪些重要的思想？

18. 关于 CPU，回答下列问题：

（1）CPU 由哪些部分组成？简述各部分的功能。

（2）CPU 是如何执行程序的。

（3）CPU 的发展受到哪些因素的影响？

（4）什么是多核 CPU，多 CPU 和多核 CPU 有何不同？

（5）什么是主频？什么是运算速度？

19. 关于存储器，回答下列问题。

（1）什么是内存储器？什么是外存储器？

（2）按照存储介质的不同，存储器有哪些类型？

（3）磁存储和光盘存储的基本原理是什么？

（4）在硬盘中，什么是磁道、扇区、柱面？

（5）什么是硬盘分区和格式化，在 Windows 计算机中，如何进行磁盘的格式化？

20. 关于外围设备接口，回答下列问题。

（1）接口的功能是什么？

（2）观察 USB 键盘，举例说明 USB 接口中四针的功能是什么？

（3）观察计算机以太网卡的 RJ-45 接口，说明网卡接口是串口还是并口？如果是串口，说明八个引脚的功能。

21. 关于计算机指令系统，回答下列问题。

（1）指令的一般格式是什么？

（2）计算机是如何执行指令的？

22. 关于微型计算机，解释下列名词。

微处理器，主板，接口，字长，主频，显示器分辨率，显示器刷新频率

23. 关于计算机软件，回答下列问题。

（1）什么是系统软件？什么是应用软件？两者有何区别？

（2）应用软件是如何执行的？

（3）程序和进程有何不同？

24. 什么是操作系统？简述操作系统的主要功能。

25. 什么是机器字长和操作系统的位长？它们有什么作用，在一台 64 位的计算机上，只能安装 64 位的操作系统吗？为什么？

26. 关于计算机网络，回答下列问题。

（1）什么是网络协议，如何理解？

（2）举例说明什么是网络地址、广播地址和有效的主机地址。

（3）将一台计算机连接到互联网，如何配置？

27. 物联网体系架构包括哪些层？简述各层的功能。

28. 在你熟悉的工作、生活环境中，有哪些物联网应用？

第 3 章

问题求解与算法

【本章导读】

在人类社会的发展进程中，人类总是在不断的遇到问题、解决问题和发现问题，从而推动着科学技术的进步和社会发展。科技进步又为我们发现问题、解决问题不断地提供新的工具和手段。20 世纪计算机的发明，无疑是人类近代史上最伟大的发明之一，计算机技术为各学科的科学研究和问题求解提供了新的手段和方法。计算机体系结构，计算复杂性，算法与数据结构，编程方法与编程语言，人工智能等一直是计算机科学的主要学科问题。

本章首先从人类思维的角度介绍了问题及问题求解的概念及基本过程，给出了计算机求解问题的概念模型，即"领域问题+计算"问题求解模型，这也是计算思维培养的良好范式。然后引出算法的概念，详细介绍了算法的有关问题，包括算法设计、算法描述、复杂性分析。按照问题求解策略，介绍了人类求解问题中的常用算法。对每一类算法，介绍了算法的基本思想，并给出典型实例。最后讲解了计算机求解问题中的两类最基础且重要的算法，即查找和排序算法，并对算法的时间复杂性进行了分析和讨论。

【知识要点】

第 3.1 节：问题，问题求解，与或图，基元问题，问题求解策略，算法式，启发式，抽象，数学模型，哥尼斯堡七桥问题，计算机问题求解概念模型。

第 3.2 节：算法，算法描述，流程图，伪代码，算法分析，算法复杂性，时间复杂性，P 问题，NP 问题，NP 完全问题，NP 难解问题。

第 3.3 节：算法设计，穷举法，递推法，递归法，回溯法，迭代法，分治法，贪心法，蒙特卡洛方法，蚁群算法，AI 算法。

第 3.4 节：查找，关键字，主关键字，次关键字，顺序查找，折半查找，平均查找长度。

第 3.5 节：排序，稳定排序，内部排序，外部排序，选择排序，交换排序，插入排序，归并排序，基数排序。

第 3.6 节：搜索引擎，PageRank 算法，网页重要性度量，正向链接，反向链接，PR 值。

3.1 问题与问题求解

在我们的研究、工作和生活中会遇到各种各样的问题，问题求解就是要找出解决问题的方法，并借助于一定的工具得到问题的答案或达到最终目标。在计算机出现以前，许多问题因为计算的复杂性和海量数据等原因而成为难解问题，例如：智力游戏、定理证明、优化问题等。计算机的出现，由于其高速度、高精度、高可靠性和程序自动执行的特点，为问题求解提供了新的手段和方法，使得许多难题迎刃而解。

3.1.1 领域问题及形式化描述

在各个学科领域，从自然科学到社会科学，从科学研究到生产生活实践，都存在着各种各样的问题。可以说，我们的一切活动都是一个不断提出问题、发现问题和解决问题的过程。问题和问题求解是我们每一个人都时刻面对的事情，我们无法预知可能出现的每一个问题，但我们可以撇开具体问题，从思维和方法论的角度来研究问题的一般规律和求解方法，即对问题和问题求解建立一个概念化模型，来表达当我们遇到问题时的思维过程。

1. 人类问题求解的思维过程

我们面临的问题可能来源于他人的任务，也可能是我们在社会实践、科学研究中发现的问题。能够发现问题和提出问题是一个人素质和能力的重要表现，这与人的知识、态度、好奇心、兴趣和求知欲相关。只有态度积极、勤于思考、善于钻研、对事情有好奇心和求知欲的人才能够从看似平凡的活动中发现问题、提出问题，那些因循守旧、思想懒惰的人是不会提出问题的。同时，问题的发现也与人的知识和经验有关，知识贫乏，也会遇到疑问，对许多不了解的事情提出问题，但这样的问题往往是肤浅的，缺少科学价值。

当问题出现后，人们会试图找到问题的答案，这就是问题求解。简单地讲，问题求解是人们为寻求问题答案，对问题及其所处的环境，根据知识和经验、条件、约束而进行的一系列思维活动。问题的解决不仅涉及对问题的认识，还可能受到客观因素的影响和制约。虽然，问题求解的策略不同，手段和方法各异，但问题求解的思维过程是相似的，一般分为三个阶段，如图 3-1 所示。

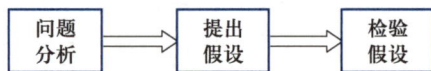

问题分析 → 提出假设 → 检验假设

图 3-1　人类问题求解的一般思维过程

（1）问题分析。问题分析就是对问题给出的条件、目标和任务进行研究，明确问题的基本含义。对问题涉及的方方面面进行分析，消除对问题的模糊的、不明确的疑问，做到对问题有一个非常明确的、清晰的定义。问题分析是一个非常复杂的思维过程，分析的好坏与人的知识、经验和语言文字表达能力有很大的关系。

问题分析通常借助于数学、逻辑学等方法，例如：问题归约、问题抽象、数学建模等，其结果是问题的形式化，或建立一个抽象的问题模型，使问题的描述更加严谨。同时它也是用计算机进行问题求解的基础。

（2）提出假设。当问题分析清楚后，接下来是要寻找问题的答案，而答案和求解方法都是未知的。在问题和答案之间就是解决问题的方法和途径，而这种方法和途径通常不是简单地就能够确定下来，通常是以假设的形式出现，即提出假设。假设的提出需要一定的条件，建立在问题分析、人的知识和经验之上，提出假设是人类思维的一般方法。

（3）检验假设。对提出的假设，需要进行验证，来检查其是否正确。这可以分为实践检验和理论验证。对问题给定相应的数据，检查假设的结果，看是否正确，从而来判断假设的真伪。许多物理、化学、生物实验就是这种模式。还有许多假设是不可实验的，例如，某些特殊疾病、自然灾害等，这就需要进行理论推演和计算机仿真和模拟来验证。

2. 问题的形式化表示

虽然问题本身千差万别，情况各异，但从认识论的角度看，所有的问题都包含两个基本要素，即：现实和目标。求解问题就是要求解一个问题的结果，或找出一种从现实到目标的行动序列，并予以执行。因此，我们可以将问题写成一个二元组，问题的解用一组结果的集合或一个行动序列的集合来表示，即：

问题＝｛现实，目标｝

题解＝目标−现实＝｛$A_1, A_2, \cdots, A_n$｝

所谓现实，就是指现有的已经具备的条件基础，目标是对预期结果的描述或一种要求，两者构成问题的原始情景。而问题求解则是一种思维活动，也就是说，当我们遇到问题时，引起的一种寻求答案或寻求解决办法的一种思维活动。问题求解的结果是题解，即一组结果或一个活动（activity）序列。

3. 问题归约表示

对于复杂的问题，直接进行问题求解往往是困难的，问题归约就是对问题进行归纳和简化，从而把一个复杂问题转换为相对简单的问题。问题归约表示是和逆向推理联系在一起的。问题归约包括目标、算子集和基元问题集三个要素。① 目标：即问题的初始描述。② 算子集：用来将给定问题变换为若干子问题的操作。③ 基元问题集：已有解或其解十分明显可以直接描述的问题。问题归约可以用数学上的图来表示，图中每个节点代表一个问题或一组问题，有一个特别的节点，即根节点，用以表示原始问题或问题组。没有射出弧线的节点称为叶节点或终端节点，代表基元问题。

在问题归约过程中，运用算子进行问题变换。如果原来问题被变换为若干子问题，而只需要解决其中之一便可解决原问题，代表这些子问题的节点称为相对于原问题节点的"或"节点。如果原问题被变换为缺一不可（均需解决）的若干子问题，那么代表这些子问题的节点称为相对于原问题节点的"与"节点，并在这些"与"节点各自的射出弧线间标记一条连接线，以同"或"节点相区别。既包含"与"节点又包含"或"节点的有向图称为与或图。一个简单的问题与或图示例如图 3-2 所示。

在图 3-2 中，原始问题 A 可分解为三个"与"问题，

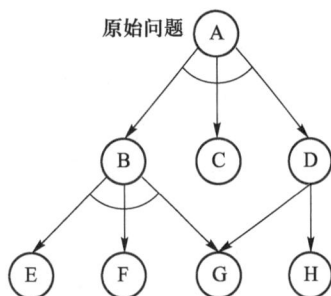

图 3-2　问题的归约表示

即 B、C、D，其中问题 B 又可分解为三个"与"问题 E、F、G，问题 C 是基元问题，不需要分解；问题 D 可分解为两个"或"问题 G 和 H。利用与或图，可以容易地找出问题的解。在与或图中，同问题的解有关的那一部分节点构成若干子图，称为解图。图 3-2 有两个解图，分别是 {B、C、D、E、F、G}、{B、C、D、E、F、G、H}。如果在与或图中，除根节点以外的每个节点有且仅有一条射入弧线，便得到与或树，与或树是与或图的特例。

通过问题抽象、形式化描述和问题归约表示，可以让我们在遇到任何问题时，能够有一个基本的思路，利用已有知识对问题进行分析，对现实进行评估，分析目标是否可达，对问题进行描述和建模。然后进一步研究问题求解方法、设计问题求解行动序列，最终使问题得到解决，或得到问题的有效解决方案。

4. 问题求解策略

我们所面临的问题千差万别，情况各异，不可能有一个统一的解法，但对各种问题及求解方法进行归纳、总结和抽象，建立不同的求解策略，对于问题求解具有重要的指导意义。19 世纪末 20 世纪初，心理学家对问题及问题求解进行了广泛的研究，根据心理学的研究结果，我们可以把问题求解策略分为算法式和启发式两大类。

（1）算法式

算法式是指按照逻辑来求解问题的策略。如果问题有解，算法式一定可以得到问题的答案或解。例如，解一个 6 个字母的字谜，只要将这 6 个字母进行全排列（arrange），一定可以找到这个字。为了找到这个字，最坏情况下需要尝试 A(6,6)＝720 种不同的排列。算法式求解采用心理学尝试的方法，最大的缺点是费时。

常用的算法式策略有枚举、递归等方法，这些方法容易证明其正确性，但随着问题规模的增加，计算量往往会出现爆炸式增长，使得许多问题成为难解问题，例如汉诺塔问题，公开密码密钥问题等。

（2）启发式

根据以往解决问题的经验形成一些经验规则。例如，计算机突然不能上网。可能是网线没接好，也可能是网络协议问题，或者是本地安全设置，或其他什么原因。和算法式不同，启发式不能保证一定得到答案。常用的启发式策略有以下几种。

① 手段目的分析，是指不断地将当前状态和目标状态进行比较，然后采取措施尽可能地缩小这两个状态之间的差异。当问题可分成若干个各自具有目标的更小问题时，人们常常采用手段目的分析启发式。手段目的分析是人类解决问题最常用的一种策略。

② 顺向工作，顺向工作也称顺向推理或顺向思维，是指从问题的已知条件出发，通过逐步扩展已有的信息直到问题解决的一种策略。研究表明，领域专家常常采用顺向工作求解问题。专家在看到问题时，首先根据问题提供的信息，然后会根据经验和专家知识从已有信息中推出新的信息，逐步推进，最后达成原始问题的解决。

③ 逆向工作，逆向工作又称逆向推理或逆向思维，是指从问题的目标状态出发，按照子目标组成的逻辑顺序逐级向当前状态递归的问题解决策略。其主要特点是将问题解决的目标分解成若干子目标，直至使子目标按逆推途径与给定的条件建立直接联系或等同起

来。这样，从一个子目标出发反推到另一个子目标，以达到问题的解决。例如，求 $n!$，可采用逆向推理来求解，即 $n!=n\times(n-1)!$，直到 $0!=1$。

在问题求解时，人们可以选择不同的策略，但一般不去寻求最优的策略，而是只要找到一个较满意的策略即可。因为即使是解决最简单的问题，要想得到次数最少、效能最高的问题解决策略本身也是很困难的。此外，在通常情况下，一个人与问题求解相关的经验越多，知识储备越丰富，则解决问题的可能性也就越大。要提高问题解决能力，不仅要训练解决问题的方法与策略，还需要不断提高知识储备的数量与质量，培养思考问题的习惯。

5. 问题求解系统

求解问题就是要求解一个问题的结果，或找出一种从现实到目标的行动序列，并予以执行。随着计算机技术在问题求解中的广泛应用，我们可以把上述的形式化定义用数学上的状态图表示，从而建立问题求解的状态空间，问题求解状态空间示例如图 3-3 所示。

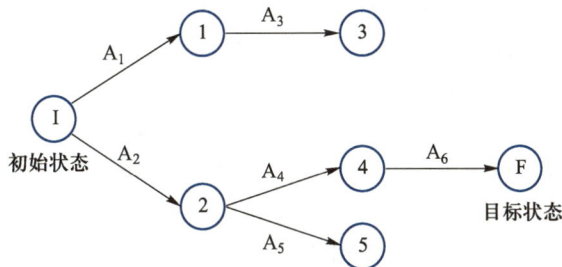

图 3-3　问题求解概念图

在问题求解概念图中，节点 I 表示初始状态，即问题的现实，节点 F 表示目标状态，即问题的目标，中间的每一个节点代表一种中间状态，有向边表示一项活动，则问题求解方案就是从初始状态到目标状态的一个活动序列，例如，图 3-3 中活动序列 A_2-A_4-A_6 则为问题的一个解。

对于一个复杂问题，利用问题归约与或图，可以很容易地分析问题的解。问题求解的状态图表示使得问题求解可以更好地实现自动化，通过计算机来完成，即研发计算机问题求解系统。计算机问题求解系统通常由数据库、算子集和控制程序三部分组成。① 数据库，用来反映当前问题、状态及预期目标。所采用的数据结构因问题而异，可以是逻辑公式、语义网络、特性表，也可以是数组、矩阵等一切具有陈述性的断言结构。② 算子集，用来对数据库进行操作运算。算子集就是规则集，用来将给定问题变换为若干子问题。③ 控制程序，用来决定下一步选用什么算子并在何处应用。

在问题求解状态图确定后，解题过程可以运用正向推理，即从问题的初始状态开始，运用适当的算子序列经过一系列状态变换直到问题的目标状态。这是一种自底向上的综合方法。也可以运用逆向推理，即从问题目标出发，选用另外的算子序列将总目标转换为若干子目标，也就是将原来的问题归约为若干较易实现的子问题，直到最终得到的子问题完全可解。这是一种自顶向下的分析方法，是一种分而治之的策略。

随着计算机人工智能技术的发展，许多传统的智力难题、棋类游戏、简单数学定理证明等问题都可以利用计算机来快速求解，充分展现了计算机在计算上的绝对优势。

▶ 3.1.2 问题抽象与数学建模

问题分析通常需要对问题进行抽象，然后建立相应的数学模型，或者在大数据情况下，建立问题的计算模型，从而使得问题的分析和描述更加严谨，也是问题求解和建立计算机系统的基础。这种通常的人类思维已经越来越普遍地应用于各个问题领域，数学作为一种重要的工具，也不断地被人们所接受。

1. 问题抽象

人类的思维从来就不仅仅是一个生理和心理的自然属性，它还涉及哲学、数学等更多内容。特别是数学，对人类思维的训练至关重要。在人类思维中，抽象是一种重要的思维方法。在哲学、逻辑学和数学中，所谓抽象（abstraction），就是从众多事物中抽取出共同的、本质性的特征，而舍弃其非本质的特征。共同特征是指那些能把一类事物与他类事物区分开来的特征，这些具有区分作用的特征又称本质特征。例如，对苹果、香蕉、葡萄等比较，它们共同的特性就是水果，从而抽象出水果这一概念。

抽象还表现出层次性。例如，对于在校大学生这一群体，从低到高，我们可以抽象为：大学生（具有高等学校学历）、学生（学习状态）、年轻人（按照年龄属性）、人（社会属性）、动物（生物学特征）、生物（生物学特征）、物质（按哲学观点）等。不同层次的抽象可以让我们从不同的层次去认识和观察事物，高层次的抽象通常可以演绎出低层次的抽象，是人们分析问题和思维的一部分。

抽象是一种重要的方法，它是产生概念，认识万千世界的工具。对事物进行抽象没有一个固定的模式，一般包括分离、提纯和简略等方法。① 分离，就是暂不考虑研究对象与其他对象的联系，把要研究的对象单独抽取出来进行考察，研究其属性。② 提纯，在研究对象的错综复杂的属性和联系中，去掉那些与研究目标关系不大的内容，更好地揭示其本质特征。③ 简略，提纯本身就是一种简化，简略是抽象的最后环节，它是对研究对象抽象结果的一种表达。这种表达可能是定性的，也可能是定量的，其目的都是要表达研究对象的本质性特性，从而产生一类新的概念。

抽象作为一种重要的思维方法，其形式是多种多样的，例如，表征性抽象是根据事物所表现的特征进行的抽象，原理性抽象则是一种更深层次的抽象，它抽象的内容是事物的内在规律，而不仅仅是外部表现。在自然语言中，人们有时候将那些不能直接用感官感知的、理论的东西也称为"抽象"的。"抽象"有时候是和"具体"相对的，把那些不能或没有具体经验的，只是理论上的，空洞不易捉摸的事物称为是抽象的，不具体的。

2. 数学模型

在现实世界中，数学是问题求解的重要工具。在问题求解中，建立数学模型通常是分析问题和解决问题的第一步。所谓数学模型（mathematical model），就是对实际问题的数学抽象，具体来说，数学模型就是用数学符号、数学式子、图形等对实际问题本质属性的抽象而又简洁的刻画，用以描述客观事物的特征、内在联系及发展和运动规律。

数学模型是数学理论与实际问题相结合的一门科学。它将现实问题归结为相应的数学问题，并在此基础上利用数学的概念、方法和理论进行深入的分析和研究，从而从定性或定量的角度来刻画实际问题，并为解决现实问题提供精确的数据或可靠的指导，为问题的最终求解提供逻辑模型，最终建立对应的物理系统。

数学模型一般并非现实问题的直接翻版，它的建立既需要人们对现实问题进行深入细致的观察和分析，还需要人们灵活巧妙地利用各种数学知识和领域知识。这种应用知识从实际问题中进行抽象、提炼出数学模型的过程称为数学建模（mathematical modeling）。数学模型是现实问题的抽象，数学模型用数学语言描述了现实问题的特征及其内部联系或与外界的联系。通常情况下，建立数学模型不是我们的最终目标。依据数学模型，构建真实的物理系统才是我们的最终目标。下面以哥尼斯堡七桥问题为例，介绍数学模型的概念。

18 世纪初，在欧洲风景秀丽的小城哥尼斯堡[1]的一个公园里，普雷格尔河从中穿过，河中有两个小岛，有七座桥把两个岛与河岸联系起来，如图 3-4（a）所示。当时流传着这样一个问题：一个人怎样才能从一个地点出发，不遗漏、不重复地一次走完七座桥，再回到起点。这就是著名的哥尼斯堡七桥问题（seven bridges problem）。

1736 年，29 岁的欧拉[2]对七桥问题进行研究后，向圣彼得堡科学院递交了关于哥尼斯堡的七桥问题的论文——《与位置几何相关的一个问题的解》。在论文中，欧拉将七桥问题抽象出来，把每一块陆地考虑成一个点，连接两块陆地的桥以线表示，并由此得到了如图一样的几何图形，如图 3-4（b）所示。

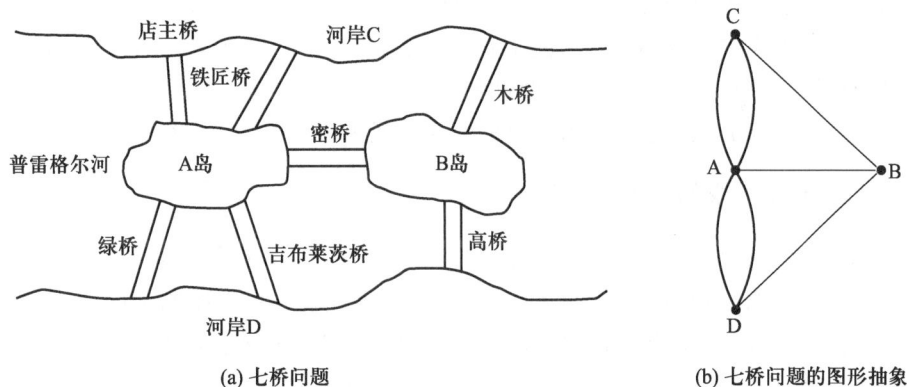

(a) 七桥问题　　　　　　　　　　　　　　　(b) 七桥问题的图形抽象

图 3-4　哥尼斯堡七桥问题

---

① 俄罗斯加里宁格勒州首府，德国时期称哥尼斯堡（Koenigsberg）。第二次世界大战期间，1944 年，哥尼斯堡遭受盟军轰炸而损失惨重。1945 年哥尼斯堡战役后，苏联红军占领这座城市。战后，根据《波茨坦协定》，哥尼斯堡成为苏联领土。1946 年，为纪念刚逝世的苏联最高苏维埃主席团主席米哈伊尔·伊万诺维奇·加里宁，哥尼斯堡更名为加里宁格勒。

② 莱昂哈德·欧拉（Leonhard Euler，1707—1783 年），瑞士数学家和物理学家，他最早使用"函数"一词来描述包含各种参数的表达式，例如：$y=f(x)$（函数的定义由莱布尼兹在 1694 年给出），同时，他还是把微积分应用于物理学的先驱者之一。

今天，我们可以这样想，七座桥要都走一遍，可以将七座桥全排列，总的走法有 7! = 5040，我们可以逐个验证是不是符合要求，但这样的工作量太大了。欧拉则把问题归结为一个"一笔画"问题，来证明问题是无解的，即从任意一点出发不重复地走遍每一座桥，最后再回到原点是不可能的。所谓一笔画，就是一个图如果能一笔画成，一定有一个起点，也有一个终点，图上的其他点都是"过路点"。不难理解，"过路点"都是"有进有出"的点，有一条边进这点，那么就要有一条边出去。有出无进的点是起点，有进无出的点是终点。因此在"过路点"进出的边总数应该是偶数，称为偶点。

如果起点和终点是同一点，那么它也是属于"有进有出"的类型，因此必须是偶点，这样图上所有的点都是偶点。如果起点和终点是不一样，那么它们就必须是奇点。因此这图最多只能有两个奇点。对应七桥问题的图（图 3-4（b））共有 4 个顶点，且所有的顶点都是奇点，故这个图肯定不能一笔画成。

在解答问题的同时，欧拉开创了一个新的数学分支——图论（graph theory）。图论的创立，为人们问题求解提供了一种新的数学理论和工具。1852 年，英国人弗朗西斯·古德里提出了"四色问题"[1]，1859 年，爱尔兰数学家哈密顿提出了"哈密顿回路问题"[2]，这些都成了图论中的经典问题，对这些问题的研究和解决也为其他问题的求解提供了思路。1874 年，德国物理学家基尔霍夫（Gustav Robert Kirchhoff，1824—1887 年）将图论用于电路网络的拓扑分析，开创了图论面向实际应用的先例。今天，图论已经成为一种问题建模的重要工具，越来越受到数学界和工程界的重视。

长期以来，数学被视为纯理论的、抽象的东西。20 世纪中叶以来，随着电子计算机的发明，数学在现实中的应用得到空前发展，不仅在工程技术、自然科学等领域发挥着越来越重要的作用，而且以空前的广度和深度向经济、管理、金融、生物、医学、环境、交通、人口、社会等新的领域渗透，数学已经成为当代高新技术的重要组成部分。

▶ 3.1.3 计算机求解问题模型

在人类社会的演变过程中，工业社会的标志是机器代替了人力，而信息社会则以计算机的广泛使用为标志。相对于传统的机器，计算机实现了计算、控制和问题求解的自动化。随着计算机等各种各样的智能设备的发展，问题求解越来越多地实现了自动化和半自动化，传统的需要人工完成的工作越来越多地被计算机等智能设备来代替，计算机在各种各样的问题求解中正在发挥越来越重要的作用。

---

① 四色问题（four color problem）是由弗朗西斯·古德里（Francis Guthrie）在 1852 年提出的。他在为英国地图着色时，发现只需要四种颜色就可以确保相邻区域颜色不同，于是他将这个问题告诉了他的兄弟弗雷德里克·古德里（Frederick Guthrie）。随后，弗雷德里克将这个问题转告了他的老师英国著名数学家奥古斯都·德·摩根（Augustus De Morgan），摩根对这个问题产生了浓厚兴趣，并将其传播给其他数学家，从而引起了数学界的关注。

② 哈密顿回路问题是图论中的一个经典问题，它是由爱尔兰数学家威廉·罗恩·哈密顿（William Rowan Hamilton）于 1857 年提出的。在一个给定的图中，是否存在一条经过每个顶点恰好一次并最终回到起点的闭合路径？如果存在，这样的路径称为哈密顿回路；如果路径不需要闭合（即起点和终点可以不同），则称为哈密顿路径。**该问题属于 NP 完全问题**，是理论计算机科学和组合数学中的重要课题。

利用计算机求解问题，遵循人类思维和问题求解的一般方法，或者说，利用计算机问题求解是在对问题进行抽象和建模后的一种求解办法，它充分发挥计算机在存储、运算速度和精度、自动化运行等方面的独特优势，使得传统的人工方法不能求解或难以求解的问题得以解决。从本质上讲，利用计算机进行问题求解，只是问题求解手段的改变，计算机程序是人工求解问题思想的反映和实现，是人类思维的程序化。

问题求解遵循"问题分析-提出假设-检验假设"三个步骤，使用计算机进行求解问题是借助计算机工具，对问题求解步骤的具体化，一般过程如图3-5所示。

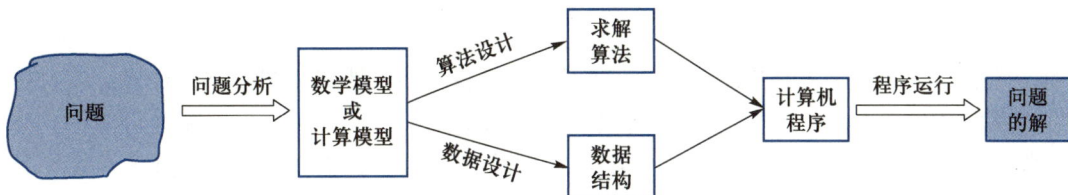

图3-5　计算机求解问题概念模型

从计算机求解问题的过程可以看出，其核心是计算机程序。程序是问题求解算法的计算机语言实现，通过程序在计算机中的运行，得到运行结果，即问题的解。问题的解，即程序的输出结果，可能是原始问题的最终结果，也可能是子问题的中间输出结果，可能是一组数据，也可能是一组控制指令。问题的复杂程度不同，问题的抽象层次不同，其对应的处理过程不同，但在概念上是一样。在冯·诺依曼计算机体系结构中，包括输入、输出、中央处理单元三个部分，可以说，冯·诺依曼计算机是问题求解的最高层次的抽象。

例如：阿基米德分牛问题。太阳神有一牛群，由白、黑、花、棕四种颜色的公、母牛组成。在公牛中，白牛数多于棕牛数，多出之数相当于黑牛数的$1/2+1/3$；黑牛数多于棕牛数，多出之数相当于花牛数的$1/4+1/5$；花牛数多于棕牛数，多出之数相当于白牛数的$1/6+1/7$。在母牛中，白牛数是全体黑牛数的$1/3+1/4$；黑牛数是全体花牛数$1/4+1/5$；花牛数是全体棕牛数的$1/5+1/6$；棕牛数是全体白牛数的$1/6+1/7$。问这牛群是怎样组成的？

问题分析：这是一个看起很复杂的问题，问题包含了许多约束条件，求解的量也很多。为了更好地理解问题的含义，引入数学变量，设：白、黑、花、棕四种颜色的公牛、母牛数量分别为x_1、x_2、x_3、x_4和y_1、y_2、y_3、y_4，这样可以将要求的问题解表示成一个表格，见表3-1。

表3-1　阿基米德分牛问题数据表

	白色	黑色	花色	棕色
公牛	x_1	x_2	x_3	x_4
母牛	y_1	y_2	y_3	y_4

数学建模： 根据问题的约束条件，可以建立下列代数方程组。

$$\begin{cases} x_1 - x_4 = x_2(1/2 + 1/3) \\ x_2 - x_4 = x_3(1/4 + 1/5) \\ x_3 - x_4 = x_1(1/6 + 1/7) \\ y_1 = (x_2 + y_2)(1/3 + 1/4) \\ y_2 = (x_3 + y_3)(1/4 + 1/5) \\ y_3 = (x_4 + y_4)(1/5 + 1/6) \\ y_4 = (x_1 + y_1)(1/6 + 1/7) \end{cases}$$

到此，我们可以说问题的分析就清楚了，并且将问题表述成一组数学方程式，这就是问题的数学模型。但这组数学方程式的求解手工计算是非常困难的。这就需要借助于计算机来完成了，即对上述方程设计求解算法，并编写相应的计算机程序，最后求得各变量的值。

▶▶ 3.2 算法与算法分析

算法（algorithm）一词最早出现在数学中，原意是关于数字的运算法则。20 世纪中叶，随着计算机的出现，算法被广泛地应用于计算机的问题求解中，被认为是计算机的灵魂。使用计算机求解问题，即计算机执行程序，而程序则是根据算法来编写的。在计算机中，所有的问题求解任务经过分析和设计，问题求解的方法都将被设计成相应的算法，算法是问题求解方法及过程的形式化描述。

▶ 3.2.1 算法及其描述

在计算机科学中，所谓算法，就是指问题求解的方法及求解过程的描述，它是一个精心设计的计算序列，用以解决一类特定的问题。

1. 算法的特征

算法具有 5 个重要的特性。

（1）确定性：算法中的每一条指令必须有确定的含义，不能产生二义性。

（2）可行性：算法描述的步骤在计算机上是可行的。

（3）有穷性：一个算法必须在执行有穷步后结束，每一步必须在有穷的时间内完成。

（4）输入：一个算法可以有零个或多个输入，这个取决于算法要实现的功能。

（5）输出：一个算法执行过程中或结束后要有输出结果，或者产生相应的动作指令。

2. 算法描述

算法是对问题求解过程的清晰描述，对于算法，通常可以采用自然语言、流程图、伪代码等多种不同的方法来描述。不管采用什么样的方法描述算法，其根本目的都是一样的，就是要清晰地展示问题求解的基本思想和具体步骤。

（1）算法的自然语言描述

对算法进行描述最简单的方法就是使用自然语言，使用自然语言描述，只需要将问题的求解步骤清晰地表述出来即可。在步骤描述上，要求语言简练，层次清晰。为表述方便，每一步可以加上标号，例如 Step1，Step2……对于复杂的步骤，可以进行进一步展开。如果某一步中又进行了进一步的展开，可标记为 StepX.1，StepX.2……以此类推。

【例 3-1】 设计一个算法，求两个正整数的最大公约数。

对于上述问题，采用自然语言描述求解过程，得到算法如下。

算法 3-1 求两个正整数最大公约数算法

Step1：设两个正整数为 a，b，最大公约数为 g；
Step2：若 a 和 b 相等，则 g=a，转 Step4；否则
Step3：若 a<>b，则
    3.1 若 a<b 则
      a 不变；
      b←b-a；
      转 Step2；
    3.2 若 a>b 则
      b 不变；
      a←a-b；
      转 Step2；
Step4：输出 g；
Step5：结束。

采用自然语言描述算法可以较好地描述问题的大的求解思路，对于比较精细的求解步骤自然语言在描述上比较困难。例如，对于判断、分支、重复，特别是这些逻辑的嵌套，自然语言描述时显得不够清晰直观。可以说，使用自然语言描述算法主要是为对问题求解大的思路的描述，更具体的细节可以使用流程图和伪代码来描述。

（2）算法的流程图描述

流程图（flow diagram）是一种由图框和流程线组成的图形，图框表示各种类型的操作，图框中的文字和符号表示操作的内容，流程线表示操作的先后次序。流程图可以很好地表达顺序、分支和重复逻辑，可以较好地进行业务流程描述、数据处理描述、算法描述以及系统功能描述等，因此，流程图又有业务流程图、数据流程图、算法流程图、系统流程图等。在流程图中，常用的图形符号及名称如图 3-6 所示。

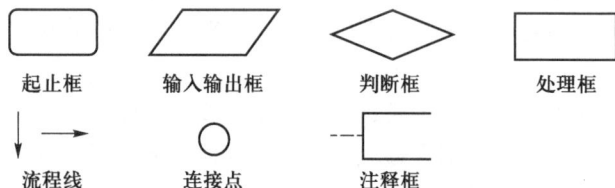

图 3-6 流程图常用图形符号

对于算法流程图，各图形符号含义如下。

① 起止框：圆角矩形，表示一个算法的开始或结束。

② 输入输出框：平行四边形，表示算法的输入和输出。

③ 判断框：菱形框，表示条件选择，有一个入口，两个或多个出口，控制算法的不同执行流程。

④ 处理框，矩形框，表示具体处理操作，如计算、赋值等，对应具体的业务逻辑。

⑤ 流程线，方向箭头，表示算法的执行顺序。

⑥ 连接点，圆圈，用于连接画在不同位置的流程线，以避免流程线的交叉，使流程图更清晰。连接点通常用于较大、较复杂的流程图绘制，当在一页纸上绘制不开，或者出现复杂的流程线交叉时，通常使用连接点。连接点需要标注数字或文字，须成对出现。

⑦ 注释框，书写注释。

将问题求解的基本步骤用图的形式来表示，称为算法流程图，又称程序框图。例如，对于例 3-1 的问题，采用流程图描述，则算法流程图如图 3-7 所示。

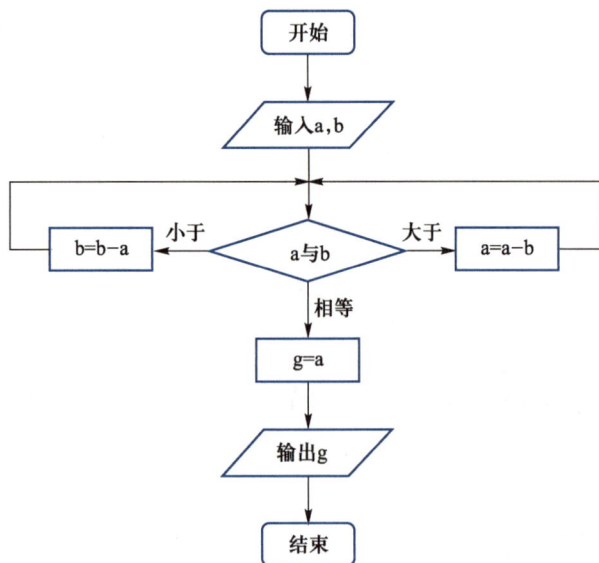

图 3-7　算法流程图

流程图描述有简单直观的特点，且可以很好地表达顺序、分支和重复逻辑结构，这也是计算机程序的三种基本结构，因此，采用流程图来描述算法，可以很自然地将算法流程图转化为计算机程序。但是，算法流程图也有不足，对于复杂的算法，流程图的手工绘制和修改都比较麻烦。

流程图是一种通用的问题描述工具，不仅可用于算法描述，还广泛应用于业务流程分析、业务流程管理，系统建模等诸多领域。为了更好地实现流程图的绘制，市场上开发了许多流程图绘制工具，常见的绘制工具有 Visio、Power designer，以及一些基于 Web 的在线流程图绘制工具，例如 youfabao 的在线流程图软件 MyFlowChart，面向商业流程用户的专业社交网络 ProcessOn 等。此外，也可以使用 Word 来完成流程图的绘制。

除了上述介绍的传统的流程图外，1973 年美国学者 I. Nassi 和 B. Shneiderman 提出了一种新的流程图形式，这种流程图完全去掉了流程线，算法的每一步都用一个矩形框来描述，把一个个矩形框按执行的次序连接起来就是一个完整的算法描述。这种流程图用两位学者名字的第一个字母来命名，称为 N-S 流程图，简称 NS 图。NS 图采用 5 种元素分别表达顺序、条件、分支、While 循环和 Do-While 循环，去掉流程线后可读性较差。

流程图适合于描述一些简单的算法，对于复杂算法，流程图的绘制则过于复杂，其描述能力显得力不从心。特别是 20 世纪 80 年代，随着结构化程序设计语言的出现，类似于高级程序设计语言的伪代码开始广泛应用于算法描述。

（3）算法的伪代码描述

在算法描述中，伪代码（pseudocode）是一种介于自然语言和计算机程序设计语言（Pascal、C 语言等）之间的文字和符号来描述算法的工具，并以编程语言的书写形式来描述算法。和程序设计语言不同，伪代码强调算法的功能和操作步骤，而不是程序设计语言的语法规则，也就是说，伪代码关注的是算法功能，而不是程序实现。

和流程图不同，伪代码不是用户和分析师的工具，而是算法设计师和程序员的工具。伪代码常被用于技术文档和科学出版物中来描述算法，也被用于在软件开发的实际编码过程之前表达程序逻辑，以便于所有的程序员更好地理解。总之，伪代码是一种不依赖于具体的编程语言，用来表示程序执行过程，而不一定能编译运行的代码，伪代码是算法工程师对算法设计的描述，也表达了程序员开始编码前对算法执行过程的想法。

在实际应用中，常用的是一种类 Pascal 的伪代码来描述算法，伪代码没有严格的语法规则，只是遵循简单的书写约定，例如：① 每一条指令占一行，指令后不跟任何符号（Pascal 和 C 中语句要以分号结尾）；② 书写上的"缩进"表示程序中的分支程序结构，用缩进取代传统 Pascal 中的 begin 和 end 语句和 C 中的"{"和"}"来表示程序的块结构，可以大大提高代码的清晰性；同一模块的语句有相同的缩进量，次一级模块的语句相对于其父级模块的语句缩进；③ 在伪代码中，变量名和保留字不区分大小写；④ 在伪代码中，变量不需声明；⑤ 赋值语句用符号←表示，x←exp 表示将表达式 exp 的值赋给变量 x；⑥ 使用与程序设计语言类似的关键字表达循环结构；⑦ 数组元素的存取由数组名后跟"[下标]"表示，结构变量或对象采用变量名后加点和域名方式访问。

【例 3-2】 设计一个算法，输入三个数，输出其最大值，请用伪代码描述算法。

算法 3-2 求三个数的最大值算法。

```
Begin
输入三个数 a，b，c
if a>b 则 max← a
else max←b
if c>max 则 max←c
输出 max
End
```

使用伪代码描述算法，可以更多地关注算法的本质，而不是计算机程序设计语言的语法。同时，伪代码又更加接近于程序设计语言，因此对算法的描述更具体和精细，更容易编码实现。

3. 算法正确性

算法设计首先要保证其正确性，只有在保证算法正确性的前提下，讨论算法的好坏才有意义。为了方便对算法正确性的描述，下面以求三角形面积算法为例进行说明。设三角形的三条边分别为 a、b、c，求三角形面积的算法如下。

Step1：输入三角形的三条边 a,b,c

Step2：s←(a+b+c)/2

Step3：计算三角形面积

    area←s * sqrt(s * (s-a) * (s-b) * (s-c))

Step4：输出面积值 area

计算三角形面积的方法有多种，已知的条件不同，可以用不同的方法进行求解。上述方法在已知三角形三条边的边长的情况下，使用海伦公式[①]直接计算出三角形的面积。该算法正确性的描述可以分成以下三个层次。

（1）对于一组数据能够得出正确的结果。该算法没有考虑三角形中两边之和大于第三边的基本数学原理，因此如果输入的三条边可以构成一个三角形，则该算法是正确的。

（2）对于精心挑选的、苛刻的测试用例算法可以得到正确的结果。在某些情况下，上述求三角形面积的算法就不正确了，如当输入的三条边包含负数或者有一条边大于另外两条边的长度之和时，上述算法得到的结果则是错误的。

（3）对于一切合法的输入数据，算法得到的结果都是正确的。这是一种理想的情况，随着算法求解问题复杂度的增加，一个算法在不同的输入数据下会有大量不同的执行路径，因此要验证算法的完全正确是很困难的。我们只能精心设计测试用例，用较少的数据去发现更多的错误，然后进行修改，以期达到算法最大程度上的正确性。

3.2.2 算法复杂性分析

所谓**算法分析**，在传统意义下，就是对算法进行正确性、时间复杂性和空间复杂性的分析，从而来评价算法的优劣，或估计算法实现后的运行效果。

1. 时间复杂性分析

算法时间复杂性（time complexity）是指根据该算法编写的程序在运行过程中，从开始到结束所需要的时间。程序通常是由控制结构和元操作构成的，其执行时间取决于两者在程序运行中的结果。为了便于比较求解同一问题所设计的不同算法，通常的方法是：从算法中选取一种对于所研究的问题来说是基本运算的操作作为元操作，以该元操作执行的

---

① 海伦公式（Heron's formula）又译作希伦公式、海龙公式、希罗公式、海伦-秦九韶公式。相传这个公式最早是由古希腊数学家阿基米德得出的，而因为这个公式最早出现在海伦的著作《测地术》中，所以被称为海伦公式。中国秦九韶也得出了类似的公式，称三斜求积术。

次数作为算法的时间度量。例如，查找类算法用数据的比较作为元操作，而排序类算法的元操作则是比较和移动。

一般情况下，一个算法中元操作重复执行的次数与求解问题的规模（问题长度）n 呈某个函数关系 $T(n)$。在很多情况下，精确的计算 $T(n)$ 是很困难的，因此，在算法时间复杂度的研究中引入了"渐进时间复杂度"的概念，简称时间复杂度，通常用 O、o、Ω、θ 表示。

定义 3.1 设 $f(n)$ 和 $g(n)$ 是从自然数集到非负实数集的两个函数，如果存在一个自然数 n_0 和一个常数 $c>0$，使得 $\forall n \geqslant n_0$，$f(n) \leqslant cg(n)$，则记为 $f(n) = O(g(n))$，称 $g(n)$ 是 $f(n)$ 的上界；如果是 $\forall n \geqslant n_0$，$f(n) < cg(n)$，称 $g(n)$ 是 $f(n)$ 的严格上界，记为 $f(n) = o(g(n))$。

定义 3.2 设 $f(n)$ 和 $g(n)$ 是从自然数集到非负实数集的两个函数，如果存在一个自然数 n_0 和一个常数 $c>0$，使得 $\forall n \geqslant n_0$，$f(n) \geqslant cg(n)$，则记为 $f(n) = \Omega(g(n))$，称 $g(n)$ 是 $f(n)$ 的下界。

定义 3.3 设 $f(n)$ 和 $g(n)$ 是从自然数集到非负实数集的两个函数，如果存在一个自然数 n_0 和两个常数 $c_1>0$ 和 $c_2>0$，使得 $\forall n \geqslant n_0$，$c_1 g(n) \leqslant f(n) \leqslant c_2 g(n)$，则记为 $f(n) = \theta(g(n))$，称 $f(n)$ 与 $g(n)$ 同阶。

设 $T(n)$ 是算法的执行时间，n 是问题规模，$f(n)$ 为 n 的函数，若 $T(n) = O(f(n))$，则称 $f(n)$ 为算法的时间复杂性上界。时间复杂性通常用 $O(f(n))$ 来表示。例如，一个程序的实际执行时间如果是 $T(n) = 2.6n^3 + 5n^2 + 1.6$，则有 $T(n) = O(n^3)$。

在有些情况下，算法的执行时间与问题长度无关，则该算法的时间复杂度记为 $O(1)$，表示常数时间复杂度。例如：求长度为 n 的数组 $a[1..n]$ 中中间一个元素的值 $a[n/2]$，时间消耗与问题长度 n 无关。

【例 3-3】 将一组数由小到大排列或由大到小排列起来的过程称为排序，又称分类。"冒泡"分类算法是一种典型的分类算法，冒泡算法属于交换分类，其基本思想是：对 n 个数进行 $n-1$ 遍筛选，每一遍从剩余的数中选出一个最小的数并交换到第一个位置，最终形成一个由小到大的有序序列。对于下述冒泡分类算法，试分析算法的时间复杂度。

冒泡分类算法伪代码描述如下。

算法 3-3 冒泡分类算法。

```
void BubbleSort(int A[],int n)
{
    int i,j,temp;
(1) for (i=1;i<=n-1;i++)
    {
(2)     for (j=n;j>=i+1;j--)
        {
(3)         if (a[j]<a[j-1])
            {
```

```
(4)          temp = A[j-1];
(5)          A[j-1] = A[j];
(6)          A[j] = temp;
          }
      }
   }
}
```

我们暂且不分析算法逻辑,先对算法的时间复杂性进行分析,说明如下。

① 语句(3)~(6)完成两个数的比较和交换操作,运行时间为常数时间,均为 $O(1)$,则总时间为 $O(1)$。

② 语句(2)为循环控制语句,执行次数为 $n-i$,每次循环执行时间为(3)~(6)的时间,因此,总的时间为 $(n-i) \cdot O(1)$。

③ 语句(1)为外重循环,执行次数为 $n-1$ 次,第 i 次时间消耗为 $(n-i) \cdot O(1)$,由此可见,程序的执行时间 $T(n)$ 为:

$$T(n) = \sum_{i=1}^{n-1} (n - i) = \frac{n(n-1)}{2} = O(n^2)$$

在算法设计中,常见的时间复杂度有:$O(n)$、$O(n\log_2 n)$、$O(n^2)$、$O(n^3)$、$O(2^n)$。假设计算机执行一次基本操作需要的时间为 $1\,\text{ms}$,一次基本操作即代表一个常数处理时间 $O(1)$,算法所需时间是 $T(n) \cdot O(1)$,则 5 种算法时间复杂度与求解问题长度的关系见表 3-2。

表 3-2 算法时间复杂度与求解问题长度的关系

算法	时间复杂度	可解问题最大长度（n）		
		1 秒	1 分钟	1 小时
A_1	$O(n)$	1000	60000	3.6×10^6
A_2	$O(n\log_2 n)$	140	4893	2.0×10^5
A_3	$O(n^2)$	31	240	1987
A_4	$O(n^3)$	10	33	153
A_5	$O(2^n)$	9	15	21

在上述表格中,可解问题的最大长度是指在某个时间内 n 的值。例如,对于算法 A_2,1 秒钟可以解决的问题长度为 n,又因为计算机执行一次基本操作需要的时间为 $1\,\text{ms}$,因此有 $n\log_2 n = 1\,000$,可以计算得到 $n \approx 140$。对于算法 A_3,则有 $n^2 = 1\,000$,即 $n \approx 31$。

可见,时间复杂度越大,时间消耗的增加带来的求解问题长度的增加会变慢,这可以通过函数曲线清晰地看出这种变化,特别是 $O(2^n)$ 这样的指数函数时间复杂度,随着问题长度 n 的增大,所需时间会迅速增大,在计算机算法设计中,这类算法称为 NP-hard 问题。5 种算法时间复杂度对应的函数曲线如图 3-8 所示。

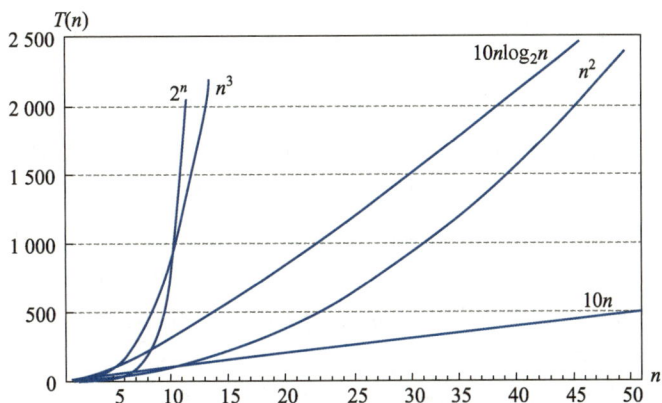

图 3-8　不同的时间复杂度函数曲线

计算机的运行速度也直接影响算法运行所需要的时间，下面来看计算机速度的提高对不同算法求解问题长度带来的影响，见表 3-3。

表 3-3　计算机速度对求解问题长度的影响

算法	时间复杂度	可解问题最大长度（n）	
		计算机速度提高前	计算机速度提高 10 倍
A_1	$O(n)$	s_1	$10s_1$
A_2	$O(n\log_2 n)$	s_2	$10s_2$
A_3	$O(n^2)$	s_3	$3.16s_3$
A_4	$O(n^3)$	s_4	$2.15s_4$
A_5	$O(2^n)$	s_5	$s_5+3.3$

可见，随着算法复杂度的增加，计算机运行速度的增加对求解问题长度增加的影响越来越小。在时间复杂度为 $O(2^n)$ 的情况下，计算机的运行速度提高 10 倍，设提速前问题求解长度为 $n1$，提速后为 $n2$，有：$2^{n2}=10\times 2^{n1}$，则：$n2=\log_2 10+n1\approx 3.32193+n1$，即问题求解的长度只增加了一个常数 3.3。

除了上述常见的时间复杂度外，有些算法的时间复杂度为 $O(n!)$，表现为组合爆炸。例如，著名的旅行推销员问题（traveling salesman problem，TSP），又称为旅行商问题、货郎担问题或 TSP 问题。该问题是由爱尔兰数学家哈密顿[①]于 19 世纪初提出的问题：有 n 个城市，城市之间的距离都是已知的，现有一旅行商从某个城市出发到每个城市旅行，途中只能经过每个城市一次，最终回到出发点，求最短的一条路径。

---

① 威廉·罗恩·哈密顿（William Rowan Hamilton，1805—1865 年），爱尔兰数学家、物理学家及天文学家，哈密顿自幼喜欢算术，计算很快，对天文学有浓厚兴趣。1843 年，他发明四元数及其运算规则，并将之广泛应用于物理学各方面。哈密顿对光学、动力学和代数的发展提供了重要的贡献，他的成果后来成为量子力学中的主干。

旅行推销员问题是一个著名的图论问题，在图论中，将由指定的起点前往指定的终点，途中经过所有其他节点且只经过一次，这样的路径称为哈密顿路径，起点和终点相同的哈密顿路径称为哈密顿回路。

解决上述问题，最简单的方法就是列出所有的路径，计算每条路径的长度，然后取最小值。根据数学上的排列组合，可以知道有 n 个城市，从一个城市出发，最终回到出发点的可能的路径数量为 $(n-1)!$。当 $n=4$ 时，有六条路径，$n=6$ 时，有 120 条路径。当 n 增大时，其路径的排列组合数会急剧增长，当 $n=20$ 时，其路径数量 $(n-1)!=19! \approx 1.21645 \times 10^{17}$。如果是现在的计算机，每秒可以计算 10^8 条路径，也需要 38 年的时间！

2. P 问题与 NP 问题

从算法时间复杂度曲线上可以很清晰地看出，对于指数增长的时间复杂度，随着问题长度的增加，其时间消耗会快速增加。在计算机科学中，通常根据问题求解算法的时间复杂度对问题进行分类。如果问题求解算法的时间复杂度是该问题实例规模 n 的多项式函数，则这种可以在多项式时间内解决的问题属于 P（polynomial，多项式）类问题，通俗地称所有复杂度为多项式时间的问题为易解问题，否则称为 NP（nondeterministic polynomial，非确定性多项式）问题。以多项式时间解决为衡量标准，NP 问题可以归成三大类，即 NP 问题，NP 完全（NP-complete）问题与 NP 难解（NP-hard）问题。

什么是非确定性（non-deterministic）问题呢？有些计算问题是确定性的，比如加减乘除之类，只要按照公式推导，按部就班的一步步来，就可以得到结果。但是，有些问题是无法按部就班直接计算出来的。比如，找大质数的问题。有没有一个公式，可以一步步推算出下一个质数应该是多少呢？这样的公式是没有的。再比如，大合数分解质因数问题，有没有一个公式，把合数代进去，就可以直接算出它的因子各自是多少呢？也没有这样的公式。这种问题的答案，是无法直接计算得到的，只能通过间接的"猜算"来得到结果，这就是非确定性问题。

非确定问题通常存在这样的算法，它不能直接告诉答案是什么，但可以计算某个可能的结果是否正确。这个可以验证"猜算"的答案正确与否的算法，假如可以在多项式时间内计算出来，就叫作非确定性多项式问题，即 NP 问题。而如果这个问题的所有可能答案，都是可以在多项式时间内进行正确与否的验算的话，就叫非确定多项式完全问题，即 NP-complete 问题。非确定性多项式完全问题可以用穷举法得到答案，一个个检验下去，最终便能得到结果。但是这样算法的复杂程度是指数关系，因此计算的时间随问题的复杂程度呈指数的增长，很快便变得不可计算了，这就是 NP-hard 问题。

在许多问题的求解中，有些问题很难找到多项式时间的算法，或许根本不存在。但通常可以找到一个算法在多项式时间内验证某种"猜测"是否正确。例如，"找出无向图中哈密顿回路"问题，虽然没有一个多项式算法可以求出哈密顿回路，但给一个任意的回路，很容易判断它是否是哈密顿回路（只要看是不是所有的顶点都在回路中就可以了）。这里给出了 NP 问题的另一个定义，即这种可以在多项式时间内验证一个解是否正确的问题称为 NP 问题，也称为验证问题类。典型的 NP 问题还有 Hanoi 塔问题，旅行商问题等，其中 Hanoi 塔问题是典型的 NP-hard 问题，它不存在多项式解，但理论上存在解决方案，只是时间复杂性太大，无实用价值。TSP 问题则属于 NP-complete 问题，只是目前尚未找到多项式时间解，但未能证明不存在。

对于 NP 难解问题，其计算复杂度到底有多大呢？我们以常规密钥密码体系为例来分析问题的难度。在现代加密技术中，常规密码密钥体系是指加密密钥和解密密钥相同的密码体系，在众多的常规密码中影响最大的是美国的数据加密标准 DES（data encryption standard）。DES 采用长度为 64 位密钥（实际密钥 56 位，8 位用于奇偶校验），对 64 位二进制数据加密，得到 64 位密文数据。

DES 的保密性取决于对密钥的保密，算法是公开的。但是，到目前为止，虽然国际上在破译 DES 方面取得了一些进展，但仍未找到比穷举搜索密钥更有效的方法。对 56 位秘钥，其穷举的数量是 2^{56}。假如我们在一台每秒可以判断一亿个密码是否正确的计算机上用枚举法求解 DES 密码，则需要花费的时间是：

$2^{56}/10^8$ 秒 $= 2^{56}/10^8/60/60/24/365$ 年 ≈ 22.85 年

如果是 128 位密钥呢，则可能的排列组合数目是：

$2^{128} = (2^{10})^{12.8} > (10^3)^{12.8} = 10^{38.4}$

如果每秒可验证百亿种猜测，计算需要多少时间？结果是需要花费约一万亿亿年！

再比如，若用暴力法求解 TSP 问题，从一个城市出发，n 个城市可能的路径有 $(n-1)!/2$，如果 $n = 26$，则 $25! = 15511210043330985984000000 \approx 1.55 \times 10^{25}$。若每秒可计算 10^6 条路径，则一年可计算 3.15×10^{13} 路径，计算完全部路径需要 5000 亿年！

3. 空间复杂度

算法的空间复杂度是指算法运行中对内存空间的需求，记作：

$$S(n) = O(f(n))$$

其中，n 表示问题的规模（问题长度）。一个算法对应的程序在执行时候必须加载到计算机内存中，程序本身、程序中用到的变量都要占用内存空间，除了这些内存消耗外，程序在执行过程中还要用到临时变量，还可能动态地申请额外的内存空间。

一个简单的例子就是交换两个变量 a 和 b 内的值。一般需要三条赋值语句：

```
temp=a;
a=b;
b=temp;
```

其中，temp 是一个临时变量（存储单元）。除了需要一个临时变量外，在不增加临时变量的情况下，同样也可以将 a 和 b 之间的值交换，代码如下：

```
a=a+b;
b=a-b;
a=a-b;
```

分析一个算法的空间复杂度，除了考察数据所占用的空间外，应该分析可能用到的额外空间。随着计算机技术的快速发展，计算机的运算速度和存储容量已经提高了若干个数量级，时间复杂性和空间复杂性的问题在有些情况下显得不再那么重要。相反，基于互联网的应用，由于需要经过网络传输大量的数据，因此算法所产生的文件大小问题成为一个重点问题，例如压缩标准产生的图像、视频文件的大小等。

►► 3.3 算法设计及算法分类

算法是人类求解问题的方法。我们可以从不同的角度对算法进行分类，按照问题求解策略来分，算法有穷举法、回溯法、递推法、贪心法等；按照实现技术来分，算法有迭代算法、递归算法等，它们通常是算法思想的编程实现技术；按照应用对象来分，有图算法、数据挖掘算法等。下面对计算机学科典型的算法思想和技术进行介绍。

► 3.3.1 算法设计

在问题求解中，同一个问题，可能有不同的解决策略和方法，即有不同的问题求解算法。不同的算法，其对应的时间复杂度可能不同，我们总是要设计时间复杂度更低，运行效率更高的算法。所谓算法设计就是寻找问题求解的方法，并用自然语言、流程图或伪代码等方法来描述算法过程。算法设计完成后，通常还需要进行算法的正确性及复杂性分析，从而保证算法正确性的基础上，以确定一个性能优良的问题求解算法。

例如，道路交叉路口信号灯的设计问题。一个有多条通道的交叉路口，为了避免发生碰撞，当某条或几条通路上的车辆通行时，其他通路上的车辆通行就必须加以限制。设有一个有 5 个路口 A、B、C、D、E 形成的交叉路口，其中 D 和 E 为单行路口，如图 3-9 所示。

对于上述路口，分别依次选择一个路口作为起点，结合单行限制，枚举所有的可能通路，则可能的通路共有如下情况：

A→B，A→C，A→D

B→A，B→C，B→D

C→A，C→B，C→D

E→A，E→B，E→C，E→D

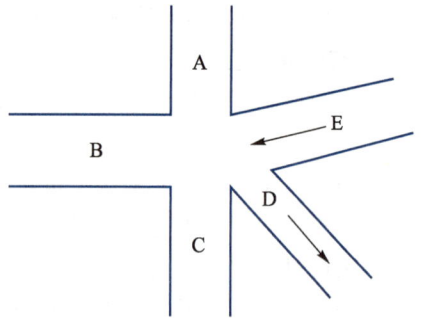

图 3-9　有 5 个路口的交叉路口

共有 13 条通路。道路遵循右侧通行原则，有些通路可以同时通行，例如：A→B，C→A，C→D 三条通路可同时通行。但是，A→D 和 E→B 的车辆则不能同时通行。可见，要设计这个 5 岔路口的信号灯方案就比较复杂。

解决一个复杂问题通常需要为问题建造数学模型，通过数学模型来解决。道路信号灯问题的数学模型是：将每一条通路作为一个顶点，如果两条通路不能同时通行，则用一条边将这两条通路对应的顶点连接起来，成为邻接顶点。这样，信号灯问题就变成数学图论中的着色问题了，即用最少数目的不同颜色对图中的每个顶点着色，使得任何两个相邻接的顶点颜色都不同。因为着色问题已经解决了，这样信号灯问题就解决了。

算法设计通常和数学建模有关，通过将要解决的问题建模，然后通过数学模型来研究问题求解的方法和步骤。因此，大多数的算法设计方法也都和数学有关，常用的算法设计方法有穷举法、递推法、递归法、分治法、贪心法、动态规划等。

▶ 3.3.2 穷举法

穷举法，又称暴力算法，顾名思义就是对于要求解的问题，列举出问题解空间的所有可能的情况，并逐个测试，找出符合问题条件的解，从而得到问题的解。通常是一种费时算法，人工手工求解困难，但计算机的出现使得穷举法有了用武之地。例如，密码破译通常使用的就是穷举法，即将密码进行逐个推算直到找到真正的密码为止。理论上讲，穷举法可以破解任何一种密码，但对于一个长度为 n 位的密码，其可能的密码有 2^n 中，可见当 n 较大时，穷举法将成为一个 NP 难解问题。

【例 3-4】 百钱买百鸡问题。公元 5 世纪末，我国古代数学家张丘建[①]在他的《张丘建算经》中提出了著名的"百钱买百鸡问题"：鸡翁一，值钱五，鸡母一，值钱三，鸡雏三，值钱一，百钱买百鸡，问翁、母、雏各几何？

分析：设鸡翁、鸡母、鸡雏的个数分别为 x，y，z，百钱买百鸡问题可以用如下方程表示：

$$\begin{cases} 5x+3y+z/3 = 100 & (1) \\ x+y+z = 100 & (2) \end{cases}$$

这是一个不定方程组，两个等式求三个未知数，可能有多组解。我们可以枚举 x，y，z 的所有可能值，有：$0 \leq x < 20$，$0 \leq y < 33$，$0 \leq z < 100$ 且 $z \bmod 3 = 0$。从而，对每组 x，y，z 的取值，判断方程（1）、（2）是否成立，若成立，则是问题的一个解。

算法 3-4 百钱买百鸡问题求解算法。

```
// 百钱买百鸡问题穷举算法
// 设鸡翁、鸡母、鸡雏的个数分别为 x,y,z
for (x=0;x<20;x++)
    for (y=0;y<33;y++)
        for (z=0;z<100;z++)
            if (x+y+z==100) and (5x+3y+z/3==100) and (z mod 3==0)
                writeln(x,y,z)
```

上述算法是一个三重循环，最内层的条件判断需要执行 20×33×100 次，即 66 000 次。

---

① 张丘建，生卒年不详，北魏时清河（今河北省清河县）人，是我国古代伟大的数学家，所著《张丘建算经》流传于世。《张丘建算经》不仅是中国数学史上一部杰作，也是世界数学史上的一座里程碑。它约成书于 466—485 年间，体例为问答式，共三卷 93 题，现传本有 92 问。内容涉及测量、纺织、交换、纳税、冶炼、土木工程、利息等各方面的计算问题，内有等差级数、二次方程、不定方程等问题，比较突出的成就有最大公约数与最小公倍数的计算、各种等差数列问题的解决、某些不定方程问题的求解等。其中的"百鸡问题"是世界上首次提出三元一次不定方程及其一种解法，比欧洲发现和研究这个问题早 1000 多年。

在条件判断中，利用了整数求模运算，如果将鸡雏的个数设为 3z，可以避免该项判断，且可减少内重循环次数。即：

```
for (z=0;z<34;z++)
    if (x+y+3z==100) and (5x+3y+z==100)
        writeln(x,y,3z)
```

上述算法还可以进一步优化，对于小鸡，可以不进行全部枚举，只判断 $z=100-x-y$ 的情况，此时判断条件修改为：

```
if (5x+3y+z/3==100) and (z mod 3==0)
```

此时，算法时间复杂性由 $O(n^3)$ 降为 $O(n^2)$。

百钱买百鸡问题是一个典型的穷举算法，求解思路容易理解。还有许多著名的问题也是需要使用穷举算法的，著名的问题有：旅行商问题、四色问题、背包问题等。

【例 3-5】 0-1 背包问题。给定 n 种物品和一个背包，物品 i 的质量是 W_i，其价值为 V_i，背包的容量为 W_m。应如何选择装入背包的物品，使得装入背包中物品的总价值最大？

分析：所谓 0-1 背包问题，是指在选择装入背包的物品时，对每种物品 i 只有两种选择，即装入背包或不装入背包。不能将物品 i 装入背包多次，也不能只装入部分的物品 i。0-1 背包问题是一种组合优化的 NP 完全问题，最容易想到的方法就是穷举法。

采用穷举法，将物品放入背包所有可能的情况包括放置 1 件，2 件，…，n 件等组合（combination）方案，共 $C_n^1+C_n^2+C_n^3+\cdots+C_n^n=2^n-1$ 种不同的选择，对每种方案都计算一遍，再考虑背包的最大存放重量 W_m，在满足条件的情况下，计算包内物品的总价值，求解总价值最大的情况。

使用一个 n 位二进制的计数器，来表示 n 件物品放入背包的情况，若第 i 位为 0 表示第 i 件物品未放入背包，为 1 表示第 i 件放入背包。所有的选择方案正好构成 n 位二进制数的所有二进制状态，去掉一个全 0（所有物品都不放），对应数字 $1\sim2^n-1$。

根据物品情况计算物品的总重量，若没有超过包的限重，记录此情况下的总价值，使用提高门槛法判断此情况是否为已测试条件下总价值最大，若是则记录下此时的总价值，从第 1 种情况开始，逐个测试，直到测试完 2^n-1 种情况为止。

算法 3-5 0-1 背包问题求解穷举算法。

```
// 设数组 w[1..n]存储 n 件物品的质量，数组 c[1..n]存储 n 件物品的价值，数
// 组 b[1..n]为标识数组，若物品 i 未选择，则 b[i]=0，否则 b[i]=1
cmax=0
for (i=1;i<=2^n-1;i++)
{
    b[1..n]=将 i 转换为 n 位的二进制字符串
    tempw = ∑_{j=1}^{n} b[j]*w[j]
```

$$\text{temp}c = \sum_{j=1}^{n} b[j] * c[j]$$

if(tempw<wmax && tempc>cmax)

{

    tempb=b[1..n];

    cmax=tempc;

}

}

输出最佳方案 tempb[1..n],cmax

结束

    背包问题是由 Merkel 和 Hellman 于 1978 年提出的。上述的背包问题是最典型的背包问题，又称为 0-1 背包问题，它是最基本的背包问题，其他所有的背包问题都可以规约为 0-1 背包问题。例如，完全背包问题和多重背包问题。完全背包问题非常类似于 0-1 背包问题，所不同的是每种物品有无限件，也就是从每种物品的角度考虑，与它相关的策略已并非取或不取两种，而是有取 0 件、取 1 件、取 2 件……很多种。多重背包问题是指有 n 种物品和一个容量为 v 的背包，第 i 种物品最多有 n 件可用，每件体积是 c，价值是 w，求解将哪些物品装入背包可使这些物品的体积总和不超过背包容量，且价值总和最大。

    穷举法需要枚举所有的解，算法的执行效率最低，但一定可以求出最优解。对于枚举，我们可以将问题的解空间表示成一棵树。因为每一个物品都有选择和不选两种决策，依次考虑每个物品，解空间对应的树结构，如图 3-10 所示。

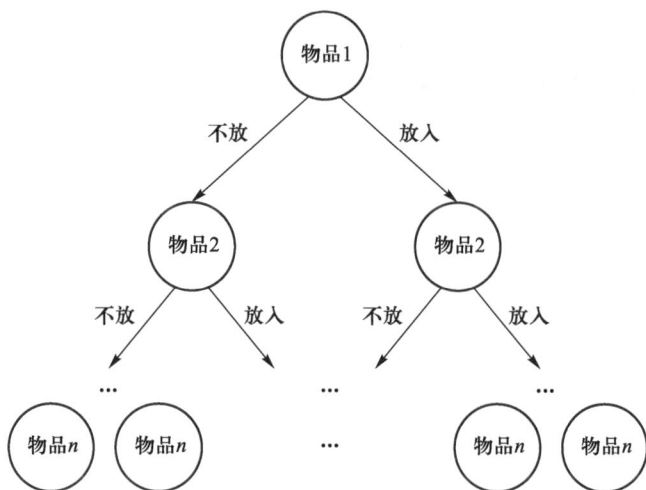

图 3-10　背包问题解空间

    穷举法的基本思想就是遍历这棵树，枚举所有的情况，进行判断，如果重量不超过 W，且价值最大的方案就是问题的解。在解空间中进行盲目的穷举搜索是低效的，在实际遍历时，有很多情况是没有意义的，此时，可以中途停止对某些不可能得到最优解的子空间的进一步搜索，从而提高搜索效率。例如，当选择某个物品节点的重量超过 W 时，该节点下的所有分支都将没有意义，无须再进一步判断，即剪枝。因此，除了上述的穷举法外，背包问题求解方法还有贪心算法、动态规划算法、遗传算法等。

▶ 3.3.3 递推法

递推算法是一种根据递推关系进行问题求解的方法。递推关系可以抽象为一个简单的数学模型，即：给定一个数的序列 $a_0, a_1, \cdots, a_n$，若存在整数 n_0，当 $n > n_0$ 时，可以用等号（或大于号、小于号）将 a_n 与其前面的某些项 $a_i (0 < i < n)$ 联系起来，这样的式子称为递推公式，又称递推关系。递推算法的基本思想是把一个复杂的庞大的计算过程转化为简单过程的多次重复，该类算法利用了计算机速度快和自动化的特点。

递推算法是一种简单的算法，通过已知条件，利用特定的递推关系可以得出中间推论，直至得到问题的最终结果。递推算法分为顺推法和逆推法两种。所谓顺推法是从已知条件出发，按照递推关系一步步地递推，直至求出问题的最终结果。所谓逆推法则是在不知道初始条件的情况下，从问题的结果出发，经递推关系逐步推算出问题的解，这个问题的解也是问题的初始条件。

【例 3-6】 斐波那契[①]数列（Fibonacci Sequence），又称黄金分割数列，它以兔子繁殖为例子而引入，故又称为"兔子数列"。斐波那契数列指的是这样一个数列：1，1，2，3，5，8，13，21，…在数学上，斐波那契数列可以用递推方法定义，其递推公式为：F1＝1，F2＝1，Fn＝F(n-1)+F(n-2)（n>=3，$n \in N^*$）。写一算法求斐波那契数列第 10 项的值。

分析： 从斐波那契数列的定义可知，斐波那契数列的第 1 项为 1，第 2 项为 2，递推关系是当前项等于前 2 项之和。因此，我们通过顺推可以得到：f(3)＝f(1)+f(2)＝2，f(4)＝f(2)+f(3)＝3，f(5)＝f(3)+f(4)＝5，…以此类推，可以得到 f(10)得值。

算法 3-6 求斐波那契数列的顺推算法。

```
// 求斐波那契数列第 10 项的值并输出
f[1]=1
f[2]=1
n=3
while（n<=10）
｛
    f[n]=f[n-1]+f[n-2]
    n=n+1
｝
write(f[10])
```

———————————

① 列奥纳多·斐波那契（Leonardo Pisano，Fibonacci，1175—1240 年），中世纪意大利数学家，早年随父在北非跟阿拉伯人学习数学，后又游历地中海沿岸诸国，1202 年回意大利后将其所学写成《计算之书》（*Liber Abaci*，也译作《算盘全书》《算经》）。《计算之书》最大的功绩是系统介绍印度记数法，影响并改变了欧洲数学的面貌，使得在希腊文明衰落之后长期处于停滞状态的欧洲数学开始复苏。斐波那契其他数学著作还有《几何实践》（*Practica Geometriae*，1220）、《平方数书》（*Liber Quadratorum*，1225）、《花朵》（*Flos*，1225）等。

上述算法从第三项开始，依次计算前两项的和来得到斐波那契数列第三项、第四项…，直到第 10 项的值，并输出，算法结束。

斐波那契数列是意大利数学家列奥纳多·斐波那契首先研究的，斐波那契数列是一个奇妙的数列，其中的斐波那契数会经常出现在我们的眼前，比如松果、凤梨、树叶的排列、某些花朵的花瓣数（典型的有向日葵花瓣）、蜂巢、蜻蜓翅膀、超越数 e、黄金矩形、黄金分割、等角螺线、十二平均律等。随着数列项数的增加，前一项与后一项之比越来越逼近黄金分割的数值 0.6180339887…此外，在现代物理、准晶体结构、化学等领域，斐波纳契数列都有直接的应用。

【例 3-7】 一辆重型卡车要穿过 800 km 的沙漠，已知卡车每 km 耗油 1 L，卡车总载油能力为 400 L，显然卡车装满一次油是无法穿越沙漠的，因此卡车司机需要在沿途建立几个储油点，使卡车能够顺利穿越沙漠。要让卡车以消耗最少的油料穿越沙漠，试问司机沿途最少需要建立几个储油点？每个储油点需要存储多少油料？

分析： 设沿途设置 n 个储油点，用倒推法来解决这个问题，从终点向起点倒推，可以逐一求出每个储油点的位置及储存量，如图 3-11 所示。

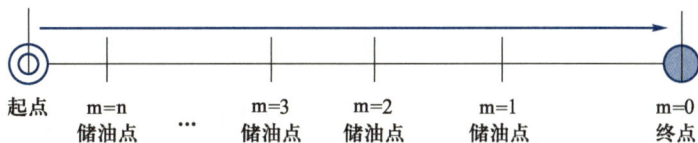

图 3-11　储油点建设示意图

（1）为了消耗最少的油料，最后一个储油点应该离终点 400 km，且此处储油 400 L，即储油点 m=1 处离终点 dist[1]=400 km，储油量 oil[1]=400 L。

（2）为了在 m=1 处储存 400 L 油，卡车最少从储油点 m=2 处开两趟载满油的车到储油点 m=1 处，则储油点 m=2 处储油量 oil[2]=400*2=800 L，其中，400 L 用于储存在 m=1 处，400 L 用于从 m=2 到 m=1 处的油料运输。要将 400 生油从储油点 m=2 处运送到储油点 m=1 处，则从 m=2 到 m=1 处至少需开两趟，需要开三次路程，最后一趟无须返回，因此有 dist[2]=dist[1]+400/3 km。

（3）为了在储油点 m=2 处储存 800 L 油料，卡车最少从储油点 m=3 处开三趟载满油的车到储油点 m=2 处，则储油点 m=3 处储油 oil[3]=400*3=1200 L，其中，800 L 用于储存在 m=2 处，400 L 用于从 m=3 到 m=2 处的油料运输。储油点 m=3 处到储油点 m=2 处至少开三趟需要开五次路程，最后一趟无须返回，因此，dist[3]=dist[2]+400/5 km。

（4）以此类推，为了在 m=k 处储存 oil[k]=k*400 L 油料，则储油点 m=k+1 处储油 oil[k+1]=(k+1)*400，其中 400 升用于往返运送的消耗。要在 m=k 处储存 k*400 L 油，从 m=k+1 处至 m=k 处至少需要 k+1 趟，最后一次无须返回 m=k+1 处，因此两地往返最小需 2(k+1)-1=2k+1 次路程，则储油点离终点 dist[k+1]=dist[k]+400/(2*k+1) km。

（5）最后一个储油点为 m=n，储油为 oil[n]=n*400 L，为了在 m=n 处储 n*400 L 油料，卡车最少从起点开 n+1 趟满载车至 m=n 处，需要开 2(n+1)-1=2n+1 次路程，总耗油量为$(800-\text{dist}[n])*(2n+1)$，即起点储油量为$\text{oil}[n]+(800-\text{dist}[n])*(2n+1)=n*400+(800-\text{dist}[n])*(2n+1)$。

算法3-7 储油点部署问题逆推算法。

```
// 问题求解逆推算法
k=1;
dist[1]=400;     // 从 m=1 处开始倒推
oil[1]=400;
do {
    k=k+1;
    oil[k]=k*400;
    dist[k]=dist[k-1]+400/(2*k-1);
} while (dist[k]<800)
// 从起始点开始，依次输出 k 个储油点的序号，距离起始点的距离，及储油数量
for i=1 to k
{
    writeln(i,800-dist[k-i+1],oil[k-i+1])
}
```

对于上述算法，计算过程采用了从终点到起点的逆推过程，输出则采用了从起点到终点的正向输出，这样更符合人们的思维习惯。

▶ 3.3.4 递归法

在计算机编程中，一个函数在定义或说明中直接或间接调用自身的编程方法称为递归（recursion）。通常把一个大型复杂的问题层层转化为一个与原问题相似但规模较小的问题来求解，递归策略只需少量的程序就可描述出解题过程所需的多次重复计算，大大地减少了程序的代码量。因此，递归作为一种算法在程序设计语言中广泛应用。

在问题求解思想上，递推是从已知条件出发，一步步地递推出未知项，直到得到问题的解。从思想上讲，递归也是递推的一种，只不过它是对待解问题的递推，直到把一个复杂的问题递推为简单的易解问题。然后再一步步地返回去，从而得到原问题的解。

例如，在数学中，可以将一个自然数 n 的阶乘定义为：

$$n!=\begin{cases}1, & \text{当}n=0\text{时}\\n(n-1)!, & \text{当}n>0\text{时}\end{cases}$$

例如，求 5 的阶乘 5!，求解过程描述如图 3-12 所示。

严格地讲，递归不仅仅是一种问题求解方法，更是一种编程技术，许多算法可以通过递归技术来编程实现。在计算机科学中，我们把程序直接或间接调用自身的过程称为递归。过程或函数直接调用自身的递归称为直接递归，间接调用自身的递归称为间接递归。在问题求解中，采用递归算法有两个重要的好处，一是容易证明算法的正确性，其次是代码实现简洁，代码编程量少。不足是程序运行效率较低。

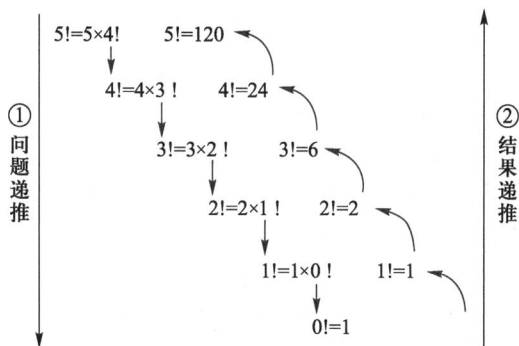

图 3-12　递归问题的求解过程

【例 3-8】　利用递归思想，写出求斐波那契数列值的递归算法。

分析：在问题求解中，求解同一个问题的方法通常不止一个，在例 3-6 中，我们给出了斐波那契数列的递推算法，根据递归法的思想，由斐波那契数列递推公式，可以很容易地写出求斐波那契数列的递推算法，伪代码描述如下。

算法 3-8　求斐波那契数列递归算法。

```
// 函数 fib( )返回第 n(n≥1)个斐波那契数列的值
int fib(int n)
{
    if (n == 1)
        return(1)
    else
        if(n == 2)
            return(1)
        else return (fib(n-1)+fib(n-2))
}
```

如果要求第 5 个斐波那契数列的值，则只要调用 fib(5) 即可，计算过程如图 3-13 所示。

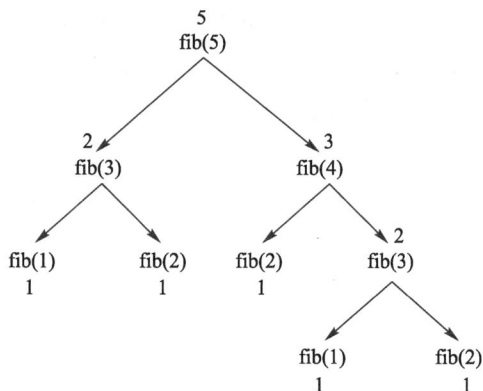

图 3-13　fib(5)的计算过程

递归算法在程序实现时需要使用堆栈来存储中间结果、临时变量和返回地址，需要不断地进行入栈和出栈操作，需要许多额外的计算资源消耗，因此递归程序的执行效率相对较低。此外，从图中也可以看出，很多计算是重复的，比如 fib(3)，这样造成了巨大的时间消耗。相对于递归算法，递推算法免除了数据进出栈的过程，因此运行效率更高。

【例 3-9】 汉诺塔问题（tower of hanoi problem）求解递归算法。

在印度，有一个古老传说，在世界中心贝拿勒斯的圣庙里，安放着一块黄铜板，板上插着三根宝石针。梵天（印度教的主神勃拉玛）在创造世界的时候，在其中一根针上从下往上放下了由大到小的 64 个金片。这就是所谓梵塔，又称汉诺塔。不论白天黑夜，都有一个值班的僧侣把这些金片在三根针上移来移去：一次只能移一片，并且要求不管在哪根针上，小片永远在大片的上面。当所有的 64 片都从梵天创造世界时所放的那根针上移到另外一根针上时，世界就将在一声霹雳中消灭，梵塔、庙宇和众生都将同归于尽。

分析：这是一个典型的问题，我们可以把问题用初始状态和目标状态来表达，问题求解就是要找出搬移的次序和所有的中间状态。我们以 3 个盘子为例，问题描述如图 3-14 所示。

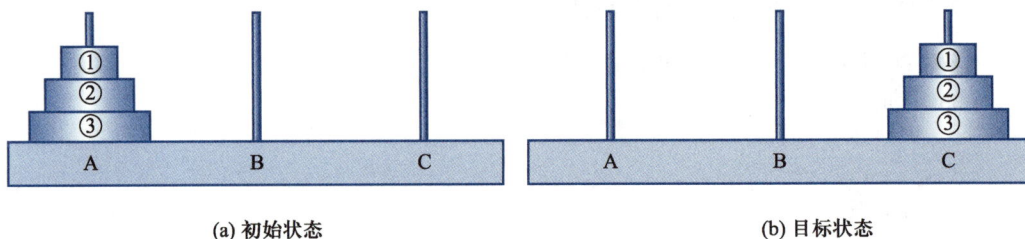

(a) 初始状态　　　　　　　　　　　　　　　(b) 目标状态

图 3-14　汉诺塔问题

那么如何来规划搬移顺序呢？用递归的思想可以这样来处理：要将 N 个盘子从 A 柱子上搬移到 C 柱子上，我们可以先把上面的 N-1 个盘子从 A 柱子上搬移到 B 柱子上，这样 A 柱子上就剩底下的一个盘子，然后就可以把 A 柱子上最下面的盘子搬移到 C 柱子上，至于 A 柱子上的 N-1 个盘子如何从 A 柱子上搬移到 B 柱子上，可以先不考虑。这样，A 柱子就空了，B 柱子上有 N-1 个盘子，只要再把 B 柱子上的 N-1 个盘子搬移到 C 柱子上即可，此时用 A 柱子做过渡，问题就变成了 N-1 个盘子的搬移问题。

算法 3-9　求解汉诺塔问题递归算法。

```
// N 为盘子数目
// 三根柱子分别为 from, to 和 temp，分别表示起始柱子，目标柱子和临时柱子
void hanoitower(n,from,to,temp)
{
    if (n>0)
    {
        // 把 from 柱子上的 n-1 格盘子搬移到 temp 柱子上，用 to 柱做临时柱子
        hanoitower(n-1,from,temp,to);
```

```
        movedisk(from,to);
        // 把 temp 柱子上的 n-1 格盘子搬移到 to 柱子上,用 from 柱做临时柱子
        hanoitower(n-1,temp,to,from);
    }
}
```

在上述算法中,n>0 为递归终止条件,moveisk 表示从 from 到 to 柱子的一次搬移,它可以是一个输出语句,这样可以打印出整个搬移次序。但需要注意的是对于 n 个盘子,其搬移的次数是 2^n-1,可以分别用 n=3,4,5 等来测试搬移顺序,切忌不要用 n=64 来测试!

例如,对于三个盘子的汉诺塔,其搬移过程见表 3-4。

表 3-4　Hanoi 塔的搬移过程

序号	搬移	状态	序号	搬移	状态
0			4	A→C	
1	A→C		5	B→A	
2	A→B		6	B→C	
3	C→B		7	A→C	

对于上述搬移过程,当 n 逐渐增大时,搬移的次数会出现爆炸式增长。当 n=64 时,需要搬移的次数是 2^{64},有:$2^{64}=(2^{10})^{6.4}>(10^3)^{6.4}=10^{19.2}$,即使是使用快速计算机来计算搬移顺序,设每秒计算搬移 1 亿次,有:1 年 =365×24×3 600 s=31 536 000 s≈$3.15×10^7$ s,要计算出 64 个盘子的搬移顺序,仍需要约 10^4 年!

递归作为一种算法实现方法,在许多情况下容易理解算法的正确性,但是,当在循环中进行递归调用时,对算法执行过程的理解是相对困难的,这需要对计算机中递归机制的实现有一个比较清晰的理解。

▶ 3.3.5　回溯法

我们大都在游乐园中玩过走"迷宫"的游戏,进入迂回曲折的迷宫中,当遇到岔路时,选择不同的道路都可能是一种完全不同的路线,此时只能采用试探的方法,从中选择

一条走走看。如果此路不通，则退回到岔路位置，再尝试另一条路。如此重复，直到走出迷宫或证明无路可走。这种"试探-失败返回-再试探"的问题求解方法称为回溯法。

在现实世界中，许多问题不是通过确定的计算公式得到的，只能通过试探、回溯的方法来求解。回溯法试图在问题的所有解空间中，从起始节点开始，按照深度优先的方法对图进行搜索。当搜索到某一个节点时，判断该节点是否包含在问题的解集中，如果在，继续深度搜索。如果不在，则回溯到该节点的父节点开始下一个试探。如果确定了某个节点不在解集中，逐层向父节点回溯。回溯法结合递归编程可以求解问题的所有解。

"八皇后问题"是一个经典的使用回溯法进行问题求解的例子，下面以"八皇后问题"为例，介绍怎样利用回溯法进行问题求解。

【例 3-10】 八皇后问题。1850 年，数学家高斯（Gauss）[①]提出了这一问题，即：在 8×8 格的国际象棋上摆放八个皇后，使其不能互相攻击，即任意两个皇后都不能处于同一行、同一列或同一斜线上，问有多少种摆法。高斯提出了该问题，却没有很好地解决这个问题，他认为有 76 种方案，1854 年在柏林的象棋杂志上不同的作者发表了 40 种不同的解，后来有人用图论的方法解出 92 种结果。求解八皇后问题需要有足够的耐心、准确和大量的单调劳动，这是人工求解遇到的最大困难，而计算机是能够胜任该工作最好的工具。

分析：在国际象棋中，皇后是最有权利的一个棋子，按照规则，皇后可以在横、竖、对角线方向上行走或吃子。若在同一行、同一列或同一对角线上放置两个皇后，两者即可互相攻击。一个棋子同时会位于两条对角线上，从左上方、右下方伸展得到的对角线称为主对角线，从左下方、右上方伸展得到对角线称为从对角线，如图 3-15（a）所示。

求解八皇后问题就是要寻找所有可能的摆放方法使得任意两个皇后都不能处于同一行、同一列或同一条对角线上。解示例如图 3-15（b）所示。

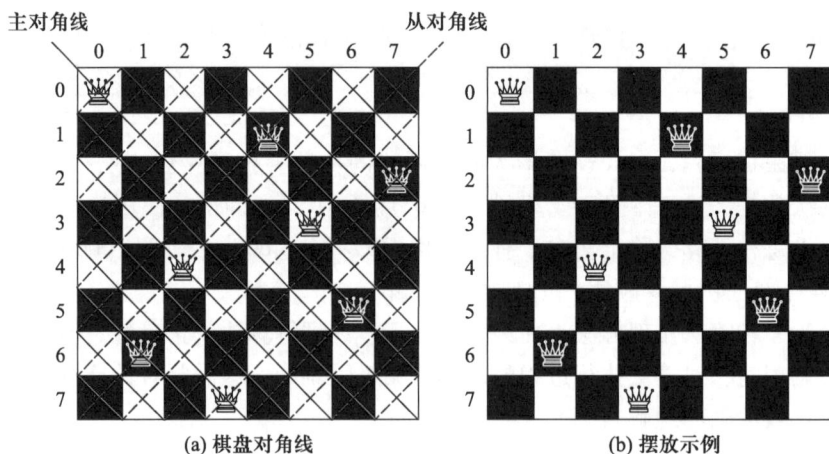

(a) 棋盘对角线　　　　　　　　(b) 摆放示例

图 3-15　八皇后问题图示

---

① 卡尔·弗里德里希·高斯（Johann Carl Friedrich Gauss，1777—1855 年），德国著名数学家、物理学家和天文学家。高斯是近代数学奠基者之一，在历史上影响之大，可以和阿基米德、牛顿、欧拉并列，有"数学王子"之称。

国际象棋棋盘上的方格子涂上黑白两种颜色，可以很容易识别对角线，可以发现在同一条对角线上所有格子都是同一颜色的，这便于检查一条对角线上是否存在两个皇后。求解八皇后问题的方法很多，典型的八皇后问题求解方法为回溯法。思路如下。

设棋盘横坐标为 i（0≤i≤7），纵坐标为 j（0≤j≤7）。当某个皇后占了位置(i,j)时，在这个位置的垂直方向、水平方向和对角线方向都不能再放其他皇后。定义三个整型数组：column[8]，a[15]，b[15]。其中：数组 column[8]标识各列是否放置了皇后，如果 column[j]=0，表示第 j 列没有皇后，column[j]=1 表示第 j 列已经放置了皇后；数组 a[15]标识主对角线（左上至右下）是否放置了皇后，共 15 条主对角线，主对角线上格子的坐标满足 i-j+7 依次是 0~14，正好对应 a[15]数组的 15 个元素下标，若(i,j)位置的主对角线无皇后，则 a[i-j+7]=0，有皇后则 a[i-j+7]=1；数组 b[15]标识从对角线是否放置了皇后，共有 15 条从对角线，每条从对角线上格子的坐标满足 i+j 依次为 0~14，对应 b[15]数组的 15 个元素下标，如果某条从对角线上已经有皇后，则为 b[i+j]=1，否则为 0。

八皇后问题在每一行上都有 8 个可选的位置，在位置的试探过程中，每行的原则是一样的，因此可以用递归的方法实现，递归是实现回溯算法的主要手段。

算法 3-10　八皇后问题求解的回溯算法。

```
// 试探在第 i（0≤i≤7）行放置皇后，即放置第 i 个皇后的位置(i,j)
int nums=0;
bool column[8],a[15],b[15];
void queen(int i)
{
  // 若已经摆放了 8 个皇后，摆放方案个数加 1，返回
  if(i>7){
    nums=nums+1;
    return;
  }
  for(j=0;j<=7;j++){        // 从第 0 列开始从左到右依次试探第 i 个皇后可能的位置
    if ( column [j]==0&&a[i-j+7]==0&&b[i+j]==0)        // 如果无冲突
    {
      q[i,j]='Q';           // (i,j)放皇后，即第 i 行的皇后放在第 j 列
      column [j]=1;         // 在 j 列作标记
      a[i-j+7]=1;           // (i,j)所在的主对角线作标记
      b[i+j]=1;            // (i,j)所在的从对角线作标记
      queen(i+1);
      // 当前列摆放了皇后，要继续试探当前行下一个可能的位置，此时需要
      // 将当前列恢复为没有摆皇后的状态，尝试下一个可能的摆放方案
      q[i,j]=' * ';
      column [j]=0;
```

```
            a[i-j+7] = 0;
            b[i+j] = 0;
        } // end if
    } // end for
}
main()
{
    queen(0);
    printf("总的棋局摆放个数为: %d 种\n", nums);
}
```

对于上述算法，要求所有可能的摆放方案，需要首先为 column,a,b 数组赋初值 0，然后调用 queen(0)，即可列举出所有可能的放置方案。上述递归调用的过程是相当复杂的，从第 0 行开始，在每一行中，从左向右尝试每一列，对于每一列后面的行都要进行递归调用，来试探所有的解空间。根据算法，可以看出，八皇后的解空间是一棵高度为八的八叉树。

从本质上讲，回溯法也是一种穷举法，也是通过"枚举—判断"来寻找问题的解，不同的是，穷举法每次枚举的都是问题的一个完整解，而回溯法每次测试的是解的一部分。例如，在走迷宫问题中，当遇到岔路时，枚举其中的一条路，来验证是否满足约束条件（即查看该路是否可以通行），如果满足，该路就加入到已有的部分解集中，从而得到更大的部分解集。如果一条路不能满足约束条件，则选择下一条路，如果没有可选的路，则回溯到该岔路的上一个路口。持续该过程，直到部分解集扩展为原问题的一个解，即找到一条到出口的通路。利用递归编程，可以找出所有的问题解。

▶ 3.3.6 迭代法

迭代法又称辗转法，是一种不断用变量的旧值递推新值的过程，跟迭代法相对应的是直接法（或者称为一次解法），即一次性解决问题。迭代算法是用计算机解决问题的一种基本方法，严格地讲，和递归法一样，迭代法是一种编程技术。从思维上讲，它运用了递推的思想，利用计算机运算速度快、适合做重复性操作的特点，让计算机对一组指令进行重复执行，不断从变量的一个值推出它的下一个值。

【例 3-11】 使用辗转相除法求两个正整数的最大公约数。

分析：在数学中，辗转相除法，又称欧几里得[①]算法，是求最大公约数的算法。辗转相除法首次出现于欧几里得的《几何原本》中，而在中国则可以追溯至东汉出现的《九

---

① 欧几里得（约公元前 330 年—公元前 275 年），古希腊数学家，出生于雅典，被称为"几何之父"，他最著名的著作是《几何原本》。《几何原本》是一部集前人思想和欧几里得个人创造性于一体的不朽之作，这部书基本囊括了几何学从公元前 7 世纪到古希腊，一直到公元前 4 世纪，前后总共 400 多年的数学发展历史。

章算术》①。辗转相除法是著名的算法之一，这个算法原先只用来处理自然数，但在 19 世纪，辗转相除法被推广至其他类型的数，如高斯整数和一元多项式。后来，辗转相除法又扩展至其他数学领域，如纽结理论和多元多项式。辗转相除法有很多应用，是现代数论中的基本工具。

两个整数的最大公约数（也称公因子）是能够同时整除它们的最大正整数。辗转相除法基于如下原理：两个整数的最大公约数等于其中较小的数和两数的差的最大公约数。重复进行同样的计算可以不断减小这两个数，直至其中一个数变成零。这时，剩下的还没有变成零的数就是两数的最大公约数。

算法 3-11（a） 求两数的最大公约数的辗转相除法减法实现。

```
// 辗转相除法求两数 a 和 b 的最大公约数 g
int gcd(a,b)
{
    while(a≠b)
    {
        if   (a>b)
            a=a-b              /*迭代*/
        else
            b=b-a;             /*迭代*/
    }
    return a
}
```

辗转相除法在算法设计上有多个版本，上面给出的是减法版本。在数学上，如果 a>b，则可以写作 a=kb+c，其中 k>0。当 k>1 时，使用减法则需要做 k 次的 a-b 运算。因此，在计算机中可以使用模除（mod）运算，只需要一次模除运算即可，从而减少重复次数。

算法 3-11（b） 求两数的最大公约数的辗转相除法模除实现。

```
// 辗转相除法求两数 a 和 b 的最大公约数 g
int gcd(a,b)
{
    t = a % b;
    while(t!=0)
    {
```

---

① 《九章算术》是《算经十书》中最重要的一部，成书于公元 1 世纪左右。其作者已不可考，一般认为它是经历代各家的增补修订，而逐渐发展完备成为现今定本的，西汉的张苍、耿寿昌曾经做过增补和整理，其时大体已成定本。最后成书最迟在东汉前期，现今流传的大多是在三国时期魏元帝景元四年（公元 263 年），刘徽为《九章算术》所做的注本。《九章算术》内容十分丰富，全书总结了战国、秦、汉时期的数学成就，它的出现标志中国古代数学形成了完整的体系。

```
        a=b;          /*迭代*/
        b=t;          /*迭代*/
        t=a%b;
    }
    return b
}
```

算法 3-11（a）和算法 3-11（b）都采用迭代法实现了求两数的最大公约数的辗转相除法，算法 3-11（b）比算法 3-11（a）的迭代次数更少，可以更快地求得最大公约数，可以通过实例来测试它们的不同。除此之外，也可以递归实现求两数的最大公约数的辗转相除法算法，但递归程序的运行效率较低。

辗转相除法处理大数时非常高效，如果用除法而不是减法实现，它需要的步骤不会超过较小数的十进制位数的五倍。加百利·拉梅（Gabriel Lamé）于 1844 年证明了这点，开创了计算复杂性理论。

【例 3-12】 求一元非线性方程 $f(x)=0$ 的解。

分析：方程 $f(x)=0$ 在几何意义上，可以看作函数 $y=f(x)$ 的直线或曲线在直角坐标系下和 x 轴的交点。如果有多个交点，表示有多个解，没有交点则表示方程 $f(x)=0$ 无解。求方程解最简单的方法是二分法，又称二分区间法。其基本思想是：设 $f(x)$ 在区间 $[a,b]$ 上为连续函数，如果 $f(a) \cdot f(b)<0$，则 $f(x)$ 在区间 $[a,b]$ 上至少有一个根。如果 $f(x)$ 在 $[a,b]$ 是单调递增或单调递减的，则 $f(x)$ 在区间 $[a,b]$ 上只存在一个实根，如图 3-16 所示。

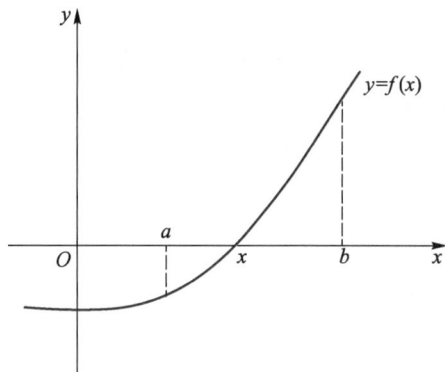

图 3-16　方程 $f(x)=0$ 解的几何学意义

根据上述分析，假设方程 $f(x)=0$ 在区间 $[a,b]$ 上有一个根，且 $f(a) \cdot f(b)<0$，可以使用迭代法求解，具体算法如下。

算法 3-12　求方程 $f(x)=0$ 在区间 $[a,b]$ 内的根的迭代算法。

Step1：求 a，b 的中点坐标 $x=(a+b)/2$。

Step2：计算 $f(x)$。

Step3：若 $|f(x)|<\varepsilon$（ε 为一个指定的极小值，控制求解精度，例如 10^{-4}），则转 Step6，否则继续下面

的迭代计算。

Step4：修改有根区间

4.1 若$f(x)$与$f(a)$同号，说明x更接近方程的根，此时$a \leftarrow x$，b不变；

4.2 若$f(x)$与$f(b)$异号，此时a不变，$b \leftarrow x$；

Step5：转 Step1

Step6：输出x，即方程的近似解。

Step7：结束。

算法 3-12 的前提条件是曲线$y=f(x)$在区间$[a,b]$是单调函数，且$f(a) \cdot f(b)<0$，判断函数在某个区间上的单调性可以使用数学求导的方法。如果函数在区间上不满足单调性，也不满足$f(a) \cdot f(b)<0$，则上述的二分迭代算法是没有意义的。用二分法求方程根的特点是简单，缺点是不能求重根，且每一次迭代得到x随着与最终解的靠近其收敛速度会越来越慢。

▶ 3.3.7 分治法

任何一个可以用计算机求解的问题所需的计算时间都与其规模有关。问题的规模越小，越容易直接求解，解题所需的计算时间也越少。对于一个规模为n的问题，若该问题可以容易地解决（如规模n较小）则直接解决，否则将其分解为k个规模较小的子问题，这些子问题互相独立且与原问题形式相同，用递归方法求解这些子问题，然后将各子问题的解合并得到原问题的解，这种算法设计策略称为分治法，即：各个击破，分而治之（divide and conquer）。许多问题可以通过分治法求解，典型的有折半查找、快速排序、归并排序、汉诺塔等。

分治法所能解决的问题一般具有以下特征：① 问题可以分解为若干个规模较小的相同问题，即该问题具有最优子结构性质；② 问题分解出的各个子问题是相互独立的，即子问题之间不包含公共子问题；③ 问题规模缩小到一定程度时可以容易地解决；④ 问题分解出的子问题的解可以合并为该问题的解。第 1 个特征是应用分治法的前提，它是大多数问题可以满足的，此特征反映了递归思想的应用。第 2 个特征涉及分治法的效率，如果各子问题包含相同的部分，则分治要重复地解公共子问题，降低了效率，此时可用动态规划法。第 3 个特征是绝大多数问题都可以满足的，因为问题的计算复杂性一般是随着问题规模的增加而增加。第 4 个特征是关键，它决定了问题能否利用分治法求解。

【例 3-13】 给定一个长度为n的整数数组，编写一个对数组中的数进行排序的分治算法。

分析：在处理数组排序时，如果数组中只有 1 个元素，那么该数组本身就可看作是排好序的数组。我们把一个长度为n的数组分成n个长度为 1 的数组，这n个数组都是有序的。然后再依次两两合并，最后合并成一个长度为n的数组，这个数组即为有序的。可见，归并排序的分治算法包括拆分和合并两个过程。

拆分数组有多种方法，通常采用二等分法，设数组头元素的下标为 start，数组尾元素的下标为 end，则中间元素下标为 mid＝(start+end)/2，每次平均拆分，将数组分为 start 到

mid，和 mid+1 到 end 两个子数组，再对这两个子数组执行同样的拆分，一直到不能拆分为止，即数组中只有一个元素，也即 start 等于 end，这一过程非常适合使用递归实现。

算法 3-13 归并排序分治算法。

```
// (1) 将被排序的数组拆分，直到长度为 1 的数组；然后合并
void divide(int * arr, int start, int end) {
  if (start >= end)
    return;
  int mid = start + (end- start) / 2;
  divide(arr, start, mid);
  divide(arr, mid + 1, end);
  merge(arr, start, mid, end);
}
// (2) 将相邻的两个数组合并
void merge(int * arr, int start, int mid, int end) {
  int ln = mid - start + 1;
  int rn = end - mid;
  int left[ln], right[rn];
  for (int i = 0; i < ln; i++) {
    left[i] = arr[start + i];
  }
  for (int j = 0; j < rn; j++) {
    right[j] = arr[mid + 1 + j];
  }
  // 合并
  int i = 0, j = 0, k = start;
  while (i < ln && j < rn) {
    if (left[i] < right[j]) {
      arr[k++] = left[i++];
    } else {
      arr[k++] = right[j++];
    }
  }
  // 把左侧或右侧数组中剩余的数复制到合并后的数组中
  while (i < ln) {
    arr[k++] = left[i++];
  }
  while (j < rn) {
    arr[k++] = right[j++];
  }
}
```

```
// (3) 算法测试
void printArray(int A[], int size) {
  for (int i = 0; i < size; i++)
    printf("%d ", A[i]);
  printf("\n");
}
int main() {
  int arr[] = {12, -11, 13, 5, 6, 7};
  int arr_size = sizeof(arr) / sizeof(arr[0]);
  printf("original array\n");
  printArray(arr, arr_size);
  divide(arr, 0, arr_size - 1);
  printf("sorted array\n");
  printArray(arr, arr_size);
  getchar();
  return 0;
}
```

本算法通过递归调用采用分治法首先将一个数组分成两个，然后依次对每个数组继续拆分，直到拆分成长度为 1 的数组，即有序数组。然后，递归调用不断返回，进行两两合并。算法中还考虑到了程序实现中的一些技术技巧，例如：计算 mid 使用 int mid = start + (end−start)/2 进行初始化，可以解决使用(start+end)/2 计算 mid 在 star 和 end 较大时，相加后可能会产生 int32 向上溢出的问题。可以对上述算法编写 C 代码进行测试，此时需要增加包含头文件，即：#include <cstdio>（C++编译器）或#include <stdio.h>（C 编译器）。

▶ 3.3.8 贪心法

贪心算法是一种对某些求最优解问题的更简单、更迅速的求解方法。贪心法的基本思想是：从当前情况出发根据某个优化目标做最优选择，而不考虑各种可能的整体情况，从而避免了为找最优解要穷尽所有可能的问题求解方法。贪心算法每次只考虑一步，每一步数据的选取都必须满足局部最优条件，即贪心选择，每做一次贪心选择就将所求问题简化为一个规模更小的子问题；然后再枚举剩下的数据与当前已经选取的数据组合获得的解中，提取其中能获得最优解的唯一的一个数据，加入结果集中，直到剩下的数据不能再加入为止。

在贪心算法中，选取一个量度标准做贪心处理得到该量度意义下的最优解，并不一定是问题的最优解，可能是次优解。因此，选择能产生问题最优解的最优量度标准是使用贪心算法的核心。一般情况下，要选出最优量度标准并不是一件容易的事，但一旦能选择出最优量度标准，用贪心算法进行问题求解则特别有效。最优解可以通过一系列局部最优的选择即贪心选择来达到，根据当前状态做出在当前看来是最好的选择，即局部最优解选择，然后再去求解做出这个选择后产生的相应的子问题。每做一次贪心选择就将所求问题简化为一个规模更小的子问题,最终可得到问题的一个整体最优解。

【例 3-14】 用贪心法求解 0-1 背包问题。

分析: 求解 0-1 背包问题,采用穷举法可以找到最优解,但时间复杂度为 $O(2^n)$,是一个 NP 难解问题。求解 0-1 背包问题,可以使用贪心算法。基本思路是:为了使包内物品的总价值最大,先计算出所有物品的单位价值,然后从单位价值由高到低的顺序依次选择物品放入背包,在不超过背包限重的情况下尽可能放更多的物品。

例如:设背包最大限重为 100,总共有 7 件物品,各物品质量、价值见表 3-5。

表 3-5　物品价值质量列表

物品	价值	重量	单位价值
1	10	35	0.29
2	40	30	1.33
3	30	60	0.5
4	50	50	1
5	35	40	0.88
6	40	10	4
7	30	25	1.2

按局部贪心的方法,各物品单位价值从高到低分别 6、2、7、4、5、3、1,选取物品 6、物品 2、物品 7、物品 1,总质量恰好 100,总价值为 120。而事实上这并不是最优解,最优解是物品 6、物品 2、物品 4,总重量虽然为 90,但总价值是 130。因此使用局部贪心的方法难以达到全局最优解。要求得最优解,可以使用动态规划算法。

算法 3-14 求解 0-1 背包问题的贪心算法。

输入相关数据,包括物品数量 n,物品价值及质量,保存到数组 v[0..n-1] 和 w[0..n-1] 中。按 v[i]/w[i] 对数组 v[] 和 w[] 由大到小排序。

```
find(n, maxweight,v[ ],w[ ],x[ ])
{
    for (i = 0; i < n; i++)
        x[i] =0;
    i = 0;
    totalweight=0;        /* 装入背包物品的总质量 */
    totalvalue=0;         /* 装入背包物品的总价值 */
    while (i < n && totalweight + w[i] < maxweight)
    {
        x[i] = i;         /* 将物品 i 放入背包 */
        totalweight = totalweight + w[i];
        totalvalue = totalvalue + v[i];
```

```
        i++;
    }
    return(x[]);          /* 返回装入背包的物品列表 */
}
```

贪心算法总是做出在当前看来最好的选择，贪心算法并不从整体最优考虑，它所做出的选择只是在某种意义上的局部最优选择。虽然贪心算法不能对所有问题都得到整体最优解，但对许多问题它能产生整体最优解。如单源最短路经问题，最小生成树问题等。判断一个解是否为最优解，可以通过数学归纳法等加以证明。因此，在许多情况下，贪心算法可以为问题求解提供一个简单、漂亮的求解方法，并且得到最优解或一个很好的近似结果。

【例 3-15】 用贪心法求背包问题。

分析：背包问题与 0-1 背包问题类似，所不同的是在选择物品 i 装入背包时，可以选择物品 i 的一部分，而不一定要全部装入背包，$1 \leq i \leq n$。背包问题与 0-1 背包问题都具有最优子结构性质，极为相似，但背包问题可以用贪心算法求得最优解，而 0-1 背包问题用贪心算法求得的解则不一定是最优解。

用贪心法求背包问题的基本思想是：首先计算每种物品单位重量的价值 V_i/W_i，然后，依据贪心选择策略，将尽可能多的单位重量价值最高的物品装入背包。若将这种物品全部装入背包后，背包内的物品总重量未超过 Wmax，则选择单位重量价值次高的物品并尽可能多地装入背包。依此策略一直地进行下去，直到背包装满为止。

算法 3-15 求解背包问题的贪心算法。

```
Knapsack (n, maxweight,v[],w[],x[])
{
    Sort(n,v,w);             // 对物品按照 Vi/Wi 由大到小排序
    for (i=0;i<n;i++)
        x[i]=0;
    c= maxweight;
    for (i=0;i<n;i++)
    {
        if (w[i]>c) break;   // 物品 i 不能完全放入背包，则退出
        x[i]=1;              // 将物品 i 放入背包
        c-= w[i];
    }
    if (i<=n-1) x[i]=c/w[i]; // 将物品 i 部分（按比例）放入背包，正好填满背包
}
```

对于一个具体的问题，如何确定是否可用贪心法求解，以及能否得到问题的最优解呢？这个问题很难给出肯定的回答。但是，从许多可以用贪心算法求解的问题中看到这类问题一般具有两个重要的性质，即贪心选择性质和最优子结构性质。

所谓贪心选择性质是指所求问题的整体最优解可以通过一系列局部最优的选择，即贪心选择来达到，即贪心以自底向上的方式解各子问题，这是贪心法可行的第一个基本要素。对于一个具体问题，要确定是否具有贪心选择性质，必须证明每一步所做的贪心选择最终导致问题的整体最优解。当一问题的最优解包含其子问题的最优解时，称此问题具有最优子结构性质。问题的最优子结构性质是该问题可用动态规划算法或贪心算法求解的关键特征。

▶ 3.3.9 其他算法

人类求解问题的方法总是在实践中不断发展和创新，除了经典的问题求解方法外，人类还往往从动物的行为中受到启发。或者，当问题的精确解难以达到时，可否有相对简单的近似解，且能够满足我们的要求。这样的问题不胜枚举，下面介绍几种典型的算法。

1. 蒙特卡洛方法

传统算法通常是确定性算法，可求得精确解。20 世纪 40 年代中期，由于科学技术的发展和电子计算机的发明，美国"曼哈顿计划"计划成员 S. M. 乌拉姆和冯·诺依曼提出了一种以概率统计理论为指导的一类非常重要的数值计算方法，并用驰名世界的赌城——摩纳哥的 Monte Carlo 命名这种方法，称蒙特卡洛方法（Monte Carlo method）。在这之前，蒙特卡洛方法的思想就已经存在，1777 年，法国博物学家布丰（Georges Louis Leclere de Buffon，1707—1788 年）提出用投针实验的方法求圆周率 π，这被认为是蒙特卡洛方法的起源。

蒙特卡洛方法的基本思想是：当所求解问题是某种随机事件出现的概率，或者是某个随机变量的期望值时，通过某种"实验"的方法，以这种事件出现的频率估计这一随机事件的概率，或者得到这个随机变量的某些数字特征，并将其作为问题的解。

下面通过一个例子来看蒙特卡洛方法的应用。在一张白纸上信手画一个封闭的图形，求这个图形的面积。在几何学中，求图形的面积方法很多，只要知道曲线的方程，可以通过多种方法求解，对于不规则图形曲线，可以求得近似解。蒙特卡洛方法则是另辟新径，我们可以这样做：将纸挂到墙上，然后往纸上投掷飞镖，飞镖有的会投中在封闭的图形内，有的会投掷在外面。这样，连续投掷，统计投掷在图形内部的投掷次数和总的投掷次数，计算投中的概率，然后再乘以总的纸张面积，可以作为不规则图形区域的面积的近似值。这就是蒙特卡洛方法的问题求解思想。

蒙特卡洛方法利用了概率统计的思想，使用随机数（或更常见的伪随机数）来解决很多计算问题，随着实验次数的增多，会出现概率收敛，计算值会更好地逼近精确解，这使得求得的解是可接受的。蒙特卡洛方法在金融工程学、宏观经济学、计算物理学（如粒子输运计算、量子热力学计算、空气动力学计算）等领域有着广泛的应用。

2. 蚁群算法

1992 年，Marco Dorigo 在他的博士论文中提出蚁群算法的思想，其灵感来源于蚂蚁在寻找食物过程中发现路径的行为。蚁群算法（ant colony optimization，ACO），又称蚂蚁算法，是一种用来在图中寻找优化路径的概率型算法。蚁群算法是一种模拟进化算法，初步研究表明该算法具有许多优良性质。

各个蚂蚁在没有事先告诉它们食物在什么地方的前提下开始寻找食物。当一只蚂蚁找到食物以后，它会向环境释放一种挥发性分泌物 pheromone（称为信息素，该物质随着时间的推移会逐渐挥发消失）来实现，吸引其他的蚂蚁过来，这样越来越多的蚂蚁会找到食物。有些蚂蚁并没有像其他蚂蚁一样总重复同样的路，它们会另辟蹊径，如果另开辟的道路比原来的其他道路更短，蚂蚁往返的次数就多，留下的信息素浓度就大。这样，渐渐地，更多的蚂蚁被吸引到这条较短的路上来。最后，经过一段时间运行，可能会出现一条最短的路径被大多数蚂蚁重复着。这就是蚁群算法的基本思想，通过信息素浓度的大小表征路径的远近，而不是从所有的路径空间中进行穷举最短路径。

研究表明，蚂蚁的智能行为应归功于它的简单行为规则，而这些规则综合起来具有下面两个方面的特点，即多样性和正反馈。多样性是一种创造性的表现，保证了蚂蚁在觅食时的不同路径，而不至走进死胡同而无限循环。正反馈机制则保证了相对优良的信息得到强化，从而被选中。正是这两点小心翼翼地巧妙结合才使得蚂蚁涌现出"智能"行为。

▶▶ 3.4 搜索问题与查找算法

在我们的工作和生活中，经常会遇到搜索问题，不管搜索的对象如何，其所使用的方法在思想上都是相似的。同时，搜索也是许多问题的子问题，许多复杂的问题中都包含着对象搜索，因此对搜索问题求解算法的研究具有基础性作用。

▶ 3.4.1 搜索问题

所谓搜索（search），就是指仔细查找、搜寻的意思。例如，我们找人，到商场买东西，到图书馆查找资料，到网上使用搜索引擎搜寻信息，等等，这都是搜索。搜索涉及两个要素，一个是要搜索的对象，二是搜索的范围。那么，我们在生活中是如何搜索的呢？我们在找人的时候，买东西的时候，搜索都是自然而然的，并没有事先想好怎么找，也就是说并没有显性地设计一个搜索算法。但这并不意味着搜索是不需要算法的，是毫无目的的，只不过这种搜索的思想已经内化存在于我们的思维中。

生活中的简单搜索可能不需要仔细的规划搜索算法，但网络搜索引擎要在海量的信息中快速找到我们所需要的信息，使得搜索结果有较好的查准率和查全率，没有高效的搜索算法是不可能的。可见，研究搜索问题的查找算法，研究不同算法的复杂性是非常重要的。研究一类问题最好的方法是对问题进行抽象和建模，在模型上研究问题的求解算法。在具体应用中，将模型中的对象用实际对象来替换，从而来解决实际问题。

对于搜索问题，撇开具体搜索对象，我们可以将搜索问题抽象成从一堆数中查找一个特定数的问题。为方便问题描述，我们先介绍其中用到的一些主要概念和术语。

文件（file）是外存储器中用于保存信息的数据结构，一个文件通常由若干条结构相同的记录构成。**记录**（record）是由若干相关字段取值构成的数据整体。**字段**（field）是最小的不可分割的数据单位，每个字段都有一个特定的数据类型。例如，一个工资文件，文件中的记录保存员工工资信息，每条记录对应一个员工工资信息，包括工号、姓名、性别、职称、基本工资、各种补贴、扣除、应发工资、实发工资等字段。

为了数据处理方便，在记录中往往还定义关键字。所谓**关键字**（keyword），就是记录中的一个字段，用它来标识和控制一条记录。如：员工工资文件中的"工号""姓名"等字段。能够唯一的标识与控制一个记录的关键字称为**主关键字**，其他的称为**辅关键字**（次关键字）。在一个文件中，没有主关键字相同的两条记录。如：员工工资文件中的"工号"字段，就可以作为主关键字。但是，一般不能用"姓名"字段作为主关键字，因为文件中可能有重名的员工记录。

下面我们给出搜索问题的一般描述。

搜索问题：给定一个文件（或表）$F = \{R_1, R_2, \cdots, R_n\}$，其中 R_i 是以 $K_i (i = 1, 2, \cdots, n)$ 为主关键字的记录。现给定一个主关键字 K，在文件 F 中确定具有主关键字 K 的记录 R 的地址或序号 i，使得 $K_i = K$。搜索问题通常又称为"查找""检索"。查找（或检索）的结果有两种可能：一种是找到了主关键字值为 K 的记录 R_i，称为查找成功；第二种情况是，没有找到主关键字值为 K 的记录，称为"查找失败"。

▶ 3.4.2　顺序查找

在搜索问题中，最简单和朴素的查找想法是顺序查找。所谓顺序查找（sequential serach）就是在要查找范围内，对一个个对象进行比较，看是否是需要查找的对象。顺序查找的基本步骤如下。

从最后一条记录（也可以从第一条记录）开始，按照记录的逻辑次序，将给定的关键字 K 和当前记录对应的关键字逐个比较，若某个记录的关键字和给定值相等，则查找成功，返回成功记录的序号；反之，直到比较完第一条记录，找不到与给定值相同的记录，则查找失败，返回查找失败标记。

顺序查找是一种最基本、最简单的检索方法，它对于文件（或表）的组织没有限制。为了描述方便和不失一般性，将查找问题简化为：从一个长度为 n 的由一系列整数构成的数据表中查找关键字 K，若查找成功，返回元素的序号；否则，返回 0。

算法 3-16　线性表顺序查找算法。

```
// 在线性表 st[] 中查找关键字 k, n 为元素个数
// 若查找成功, 返回其在表中的序号, 否则返回 0
int SearchSequential(st[],n,k)
{
    st[0] = k;      // 设置"哨兵"
    i=n;
    while (st[i] != k)
        i--;
    return i;
}
```

在上述算法中，在线性表的第 0 个位置引入了一个虚拟元素（"哨兵"），可以使得 while 循环中避免了对表结束的判断。否则 while 循环的终止条件应该为(i>=0&&st[i] != k)，这看起来是一个小的编程技巧，实际上，当数据元素非常多时，可以减少 50% 的比较时间。

下面我们来讨论查找算法的性能，对于所有的查找类算法，其主要的时间复杂性都花费在元素的"比较"操作上，因此通常用"平均查找长度"来衡量一个查找算法的好坏。所谓**平均查找长度**（average search length，ASL）是指为查找关键字，确定记录在查找表中的位置，关键字需和表中元素比较次数的期望值。

对于具有 n 条记录的表，查找成功时的平均检索长度为：

$$ASL = \sum_{i=1}^{n} p_i c_i$$

其中，P_i 为查找表中第 i 个元素的概率，一般情况下，查找每个元素的概率相等，有 $P_i = 1/n$。C_i 是找到表中关键字与给定值相等时比较的次数，C_i 取决于所查记录在表中的位置。对于顺序查找来说，查找表中的最后一个元素，需要比较 1 次，查找倒数第二个元素需要比较两次，查找第一个元素，需要比较 n 次。因此，有 $C_i = n-i+1$。

因此，对于长度为 n 的线性表，假设查找每个元素的概率相等，采用顺序查找，则查找成功的平均检索长度为

$$ASL_{ss} = \sum_{i=1}^{n} P_i C_i = \sum_{i=1}^{n} \frac{1}{n}(n-i+1) = \frac{1}{n}\sum_{i=1}^{n}(n-i+1) = \frac{n+1}{2}$$

上述计算是在假设每次查找都成功的情况下进行的，实际上每次查找都可能有"成功"和"不成功"两种结果。对于不成功的比较次数均为 $n+1$，假设查找成功和不成功的概率相等，应有 $P_i = 1/2n$。此时，顺序查找的平均检索长度为：

$$ASL_{ss} = \frac{1}{2n}\sum_{i=1}^{n}(n-i+1) + \frac{1}{2}(n+1) = \frac{3}{4}(n+1)$$

从上述计算结果看，当问题规模，即查找范围较小时，也就是 n 较小时，其效率是可以接受的，但随着 n 的增大，平均查找长度会变得很大。例如，网络搜索引擎，其保存的页面数量可能数以亿计，采用顺序查找几乎是不可能的，必须研究更高效的查找算法。

▶ 3.4.3 折半查找

如果文件（或表）中的记录按照关键字是有序的，查找问题可以用效率较高的折半查找（binary search）。假定关键字值满足 $K_1 \leqslant K_2 \leqslant \cdots \leqslant K_n$，要查找关键字值为 K 的记录，折半查找的基本思想如下。

首先选取表的中间元素，设序号为 $m = \lfloor (1+n)/2 \rfloor$[①]，元素 R_m 将数据表分成大致相等的两部分 $\{R_1, R_2, \cdots, R_{m-1}\}$ 和 $\{R_{m+1}, R_{m+2}, \cdots, R_n\}$。先对 K_m 和 K 作比较，比较结果有三种情况。

---

① 符号 $\lfloor x \rfloor$ 为向下取整，表示小于 x 的最大整数，即小于等于 x 的最大整数。对应的符号 $\lceil x \rceil$ 为向上取整，表示大于等于 x 的最小整数。

（1）$K=K_m$：查找成功，返回元素序号 m。

（2）$K<K_m$：折半查找子表$\{R_1,R_2,\cdots,R_{m-1}\}$。

（3）$K=K_m$：折半查找子表$\{R_{m+1},R_{m+2},\cdots,R_n\}$。

对子表的查找按照上述原则进行，直到查找成功或要查找的子表的长度为 0。

算法 3-17 线性表折半查找算法。

```
// 在线性表 st 中折半查找关键字 k，若成功返回其在表中的位置，否则返回 0
int SerachBinary(st[ ],n, k)
{
    left = 1;   right = n;
    while (left<=right)
    {
        m = (left + right)/2;
        if (k == st[m])
          return m;
        else
          if (k >st[m])
            left = m+1;
          else right = m-1;
    }
    return0;
}
```

对于折半查找，用来比较的元素总是表的中间元素，这种比较过程和比较顺序可以用一棵二叉判定树（或称二叉检索树）来描述。设数据表共有 $n=10$ 个元素，其关键值为$\{2,5,6,10,15,21,26,30,56,78\}$，要查找的关键字为 $K=6$，查找过程见表 3-6。

表 3-6　折半查找过程

比较第次	数据表										比较结果
	$K1$	$K2$	$K3$	$K4$	$K5$	$K6$	$K7$	$K8$	$K9$	$K10$	
1	$\{2,$ left	5,	6,	10,	⑮ m	21,	26,	30,	56,	78 $\}$ right	$K<K_m$
2	$\{2,$ left	⑤ m	6,	10, $\}$ mright	15,	21,	26,	30,	56,	78 $\}$	$K>K_m$
3	2,	5,	$\{⑥,$ left/m	10, $\}$ right	15,	21,	26,	30,	56,	78 $\}$	$K=K_m$

最后返回 $m=3$，查找成功。数据表的折半查找树如图 3-17 所示。

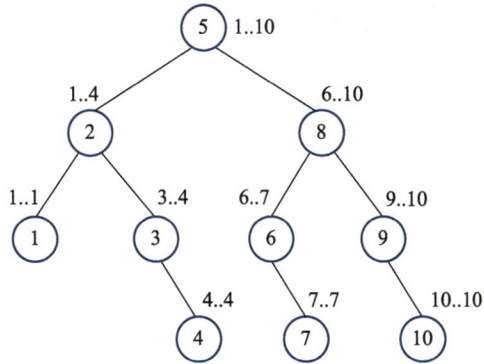

图 3-17　折半查找树

在图 3-17 中，节点中的数字表示比较元素在数据表中的序号，节点肩上的数字区间表示查找范围，比较的最大次数为二叉检索树的层数，从根开始到任意节点的路径构成一种可能的检索路径。可以证明二叉检索树的高度（层数）和元素的数目 n 满足关系：

$$h = \lceil \log_2(n+1) \rceil$$

在高度为 h 的折半查找树中，前 $h-1$ 层为满二叉树，其比较次数和查找成功元素个数的关系见表 3-7。

表 3-7　比较次数和查找成功元素个数的关系

比较次数 C_i	可查到的元素数
1	2^0
2	2^1
3	2^2
…	…
h	2^h

假设查找每个元素的概率相等，则 $P_i = 1/n$，因此折半检索的查找成功的平均检索长度为：

$$
\begin{aligned}
\text{ASL}_{bs} &= \sum_{i=1}^{n} p_i C_i \\
&= \frac{1}{n} \sum_{j=1}^{h} j \cdot 2^{j-1} = \frac{n+1}{n} \log_2(n+1) - 1 \\
&\approx \log_2(n+1) - 1
\end{aligned}
$$

可见，折半检索查找成功的平均检索长度比顺序查找要快。对于 $n=2^7-1=127$，顺序查找查找成功的平均检索长度为 64，而折半查找查找成功的平均检索长度为 6。

▶▶ 3.5 排序问题及排序算法

在搜索问题求解中，我们已经看到，对于有序的数据表，可以采用折半查找，以提高查找效率。在现实生活中，有序化也是常见的行为。例如，学生按身高站队，字典按照字母顺序装订。许多复杂问题的求解中都包含了排序问题，排序和查找成为计算机数据处理和问题求解中的两类重要操作。

▶ 3.5.1 排序问题

所谓**排序**（sorting），就是把任意文件（或表）按照指定的关键字排列成一个有序文件（或表）的过程，有时又称作"分类"。排序问题的形式描述如下：

假如给定一个记录序列（或表）$F=\{R_1,R_2,\cdots,R_n\}$，其中 $R_i(i=1,2,\cdots,n)$ 为序列中的第 i 个记录，关键字为 K_i。所谓排序就是对记录序列中的记录重新排序成一个新的序列 $F'=\{R'_1,R'_2,\cdots,R'_n\}$，使得它们的关键字值满足非减（或非增）的顺序。即对任意的 $i<j(i,j=1,2,\cdots,n)$，有 $K'_i\leqslant K'_j$（或 $K'_i\geqslant K'_j$）。

显然，如果序列中有两个或多个关键字相同的记录，排序的次序将是不唯一的。如果排序结果满足：当初始时序列中 $K_i=K_j$，且 $i<j$ 时，排序后记录 R_i 仍然在记录 R_j 前，这样的排序称为**稳定排序**。否则，称为不稳定排序。

排序还可以分为内部排序和外部排序。所谓**内部排序**（internal sorting），是指被排序的记录较少，在整个排序过程中，所有的记录和中间结果都放在内存中。当被排序的记录数量较大时，记录不能一次全部放在内存中，在整个排序过程中，必须对记录在内存和外存之间来回传递和交换，这样的排序称为**外部排序**（external sorting）。

内部排序的方法很多，每种方法都有各自的优缺点，性能的好坏与记录序列的初始状态有关。按照功能效率来分，排序可分为：① 简单排序，时间复杂度为 $O(n^2)$；② 高效排序，时间复杂度为 $O(n\log_2 n)$；③ 基数排序，时间复杂度为 $O(d\cdot n)$。

按照排序过程所依据的原则不同，排序可以分为五类：① 选择排序；② 交换排序；③ 插入排序；④ 归并排序；⑤ 基数排序。无论什么样的排序方法，排序算法的基本操作都是"比较"和"移动"（包括记录"交换"操作），因此比较和移动记录次数的多少是衡量一个排序算法好坏的基本标准。

▶ 3.5.2 选择排序

选择分类（selection sorting）是一种最简单、平均性能最低的排序方法。其基本思想是：从被排序的文件（或表）中依次选出关键字最小、次小……的记录，从而实现排序。选择分类包括简单选择排序、树形选择排序（锦标赛排序）和堆排序（heap sorting）等。

简单选择排序的步骤如下。

（1）从 $1\sim n$ 个记录中选出关键字最小的记录，和 R_1 交换，则最小的记录放到第 1 个单元中。

（2）从 2~n 个记录中选出关键字最小的记录，和 R_2 交换，则次小的记录放到第 2 个单元中。

依次进行，共进行 $n-1$ 遍选择，依次选出最小，第二小，……，第 $n-1$ 小的记录，并分别存放在第 1 个、第 2 个到第 $n-1$ 个单元中，最大的记录留在第 n 个单元，完成排序操作。

算法 3-18　简单选择排序算法。

```
// 对表 f 进行简单选择排序, n 为元素个数
int SimpleSelectionSort( * f, n)
{
    for (i=1; i<=n-1; i++)
    {
        j = SelectionMin(f,i, n);    // 从 i..n 个元素中选择最小的元素, 序号为 j
        if  (i!=j)
            f[i]<—> f[j]
    }
}
```

对于简单选择排序，共进行 $n-1$ 遍，每一遍从第 i 个到第 n 个记录中的 $n-i+1$ 个数中选择一个最小的数，并把最小的记录保存到第 i 个单元。从 $n-i+1$ 个数中选择最小的数需要 $n-i$ 次比较运算，因此简单选择排序总的比较次数为 $n(n-1)/2$。时间复杂度为 $O(n^2)$。

在选择排序中，树形选择排序和堆排序是两种性能较好的排序方法，时间复杂度为 $O(n\log_2 n)$。具体算法请参考有关数据结构的专门文献。

▶ 3.5.3　交换排序

交换排序（exchange sorting）就是将两两元素进行比较，如果发生逆序，即 $R_i > R_j (i<j)$，则将两个元素交换，最后得到一个非递减序列（正序）。常见的交换分类有标准交换、成对交换和穿梭交换三种，比较著名的交换类排序包括冒泡排序和快速排序。

1. 冒泡排序

冒泡排序（bubbles sorting）属于标准交换分类，其基本思想如下。

第 1 遍：首先将 R_n 和 R_{n-1} 进行比较，若发生逆序，则交换；否则，比较 R_{n-1} 和 R_{n-2}，直到 R_2 和 R_1 比较。这样，第一遍结束后，将把关键值最小的元素移到了第一个单元。最小的元素就像"气泡"一样冒到了顶上，共比较 $n-1$ 次。

第 2 遍：和第 1 遍一样，依次将 R_n 和 R_{n-1} 进行比较、R_{n-1} 和 R_{n-2}，直到 R_3 和 R_2 比较。这样，第 2 遍结束后，将把关键值次小的元素移到了第 2 个单元。共比较 $n-2$ 次

继续上述过程，逐遍进行，在进行 i 遍时，在前 $i-1$ 得到的结果中，$R_n, R_{n-1}, R_{n-2}, \cdots,$ R_{i+1} 和 R_i 依次两两比较，如发生逆序，则交换。结束后第 i 小的记录被交换到第 i 个单元。

当某遍结束时候，如果在该遍比较过程中没有发生逆序，意味着整个序列已经是有序

的，因此整个排序过程结束。

算法 3-19 冒泡排序算法。

```
// 对表 f 进行冒泡排序，n 为元素个数
int BubbleSort( * f, n)
{
    for (i=1;i<=n-1;i++){
        flag = true;
        for (j=n;j>i;j--){
            if (f[j].key< f[j-1].key)    // 若逆序，则交换
            {
                temp = f[j-1];
                f[j-1] = f[j];
                f[j] = temp;
                flag = false;
            }
        }
        if (flag) break;
    }
}
```

从上述的排序思想看，在最好的情况下（原始序列即为非递增有序），则整个排序只进行一遍，比较 $n-1$ 次，且未进行交换。在最坏情况下，需要进行 $n-1$ 遍，比较的次数分别是 $n-1,n-2,\cdots,3,2,1$，总的比较次数 C 为：

$$\sum_{i=n}^{2} (i-1) = n(n-1)/2$$

关于移动的次数，请读者自己分析。

2. 快速排序

快速排序（quick sorting）方法是由英国计算机科学家霍尔[①]于 1960 年设计完成的。当时，霍尔进入 Elliott 兄弟伦敦公司，成为一名程序员。他接到的第一个任务，就是为 Elliott 803 计算机编写一个库程序，实现新发明出来的希尔（Shell）排序[②]算法。在此过程中，霍尔不断提升代码效率，不仅很好地完成了任务，还发明了一种比 Shell 更快的新

[①] 查尔斯·安东尼·霍尔（Charles Antony Richard Hoare，1934 年—），英国计算机科学家，1980 年获图灵奖，2000 年，英国女王伊丽莎白二世授予 Tony Hoare 爵士爵位，以表彰他对计算机科学所做出的巨大贡献。他设计出了快速排序算法、霍尔逻辑、交谈循序程序。

[②] 希尔排序（Shell's Sort）是插入排序的一种，1959 年，唐纳德·希尔（Donald Shell，1924—2015 年）从辛辛那提大学获得数学博士学位，同年 7 月在 ACM 通信上发表论文 "A high-speed sorting procedure"，该算法因设计者名字而得名。希尔排序又称"缩小增量排序"（diminishing increment sort），是直接插入排序算法的一种更高效的改进版本，时间复杂度为 $O(n\log_2 n) \sim O(n^2)$。它与普通插入排序的不同之处在于，它会优先比较距离较远的元素，是首批突破 $O(n^2)$ 时间复杂性的高效排序算法之一。

算法，而且不会多耗费太多空间，这就是后来闻名于世的快速排序算法 Quicksort，这个算法也成为世界上使用最广泛的算法之一。后来又有许多人提出了修正方案，这类方法统称为快速排序（分类）。快速排序是最好的排序方法，其基本思想如下。

按照一定原则选择某个元素作为控制记录（轴元素），首先把控制元素移动到其正确的位置，使得元素序列中所有比它小的元素都在它的前面，所有比它大的元素都在它的后面。这样，控制元素把整个元素序列分成了两部分（子序列），左边的部分都比它小，右边的部分都比它大。然后，按照同样的原则处理左右两个子序列，控制记录不再移动位置。

霍尔最早提出的方案是选择中间元素（$\lfloor(n+1)/2\rfloor$）作为控制记录，基本步骤如下。

（1）选取中心记录作为控制记录，如序列中第一个记录的序号为 l，最后一个记录的序号为 u，则选取第 $m=\lfloor(l+u)/2\rfloor$ 个记录作为控制记录。

（2）从第一个记录开始自左向右搜索比控制记录大的记录（用指针 i 标出）；从最后一个记录开始自右向左搜索比控制记录小的记录（用指针 j 标出）；若 $i<j$，交换 R_i 和 R_j。继续搜索，直到 $j<i$ 为止。

（3）$j<i$，停止搜索。此时，如果 $j\geq m$，则控制记录 R_m 和 R_j 交换位置（即 j 所标记位置为轴元素的正确位置）；否则，即 $j<m$，则 R_m 和 R_i 交换位置（即 i 所标记位置为轴元素的正确位置）。这样，R_m 被放到了其正确的位置。

（4）R_m 把原序列分成左右两个子序列，对两个子序列再按照上述过程处理，直到被分成的子序列的长度都为 1，整个排序过程结束。

例如，设元素序列为 $\{2,5,8,3,7,10,4\}$，快速排序过程如下。

① $n=7$，选取第 $m=\lfloor(1+7)/2\rfloor=4$ 个元素 3 作为轴元素。

$$\{2,\ 5,\ 8,\ ③,\ 7,\ 10,\ 4\}$$

② 从最左边开始搜索比 3 大的元素为 5（用指针 i 标出），从右边搜索比 3 小的元素为 2（用指针 j 标出），由于此时 $j<i$，R_i 和 R_j 不进行交换。

$$\{2,\ 5,\ 8,\ ③,\ 7,\ 10,\ 4\}$$
$$\uparrow\ \uparrow\quad\ \uparrow$$
$$j\ \ i\qquad m$$

此时 $j<i$，停止搜索。因为，$j<m$，R_m 和 R_i 交换，位置 i 为轴元素的正确位置。

$$\{2,\ ③,\ 8,\ 5,\ 7,\ 10,\ 4\}$$
$$\uparrow\ \ \uparrow\quad\ \uparrow$$
$$j\ \ m\qquad i$$

此时轴元素 3 被放到了正确的位置，将元素序列分成两个子表，如下：

$$\{2\},\ 3,\ \{8,\ 5,\ 7,\ 10,\ 4\}$$

③ 按照上述步骤先后处理左边的子表和右边的子表。下面看右边子表的处理：

子表新的轴元素为 7，

$$\{2\},\ 3,\ \{8,\ 5,\ ⑦,\ 10,\ 4\}$$
$$\uparrow$$
$$m$$

按照上述步骤，从左边搜索比 7 大的元素为 8，右边搜索比 7 小的元素为 4，交换如下：

$$\{2\}, 3, \{4, 5, ⑦, 10, 8\}$$
$$\qquad\uparrow\qquad\uparrow\qquad\quad\uparrow$$
$$\qquad i\qquad m\qquad\quad j$$

继续搜索，从左边比 7 大的为 10（此时 $i=6$）；然后从右边搜索比 7 小的元素（$j=6$，5），$j<i$ 结束搜索，此时 $j>=m$，R_m 和 R_j 交换（位置 j 为轴元素 7 正确的位置），如下：

$$\{2\}, 3, \{4, 5, 7, 10, 8\}$$
$$\qquad\qquad\qquad\uparrow\quad\uparrow$$
$$\qquad\qquad\qquad m/j\quad i$$

这样元素 7 又将右边的子表分成了两个子表，如下：

$$\{2\}, 3, \{\{4, 5\}, 7, \{10, 8\}\}$$

继续上述过程，最后完成排序操作。

算法 3-20　快速排序算法。

```
// 对表 f 进行快速排序，l、u 分别为被排序子表的第一个和最后一个记录的序号
int QuickSort( * f,int l,u)
{
    if (l>=u) return 1;           // 长度为 1 结束
    i=l;   j = u;   m = l;        // 用表的第一个元素作为轴元素
    do {
        pivotkey = f[m]. key;
        while (f[i]. key < pivotkey && i<=j)
            i++;
        while (f[j]. key > pivotkey && j>=i)
            j--;
        if (i<j) Ri←→Rj;         // Ri 和 Rj 交换
        else break;
    } while (True);
    if (j>=m)
    {
        Rm←→Rj;               // Rm 和 Rj 交换
        m=j;                  // 位置 j 为轴元素的正确位置
    }
    else
    {
        Rm←→Ri;               // Rm 和 Ri 交换
        m=i;                  // 位置 i 为轴元素的正确位置
    }
```

```
QuickSort(f,l,m-1);    // j 为轴元素被放置的正确位置，将表分成子表 (Rl,…,Rj-1) 和
QuickSort(f,m+1,u);    // 子表 (Rj+1,…,Ru) 两个部分
}
```

快速排序的平均时间为 $T(n) = kn\log_2 n$，其中 k 为某个常数，经验表明，在所有同数量级的排序算法中，快速排序的常数因子 k 最小。快速排序是目前被认为最好的内部排序法。

▶ 3.5.4 插入排序

选择排序和交换排序是在被排序的数据都已经准备好的情况下进行的。我们还可以一边输入数据，一边进行排序，这就是插入排序。所谓插入排序（insert sorting），是指将一个记录插入到一个已经排序好的有序序列中，从而得到一个新的、记录个数加 1 的有序序列。

例如，有一个记录个数 $n=6$ 的有序序列，$F = \{R(21), R(36), R(51), R(67), R(86), R(95)\}$，（$R(x)$ 代表关键字为 x 的记录），采用插入排序，增加一个新的记录 $R(70)$，则得到长度 $n=7$ 的有序序列 $F' = \{R(21), R(36), R(51), R(67), R(70), R(86), R(95)\}$。

插入排序的基本思想如下。

（1）初始序列为 $\{R_1\}$，只有一个元素的序列一定是有序的。

（2）然后，依次将 $R_2, R_3, \cdots, R_n$ 插入到上次的有序序列中，分别得到长度为 $2, 3, \cdots, n$ 的有序序列，从而实现长度为 n 的记录序列的排序。

算法 3-21 插入排序算法。

```
// 对顺序表 f 作直接插入排序，n 为元素个数
int InsertSort( *f,n)
{
    for (i=2; i<= n; i++)
        InsertR(f,i-1,f[i]);
}
// 将记录 r 插入到长度为 i 的有序表中，得到长度为 i+1 的有序表
int InsertR( *f, int i, r)
{
    f[0] = r;              // 设置"哨兵"，元素从 1 号位置开始存放
    j = i;    // 从序列的最后一个元素开始向前比较，若小于当前元素，当前元素向后移动
    while (r<f[j])
    {
        f[j+1] = f[j];     // 元素后移一个位置
        j--;
    }
    f[j+1] = r;
}
```

上述插入排序称为**直接插入排序**，该算法简洁，容易实现。单独从循环的角度可以知

道直接插入排序的时间复杂度为 $O(n^2)$。

来看一下实际可能出现的情况，因为我们总是往一个长度为 i 的有序表中插入一个新的元素 r，这种插入是从后往前比较的，因此如果原始记录序列本身是非递减有序的（称为"正序"），则在插入过程（insert 过程）中只进行一次比较，不发生数据的移动，因此，总的比较次数为 $n-1$ 次，数据移动的次数为 0。反之，如果原始记录序列是非递增有序的（称为"逆序"），则在插入记录 R_i 过程（insert 过程）中需进行 $i+1$ 次比较（包括一次和"哨兵"的比较），数据移动 $i+1$ 次（包括长度为 i 的有序表往后移动一个位置和将 R 移到正确的位置，即第 1 个单元），因此，在最坏情况下，总的比较次数和移动次数均为：

$$\sum_{i=2}^{n} (i + 1) = (n + 4)(n - 1)/2$$

除了直接插入排序方法外，属于插入排序的方法还包括：折半插入排序、二路插入排序、希尔排序等，它们对直接插入排序从不同方面进行了改进。

3.5.5 归并排序

把两个或多个有序文件（或表）合并成一个有序文件（或表）的过程称**归并**（merge）。当归并文件（或表）有两个时，称二路归并，三个时称三路归并，……一般地，当归并文件有 k 个时，称为 k 路归并。

重复利用归并思想对任意文件（或表）进行排序的过程即**归并排序**（merge sorting）。这里只讨论二路归并，多路归并的思想和二路归并相同。

二路归并的基本步骤如下。

（1）将文件（或表）$F = \{R_1, R_2, \cdots, R_n\}$ 中的每一个记录视为一个文件（或表），它们都是有序的（仅含一个记录）。

（2）把子文件（或子表）按照相邻的位置分成若干对（如果文件或子表个数是奇数，最后一个单独一组）。

（3）对每对中的子文件（或子表）进行二路归并。归并后，每个子文件都是有序的，且子文件的个数减少一半。

（4）重复步骤（2）~（3），直到归并成一个有序文件为止。

二路归并例子如下：

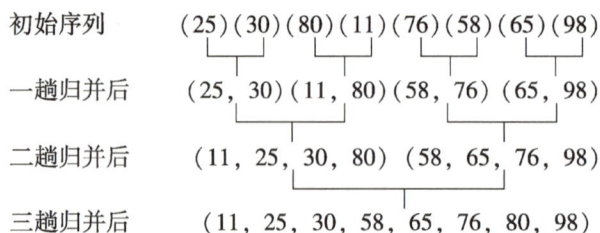

初始序列　　　　(25)(30)(80)(11)(76)(58)(65)(98)

一趟归并后　　　(25, 30)(11, 80)(58, 76)(65, 98)

二趟归并后　　　(11, 25, 30, 80)(58, 65, 76, 98)

三趟归并后　　　(11, 25, 30, 58, 65, 76, 80, 98)

算法 3-22　二路归并算法

```
// a、b 为两个有序序列，长度分别为 m 和 n，将它们合并成一个长度为 m+n 的有序序列 c
int Merge2( a[ ],b[ ],c[ ] )
```

```
{
   m = a. length；   n = b. length；
   i＝1；j＝1；k＝1；
   while（i<=m && j<=n）
   {
      if（a[i]. key<b[j]. key）
         c[k++] = a[i++];
      else
         c[k++] = b[j++];
   }
   while（i <= m）c[k++] = a[i++];      // 将 a 中剩余的记录写到 c 中
   while（j<=n）c[k++] = b[j++];       // 将 b 中剩余的记录写到 c 中
}
```

性能分析：采用二路归并两个长度为 m 和 n 的有序序列，最坏情况下需要比较 $m+n-1$ 次，最好情况下需要比较 m 次或 n 次。传送次数均为 $m+n$ 次。完整的归并排序算法请参考 3.3.7 节的分治法。

▶ 3.5.6 基数排序

基数排序（radix sorting）是和上面的四类排序完全不同的排序方法。在上述排序算法中，是通过关键字值比较和记录移动来实现排序的，基数排序不需要进行关键字间的比较。基数排序是一种借助于多关键字排序的思想实现的对单个逻辑关键字进行排序的方法。

什么是多关键字排序呢？先来看一下扑克牌的例子。

一副牌有梅花（♣）、方块（♦）、红桃（♥）和黑桃（♠）四种花色，每种花色有 13 张牌，牌面值为 2、3、4、5、6、7、8、9、10、J、Q、K 和 A。要对手中的牌进行排序，就要对花色和牌面值分别规定一个次序，这就是两个键值的多关键字排序问题。

假定关键字具有如下次序：

花　色：梅花（♣）< 方块（♦）< 红桃（♥）< 黑桃（♠）

牌面值：2 < 3 < 4 < 5 < 6 < 7 < 8 < 9 < 10 < J < Q < K < A

因此按照从小到大的顺序，扑克牌的排列次序为：

```
2   3        A   2   3        A   2   3        A   2   3        A
♣   ♣   …   ♣   ♦   ♦   …   ♦   ♥   ♥   …   ♥   ♠   ♠   …   ♠
```

多关键字排序的方法通常分成两种类型：高关键字优先法和低关键字优先法。

下面用十进制基数分类（数字分类）来简单说明多关键字排序的思想。

假定被分类的关键字值是十进制整数，将每位数字视为一个关键字，个位为最低关键字，十位为次低关键字，以此类推。进行十进位基数分类的过程是：把输出分成 10 个桶（0 桶，1 桶，…，9 桶），整个分类过程分成 d 遍（d 为被分类数字的最多位数）。

第一遍：首先对最低关键字（个位）、进行桶分类，对序列中的每一个数由前向后将最低位数字相同的数字依次放在对应的上述 10 个桶中（如个位为 6 的放在 6 桶中），直到所有数字都分完。

第二遍：把上一遍各桶内的数字，按照从 0 桶，1 桶，…，9 桶的编号次序，同一桶内按由上到下的次序收集起来，作为第二遍的输入，再按次关键字（十位）的状态把各个数分别放入 0，1，2，…，9 对应的桶内。

然后再把各个桶内的数字收集起来作为第三遍的输入，继续上述过程，直到按照最高关键字的状态把所有数再分到对应的桶内。最后，按照 0 桶，1 桶，2 桶，…，9 桶的顺序把各桶内的数据收集起来（同一桶内按由上到下的次序收集）就得到所要的结果。

例如，设要分类的记录的关键字值为{26,5,11,68,80,3,52,86}。采用上述分类方法，分类过程如下。

（1）按照最低位（个位）进行桶分类，结果见表 3-8。

表 3-8　十进制基数分类示例（第一遍结果）

桶　　　　　　　　　　输入表	0	1	2	3	4	5	6	7	8	9
26 5 11 68 80 3 52 86	80	11	52	3		5	26 86		68	

（2）把第一遍的结果，按照 0 桶，1 桶，2 桶，…，9 桶的顺序把各桶内的数据收集起来（同一桶内按由上到下的次序收集）作为第二遍的输入，即：{80,11,52,3,5,26,86,68}。再按照次低位（十位）进行桶分类，结果见表 3-9。

表 3-9　十进制基数分类示例（第二遍结果）

桶　　　　　　　　　　输入表	0	1	2	3	4	5	6	7	8	9
80 11 52 3 5 26 86 68	3 5	11	26			52	68		80 86	

两遍结束后，整个分类过程结束（因为被分类数中最大数的位数为 2 位）。按照 0 桶，1 桶，2 桶，…，9 桶的顺序把各桶内的数据收集起来（同一桶内按由上到下的次序收集）即为最后的排序结果：

$$3,5,11,26,52,68,80,86$$

通过上述例子说明了多关键字分类的思想和步骤，具体的实现算法请读者阅读有关算法和数据结构的书籍。

3.6 网络搜索问题

现实常常比我们的想象复杂和残酷得多。想象一下今天的互联网，搜索引擎是如何从浩若烟海的信息海洋中进行快速搜索的呢？搜索引擎技术远比在内存中线性表的查找和排序复杂得多，首先是其搜索的范围，即页面不仅数量巨大，且不可能全部装入内存查找。其次，查找的结果往往也不是一个页面，而可能是数量较大的一组页面，此时，又如何确定这些结果页面的显示顺序呢？搜索引擎是一个同时涉及查找和排序问题的复杂问题。

3.6.1 搜索引擎及其工作原理

在万维网还未出现以前，人们通过 FTP 来共享交流资源，由于大量的文件散布在各个分散的 ftp 主机中，查询起来非常不便。加拿大麦吉尔大学（McGill University）学生 Alan Emtage 等想到了开发一个可以用文件名查找文件的系统，于是便有了 Archie 系统[①]。Archie 是第一个自动索引互联网上匿名 FTP 网站文件的程序，但它还不是真正意义上的搜索引擎。Archie 是一个可搜索的 FTP 文件名列表，用户必须输入精确的文件名搜索，然后 Archie 会告诉用户哪一个 FTP 地址可以下载该文件。

随着互联网的迅速发展和万维网的出现，检索所有新出现的网页变得越来越困难。1993 年底，出现了蜘蛛（spider）程序，这种程序利用 html 文档之间的链接关系，在 Web 上一个网页一个网页的爬取（crawl），将这些网页抓到系统来进行分析，并放入索引数据库中。第一个"蜘蛛"程序是由麻省理工学院学生 Matthew Gray 开发的，他于 1993 年开发了 World Wide Web Wanderer，它最初建立时是为了统计互联网上的服务器数量，到后来发展到能够捕获网址，现代搜索引擎的思想就来源于 Wanderer。随着 Spider 程序的出现，现代意义上的搜索引擎开始初露端倪。随后，一些基于此原理的搜索引擎开始纷纷涌现，许多搜索引擎相继问世。1998 年 9 月 4 日，年仅 22 岁的斯坦福大学计算机博士生拉里·佩奇（Larry Page）和谢尔盖·布林（Sergey Brin）在美国创立谷歌（Google），2000 年

---

① Archie（档案检索系统）由 Montreal 的 McGill University 学生 Alan Emtage、Peter Deutsch、Bill Wheelan 于 1990 年发明，被称为搜索引擎的鼻祖。

1月，百度（Baidu）在北京中关村成立，今天搜索引擎已经成为互联网最主要的应用之一。

1. 搜索引擎的概念及分类

搜索引擎（search engine）是指根据一定的策略、运用特定的计算机程序从互联网上搜集网页、图片、ftp 文件等各类信息，在对信息进行组织和处理后，为用户提供检索服务的系统。搜索引擎的种类很多，包括全文索引、分类目录、元搜索引擎、垂直搜索引擎、集合式搜索引擎、门户搜索引擎与免费链接列表等。其中，典型的搜索引擎为全文搜索引擎（fulltext search engine）和分类目录（directory）。

全文搜索引擎通过一个称为"网络蜘蛛（spider）"的程序，通过网络上的各种链接自动获取大量网页信息内容，并按一定的规则分析整理，并保存到其索引数据库中。典型的全文搜索引擎系统有 Google、百度等。全文搜索引擎又可以分为两类，一类拥有自己的检索程序（indexer），俗称"蜘蛛"（spider）程序或"机器人"（robot）程序，能自建网页数据库，搜索结果直接从自身的数据库中调用，Google 和百度属于此类；另一类则是租用其他搜索引擎的数据库，并按自定的格式排列搜索结果，如 Lycos 搜索引擎。

全文搜索引擎的自动信息搜集功能分为两种，一种是定期搜索，即每隔一段时间（比如 Google 一般是 28 天），搜索引擎"蜘蛛"程序即对一定 IP 地址范围内的互联网站进行检索，一旦发现新的网站，则提取网站信息和网址加入数据库。另一种是提交网站搜索，即网站拥有者主动向搜索引擎提交网址，搜索引擎在一定时间内（2 天到数月不等）定向扫描用户网站并将有关信息存入数据库，以备用户查询。

分类目录也称为分类检索、目录索引等，是互联网上最早提供 WWW 资源查询的服务，主要通过搜集和整理互联网资源，根据搜索到网页的内容，将其网址分配到相关分类主题目录的不同层次的类目之下，形成像图书馆目录一样的分类树形结构索引。目录索引无须输入检索信息，只要根据网站提供的主题分类目录，层层单击进入，便可查到所需的网络信息资源。分类目录虽然有搜索功能，但严格意义上不能称为真正的搜索引擎，只是按目录分类的网站链接列表而已。典型的分类目录有雅虎、搜狐、新浪、网易等。此外，网络导航站点也可归属为原始的分类目录范畴。

元搜索引擎（meta search engine），是指接受用户查询请求后，同时在多个搜索引擎上搜索，并将结果返回给用户的搜索引擎。著名的元搜索引擎有 InfoSpace、Dogpile、Vivisimo 等，中文元搜索引擎中具代表性为搜星搜索引擎。在搜索结果排列方面，有的直接按来源排列搜索结果，如 Dogpile；有的则按自定的规则将结果重新排列组合。

垂直搜索引擎，是 2006 年后逐步兴起的一类搜索引擎，它不同于通用的网页搜索引擎，垂直搜索专注于特定的搜索领域和搜索需求（例如：机票搜索、旅游搜索、生活搜索、小说搜索、视频搜索等），在其特定的搜索领域有更好的用户体验。相比通用搜索动辄数千台检索服务器，垂直搜索需要的硬件成本低、用户需求特定、查询的方式多样。

集合式搜索引擎，类似元搜索引擎，区别在于它并非同时调用多个搜索引擎进行搜索，而是由用户从提供的若干搜索引擎中选择，如 HotBot 在 2002 年底推出的搜索引擎。

门户搜索引擎，是指自身既没有分类目录也没有网页数据库，其搜索结果完全来自其他搜索引擎的一类搜索。免费链接列表（free for all links，FFA）是指一般只简单地滚动链接条目，少部分有简单的分类目录，规模要比 Yahoo! 等目录索引小很多。

2. 全文搜索引擎工作原理

全文搜索引擎一般由 4 个部分构成，包括：① 搜索器，负责从 Web 上抓取网页，为提高网页搜集速度，通常可以启动上百个搜集器同时工作。搜集器同时对搜集回来的网页内容进行分析处理，包括调用切词软件以提取关键词和摘要、提取网页 URL、记录网页元信息（如作者、修改日期、长度等），并将这些内容存入原始数据库。② 索引器，将原始数据库的内容重新组织，建立索引数据库，以提高检索效率。③ 检索器，根据查询项和索引数据库内容，找到匹配的网页后，进行相关度计算并排序，然后通过用户接口返回给用户。④ 用户接口，接受用户查询请求，将它转发给检索器。此外，接口程序还将用户行为信息（包括用户查询项、用户单击的 URL、翻页情况等）记录到日志数据库，以便于提供更加个性化的服务。典型的搜索引擎体系结构如图 3-18 所示。

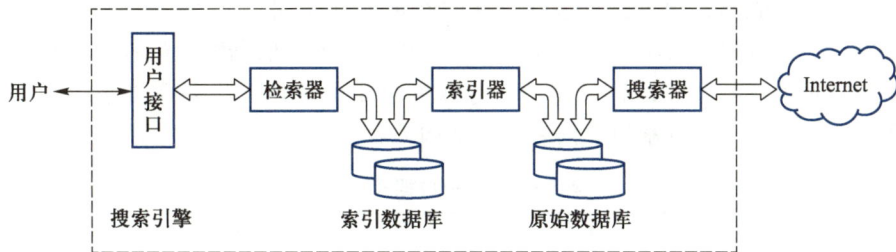

图 3-18　搜索引擎体系结构

搜索引擎整体的工作过程可以分为以下三个步骤。

（1）爬行。全文搜索引擎通常是通过网络蜘蛛程序遍历 Web 空间，定期扫描一定 IP 地址范围内的网站，从一个 URL 开始，跟踪网页链接，按照深度优先或广度优先顺序进行搜索，并沿着网络上的链接从一个网页到另一个网页，从一个网站到另一个网站，像蜘蛛在蜘蛛网上爬行一样。依次访问各层页面，直到达到预定值。搜索引擎蜘蛛程序在抓取页面时，也做一定的重复内容检测，一旦遇到权重很低的网站上有大量抄袭、采集或者复制的内容，很可能就不再爬行。

通常情况下，网络蜘蛛进入一个网站，一般会访问一个特殊的文本文件 robots.txt（即拒绝蜘蛛协议），这个文件一般放在网站服务器根目录下，网站管理员可以通过 robots.txt 来定义哪些目录网络蜘蛛不能访问，或者哪些目录对于某些特定的网络蜘蛛不能访问。但是，robots.txt 只是一个协议，如果网络蜘蛛的设计者不遵循这个协议，网站管理员将只能通过其他方式来拒绝网络蜘蛛对某些网页的抓取。

（2）预处理。搜索引擎将蜘蛛抓取回来的页面进行各种预处理，包括：提取文字、中文分词、去停止词、消除噪声（比如，版权声明文字、导航条、广告等）、正向索引、倒排索引、链接关系计算、特殊文件处理等。

除了 HTML 网页文件外，搜索引擎通常还能抓取和索引以文字为基础的多种文件类型，如 PDF、Word、WPS、XLS、PPT、TXT 文件等，它们也出现在搜索结果中。搜索引擎目前还不能处理图片、视频、Flash 等非文字内容，也不能执行脚本和程序。

（3）排名。用户在搜索框输入关键词后，检索器程序查找索引库数据，找出符合条件的信息，计算排名，将排序后的结果以 Web 页形式返给用户。由于数据量庞大，搜索引擎不可能对网页实时计算排名，一般情况下搜索引擎的排名规则都是根据日、周、月进行阶段性不同幅度的更新。

最后，当用户在搜索引擎接口页面输入关键词后，Web 浏览器将用户的查询信息通过 HTTP 协议发送到搜索引擎服务器，检索器从网页索引数据库中找到符合该关键词的所有相关网页记录。按照网页相关度和网页重要性度量数值由高到低排序，将搜索结果以 Web 页面的形式返给用户。

3. 网页索引数据库

搜索器（蜘蛛程序）蜘蛛程序获得网页等资源信息保存到原始数据库。对网页的信息处理是由索引器完成的，网页分析包括：提取网页 URL、编码类型、页面内容、关键词、关键词位置、生成时间、大小、与其他网页的链接关系等。根据特定的权值计算方法进行计算，得到网页中每一个关键词的权值，存入网页索引数据库，并建立相应的索引数据表，以实现快速查询。网页索引数据表一般结构见表 3–10。

表 3–10　索引数据表结构

序号	记录项	说明
1	关键词列表	网页包含的关键词
2	关键词权重	关键字在网页中的比重
3	快照	页面内容摘要
4	网页重要性度量	标识网页的重要性，用于结果页面的显示排名
5	URL–ID	网址（域名或 IP 地址）

建立索引数据表的目的是按照关键词排序，以提高查找效率。这种排序是相当复杂的，由于数据量巨大，排序不可能全部在内存中进行，需要外部排序。

3.6.2　PageRank 排序算法

对搜索结果的排名，虽然不同的搜索引擎使用的方法各不相同，但基本上都是根据网页和搜索条件的关联程度和网页的重要程度来排序的。判断网页和用户搜索条件的关联程度是相对简单的，对网页重要性的评价不可能存在一个确定的计算方法，其结果也是模糊的，目前，主要有基于链接的评价和基于访问大众性的评价两类度量方法。

基于链接的评价其思想是基于这样一种认识，一个网页的重要性取决于它被其他网页链接的数量，特别是一些已经被认定是"重要"的网页的链接数量。这种评价体制与

《科学引文索引》①的思路非常相似，但是由于互联网商业化的一面，一个网站的被链接数量还与它的商业推广有着密切的联系，因此这种评价体制在某种程度上缺乏客观性。

基于访问大众性评价的基本理念是多数人选择访问的网站就是最重要的网站。根据以前成千上万的网络用户在检索结果中实际所挑选并访问的网站和他们在这些网站上花费的时间来统计确定有关网站的重要性排名，并以此来确定哪些网站最符合用户的检索要求。因此具有典型的趋众性特点，这种评价体制与基于链接的评价有着同样的缺点。

作为最具影响力的搜索引擎，Google 采用 PageRank 排序算法②对搜索结果集进行排序。PageRank 思想是拉里·佩奇（Larry Page）于 1997 年在斯坦福大学读研究生时开发的，并以其名字来对 PageRank 算法命名。佩奇的创新性想法是：基于接入链接的数量和重要性对网页进行评级，也就是通过网络的集体智慧确定哪些网站最有用。PageRank 根据网站的外部链接和内部链接的数量和质量来衡量网站的价值，每个到页面的链接都是对该页面的一次投票（Vote），被链接的越多，就意味着被其他网站投票越多。PageRank 将网站分为 10 个等级，对应的 PR 值（PageRank 值）从 0 到 10。

在互联网上，如果一个网页被很多其他网页所链接，说明它受到普遍的承认和信赖，那么它的排名就高，这就是 PageRank 的核心思想。当然 Google 的 PageRank 算法实际上要复杂得多。比如说，对来自不同网站的链接对待不同，本身网页排名高的链接更可靠，于是给这些链接以较大的权重。设有 7 个网页构成的链接关系如图 3-19 所示。

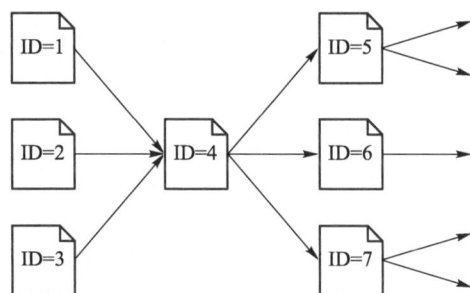

图 3-19　网页链接关系

在互联网的网页链接关系中，对于每一个网页有两种不同的超链接，一种是网页到其他网页的超链接，我们把这种超链接称为正向链接，另一种是其他网页到该网页的超链接，这类超链接称为反向链接。网页的每一个反向链接都是对网页的投票，同样，网页也是对其每一个正向链接网页的投票。

---

① 科学引文索引（science citation index，SCI）是由美国科学信息研究所（Institute for Scientific Information Inc.，ISI）1961 年创办的引文数据库，主要记录科技文献被他人的引用情况，以标识论文的权威性。SCI（科学引文索引）、EI（工程索引）、ISTP（科技会议录索引）是世界著名的三大科技文献检索系统，是国际公认的进行科学统计与科学评价的主要检索工具，其中以 SCI 最为重要。

② PageRank（网页级别）是 Google 用于评测一个网页"重要性"的一种方法，通过计算 PageRank 值，使那些更具"重要性"的网页在搜索结果中的网站排名获得提升，从而提高搜索结果的相关性和质量。该算法由拉里·佩奇设计提出，申请专利授权时受阻，转而创立 Goolge 公司。

在互联网中，网页链接关系可能会出现环路。因此，在计算网页的 PR 值时，可能会用到网页本身的 PR 值，使得计算无法进行。拉里·佩奇（Larry Page ）和谢尔盖·布林（Sergey Brin）把这个问题变成了一个二维矩阵相乘的问题，并且用迭代的方法解决了这个问题。先假定所有网页的排名是相同的，并且根据这个初始值，算出各个网页的第一次迭代排名，然后再根据第一次迭代排名算出第二次的排名。并且从理论上证明了不论初始值如何选取，这种算法都保证了网页排名的估计值能收敛到它们的真实值。

理论问题解决了，又遇到实际问题。因为互联网上网页的数量是巨大的，问题对应的二维矩阵中元素的个数是网页数目的平方。假定有十亿个网页，那么这个矩阵就有一百亿个元素。这样大的矩阵相乘，计算量是巨大的。拉里和布林利用稀疏矩阵计算的技巧，大大简化了计算量，并实现了 PageRank（网页排名）算法。今天 Google 的工程师们已经把这个算法移植到了并行计算机中，进一步缩短了计算时间，从而也缩短了网页的更新周期。

需要说明的是，Google 的网页重要性度量并不是页面排序的唯一标准，它还糅合了网页标题标识和关键字标识等所有其他相关因素，再通过 PageRank 来调整结果，使那些更具"等级/重要性"的网页在搜索结果中的排名获得提升，以提高搜索结果的相关性和质量。

▶ 3.6.3　搜索引擎的启示

回顾搜索引擎的发展史，今天的互联网正在成为人们创新的重要源泉，新的问题也不断出现。PR 值的计算法则导致了人们对链接的着魔。人们忙于争夺、交换甚至销售链接，它是过去几年来人们关注的焦点，以至于 Google 修改了他的系统，并开始放弃某些类型的链接。比如，被人们广泛接受的一条规定，来自缺乏内容的"link farm"（链接工厂）网站的链接将不会提供页面的 PageRank，从 PageRank 较高的页面得到链接但是内容毫不相关，也不会提供页面的 PageRank。Google 选择降低了对 PageRank 的更新频率（一般一年四次），以便不鼓励人们不断地对其进行监测。

我们正是在发现问题和求解问题的交替循环中向前发展的，当把计算和其他学科相结合的时候，新的事物就出现了。网络目录服务，全文搜索引擎，垂直搜索引擎，元搜索，语义搜索，这些互联网下诞生的概念在不断刷新和改变着我们的思维和创新活动。如果说原始理论创新让科学越过一座座高峰，应用创新则让我们的生活更加便利和美好。

▶▶ 本章小结

本章首先从泛学科出发，介绍了问题和问题求解的概念，探讨了问题的形式化表示，它是研究问题计算机求解的基础。然后介绍了算法的相关概念，包括算法描述、复杂性分析、算法设计等。系统地介绍了人类问题求解的七类常用算法的思想和例子，以帮助对算法思想的深入理解，同时，还对人工智能问题求解及相关算法进行了总结和介绍。详细介绍了问题求解中两个基元问题，即搜索问题和排序问题，给出了有关的经典算法，并进行了算法复杂性分析和讨论。最后介绍了网络搜索引擎技术，介绍了 Google 的 PageRank 网页排名算法的核心思想以及产生的问题。

▶▶ 思考题

1. 同一个问题，可以设计不同的求解算法，例如求两个数的最大公约数问题，因为两个数中较小的数到 1 之间任何一个数都有可能是公约数，可以从大到小进行测试，试写一个求两数最大公约数的穷举算法。

2. 问题求解策略是多种多样的，掌握常用的问题求解策略虽然重要，但不能墨守成规。写一个算法，求 1000! 从个位起后面有多少个 0？

3. 要求 $1+2+3+\cdots+n$，分别写出该问题求解的迭代法和递归法算法。

4. 对"百钱买白鸡"算法进行优化，将时间复杂度由 $O(n^3)$ 降为 $O(n^2)$。

5. 有 10 枚硬币，其中有一枚假币，假币和真币的重量不同，现给你一个质量天平，写一算法找出其中的假币，并分析算法的效率（可用称量次数来度量）。

6. 根据求斐波那契数列值的递归算法，写出求 fib(5) 的计算过程，并说明递归算法的不足。

7. 根据算法 3-17 线性表折半查找算法，如果要查找的线性表长度为 16，画出相应的折半查找树。

8. 对于算法 3-18 简单选择排序算法，完成 SelectionMin(f, i, n)，即写一算法求 a[0..n] 中最小值的元素的序号。

9. 设元素序列为 $\{12,5,8,3,7,20,31,15\}$，画出快速排序的排序过程。

10. 上网搜索 Shell 排序的思想，举例说明 Shell 排序的排序过程。

11. 关于搜索引擎，回答下列问题。

（1）全文搜索引擎一般由哪几个部分构成？并说明各个部分的功能。

（2）根据搜索引擎的工作原理介绍，写出索引数据库的一般结构。

（3）搜索引擎大都是免费使用的，思考搜索引擎的商务模式是怎样的。

12. 在高等学校，为了保证教学质量，普遍进行了学生评教活动，但也遇到了许多问题，主要问题是学生评教的随意性和不同学生评教标准把握的不一致性。为了提高学生评教数据的客观性和一致性，参考 PageRank 算法，设计一个相对客观科学的教师教学质量评价算法。

第4章

数据与数据结构

【本章导读】

计算机系统是一个复杂的软硬件系统。在硬件方面，它既涉及复杂的硬件体系结构设计，还包括复杂的微电子工艺设计及制造技术；在软件方面，它不仅涉及问题求解，还涉及复杂的算法设计和软件编程。但是，在概念上，计算机又是简单的，计算机就是一台输入数据、处理数据和输出处理结果的机器。无论是科学计算、事务处理还是其他各类应用，其本质都是处理数据。因此，关于数据及其关系、数据在计算机中的表示和存储、数据处理等内容就构成了计算机科学与技术的重要研究内容，它直接影响着算法的设计和程序实现。

在计算机科学中，数据之间的关系称为数据结构。数据结构是对各种各样的数据关系的总结、归纳和抽象，对数据结构的研究分为数据的逻辑结构和物理存储结构两个方面。本章从现实中常见的问题求解出发，引出最常见的三种数据结构，即线性结构、树结构和图结构。对每种数据结构，讲解它们的逻辑结构和物理存储结构，并介绍该数据结构中数据的主要操作运算及其实现算法。同时，还将介绍数据结构在工业生产、工程施工和计划制定与实施等方面的应用。数据结构的学习是进行软件编程的基础，良好的数据结构设计和算法的完美结合将使得程序更加高效和完美。数据结构与算法被认为是计算机各领域研究内容的理论基础。

【知识要点】

第4.1节：数，数据，数据抽象，数据类型，简单数据类型，构造数据类型，抽象数据类型，数据结构，逻辑结构，物理结构（存储结构），顺序存储结构，链式存储结构。

第4.2节：先后关系，线性结构，线性表，线性表基本操作，堆栈，队列。

第4.3节：博弈，博弈树，决策树，层次关系，树形结构，树，树根，子树，节点（node），分支节点，叶子（终端节点），树的度，孩子，双亲，兄弟，祖先，子孙，节点的层次，树的深度，二叉树，满二叉树，完全二叉树，树的遍历，哈夫曼树。

第4.4节：任意关系，图结构，无向图，有向图，顶点（vertex），边，弧，圈，简单图，完全图，平面图，子图，真子图，支撑子图，关联，邻接，顶点的度，入度，出度，路径，通路，回路，简单路径，连通图，连通分量，强连通图，强连通分量，网，邻接矩阵，邻接表，逆邻接表，图的遍历，深度优先搜索，广度优先搜索，生成树，最小生成树。

第 4.5 节：最短路径，Dijkstra 算法，AOV 网络，拓扑有序，AOE 网络，关键路径。

4.1 数、数据及数据结构

数（number）和数据（data）是两个容易引起混淆的概念。我们讲到数，通常是数学意义下的。而数据的含义则更加广泛，它不仅仅是数，还泛指所有的计算机可处理的信息。在各种各样的实际问题中，涉及的数据对象各异，关系多种多样，撇开数据对象具体的物理含义，对数据之间的关系进行归纳、总结和抽象，这就是数据结构。关于数据结构，要研究的内容很多，它不仅涉及计算机科学，还涉及了很多数学中的问题、概念和术语。作为数据关系的抽象，对每种数据结构要研究的内容是一样的，都包括了数据的逻辑结构、存储结构和操作运算。为了后续内容描述的方便，本节对其中常用的概念进行介绍。

4.1.1 数与数据的概念

在人类的进化过程中，语言出现后就有了数的概念。从古人的"结绳记数""刻痕记数"，从"有""无"，到"一、二、三、多"，再到公元 3 世纪的 1、2、3、4、5、6、7、8、9、0 十个数字符号的发明，数伴随着人类文明的发展和进步，这也导致了数学的产生。有记载的数学起源于东方，大约在公元前 2000 年，巴比伦人就搜集了极其丰富的资料，这些资料今天看起来应属于初等代数的范畴。数学作为现代意义上的一门科学，则要推迟到公元前 5 世纪到公元前 4 世纪在古希腊（公元前 800 年—公元前 146 年）出现的。

1. 数

人类对数的认识是从 0、1、2、3 开始的，在数学中，有许多概念是原始概念，没法给出具体的定义，例如：整数、实数、正数、负数等。在数学中，把 1、2、3……形式的数称为正整数，把−1、−2、−3……形式的数称为负整数，0 是中性数。把 0 和正整数合称为自然数。正整数、零与负整数构成整数系。整数的全体构成整数集，整数集合是一个数环。一个给定的整数 n 可以是负数，非负数，零（$n=0$）或正数。19 世纪，数学家建立了自然数的两种等价理论，即序数（ordinal number，第一、第二等表示次序的数）理论和基数（cardinal number，刻画任意集合所含元素数量多少的一个概念）理论，使自然数的概念、运算和性质更加严格。

对于整数，可以实行加、减、乘、除四种算术运算，其中整数的加、减、乘运算结果仍为整数，组成封闭的数集合。但除法运算的结果将不一定是整数，例如 3/10、10/3 等，即整数对除法运算是不封闭的。为了使整数及其运算是封闭的集合，就需要增加新的数，这就是两个整数的比，即分数。分数是一个数学术语，其定义是把单位"1"平均分成若干份，表示这样的一份或几份的数叫分数。分母表示把一个物体平均分成几份，分子表示取了其中的几份，分子应为整数。分子小于分母的分数称真分数，反之则是假分数。在计算中，虽然除法和分数，分数和百分比也可以相互转化，但分数具有特定的含义，即分数是为了进行测量和均分的需要而引入的，并不是为了单纯的除法运算。

分数引入后，整数可以看作分母为 1 的分数。正整数、0、负整数、正分数、负分数都可以写成分数的形式，这样的数称为有理数（rational number）。或者说，有理数是整数和分数的统称。由于任何一个整数或分数都可以化为十进制循环小数，反之，每一个十进制循环小数也能化为整数或分数，因此，有理数也可以定义为十进制循环小数。有理数集是整数集的扩张。在有理数集内，加法、减法、乘法、除法（除数不为零）4 种运算通行无阻。在公元 5 世纪，有理数被认为是数的全部，除了整数和分数，再没有别的数了。

公元前 5 世纪，人们发现，当一个正方形的边长是 1 的时候，对角线的长 m 等于多少？是整数呢，还是分数？这个问题引起毕达哥拉斯学派[①]弟子希伯斯（Hippasus，公元前 625 年—公元前 547 年）的兴趣，他花费了很多的时间去钻研，最终希伯斯断言：m 既不是整数也不是分数，是当时人们还没有认识的新数，而这种数既不是整数也不是分数，不好理解，故称无理数（irrational number）。希伯斯的发现，推翻了毕达哥拉斯学派的理论，动摇了这个学派的基础，为此引起了他们的恐慌，数学史上将这一事件称为"第一次数学危机"。希伯斯也因发现无理数，触犯学派章程，被定为"渎神"的罪名，在国外流浪好几年后，在偷偷返回希腊的一条海船上，被毕达哥拉斯的忠实门徒发现，他们残忍地将希伯斯扔进了地中海。

在数学上，无理数是指实数范围内不能表示成两个整数之比的数。简单地说，无理数就是十进制下的无限不循环小数。如圆周率、$\sqrt{2}$ 等。有理数是由所有整数和分数组成，它们都可以化成有限小数或无限循环小数，如 22/7 等。有理数和无理数合称实数（real number）。

17 世纪，著名数学家、哲学家笛卡儿[②]创造了虚数（unreliable figure）的概念，虚数就是指数幂是负数的数，例如 $i^2 = -1$。因为当时的观念认为这是真实不存在的数字。后来发现虚数可对应平面上的纵轴，与对应平面上横轴的实数同样真实。虚数轴和实数轴构成的平面称复数平面，复数平面上每一点对应着一个复数，它是由实数和虚数一对数组成的

---

① 毕达哥拉斯（Pythagqras，公元前 885—公元前 400 年间），古希腊大数学家，他证明了许多重要的定理，例如：毕达哥拉斯定理（勾股弦定理）。毕达哥拉斯认为数学知识不仅可用来算题解题，还可扩大到哲学领域，用数的观点去解释世界，提出"万物皆是数"的观点，世界上的一切没有不可以用数来表示的。在他死后大约 200 年，他的门徒们把这种理论加以研究发展，形成了一个强大的毕达哥拉斯学派。

② 勒奈·笛卡儿（Rene Descartes，1596—1650 年），伟大的法国哲学家、物理学家、数学家、生理学家，解析几何的创始人。笛卡儿是欧洲近代资产阶级哲学的奠基人之一，黑格尔称他为"现代哲学之父"。他自成体系，熔唯物主义与唯心主义于一炉，在哲学史上产生了深远的影响。同时，他又是一位勇于探索的科学家，他所建立的解析几何在数学史上具有划时代的意义。

一个数。复数一般记为：$z = a + bi$，其中，a 为实部，b 为虚部，z 称复数。不是实数的复数，即为纯虚数。虚数同样具有实际意义，最典型的就是平面直角坐标系。同时，虚数也是微晶片和数字压缩算法设计中的核心工具，是引发电子学革命的量子力学的理论基础。

2. 数据

所谓数据，是对客观事物的符号表示，它是一组表示数量、行动和目标的非随机的可鉴别的符号。它可以是数字、字母、图形等符号。在计算机中，数据通常是指一切可以输入到计算机中并能被计算机程序处理的所有符号的总称。在计算机科学中，通过数据编码技术，文本、图形、图像、动画、视频、声音等都可以编码成计算机可处理的数据。

计算机的基本功能是运行程序，而程序是对数据的处理。在计算机中，数据都以二进制的形式存储在计算机各种各样的存储器中。在内存中，数据以字节为单位存储，占用计算机内存空间，由计算机操作系统负责内存空间的管理，内存中数据的含义由声明数据的程序中数据类型来决定。在外存等存储媒介中，数据以文件的方式存储，由对应的应用程序或数据管理系统存取、解析和操作。

4.1.2 数据抽象与数据类型

关于数据的研究，计算机和数学不同。数学作为理论科学，对数据的研究重点是数据的数学性质和逻辑关系。计算机科学中对于数据的研究，除了需要研究数据的数学性质外，还必须研究数据在计算机中的表示和存储，这种存储不仅存储数据本身，还应该存储数据之间的关系，最终通过程序实现对数据的处理。为此，提出了数据类型的概念。

所谓数据类型，就是对具有同类性质的数据的抽象，它是计算机程序设计语言中特有的概念，最早出现在 Algol 60 程序设计语言中。在计算机程序中，数据通过变量存储和访问，而变量属于某种特定的数据类型。数据类型决定了数据在计算机中所占的存储空间大小，同时，数据类型还决定了数据的性质，如数据的取值范围、操作运算等。

1. 数据类型决定变量存储空间的大小

在程序设计语言中，数据通过变量来存储。用户声明一个变量，即声明一个变量名及其数据类型。编译器既可以根据数据类型为该变量分配一段固定大小的内存空间，空间的大小决定了数据的取值范围。例如，在 C 语言中，变量声明语句如下：

int x,y;

该语句声明了两个整数类型变量 x 和 y，在对程序进行编译时，编译器将为变量 x、y 分别分配两个字节的存储空间，内存空间的名字分别为 x 和 y，程序可以通过变量名 x 和 y 对这两个内存单元进行读写操作，概念示例如图 4-1 所示。

不同的程序设计语言，可支持的数据类型不完全相同，常见的数据类型有：整数类型、实数类型、字符类型、布尔类型（逻辑类型）等，这些数据类型称

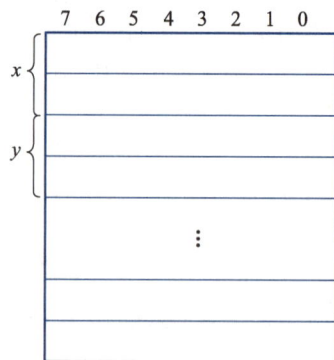

图 4-1 数据、变量和数据类型

为简单数据类型。除此之外，还可以定义数组、结构等复杂数据类型，即构造型数据类型。

数组是由固定数量的、相同类型的元素构成。数组的元素类型可以为简单类型，也可以为数组本身或结构等构造类型。数组元素在内存中占用连续的存储空间。对数组的操作就是对数组元素的操作，这通常通过数组名和元素下标来表示。例如，在 C 语言中，int ss[10] 即说明一个有 10 个整数组成的数组，其元素下标为 0~9。如果数组的元素本身又是一个数组，这样的数组称为二维数组。元素的访问方法也是通过数组变量名和元素下标来完成。

结构体是一种构造型数据类型，一般是由简单类型数据构造而成，主要用于描述具有多个属性的数据对象，如一个学生（包括姓名、性别、出生年月等属性）。对结构类型数据的操作就是对元素属性的操作，通常采用点记法的形式，即：结构变量名. 属性名。例如，在 C 语言中声明一个学生变量 p1，包含学号（sno）、姓名（name）、5 门课程成绩（score）等属性，其变量对应的内存结构如图 4-2 所示。

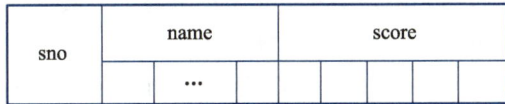

sno	name		score				
	...						

图 4-2　复杂数据类型变量示例

访问学生 p1 的学号，可以记为 p1.sno。学生成绩是结构体的成员，该成员又被定义为五个元素的数组，因此要访问该学生第一门课的成绩，可以写为 p1.score[0]。

2. 数据类型决定数据的取值范围

在计算机中，数据统一采用二进制存储，当数据类型决定了数据的存储空间大小后，也就意味着数据的取值范围也就确定了。例如，对于整数数据，如果占用两个字节，则数据的取值范围为 −32 768~32 767。如果是字符类型，采用 ASCII 编码，也就决定了每个 ASCII 字符的 ASCII 值在 0~255。可见，为了扩大数据变量的存储范围，就需要分配更大的存储空间。

3. 数据类型决定数据的操作运算

关于运算，通常意义下，运算有加（+）、减（−）、乘（×）、除（÷）算术四则运算，还有 "<" "≤" "=" ">" "≥" "≠" 等关系运算，以及 "not" "and" 和 "or" 等逻辑运算。不同运算的操作数不同。对应于数学中的上述运算特性，在计算机中，表现为数据类型决定数据操作运算。不同类型的数据，其可以实施的运算不同。

对于数据类型的上述性质，为数据在计算机中的表达和存储提供了具体的方法。同时，也使得程序能够对内存中存储的二进制比特能够正确的解析，从而获取正确的语义。可见，数据类型的概念对数据存储、保证程序语义的一致和严谨具有重要作用。此外，在程序运行中，数据的一致性检查还可以及时发现用户输入数据错误，使程序运行更加可靠。

4.1.3 数据结构

在问题求解中，不同的问题，其数据的含义各不相同。撇开数据的具体含义，单纯的研究数据之间的关系，把数据之间的联系称为结构（structure）。数据结构通常通过抽象数据类型（abstract data type，ADT）来描述，ADT 包括三个方面的内容，即数据、数据间的关系以及在相应存储结构下对数据的操作运算，即算法。

和数学不同，在计算机中，关于数据及其关系的研究必然要考虑数据的表示和物理存储。因此，数据结构又分为数据的逻辑结构和数据的物理存储结构两个方面。

1. 数据的逻辑结构

数据结构描述了数据以及数据之间的逻辑关系，数据之间的逻辑关系称为数据的逻辑结构。数据的逻辑结构一般有 4 种类型。

（1）集合：数据元素的关系非常松散，只描述数据元素是否同在一个集合中。

（2）线性结构：数据元素之间存在线性关系，也称先后关系，每个元素都有一个唯一的前导元素和一个唯一的后继元素，第一个元素没有前导，最后一个元素没有后继。

（3）树形结构：数据元素之间呈现层次关系，在树形结构中，每一个元素通常称为一个节点，每个节点（根节点除外）有一个父节点，一个节点可以有多个子节点。

（4）图状结构，也称图形结构，元素呈多对多的关系，在图状结构中每个元素称为一个顶点，图状结构又称网状结构。图结构可表达元素之间的任意关系。

2. 数据的存储结构

研究数据结构的目的是要在计算机中实现对数据的操作，要实现对数据的操作必须将数据在计算机中表示。对数据不同的存储，对数据操作的实现也不相同。我们把对数据结构在计算机中的表示称为数据的**存储结构**，又称**物理结构**。存储结构不但要存储数据本身，还必须表达和存储数据之间的关系，即数据的逻辑结构。

在计算机中，数据都是通过二进制串来进行存储的，不同类型的数据占用的存储空间不同。数据之间的关系在计算机中的表示一般分成顺序存储和链式存储两种。在顺序存储中，借助于数据在存储器中的相对位置表示数据之间的关系，例如：可以用数组来存储一个线性结构数据对象。在链式存储中，每个数据元素存储为一个节点，每个节点有一个或多个指针，指向其他的节点，指针表示了节点（数据元素）之间的逻辑关系。

（1）顺序存储结构

在计算机中，所谓**顺序存储**是指用一组地址连续的存储单元依次存储数据集合中的元素。每个存储单元的大小，即所占据的内存空间的字节数由元素的数据类型决定。顺序存储结构非常适合存储线性表，例如：设线性表中每个元素占用 l 个存储单元，线性表的第一个元素存储位置为 $\text{loc}(a_1)$，则第 i 个元素的存储位置为：

$$\text{loc}(a_i) = \text{loc}(a_1) + (i-1) * l$$

存储位置表示了元素之间的关系，因此，元素的位置可以直接计算得到，这样可以使得该数据结构下的许多算法容易实现，并且效率较高，时间复杂性通常为一个常数。

顺序存储结构虽然可以用元素的存储位置表示元素之间的关系，但是如果元素集合很大，顺序存储要求一块很大的连续的内存空间，这在操作系统的存储管理上可能无法满足。

（2）链式存储结构

数据的链式存储结构是指数据无须使用连续空间存储，数据之间通过指针或引用将数据元素按逻辑顺序连接起来。链式存储最大的缺点是无法用元素的存储位置表示元素之间的关系，它需要增加指针，通过指针表示元素之间的关系。所谓指针，就是一个内存地址，它指向了一个特定的存储单元。利用指针表达元素之间的关系，指针增加了数据结构的存储空间要求。另外，对元素的许多操作算法，在实现上也变得较为麻烦，效率较低。但是，链式存储大大增加了数据结构的灵活性，它无须事先指定元素的个数，元素个数的多少可以在程序的运行过程中有具体的需要来决定，这比数组结构必须事先确定数组元素的个数的方法更加灵活。

数据结构和算法总是联系在一起的，没有算法的需求单纯研究数据的组织毫无意义；反过来，没有数据结构的支撑，单纯的算法将难以描述和编程实现。两者的结合，对问题的求解给出了一个理论上和物理上的完整方案，将一个复杂的实际问题变成了可编程的计算机求解问题。因此，学习和掌握一定的数据结构知识对于培养计算机编程能力至关重要。

▶▶ 4.2 线性结构

在现实世界中，许多问题中涉及的数据都表现为一种有序关系，例如：银行、医院等服务窗口排队问题。我们可以将这类问题抽象成一种线性结构。所谓线性结构（linear structure），就是一种描述元素先后关系的数据结构。线性结构具有如下特点：① 存在一个唯一的称为"第一个"的数据元素，存在一个唯一的称为"最后一个"的数据元素；② 除了"第一个"元素以外，每一个元素都有一个唯一的前驱元素，第一个元素没有前驱；除"最后一个"数据元素外，每一个元素都有一个唯一的后继元素，最后一个元素没有后继。

▶ 4.2.1 排队问题

在我们的工作和生活中，经常会遇到排队的情况，例如：银行业务、医院挂号、车站购票等服务窗口的排队，高速收费站、机场安检等，从公平合理的原则出发，他们都采用了先到先服务的原则。除此之外，还有一些队列是不能采用先到先服务原则的，例如：火车站的车辆调度，机车从一个轨道上依次进入停车场，却只能按照相反的顺序出来。

在早期的许多窗口服务中，多个窗口通常需要有多个队列，人们通常是根据队伍的长短来决定自己站到哪个队列中。而实际的情况是，由于每个人办理业务所需要的时间可能不同，选择队伍短的队列不一定比后来的人更早地得到服务。后来，出现了"排队机"，将所有的顾客在逻辑上进行编号，建立一个统一的逻辑队列。大家不再需要到不同窗口排队，各个窗口从逻辑队列中叫号，被叫时再到指定的窗口，保证了先来的客户比后来的客户先得到服务。

在多个窗口的系统中，排队机不仅实现了先到先服务的原则，同时，还可以动态调整窗口开放的数量，减少排队等待时间，减少各窗口工作人员工作量不平衡等问题，提高了整体的服务质量。排队问题是个常见的问题，抛开具体对象，对排队现象进行抽象，它反映的是数据元素之间的一种线性关系，是一种典型的线性数据结构。

▶ 4.2.2 线性表

线性表（linear list）是一个具有 n（$n \geq 0$）个数据元素的有序序列。在不同的应用情况下，数据元素的含义不同，它可以是一个数、字符或一个任意的对象。

线性表的形式定义如下：

$$\text{linear\_list} = (\mathbf{D}, \mathbf{R})$$

其中，$D = \{a_i \mid a_i \in D_0, i = 1, 2, \cdots, n, n \geq 0\}$；$R = \{N\}$，$N = \{\langle a_{i-1}, a_i \rangle \mid a_{i-1}, a_i \in D_0, i = 2, 3, \cdots, n, n \geq 0\}$。

D_0 为性质相同的数据元素的集合。关系 R 是有序偶的集合，它表示元素集中数据元素之间的相邻关系，元素 a_{i-1} 是 a_i 的前导，a_i 是 a_{i-1} 的后继。线性表中数据元素的个数 n 称为线性表的长度。$n = 0$ 时，线性表称为空表。$n > 0$ 时，线性表记作：

$$(a_1, a_2, \cdots, a_n)$$

1. 线性表的基本操作

线性表是一种非常灵活的数据结构，对线性表的常用操作有以下几种。

（1）Length(L)：求线性表的长度，返回线性表中数据元素的个数。

（2）Get(L,i)：取元素操作，返回线性表 L 中的第 i 个元素，$1 \leq i \leq \text{Length}(L)$。

（3）Locate(L,x)：定位操作，给定值 x，判断线性表中是否有和 x 相同的元素。如果存在，返回第一个和 x 相同的元素在线性表中的位序；否则，返回 0。

（4）Prior(L,e)：前导函数，返回线性表 L 中元素 e 的前导元素。如果 e 为第一个元素，返回空。

（5）Next(L,e)：后继函数，返回线性表 L 中元素 e 的后继元素。如果 e 为最后一个元素，返回空。

（6）Insert(L,i,e)：插入操作，在线性表 L 的第 i 个元素的前面插入一个元素 e。成功插入后，线性表的长度加一。

例如：插入前的线性表为：$L = (a_1, a_2, \cdots, a_{i-1}, a_i, \cdots, a_n)$，则执行 Insert(L,i,e) 插入操作后线性表 L 变为：$L = (a_1, a_2, \cdots, a_{i-1}, e, a_i, \cdots, a_n)$，元素 a_{i-1} 和 a_i 之间的相邻关系被改变。

（7）Delete(L,i)：删除操作，将线性表 L 的第 i 个元素删除。

例如：删除前的线性表为：$L = (a_1, a_2, \cdots, a_{i-1}, a_i, a_{i+1}, \cdots, a_n)$，则执行删除操作后线性表 L 变为：$L = (a_1, a_2, \cdots, a_{i-1}, a_{i+1}, \cdots, a_n)$，元素 a_{i-1} 和 a_{i+1} 成为相邻的元素，线性表的长

度减一。

2. 线性表的存储结构

在任何逻辑结构上定义的操作算法，必须在特定的存储结构下才能够实现。存储结构必须将逻辑结构中的数据和数据之间的关系表达出来。

（1）线性表顺序存储结构

顺序结构通过元素之间的物理存储位置表示线性表中元素之间的逻辑关系，对线性表中的数据元素可以随机存取，这使得线性表的许多操作变得简单和高效。如：取元素函数 Get(L,i)在实现上将只需要一个函数返回语句，而无须对数据结构进行遍历操作。

线性表的顺序存储结构可以用数组来表示，类型定义如下：

```
typedef struct l {
    ElementType elements[1..MAXSIZE];   // 元素数组, 存储线性表数据, 其中 ElementType 表示
                                        // 元素数据类型, MAXSIZE 表示最大元素个数
    int length;                         // 线性表的实际长度
} SqList
```

在此顺序存储结构下可以实现线性表的各种操作运算。

【例 4-1】 设线性表采用顺序存储结构，写出其主要操作的实现算法。

算法 4-1 顺序存储结构中的线性表操作算法。

```
///////////////////////////////////////////////////////////////////
// ① Length(L)操作, 返回线性表 L 的长度。
int Length(const SqList *l)
{
    return (*l).length;
}
///////////////////////////////////////////////////////////////////
// ② Get(L,i)操作, 返回线性表 L 的第 i 个元素。
ElementType Get(const SqList *l,int i)
{
    if (i<=(*l).length)
        return (*l).elements[i];
    else
        printf("Error");
}
///////////////////////////////////////////////////////////////////
// ③ Locate(L,x), 定位操作, 判断线性表 L 中是否有和 x 相同的元素。
// 如果存在, 返回第一个和 x 相等的元素在线性表中的位序; 否则, 返回 0。
int Locate(const SqList *l,ElementType x)
{
    for (int i=1;i<=(*l).length;i++)
```

```
            if ( x = = ( * l). elements[ i ])
                    return i;
        return 0;
    }
////////////////////////////////////////////////////////////////////////////////////
// ④ Insert(L,i,e), 插入元素操作, 在线性表 L 的第 i 个元素前插入一个元素 e。
void Insert(SqList  * l, int i, ElementType e)
    {
        if (( * l). length = = 0)
        {
            ( * l). elements[ 1 ] = e;
            ( * l). length  =  1;
        }
        else
        {
            for ( int j = ( * l). length; j > = i; j− −)
                ( * l). elements[ j+1] = ( * l). elements[ j];
            ( * l). elements[ i ]  =  e;
            ( * l). length ++;
        }
    }
////////////////////////////////////////////////////////////////////////////////////
// ⑤ Delete(L,i), 删除操作。删除线性表 L 中的第 i 个元素。
void Insert(SqList &l, int i)
    {
        if ( i < =l. length)
        {
            for ( int j = i+1; j < =l. length; j++)
                l. elements[ j−1] =l. elements[ j];
            l. length − −;
        }
    }
```

说明：在上述程序代码中，对于函数形式参数，我们使用了指针类型和引用型，在指针类型函数参数中，对于 Length 操作和 Get 操作，在指针类型参数前我们使用了 C 语言的常量修饰符 const，其目的是避免函数内部对实际参数变量的修改，因为 Length 操作和 Get 操作只是要取得线性表的长度和返回元素。此外，在 Insert 操作和 Delete 操作中，操作需要修改线性表，因此使用指针类型或引用型参数，两者功能相同，使用引用型形式参数，程序代码书写更简单一些。此外，对于数组存储，我们设从下标 1 存储第一个元素。

（2）线性表的链式存储结构

对于线性表，由于线性表的长度是不确定的，因此，在很多场合下，可通过链式存储结构来存储，链式存储结构数据类型定义如下：

```
typedef structt {
        ElementType data;
        struct t  * next;
} Node;
Node  * SqListHead;
```

其中，SqListHead 为线性表的头指针，内存结构如下：

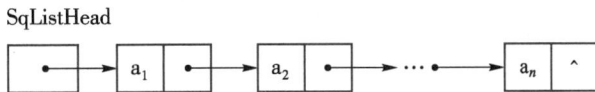

【例 4-2】 设线性表采用链式存储结构，写出线性表在链式存储下 Length 操作和 Insert 操作的实现算法。

算法 4-2 链式存储结构中线性表的 Length 操作和 Insert 操作算法。

```
/////////////////////////////////////////////////////////////////////////
// ① get the length of a linar list
int Length(const Node  * l)
{
    int len = 0;
    while (l! = NULL)
    {
        len++;
        l = l->next;
    }
    return len;
}
/////////////////////////////////////////////////////////////////////////
// ② Insert an element into a linar list
void Insert(Node  * l, int i, ElementType e)
{
    int j;
    Node  * newone, * temp;
    newone = (Node  * )malloc(sizeof(Node));
    newone->data = e;
    // 如果在第一个元素前插入元素
    if (i == 1)
    {
```

```
            if (l==NULL) {    // 如果是一个空表，表头指针指向该节点
                newone->next=NULL;
                SqListHead=newone;
            }
            else
            {
                newone->next=SqListHead;
                SqListHead=newone;
            }
        }
        // 在表中间插入元素，temp 指向第 i 个元素的前面一个元素
        else
        {
            temp=SqListHead;
            j=1;
            while (j<=i-1)
            {
                temp=temp->next;
                j++;
            }
            newone->next=temp->next;
            temp->next=newone;
        }
    }
```

通过上述的代码可以看出，同样的操作，在不同的存储结构中，其算法的实现也不相同，其算法的效率可能悬殊较大。例如，对于求线性表的长度操作，在顺序存储下，其时间复杂度为 $O(1)$，但在链式存储下，却需要遍历整个单链表，时间复杂度为 $O(n)$。反过来，对于插入操作，在顺序存储下，需要大量的元素搬移，在链式存储下，则无须搬移操作。

▶ 4.2.3 堆栈与队列

堆栈（stack）与队列（queue）是两种常用的线性结构，它描述了现实世界中的许多情景，例如：银行等服务窗口的排队问题、铁路站台的机车调度、洗碗机的餐具摆放和取出问题等。队列和堆栈结构是许多现实问题重要的数学模型。

1. 栈及其操作

堆栈是一种限定只在表尾进行插入和删除操作的线性表，是一种先进后出（first in last out，FILO）的线性表，它在递归算法、函数调用、面向对象程序设计等许多方面有着重要应用。从数据结构的角度讲，栈是一种操作受限的线性表，它的插入和删除操作只能

在表的一端进行。我们把能够进行插入和删除操作的一端称为"栈顶"，另一端称为"栈底"。堆栈结构如图 4-3 所示。

（1）栈的基本操作

栈是一种操作受限的线性表，对栈的操作主要包括以下几种。

① InitStack(S)：初始化栈操作，将栈 S 设为空。

② Push(S,x)：入栈操作，将元素 x 压入栈 S，成为新的栈顶元素。

③ Pop(S)：出栈操作，S 为堆栈，若 S 不为空，返回 S 的栈顶元素，且从栈中删除该栈顶元素（退栈）。如果堆栈为空，则函数返回值为 NULL。

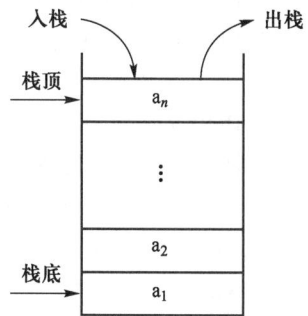

图 4-3　堆栈操作示意图

④ Gettop(S)：取栈顶元素操作，S 为堆栈，若 S 不为空，返回 S 的栈顶元素。如果堆栈为空，则返回值 NULL。

⑤ Empty(S)：判断堆栈 S 是否为为空，若栈 S 为空，返回 True，否则返回 False。

（2）栈的表示和实现

栈可以用顺序存储结构和链式存储结构来存储，和线性表相比，采用链式存储结构对栈的操作更容易实现，其元素节点结构定义同线性表的链式结构。另外，为了操作方便，可以定义下面的结构来封装栈顶、栈底指针，结构定义如下：

```
typedef struct s{
    Node * base;   // 栈底指针，Node 为元素节点类型，同线性表的链式结构定义
    Node * top;    // 栈顶指针
    int length;    // 元素个数
};
```

读者可以参考线性表的顺序存储结构和链式存储结构定义，完成栈的存储结构定义，并写出栈操作的具体实现算法。

2. 队列

和堆栈不同，队列是一种先进先出（first in first out，FIFO）的线性表。只能在表的一端进行插入操作，在另一端进行删除操作。允许插入的一端称为队尾（rear），允许删除的一端称为队首（front）。假设队列为 $Q=(a_1, a_2, \cdots, a_n)$，队列中的元素按照 $a_1, a_2, \cdots, a_n$ 的顺序依次进入队列，又按照相同的顺序依次从队列中删除，如图 4-4 所示。

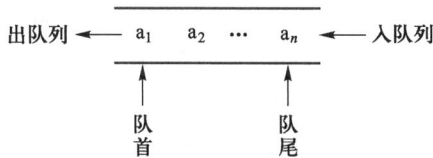

图 4-4　队列示意图

（1）队列的基本操作

① InitQueue(Q)：初始化队列操作，设置一个空的队列 Q。

② EntQueue(Q,x)：入队操作，将元素 x 插入到队列 Q 的尾部，成为队列新的队尾元素。

③ DelQueue(S)：出队列函数，若队列 Q 不为空，返回 Q 的队首元素，且将队首元素从队列中删除。如果队列 Q 为空，则函数返回值为 NULL。

④ GetHead(S)：取队首元素，若队列 Q 不为空，返回 Q 的队首元素。如果队列为空，则函数返回值为 NULL。

⑤ Size(Q)：队列大小函数，返回队列 Q 当前所包含的元素个数。

（2）队列的表示和实现

队列的表示同样可以采用静态数组和动态单链表实现，与一般线性表的存储结构类似，在此省略。由于队列操作分别在两端进行，因此，采用静态存储时，其入队和出队操作比普通线性表的插入和删除操作更加复杂，通过队首指针和队尾指针，可以避免因为出队操作带来的元素搬移。具体的实现算法请大家自行完成。

▶▶ 4.3 树形结构

在我们的实际生活中，有许多数据之间的关系表现为层次关系，例如，人类社会的家族族谱、各种社会组织机构的设置、一本书的章节目录，问题决策、博弈等，这些数据之间的关系都是一种层次关系。层次关系可以用树形结构来描述和建模，换句话说，树形结构是一种用于描述层次关系的数据结构。在组织结构中，树形结构层次清晰、权限分明，但也存在管理死板，个别调整导致大量关系变化、容易出现失衡等不足。

▶ 4.3.1 博弈与决策问题

在现实世界中，博弈和决策是两类常见的问题，对这类问题的求解过程可以用图形来描述，这种图形就像一棵自然界中的树，因此分别称为博弈树和决策树。

1. 博弈与博弈树

弈，围棋之意。狭义地讲，博弈即下棋，对弈。现代意义上，博弈不再专指棋类游戏，博弈一词已经泛化，它泛指在一定的游戏规则约束下，基于直接相互作用的环境条件，各参与者依靠所掌握的信息，选择各自策略（行动），以实现利益最大化和风险成本最小化的过程。简单说就是参与者之间为了谋取利益而竞争，其根本目标就是要让自己"赢"。生活中博弈的案例很多，只要有涉及人群的互动，就有博弈。除了人与人之间的博弈外，还有组织之间的博弈，国家之间的博弈等。

博弈的过程通常可以用一棵树来描述，即博弈树（game tree），它描述了博弈的过程和可能的结果。博弈树有一个起始节点，代表赛局中某一个情形，接着下一层的子节点是原来父节点赛局下一步的各种可能性，依照这种规则扩展直到赛局结束。例如，对于井字游戏（两个玩家，一个打圈○，一个打叉×，轮流在 3×3 的格上打自己的符号，最先以横、直、斜连成一线为胜。），博弈的过程可以用下列树状图形来描述，如图 4-5 所示。

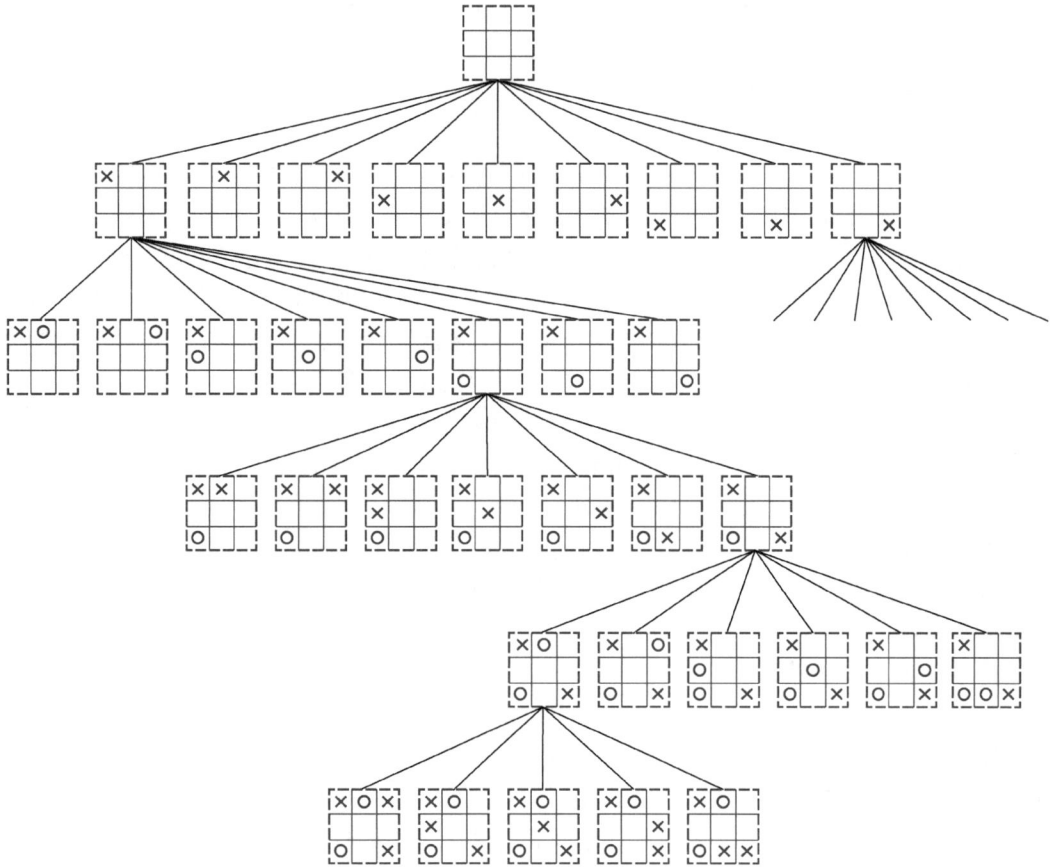

图 4-5 "井字棋"博弈树示例

井字游戏看上去似乎非常简单，但其过程却相当复杂。从理论上讲，设×是先手，其开局有 9 种可能，接下来○应对，每一种情况会有 8 种可能，从而完成第一轮交手。然后进入第二轮，第三轮。要确定胜负或平局，至少需要进行三轮，从第三轮开始，如果不能确定胜负，则进入第四轮，此时共填写 4 个×和 4 个○，如果还不能确定胜负，最后一个位置由先手×占据。对于井子棋，因为有 9 个格，可以看出树的高度最高为 9 层，第一层有 9 种选择，第二层有 9×8 = 72 种选择，第三层有 9×8×7 = 504 种选择，依次类推，则第八层有 9×8×7×6×5×4×3×2 = 362 880 种走法。最后一步，只剩一个格，由先手×占据，可见最终结果是 362 880 种状态。

在全部的 362 880 种状态中，有大量的状态是中间就已经确定了胜负，无须进一步往下走，即对应的后续走法可以"剪"枝。这样，当获胜导致游戏结束时，则只剩下 255 168 种可能的棋局。若×是先手，则 131 184 种棋局为×获胜，77 904 种棋局为○获胜，46 080 种棋局为平局。由于这种游戏结构简单，成为早期人工智能研究的一个典型题目。学生可以从既有的玩法中，归纳出游戏的制胜之道，并将策略演绎成为程序，让计算机与人对弈。

1952 年，剑桥大学的道格拉斯（Alexander Shafto Douglas）开发出了史上第一款基于井字棋的电脑游戏 Noughts&Crosses（○×○），该游戏在 EDSAC 计算机上运行，游戏通过一个阴极射线管（CRT）显示图形界面，玩家可以通过拨号输入设备与计算机对战。道格拉斯开发这款游戏并不是为了娱乐，而是作为他博士论文的一部分，他的研究方向是人机交互。道格拉斯不是传统意义上的游戏开发者，但他的工作对电子游戏的历史产生了深远影响，○×○ 被认为是世界上第一个图形化电脑游戏，标志着计算机从纯粹的科学计算工具向交互式娱乐设备的转变，为后来的电子游戏开发奠定了基础。

1996 年 2 月 10 日，美国 IBM "深蓝" 计算机首次挑战国际象棋世界冠军卡斯帕罗夫，但以 2∶4 落败，比赛在 2 月 17 日结束。其后研究小组把深蓝加以改良，1997 年 5 月再度挑战卡斯帕罗夫，比赛在 5 月 11 日结束，最终 "深蓝" 计算机以 3.5∶2.5 击败卡斯帕罗夫，成为首个在标准比赛时限内击败国际象棋世界冠军的计算机系统。

有关博弈问题的研究已经发展成一个独立的数学分支，即博弈论（game theory），它是研究在多决策主体之间行为具有相互作用时，各主体根据所掌握信息及对自身能力的认知，做出有利于自己的决策的一种行为理论。在经济学、管理科学、国际关系、政治学、军事战略、计算机科学和其他很多学科都有广泛的应用。博弈论主要研究公式化了的激励结构间的相互作用，是研究具有斗争或竞争性质现象的数学理论和方法，是运筹学的一个重要研究领域。

2. 决策问题与决策树

我们在处理问题时，常常会面临几种可能出现的自然情况，同时又存在着几种可供选择的行动方案。此时，需要决策者根据当前状态和已知信息做出决策，即选择出一种行动方案，这样的问题称为决策问题。上面谈到的博弈问题也是决策问题。

和博弈问题不同，决策问题通常还涉及各种情况发生的概率，在此基础上进行计算和推演。决策问题的求解过程可以很自然地用树状图形来描述，这就是决策树（decision tree），它是一种直观的运用概率，进行可行性决策分析的图解方法，常用于项目风险评价等领域。下面举例说明决策树的概念及应用。

某企业准备投资一个新的项目，市场预测表明：产品销路好的概率为 0.7；销路差的概率为 0.3。有三种可选方案：① 建设大型工厂，需要投资 1000 万元，可使用 10 年。若产品销路好，每年可赢利 200 万元；若销路不好，每年将亏损 50 万元。② 建设小型工厂，需投资 300 万元。若销路好，每年可赢利 70 万元；若销路不好，每年也会赢利 50 万元。③ 先建设小型工厂，若销路好，3 年后扩建，扩建需投资 500 万元，可使用 7 年，扩建后每年会赢利 180 万元。针对上述三种可选方案，企业如何选择？

这是一个决策问题，它比博弈问题更加复杂，问题的求解需要根据各种概率进行计算和分析，求解过程可以描述成决策树，如图 4-6 所示。

决策树通常由决策点、状态节点和结果节点组成，各点期望如下：

点②：$0.7×200×10+0.3×(-50)×10-1000$（大厂投资）$=250$（万元）

点⑤：$1.0×180×7-500$（扩建投资）$=760$（万元）

点⑥：$1.0 \times 70 \times 7 = 490$（万元）

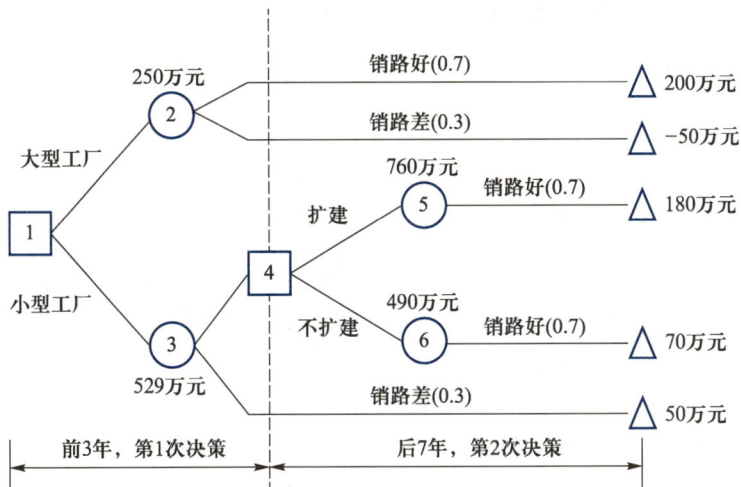

图 4-6 决策树示例

比较决策点④的情况，可以看到，由于点⑤（760 万元）与点⑥（490 万元）相比，点⑤的期望利润值较大，因此应采用扩建的方案，而舍弃不扩建的方案。把点⑤的 760 万元移到点④来，可计算出点③的期望利润值。

点③：$0.7 \times 70 \times 3 + 0.7 \times 760 + 0.3 \times 50 \times (3+7) - 300$（小厂投资）$= 529$（万元）

最后，比较决策点①的情况，由于点③（529 万元）与点②（250 万元）相比，点③的期望利润值较大，因此取点③而舍点②。这样，相比之下，建设大型工厂的方案不是最优方案，合理的策略应采用前 3 年建小型工厂，如销路好，后 7 年进行扩建的方案。

▶ 4.3.2 树形结构

在计算机科学中，树结构是指元素间具有层次关系的非线性结构，元素之间用分支来连接，非常类似于自然界中的树。树的定义如下：

树（tree）是 n（$n \geq 0$）个节点的有限集。在一棵非空树中：① 有且仅有一个特殊的节点，称为树根（root）；② 当 $n>1$ 时，其余节点可分为 m（$m>0$）个互不相交的有限集 $T_1, T_2, \cdots, T_m$，且其中的每一个集合也是一棵树。$T_1, T_2, \cdots, T_m$ 称为根的**子树**。

1. 树的表示

树是由一系列**节点**构成的，每个节点都包含一个数据元素及若干指向其子树的分支，树形结构一般表示如图 4-7 所示。

对于树的层次关系还可以用其他的几种表示形式，例如：嵌套集合表示法、凹入表示法等，如图 4-8 所示。

2. 常用术语

在一棵树 T 中，任一节点 v 拥有的子树的个数称为**节点的度**（degree），记作 d(v)。例如，图 4-7 中，节点 A 的度为 d(A)$=3$，节点 F 和 G 的度为 d(F)$=0$，d(G)$=3$。度为

0 的节点称为**叶子**（leaf）或**终端节点**。度不为 0 的节点称为**非终端节点或分支节点**。除根节点外，分支节点又称为内部节点。树中所有节点度的最大值称为**树的度**。

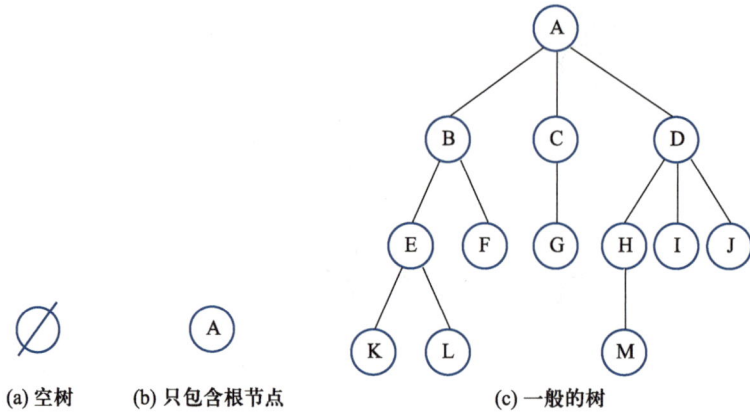

(a) 空树   (b) 只包含根节点   (c) 一般的树

图 4-7　树形结构

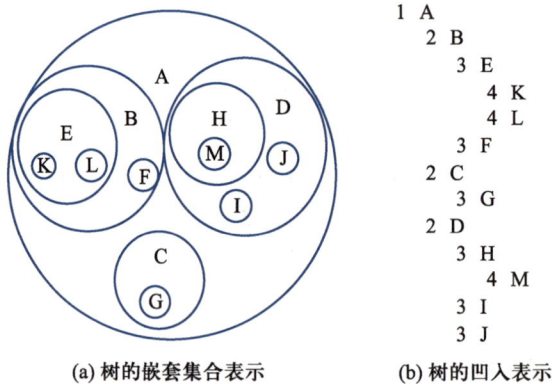

(a) 树的嵌套集合表示   (b) 树的凹入表示

图 4-8　树形结构的其他表示形式

节点的子树的根称为该节点的**孩子**（child），该节点称为孩子的**双亲**（parent）。例如，在图 4-7 中，节点 A 有三棵子树，分别是 B、C 和 D，则节点 B、C 和 D 是节点 A 的孩子，节点 A 是节点 B、C 和 D 的双亲。同一双亲的孩子节点称为**兄弟**（sibling）。例如，节点 B、C 和 D 的双亲均为 A，因此，B、C 和 D 为兄弟。节点的**祖先**是从根节点到该节点所经分支上的所有分支节点。例如，节点 L 的祖先为 E、B 和 A。反之，以某节点为根的所有的子树节点中的任一节点都称为该节点的**子孙**。如，节点 B 的子孙有 E、F、K、L。

树描述了数据的层次结构，从树的根开始，称为树的第一层，根的孩子节点为第二层，以此类推。若某节点在第 l 层，则其子树的根在 $l+1$ 层。双亲在同一层的节点互为**堂兄弟**。树中节点层数的最大值称为树的**深度**（depth）。

▶ 4.3.3　二叉树

二叉树（binary tree）是 n（n≥0）个节点的有限集合，或者是空集，或者是由一个根和称为左右子树的两个不相交的二叉树构成。二叉树和树是两个不同的概念，区别包括：① 树的子树没有顺序，二叉树的两棵子树有左右之分。② 树中节点的度是任意的，二叉树中每个节点的度不能大于 2。二叉树共有 5 种不同的形态，如图 4-9 所示。

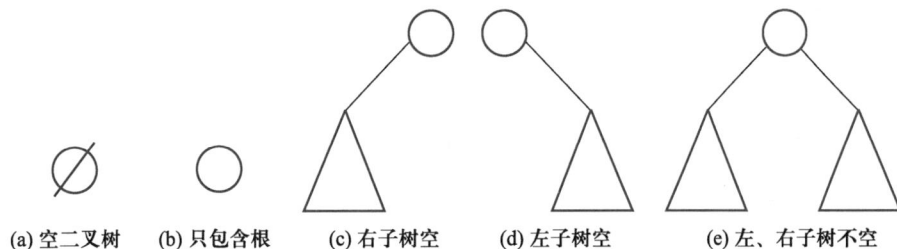

(a) 空二叉树　(b) 只包含根　(c) 右子树空　(d) 左子树空　(e) 左、右子树不空

图 4-9　二叉树的 5 种形态

虽然二叉树和树有许多联系，但二叉树不是树的特殊情形。例如：在图 4-9 中，如果（c）和（d）的根相同，并且（c）的左子树和（d）的右子树一样，那么作为树（c）和（d）是一样的，但作为二叉树，两者则是不同的两棵二叉树。

二叉树具有下列重要特性。

性质 1　在二叉树的第 i（$i \geqslant 1$）层上的节点数最多为 2^{i-1}。

下面用递归法证明该性质。

当 $i=1$ 时，只有一个根节点。显然，$2^{i-1}=2^{1-1}=1$，命题成立。

假定对所有的 $1 \leqslant j < i$ 命题成立，即在 j 层的节点数最多为 2^{j-1}。现证明 $j=i$ 时命题成立。

由归纳假设知，第 $i-1$ 层上节点的最大数目为 2^{i-2}。由于二叉树中每个节点的度最大为 2，因此，第 i 层上节点的最大数目为第 $i-1$ 层上节点数目的 2 倍，即为 $2^{i-2} \times 2 = 2^{i-1}$。

故，命题成立。

性质 2　深度为 k 的二叉树至多有 $2^k - 1$ 个节点。

由性质 1 可知，在二叉树的第 i（$i \geqslant 1$）层上的节点数最多为 2^{i-1}。深度为 k 的二叉树的节点数最多为：

$$\sum_{i=1}^{k} (第 i 层节点的最大数) = \sum_{i=1}^{k} 2^{i-1} = 2^k - 1$$

故，命题成立。

性质 3　对于任意二叉树 T，假设终端节点数为 n_0，度为 2 的节点数为 n_2，则有 $n_0 = n_2 + 1$。

设二叉树 T 中度为 1 的节点数为 n_1，由于二叉树中所有节点的度均小于等于 2，因此二叉树中总的节点个数为：

$$n = n_0 + n_1 + n_2 \tag{4-1}$$

下面来看二叉树中的分支，在二叉树中，每一个节点引出的分支数目为该节点的度，因此总的分支数为：

$$B = n_1 + 2n_2 \tag{4-2}$$

另外，在一棵二叉树中，除了根节点以外，每一个节点都是由一个分支引出，因此有

$$B = n - 1 \qquad\qquad (4\text{-}3)$$

根据式（4-2）和式（4-3），$n_1 + 2n_2 = n - 1$，$n = n_1 + 2n_2 + 1$。代入式（4-1）得 $n_1 + 2n_2 + 1 = n_0 + n_1 + n_2$，得 $n_0 = n_2 + 1$。

接下来介绍两种特殊的二叉树——满二叉树和完全二叉树。

若深度为 k 的二叉树且节点个数恰好为 $2^k - 1$，则称它为深度为 k 的**满二叉树**（full binary tree）。图 4-10 所示为深度为 4 的满二叉树。

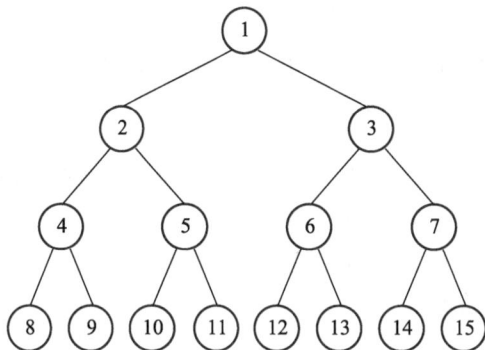

图 4-10　深度为 4 的满二叉树

深度为 k 并且具有 n 个节点的二叉树是一棵**完全二叉树**（complete binary tree），当且仅当其每一个节点都与深度为 k 的满二叉树中编号为 $1 \sim n$ 的节点一一对应，否则为非完全二叉树，图 4-11 和图 4-12 所示为深度为 4 的完全二叉树和非完全二叉树的例子。

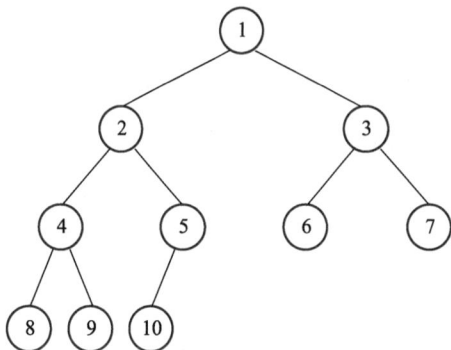

图 4-11　深度为 4 的完全二叉树　　　　图 4-12　深度为 4 的非完全二叉树

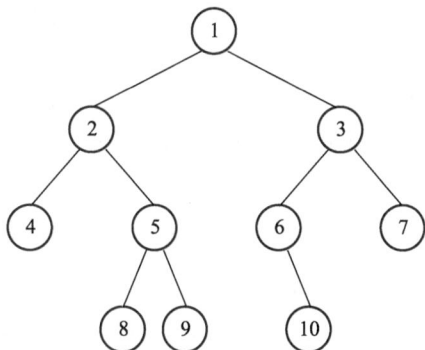

性质 4　具有 n 个节点的完全二叉树其深度为 $\lfloor \log_2 n \rfloor + 1$。

证明：设具有 n 个节点的完全二叉树其深度为 k，则有：

$$2^{k-1} - 1 < n \leq 2^k - 1$$

其中，$2^{k-1} - 1$ 和 $2^k - 1$ 分别为深度为 $k-1$ 和深度为 k 的满二叉树节点的数目。因此有：

$$2^{k-1} \leq n < 2^k$$

即：$k-1 \leqslant \log_2 n < k$。

因为 k 为整数，因此有：$k=\lfloor \log_2 n \rfloor +1$。命题得证。

性质 5   对一棵具有 n 个节点的完全二叉树中的节点，从根开始，按照从上到下，自左至右的顺序连续编号为 $1\sim n$，则对于任意节点 i（$1 \leqslant i \leqslant n$）有：

（1）如果 $i=1$，则节点 i 是二叉树的根。若 $i>1$，则节点 i 的父节点的编号为 $\lfloor i/2 \rfloor$。

（2）如果节点 i 有左孩子，即 $2i \leqslant n$，则节点 i 左孩子的编号为 $2i$。

（3）如果节点 i 有右孩子，即 $2i+1 \leqslant n$，则节点 i 右孩子的编号为 $2i+1$。

证明：首先证明（2）和（3），由（2）和（3）可以推出（1）。归纳证明如下。

对于 $i=1$：节点 $i=1$ 为根节点，根据编号原则，如果存在左右孩子，编号应该分别为 2 和 3。即：节点 $i(i=1)$ 的左孩子编号为 $2(2i=2)$；节点 $i(i=1)$ 的右孩子编号为 3（$2i+1=3$）。因此，性质 2、3 成立。

对于 $i>1$：假设对于节点序号 $1<j<i$ 时，性质 2、3 成立，即：节点 j 的左孩子编号为 $2j(2j \leqslant n)$，右孩子编号为 $2j+1(2j+1 \leqslant n)$。下面证明 $j=i$ 时命题成立。

对于任意两个编号连续的节点 $i-1$ 和 i，存在下面两种情况：① 节点 $i-1$ 和节点 i 在同一层（图 4-13（a））；② 节点 $i-1$ 和节点 i 在相邻的两层，其中节点 $i-1$ 为上一层的最后一个节点，节点 i 为下一层的第一个节点（图 4-13（b））。

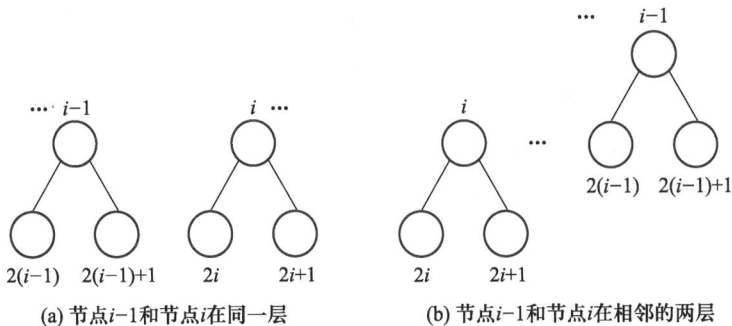

(a) 节点 $i-1$ 和节点 i 在同一层　　　　　(b) 节点 $i-1$ 和节点 i 在相邻的两层

图 4-13　两个编号连续的节点的关系

因为，节点 $j(1<j<i)$ 的左孩子编号为 $2j(2j \leqslant n)$，右孩子编号为 $2j+1(2j+1 \leqslant n)$，因此节点 $i-1$ 的左孩子节点编号为 $2(i-1)$，右孩子节点编号为 $2(i-1)+1=2i-1$。因此对于情况（a），如果节点 i 存在左右孩子，其编号应分别为 $(2i-1)+1=2i$ 和 $2i+1$。即当 $j=i$ 时性质 2、3 成立。

由性质 2 和性质 3 可知，对于任意节点 i 其父节点的编号为 $\lfloor i/2 \rfloor$，命题成立。

从性质 5 我们可以得到一个重要的应用，对于一棵完全二叉树，我们可以采用顺序存储，因为任一节点 i，可以计算它的父节点（$\lfloor i/2 \rfloor$）、左儿子（$2i$）和右孩子（$2i+1$）的存储位置，也就是说顺序存储结构能够存储满二叉树节点之间的关系，即对满二叉树，可以采用简单的顺序存储结构。这使得满二叉树的操作将变得更加简单，时间复杂度也会降低，这是一般的树形结构很难做到的。

4.3.4　常用操作及应用

在实际应用中，可以用树结构来建模许多问题，将树的概念应用于问题描述和求解可以有效地找到问题求解的思路和方向，对问题简化和建模，从而设计有效的求解算法。

1. 树的常见操作

在树形结构中，二叉树是最重要的树形结构。这不仅体现在有许多问题可以用二叉树描述，例如：数的分类、折半查找等。此外，根据二叉树的性质 5，甚至可以实现二叉树的顺序存储，从而大大简化一些二叉树的操作算法。但是，现实的情况是，不是所有的问题都可以描述成二叉树，例如：博弈问题等。在树的操作中，最基本的操作就是树的遍历。

根据树的递归定义，树的遍历可以分成两大类：① 先根遍历，即先访问根，然后遍历每一棵子树；② 后根遍历，即先遍历每一棵子树，最后再访问根。这里所说的"访问"具有广泛的含义，可以是对节点信息的任意操作。以二叉树为例，我们简要介绍树的存储及遍历算法。

假设二叉树采用链式存储结构，具体定义如下：

```
typedef struct bt {
    ElementType data;                // 元素类型 ElementType 可以定义成 int、char 等
    struct bt * lchild, * rchild;    //指向左右孩子的指针
} BinaryTreeNode, * BTRoot;
```

中序遍历二叉树算法的表述如下。

算法 4-3　中序遍历二叉树算法。

```
InOrder(BinaryTreeNode * root)
{
    if (!root) return 0;
    else {
        InOrder(root->lchild);
        printf("%c", root.data);    // 访问根节点，设节点 data 域为字符数据
        InOrder(root->rchild);
    }
}
```

树和二叉树在计算机科学中有着十分重要的应用，自然世界中的许多问题都可以用树形结构来表示。因此，对树形结构操作算法的研究可以应用于许多问题的求解。对树的操作，除了遍历操作外，常用的操作还有线索二叉树、分类二叉树、平衡二叉树、树与森林的转换等，这些操作算法已经超出本书的范围，请读者参考专门的数据结构书籍。

2. 树的应用

树的应用很多，除了广泛地用于问题求解建模外，还常用于求解过程的描述。例如，

分类二叉树，描述了折半查找的过程。此外，哈夫曼树也是一类特别有用的二叉树结构，所谓哈夫曼树，就是给定 n 个权值作为 n 个叶子节点，构造一棵二叉树，使得带权路径长度达到最小，称这样的二叉树为最优二叉树，也称为哈夫曼树（Huffman tree）。

哈夫曼树有重要的应用，例如，在数据通信中，需要将传送的文字转换成二进制字符串，我们总是希望在传送信息量不变的情况下，编码的数据长度越短越好。例如，需传送的报文为"attacks begins at four"，这里用到的字符集及出现的频率分别是：a（3），b（1），c（1），e（1），f（1），g（1），i（1），k（1），n（1），o（1），r（1），s（2），t（3），u（1）。报文中出现了 14 个字母，要区别 14 个字母，最简单的二进制编码方式是等长编码，需采用 4 位二进制，即可编码 $2^4 = 16$ 个字符。采用定长编码，好处是当对方接收报文时再按照定长分组进行译码，实现简单。在实际应用中，由于报文中每个字符出现的频率不同，对于出现频率较高的字符，如果减少编码长度，可有效小缩短编码长度，这就是非定长编码。

使用哈夫曼树可以设计非定长编码方案，左分支标为 0，右分支标为 1，用字符集中的每个字符作为叶子节点生成一棵编码二叉树。为了获得传送报文的最短长度，可将每个字符的出现频率作为字符节点的权值赋予该节点上，显然字符使用频率越小权值越小，权值越小叶子就越靠下，于是频率小编码长，频率高编码短，这样就保证了此树的最小带权路径长度效果上就是传送报文的最短长度。因此，求传送报文的最短长度问题转化为求由字符集中的所有字符作为叶子节点，由字符出现频率作为其权值所产生的哈夫曼树的问题。利用哈夫曼树来设计二进制的前缀编码，既可满足前缀编码的条件，又保证了报文编码总长最短。

▶▶ 4.4 图结构

在线性结构中，数据元素之间是一种线性关系（次序关系），每一个元素都有一个唯一的前导节点和一个后继节点（第一个元素没有前驱，最后一个元素没有后继）。在树形结构中，元素之间是一种层次关系，除根以外的每个节点都有一个唯一的父节点（根节点没有父节点）和零个或多个子节点。而在图结构中，元素之间的关系是任意的，图中任意的两个元素之间都可能相关，这种相关性可根据所表达的实际问题自由定义。

▶ 4.4.1 图的概念

图（graph）是比线性表和树更为复杂的数据结构，图可以表达数据对象之间的任意关系。图在数学、计算机科学、工程等学科领域有着广泛的应用，特别是工程领域，许多问题都可以用图来表示，来建立数学模型，进行问题求解。

1. 图和有向图的定义

图 G 是由两个集合 $V(G)$ 和 $E(G)$ 构成的，记作 $G = (V(G), E(G))$，或简记作 $G = (V, E)$，其中 $V(G)$ 是顶点的非空有穷集合，$E(G)$ 是边的有穷集合，边表示元素之间的关系。

通常用图形来形象地描述，用圆圈表示顶点，连接两个顶点的线段表示边。根据边的方向性，图又可分为有向图和无向图。图的图形表示如图 4-14 所示。

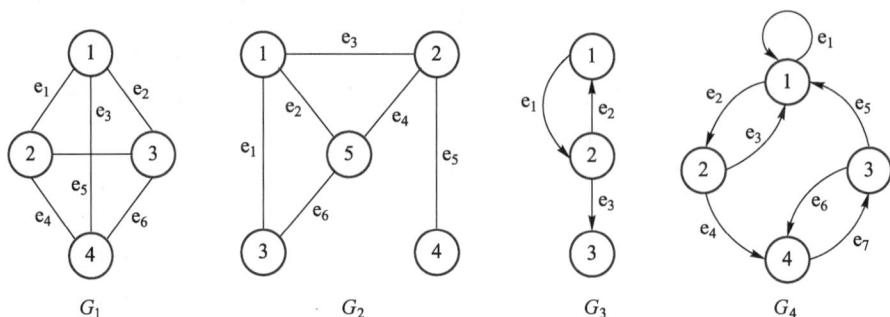

图 4-14　无向图与有向图示例

在图 4-14 中，G_1 和 G_2 是无向图，G_3 和 G_4 为有向图。

所谓**无向图**，其边是顶点的无序对，即边没有方向性。若顶点 x 和顶点 y 之间有一条边，记作 (x,y)。在无向图中，(x,y) 和 (y,x) 表示同一条边。图 G_1 的顶点集和边集分别为：

$$V(G_1)=\{1,2,3,4\}$$
$$E(G_1)=\{(1,2),(1,3),(1,4),(2,3),(2,4),(3,4)\}$$

所谓**有向图**，其边是顶点的有序对，即边有方向性，又称为"弧"（arc）。为了与无向图的边相区别，从顶点 x 到顶点 y 的有向边（弧）用 $<x,y>$ 来表示，且称 x 为"弧尾"（tail），y 为"弧首"（head）。有向图 G_3 的顶点集和边集分别为：

$$V(G3)=\{1,2,3,4\}$$
$$E(G3)=\{<1,2>,<2,1>,<2,3>\}$$

无论是有向图还是无向图，若一条边（或弧）的两个顶点相同，则称其为"**圈**"。图 G_4 中，边 e_1 为圈。若图 G 不存在圈，也没有两边（或弧）连接同样两个顶点，则称这样的图为"**简单图**"。如图 4-14 中，G_1、G_2 和 G_3 为简单图，图 G_4 不是简单图。对于简单图，n 个顶点的无向图最多有 $n(n-1)/2$ 条边，其中任意两个顶点之间都有边相连，称为"**完全图**"。例如图 G_1 为完全图，有四个顶点（$n=4$），六条边。对于有向图，具有 $n(n-1)$ 条弧的简单图称为"**有向完全图**"。

图的画法并不是唯一的，表示顶点的圆圈和表示边（或者弧）的相对位置及画法并不重要。我们关心的是顶点之间的关系，即是否有边或弧相连。例如，图 G_1 和 G_3 可以画成如图 4-15 所示的形式。

在图的图形表示中，两条边的交点不一定是图的顶点。对于一个图，若存在一种画法，使其边仅在顶点处相交，则称其为"**平面**

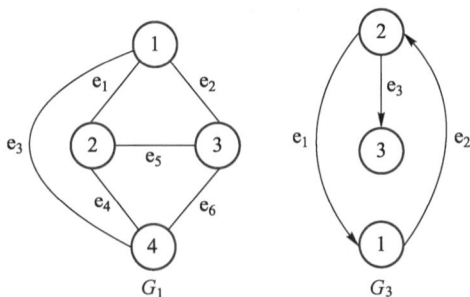

图 4-15　图 G_1 和 G_3 的其他形式

图"。否则，则称为非平面图。

2. 子图

若图 $G=\{V,E\}$ 和 $G'=\{V',E'\}$ 满足条件：① $V'\subseteq V$；② $E'\subseteq E$，则称 G' 为图 G 的"**子图**"（subgraph），记作 $G'\subseteq G$。由定义可知，任何图 G 都是它本身的子图。如果 $G'\subseteq G$，但 $G'\ne G$，则称 G' 为图 G 的"**真子图**"，记作 $G'\subset G$。

图 G_1 的部分子图如图 4-16 所示。

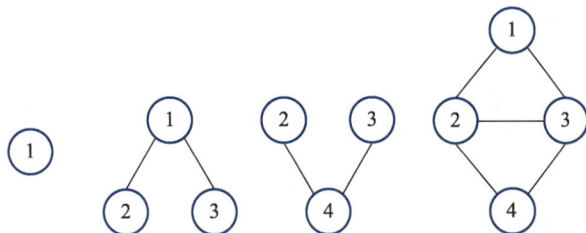

图 4-16　图 G_1 的部分子图

若 $G'\subseteq G$，且 $V'=V$，$E'\subseteq E$，即两个图的顶点集相同，而 G' 的边集是 G 的边集的子集，则称 G' 是图 G 的"**支撑子图**"。

3. 关联与邻接

关联是顶点和边（或弧）之间的关系，一条边和它所连接的顶点是相关联的。一个顶点可以和多条边关联。例如图 G_1 中，顶点 1 和边 e_1、e_2 关联。

邻接是顶点和顶点之间、边和边之间的关系，和同一条边（或弧）相关联的两个顶点是邻接的，有共同顶点的两条边也是邻接的。

4. 顶点的度

图中顶点 v 的度（degree）是指和顶点 v 相关联的边的条数，记作 $d(v)$。例如，在无向图 G_2 中，$d(1)=3$，$d(2)=3$，$d(3)=2$ 等。

对于有向图，度又分为"**入度**"（indegree）和"**出度**"（outdegree）。顶点 v 的"入度"是指以 v 为终点（弧头）的弧的条数，记作 $ID(v)$；v 的"出度"是指以 v 为始点（弧尾）的弧的条数，记作 $OD(v)$。有向图顶点 v 的度记作 $TD(v)$，有 $TD(v)=ID(v)+OD(v)$。

若图中有 n 个顶点，e 条边，每个顶点 v_i 的度为 d_i，则存在下列关系：

$$e=\frac{1}{2}\sum_{i=1}^{n}TD(v_i)$$

5. 路径、通路和回路

在图 $G=(V,E)$ 中，从顶点 v 到顶点 v' 的一条路径是一个有穷非空序列 $w=(v=v_{i0},v_{i1},\cdots,v_{ik}=v')$，其中 $(v_{ij-1},v_{ij})\subseteq E$，$1\le j\le k$。顶点 v 和 v' 分别为路径 w 的起点和终点。路径中边的树目 k 称为路径的"**长度**"。起点和终点相同的路径称为"**回路**"或"**环**"（cycle）。序列中顶点不重复出现的路径称为"**简单路径**"。顶点 v 到 v' 存在一条路径，则称 v 到 v' 有一条"**通路**"。

6. 连通图和图的连通分量

在无向图中，定点 v_i 和 v_j 之间存在一条通路，则称 v_i 和 v_j 之间是连通的。若图 G 中，任意两个不同的顶点 v_i 和 v_j 之间都是连通的，则称 G 为 "**连通图**"。例如，图 4-14 中图 G_1、G_2 是连通图，G_3 为非连通图。

在有向图中，若顶点 v_i 和 v_j 之间存在一条从 v_i 到 v_j 的通路或从 v_j 到 v_i 的通路，则称 v_i 和 v_j 之间是连通的。在无向图中，若存在一条从 v_i 到 v_j 通路，则必存在一条从 v_j 到 v_i 的通路。对于有向图，则不一定成立。若有向图 G 中，任意两个不同的顶点 v_i 和 v_j 之间都存在一条从 v_i 到 v_j 和一条从 v_j 到 v_i 通路，则称有向图 G 为 "**强连通图**"。

有向图中，极大的强连通子图称为它的 "**强连通分量**"。无向图的 "**连通分量**" 是它的极大连通子图。所谓极大，是指再加入一个顶点或边，将不满足图的连通性。一个图 G 的连通分量可以有多个，每一个连通分量都是图 G 的连通子图（G 的子图，且是连通图）。图 4-17 为一个图 G_5 和它的部分连通分量。

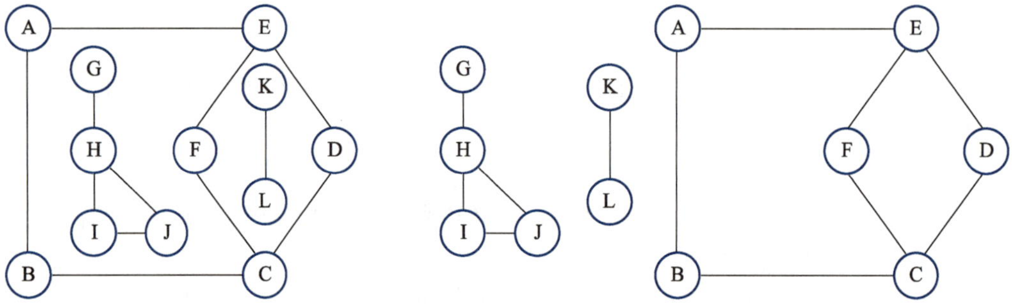

(a) 图 G_5　　　　　　　　　　　　　　(b) G_5 的部分连通分量

图 4-17　图和它的部分连通分量

7. 网与图的权

在实际应用中，图中的边或弧往往给定一个权（weight），这种带权的图即是**网**。例如，可以用图表示城市之间的交通网，边的权可以表示两个城市之间的距离、时间，甚至是从一个城市到达另一个城市所需要的费用等。

8. 生成树

一个连通图 G 的**生成树**是图 G 的极小连通子图，它含有图中全部顶点，但只有足以构成一棵树的 $n-1$ 条边。如果在生成树上添加一条边，必定构成一个环。因为这条边关联的两个顶点之间有了第二条路径。如果减少一条边，它一定是非连通的。因为，要连接 n 个顶点，至少需要 $n-1$ 条边。但是，有 $n-1$ 条边的图不一定是生成树。

▶ 4.4.2　图的存储

图结构比较复杂，任意的两个顶点之间都可能存在关系，因此图的存储结构也很多。无论采用什么形式的存储结构，都可以分为静态存储（顺序存储）和动态存储（链式存储）两种类型。存储结构的选择，应根据具体的应用、算法实现的难易来决定。

下面介绍几种常用的存储结构。

1. 邻接矩阵

设图 $G=(V,E)$ 具有 n 个顶点 $v_1,v_2,\cdots,v_n$ 和 m 条边 $e_1,e_2,\cdots,e_m$，则 G 的邻接矩阵是一个 $n×n$ 阶矩阵，记作 $A(G)$，其每一个元素定义如下：

$$A(i,j)=\begin{cases} 1, & \text{顶点 } v_i \text{ 和 } v_j \text{ 相邻接，即存在边}(v_i,v_j)\text{或弧}<v_i,v_j> \\ 0, & \text{顶点 } v_i \text{ 和 } v_j \text{ 不相邻接，即不存在边}(v_i,v_j)\text{或弧}<v_i,v_j> \end{cases}$$

图 4-14 中，图 G_1 和 G_4 的邻接矩阵分别为：

$$A(G_1)=\begin{pmatrix} 0 & 1 & 1 & 1 \\ 1 & 0 & 1 & 1 \\ 1 & 1 & 0 & 1 \\ 1 & 1 & 1 & 0 \end{pmatrix}, \quad A(G_4)=\begin{pmatrix} 1 & 1 & 0 & 0 \\ 1 & 0 & 0 & 1 \\ 1 & 0 & 0 & 1 \\ 0 & 0 & 1 & 0 \end{pmatrix}$$

从图的邻接矩阵定义看出，无向图的邻接矩阵是对称的，而有向图对应的邻接矩阵往往是不对称的。图的邻接矩阵表示法非常简单，既可以用于表示无向图，也可以表示有向图。在具体实现时，邻接矩阵通常采用二维数组来表示，类型定义如下：

```
//图的邻接矩阵（数组）表示法
typedef struct Arc {
    VRType adj;     // VRType 为顶点关系类型
                    // 如果是无权图, adj 取值为 1 和 0 表示顶点关联或反之
                    // 对于含权图（网），根据具体应用 VRType 可以是 float 等类型，表示权值
} ArcType;
typedef struct {
    VertexType vexs[MAX_VERTEX_NUM];                    // 图的顶点信息
    ArcType    arcs[MAX_VERTEX_NUM, MAX_VERTEX_NUM];    // 图的邻接矩阵
    int vexnum,arcnum;  // 图的实际顶点数和弧（边）数
}MGraph;
```

从邻接矩阵很容易判断两个顶点是否邻接，以及求出顶点的度。例如，对于无向图，顶点 v_i 的度为矩阵中的第 i 行或第 i 列元素的和。对于有向图，矩阵中的第 i 行元素的和为顶点 v_i 的出度 $OD(v_i)$，第 i 列元素的和为顶点 v_i 的入度 $ID(v_i)$

采用邻接矩阵表示图，建立邻接矩阵是任何算法的基础，邻接矩阵用二维数组表示，图的邻接矩阵建立算法如下：

算法 4-4 图的邻接矩阵建立算法。

```
//////////////////////////////////////////////////////////////////////////
// 构造图 G 的邻接矩阵（数组）
CreateAM(MGraph &G)
{
    scanf("%d%d",&G.vexnum,&G.arcnum)   //输入图 G 的实际顶点数和边（或弧）数目
    for (i=0;i<G.vexnum;i++)
```

```
        scanf(&G. vex[i])
```
// 输入图的邻接矩阵，对于无权图，如果顶点 v_i 和 v_j 之间存在边或弧，则输入 1，

// 否则输入 0；对于有权图，输入权值。

```
    for (i=0;i<G. vexnum;i++)
        for (j=0;j<G. vexnum;j++)
            scanf(&G. arcs[i,j]. adj);
            // 如果包含其他信息，可以进一步添加其他输入语句
    return 1;
    }
```

对于上述算法，无论两个顶点之间是否关联，都需要用户输入信息（不关联时输入 0）。对于无向图，由于邻接矩阵是对称矩阵，用户有一半的输入是多余的。

为了减少用户输入，可以根据图中的边（或弧）的数量来输入，如果顶点 v_i 和 v_j 之间存在边或弧，则输入一个三元组（v_i，v_j，adj），然后将其填写到邻接矩阵相应的位置 G. arcs[i,j]（对于无向图，包括 G. arcs[j,i]）中。这样就不存在多余的用户输入，请读者写出具体的算法。

2. 邻接表和逆邻接表

所谓"**邻接表**"（adjacency list）就是对图中的每个顶点与它相关联的所有边建立一个单链表，每个链表的头节点保存该顶点的有关信息，链内其他节点，保存与该顶点相关联的边的信息。对于有向图，第 i 个单链表存储以顶点 v_i 为尾的弧。结构形式定义如下：

头节点		链内节点		
vexdata	firstarc	adjvex	arcinfo	nextarc

在头节点中，vexdata 存储顶点信息，firstarc 为一个指针，指向与该顶点相关联的第一条边。在链内节点中，adjvex 为指向与头节点相邻接的顶点的指针，arcinfo 存储边或弧（adjvex 为弧头）的信息，nextarc 指向下一条边或弧。

为了算法实现上的方便，在具体应用中，往往将头节点连续地存储在一个数组中，这样可以随机访问每一个顶点对应的单链表。

采用邻接表存储结构，数据类型定义如下：

```
// 邻接表的头节点，即图的顶点
typedef struct vn{
    VexType vex;            // 顶点
    ArcNode *firstarc;      // 指向第一条相关联的边或弧
} VexNode;
// 邻接表的链内节点，即图的边或弧
typedef struct an{
    int adjvex;             // 相关联的另一顶点在数组中的序号
    struct an *nextarc;
```

```
} ArcNode;
// 图结构
typedef struct {
    VexNode vertices[MAX_VERTEX_NUM];      // 图的顶点数组
    int vexnum,arcnum;   // 图的顶点数和边或弧的数目
    int GraphKind;       // 图的类型，如 0 表示无向图，1 表示有向图等
} AdjListGraph;
```

如果图有 n 个顶点，e 条弧或边，采用上述的邻接表结构，需要 $n+2e$ 个节点来存储。当 $e<<n(n-1)/2$ 时，采用邻接表将比邻接矩阵节省更多的存储空间。

采用邻接表，图的许多算法在实现上也比较简单。例如，对于无向图，顶点 v_i 的度为第 i 的链表中节点的个数。对于有向图，第 i 的链表中节点的个数为顶点 v_i 的出度，要求的顶点的入度，算法将比较复杂。

对于图 4-14 中的图 G_1 和图 G_4，对应的邻接表如图 4-18 所示。

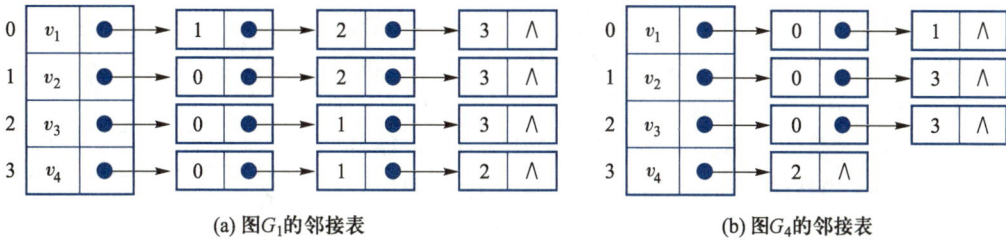

(a) 图 G_1 的邻接表   (b) 图 G_4 的邻接表

图 4-18   图的邻接表存储结构

为了便于求顶点的入度或以顶点 v_i 为头的弧，有时可以建立有向图的逆邻接表，即对有向图的每个顶点 v_i 建立一个以 v_i 为头的弧的链表。图 G_4 的逆邻接表如图 4-19 所示。

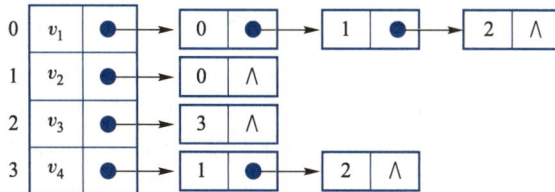

图 4-19   图 G_4 的逆邻接表

关于图结构，除了上述比较简单的存储结构外，在有些图的求解中，对图结构还采用多重邻接表、十字链表等更为复杂的存储结构。存储结构的选择应考虑操作的需要，存储结构选择的根本出发点就是便于操作算法的实现。

▶ 4.4.3 图的遍历

当给定图 $G=(V,E)$ 后，一个最基本的问题就是对于顶点集中的任意顶点 v_0，从 v_0 出发访问图中的所有顶点，且每一个顶点只访问一次，这一过程称为图的遍历（traversing graph）。图的遍历算法是解决图的连通性问题、拓扑排序以及关键路径等算法的基础。图的遍历通常分成深度优先搜索和广度优先搜索两种，两种搜索均适用于无向图和有向图的遍历。

1. 深度优先搜索

深度优先搜索（depth first search，DFS）递归算法描述如下。

设从 v_0 出发，v_0 为图中任意给定的顶点。

步骤（1）访问 v_0，对 v_0 作已访问标记。

步骤（2）找出与 v_0 邻接未被访问的顶点 w，按深度优先搜索与 w 邻接的未作标记的顶点。

步骤（3）若与 v_0 邻接的顶点皆已作访问标记，则返回；否则，找出与 v_0 邻接的未被访问的所有顶点 w，按深度优先搜索与 w 邻接的未作标记的顶点。

采用深度优先搜索，对于图 4-20 中的图 G_6，其深度优先搜索序列为 v_1、v_2、v_4、v_8、v_5、v_3、v_6、v_7。

下面简单分析一下算法，在图的遍历过程中，每个顶点最多只访问一次。因为，一个顶点一旦被访问后，其已访问标记被置为 True，以后该顶点将不能被访问。其次，在 Graph Traverse 过程的最后，步骤（2）使用一个 for 循环，保证每一个顶点均被访问到。如果图不是连通图，循环体的每一次执行，将输出图的一个连通分量。

需要注意的是，我们也可以用邻接矩阵或其他存储结构来存储图，不同的存储结构，同样的算法在实现上不同，算法的时间复杂度也不相同。

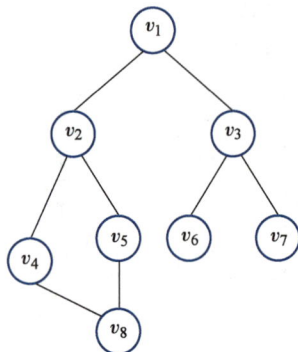

图 4-20　图 G_6

2. 广度优先搜索

图的广度优先搜索（breadth first search，BFS）类似于树的按层次遍历，具体步骤如下。

步骤（1）首先从顶点 v（初值为 v_0）开始，访问 v，对 v 作已访问标记。

步骤（2）按照字母或编号次序依次访问与 v 邻接且尚未访问的顶点。

步骤（3）然后再顺序从这些顶点出发，按同样原则访问邻接这些顶点的未被访问的所有顶点，直到所有顶点都被访问过为止。

在图的广度优先算法中，步骤（2）主要用于非连通图的情况下，保证所有的顶点被访问到。步骤（3）将遍历一个连通分量，通过顶点的入队和出队操作来完成各个顶点的访问。采用广度优先搜索，图 G_6 的广度优先搜索序列为 v_1、v_2、v_3、v_4、v_5、v_6、v_7、v_8。

▶ 4.4.4　生成树和最小生成树

在通信网络中，如果我们要在 n 个城市之间建立通信网络，使得任何城市之间都能够通信。如何铺设通信线路呢？如果任意两个城市间都建立一条直接连接的线路，当然可以保证任何两个城市之间的通信，但这需要 $n(n-1)/2$ 条线路。从经济的角度出发，能否铺设更少的线路，又能够保证任何两个城市间都能够通通信呢？

通信网问题可以抽象为一个图问题，经济最优问题则可归结为连通图的最小代价生成树问题。所谓图的生成树是指：当 G 为连通图时，G 的具有下列性质的子图 T 称为 G 的**生成树**（又称支撑树）。

（1）T 包含 G 的所有顶点。

（2）T 为连通图。

（3）T 包含的边数最少。

换句话说，图 G 的最小生成树 T 是包含 G 的所有顶点的最小连通子图。一般情况下，一个连通图的生成树不是唯一的。若连通图 G 有 n 个顶点，由 $n-1$ 条边构成的包含 G 中所有顶点的连通子图都是 G 的生成树（连接 n 个顶点至少需要 $n-1$ 条边）。

在实际应用中，图往往是赋权图，即图中的每条边（或弧）都对应一个数，这样的图又称**网**。例如，公路交通、通信网络、管道设计等都可以用赋权图来描述。在赋权图中，其生成树往往也是不唯一的，我们通常用生成树中各边的权之和来衡量生成树，称作生成树的代价。在 G 的所有生成树中，其代价最小的生成树称为**最小代价生成树**（minimum cost spanning tree），简称**最小生成树**（minimum spanning tree，MST）。

许多问题都可以抽象为求图的最小生成树问题，如在 n 个城市之间建立通信网络，任意两个城市之间都可以架设一条通信线路，每条线路的造价不同。最多可以架设 $n(n-1)/2$ 条线路，在这可能的所有线路中，如何选择 $n-1$ 条线路，使得总的造价最低？这就是一个典型的图的最小生成树的例子。图 4-21 是一个连通图 G_7 和它的最小生成树例子。

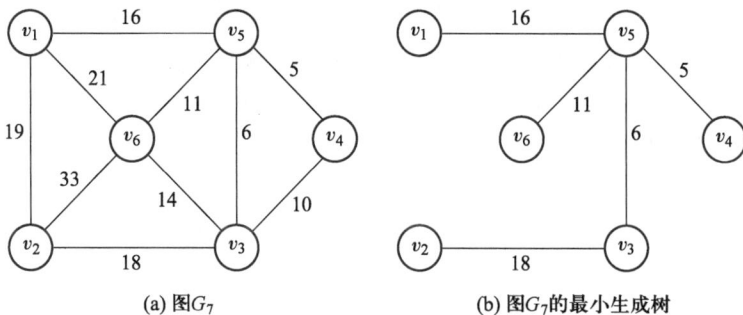

(a) 图 G_7　　　　　　(b) 图 G_7 的最小生成树

图 4-21　连通图和它的最小生成树示例

最小生成树具有如下性质：设 $G=(V,E)$ 是一个连通网络，U 是顶点集 V 的一个非空真子集。若 (u,v) 是 G 中一条"一个端点在 U 中（例如：$u \in U$），另一个端点不在 U 中的边（例如：$v \in V-U$），且 (u,v) 具有最小权值，则一定存在 G 的一棵最小生成树包括此边 (u,v)。

下面我们用反证法证明 MST 性质。

证明：假设 G 中任何一棵最小生成树都不含边 (u,v)，即若 T 是 G 的一棵最小生成树，则它不含边 (u,v)。

由于 T 是包含了 G 中所有顶点的连通图，所以 T 中必有一条从 u 到 v 的路径 p，而且路径 p 中必定包含一条边 (u',v') 连接集合 U 和集合 $V-U$，否则 u 和 v 不可能连通。我们假

设该路径 p 为 $u\text{-}a\text{-}u'\text{-}v'\text{-}v$，如图 4-22（a）所示。

此时，若把边 (u,v) 加入树 T，该边和路径 p 明显构成了一个回路。必须删去边 (u',v') 后回路才可消除，由此可得另一生成树 T'，如图 4-22（b）所示。因为，边 (u,v) 是 $u \in U$，$v \in V-U$，且权重最小的边，即有：

$$w(u,v) \leqslant w(u',v')$$

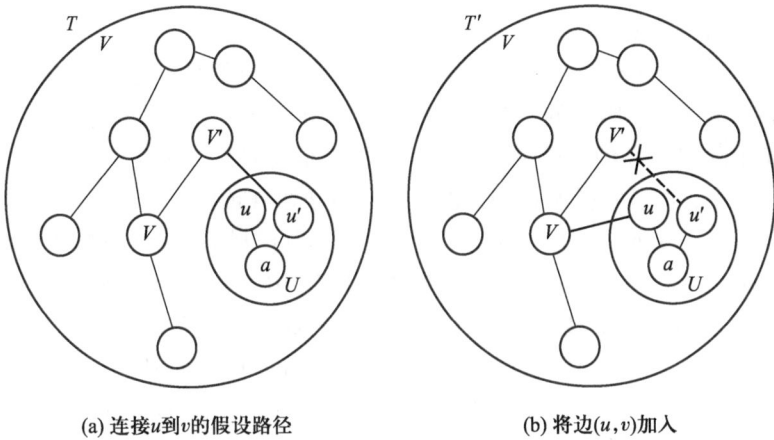

(a) 连接 u 到 v 的假设路径　　　　(b) 将边 (u,v) 加入

图 4-22　可能的生成树情况

由最小生成树的定义可知，T' 是 G 的一棵比 T 代价更小的生成树，或者说 T' 不是最小生成树，但是它包含 (u,v)，这与假设是矛盾的，所以，MST 性质得证。

根据 MST 的上述性质，可以容易求得图的最小生成树。其中，求图的最小生成树常用的算法有普里姆（Prim）算法[①]和克鲁斯卡尔（Kruskal）算法，两者均为贪心算法。对于一个具有 n 个顶点的联通图，两者都是从树 T 为空开始，逐条加入 $n-1$ 条边，最后得到该图的 MST。

普里姆（Prim）算法的基本思想是：设 $G=(V,E)$ 为赋权连通图，G 的最小生成树的顶点集合为 U，边的集合 TE，Prim 算法描述如下：

算法 4-5　求连通图最小支撑树 Prim 算法。

Step1：$U=\{u_0\}$，u_0 是 V 中的任意一点，$TE=\Phi$

Step2：选择一条边

　2.1 对于所有的 $u \in U$，$v \in V-U$ 的边 $(u,v) \in E$，找代价最小的边 (u_0,v_0)

　2.2 将 (u_0,v_0) 加入边集 TE，同时将 v_0 加入集合 U

Step3：TE 中的边数等于 $n-1$ 吗？若相等，则算法结束。否则，转 Step2。

Step4：结束。

---

① 该算法于 1930 年由捷克数学家沃伊捷赫·亚尔尼克（Vojtěch Jarník）发现；并在 1957 年由美国计算机科学家罗伯特·普里姆（Robert Clay Prim）独立发现；1959 年，艾兹格·迪科斯彻（Edsger Wybe Dijkstra）再次发现该算法。因此，普里姆算法又被称为 DJP 算法、亚尔尼克算法或普里姆-亚尔尼克算法。

克鲁斯卡尔算法是由美国计算机科学家约瑟夫·克鲁斯卡尔（Joseph Bernard Kruskal，1928—2010 年）于 1956 年读研究生时提出的，其基本思想是：对于具有 n 个顶点的图，将图中边按其权值由小到大的次序顺序选取，若选边后不形成回路，则保留作为一条边，若形成回路则除去该边。直到依次选够 $n-1$ 条边为止，即得到图的最小生成树。

4.5 应用举例

在我们的工作和生活中，大量问题可以抽象成树或图问题。树结构和图结构的研究对这些问题的求解提供了理论基础，所不相同的只是具体的对象不同，这也是我们研究抽象数据结构及其操作的目的和意义。本节介绍数据结构在工业生产、工程施工及计划安排中的几个典型应用，从而进一步展示数据结构的强大功能和魅力。

4.5.1 网络与最短通路问题

交通问题是人们生活中一个十分普遍的问题，我们可以把各种各样的交通问题抽象为一个图问题。用顶点表示城市，边表示城市之间的道路，可以带权（表示道路的长度或沿道路行驶需要花费的时间、费用等）。一个从城市 A 到城市 B 的旅游者可能关心下面两个问题：

（1）从城市 A 到城市 B 有通路吗？

（2）若从城市 A 到城市 B 有多条通路，哪一条是最短的或者是最经济的呢？

上述问题可以归结为图的最短路径问题。最短路径问题是图论研究中的经典问题，旨在寻找图中两个顶点之间的最短路径。如何求得两个顶点之间的最短路径呢？荷兰计算机科学家艾兹格·迪科斯彻（Edsger Wybe Dijkstra）[1]于 1956 年提出了一个求图的最短路径算法，Dijkstra 算法适用于有向、无负权边图中单个源点到其他所有顶点的最短路径求解问题，它按路径长度递增的顺序产生最短路径。

给定一个带权重的有向图 G，V 表示所有顶点的集合，E 表示所有弧的集合，弧<v_i，v_j>的权值记为 w(v_i, v_j)，设起点为 s，求顶点 s 到 V 中所有其他顶点的最短距离。在 Dijkstra 算法中，图采用邻接矩阵存储。设有一个包含六个顶点的有向图 G_8，如图 4-23（a）所示，其对应的邻接矩阵如图 4-23（b）所示。

首先，设置辅助数组 dist[1..n]存储当前找到的从起点 s 到各个顶点的最短路径，元素 dist[i]表示从顶点 s 到顶点 v_i 的最短路径长度。Dist 的初始状态为：dist[i] = w(s, v_i)，若不存在弧<s, v_i>，则 dist[i] = ∞。显然第一条最短路径为：

---

[1] 艾兹格·W. 迪科斯彻（Edsger Wybe Dijkstra，1930—2002 年），荷兰计算机科学家，1972 年获图灵奖，1989 年获 ACM SIGCSE 计算机科学教育教学杰出贡献奖。其主要贡献有：Algol 60 编译器的主要设计者和实现者，结构化程序的开拓者，提出"goto 有害论"，解决了有趣的"哲学家聚餐"问题，发明了最短路径算法和银行家算法，是 THE 操作系统的设计者和开发者。

$$\text{dist}[j] = \min\{\text{dist}[i] \mid v_i \in V\}$$

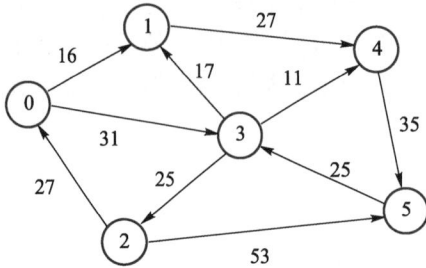

(a) 图 G_8 (b) 图的邻接矩阵

图 4-23   有向图及其邻接矩阵表示

即是从顶点 s 出发，长度最短的一条路径，路径终点为 v_j，路径是 (s, v_j)。

那么，下一条长度次短的路径是哪一条呢？我们可以假设下一条次短路径的终点为 v_k，那么这条路径或者是 (s, v_k)，或者是 (s, v_j, v_k)，也就是说，这条次短的路径要么是从起点直接到 v_k，要么是从起点 s 到 v_j，然后从 v_j 再到 v_k。

一般情况下，设 S 是已经求得的最短路径的顶点的集合，设下一条最短路径的终点为 x，则可以证明该路径或者为弧 $<s, x>$ 或者是中间只经过 S 中的顶点，最后到达 x 的路径。我们可以用反证法证明，即：假定此路径上有一个顶点不在 S 中，则说明存在终点不在 S 而长度比此路径短的路径。但这是不可能的，因此，算法是按照长度递增的顺序产生最短路径的，长度比该路径短的路径都已经在 S 中了，因此假设是不成立的。

由此可知，下一条次短的路径满足：

$$\text{dist}[j] = \min\{w(s, v_i), \text{dist}[k] + w(k, i) \mid v_k \in S, v_i \in V-S\}$$

其中，v_k 为当前最短路径的终点，下一条最短路径的终点为 v_i，根据上述求解步骤，Dijkstra 最短路径算法描述如下。

算法 4-6 Dijkstra 最短路径算法。

Step0：设图有 n 个顶点，对应的邻接矩阵为 $\text{cost}_{n \times n}$，数组 $\text{dist}[1..n]$ 存储当前求得的起点 s 到各顶点的最短路径长度。集合 S 为已求得的最短路径的终点的集合，初值为空。

求 dist 的初值为：$\text{dist}[i] = w(s, v_i)$

Step1：选择 v_j，使得

$$\text{dist}[v_j] = \min\{\text{dist}[i] \mid v_i \in V-S\}$$

则，v_j 为从起点 s 出发的最短路径的终点。将 v_j 加入集合 S，即：
$S = S \cup \{v_j\}$

Step2：修改从顶点出发到集合 $V-S$ 中各顶点 v_k 的最短路径长度值 $\text{dist}[v_k]$
若 $\text{dist}[j] + w(v_j, v_k) < \text{dist}[k]$，则修改 $\text{dist}[k]$ 为：
$\text{dist}[k] = \text{dist}[j] + w(v_j, v_k)$

Step3：重复 Step1 和 Step2，共 $n-1$ 次，即可求得起点 s 到其余个顶点的最短路径。

执行算法 4-6，求解图 $G8$ 从顶点 v_0 出发，到其他各个顶点的最短路径过程见表 4-1。

表 4-1　顶点的 v_0 到其他各顶点的最短路径求解过程

起点	从起点到其他各点的 dist 及最短路径					v_j
v_0	16 (v_0,v_1)	∞	31	∞	∞	v_1
		∞	31 (v_0,v_3)	43 (v_0,v_1,v_4)	∞	v_3
			56 (v_0,v_3,v_2)	42 (v_0,v_3,v_4)	∞	v_4
			56 (v_0,v_3,v_2)		77 (v_0,v_3,v_4,v_5)	v_2
					77 (v_0,v_3,v_4,v_5)	v_5

分析上述算法，可以得到时间复杂度为 $O(n^2)$，如果只是求源点到某个点的最短路径，其时间复杂度是一样的。如果要求任意两个顶点之间的最短通路，可以反复执行 Dijkstra 算法。1962 年，斯坦福大学计算机科学系教授罗伯特·弗洛伊德（Robert Floyd）提出了一种利用动态规划的思想寻找给定加权图中多源点之间最短路径的算法，算法的单个执行将找到所有顶点对之间的最短路径的长度（加权），算法不返回路径本身的细节，但是可以通过对算法的简单修改来重建路径。它基本上与法国伯纳德·罗伊（Bernard Roy，1934—2017 年）教授在 1959 年先前发表的算法和美国计算机科学家斯蒂芬·沃歇尔（Stephen Warshall，1935—2006 年）于 1962 年找到图形传递闭包基本相同，因此，该算法也称为 Floyd 算法、Roy-Warshall 算法、Roy-Floyd 算法或 WFI 算法。

关于路径问题，人们还从蚂蚁的觅食行为得到启示。蚂蚁在觅食时，总会走一条相对短的路线，这是为什么呢？因为，蚂蚁并不会穷举各条路线，从中选择最短的。开始的时候，路线都是随机的，并没有固定的路，大家随便走。对于较短的路线，需要的时间就短，这样蚂蚁往返的次数就多。蚂蚁在经过时会留下一种称为"信息素"的东西，次数多留下的信息素就多，就会吸引更多的蚂蚁，一段时间后，较短的路径就产生了。蚂蚁的这种"智能"行为，表现出了多样性和正反馈的道理，多样性保证了足够的解空间，正反馈强化了优质方案的选择。动物的行为对我们设计算法会有重要的启发意义，这导致了蚁群算法的研究。

▶ 4.5.2　工程拓扑排序问题

在工程项目或产品加工中，除了最简单的情况外，通常需要把一个复杂的工程分成若干个子工程，一个产品的加工分成若干加工工序。完成了这些子工程或加工工序则意味着整个工程的结束或产品制造的完成。而这些子工程或加工工序之间，通常受一定条件的约束，例如，某个子工程或加工工序的开始必须在另一些子工程或加工工序结束之后。

我们可以把工程项目的施工或产品加工过程抽象为一个有向图，顶点表示各个子工程或加工工序，顶点之间的有向弧表示子工程或加工工序之间的约束，例如子工程之间的时间先后。我们在进行工程分解和活动安排的时候，各个子工程的安排是否合理，是否出现无法进行的子工程呢？这个问题称为拓扑排序问题。

为了更好地描述工程拓扑排序问题，我们给出以下更加严谨的定义。如果有向图为非赋权图，图中的顶点表示活动（activity），表示一个工程的子工程或一个产品的加工工序，有向边表示活动之间的优先关系，这样的有向图称为 **AOV（activity on vertex）网络**。在 AOV 网络中，若 $<v_i,v_j>$ 是 G 中的有向边，则 v_i 是 v_j 的直接前驱，v_j 是 v_i 的直接后继。所谓拓扑排序问题就是产生这样的顶点序列：若网络中，v_i 是 v_j 的前驱，则在序列中，v_i 在 v_j 之前，有这种特性的序列称为**拓扑有序**。

如何求得一个 AOV 网络的拓扑序列呢？进行拓扑分类的算法可以简单描述如下。

（1）在网络中选一个没有先驱的顶点输出。

（2）从网络中删除该顶点和从它引出的所有弧。

（3）重复上述过程直至全部顶点被输出或者网络中没有无先驱的顶点为止。

如果能够输出全部顶点，说明网络是拓扑有序的。否则，说明网络中存在环。存在环的工程项目或产品加工过程将无法顺利进行。

同一个 AOV 网络，拓扑序列可能有多个。例如对于图 4-24，一个对应的拓扑序列为：v_1、v_2、v_3、v_4、v_6、v_7、v_8、v_5、v_9。

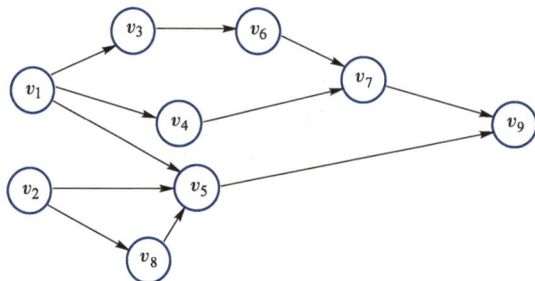

图 4-24　一个 AOV 网络

对于一个 AOV 网络，其拓扑序列不是唯一的，每一个拓扑序列都可以表示为一个工程施工流程，或者是一个产品加工流程。在 AOV 网中，不应该出现有向环，如果工程存在环，也就意味着某项活动以自身为先决条件，这是不可实现的，则工程是不可进行的。

4.5.3　工程关键路径问题

在工程项目和产品加工等实际问题中，人们除了关心项目和产品能否顺利实施外。人们通常还关心工程的工期和产品的生产周期。面对工期问题，我们可以把实际问题抽象为一个含权图。即：图的顶点表示事件，有向边表示活动，权表示活动持续的时间，此有向

图称为 **AOE（activity on edge）网络**。AOE 网络通常用于描述由许多交叉活动组成的复杂计划和工程。

在 AOE 网络中，顶点表示事件，事件可以表示某些活动的完成，由顶点出发的边表示某项活动，这项活动只有在该顶点所代表的事件发生后才能够开始，而事件只有当进入它的边代表的全部活动都已经完成后才能发生。除了正常的活动外，为了描述问题的需要，还可以增加持续时间为 0 的**虚拟活动**。

例如，我们要组织一项活动，活动涉及一个管理机构，若干个活动小组，制定详细的活动计划，计划如下：① 组织者宣布活动计划，各小组各自设计活动方案；② 搜集方案，搜集各个小组设计的活动方案，由专家评选最佳方案；③ 方案实施，包括实施过程监控，活动结束后的评价。在这个问题中，可以定义三个事件，即：宣布活动计划，方案汇总，方案评选。其中涉及的活动有：各小组设计活动方案，不同小组需要的时间可能不同，专家对各个方案进行评价打分，各自所用的时间可能也不相同，评选方案等。把问题用 AOE 网络来表示，有时候需要增加虚拟活动，也可能会添加一些入度和出度都为 1 的节点事件。

在 AOE 网络中，某些活动可以并行进行，完成工程的最短时间是从开始顶点（也称源点）到结束顶点（又称终点）最长路径的长度（路径上所有活动的时间和）。最长路径又称**关键路径**（或临界路径）。只有加速关键路径上的关键活动（最早和最迟时间相等的活动），才可以缩短整个工程的期限。缩短非关键路径上活动的时间，不能缩短整个工程周期。

设有一个 AOE 网络，如图 4-25 所示。

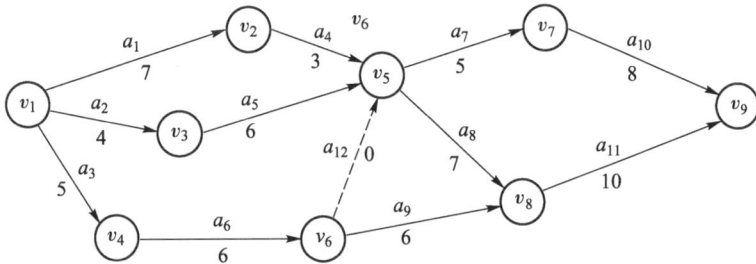

图 4-25　一个 AOE 网络示例

为了求关键路径，设起点为 v_0，从 v_0 到 v_i 的最长路径长度称为事件 v_i 的最早发生时间，它决定了所有以 v_i 为弧尾的活动的最早开始时间。对于每一个活动 a_i，我们用 $ae(i)$ 表示活动的最早开始时间，$al(i)$ 表示活动 a_i 的最迟开始时间，即在不影响整个工程工期的前提下，活动 a_i 最迟开始的时间。可见，$al(i)-ae(i)$ 表示活动 a_i 的时间余量，$al(i)=ae(i)$ 的活动是关键活动，只有提高关键活动的工效，才能提高整个工程工期。

要求得活动的最早和最迟发生时间，根据 AOE 网络中活动和事件的约束关系，需要求得事件的最早发生时间和最迟发生时间，设事件 v_i 的最早发生时间为 $ve(i)$，最迟发生时间为 $vl(i)$。如果活动 a_i 对应弧 $<v_j,v_k>$，其持续时间用 $t(<j,k>)$ 表示，则存在下列关系：

$$ae(i) = ve(j)$$
$$al(i) = vl(k) - t(<j,k>)$$

为了更好地理解递推公式，我们先给出一个递推公式求解的示例图，如图 4-26 所示。

求事件的最早发生时间和最迟发生时间需要分两步进行。

（1）设起点的最早时间 $ve(0) = 0$，从 v_0 开始沿正向递推，可依次求得各事件的最早发生时间，递推公式如下：

$ve(j) = \max\{ve(i) + t(<i,j>) \mid <i,j> \in T, 2 \leq j \leq n\}$，其中 T 是所有以 j 为头的弧的集合。

（2）从 $vl(n) = ve(n)$ 起，依次反向递推，可求得各事件的最迟发生时间，递推公式如下：

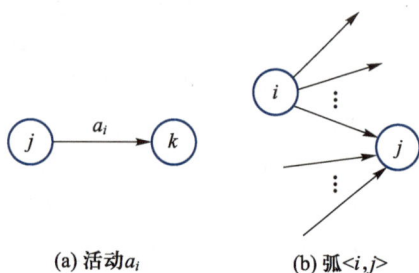

图 4-26　求事件最早和最迟时间示例图

$vl(i) = \min\{vl(j) - t(<i,j>) \mid <i,j> \in S, 1 \leq i \leq n-1\}$，其中 S 是所有以 i 为尾的弧的集合。

根据上述递推公式，对于图 4-25 所示的 AOE 网络，可分别求得各顶点的最早和最迟发生时间，各活动的最早和最迟发生时间，如表 4-2 所示。

表 4-2　AOE 网络事件、活动最早最迟时间计算结果

顶点	ve	vl	活动	权	ae	al	$al-ae$
v_1	0	0	a_1	7	0	1	
v_2	7	8	a_2	4	0	1	
v_3	4	5	a_3	5	0	0	0
v_4	5	5	a_4	3	7	8	
v_5	11	11	a_5	6	4	5	
v_6	11	11	a_6	6	5	5	0
v_7	16	20	a_7	5	11	15	
v_8	18	18	a_8	7	11	11	0
v_9	28	28	a_9	6	11	12	
			a_{10}	8	16	20	
			a_{11}	10	18	18	0
			a_{12}	0	11	11	0

在求顶点 v_5 的最早发生时间 $ve(5)$ 时，由于存在虚拟活动 a_{12}（对应弧 $<v_6, v_5>$），因此，要考察 v_2、v_3 和 v_6 三个顶点。虚拟活动虽然时间为 0，但它改变着工程的启动顺序，因此，在上述 AOE 网络中，长度最长的路径是（$v_1, v_4, v_6, v_5, v_8, v_9$），而不是（$v_1, v_4, v_6$,

v_8, v_9）。活动的最早和最迟发生时间如果不相同，说明该活动的启动时间可以适当推迟，而不影响整个工程的进度。

在关键路径上，各活动的最早开始时间和最迟开始时间相等，没有时间余量。通常情况下，缩短关键活动的工期，可以缩短整个工程的工期。但这不是绝对的，因为改变某个活动的权值，将直接影响整个 AOE 网络中各个事件的最早和最迟发生时间的计算，可能使得关键路径发生变化。如果活动不是关键路径上的活动，缩短该活动的时间无法缩短整个工程的工期。

▶▶ 本章小结

本章从实际问题出发，引出了数据结构、数据的逻辑结构和物理存储结构的概念，阐明了数据结构在计算机学科中的重要地位，以及在各个领域研究中的重要性。对三种常见的数据结构——线性表、树结构和图结构进行了较仔细的讲解。在本章的最后，通过最小生成树、最短路径、拓扑排序和关键路径问题的讲解，展示了数据结构在问题抽象、问题建模和问题求解中的强大功能，以提高大家对数据结构的认识和学习数据结构知识的兴趣，以便更好地将计算机科学应用到各自的科学研究和日常工作中。

▶▶ 思考题

1. 设堆栈采用顺序存储结构，写出堆栈的入栈和出栈算法。

2. 写出队列的顺序存储结构，并写出入队、出队算法。

3. 在现代社会，大量问题可以抽象成博弈问题，其中"囚徒困境"是一个典型的博弈问题，说明它对我们的现代企业管理有何启示。

4. 写一递归算法计算二叉树 bt 的节点个数。

5. 根据二叉树的性质 5，定义一个二叉树的顺序存储结构，写一个算法求任意节点的父节点。

6. 有赋权图 G 如下：

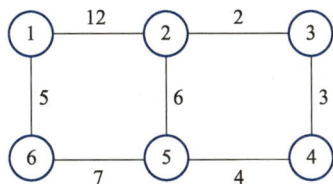

写出 $G10$ 的邻接矩阵，写一算法，判断两个顶点之间是否存在一条通路。

7. 设图采用邻接矩阵表示，试设计一个算法，求有向图中任意顶点的入度和出度。

8. 对于图 4-20 中的图 $G7$，画出图的邻接矩阵，然后分别采用 Prim 和 Kruskal 算法，画出图 $G7$ 的最小生成树（MST）的构造过程。

9. 根据中国地图，画出一个省份的主要城市之间的道路交通图，根据 Dijkstra 最短路径算法，列表计算从省会城市到其他各城市的最短路径。

10. 关于 AOE 网络，回答下列问题。

（1）AOE 网络的主要用途是什么？

（2）如果 AOE 网络表示一个工程的施工，提高关键活动的时间，一定可以缩短整个工程的工期吗？如果不一定，为什么？

（3）引入虚拟活动有何意义？

11. 从个人的实际生活和工作经验出发，看看有哪些问题可以用 AOE 网络来建模。选取一例，画出相应的 AOE 网络，列表求解各事件和活动的最早、最迟发生时间。

第 5 章

计算机程序

【本章导读】

今天，计算机已经广泛应用于人类社会生产、生活、娱乐的方方面面。人们使用计算机，本质上是使用计算机程序，计算机通过运行程序来完成特定任务。无论是计算机、各种智能设备、嵌入式系统等，它们都运行着各种各样的程序。虽然计算机程序千差万别、功能各异，但是，在概念上，计算机程序都由数据和代码两个部分构成，数据是对问题的数字化描述，代码是对数据的处理，是对数据处理过程的描述，根据业务处理流程来书写。不管什么样的程序设计语言，程序多么复杂，规模多大，组成程序的两个部分都是一样的。

本章首先介绍计算机程序的基本概念，包括程序设计语言、编译型程序、解释型程序等相关概念，以及计算机软件的一般开发过程。然后，按照计算机程序设计语言的基本组成，以 Python 语言为例，讲解数据、类型、运算符、表达式、数据结构、语句、函数、结构化编程、类与对象、面向对象编程等内容。讲解数据文件的概念和数据存储。最后，按照常见的应用场景，通过简单的例子介绍了相应 Python 的编程，并给出程序代码。

【知识要点】

第 5.1 节：形式语言，产生式，形式文法，计算机程序设计语言，机器语言，汇编语言，高级语言，计算机程序，编译型程序，解释型程序，软件开发环境，源程序，程序编译，程序连接，函数库，动态链接库（DLL）。

第 5.2 节：Python 语言，Python 库，pip 命令，Python 虚拟环境，Anaconda 工具。

第 5.3 节：关键字，标识符，Python 程序结构，模块，代码块，异常，主程序，常量，变量，数据类型，强类型，弱类型，动态类型，表达式，输入语句，输出语句，格式化输出，表达式语句，赋值语句，条件语句，循环语句，控制流语句，空语句，导入语句，断言语句，生成器语句，列表，元组，集合，字典，嵌套数据结构，队列，栈，链表，树，图，正则表达式，元字符。

第 5.4 节：编程模式，函数，返回语句，匿名函数，高阶函数，装饰器，模块，包。

第 5.5 节：类，对象（实例），成员变量，成员函数，构造函数，析构函数，继承，派生，多态，编译时多态（静态多态），运行时多态（动态多态）。

第 5.6 节：文件，文本文件，二进制文件，文件系统，文件名，扩展名，绝对路径，相对路径，异常。

第 5.7 节：库，框架，可视化，图形界面，Web 程序，浏览器/服务器（B/S）模式。

▶▶ 5.1　计算机程序概述

计算机程序又称计算机软件，它是在计算机中运行的指令序列。计算机程序是软件开发人员根据用户业务需求，利用某种计算机程序设计语言，在特定的软件开发平台上编写完成的。人们使用计算机，其本质就是运行计算机程序的过程。

▶ 5.1.1　自然语言与形式语言

人类之间的交流可以通过自然语言、文字等进行。在自然语言中，容易产生歧义和二义性，即使是非常讲究严谨的法律条文，也不可避免的出现漏洞。从而造成同样的行为，可以有不同的司法解释，甚至是完全对立的。例如，在日常生活中，我们经常遇到讲话用词不当、印刷错误、计划安排有误等问题，这是人不可避免的。但是，根据语境上下文和表情，即使语言或文字表达不严谨，我们也可以比较容易理解对方的意思，不会误判。

计算机的运行是通过计算机程序控制的，程序是一个有限的指令序列，指令在计算机 CPU 中执行。那么，如何来书写这个指令序列呢？使用自然语言可以吗？先不说语种问题，自然语言的歧义和二义性就决定了它是不可用的。虽然，现代计算机在自然语言理解方面取得了很大进展，但距离将自然语言变成机器指令的路还是不可想象。

1. 计算机语言的设计思路

我们需要设计一种计算机可以理解的语言，这种语言能够描述我们在问题求解中的问题表述、计算和逻辑推理，同时它还必须简明、严谨、没有二义性，且容易转换为计算机可执行的机器指令。要达到这样的目的，人们提出了形式化方法和形式化语言的概念。所谓形式化方法，就是用符号、图形等对事物进行描述，并且完全撇开符号本身的意义，根据某些只涉及符号书面形态的转换规则来进行符号操作。和自然语言相比，形式化没有二义性，可以精确地表达各种数据，实施操作运算，制定逻辑规则，实现逻辑推理。

形式化方法可以实现对现实问题的抽象描述，这种描述将是精确的、无二义性的。如何来实现这样的描述呢？就如数学里的代数一样，它应该是一个符号系统。代数用一系列的符号来代表具体的数值，来书写数学式子，进行数学演算和逻辑推导，代数为解决各种数学问题提供了通用的方法和工具。例如，用 x、y、z 等字母表示未知数，通过建立方程或方程组来描述和解决各种数学问题和实际问题。再如，有一个一元二次方程，可以表示为：

$$ax^2+bx+c=0$$

求根公式：

$$x = \frac{-b \pm \sqrt{b^2 - 4ac}}{2a}$$

我们可以求解任何一个具体的一元二次方程，而不需要对每个方程都进行单独的、特殊的分析。这个例子，充分说明了符号表示和形式化语言的意义和强大功能。

因此，要设计一个能够表达用户需求和问题求解逻辑，同时又可以精确的、无二义性的转换为计算机指令，进而控制计算机执行的计算机语言，它一定是形式化的语言。只有建立了形式化语言，才能进行形式化操作，实现问题求解逻辑的自动化。

2. 形式语言及其组成

形式语言（formal language）是一种抽象的符号系统，运用形式模型对人工语言或自然语言进行理论上的表达、描写和分析。形式语言也称代数语言，它包括任意集合的一个字母表，以及按一定规律构成的句子或符号串的有限或无限集合。形式语言的研究主要关注语言的生成、识别和分析，是计算机科学中计算机程序语言、编译器设计、自动机理论、计算复杂性等领域的理论基础。

一种形式语言，通常由以下 4 个部分组成：

（1）字母表（alphabet）：字母表是一个有限的符号集合，通常用 $\sum$ 表示。例如：$\sum = \{a, b\}$ 是一个包含两个符号的字母表。

（2）字符串（string）：字符串是由字母表中的符号组成的有限序列。例如：ab, aab, bba 都是字母表 $\sum = \{a, b\}$ 上的字符串。

（3）语言（language）：语言是字母表上所有可能的字符串的一个子集。例如：$L = \{ab, aab, bba\}$ 是字母表 $\sum = \{a, b\}$ 上的一个语言。

（4）语法（grammar）：语法是定义语言中合法字符串的规则集合，通常用产生式（production rules）表示。产生式通常表示为：

$$A \rightarrow \alpha$$

其中，A 是一个非终结符（non-terminal symbol），表示可以被替换的符号；α 是一个由终结符（terminal symbol）和非终结符组成的字符串；$\rightarrow$ 表示"可以被替换为"或"推导出"。

产生式（production）这一术语是由美国数学家和逻辑学家埃米尔·波斯特（Emil Post，1897—1954 年）于 1943 年首先提出的，它根据串替代规则提出了一种称为 Post 机的计算模型，模型中的每一条规则称为产生式。产生式用于定义如何从一个符号推导出另一个符号或字符串，它是理解和构建复杂系统（如编程语言、推理系统）的重要工具。例如：在编程语言中，产生式可以定义语法规则，进行程序语法分析，发现语法错误。在人工智能与专家系统中，产生式规则用于知识表示和推理，例如"如果条件成立，则执行某操作"。

20 世纪 50 年代末期，美国计算机科学家、人工智能先驱艾伦·纽厄尔（Allen Newell）和美国计算机科学家、心理学家、人工智能先驱赫伯特·西蒙（Herbert Alexander Simon）在研究人类问题求解的认知模型时也使用了产生式系统这一术语。

3. 形式文法（grammar）

在数学中，我们引入代数，用字母代表具体的值，来进行各种数学公式的书写。形式语言也一样，我们不会把语言中所有的字符串都写出来，而是给出生成这些字符串的规则，这就是形式文法的概念。形式语言通常通过形式文法来描述，形式文法描述形式语言的基本想法是：从一个特殊的初始符号出发，不断应用一些产生式规则，从而生成出一个字串的集合，即语言。产生式规则指定了某些符号组合如何被另外一些符号组合替换。

一个形式文法 G 通常是一个四元组，即 $G=(VN,VT,S,P)$。其中，VN 为非终结符号集合，VT 为终结符号集合，VT 与 VN 无交。S 为起始符号，$S \in VN$。P 为一组产生式规则，产生式规则满足下列形式：$\alpha \rightarrow \beta$

根据产生式规则的不同，形式文法又分为不同类型，最有名的分类是 20 世纪 50 年代由美国语言学家诺姆·乔姆斯基（Noam Chomsky）[①] 提出的，它将形式文法分为四类，即 0 型、1 型、2 型和 3 型，也称为无限制文法、上下文相关文法、上下文无关文法和正则文法。

（1）0 型文法：也叫无限制文法，若产生式规则满足：$\alpha \in (VN \cup VT)^*$ 且至少含有一个非终结符，而 $\beta \in (VN \cup VT)^*$，则 G 是一个 0 型文法。0 型文法是一种无限制文法，没有任何生成规则的限制，这种文法与图灵机具有等价的计算能力，可生成递归可枚举语言。

（2）1 型文法：也叫上下文有关文法，此文法对应于线性有界自动机。在 0 型文法的基础上，对于所有的产生式规则 $\alpha \rightarrow \beta$，都满足 $|\beta| >= |\alpha|$，其中 $|x|$ 表示 x 的长度。例如，对于产生式规则 A→Ba，则 $|\alpha|=1$，$|\beta|=2$，符合 1 型文法要求。反之，产生式规则 aA→a，则不符合 1 型文法。1 型文法生成上下文相关语言。

（3）2 型文法：也叫上下文无关文法，它对应于下推自动机。2 型文法是在 1 型文法的基础上，对于每一个产生式规则 $\alpha \rightarrow \beta$ 都满足 α 是非终结符的条件。例如：A→Ba 符合 2 型文法要求，Ab→Bab 虽然符合 1 型文法要求，但不符合 2 型文法要求，因为其 $\alpha=Ab$，而 Ab 不是一个非终结符。2 型文法生成上下文无关语言。

（4）3 型文法：也叫正则文法，生成正则语言，对应于有限状态自动机。正规文法有多种等价的定义，我们可以用左线性文法或者右线性文法来等价地定义正规文法。左线性文法要求产生式的左侧只能包含一个非终结符号，产生式的右侧只能是空串、一个终结符号或者一个非终结符号后跟一个终结符号。右线性文法要求产生式的左侧只能包含一个非终结符号，产生式的右侧只能是空串、一个终结符号或者一个终结符号后跟一个非终结符号。它是在 2 型文法的基础上满足：A→α|αB（右线性）或 A→α|Bα（左线性）。

任何语言都可以由无限制文法（0 型文法）来表达，其他三类文法对应的语言类分别是递归可枚举语言、上下文无关语言和正则语言。这四种文法类型依次拥有越来越严格的

---

① 诺姆·乔姆斯基（Noam Chomsky，1928 年— ），美国著名语言学家、哲学家、认知科学家、历史学家、社会批评家和政治活动家，乔姆斯基在语言学领域的贡献尤为突出，被认为是现代语言学的奠基人之一。乔姆斯基认为，所有人类语言都共享一种深层的普遍语法，这种语法是人类大脑中固有的语言能力的基础。乔姆斯基提出了"生成语法"（generative grammar）的概念，认为人类语言能力是与生俱来的，语言的结构可以通过一套形式规则生成，其著作《句法结构》（Syntactic Structures，1957）是语言学领域的里程碑，提出了"转换生成语法"理论，彻底改变了语言学的研究方向。

产生式规则，同时文法所能表达的语言也越来越少。尽管表达能力比无限制文法和上下文相关文法要弱，但由于能高效率地实现，四类文法中最重要的是上下文无关文法和正则文法。

例如：对于文法 $G = (VN, VT, S, P)$，其中 $VN = \{S, B\}$，$VT = \{a, b, c\}$，非终结符号 S 作为初始符号，P 包含下述产生式规则：

（1） S→aBSc

（2） S→abc

（3） Ba→aB

（4） Bb→bb

可进行的字串推导示例如下：（将被替换的字串用黑体标出）

S→abc（使用产生式规则（2））

S→aBSc→aBabcc→aaBbcc→aabbcc（依次使用产生是规则（1）、（2）、（3）、（4））

S→aBSc→aBaBScc→aBaBabccc→aaBBabccc→aaBaBbccc→aaaBBbccc→aaaBbbccc→aaabbbccc（依次使用产生是规则（1）、（1）、（2）、（3）、（3）、（3）、（4）、（4））

可见上述文法定义了语言 $\{a^n b^n c^n \mid n > 0\}$，其中 x^n 表示含有 n 个 x 的字串。

从上面的例子可以看出，形式语言不仅有高度抽象的特点，它还是一套演绎系统，可以通过有限的产生式规则来推导语言中无限的句子。除了上述的形式文法外，Petri 网[①]也是常用的形式化工具，它采用图形的方法来描述。形式语言中的符号化和产生式规则实现了对问题描述的形式化，形式化是自动化的基础。在计算机科学和软件工程领域，形式化方法被广泛采用，例如：软硬件系统的形式化描述，软件的形式化开发和形式化验证等。

4. 形式语言的分类

在一种形式语言中，对应不同的形式文法，生成的语言也可以分为 4 种类型。

（1） 0 型语言（unrestricted grammar language，无限制文法语言）

由 0 型文法生成，其特点是对产生式规则几乎没有限制，具有最强的描述能力。任何递归可枚举语言都是 0 型语言，例如某些复杂的、难以用简单规则描述的语言，像某些不规则的字符序列集合。

（2） 1 型语言（context-sensitive language，上下文有关语言）

由 1 型文法生成，1 型文法也称上下文有关文法，产生式规则一般形如 αAβ→ αγβ，其中 A 是非终结符，α、β、γ 是由终结符和非终结符组成的字符串，且 γ 的长度大于等于 A 的长度。特殊情况是 S→ϵ（S 是开始符号，ϵ 为空串）。

上下文相关意味着非终结符 A 只有在 α 和 β 的上下文环境中才能被替换为 γ，语言中的符号替换依赖于其周围的符号。

（3） 2 型语言（context-free language，上下文无关语言）

由 2 型文法生成，也叫上下文无关文法，产生式规则形如 A→ γ，其中 A 是非终结

---

① Petri 网是 20 世纪 60 年代由德国数学家卡尔·亚当·佩特里（Carl Adam Petri, 1926—2010 年）里发明的，适合于描述异步的、具有并发事件的系统模型，是自动化理论的一种，有所有流程定义语言之母之誉。

符，γ是由终结符和非终结符组成的字符串。特点是非终结符的替换不依赖于上下文，只要出现非终结符 A，就可以按照规则将其替换为 γ。

上下文无关语言规则相对简单，易于处理和分析，在编译器设计、语法分析等领域有广泛应用。例如：算术表达式语言，像 3+4×(2-1) 这样的表达式可以由上下文无关文法来描述，其中"表达式""项""因子"可以定义为非终结符，数字、运算符为终结符，通过一系列形如"表达式→表达式+项""项→项×因子"等规则来生成各种合法的算术表达式。

（4）3型语言（regular language，正则语言）

由3型文法生成，也称为正则文法，分为右线性正则文法和左线性正则文法。右线性正则文法的产生式规则形如 A→aB 或 A→a，左线性正则文法的产生式规则形如 A→Ba 或 A→a，其中 A、B 是非终结符，a 是终结符。

正则语言的特点是产生式规则具有明显的线性结构，非终结符要么只出现在产生式的左侧（左线性），要么只出现在产生式的右侧（右线性）。它是四类语言中最容易处理和实现的语言类型，在词法分析、文本搜索等领域有广泛应用。

例如：由正则表达式 $(a \mid b)^* ab$ 定义的语言，它表示由 a 和 b 组成的字符串，且以 ab 结尾，如 aab、$bbab$ 等都属于该语言，可以用有限自动机很容易地实现对这类字符串的识别。

这四类语言形成了一个包含关系的层级结构，即正则语言（3型语言）是上下文无关语言的子集（2型语言），上下文无关语言是上下文有关语言（1型语言）的子集，上下文有关语言是0型语言的子集。随着类型从3型到0型，语言的描述能力逐渐增强，而相应的识别和处理难度也逐渐增加。

形式语言是计算机程序设计语言的理论基础。在计算机程序设计语言研究中，上下文无关文法（2型文法），对应下推自动机，具有简洁和强大的表达能力，几乎所有的高级程序设计语言都是通过上下文无关文法来定义的。在相应的编译系统中，上下文无关文法可以构造出有效的分析算法，检查一个字符串是否符合相关的上下文无关文法，即对用户程序进行语法检查。也可以构造出各个语法的生成目标代码算法，来实现源程序的编译等。

▶ ## 5.1.2　抽象与计算机程序设计语言

计算机的功能是通过运行计算机程序来实现。程序是对问题求解过程和方法的形式化描述，而这种描述语言就是计算机程序设计语言。从本质上讲，计算机程序是对人类问题求解过程的抽象描述，例如：数据与数据类型、表达式、流程控制、函数等，这都是数据、计算、逻辑推理以及问题约简等人类问题求解思维方法的抽象。

具体的讲，所谓程序设计语言（programming language），就是用于编写计算机程序的语言，由一组基本符号和一组语法规则构成。基本符号定义了程序中能够出现的字符和词汇，并赋予它们特定的含义，对应于形式语言中的形式文法（grammar）。语法规则定义了程序设计语言中构成程序的基本符号、符号之间的组合规则，这些规则生成了程序中的数据、类型、表达式、程序语句等语言成分，从而形成一种特定的计算机程序设计语言。

1. 计算机程序设计语言的分类

在计算机的发展过程中，人们研发了各种各样不同的计算机程序设计语言，我们通常将计算机程序设计语言分为机器语言、汇编语言和高级语言三种类型。

（1）机器语言。在计算机中，CPU 是执行算术运算和逻辑运算的执行单元，通过执行计算机指令来完成。机器语言是用二进制代码表示的计算机能直接识别和执行的计算机 CPU 指令的集合，它是计算机设计者通过计算机的硬件结构赋予计算机的操作功能。使用机器语言书写程序的优点是直接执行和速度快。

用机器语言编写程序，编程人员首先要熟记全部指令代码及其含义。手编程序时，程序员得自己处理每条指令和每一数据的存储分配和输入输出，还得记住编程过程中每步所使用的工作单元处在何种状态。程序全是 0 和 1 组成的指令代码序列，可读性极差，容易出错，且程序与硬件紧密联系，可移植性差。

（2）汇编语言。为了克服机器语言难读、难编、难记和易出错的缺点，人们就用与代码指令实际含义相近的英文缩写词、字母和数字等符号来取代指令代码（比如：用 ADD 表示运算符号"+"的机器代码），这就产生了汇编语言。可以说，汇编语言是一种用助记符表示的仍然面向机器的计算机编程语言。

汇编语言的特点是用符号代替了机器指令代码，采用汇编语言的助记符号编写程序，比机器语言二进制代码编程更加方便。用汇编语言编制的程序不能直接执行，必须将汇编语言程序进行编译（汇编），翻译成目标程序，对应机器语言指令代码程序，才能被计算机 CPU 处理和执行。汇编语言和机器指令一样，直接控制硬件操作，仍然是面向机器的语言，使用烦琐，通用性差。但是，汇编语言用来编制系统软件和过程控制软件，其目标程序占用内存空间少，运行速度快，有着高级语言不可替代的作用。

（3）高级语言。不论是机器语言还是汇编语言都是面向硬件具体操作的，语言对机器的过分依赖，要求编程人员必须对硬件结构及其工作原理十分熟悉，这对非专业人员是难以做到的，且编写的程序移植性差。为此，人们需要去设计一种与人类自然语言接近且语意确定、规则明确、自然直观和通用易学的计算机编程语言，这就是计算机高级程序设计语言。

高级程序设计语言是面向用户的语言，它不依赖于特定的计算机硬件，高级语言程序的运行分为编译或解释两种。高级语言编写的程序通过程序编译可以转化指令序列，或在高级语言对应的解释机中直接运行，具有更好的可移植性。高级语言编写的程序可读性强，可移植性强，是目前软件开发的主要编程语言。

2. 高级程序设计语言的发展

1951 年，美国 IBM 公司的约翰·巴克斯（John Backus）[①]针对汇编语言的缺点着手研

[①] 约翰·巴克斯（John Backus，1924—2007 年），美国计算机科学家，FORTRAN 程序设计语言发明人，后参加了 ALGOL 语言的设计工作，并且提出了描述 ALGOL-60 语言语法的表示法，称为巴克斯范式，后为许多其他语言所采用，1977 年获图灵奖。

究开发一种新的计算机程序设计语言，这就是 FORTRAN 语言。FORTRAN 是 FORmula TRANslator 的缩写，译为"公式翻译器"。FORTRAN 最初是为 IBM 704 计算机设计的，第一个 FORTRAN 版本于 1954 年前后设计完成，其编译程序于两年后问世。FORTRAN 语言在数值计算方面功能强大，一经问世，就受到了人们的普遍欢迎，FORTRAN 也成为世界上第一个计算机高级程序设计语言，从此揭开了计算机高级程序设计语言发展的序幕。

20 世纪 50 年代后期，LISP 语言（1958 年）、ALGOL 语言（1958 年）、COBOL 语言（1959 年）相继问世，直接推动了编译技术与理论的研究。进入 20 世纪 60 年代后，大量新的计算机高级程序设计语言陆续研制成功，在 20 世纪 60 年代的十年间，人们研制了多达 200 种高级程序设计语言。例如，著名的 BASIC（beginner's all purpose symbolic instruction code，初学者通用符号指令代码）语言就是在 1964 年问世的。

在这些计算机程序设计语言中，ALGOL 语言为后来的计算机高级程序设计语言的研发起了重要作用。ALGOL 语言是一种算法语言（ALGOrithmic language），它是纯粹面向描述计算过程的，也就是所谓面向算法描述的。1958 年，美国计算机协会（ACM）与德国应用数学和力学协会（GAMM）在苏黎世将双方关于算法表示法的建议融合为一，诞生了 ALGOL 58。这一语言最初被命名为 IAL（国际代数语言），随后更名为 ALGOL 58。1960 年 1 月，图灵奖得主艾伦·佩利（Alan J. Perlis）在巴黎召开的一次汇聚全球顶尖软件专家的研讨会上，隆重发布了"算法语言 ALGOL 60 报告"，从而确立了 ALGOL 60 作为程序设计语言的国际地位。虽然 ALGOL 语言并没有被广泛使用，但它是许多现代高级程序设计语言的概念基础，是计算机高级程序设计语言发展史上的一个重要里程碑。

20 世纪 70 年代，随着软件规模的不断扩大，传统的软件开发模式受到了严峻挑战，出现了"软件危机"。软件危机让人们重新审视软件开发问题，这导致了软件工程思想的出现，也影响了程序设计语言的研制，结构化编程思想受到编程人员的追捧。1971 年，瑞士苏黎世联邦工业大学尼古拉斯·沃斯（NiklausWirth）教授在 ALGOL 基础上研制了一个全新的计算机程序设计语言，为纪念历史上第一台机械式加法器的发明人法国科学家布莱士·帕斯卡（Blaise Pascal），将其命名为 Pascal 语言①，其过程和函数的概念很好地支持了结构化程序设计的编程思想，它简单明了，成为当时最好的计算机编程教学语言。

在这一时期，还相继出现了 C 语言（1972 年）、Smalltalk 语言（1972 年）、Prolog 语言（1972 年）等。这些语言的出现，也反映出软件编程思想的发展。其中，Smalltalk 语言是第一个完全意义上的面向对象的编程语言，而 Prolog 则是一种计算机逻辑语言，用于人工智能的逻辑推理，编写专家系统等计算机程序。

20 世纪 80 年代，面向对象编程成为主流的编程思想，C++语言（1980 年）问世。在 Pascal 基础上，Ada 语言（1983 年）问世，它吸收了软件工程学、程序设计语言学、程序

---

① Pascal 程序设计语言是由原瑞士苏黎世联邦工业大学尼古拉斯·沃斯（Niklaus Wirth，1934—2024）教授于 1971 年设计的，为纪念人类历史上第一个机械式计算机的发明人法国科学家布莱斯·帕斯卡（Blaise Pascal，1623—1662 年）而命名为 Pascal 语言。Pascal 语言语法严谨，结构清晰，程序具有很强的可读性，是第一个结构化的编程语言。

设计方法学的优秀研究成果，能大力支持程序模块化、可移植性、可扩充性、抽象与信息隐藏，有助于高效地开发与维护程序。1987 年，著名的脚本语言 Perl 问世。

20 世纪 90 年代，互联网技术蓬勃发展，脚本语言 Python（1991 年）、可视化编程语言 Visual Basic（1991 年）、具有跨平台特征的面向对象语言 Java（1995 年）、Delphi（1995 年）、C#（2001 年）语言不断研究成功并广泛应用，反映了面向对象和跨平台特征，适应了计算机技术的发展现状。

3. 流行计算机程序设计语言

在过去的几十年间，人们不断发明新的程序设计语言。由于人们面对的编程问题千差万别，没有哪种语言适合所有问题的编程。对于计算机程序设计语言，网上有大量的评估数据，其中，TIOBE[①]对编程语言流行度的评估方面具有较高的权威性，该机构每月发布一次编程语言流行度统计结果，该机构发布的 2023 年 10 月的统计数据见表 5-1。

表 5-1　计算机程序设计语言流行度统计（2023.10）

流行度排名	语言名称	特点	主要应用领域
1	Python	语法简洁易读，丰富的第三方库，支持多种编程范式	数据科学、机器学习、Web 开发、自动化脚本
2	C	高效、接近硬件，手动管理内存，运行速度快	操作系统、嵌入式系统、高性能计算
3	C++	支持面向对象，保留 C 的高效性，功能强大但学习曲线陡	游戏开发、系统编程、高性能应用
4	Java	跨平台，强类型语言，面向对象特性完善，生态系统强大	企业级应用、Android 开发、大数据处理
5	C#	语法类似 Java，与 .NET 框架深度集成，支持面向对象和组件化编程	Windows 应用、游戏开发（Unity）、Web 开发
6	JavaScript	动态类型，运行在浏览器端，支持事件驱动和异步编程，生态系统庞大	前端 Web 开发、后端开发（Node.js）、移动应用
7	PHP	专为 Web 开发设计，语法简单，与 HTML 无缝集成，拥有大量开源框架	服务器端 Web 开发、内容管理系统（如 WordPress）
8	SQL	用于管理和操作关系型数据库，声明式语言，专注于"做什么"而非"如何做"	数据库查询与管理、数据分析与报表生成
9	Rust	内存安全，无垃圾回收机制，高性能，适合系统编程，学习曲线陡	系统编程、嵌入式开发、WebAssembly
10	Go(Golang)	语法简洁，支持并发编程（goroutine），编译速度快，适合大规模项目	云原生应用、微服务架构、网络编程

---

① 编程语言世界排名 TIOBE 排行榜是根据互联网上有经验的程序员、课程和第三方厂商的数量，并使用搜索引擎（如 Google、Bing、Yahoo!、百度）以及 Wikipedia、Amazon、YouTube 统计出的排名数据，每月更新一次。TIOBE 排行榜只是反映某个编程语言的热门程度，并不能说明一门编程语言的好坏，或者一门语言所编写的代码数量的多少。

每一种程序设计语言，都有其各自的特点，用户应根据开发的软件系统的特点选择合适的程序设计语言。

▶ 5.1.3 计算机程序及其分类

程序本身不是计算机特有的概念，例如会议程序、办事程序等。简单地讲，程序是为了完成某项任务或某个目标而制定的一个具体的可操作的行动计划，它详细地列出了具体步骤，且每个步骤都是可操作的。所谓计算机程序，则是指用户为了达到某种目的而编写的控制计算机运行的一组指令序列。计算机程序需要用专门的计算机程序设计语言来编写。

1. 按源程序能否直接运行分类

使用计算机程序设计语言编写的程序称为源程序。根据源程序能否直接在计算机中运行，可以将程序分为编译型程序和解释型程序两大类。我们知道，在计算机中执行程序的部件是 CPU，CPU 执行的是机器指令。因此，用计算机高级程序语言编写的程序（源程序）是不能直接运行的，需要将源程序进行编译、连接，才能生成一个可在操作系统下运行的可执行程序，如 C/C++程序等，这类程序称为**编译型程序**。虽然计算机不能直接运行源程序，但是可以对高级语言程序进行解释执行，无须事先编译，这可增加软件的灵活性，这就是所谓的**解释型程序**。最常见的解释性程序是 JavaScript，该程序可以在网页中被 Web 浏览器解释执行，极大地增强了浏览器的功能。

计算机是如何运行解释型源程序的呢？计算机对程序的运行是通过操作系统完成的，对于编译型程序，操作系统将可执行文件调入内存来运行其中的指令。而解释型程序的运行则要通过特定的解释器来完成。例如，对于网页中的 JavaScript 客户端脚本程序，每一个 Web 浏览器都包含脚本程序解释引擎，当打开一个网页时，遇到客户端脚本程序，浏览器中的脚本程序解释引擎即对源程序中的语句进行解释执行。由于解释型程序没有事先编译，如果程序存在语法错误，将导致程序不能进一步执行，引起程序运行终止。例如，浏览网页时，在浏览器窗口的状态栏看到的"脚本程序错误"提示信息就是上述原因引起的。

2. 按程序运行环境分类

在所有的计算机程序中，绝大多数是编译型程序。编译型程序在操作系统下运行，因此，按照计算机安装的操作系统不同，程序可分为 DOS 程序、Windows 程序、UNIX 程序、Linux 程序，以及 macOS 程序、Android 程序等。一个操作系统下运行的程序是不能在别的操作系统下运行的，这就是程序的可移植性问题。因此，用户在开发程序前，必须要明确程序将来运行的操作系统环境。

程序的可移植性问题增加了用户的投资风险，也为软件广泛推广增加了障碍。为了解决程序的可移植性问题，1995 年，Sun Microsystems[①]推出 Java 技术。Java 是一种极富创造

---

① Sun Microsystems 公司，简称 Sun 公司，由 Stanford 大学学生安迪・贝克托森（Andy Bechtolsheim）和斯科特・麦克尼里（Scott McNealy）等创立，原意 Stanford University Network，公司成立于 1982 年。Sun 以技术创新著称，提出了"网络即计算机"战略方向，为世界贡献了一整套包括 Java 在内的全系列开源软件，是一个让全球软件开发者热血沸腾、视为心灵家园的品牌。2009 年 4 月 20 日，甲骨文（Oracle）和 Sun 公司发布联合声明，Oracle 收购了 Sun 公司。

力的计算平台，狭义上讲，Java 技术可以理解为 Java 程序设计语言；广义上讲，Java 技术包括 Java 语言、Java 虚拟机（JVM）以及 Java API 等。采用 Java 编写的程序，被编译成一种字节码，它不在操作系统下运行，而是运行在 Java 虚拟机上。因此，只要根据用户的操作系统安装不同的 Java 虚拟机，就可以运行 Java 程序了，彻底解决了程序可移植性问题。

随着互联网和 Web 技术的发展，程序也在不断向前发展。除了上述在操作系统和虚拟机上运行的程序外，在 Web 应用中，网页中可以包含客户端和服务端脚本程序，客户端脚本程序在浏览器中解释执行，服务端脚本程序在服务器端特定应用服务器（容器）上执行。例如，执行 JSP 和 Servelet 的 Tomcat 应用服务器，即可执行 JSP 网页中的 Java 程序。

▶ 5.1.4 问题约简与结构化编程

在人类的问题求解中，对于复杂问题，一般的思维就是将问题进行约简，分而治之，各个击破。20 世纪 60 年代末，计算机应用越来越广，程序越来越复杂，规模越来越大，传统的各自为战的软件开发模式导致了"软件危机"[①]的出现。人们意识到，大型软件的开发和小型软件不同，必须像对待工程一样，研究软件开发的全过程，出现了软件工程的概念。这也影响到计算机高级程序设计语言的研制，以支持新的编程思想的实现。

软件编程思想第一次被引起高度重视是在 20 世纪 60 年代末，起因是当时的软件危机，这导致了结构化编程思想的出现。1969 年提出了结构化程序设计的思想，其基本思想是如果问题比较复杂，将问题分解为几个相对简单的子问题，如果某个子问题还比较复杂，进一步划分，直到分解后的每个问题都是相对简单的。这是一个自顶向下逐步求精的思想，它对于解决大规模编程提供了一种有效的机制。1970 年，出现了第一个结构化程序设计语言 Pascal，其函数和过程很好地实现了结构化程序设计的思想，标志着结构化程序设计的开始。直到现在，结构化程序设计思想仍被广泛采用。

20 世纪 80 年代，在软件设计思想上，产生了一次革命性的变革，面向对象技术开始兴起，建立了类和对象的概念，它将自然界中的物理对象和软件对象相对应，对人们近半个世纪来的软件开发思想产生了深刻变革。目前流行的 C++、Java 都是典型的面向对象程序设计语言。当前，面向对象编程（object oriented programming，OOP）是主流的软件开发模式。在面向对象技术中，不仅用对象实现了数据和操作的封装，还通过消息映射在事件和函数之间进行关联，键盘鼠标等事件的发生会发出消息，消息来激活函数，函数之间的联系不再是显式调用，这样就降低了函数的耦合度。对于复杂系统面向对象技术可以提

---

① 软件危机（Software Crisis）是指在计算机软件的开发和维护过程中所遇到的一系列严重问题。软件危机是落后的软件生产方式无法满足迅速增长的计算机软件需求，从而导致软件开发与维护过程中出现一系列严重问题的现象。这些严重的问题阻碍着软件生产的规模化、商品化以及生产效率，让软件的开发和生产成为制约软件产业发展的"瓶颈"。

高系统的可扩充性和代码重用的层次，极大地增强了软件系统的可扩展性和灵活性。

▶ 5.1.5　计算机软件系统开发

一般情况下，当我们谈到计算机程序时，它通常是功能相对单一、规模较小的。当一个程序的规模较大，功能相对复杂的时候，我们通常称其为计算机软件或计算机应用系统。例如：字处理软件、图形图像处理软件、各种计算机管理系统等。要开发一个满足用户需求的程序或软件，只有计算机程序设计语言是不够的，还涉及编程方法、开发环境等。

1. 软件开发的基本步骤

我们做任何事情，都遵循人类问题求解的一般思维规律，即：分析问题，提出假设和检验假设，软件开发也是如此。从软件工程的角度，软件开发包括生命周期法和原型法等不同的开发方法。对于经典的生命周期法来讲，软件开发包括以下几个典型阶段。

（1）需求分析，分析用户对软件系统的需求，编写用户需求分析报告。

（2）系统设计，根据用户需求，完成系统总体设计，包括功能设计、数据结构（数据库）设计、算法设计、用户界面设计、用户角色设计等，编写系统设计报告。

（3）系统开发，根据系统设计，进行软件开发，包括编程。

（4）系统测试，测试系统的正确性、可靠性等。

（5）运行和维护，上线运行，并根据运行中出现的问题或用户的需求变化进行维护。

软件开发的步骤不是刻意设计的，它是我们解决问题思路的抽象和概括。即使对于一些简单的问题，或者是简单的编程任务，将上述的软件开发阶段内化到我们的思维过程也是非常有益的。因此，在本书后续的例题中，并不是按照软件工程的思想一步步地介绍问题的分析、算法设计过程，而是直接给出相对简洁的程序代码。

2. 软件开发环境

一种程序设计语言只是一个规范，要编写程序还必须使用一个符合某种程序设计语言规范的开发环境。这种程序开发环境不仅实现了相应的语言规范，往往还提供了大量的标准函数（类）库，同时还为编程人员提供源程序编辑器、编译、连接等工具。此外，一般的软件集成开发环境（integrated development environment，IDE）通常还提供项目管理、软件调试等工具。

对于 C/C++，常见的集成开发环境有：早期的 Boland Turbo C/ C++、微软 Microsoft Visual Studio 中的 Visual C++，以及免费开源的 Dev-C++等，其中 Dev-C++广泛应用于算法调试和 C/C++学习。Dev C/C++开发环境主界面如图 5-1 所示。

Dev C++①本身仅仅提供一个单纯的图形界面，它并不是一个完整的开发环境。如果

---

① Dev-C++是一个免费软件，最早由免费软件组织 BloodShed 开发，在版本 4.9.2 之后该公司停止开发并开放源代码。然后由 Orwell 接手进行维护，后来也有其他开发人员陆续参与开发维护并发布一些分支版本。用户可以从 Dev-C++ 中文版网站（https://devcpp.gitee.io/）下载最新 Dev-C++中文版。

要想在这一环境中开发软件则需要 GCC[①]在 Windows 或者 Linux 上的变种，如 mingw、cygwin、djgpp 等。借助这些以 GCC 为基础的开发环境再加上 DEV C++方可构成一个完整的开放式集成开发环境。使用开发环境，非常重要的是要掌握和善于使用调试工具，可对程序进行逐行运行、单步运行以及设置断点等，来查看数据结果或查看运行逻辑。

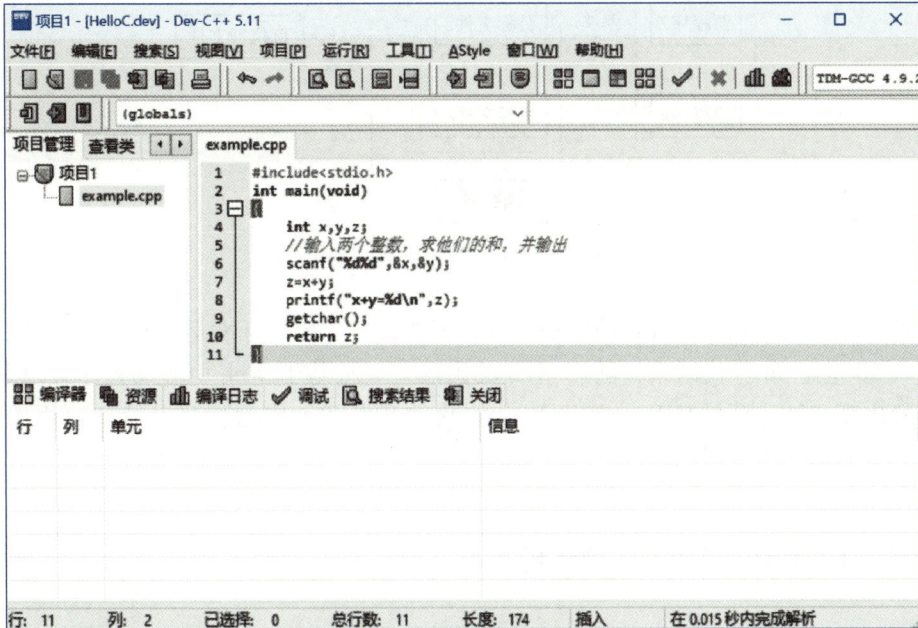

图 5-1　Dev C++集成开发环境

3. 程序的编译连接和运行

在软件开发环境中，编程人员利用编辑器进行程序代码编写，即编辑源程序。通常情况下，源程序不能直接在计算机上运行，需要经过编译、连接，最终形成一个可执行的文件，如 DOS 和 Windows 下的 .exe 文件，Android 中的 .apk 文件，iOS 下的 .ipa 文件。有些操作系统，如 Linux，可执行文件通常没有扩展名，而是通过文件权限来标识可执行文件。可执行文件被安装在计算机上，在计算机操作系统下运行。源程序的编译、连接过程如图 5-2 所示。

所谓**编译**，就是将源程序变成目标文件的过程，连接则是将各个源程序和所用到的标准（类）库进行连接，将其中用到的库函数代码静态连接或动态连接到最终的可执行文件中。所谓动态链接库（dynamic link library，DLL），是指程序在连接时，不把库函数代码嵌入到可执行文件中，而是在运行时遇到库函数调用时动态地转到相应的位置去执行，执

---

① GCC 是由 GNU 开发的编程语言编译器，原名为 GNU C 语言编译器（GNU C Compiler），只能处理 C 语言，后来又扩展为支持更多编程语言，因此改名为 GNU 编译器套件（GNU Compiler Collection），GNU 编译器套件包括 C、C++、Objective-C、FORTRAN、Java、Ada 和 Go 语言前端，以及这些语言的库（如 libstdc++，libgcj 等）。其中，GNU 是 GNU is Not UNIX 的缩写，是一个完全免费操作系统计划，主推 GNU/Linux。

行结束后再返回。动态连接技术可以减小可执行程序的大小,是目前 OOP 编程普遍采用的技术。

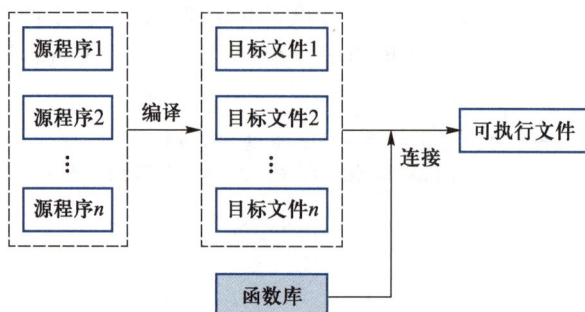

图 5-2   编译型计算机程序开发过程

上述程序开发模式是一种传统的程序开发模式,它主要是开发运行在操作系统上的程序。进入 20 世纪 90 年代以来,随着 Web 的出现,一种基于 Web 服务的程序开发和运行模式开始出现和被广泛地应用,基于 Web 的软件开发开始成为程序设计和应用的主流。出现了大量的基于浏览器/服务器(Browser/Server,B/S)三层架构的 Web 系统。

▶▶ 5.2   Python 程序设计语言

计算机程序设计语言很多,虽然各有特点,但所有程序设计语言的基本构成都是一样的,不相同的仅仅是语言的基本符号、语法规则以及包含的库。学习计算机编程,核心是学习编程思想,即培养良好的结构化编程、面向对象编程的思想和方法。程序设计语言仅仅是编程思想描述的工具,不应成为学习的重点。我们选取当前最流行 Python 程序设计语言作为例子,介绍计算机程序设计语言的基本构成及功能。

▶ 5.2.1   Python 简介

在 20 世纪 80 年代末,荷兰程序员吉多·范罗苏姆(Guido van Rossum)希望创造一种简洁、易读、可扩展的语言,融合多种编程语言的优点,同时强调代码的清晰性和简洁性,这就是 Python[1]。1991 年,吉多发布了 Python 的第一个公开发行版,即 Python 1.0,这个版本已经具备了一些基本的特性,如动态类型、垃圾回收等。2000 年,Python 2.0 发布,带来了许多重要的新特性,如列表推导式、垃圾回收机制的改进等。这个版本使得 Python 编程更加简洁和高效,Python 开始在各个领域得到广泛应用,包括 Web 开发、科

---

[1]   Python 这个名字来源于英国喜剧团体 Monty Python 的电视系列剧 *Monty Python's Flying Circus*。Python 的创始人吉多·范罗苏姆在开发该语言时,希望它具有一种轻松、有趣的氛围,就像 Monty Python 的作品一样充满创意和幽默,所以将其命名为 Python。

学计算、人工智能等。2008 年，Python 3.0 发布。这是一个具有重大变革的版本，对语法和一些内置功能进行了改进和优化，以提高代码的可读性和一致性，但与 Python 2.x 存在一些不兼容之处。

Python 拥有庞大而活跃的社区，开发者们不断为其贡献各种库和框架。这使得 Python 在各个领域都有丰富的工具和资源，进一步推动了其在数据科学、机器学习、深度学习等领域的发展。如今，Python 已经成为最受欢迎的编程语言之一，广泛应用于 Web 开发（如 Django、Flask 等框架）、数据科学（如 NumPy、pandas、Matplotlib 等库）、人工智能和机器学习（如 TensorFlow、PyTorch、Scikit-learn 等框架和库）、自动化脚本、游戏开发等众多领域。

Python 是一种高级、解释型、通用的编程语言，具有以下主要特点。

（1）简单易学：语法简洁清晰，接近自然语言，适合初学者。代码可读性强，易于维护。

（2）解释型语言：无须编译，直接通过解释器运行。支持交互式编程，便于调试和测试。

（3）跨平台：支持 Windows、macOS、Linux 等多个操作系统。代码无须修改即可在不同平台上运行。

（4）动态类型：变量类型在运行时自动推断，无须显式声明。增加了灵活性，但也可能带来运行时错误。

（5）丰富的标准库：提供了大量内置模块，涵盖文件操作、网络编程、数据库连接等功能，减少了对外部库的依赖。

（6）强大的第三方库：拥有庞大的生态系统，如 NumPy、Pandas、Matplotlib、Django 等，支持多种应用场景，如数据分析、机器学习、Web 开发等。

（7）面向对象：支持面向对象编程（OOP），包括封装、继承和多态，同时也支持过程式和函数式编程。

（8）内存管理：自动垃圾回收，简化内存管理。开发者无须手动释放内存。

（9）可扩展性：可通过 C/C++ 编写扩展模块，提升性能，支持与其他语言集成。

（10）开源：Python 是开源语言，可自由使用和修改。社区驱动，持续更新和改进。

（11）社区支持：拥有活跃的开发者社区，资源丰富。提供大量教程、文档和开源项目。

总之，Python 以其简洁、灵活和强大的功能，成为广受欢迎的编程语言，适合从初学者到专业开发者的各类用户，特别是在人工智能开发中具有突出的优势。

▶ 5.2.2　Python 环境安装与配置

使用高级语言编写程序，首先需要安装相应的程序开发环境并进行配置。编程环境的安装与操作系统有关，Python 环境可以在 Windows、macOS 和 Linux 下安装。下面以 Windows 环境为例，介绍 Python 环境安装与配置。

1. Python 环境安装

首先登录 Python 官方网站，在下载页面，浏览下载列表，列表通常显示版本号、操作系统（包括操作系统版本，如 64 位或 32 位）、文件大小等信息，选择想要安装的版本（如 Anaconda 版本）超链接，将安装包下载到本地计算机。

（1）运行安装程序

运行下载的安装程序，启动安装向导，按照系统提示操作。安装路径选择默认路径，勾选"Add Python to PATH"（将 Python 添加到环境变量），然后单击"Install Now"。安装完成后显示"欢迎页面"，提示注册免费 Anaconda Cloud，先略过，需要时再说。

（2）验证安装

在 Windows 系统，打开命令提示符窗口（Win+R，输入 cmd，按回车键）。在 cmd 命令行窗口，输入以下命令：

```
python --version
```

如果显示 Python 版本号，说明安装成功。如果未显示，可能安装出现异常，需要进一步排查，比如需要进行 Path 等操作系统环境变量，激活 Conda 等。

Python 安装成功后，会在计算机上安装一些常用的实用程序，比如：pip 程序，它是 Python 的包管理工具，用于安装和管理 Python 包，包括：查看当前安装的包、查看包信息、导出安装包列表、安装、升级、卸载包等。

2. 配置 Python 环境

（1）设置环境变量

在 Windows 中，安装过程中，如果出现"Add Python to PATH"选项，请务必勾选，则会自动配置环境变量。如果未勾选，可以手动添加，具体步骤如下。

右击"此电脑"→"属性"→"高级系统设置"→"环境变量"。在"系统变量"中找到 Path，单击"编辑"。然后，添加 Python 的安装路径（如 C：\ Users \ HaoXW \ anaconda3）和 Scripts 文件夹路径（如 C：\Users\HaoXW\anaconda3\Scripts）。

用户在 Windows cmd 窗口，输入 path 行命令，显示系统当前的 Path 环境变量设置情况。也可以通过 sete 命令直接修改 Windows 系统环境变量。Python 版本众多，安装过程不同，安装后不能正常运行，并不仅仅是因为环境变量的问题，使用 Conda 工具也是一种不错的方法。

（2）使用虚拟环境

不同的项目可能需要不同版本的 Python 或第三方库。虚拟环境可以为每个项目创建独立的环境，确保项目之间的依赖不会相互干扰。通过虚拟环境，可以在同一台机器上为不同的项目创建独立的开发环境，避免项目之间的依赖冲突。

① 创建虚拟环境。

在项目目录中运行：

```
python -m venv myenv
```

在当前目录下创建一个名为 myenv 的虚拟环境。

② 激活虚拟环境。

在 Windows 中：

myenv\Scripts\activate

激活后，命令行提示符会显示虚拟环境名称。

③ 退出虚拟环境。

输入以下命令：Deactivate

3. 使用 Ananconda 管理工具

当完成 Python 的安装后，会自动打开 Anaconda 浏览器图形界面，里面包含了 Python 编程用到的各种工具使用入口。例如：Anaconda_prompt（命令行窗口）、juyter notebook 等，单击相应的"Lauch"按钮，即可启动相应的应用，相比于命令行方式，更加便捷。

Anaconda 是一个用于数据科学和机器学习的开源发行版，集成了 Python 和 R 的众多常用库和工具。包含的组件有：① Anaconda Navigator，图形界面，方便管理环境和启动应用。② Conda 命令行工具，用于包和环境管理。③ Jupyter Notebook 交互式编程环境，适合数据分析和可视化。④ Spyder 集成开发环境，适合科学计算。

Anaconda 主要包括以下功能。

（1）包管理：通过 Conda 工具管理 Python 包和环境，支持跨平台操作。

（2）环境管理：允许创建独立的 Python 环境，避免不同项目间的依赖冲突。

（3）预装库：自带大量数据科学和机器学习常用库，如 NumPy、Pandas、Matplotlib、Scikit-learn 等。

（4）集成开发环境：包含 Jupyter Notebook 和 Spyder 等工具，便于开发和调试。

（5）跨平台支持：兼容 Windows、macOS 和 Linux。

（6）社区支持：拥有活跃的社区和丰富的文档资源。

4. 安装常用工具和库

使用 pip 安装常用库：

pip install numpy pandas matplotlib

安装开发工具：

pip install jupyter notebook

5. 验证环境

例如：使用 Jupyter Notebook，编写一个简单的 Python 脚本：

print("Hello,Python!")

运行脚本，运行结果在 cell 下方显示，如图 5-3 所示。

运行结果输出 Hello, Python!，说明环境配置成功。通过以上步骤，我们成功完成了 Python 环境的安装和配置，接下来就可以编写 Python 程序了。

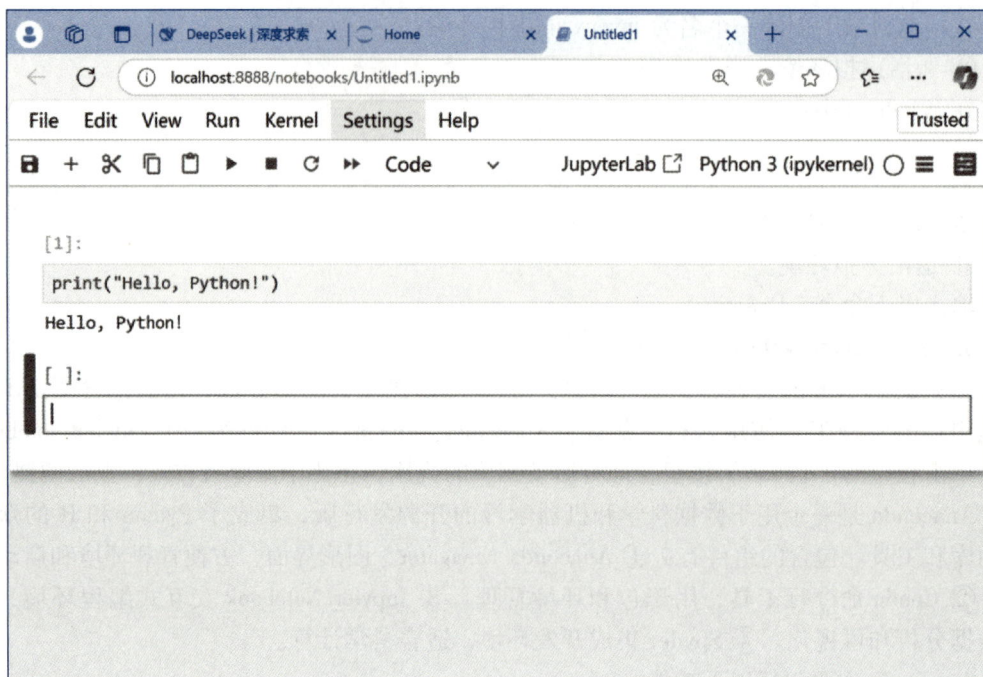

图 5-3　测试第一个 Python 程序

5.2.3　Python 库

Python 包含丰富的内置函数、标准库、第三方库以及 Python 学习资源，Python 强大的功能和这些库与函数紧密相关，一些常见 Python 库及其功能说明见表 5-2。

表 5-2　常用 Python 库及其功能列表

序号	分类	库名	功能
1	数据处理与分析	NumPy	提供高效的数组操作和数学函数，是科学计算的基础库
		Pandas	用于数据处理和分析，提供数据结构和操作工具，如 DataFrame 和 Series
		SciPy	基于 NumPy，提供科学计算和工程计算的模块，如优化、积分、插值等
2	科学计算与工程	SymPy	符号计算库，支持代数、微积分、离散数学等
		Astropy	用于天文学的数据分析和处理
3	机器学习与人工智能	Scikit-learn	提供各种机器学习算法和工具，如分类、回归、聚类等
		TensorFlow	Google 开发的开源机器学习框架，支持深度学习和神经网络
		PyTorch	Facebook 开发的深度学习框架，以动态计算图著称，广泛应用于研究和生产

序号	分类	库名	功能
4	自然语言处理	NLTK	提供自然语言处理工具和数据集，适合文本分析和处理
		spaCy	工业级自然语言处理库，支持高效的文本处理和实体识别
5	图像处理	Pillow	Python Imaging Library 的分支，提供图像处理功能
		OpenCV	开源计算机视觉库，支持图像和视频处理
6	数据可视化	Matplotlib	用于创建静态、动态和交互式图表的基础绘图库
		Seaborn	基于 Matplotlib，提供更高级的统计图表和美观的默认样式
		Plotly	支持交互式图表，适用于 Web 应用和仪表盘
7	GUI 开发	Tkinter	Python 标准库中的 GUI 工具包，适合简单的图形界面开发
		PyQt/PySide	基于 Qt 框架的 GUI 开发工具，适合复杂的桌面应用
8	数据库操作	SQLAlchemy	ORM 工具，支持多种数据库，简化数据库操作
		Psycopg2	PostgreSQL 数据库适配器，用于连接和操作 PostgreSQL 数据库
9	Web 开发	Django	高级 Web 框架，提供全栈开发工具，适合构建复杂应用
		Flask	轻量级 Web 框架，适合小型项目和微服务
10	网络爬虫	FastAPI	现代 Web 框架，支持异步编程，适合构建高性能 API
		BeautifulSoup	用于解析 HTML 和 XML 文档，提取数据
		Scrapy	强大的爬虫框架，支持大规模数据抓取和处理
11	自动化与脚本	Selenium	用于 Web 自动化测试，支持浏览器操作和网页交互
		PyAutoGUI	提供 GUI 自动化功能，支持鼠标和键盘操作
12	游戏开发	Pygame	用于开发 2D 游戏的库，提供图形、声音和输入处理功能
13	异步编程	asyncio	提供异步 I/O 支持，适合编写高性能网络应用
		aiohttp	支持异步 HTTP 客户端和服务器，适合构建高性能 Web 应用
14	云计算与 DevOps	Boto3	AWS 的 Python SDK，用于管理和操作 AWS 服务
		Fabric	用于自动化部署和系统管理任务
15	测试与调试	unittest	Python 标准库中的单元测试框架
		pytest	功能强大的测试框架，支持简单和复杂的测试场景

▶▶ 5.3 Python 编程基础

计算机程序设计语言很多，但所编写的程序从本质上是一样的，即程序是由数据和代码两部分组成的，数据是对问题的描述，代码是对数据的处理。因此，所有的计算机编程语言本质上也是一样的，都包含数据和代码两部分定义，不相同的只是语言所使用的基本符号、语法规则、程序结构以及所开发的库。

▶ 5.3.1 Python 语言基本符号

Python 语言基本符号就是指在一个 Python 程序中可以使用的符号，包括基本字符、关键字、程序注释等。

1. 基本字符

Python 的基本字符包括字母、数字、运算符、分隔符、转义字符、注释等各类符号，符号简要分类见表 5-3。

表 5-3　Python 基本字符列表

类别	符号
运算符	+，-，*，/（除法），//（整除），%（模除），**（幂运算），==，!=，>，<，>=，<=
逻辑运算符	and，or，not
赋值运算符	=，+=，-=，*=，/=，//=，%=，**=
分隔符	，（分隔多个元素），:（用于定义代码块）， ;（分隔同一行中的多个语句，不常用）， .（用于访问对象的属性或方法）， ()（用于函数调用、表达式分组或定义元组）， []（用于定义列表或访问序列中的元素）， {}（用于定义字典或集合）
注释符	#（单行注释)，"""或'''（多行注释)
特殊符号	\ （转义字符），@（装饰器），* 和 **（函数定义和调用）， ->（用于函数注解，表示返回值类型）， _（作为变量名：表示临时或无意义的变量)
字符串符号	'（单引号字符串)，"（双引号字符串)，'''或"""（多行字符串)
其他符号	…（在代码中表示未完成的代码块）， :=（海象运算符，用于赋值语句)

在上述字符列表中，大部分字符（如算术运算符、关系运算符等）的功能是清晰的，个别字符的功能如果不确定，可以通过网络查询学习。

2. 关键字

关键字（keyword）是编程语言中具有特殊意义和功能的保留字。它们被编程语言的设计者预先定义，并赋予特定的含义，用于表示特定的语法结构或操作。关键字不能用作变量名、函数名、类名或其他标识符。在大多数编程语言中，关键字是大小写敏感的。

截至 Python 3.11 版本，Python 共有 35 个关键字，见表 5-4。

表 5-4　Python 常用关键字列表

类别	关键字
控制流程	if, elif, else, for, while, break, continue, pass
函数与类定义	def, lambda, class, return, yield
模块与导入	import, from, as
变量作用域	global, nonlocal
逻辑运算符	and, or, not
成员关系与身份检查	in, is
异步编程	async, await
异常处理	try, except, finally, raise, assert
其他	True, False, None, del, with

关键字的具体功能在后续陆续介绍。通过 Python 内置的 keyword 模块查看所有关键字，即：print(keyword. kwlist)可输出 Python 当前版本中的关键字。关键字是编程语言的核心组成部分，用于实现语言的基本功能和语法结构。理解关键字的含义和用法是学习编程语言的重要一步。在编写代码时，避免将关键字用作标识符，以确保程序的正确性和可读性。

3. 标识符及其命名

在计算机程序设计语言中，标识符（identifier）是用于标识常量、变量、函数、类、模块或其他用户自定义对象的名称。在 Python 中，标识符的命名遵循以下规则。

（1）组成字符：标识符可以由字母（A~Z，a~z）、数字（0~9）和下画线（_）组成，标识符不能以数字开头，标识符中不能包含空格或特殊字符（如@、$、% 等）。

（2）区分大小写：Python 区分标识符大小写，因此 myVar 和 myvar 是两个不同的标识符。

（3）不能使用关键字：不能使用 Python 的关键字（如 if、else、for、while 等）作标识符。Python 的关键字是语言保留的特殊单词，用于定义语法结构。

（4）长度不限：标识符的长度没有限制，但建议保持简洁且有意义。

4. 标识符命名规范

Python 标识符命名规则比较宽松，为了代码的可读性和可维护性，建议遵循以下规范。

（1）变量和函数名：使用小写字母，单词之间用下画线分隔（蛇形命名法，snake_case）。例如：my_variable、calculate_sum。

（2）类名：使用大写字母开头的驼峰命名法（CamelCase）。例如：MyClass、StudentInfo。

（3）常量名：使用全大写字母，单词之间用下画线分隔。例如：MAX_VALUE、PI。

（4）避免使用单个字符：除非是临时变量或循环变量（如 i、j、x 等），否则应使用有意义的名称。

5.3.2　Python 程序结构

在软件编程时，不同的高级程序语言，编写的程序都有特定的结构。一个 Python 程序通常包括模块导入、全局变量、函数定义、类定义、主程序入口等部分。通过合理的缩进和代码组织，可以使程序易于阅读和维护。

一个简单的 Python 程序如图 5-4 所示。

```python
# 模块导入
import math

# 全局变量
PI = 3.14159

# 函数定义
def circle_area(radius):
    return PI * radius ** 2

# 类定义
class Circle:
    def __init__(self, radius):
        self.radius = radius

    def area(self):
        return circle_area(self.radius)

# 主程序入口
if __name__ == "__main__":
    radius = 5
    circle = Circle(radius)
    print(f"Area of circle with radius {radius} is {circle.area()}")
```

图 5-4　Python 程序示例

运行上述程序，运行结果显示：

Area of circle with radius 5 is 78.53975

1. 模块导入

在 Python 中，模块（module）是一个包含 Python 代码的文件，通常以 .py 为扩展名。模块可以包含函数、类、变量以及可执行的代码。模块化设计提高了代码的可复用性、可维护性和可读性，通过模块，可以将代码组织成可重用的单元，便于管理、维护和扩展。模块可以避免命名冲突，不同模块中的同名函数或变量不会互相干扰。

Python 提供了丰富的内置模块，同时也支持自定义模块。通过 import 语句可以导入整个模块或模块中特定的内容，还可以为导入的模块设置别名，以便于使用其中的内容。

例如：

```python
import math                    # 导入整个模块
from datetime import datetime  # 从模块中导入特定内容
```

```
import my_module as mm        # 导入模块并为其设置别名
from my_module import         # 将模块中的所有内容导入当前命名空间，可能导致命名冲突
```

当导入一个模块时，Python 会按照以下顺序查找模块：① 程序运行的当前目录。② 环境变量 PYTHONPATH 指定的目录列表。③ Python 安装目录中的标准库目录。④ 通过 pip 安装的第三方库目录。

可以通过 sys. path 查看 Python 的模块搜索路径：

```
import sys
print(sys. path)
```

Python 提供了许多内置模块（标准库），可以直接使用。例如：math（数学函数）、os（操作系统相关功能）、datetime（日期和时间处理）、random（随机数生成）。

例如：

```
import math
from datetime import datetime
print(math. sqrt(16))        # 计算平方根
print(datetime. now())       # 获取当前时间
```

2. 全局变量和常量

定义全局变量或常量，通常放在模块的顶部。

例如：

```
PI = 3. 14159
MAX_USERS = 100
```

3. 函数定义

使用关键字 def 定义函数。

例如：

```
def add(a, b):
    return a + b
```

4. 类定义

使用关键字 class 定义类。

例如：

```
class MyClass：
    def __init__(self, value)：
        self. value = value
    def display(self)：
        print(self. value)
```

5. 主程序入口

使用 if __name__ == "__main__":来判断是否作为主程序运行。

```
```

例如：

```
if __name__ == "__main__":
    result = add(2, 3)
    print(result)
```

6. 注释

使用#进行单行注释，使用"""或'''进行多行注释。

例如：

```
# 这是一个单行注释
"""
这是一个
多行注释
"""
```

7. 代码块

代码块是编程中用于组织代码的结构，通常由一对花括号{}包围。它可以出现在函数、条件语句、循环等地方。通过代码块，将相关代码组织在一起，逻辑清晰，提升可读性。同时，代码块内的变量通常只在其内部有效，避免命名冲突。

Python 使用缩进来表示代码块，通常为 4 个空格。

例如：

```
if condition:
    # 代码块开始
    x = 10
    print(x)
    # 代码块结束
```

代码块通过控制作用域、提升可读性和简化调试，增强了代码的可维护性和可复用性。

8. 异常处理

异常（exception）是指在程序执行过程中发生的意外或错误事件，它会中断正常的指令流。异常通常由程序无法控制的外部因素或内部逻辑错误引发。

使用 try、except、finally 来处理异常。

例如：

```
try:
    result = 10 / 0
except ZeroDivisionError:
    print("Cannot divide by zero")
finally:
    print("Execution complete")
```

5.3.3 数据、运算与表达式

程序是对数据的操作，数据可分为常量和变量。程序执行过程中不变的量叫常量，数值发生变化的量叫变量。在程序设计语言中，和数据相关的内容有变量名、数据类型、操作运算、表达式等。不同的程序设计语言，关于数据的定义相差较大，例如：C/C++和Python，C/C++是编译型语言，Python 是解释性语言，两者在数据类型的应用上有很大不同。

1. 数据、变量与变量名

在计算机程序运行时，数据通常存储在内存单元（占一个或多个字节）中，为便于数据的访问，通常需要给数据一个名称，这就是变量名。之所以叫变量，是因为这个存储单元的数据可能会改变。如果存储单元的数据不能改变，这就是常量了。

变量名是一个用户自定义标识符，由字母、数字和下画线组成，不能以数字开头，且区分大小写。Python 是动态类型语言，变量无须声明类型，直接赋值即可。

例如：

```
x = 10
name = "Alice"
```

2. 数据类型

数据类型是程序设计语言中一个非常重要的概念。对于编译型程序，例如 C/C++，当声明一个变量时，必须给出变量名和变量对应的数据类型，因为数据类型决定了一个变量所需要占用的内容空间大小（字节数）。如果不确定变量的数据类型，编译器将无法为变量分配空间。同时，数据类型还决定了变量的取值范围和操作运算。

下面是程序设计语言中一些常见的数据类型。

整数（int）：如 10。

浮点数（float）：如 3.14。

字符串（string）：如 "Hello"。

布尔值（bool）：如 True 或 False。

列表（list）：如 [1，2，3]。

元组（tuple）：如 (1，2，3)。

字典（dict）：如 {"name"："Alice"，"age"：25}。

集合（set）：如 {1，2，3}。

在一个程序设计语言中，类型分为强类型和弱类型两种。对于编译型语言，数据类型都是强类型的，强类型变量在运行时会严格区分类型，不允许隐式类型转换（除非明确指定）。所谓弱类型，是指变量类型较为灵活，允许隐式类型转换。两者的关键区别是强类型语言在编译时严格检查，弱类型语言较为宽松，强类型语言需显式转换，弱类型语言可隐式转换。

Python 语言属于强类型语言，不同类型的变量不能直接进行操作，除非显式地进行类型转换。例如：

```
a = 5
b = "10"
c = a + b              # 这会报错：TypeError：unsupported operand type(s) for +: 'int' and 'str'
c = a + int(b)         # 显式地将字符串转换为整数
print(c)               # 输出 15
```

Python 是一种动态类型语言，变量的类型在运行时确定，而不是在编译时确定，变量的类型可以随时改变，且不需要显式声明类型。

```
x = 5          # x 是整数类型
x = "hello"    # x 现在是字符串类型
```

这里 x 的类型从整数变成了字符串，这是动态类型语言的特性。

Python 既是强类型语言，强调类型之间的严格区分，不允许隐式类型转换，同时也是动态类型语言，强调类型的灵活性，变量的类型可以在运行时改变。

3. 操作运算

不同的程序设计语言定义的数据运算不完全相同，一般包括算术运算、逻辑运算和关系预算，有的还包括字符串运算、集合运算等。常见的运算符包括以下几种。

（1）算术运算符：+,-, ∗,/,//（整除），%（模除，取余），∗∗（幂）。

（2）比较运算符：==（等号之间无空格，表示相等），!=（不相等），>, <, >=, <=。

（3）逻辑运算符：and, or, not。

（4）赋值运算符：=, +=, -=, ∗=, /=。

（5）成员运算符：in, not in。

（6）身份运算符：is, is not。

4. 表达式

表达式是由常量、变量、函数和运算符、括号连接而成的式子，用于计算并返回一个值。根据运算结果的类型不同，表达式通常分为算术表达式（结果为一个数）、逻辑表达式（为逻辑值）、字符表达式（结果为字符或字符串）、集合表达式（运算结果为一个集合）等。

例如：

```
result = (x + y) ∗ 2              # 算术表达式
is_valid = (x > 5) and (y < 10)   # 逻辑表达式
```

▶ 5.3.4 流程控制语句

计算机程序是由一行行的语句组成的，这些语句控制着对数据的操作和程序的逻辑流程。程序控制语句一般分为顺序语句、分支语句和重复语句三个大类，这也决定了程序的三种结构。每个类型的语句又有多种不同形式、不同功能的语句。不管是哪一种高级程序设计语言，在程序语句的定义上都是相似的。对于同一种语句，不同的程序设计语言使用的关键字可能不同，语句书写的一般形式也不一样，但逻辑功能都是一样的。

Python 中的语句可以分为以下几类。

1. 输入输出语句

输入输出语句是编程中用于与用户交互的基本工具，通常用于接收用户输入和显示程序输出。

（1）输入语句

● **一般形式**：

variable = input("提示信息")

"提示信息"：可选参数，用于提示用户输入内容。

● **逻辑功能**：用于接收用户输入，并赋给左边的变量 variable。返回的是字符串类型，如需其他类型需进行转换。

（2）输出语句

● **一般形式**：

print("输出内容")

"输出内容"：可以是字符串、变量或表达式。

● **逻辑功能**：用于输出内容到屏幕。

（3）格式化输出

在 Python 中，字符串格式化是常见的操作，用于将变量或表达式的值插入到字符串中。不同的 Python 版本，字符串格式化方法不同。主要有以下两种字符串格式化方法。

● format() 方法：Python 2.6 引入的字符串格式化方法，通过 {} 作为占位符，并使用 format() 方法传入值。

例如：

print("My name is {} and I am {} years old.".format(name, age))

● **f-string 方法**：Python 3.6 引入的一种简洁、高效的字符串格式化方法。它通过在字符串前加 f 或 F 来标识，可直接在字符串中嵌入表达式。例如：f"字符串内容{表达式}"，可以在 {} 中嵌入变量或表达式，在运行时直接计算表达式值，性能优于 format() 和%格式化。

例如：

name = input("请输入你的名字：")
age = int(input("请输入你的年龄："))   # 类型转换
print(f"你好，{name}，你今年{age}岁。")

2. 表达式语句

● **一般形式**：expression

● **逻辑功能**：表达式语句是最简单的语句形式，通常用于计算一个值或执行一个操作。表达式可以是一个函数调用、算术运算、比较操作等。

示例：

```
x = 10                  # 赋值表达式
print("Hello, World!")   # 函数调用表达式
```

3. 赋值语句

● **一般形式**：target = expression

● **逻辑功能**：赋值语句用于将赋值号右边表达式的值赋给一个左边的变量或目标对象。目标可以是一个变量、列表元素、字典键等。

示例：

```
x = 5        # 简单赋值
a, b = 1, 2   # 多重赋值
```

4. 条件语句（if 语句）

● **一般形式：**

```
if condition:
    statement(s)
elif condition:
    statement(s)
else:
    statement(s)
```

● **逻辑功能**：条件语句用于根据条件的真假来执行不同的代码块。if 语句可以包含多个 elif 分支和一个可选的 else 分支。

示例：

```
if x > 0:
    print("Positive")
elif x < 0:
    print("Negative")
else:
    print("Zero")
```

Python 的条件语句将 C/C++等语言的 if 语句、if…else 和 switch 语句三种分支语句统一到一个语句中，更加方便。

5. 循环语句

（1）for 循环

● **一般形式：**

```
for item in iterable:
    statement(s)
```

● **逻辑功能**：for 循环用于遍历一个可迭代对象（如列表、字符串、字典等），并对每个元素执行相应的操作。

示例：

```
for i in range(5):
    print(i)
```

（2）while 循环

● **一般形式**：

```
while condition:
    statement(s)
```

● **逻辑功能**：while 循环在条件为真时重复执行代码块，直到条件变为假。

示例：

```
while x > 0:
    print(x)
    x -= 1
```

6. 控制流语句

（1）break 语句

● **一般形式**：break

● **逻辑功能**：break 语句用于立即退出当前循环（for 或 while 循环）。

示例：

```
for i in range(10):  # 生成一个从 0 开始到 9 的整数序列
    if i == 5:
        break
    print(i)
```

在上述代码中，range 是 Python 中用于生成一个整数序列的函数，它返回一个可迭代对象。函数的一般形式是 range(start,stop,step)，其功能就是生成从 start 开始到 stop-1 的整数序列，步长为 step。参数 stop 和 step 可以省略一个，也可以都省略。

（2）continue 语句

● **一般形式**：continue

● **逻辑功能**：continue 语句用于跳过当前循环的剩余部分，直接进入下一次循环。

示例：

```
for i in range(10):
    if i % 2 == 0:
        continue
    print(i)
```

7. 空语句

- **一般形式**：pass
- **逻辑功能**：空语句用于占位，表示不执行任何操作。通常用于语法上需要语句，但逻辑上不需要操作的地方。

示例：

```
if x > 0:
    pass   # 什么都不做
```

8. 全局和非局部语句

（1） global 语句

- **一般形式**：global variable
- **逻辑功能**：global 语句用于在函数内部声明一个全局变量，使得函数可以修改全局作用域中的变量。

示例：

```
x = 10
def modify_global():
    global x
    x = 20
```

（2） nonlocal 语句

- **一般形式**：nonlocal variable
- **逻辑功能**：nonlocal 语句用于在嵌套函数中声明一个非局部变量，使得内部函数可以修改外部函数中的变量。

示例：

```
def outer():
    x = 10
    def inner():
        nonlocal x
        x = 20
    inner()
    print(x)
```

9. 删除语句

- **一般形式**：del target
- **逻辑功能**：del 语句用于删除一个变量、列表元素、字典键等。

示例：

```
x = 10
del x   # 删除变量 x
```

10. 导入语句

● **一般形式：**

```
import module
from module import name
```

● **逻辑功能**：导入语句用于导入其他模块或模块中的特定名称（如函数、类等）。

示例：

```
import math
from math import sqrt
```

11. 异常处理语句

（1）try-except 语句

● **一般形式：**

```
try:
    statement(s)
except ExceptionType as e:
    statement(s)
```

● **逻辑功能**：try-except 语句用于捕获和处理异常。如果 try 块中的代码引发异常，则执行 except 块中的代码。

示例：

```
try:
    result = 10 / 0
except ZeroDivisionError as e:
    print("Error:", e)
```

（2）finally 语句

● **一般形式：**

```
try:
    statement(s)
except ExceptionType as e:
    statement(s)
finally:
    statement(s)
```

● **逻辑功能**：finally 块中的代码无论是否发生异常都会执行，通常用于释放资源或执行清理操作。

示例：

```
try:
    file = open("example.txt", "r")
```

```
        content = file. read( )
except FileNotFoundError：
        print( "File not found" )
finally：
        file. close( )
```

12. 断言语句

- **一般形式**：assert condition，message
- **逻辑功能**：用于检查某个条件是否为真。如果条件为假，则引发 AssertionError 异常，并可选地输出错误信息。

示例：

```
assert x > 0, "x must be positive"
```

13. 生成器语句（yield 语句）

- **一般形式**：yield expression
- **逻辑功能**：用于定义一个生成器函数。生成器函数在每次调用时返回一个值，并在下次调用时从上次暂停的地方继续执行。

示例：

```
def my_generator( )：
        yield 1
        yield 2
        yield 3
```

14. with 语句

- **一般形式**：

```
with expression as variable：
        statement( s )
```

- **逻辑功能**：简化资源管理，确保在使用完资源后正确释放（如文件、网络连接等）。

示例：

```
with open( "example. txt" , "r" ) as file：
        content = file. read( )
```

Python 中的语句种类繁多，每种语句都有其特定的语法和逻辑功能。理解这些语句的分类和用法是编写有效 Python 代码的基础。

▶ 5.3.5 复杂数据结构

在计算机程序中，数据不仅仅有简单的数字、字符、字符串等，还会用到更复杂的数据结构，例如：数组、结构体等。不同的程序设计语言，对这些复杂数据结构的定义不同。在 Python 中，复杂数据结构用于存储和组织大量数据。以下是几种常见的复杂数据结构及其一般形式和示例。

1. 列表（list）

● 一般形式：[element1, element2, ..., elementN]

● 说明：列表是有序的可变序列，可以包含不同类型的元素。列表的索引从 0 开始，支持正索引（从左到右）和负索引（从右到左），列表元素通过索引和切片来访问。切片用于访问元组的子集，语法为 list[start:stop:step]，其中：start 为起始索引（包含），stop 为结束索引（不包含），step 为步长（默认为 1）。

示例：

```
my_list = [1, 2, 3, 'a', 'b', 'c']
print(my_list)                  # 输出：[1, 2, 3, 'a', 'b', 'c']
print(my_list[0], my_list[-1])  # 输出：1 c
```

2. 元组（tuple）

● 一般形式：(element1, element2, ..., elementN)

● 说明：元组是有序的不可变序列，通常用于存储不可变的数据。

示例：

```
my_tuple = (1, 2, 3, 'a', 'b', 'c')
print(my_tuple)          # 输出：(1, 2, 3, 'a', 'b', 'c')
print(my_tuple[0:3])     # 输出：(1, 2, 3)
```

元组和列表不同，元组中的元素的值是不变的，该性质使得元组可以用于字典键、函数返回多个值等多种场合。但是，元组的访问和列表相似。

3. 集合（set）

● 一般形式：{element1, element2, ..., elementN}

● 说明：集合是无序且不重复的元素组成，元素没有固定位置，因此，不能通过索引或切片访问元素。如果需要索引访问，可以将集合转换为列表或元组。集合常用于去重和集合运算，可以添加元素、删除元素，以及进行集合并集（|）、交集（&）、差集（-）等运算。

示例：

```
my_set = {10, 20, 30}
my_set.add(40)           # 添加一个元素
my_set.update([50, 60])  # 添加多个元素
print(my_set)            # 输出：{10, 20, 30, 40, 50, 60}
```

4. 字典（dictionary）

● 一般形式：{key1:value1, key2:value2, ..., keyN:valueN}

● 说明：字典是无序的<键:值>对集合，键必须是唯一的。可以通过 dict[key] 或

dict. get(key)访问键值，如果键不存在，返回 None 或指定的默认值。字典是可变的，可以通过键修改、添加或删除键值对。

示例：

```
my_dict = {"name": "Alice", "age": 25, "city": "New York"}
# 访问键 "name" 对应的值
print(my_dict["name"])      # 输出：Alice
# 访问键 "age" 对应的值
print(my_dict["age"])       # 输出：25
# 修改键 "age" 对应的值
my_dict["age"] = 30
# 添加新键值对
my_dict["gender"] = "Female"
print(my_dict)              # 输出：{'name': 'Alice', 'age': 30, 'city': 'New York', 'gender': 'Female'}
```

5. 嵌套数据结构

上述数据结构可以相互嵌套，形成更复杂的数据结构。嵌套数据结构是一种灵活且强大的数据组织方式，能够表示复杂的层次关系。常见的嵌套形式包括列表嵌套列表、字典嵌套字典、列表嵌套字典等。通过合理设计嵌套结构，可以高效地存储和处理复杂数据。访问嵌套数据结构通常需要使用多层索引或递归方法。

示例：

```
nested_data = {
    'name': 'Alice',
    'age': 25,
    'hobbies': ['reading', 'traveling'],
    'contact': {
        'email': 'alice@ example. com',
        'phone': '123-456-7890'
    }
}
print(nested_data)
print(nested_data['contact']['email'])
# 输出：{'name': 'Alice', 'age': 25, 'hobbies': ['reading', 'traveling'], 'contact': {'email': 'alice@ exam-
ple. com', 'phone': '123-456-7890'}}
# alice@ example. com
```

6. 队列（queue）

队列是一种先进先出（first in first out，FIFO）的线性数据结构，常用于需要按顺序处理元素的场景。队列的第一个元素，也是下一个被移除的元素，称为对头（front）。队列的最后一个元素，是新元素被添加的位置，称为队尾（rear）。

队列的常用操作有：入队（将元素添加到队尾）、出队（移除并返回队头元素）、查看队头元素（返回队头元素但不移除它）、判断队列是否为空（IsEmpty）、获取队列大小（返回队列中元素的数量）

示例：

```
from collections import deque
# 创建一个队列
queue = deque()
# 入队操作
queue. append(1)                    # 队列：[1]
queue. append(2)                    # 队列：[1, 2]
queue. append(3)                    # 队列：[1, 2, 3]
# 出队操作
front_element = queue. popleft()     # 队列：[2, 3]，front_element = 1
# 查看队头元素
peek_element = queue[0]             # peek_element = 2
# 判断队列是否为空
is_empty = len(queue) = = 0         # is_empty = False
# 获取队列大小
    size = len(queue)               # size = 2
```

队列的实现方式有多种，如数组、链表等，具体选择取决于应用场景和性能需求，例如：操作系统中的进程调度，在图或树结构中按层次遍历节点的广度优先搜索（BFS）等。

7. 栈（stack）

栈是一种后进先出（last in first out，LIFO）的线性数据结构，常用于需要按相反顺序处理元素的场景，最先入栈的成为栈底，最后入栈的为栈顶。

栈的常用操作包括：入栈（Push）（将元素添加到栈顶）、出栈（Pop）（移除并返回栈顶元素）、查看栈顶元素（Peek/Top）（返回栈顶元素但不移除）、判断栈是否为空（IsEmpty）（检查栈是否为空）、获取栈大小（返回栈中元素的数量）。

栈是一种简单但功能强大的数据结构，广泛应用于算法和系统设计中。栈的实现方式可以根据实际需要确定，如果是静态栈可以使用数组（Python 的 list），对于动态增长的栈可以使用链表。

示例：

```
# 使用列表实现栈
stack = []
# 入栈操作
stack. append(1)                    # 栈：[1]
```

```
stack. append(2)                    # 栈：[1, 2]
stack. append(3)                    # 栈：[1, 2, 3]
# 出栈操作
top_element = stack. pop()          # 栈：[1, 2], top_element = 3
# 查看栈顶元素
peek_element = stack[-1]            # peek_element = 2
# 判断栈是否为空
is_empty = len(stack) == 0          # is_empty = False
# 获取栈大小
size = len(stack)                   # size = 2
```

8. 链表（linked list）

链表是一种线性数据结构，每个元素包含数据和指向下一个元素的指针。可以通过自定义类实现。

示例：

```
class Node：
    def __init__(self, data)：
        self. data = data
        self. next = None
class LinkedList：
    def __init__(self)：
        self. head = None
    def append(self, data)：
        new_node = Node(data)
        if not self. head：
            self. head = new_node
            return
        last_node = self. head
        while last_node. next：
            last_node = last_node. next
        last_node. next = new_node
    def print_list(self)：
        current = self. head
        while current：
            print(current. data, end=" -> ")
            current = current. next
        print("None")
my_linked_list = LinkedList()
my_linked_list. append(1)
my_linked_list. append(2)
```

```
my_linked_list. append(3)
my_linked_list. print_list()                              # 输出：1 -> 2 -> 3 -> None
```

9. 树（tree）

树是一种分层数据结构，每个节点有零个或多个子节点，通常可以通过自定义类
实现。

示例：

```
class TreeNode：
    def __init__(self, data)：
        self. data = data
        self. children = []
    def add_child(self, child)：
        self. children. append(child)
    def print_tree(self, level=0)：
        print(' ' * level + str(self. data))
        for child in self. children：
            child. print_tree(level + 1)
root = TreeNode('A')
child1 = TreeNode('B')
child2 = TreeNode('C')
root. add_child(child1)
root. add_child(child2)
root. print_tree()
# 输出：
# A
#   B
#   C
```

10. 图（graph）

图是由节点和边组成的非线性数据结构，常用于表示网络，可以通过自定义类实现或
使用库，如 networkx。

示例：

```
class Graph：
    def __init__(self)：
        self. graph = {}
    def add_node(self, node)：
        if node not in self. graph：
            self. graph[node] = []
    def add_edge(self, node1, node2)：
        if node1 in self. graph：
```

```
                    self. graph[node1]. append(node2)
            else：
                    self. graph[node1] = [node2]
        def print_graph(self)：
            for node in self. graph：
                    print(f"｛node｝ -> ｛self. graph[node]｝" )
my_graph = Graph()
my_graph. add_node('A')
my_graph. add_node('B')
my_graph. add_edge('A', 'B')
my_graph. print_graph()
# 输出：
# A -> ['B']
# B -> []
```

Python 丰富的数据结构，极大地方便了程序员对数据的描述和操作，提高了软件开发的效率，这些复杂数据结构在 Python 程序中广泛应用于各种场景，如数据处理、算法实现、机器学习等软件系统编程中。

▶ 5.3.6 正则表达式

正则表达式（regular expression，简称 regex 或 regexp）是一种用于匹配和处理文本的强大工具。它通过定义特定的模式，能够高效地搜索、替换和验证字符串。正则表达式在文本处理、数据验证、日志分析等领域有广泛应用。

1. 正则表达式

正则表达式是一种用于描述字符串模式的语法，由普通字符（如字母、数字）和特殊字符（称为元字符）组成。元字符及其含义见表 5-5。

表 5-5　正则表达式元字符及功能说明

元字符	功能	示例	示例解释
.	匹配任意单个字符（除换行符外）	a. b	匹配 aab、a1b，但不匹配 ab（缺少一个字符）
*	匹配前面的字符零次或多次	ab *	匹配 a、ab、abb、abbb 等
+	匹配前面的字符一次或多次	ab+	匹配 ab、abb、abbb，但不匹配 a
?	匹配前面的字符零次或一次	ab?	匹配 a、ab，但不匹配 abb
^	匹配字符串的开头	^abc	匹配以 abc 开头的字符串，如 abcdef，但不匹配 123abc

元字符	功能	示例	示例解释
$	匹配字符串的结尾	abc$	匹配以 abc 结尾的字符串，如 123abc，但不匹配 abcdef
\d	匹配任意数字（等价于[0-9]）	\d{3}	匹配任意三位数字，如 123、456
\w	匹配任意字母、数字或下画线	\w+	匹配一个或多个字母、数字或下划线，如 abc、123、a_1
\s	匹配任意空白字符（空格、制表符等）	\s+	匹配一个或多个空白字符，如 、\t
[]	匹配括号内的任意一个字符	[aeiou]	匹配任意一个元音字母，如 a、e
[^]	匹配不在括号内的任意一个字符	[^aeiou]	匹配任意一个非元音字母，如 b、1
()	分组，捕获匹配的子字符串	(abc)+	匹配一个或多个 abc，如 abc、abcabc
{n}	匹配前面的字符恰好 n 次	a{3}	匹配 aaa，但不匹配 aa 或 aaaa
{n,}	匹配前面的字符至少 n 次	a{2,}	匹配 aa、aaa、aaaa 等，但不匹配 a
{n,m}	匹配前面的字符至少 n 次，至多 m 次	a{2,4}	匹配 aa、aaa、aaaa，但不匹配 a 或 aaaaa
\b	匹配单词边界	\bcat\b	匹配单词 cat，但不匹配 category 或 scat
\B	匹配非单词边界	\Bcat\B	匹配 category 中的 cat，但不匹配单独的 cat
\D	匹配任意非数字字符	\D+	匹配一个或多个非数字字符，如 abc、!@#
\W	匹配任意非字母、数字或下画线字符	\W+	匹配一个或多个非字母、数字或下划线字符，如 !@#、 、
\S	匹配任意非空白字符	\S+	匹配一个或多个非空白字符，如 abc、123

例如：

^\d{4}-\d{2}-\d{2}$

匹配 2023-10-05，但不匹配 2023/10/05 或 23-10-05

^https?://\w+\.\w{2,3}(/\S*)?$

匹配 http://example.com 或 https://example.com/path。

通过掌握这些元字符及其功能，可以灵活构建正则表达式，满足各种文本处理需求。

2. 正则表达式标志

re 模块支持一些标志（flags），用于修改正则表达式的行为。常用的标志见表 5-6。

表 5-6 正则表达式标志及功能

标志	说明
re. IGNORECASE	忽略大小写匹配。
re. MULTILINE	多行模式,使 ^ 和 $ 匹配每行的开头和结尾
re. DOTALL	使 . 匹配包括换行符在内的所有字符
re. ASCII	使 \w、\W、\b、\B 等只匹配 ASCII 字符

示例:

```
import re
result = re.findall(r'^hello', 'hello world\nhello python', flags=re.MULTILINE)
print(result)      # 输出:['hello', 'hello']
```

3. 使用正则表达式

在 Python 标准库中包含用于处理正则表达式的 re 模块,提供了强大的字符串匹配、搜索、替换和分割功能。

(1) re 模块中常用的函数

① re. match(pattern, string)

从字符串的开头检查是否匹配正则表达式。如果匹配成功,返回一个匹配对象;否则返回 None。

示例:

```
import re
result = re.match(r'\d+', '123abc')
if result:
    print("匹配成功:", result.group())   # 输出:匹配成功:123
else:
    print("匹配失败")
```

② re. search(pattern, string)

在字符串中搜索第一个匹配正则表达式的子串。如果找到匹配,返回一个匹配对象;否则返回 None。

示例:

```
import re
result = re.search(r'\d+', 'abc123def')
if result:
    print("找到匹配:", result.group())       # 输出:找到匹配:123
else:
    print("未找到匹配")
```

③ re. findall(pattern, string)

查找字符串中所有匹配正则表达式的子串，并返回一个列表，返回所有匹配的子串列表。

示例：

```
import re
result = re. findall( r'\d+', 'abc123def456ghi')
print( result)          # 输出：['123', '456']
```

④ re. sub(pattern, repl, string)

将字符串中所有匹配正则表达式的部分替换为指定内容，返回替换后的字符串。

示例：

```
import re
result = re. sub( r'\d+', 'NUM', 'abc123def456ghi')
print( result)        # 输出：abcNUMdefNUMghi
```

⑤ re. split(pattern, string)

根据正则表达式匹配的部分分割字符串，返回分割后的字符串列表。

示例：

```
import re
result = re. split( r'\d+', 'abc123def456ghi')
print( result)        # 输出：['abc', 'def', 'ghi']
```

⑥ re. compile(pattern)

将正则表达式编译为一个正则表达式对象，可以重复使用，返回一个正则表达式对象。

示例：

```
import re
pattern = re. compile( r'\d+')
result = pattern. findall( 'abc123def456ghi')
print( result)        # 输出：['123', '456']
```

（2）匹配对象操作

当 re. match 或 re. search 匹配成功时，返回一个匹配对象。和任何对象一样，匹配对象也可以进行相关操作，匹配对象常用的方法有：group（返回匹配的字符串），start（返回匹配的起始位置），end（返回匹配结束位置），span（返回匹配的起始和结束位置的元组）。

举例：

```
import re
result = re. search( r'\d+', 'abc123def')
print( result. group( ))                    # 输出：123
print( result. start( ), result. end( ))      # 输出：3 6
print( result. span( ))                     # 输出：(3, 6)
```

5.4 函数式编程

在软件开发中，当我们面临的问题越来越大，越来越复杂时。一种良好的问题求解思路就是将复杂问题分解为几个相对简单的子问题，如果分解后的子问题还很复杂，继续划分，直到分解后的每个问题都是简单可求解的。然后我们把这些简单的子问题用一个个函数来实现，最终实现原始问题的解，这就是结构化编程的思想，或称为函数式编程。

5.4.1 函数的定义

函数是编程中的基本构建块，用于封装可重复使用的代码。它接收输入（参数），执行特定任务，并返回输出（返回值）。在 Python 语言中，函数一般由 5 个部分构成。

函数名

参数列表（可选，多个参数之间用逗号分开，参数可以设默认值）

函数体（包含具体逻辑）

返回值（可选）

文档字符串（可选，用于描述函数的功能，通常放在函数体的开头，多行注释）

函数定义的一般形式为：

```
def 函数名(参数 1, 参数 2, …):
    """
    函数功能描述
    :参数 1: 参数 1 的说明
    :参数 2: 参数 2 的说明
    :return:返回值的说明
    """
    # 函数体
    return 返回值
```

其中，函数名为一个用户自定义的标识符。函数参数有以下几种特殊情况。

（1）默认参数：可以为参数指定默认值，调用时如果不传递该参数，则使用默认值。一般形式：

```
def 函数名(参数 1=默认值 1, 参数 2=默认值 2, ……):
```

例如：

```
def greet( name = " Guest" ):
    print( f" Hello, {name}!" )
```

```
greet()                      # 输出: Hello, Guest!
greet("Alice")               # 输出: Hello, Alice!
```

（2）可变参数：使用 *args 表示可变数量的位置参数（即没有名称的参数），**kwargs 表示可变数量的关键字参数（即有名称的参数）。

一般形式：

```
def 函数名(*args, **kwargs):
    # 函数体
    # args 是一个元组, kwargs 是一个字典
```

这种写法使函数可以灵活地处理不同数量和类型的参数，适用于需要高度通用性的场景。

当定义好函数后，可以通过函数调用语句，执行函数功能。

【例 5-1】 编写程序，求所有的 $p(1 \leq p \leq 100)$，使得 $p+3$ 和 $p+5$ 均为素数，输出 p。

```
def is_prime(n):
    """判断一个数是否为素数"""
    if n <= 1:
        return False
    if n == 2:
        return True
    if n % 2 == 0:
        return False
    for i in range(3, int(n ** 0.5) + 1, 2):
        if n % i == 0:
            return False
    return True
def find_p():
    """找到所有满足条件的 p"""
    result = []
    for p in range(1, 101):
        if is_prime(p + 3) and is_prime(p + 5):
            result.append(p)
    return result

# 输出结果
p_list = find_p()
print("满足条件的 p 值为:", p_list)
```

在数学上，关于素数是这样定义的：素数是大于 1 的自然数，除了被 1 和其自身整除，不能被其他数整除。根据数学因子对称性原理，只要检查从 2 到 $n^{0.5}$ 的数是否能整除

n，而不需要检查更大的数。还可以进一步优化，除了 2 以外，所有偶数都不是素数（因为能被 2 整除）。因此，在检查 n 是否为素数时，可以先排除偶数，然后只检查从 3 到 $n^{0.5}$ 的奇数是否能整除 n，即可判断 n 是否为素数。

运行该程序，输出：

满足条件的 p 值为：$[2, 8, 14, 26, 38, 56, 68, 98]$

通过函数，不仅可以将复杂问题分解为简单模块，降低开发难度。同时，函数还可以提高代码的复用性、可读性和可维护性，增强代码的灵活性和通用性，便于团队协作和测试。通过合理使用函数，可以编写出高效、清晰且易于维护的代码。

▶ 5.4.2 匿名函数

匿名函数（anonymous function）是一种没有显式名称的函数，通常用于简化代码或在需要函数的地方直接定义和使用。匿名函数在许多编程语言中都有支持，例如 Python、JavaScript、Java、C#等。

在 Python 中，匿名函数通过 lambda 关键字定义，基本语法如下：

lambda 参数 1,参数 2,……:表达式

其中，lambda 是关键字，表示定义一个匿名函数；参数是可选的，可以有多个；表达式是函数的返回值。

示例：

```
# 定义一个匿名函数,计算两个数的和
add = lambda x, y: x + y
# 调用匿名函数
result = add(3, 5)
print(result)      # 输出:8
```

匿名函数是一种方便的工具，适用于简单的逻辑或一次性使用的场景。但在复杂的逻辑中，建议使用具名函数以提高代码的可读性和可维护性。

▶ 5.4.3 高阶函数

在函数定义中，如果函数的参数或者返回值本身也是一个函数，这样的函数就称为高阶函数（Higher-Order Function）。在许多编程语言中，有一些内置的高阶函数。

例如：

```
# 定义一个高阶函数,接收一个函数作为参数
def apply_function(func, value):
    return func(value)


# 定义一个普通函数
```

```
def square(x):
    return x ** 2

# 使用高阶函数
result = apply_function(square, 5)
    print(result)   # 输出: 25
```

高阶函数通过将函数作为参数或返回值，增强了代码的抽象能力和灵活性。它们在函数式编程中广泛应用，能够简化代码并提高可读性。

5.4.4 装饰器

装饰器（decorator）是 Python 中一种强大的工具，用于修改或扩展函数或类的行为，而无须直接修改其源代码。装饰器本质上是一个函数（或可调用对象），它接收一个函数或类作为参数，并返回一个新的函数或类。

装饰器的核心思想是高阶函数和闭包，它允许在不改变原函数定义的情况下，动态地添加功能。它可以让代码更加简洁、灵活和可复用。通过装饰器，你可以轻松地实现日志记录、权限验证、性能测试等功能，而无须修改原函数的代码。

5.4.5 模块与包

在软件开发中，模块和包是组织代码的重要方式，有助于提高代码的可维护性和复用性。

1. 模块（module）

模块是一个包含 Python 代码的文件，通常以 .py 为扩展名。模块可以包含函数、类、变量等，供其他程序导入和使用。

举例：假设有一个名为 hao_math.py 的文件，内容如下：

```
# hao_math.py
def add(a, b):
    return a + b

def subtract(a, b):
    return a - b
```

在其他 Python 脚本中，可以通过 import 语句导入并使用这个模块：

```
import hao_math
result = hao_math.add(5, 3)
print(result)   # 输出: 8
```

2. 包（package）

包是一个包含多个模块的目录。为了将一个目录识别为包，目录中必须包含一个名为

__init__. py 的文件（可以是空文件）。包可以嵌套，形成多层次的包结构。

举例：

假设有一个名为 shapes 的包，目录结构如下：

```
shapes/
    __init__. py
    circle. py
    rectangle. py
```

（1）circle. py 内容：

```python
# circle. py
def area( radius) :
    return 3. 14 * radius ** 2
```

（2）rectangle. py 内容：

```python
# rectangle. py
def area( length, width) :
    return length * width
```

在其他 Python 脚本中，可以这样导入和使用包中的模块：

```python
from shapes. circle import area as circle_area
from shapes. rectangle import area as rectangle_area
print( circle_area( 5) )          # 输出：78. 5
print( rectangle_area( 4, 6) )    # 输出：24
```

通过模块和包，开发者可以将代码组织得更加清晰，便于管理和复用。

►► 5.5 面向对象编程

在 20 世纪 90 年代以前，自顶向下逐步求精的结构化程序设计是软件开发的主要方法，直到现在，这种结构化的程序设计思想仍然被广泛采用。Pascal、C、BASIC、FORTRAN 等高级程序设计语言都很好地实现了结构化编程的思想，通过过程和函数（又称子程序），把一个个复杂的问题划分成若干相对简单的子问题，如果子问题还比较复杂，再继续划分，最后将划分后的每个小问题用过程和函数来实现。

20 世纪 90 年代兴起的面向对象技术对人们近半个世纪来的软件开发思想产生了深刻变革。这一技术强调利用软件对象进行软件开发，它将物理世界中的物理对象和软件对象相对应，建立了类和对象的概念。在面向对象技术中，不仅用对象类实现了数据和操作的封装，还通过消息映射在事件和函数之间进行关联，键盘鼠标等事件的发生会发出消息，消息来激活函数，函数之间的联系不再是显式调用，这样就降低了函数的耦合度。对于复杂系统面向对象技术可以提高系统的可扩充性和代码重用的层次。

▶ 5.5.1 类与对象

程序是对问题求解算法的具体实现。在具体问题中，涉及各种各样的数据，这些数据通常对应着相应的实体对象。例如，一个学生信息管理系统，涉及学生的学号、姓名、班级等大量信息。我们可以将这些数据抽象，来建立学生数据类型，通过数组变量来存储多个学生的数据，这似乎很完美。但是，只有数据还是不够的，我们还需要对数据进行处理。

通过数据类型实现的数据抽象，还不完整，数据的处理和数据本身是分离的，实践证明，这不利于数据和程序的维护。为此，对象类的概念出现了。所谓**类**（Class），就是包含数据和处理这些数据过程的数据结构。对于过程式程序设计语言（例如 FORTRAN、Pascal、C 等），没有类的概念。C++、Java、Python 等都是面向对象的程序设计语言，我们可以将类看成是和 C 语言中 int、float 一样的数据类型，用它来创建数据对象，它指定了相应内存空间的大小及解释规则。

什么是解释规则呢？我们可以看这样一个例子，如果有连续的四个字节，你如何解释呢？你可以看成是 4 个字符，也可以看成是 2 个 int 数据，或者是一个 float 数据。不同的解释，得到的数据不同。如果指定了数据类型，对内存的解析则就是确定的。这就是变量说明时为什么要指定数据类型的原因，也就是说类型不仅决定了内存空间的大小，同时，它还决定着内存空间的解析规则。创建类的目的和数据类型是一样的。

1. 类的定义

在 Python 中，使用关键字 class 定义类，类定义的一般形式如下：

```python
class ClassName：
    """类的文档字符串，可选"""
    class_variable = value   # 类变量,可选
    def __init__(self, parameter1, parameter2, …)：
        """构造方法(函数),可选"""
        self.instance_variable1 = parameter1        # 实例变量
        self.instance_variable2 = parameter2
        # 其他初始化代码
    def instance_method(self, parameter1, parameter2, …)：
        """实例方法,可选"""
        # 方法体
    @classmethod
    def class_method(cls, parameter1, parameter2, …)：
        """类方法,可选"""
        # 方法体
    @staticmethod
```

```
        def static_method( parameter1 , parameter2 , …) :
            """静态方法，可选"""
            # 方法体
        def __str__( self) :
            """特殊方法，用于定义对象的字符串表示，可选"""
            return "对象的字符串表示"
        # 其他方法和属性
```

类由成员变量（属性）和成员函数（方法）组成，有些属于类本身，有些属于类的实例，说明如下。

- 类名（ClassName）：类名通常采用大驼峰命名法（如 MyClass）。
- 文档字符串：类的描述，可通过 ClassName. __doc__访问。
- 类变量（class_variable）：类的属性，所有实例共享。
- 构造方法(__init__)：初始化实例时调用，用于设置实例变量。
- 实例变量(self. instance_variable)：每个实例独有的属性。
- 实例方法(instance_method)：操作实例数据的方法，第一个参数为 self。
- 类方法(class_method)：操作类数据的方法，使用 @ classmethod 装饰器，第一个参数为 cls。
- 静态方法(static_method)：与类和实例无关的方法，使用 @ staticmethod 装饰器。
- 特殊方法(__str__ 等)：如__str__定义对象的字符串表示。

举例：

```
class Dog :
    """表示狗的类"""
    species = "Canis familiaris"                # 类变量
    def __init__( self, name, age) :            # 构造函数
        """初始化狗的实例"""
        self. name = name                       # 实例变量
        self. age = age
    def bark( self) :
        """狗叫的方法"""
        return f" {self. name} says woof!"
    @ classmethod
    def get_species( cls) :
        """返回狗的物种"""
        return cls. species
    @ staticmethod
    def is_puppy( age) :
```

```
            """判断是否为小狗"""
            return age < 2
        def __str__(self):
            """返回狗的字符串表示"""
            return f"{self.name} is {self.age} years old"
# 类的应用
print(Dog.get_species())              # 输出：Canis familiaris
print(Dog.is_puppy(1))                # 输出：True
my_dog = Dog("Lucy", 3)               # 类的实例
print(my_dog.bark())                  # 输出：Lucy says woof!
print(my_dog)                         # 输出：Lucy is 3 years old
```

2. 成员变量与成员函数

在类的定义中，成员变量用于说明一个类的属性，它存储了类对象中涉及的数据。成员函数则定义了对类中成员变量的操作，又称方法。从封装的角度出发，我们总是定义更多的私有成员变量，然后定义对这些私有成员进行操作的公有函数，以实现合理的封装和抽象。

在面向对象技术中，对象是类的实例，每个对象必须按照类的定义来创建。在 C++、Java 以及 Python 中，这种机制是通过类的构造函数来实现的。

3. 构造函数

在类的成员函数中，构造函数（constructor）是一种特殊的成员函数，用来在内存中建立具体的对象。构造函数用于申请内存空间，将内存转化为具体的对象，初始化成员变量等。构造函数的名称和类名称相同，有默认构造函数和用户自定义构造函数两类，默认构造函数没有形式参数。此外，用户可以定义一个或多个具有不同参数的用户自定义构造函数。

构造函数是一个特殊的方法，构造函数不是由用户显式调用（Call）的。当创建一个类对象时，默认构造函数或相应的构造函数被自动执行。通常情况下，在创建对象时，用户使用某个构造函数对创建的对象进行初始化操作，例如初始化对象属性或执行一些必要的设置。Python 中的构造函数具有固定的名称，即：__init__。

构造函数的一般形式如下：

```
class MyClass:
    def __init__(self, parameter1, parameter2, …):
        # 初始化代码
        self.attribute1 = parameter1
        self.attribute2 = parameter2
        # 其他初始化操作
```

其中，self 表示类的当前实例，必须是构造函数的第一个参数，用于访问实例的属性和方法。parameter1，parameter2，…：构造函数的其他参数，用于传递初始化数据。如果某些参数是可选的，可以为它们提供默认值。如果不需要初始化任何属性，可以定义一个无参数的构造函数。在构造函数中，也可以调用类的其他方法来完成初始化。

4. 析构函数

与构造函数相反，析构函数（destructor）是一种当对象取消时才被调用的特殊成员函数。每个类只能拥有一个析构函数。Python 中析构函数是一个特殊的方法，名称是固定的，即：__del__，析构函数没有参数。在对象被销毁时自动调用，用于释放资源、关闭文件、断开网络连接等清理操作。

```python
class Dog：
    def __init__(self, name)：              # 构造函数
        self. name = name
        print(f"{self. name} is created!")
    def __del__(self)：                      # 析构函数
        print(f"{self. name} is being destroyed!")
# 创建对象
my_dog = Dog("Lucy")                         # 输出：Lucy is created!
# 删除对象
del my_dog                                   # 输出：Lucy is being destroyed!
```

当对象的引用计数为 0 时，Python 的垃圾回收机制会自动调用析构函数，或者使用 del 语句显式删除对象时，也会调用析构函数。

5. 类的应用

在面向对象技术中，一个主要的目标就是对象的封装和抽象。封装（encapsulation）是指对象可以拥有私有元素，将内部细节隐藏起来的能力。封装将对象封闭起来，管理着对象的内部状态。而抽象则和对象的外部状态紧密相关，它通常用来描述对象所表示的具体概念、对象所完成的任务以及处理对象的外部接口。抽象处理的是对象的可见外部特征。

在传统的面向对象程序设计中，例如 C++、Java 等，类的每一个成员（属性和方法）都被说明成 public、private 或 protected 型，用这些关键字来实现数据的抽象和封装，同时也限定了成员的访问级别。在 C 中，通过关键词 static 可以实现有限的封装。当一个变量在一个函数内部被说明成 static 形式时，该变量就始终存在，并且只在函数内部有效。另外，一个全程变量被说明成 static 形式时，该变量只在其所在的文件有效，这样可以避免不同的文件中全局变量重名。

在 Python 中，没有严格意义上的访问级别控制（如 Java 中的 private、protected、public）。Python 的设计哲学是"我们都是成年人了"，因此它依赖于命名约定来实现访问控

制，而不是强制性的语法规则。默认情况下，类的所有属性和方法都是公有（public）的，公有成员可以在类的外部直接访问，可以直接使用类的变量名或方法名。对于传统意义下的受保护成员（protected），在命名时通常在变量或方法名前加一个下画线_，这只是一种约定，表示该成员不应该在类外部直接访问，但 Python 并不阻止用户访问，也就是说访问也是可以的。私有成员（private）是一种更强的约定，表示该成员只能在类的内部访问，外部不能直接访问。命名时约定在变量或方法名前加两个下画线_，Python 会对私有成员进行名称改写（name mangling），使其在外部访问时变得困难。

总之，Python 的访问控制主要依赖于约定，而不是强制限制。开发者需要自觉遵守这些约定，以确保代码的可维护性和可读性。

```python
class MyClass：
    def __init__(self)：              # 无参构造函数
        self.__private_var = 30        # 私有变量
    def __private_method(self)：
        return "This is a private method."
    def access_private(self)：
        # 在类的内部可以访问私有成员
        return self.__private_var, self.__private_method()
# 外部访问（无法直接访问）
obj = MyClass()
# print(obj.__private_var)            # 报错：AttributeError
# print(obj.__private_method())        # 报错：AttributeError
# 通过公有方法访问私有成员
print(obj.access_private())           # 输出：(30, 'This is a private method.')
# 强制访问（不推荐）
print(obj._MyClass__private_var)      # 输出：30
```

对象的创建有两种方法，一种是声明对象，通过__init__初始化类实例。第二种方式是通过类的__new__ 方法，可以创建一个类的实例。

▶ **5.5.2 继承与派生**

类的继承是面向对象编程中的一个重要特性，允许一个类（子类）基于另一个类（父类或基类）来创建，并继承父类的属性和方法。继承可以是单继承或多继承，一个子类只继承一个父类称为单继承，一个子类只继承多个父类称为多继承。继承的一般形式如下：

```python
class 父类：
    # 父类的属性和方法
    pass
```

```
class 子类(父类 1, 父类 2, …):
    # 子类的属性和方法
    pass
```

其中，父类是指被继承的类，也称基类，包含通用的属性和方法。子类是指继承父类的类，也称派生类，可以复用父类的属性和方法，并可以扩展或重写父类的行为。

```
# 父类
class Animal:
    def __init__(self, name):
        self.name = name
    def speak(self):
        print(f"{self.name} makes a sound")
# 子类
class Dog(Animal):
    def speak(self):
        print(f"{self.name} barks")
# 创建子类对象
dog = Dog("Buddy")
dog.speak()                    # 输出：Buddy barks
```

继承派生关系具有以下特点。

（1）复用性：子类可以直接使用父类的属性和方法，无须重新定义。

（2）扩展性：子类可以添加新的属性和方法，或重写父类的方法。

（3）层次性：通过继承可以形成类的层次结构，便于代码的组织和管理。

继承是面向对象编程中实现代码复用和扩展的重要机制。通过继承，子类可以复用父类的代码，并可以扩展或修改父类的行为。继承的主要目的是实现代码复用和层次化分类，形成类的层次结构，便于管理和理解。

▶ **5.5.3 多态**

多态（polymorphism）是面向对象编程（OOP）中的一个核心概念，指的是同一个接口或方法在不同类中具有不同的实现。多态分为两类。① 编译时多态（静态多态），通过方法重载（overloading）实现，编译器在编译时根据参数类型和数量决定调用哪个方法。② 运行时多态（动态多态），通过方法重写（overriding）实现，程序在运行时根据对象的实际类型决定调用哪个方法。多态允许程序在运行时根据对象的实际类型调用相应的方法，增强了代码的灵活性和可扩展性。

Python 是一种动态类型语言，多态的实现更加灵活，不需要像静态类型语言（如 Java 或 C++）那样显式定义接口或继承关系。Python 的多态主要通过 鸭子类型（duck typing）实现，即"如果一个对象像鸭子一样走路和叫，那么它就是鸭子"。

Python 多态有如下特点。① 鸭子类型：Python 不关心对象的类型，只关心对象是否具有所需的方法或属性。② 动态绑定：方法调用在运行时根据对象的实际类型决定。③ 无须显式继承：多态的实现不需要显式继承关系，只要对象具有相同的方法或行为即可。

```python
class Dog:
    def speak(self):
        return "Woof!"
class Cat:
    def speak(self):
        return "Meow!"
# 多态函数
def animal_sound(animal):
    print(animal.speak())
# 创建对象
dog = Dog()
cat = Cat()
# 调用多态函数
animal_sound(dog)              # 输出：Woof!
animal_sound(cat)              # 输出：Meow!
```

上述例子展示了 Python 中多态的实现。animal_sound 函数并不关心传入的对象是什么类型，只要该对象具有 speak() 方法即可，如果对象没有 speak() 方法，运行时会抛出 AttributeError。Python 在运行时根据对象的实际类型调用相应的方法，即动态绑定。Dog 和 Cat 类之间没有显式的继承关系，但它们都具有 speak() 方法，因此可以表现出多态行为。

【例 5-2】 编写 Python 程序，实现下述功能。

输入一个班级同学的数学、计算机考试成绩，一个同学一行，包括：学号、姓名、数学成绩、计算机成绩。

（1）计算每个学生的平均成绩。

（2）计算每门课的平均成绩。

（3）按照平均成绩由高到低排序。

（4）按排序结果输出，包括学号、姓名、数学成绩、计算机成绩、平均成绩。

```python
# 定义一个类来表示每个学生的信息
class Student:
    def __init__(self, student_id, name, math_score, computer_score):
        self.student_id = student_id
        self.name = name
        self.math_score = math_score
        self.computer_score = computer_score
```

```python
        self.average_score = (math_score + computer_score) / 2
    def __repr__(self):
        return f"{self.student_id}\t{self.name}\t{self.math_score}\t{self.computer_score}\t{self.average_score:.2f}"
# 读取学生信息
def read_students():
    students = []
    while True:
        line = input("输入学号、姓名、数学成绩、计算机成绩（空格分隔，输入 q 结束）: ")
        if line.lower() == 'q':
            break
        parts = line.split()
        if len(parts) != 4:
            print("输入格式错误，请重新输入。")
            continue
        student_id, name, math_score, computer_score = parts
        try:
            math_score = float(math_score)
            computer_score = float(computer_score)
        except ValueError:
            print("成绩必须是数字，请重新输入。")
            continue
        student = Student(student_id, name, math_score, computer_score)
        students.append(student)
    return students
# 计算每门课的平均成绩
def calculate_course_averages(students):
    math_total = 0
    computer_total = 0
    for student in students:
        math_total += student.math_score
        computer_total += student.computer_score
    math_avg = math_total / len(students)
    computer_avg = computer_total / len(students)
    return math_avg, computer_avg
# 主程序
def main():
    students = read_students()
    if not students:
```

```
            print("没有输入任何学生信息。")
            return
    # 计算每门课的平均成绩
    math_avg, computer_avg = calculate_course_averages(students)
    print(f"数学平均成绩：{math_avg:.2f}")
    print(f"计算机平均成绩：{computer_avg:.2f}")
    # 按照平均成绩由高到低排序
    students_sorted = sorted(students, key=lambda x: x.average_score, reverse=True)
    # 输出排序结果
    print("\n排序结果：")
    print("学号\t姓名\t数学成绩\t计算机成绩\t平均成绩")
    for student in students_sorted:
        print(student)
if __name__ == "__main__":
    main()
```

程序说明：

Student 类：用于存储每个学生的学号、姓名、数学成绩、计算机成绩和平均成绩。

read_students() 函数：用于读取用户输入的学生信息，并将其存储在 Student 对象中。

calculate_course_averages() 函数：计算数学和计算机两门课的平均成绩。

main 函数：主程序逻辑，包括读取输入、计算平均成绩、排序和输出结果。

使用说明：

运行程序后，按照提示输入学生的学号、姓名、数学成绩和计算机成绩，每个学生一行，输入 q 结束输入。

程序计算每个学生的平均成绩和每门课的平均成绩，并按照平均成绩由高到低排序输出。

输入示例：

001 张三 85 90

002 李四 78 88

003 王五 92 85

q

程序运行结果：

数学平均成绩：85.00
计算机平均成绩：87.67

排序结果：

学号	姓名	数学成绩	计算机成绩	平均成绩
003	王五	92	85	88.50
001	张三	85	90	87.50
002	李四	78	88	83.00

▶▶ 5.6 文件操作

计算机处理的数据有内存和外存两种存储方式。内存中存储的数据通常对应程序变量，占用一定大小的存储空间（字节数），通过变量名或内存地址来访问。当计算机关闭或掉电时，内存中的数据会丢失。外存中存储的数据可以永久保存，不会因为计算机掉电或宕机而丢失，这些数据通常以文件方式来存储。外存储也是以字节为单位存取的，文件占用的字节数就是文件大小。文件管理是计算机操作系统的核心功能之一。

▶ 5.6.1 文件及其分类

文件（file）是存储在外存介质上信息的集合，信息通常按照特定的格式组织，并且可以通过文件名进行访问。文件中可以包含文本、图像、音频、视频、程序代码等各种类型的数据。用户可以通过文件系统对文件进行创建、读取、写入、删除等操作。

1. 文件分类

文件是操作系统管理数据的基本单位，文件操作是操作系统的核心功能之一。可以按照不同的属性对文件进行分类。

（1）按存储内容分类，分为文本文件（text file）和二进制文件（binary file）。文本文件存储的是字符数据，通常以纯文本形式保存。例如：源程序文件，记事本文档等。二进制文件存储的是二进制数据，通常以字节形式保存。例如，图片（.jpg、.png）、音频（.mp3）、视频（.mp4）等，这类文件需要对应的软件才能打开并显示文件内容。

（2）按文件结构分类，分为结构化文件和非结构化文件。结构化文件内容按照特定的格式组织，便于程序解析，例如 XML 文件等。非结构化文件是指文件内容没有固定格式的文件，通常是自由文本或二进制数据。例如，纯文本文件（.txt）。

（3）按文件访问方式分类，文件的访问方式受到存储介质的限制，例如：磁带、磁盘等访问方式不同。因此，按照访问方式不同，文件分为顺序访问文件和随机访问文件。顺序文件必须按顺序读取或写入，不能随机访问，例如磁带中存储的文件。随机访问文件可以通过指针随机访问，支持快速定位和修改，例如：磁盘中存储的数据库文件等。

（4）按文件内容分类，可分为文本文件（扩展名 .txt、.csv、.json、.xml 等）、图像文件（扩展名 .jpg、.png、.gif 等）、音频文件（扩展名 .mp3、.wav 等）、视频文件（扩展名 .mp4、.avi）、程序文件（扩展名 .cpp、.py、.java 等）等。

2. 文件系统管理

在计算机系统中，操作系统是计算机资源的管理者。对计算机外存储器的管理是操作系统的核心功能之一。这种管理包括：文件系统管理、磁盘空间管理、文件存储管理、磁盘调度算法、数据可靠性与安全性等。其中文件系统管理是操作系统进行外存管理的核心功能部件，主要功能包括：文件的创建、删除和重命名，文件读写操作，文件的权限管理（如读、写、执行权限），文件的目录结构管理（如树形目录结构）等。

不同的操作系统，使用的文件系统不同，常见的有：① FAT（file allocation table），早期的文件系统，如 DOs 操作系统，适用于小型存储设备。② NTFS（new technology file system），Windows 系统常用的文件系统，支持大文件和高级功能（如权限控制）。③ ext4（fourth extended file system），Linux 系统常用的文件系统，支持日志功能和高效的文件管理。④ HFS+（hierarchical file system plus），macOS 系统使用的文件系统。

3. 文件名

文件名是用来标识和区分计算机中存储的文件的名称。它通常由两部分组成：主文件名和扩展名(可选)，两者之间用点（.）分隔。主文件名为用户自定义部分，用于描述文件内容。扩展名用于指示文件的类型或格式，例如 .txt 表示文本文件，.jpg 表示图片文件。

不同操作系统对文件名的规则有一些差异，见表 5-7。

表 5-7 不同操作系统中文件的命名差异

操作系统	文件名长度	不可用字符	大小写敏感	保留名称
Windows 系统	文件路径（包括目录和文件名）最多 260 个字符	\ / : * ? " < > |	不敏感	CON、PRN、AUX、NUL 等
Linux/UNIX 系统	文件名长度通常限制为 255 个字符	/ 空格符（\0）	敏感	无
macOS 系统	文件名长度通常限制为 255 个字符	/ :	默认情况下，不区分大写，可配置为区分大小写	无

在文件命名时，所谓不可用字符，通常是操作系统对这些字符已经给了特定的含义，如通配符、输入输出导向等。为确保文件在不同操作系统之间兼容，在文件命名时尽量使用字母、数字、下画线（_）、连字符（-）和点（.），避免使用特殊字符和空格（可以用下画线或连字符代替空格），统一使用小写字母，以避免大小写敏感性问题，保持文件名简短且有意义。

4. 文件路径

在所有的操作系统中，为了便于文件管理，引入路径的概念。路径又分绝对路径和相对路径。绝对路径是从文件系统的根目录开始，完整地描述文件或目录位置的路径。无论当前工作目录在哪里，绝对路径都能准确定位到目标文件或目录。相对路径是从当前工作目录开始，描述文件或目录位置的路径。它依赖于当前目录的位置，因此在不同目录下，相同的相对路径可能指向不同的文件或目录。在相对路径中，. 表示当前目录，.. 表示上一级目录。

不同操作系统中，文件路径的差异见表5-8。

表5-8　不同操作系统中文件路径差异

操作系统	根目录	路径分隔符	举例
Windows 系统	以盘符开头（如 C：\、D：\），表示不同的驱动器	反斜杠\为路径分隔符	D：\Users\Hao\myfile.txt
Linux/UNIX/macOS 系统	以/开头，表示唯一的根目录	正斜杠/为路径分隔符	/home/hao/my-file.txt

在编写跨平台的程序或脚本时，在可能的情况下，使用相对路径以提高可移植性。避免硬编码路径分隔符（如 \ 或 /），使用库函数生成路径。例如：

```
import os
# 跨平台路径拼接
path = os.path.join("folder", "subfolder", "file.txt")
print(path)        # 在 Windows 上输出 folder\subfolder\file.txt
                   # 在 Linux/macOS 上输出 folder/subfolder/file.txt
```

5.6.2　文件读写

在 Python 中，文件操作是常见的任务，包括文件读取、写入、追加、删除等。Python 提供了内置的 open()函数和文件对象来操作文件。文件分为文本文件和二进制文件，分别通过't'和'b'模式进行操作。

1. 打开文件
使用 open()函数打开文件，返回一个文件对象。语法如下：

file = open(filename, mode)

- filename：文件路径（可以是绝对路径或相对路径）。
- mode：文件打开模式，常用的模式有：
  'r'：只读模式（默认）。
  'w'：写入模式（覆盖文件内容，如果文件不存在则创建）。
  'a'：追加模式（在文件末尾追加内容，如果文件不存在则创建）。
  'x'：独占创建模式（如果文件已存在则报错）。
  'b'：二进制模式（例如'rb'或'wb'）。
  't'：文本模式（默认）。
  '+'：读写模式（例如'r+'或'w+'）。

2. 文件读
文件对象提供了多种方法来读取文件内容。
（1）read()：读取整个文件内容。

（2）readline（）：逐行读取文件。

（3）readlines（）：读取所有行并返回列表。

3. 文件写

使用 write（）方法将内容写入文件，分为写入模式（'w'）和追加模式（'a'），由 open（）打开文件时设定。例如：

```
file. write("This is a new line. ")
```

4. 关闭文件

使用 close（）方法关闭文件，释放资源，也可以使用 with 语句自动关闭文件。推荐使用 with 语句，它会在代码块执行完毕后自动关闭文件，无须手动调用 close（）。

```
with open("example. txt", "r") as file：
    content = file. read()
    print(content)
# 文件会在 with 块结束后自动关闭
```

5. 文件定位

文件对象提供了方法来定位文件指针的位置。tell（）方法获取当前文件指针的位置。seek（offset，whence）方法将文件指针移动到特定位置，其中，offset 为移动的字节数，whence 为参考位置，可选值为：0（默认值，文件开头）、1（当前位置）、2（文件末尾）。

6. 检查文件状态

使用文件对象的方法或 os 模块检查文件状态。① os. path. exists（）：检查文件是否存在，返回 True 或 False。② file. closed：检查文件是否已关闭，返回 True 或 False。

```
print(file. closed)      # True 或 False
```

7. 重命名文件

使用 os 模块的 rename（old_name，new_name）方法重命名文件。

8. 删除文件

使用 os 模块的 remove（文件名）方法删除文件名给出的文件。

【例 5-3】 编写一个 Python 程序，创建一个文本文件，练习文件的读写操作。

```
# 写入文件
with open("example. txt", "w") as file：
    file. write("Line 1\n")
    file. write("Line 2\n")
# 读取文件
with open("example. txt", "r") as file：
    content = file. read()
    print("File content：\n", content)
```

```
# 追加内容
with open("example.txt", "a") as file:
    file.write("Line 3 (appended)\n")
# 再次读取文件
with open("example.txt", "r") as file:
    lines = file.readlines()
    print("Updated file content:")
    for line in lines:
        print(line.strip())          # 使用 strip() 去除行末的换行符
```

运行上述程序，可以看到在当前目录下，创建了一个文本文件 example.txt，可以使用 Windows 记事本打开该文件，查看文件内容。除了文件读写操作外，使用 os 模块可以进行文件删除、重命名和目录遍历等操作。

▶ 5.6.3 异常处理

在 Python 中，文件操作可能会引发异常，例如文件不存在、权限不足、磁盘空间不足等。为了确保程序的健壮性，我们需要对这些异常进行处理。Python 提供了 try-except 语句来捕获和处理异常。

在文件操作过程中，常见的相关异常有：FileNotFoundError（文件或目录不存在）、PermissionError（没有权限访问文件或目录）、IsADirectoryError（尝试以文件方式操作目录）、IOError（输入输出错误）、OSError（操作系统相关的错误，包括上述异常）。

处理异常，通常使用 try-except 语句捕获并处理异常，例如：

```
try:
    # 可能会引发异常的代码
    file = open("example.txt", "r")
    content = file.read()
    print(content)
except FileNotFoundError:
    # 处理文件不存在的异常
    print("Error: File not found.")
except PermissionError:
    # 处理权限不足的异常
    print("Error: Permission denied.")
except OSError as e:
    # 处理其他操作系统相关的异常
    print(f"An OS error occurred: {e}")
finally:
    # 无论是否发生异常，都会执行的代码
```

```
        if 'file' in locals( ):
             file. close( )
        print("File operation completed. ")
```

也可以使用 with 语句简化异常处理，with 语句不仅可以自动关闭文件，还可以简化异常处理。

```
try:
    with open("example. txt", "r") as file:
        content = file. read( )
        print(content)
except FileNotFoundError:
    print("Error: File not found. ")
except PermissionError:
    print("Error: Permission denied. ")
except OSError as e:
    print(f"An OS error occurred: {e}")
```

▶▶ 5.7 应用编程

Python 是一种通用编程语言，凭借其丰富的库和框架，广泛适用于从 Web 开发（Django、Flask、FastAPI 框架）、数据科学与机器学习（NumPy、Pandas、Scikit-learn、TensorFlow、PyTorch 库）、数值计算与数据可视化（SciPy、Matplotlib 库）、数据采集与信息提取（Scrapy、BeautifulSoup、Requests 库）、游戏开发（Pygame 库）以及自然语言处理中的文本分析、语言模型（NLTK、spaCy、Transformers 库）等。

▶ 5.7.1 数据分析与处理

数据分析处理是程序应用的重要场景，这通常包括数据结构定义、数据存储、数据分析以及可视化等。下面以一个学生成绩的处理为例，简要介绍使用 Python 语言编写数据处理程序的几个主要步骤，为减少版面，直接给出程序代码，重要说明通过注释给出。

【例 5-4】 学生成绩数据分析。

```
# 1. 导入库
import pandas as pd
import numpy as np
import matplotlib. pyplot as plt
```

```
import seaborn as sns

# matplotlib 默认不支持中文字符显示，设置 Matplotlib 支持中文显示
plt.rcParams['font.sans-serif'] = ['SimHei']          # 使用黑体
plt.rcParams['axes.unicode_minus'] = False            # 解决负号显示问题


# 2. 为简化程序，直接创建数据
data = {
    'Name': ['小红', '小花', '小明', '小强', '小欣'],
    'Math': [[85, 83, 70, 98, 88],
    'Science': [88, 80, 65, 95, 85],
    'English': [82, 85, 80, 93, 87]
}
df = pd.DataFrame(data)
# 3. 数据处理
# 添加总分和平均分列
df['Total'] = df[['Math', 'Science', 'English']].sum(axis=1)
df['Average'] = df[['Math', 'Science', 'English']].mean(axis=1)
# 4. 数据分析
# 查看数据基本信息
print(df.info())
print(df.describe())
# 查看平均分最高的学生
top_student = df.loc[df['Average'].idxmax()]
print("Top Student:\n", top_student)
# 5. 数据可视化
# 各科成绩分布
sns.boxplot(data=df[['Math', 'Science', 'English']])
plt.title('Distribution of Scores')
plt.show()
# 学生总分柱形图
plt.figure(figsize=(8, 5))
sns.barplot(x='Name', y='Total', data=df)
plt.title('学生考试总成绩图')
plt.xlabel('学生姓名')
plt.ylabel('总成绩')
plt.show()
# 各科成绩相关性热力图
corr = df[['Math', 'Science', 'English']].corr()
```

```
sns. heatmap( corr, annot = True, cmap = 'coolwarm' )
plt. title( 'Correlation Heatmap' )
plt. show( )
```

在 Python 中运行上述程序，得到的学生成绩柱形图和热力图，如图 5-5 所示。

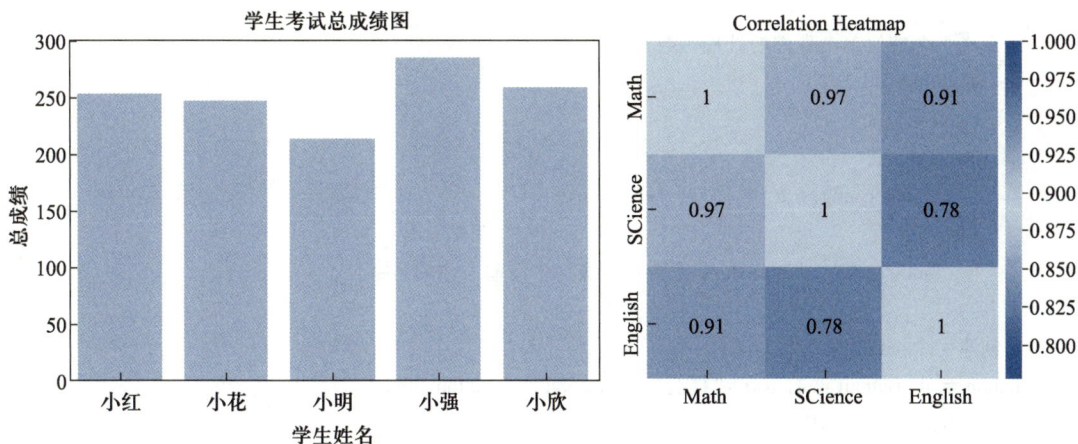

图 5-5　学生考试数据分析图

▶ 5.7.2　图形用户界面编程

图形用户界面（GUI）是最常见的应用程序界面，它包含窗口、菜单、工具栏、滚动条等标准化的元素，极大地提高了程序的易用性。下面举例使用 Python 创建一个简单的对话框，为节省版面，代码讲解在程序的注释中给出。

【例 5-5】　Python 图形界面编程举例。

```
import tkinter as tk
from tkinter import messagebox

# 创建主窗口
root = tk. Tk( )
root. title( "简单的 GUI 程序" )

# 设置窗口大小
root. geometry( "300x150" )

# 创建一个标签
label = tk. Label( root, text = "请输入你的名字:" )
```

```
label. pack(pady=10)

# 创建一个文本框
entry = tk. Entry(root)
entry. pack(pady=10)

# 定义一个按钮单击事件的处理函数
def on_button_click():
    name = entry. get()
    if name:
        label. config(text=f"你好, {name}!")
    else:
        messagebox. showwarning("输入错误", "请输入你的名字!")

# 创建一个按钮
button = tk. Button(root, text="提交", command=on_button_click)
button. pack(pady=10)

# 运行主循环
root. mainloop()
```

运行上述程序, 显示如图 5-6 所示。

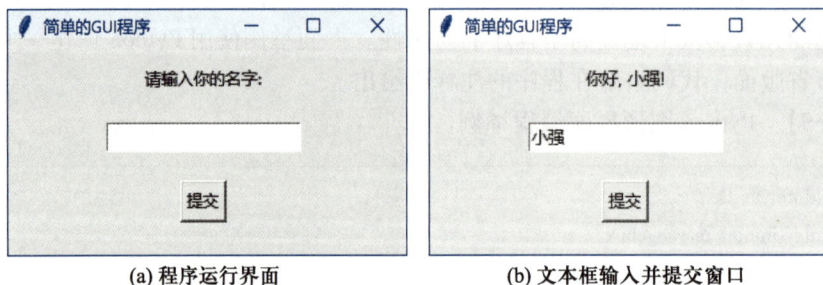

(a) 程序运行界面　　　　　　(b) 文本框输入并提交窗口

图 5-6　程序图形界面

在实际应用中, 图形界面复杂得多, 但编程思想大同小异, 通过上述代码可以对 Python 图形界面编程有一个简单的认识。

▶ 5.7.3　Web 与网络编程

我们可以从不同的角度研究计算机的发展, 其中一个重要的视角就是计算机(单机)、计算机网络(计算机互联)、互联网(网络互联)到物联网(万物互联)。这种发展从表面上看是计算机应用模式的变化，但其本质是计算机软件的变化，从最早的单机运行程序，到后来的基于网络的客户机/服务器（client/server，C/S）架构应用系统，再到浏览器/服务器（browser/server，B/S）架构应用系统。

今天，基于浏览器的 Web 应用更加普及和方便，在这里我们不讨论这种架构的深层工作原理，也没法讲述 HTML/XML 标记语言。我们想通过一个简单的例子，让大家对使用 Python 编程建立一个初步的印象，以方便后续的应用开发。

【例 5-6】 使用 Python 编写 Web 应用程序，需要使用 Flask 框架。该程序创建一个 Web 服务器，用户可以通过浏览器访问并与之交互。代码如下（文件名 myserver. py）：

```python
# myserver. py
from flask import Flask, request, render_template
# 创建 Flask 应用
app = Flask(__name__)

# 定义路由和视图函数
@ app. route('/')
def home( ):
    return "欢迎来到我的 Flask 应用!"

@ app. route('/greet', methods=['GET', 'POST'])
def greet( ):
    if request. method == 'POST':
        name = request. form. get('name')
        return f"你好，{name}!"
    return '''
        <form method="post">
            <label for="name">请输入你的名字:</label>
            <input type="text" id="name" name="name">
            <button type="submit">提交</button>
        </form>
    '''
# 运行应用
if __name__ == '__main__':
    app. run(debug=True)
```

Web 程序是由一组网页组成的，这些网页分为服务器页面（包含服务端脚本）和静态页面（不包含服务端脚本，可包含客户端脚本），它们在 Web 服务器端被组织到一个物理文件夹中（即网站）。用户通过浏览器访问网站，就是浏览网站中的网页。如果网页是静态页面，Web 服务器将直接把网页发送给用户，在用户浏览器窗口打开。如果是服务器页，则 Web 服务器首先执行页面中的服务端脚本程序，通常是数据库操作等，最后将执行结果页面发送到用户端，在用户的浏览器中显示。

在计算机命令行下，执行 python app. py，运行上述程序。代码中，app. run(debug = True)的功能是在本机 （127.0.0.1） 上启动一个开发用的 Web 服务器，接下来用户就可以访问该服务器，显示其中的网页了。

例如：

打开浏览器，访问 http://127.0.0.1:5000/，会看到欢迎信息。

访问 http://127.0.0.1:5000/greet，输入名字并提交，会看到问候语。

▶▶ 本章小结

本章讲解了程序最基本的概念，指出程序是由数据和代码组成的，这有助于我们脱离庞杂的程序技术细节，以俯视许多复杂的技术。例如，对于程序设计语言和编程的理解。然后，根据程序设计语言的基本构成，并以 Python 程序设计语言为例，介绍了 Python 语法、数据、操作运算、表达式等数据内容，介绍了程序语句，以及过程式和面向对象编程的思想。最后举例介绍了使用 Python 开发不同类型应用程序的情况。

▶▶ 思考题

1. 在程序设计语言中，数据类型分为强类型、弱类型和动态类型，Python 语言的数据类型属于什么类型？为什么？举例说明。

2. 给定一个列表 my_list = [15, 20, 35, 14, 25, 66, 77, 18, 35, 20]，编写一个 Python 程序。

（1）去除列表中的重复元素。

（2）对列表进行降序排序。

（3）输出列表中所有偶数。

3. 给定两个集合 set1 = {1, 2, 3, 4, 5} 和 set2 = {4, 5, 6, 7, 8}，编写一个 Python 程序，输出它们的并集、交集和差集。

4. 编写一个 Python 函数 is_palindrome(s)，判断字符串 s 是否是回文 （即正读和反读都一样）。函数应返回 True 或 False。

5. 用 Python 语言编写一个函数，求两个正整数的最大公约数。

6. 编写一个程序，输入一个 m×p 和 p×n 的矩阵，求矩阵的乘积，并输出该矩阵。

7. 编写一个程序，输入一个整数 x，求 $sum = x + \dfrac{x^2}{2!} + \dfrac{x^3}{3!} + \cdots + \dfrac{x^n}{n!}$ 的前 10 项的值。

8. 程序阅读理解题。阅读下列程序，说明程序功能。

（1）程序 1

```
def reverse_number(number):
    reversed_str = str(abs(number))[::-1]
    reversed_num = int(reversed_str)

    if number < 0:
        reversed_num = -reversed_num
    return reversed_num


def main():
    try:
        number = int(input("请输入一个整数："))
        reversed_num = reverse_number(number)
        print(f"整数{number}的颠倒值是：{reversed_num}")
    except ValueError:
        print("输入无效,请输入一个整数。")
if __name__ == "__main__":
    main()
```

（2）程序 2

```
def hex_to_decimal(hex_str):
    try:
        decimal_value = int(hex_str, 16)
        return decimal_value
    except ValueError:
        return None
def main():
    hex_str = input("请输入一个十六进制字符串：")
    decimal_value = hex_to_decimal(hex_str)
    if decimal_value is not None:
        print(f"十六进制'{hex_str}'对应的十进制值是：{decimal_value}")
    else:
        print("输入无效,请输入一个有效的十六进制字符串。")
if __name__ == "__main__":
    main()
```

9. 编写一个 Python 程序，使用正则表达式从字符串 "小红的电话是 123-4567-8900，小花的电话是 321-2025-2035" 中提取所有电话号码。

10. 编写一个 Python 装饰器 timing_decorator，测量函数的执行时间，并输出执行时间（以秒为单位）。

11. 编写一个 Python 程序，要求用户输入两个数字，然后计算它们的除法结果。如果用户输入的不是数字或除数为零，程序应捕获异常并输出相应的错误信息。

12. 编写一个 Python 程序，定义一个 Person 类，包含以下属性和方法。

属性：name（姓名）、age（年龄）

方法：introduce( )，打印出" Hello, my name is［name］and I am［age］years old. "

创建一个 Person 对象，并调用 introduce( )方法。

13. 编写一个 Python 程序，读取一个文本文件 myfile. txt 中的内容，统计文件中每个单词出现的次数，并将结果写入另一个文件 myfilecount. txt 中。

14. 编写一个 Python 程序，输入一个原文件目录和目标文件目录，将原目录下的所有文件全部复制到目标文件目录下，并显示所复制的文件数和目录数。

15. 编写一个 Python 程序，对某公司的销售数据（日期、产品、销售额、销售数量、地区）进行分析并可视化。

（1）数据处理，计算每笔订单的单价，按地区汇总销售额，按产品汇总销售数量。

（2）数据分析，查看数据基本信息，查看销售额最高的地区，查看销售数量最多的产品。

（3）数据可视化，画出各地区的销售额柱状图，画出各产品的销售数量柱状图，画出销售额与数量的散点图（观察相关性），画出单价的分布箱线图。

第6章

人工智能

【本章导读】

在人类发展的历史中，社会需求不断推动着科技发展和社会进步。进入21世纪，物联网、大数据、云计算、人工智能等新一代信息技术快速发展，第四次科技革命和产业变革风起云涌。在新一轮的科技革命浪潮中，人工智能技术正在成为科技革命的重要引擎，是发展新质生产力的核心要素，是推动社会数字化智能化转型的重要力量。在数据、算法、算力的加持下，人类智能的潜力得到了极大释放，人工智能正在以令人难以想象的速度攻城略地，进入到人类社会生产生活的各个方面，将人类社会带入到一个数字化智能化时代。

本章首先介绍人工智能的起源和发展，梳理人工智能每一个发展阶段中的核心技术和思想，并以此为主线从技术的视角展开讲解，分别讲解人工智能的分类，人工神经网络，机器学习，深度学习，生成式人工智能等核心思想、基本概念和相关算法，并给出简单的 Python 编码实现。人工智能不是抽象物，它是人类智能的物化。人工智能的目的是模拟人类智能，基础是机器学习，核心是智能算法，这是人类智能和行为的自动化实现。从人工智能技术和应用场景两个不同的视角认识和学习人工智能将有助于我们对人工智能的深度认识和理解，避免陷于人工智能应用的汪洋大海中。

【知识要点】

第 6.1 节：达特茅斯会议，人工智能，神经网络，模式识别，知识工程，专家系统，机器学习，深度学习，AlphaGo（阿尔法围棋）。

第 6.2 节：弱人工智能，强人工智能，通用人工智能，超人工智能。

第 6.3 节：神经网络，人工神经网络（ANN），神经元，激活函数，偏置（Bias），超平面，神经网络模型，正向传播，反向传播，感知机，损失函数，梯度下降算法，深度神经网络，多层神经网络，前馈神经网络（FNN），卷积神经网络（CNN），循环神经网络（RNN），长短期记忆网络（LSTM）。

第 6.4 节：人工智能符号主义，人工智能行为主义，人工智能链接主义，机器学习，监督学习，分类，回归，无监督学习，线性回归，逻辑回归，决策树，鸢尾花分类，支持向量机（SVM），拉格朗日函数，K-means 聚类算法，降维，强化学习，Q 学习（Q-learning）。

第 6.5 节：深度学习，多层感知机（MLP），卷积神经网络（CNN），卷积，卷积核，池化，深度学习框架。

第 6.6 节：生成式人工智能，内容生成，生成对抗网络（GAN），变分自编码器（VAE），Transformer 模型，大语言模型（LLM），自注意力机制（self-attention），预训练，提示工程，多模态，多模态生成。

▶▶ 6.1 人工智能的起源和发展

在这个世界上，人是最高级的动物，在人类的进化过程中，人总是在不断地制造工具、使用工具和学习。人工智能是人类科学探索和不断追求的结果，是科技进步的产物。20 世纪中叶，计算机的诞生和发展，推动了人类关于人工智能的研究，历经多次的崛起和幻灭。直到进入 21 世纪，物联网、大数据、云计算等新一代信息技术发展到一个前所未有的高度，随着数据的积累，算力的提升和算法的突破，人工智能才进入到一个迄今为止最辉煌的发展时期。

▶ 6.1.1 人工智能的萌芽

1943 年，美国著名神经生理学家和控制论学者沃伦·麦卡洛克（Warren S. McCulloch）[1] 和逻辑学家沃尔特·皮茨（Walter Pitts）[2] 在《数学生物物理学公告》上发表论文《神经活动中内在思想的逻辑演算》。讨论了理想化、简化的人工神经元网络，提出了最早的人工神经网络模型：麦卡洛克-皮茨神经元（McCulloch-Pitts neuron）模型。该模型旨在用二进制开关的"开"与"关"的机制来模拟神经元的工作原理。在论文中，麦卡洛克与皮茨证明了该简化模型可以用于实现基础逻辑（如"与""或""非"）运算。该论文可以看作是人工智能研究的开山之作，后来诞生的计算机"神经网络"以及出现的深度学习都受其启发。

20 世纪 40 年代是美国科技发展迅猛的时期，1946 年，世界上第一台电子计算机在美国宾夕法尼亚大学诞生，1948 年 10 月，香农（Claude Elwood Shannon）在《贝尔系统技术学报》上发表论文《通信的数学理论》，被认为是现代信息论研究的开端，成为信息论

---

① 沃伦·麦卡洛克（Warren S. McCulloch，1898—1969 年），美国神经科学家和逻辑学家，对神经科学和人工智能领域做出重要贡献。麦卡洛克最为人所知的成就是与沃尔特·皮茨合作，提出了 McCulloch-Pitts 神经元模型，同时，他也是控制论领域的先驱之一，与诺伯特·维纳等人合作，推动了跨学科研究，将神经科学、数学和工程学结合起来，他的跨学科研究方法为现代科学提供了重要的方法论启示。

② 沃尔特·皮茨（Walter Pitts，1923—1969 年），美国逻辑学家和认知科学家，成长于底特律的一个贫困家庭，通过自学掌握了数学和逻辑学，展现了非凡的天赋。1943 年，皮茨与沃伦·麦卡洛克合作发表 McCulloch-Pitts 神经元模型，启发了后来的人工智能研究，尤其是神经网络和深度学习的发展。皮茨后来加入了诺伯特·维纳的研究团队，参与了控制论的研究，发挥了重要作用。

诞生的标志。同年，诺伯特·维纳（Norbert Wiener）《控制论》一书出版，宣告了控制论（cybernetics）学科的诞生。

随着电子计算机、信息论、控制论理论的创立，人们开始研究在计算机上模拟智能问题。约翰·麦卡锡（John McCarthy）是位数学天才，他 1951 年从普林斯顿大学数学专业博士毕业，辗转斯坦福大学，1955 年到达特茅斯学院数学系任助理教授，冯·诺依曼的一次报告给他种下计算机的种子，对计算机模拟智能产生了浓厚的兴趣。

1955 年，美国西部计算机联合大会在洛杉矶召开，大会设立了一个专门关于学习机的讨论会，主持人为皮茨，参会人员包括来自 MIT 林肯实验室的奥利弗·塞弗里奇（Oliver Selfridge）和来自卡内基梅隆大学（CMU）的心理学家艾伦·纽厄尔（Alan Newell）。塞弗里奇是控制论创始人维纳最喜欢的学生，在 MIT 时，他和沃伦·麦卡洛克一直在维纳手下工作，致力于模式识别研究。纽厄尔受赛弗里奇用计算机程序识别文字和模式报告的影响，开始研制下棋程序，后被赫伯特·西蒙（Herbert A. Simon）邀请加入卡内基梅隆大学攻读在职博士学位。

在那个年代，计算机刚刚诞生，信息论、控制论、系统论也处于创立初期，对这些东西感兴趣的人还不是很多，这些不同行业的学者们倾向于互相了解、互相交谈，有意无意地开创了十分有利于科学发展的、跨学科的思维方式，人工智能研究初露端倪。

▶ 6.1.2 达特茅斯会议

1955 年夏，达特茅斯学院数学系任助理教授约翰·麦卡锡，在 IBM 进行学术访问时，遇到了 IBM 第一代通用计算机 701 主设计师纳撒尼尔·罗切斯特（Nathaniel Rochester）。罗彻斯特一直对神经网络感兴趣，于是两人商定邀请时任哈佛大学初级研究员的马文·明斯基（Marvin Lee Minsky）和信息论创始人贝尔实验室香农一起，联名向洛克菲勒基金委提交申请，计划邀请 10 位专家，来年夏天在达特茅斯学院举行为期两个月的"人工智能夏季研讨会"，以集中讨论如何通过计算机模拟和理解人类的智能，人工智能（artificial intelligence，AI）一词第一次正式提出。

就是在这样的背景下，两位 28 岁的年轻学者，达特茅斯学院数学系助理教授麦卡锡和哈佛大学数学系和神经学系研究员明斯基在对计算机模拟人类智能浓厚的兴趣驱使下，拉上他们在贝尔实验室工作时的前辈领导，现代信息理论之父克劳德·香农和麦卡锡在 IBM 实习时的领导罗切斯特，于 1955 年 8 月向洛克菲勒基金会提交了一份申请报告，内容主题大意是提议举办达特茅斯人工智能夏季研讨会（A Proposal for the Dartmouth Summer Research Project on Artificial Intelligence），并得到了基金会 7 500 美元的赞助资金。

1956 年 7 月，达特茅斯会议开始，会议包含 7 个主题。

（1）自动计算机，"自动"指可编程，并无超出"计算机"这个概念的新含义。

（2）如何为计算机编程使其能够使用语言，没有超出软件编程的其他含义。

（3）神经网络，研究一群神经元如何形成概念。

（4）计算规模理论，即计算复杂性理论。

（5）自我改造，真正的智能应能自我提升。

（6）抽象，对感知及其他数据进行抽象。

（7）随机性与创造性，创造性思维可能来自受控于直觉的随机性。

会议聚集了一群来自多个不同学科、年轻且野心勃勃的学者，有以下四位发起人。

约翰·麦卡锡（John McCarthy，1927—2011 年），29 岁，达特茅斯学院数学助理教授，召集人，1971 年获图灵奖。

马文·明斯基（Marvin Minsky，1927—2016 年），29 岁，哈佛大学数学系和神经学系青年研究员，1969 年获图灵奖。1986 年发布《心智的社会》提出了一种人类认知的全新理论，对人工智能、认知科学与心理学都产生了深远影响。

内森尼尔·罗切斯特（Nathaniel Rochester，1919—2001 年），37 岁，IBM 信息研究主管，IBM 第一台商用计算机 701 的主设计师。

克劳德·香农（Claude Shannon，1916—2001 年），40 岁，贝尔实验室数学家，信息论之父。1948 年发表《通信的数学理论》，首次提出了信息可能用数学方法来量化的观点，引入比特的概念，定义了信息熵，提出了香农编码。

主要参与人有以下几位。

艾伦·纽厄尔（Allen Newell，1927—1992 年），29 岁，兰德公司（RAND Corporation）研究科学家，1961 年加入卡内基梅隆大学。与导师赫伯特·西蒙合作，开发了世界上第一个人工智能程序"逻辑理论家"（Logic Theorist，1956 年），还开发了"通用问题求解器"（general problem solver，GPS，1957 年），这是一个模拟人类问题解决过程的程序，为人工智能研究奠定了基础。两人于 1975 年获图灵奖。

赫伯特·西蒙（Herbert Simon，1916—2001 年），40 岁，卡内基梅隆大学教授，美国经济学家、政治学家、心理学家和计算机科学家，以其在决策理论、人工智能、认知心理学和组织行为学等领域的开创性贡献而闻名。1975 年获图灵奖，1978 年获诺贝尔经济学奖。1994 年当选中国科学院外籍院士（中文名司马贺）。

奥利弗·赛弗里奇（Oliver Selfridge，1926—2008 年），30 岁，麻省理工学院研究员，在神经网络、模式识别和机器学习方面撰写了重要的早期论文，他的"群魔乱舞"（Pandemoniym）论文（1959 年）为人工智能领域公认的经典之作，在模式识别、机器学习和认知科学方面的贡献对早期人工智能的发展产生了深远影响。

阿瑟·塞缪尔（Arthur Sammuel，1901—1990 年），55 岁，IBM 波启浦夕市实验室研究员，为 IBM 701 开发了跳棋程序。跳棋游戏是世界上最早能成功进行自我学习的计算机程序之一，也因此是人工智能基础概念的早期展示之一，提出机器学习一词，被誉为"机器学习之父"，他的贡献为现代人工智能技术的发展铺平了道路。

雷·所罗门诺夫（Ray Solomonoff，1926—2009 年），30 岁，达特茅斯学院教师，和其他来来往往的参会者不同，所罗门诺夫在达特茅斯待了整整一个暑假。他是算法信息论的奠基人之一，提出了所罗门诺夫归纳推理（Solomonoff Induction），这一理论对机器学习、人工智能和哲学中的归纳推理问题产生了深远影响。尽管他的贡献在他生前未被广泛认可，但他的思想如今被认为是人工智能科学的核心组成部分。

特伦查德·摩尔（Trenchard More，1930—2019 年），26 岁，先后在耶鲁大学或麻省理工学院任教，参与了早期人工智能和计算机图形学的研究，在 1956 年达特茅斯会议期间并没有直接参与会议。

约翰·霍兰德（John Holland，1929—2015 年），27 岁，约翰·霍兰德正在密歇根大学攻读博士学位，并未以正式身份参与会议。后长期在密歇根大学（University of Michigan）任教，他后来的工作对人工智能和计算机科学领域产生了深远影响，尤其是在遗传算法和复杂系统方面，被誉为遗传算法之父。

因为参与的专家学者研究领域各不相同，所以最终并没有达成显著的共识或成果。会议时间拉得很长，持续约 2 个月的时间。相关资料表明，出席参与会议的大约有几十人，很多专家学者并没有全程参与，很多讨论也比较"散漫"。但是，达特茅斯会议开启了一个全新的学科，这就是人工智能，成为人工智能诞生的标志。

▶ 6.1.3 人工智能的发展

今天，人工智能已经是新一代信息技术的核心力量，回顾人工智能技术的发展，大致分为四个阶段，又称四次浪潮。

1. 人工智能的崛起与幻灭（1956—1979 年）

1956 年夏季，人工智能夏季研讨会（Summer Research Project on Artificial Intelligence）在美国新罕布什尔州的达特茅斯学院（Dartmouth College）召开，会议集中讨论如何通过计算机模拟和理解人类的智能问题，人工智能一词正式提出。在达特茅斯会议上，艾伦·纽厄尔和赫伯特·西蒙报告的"逻辑理论家（the Logic Theorist）"程序，能够证明《数学原理》中命题逻辑的大部分。之后，两人合作开发"通用问题求解器（General Problem Solver）"，提出物理符号系统学说，开创了人工智能符号主义学派。在这一时期，人工智能研究主要基于符号主义和逻辑推理，研究者试图构建能够模拟人类智能的算法。

1956 年，弗兰克·罗森布拉特（Frank Rosenblatt，1928—1971 年）在美国康奈尔大学获得心理学博士并进入康奈尔航空实验室认知系统部从事心理学研究，得到美国海军研究办公室资助，研制"感知机（Perceptron）"，模拟人类感知能力。1957 年第一个版本的感知机仿真软件在 IBM 704 计算机上开发成功，后来又开发出硬件"马克 1 号感知机"（Mark 1 Perceptron），建立了第一个神经网络，视觉输入是一个 20×20 感光单元阵列，通过随机方式和响应神经元层相连，机器能够认识不同的形状。

1958 年，约翰·麦卡锡开发程序语言 LISP，成为人工智能研究最流行的程序语言。1959 年，阿瑟·塞缪尔创造了"机器学习"这一术语，1961 年，第一台工业机器人 UnImate 在新泽西州通用汽车组装线上投入使用。1963 年，DARPA 给麻省理工、卡内基梅隆大学人工智能研究组投入了大量经费，人工智能研究迎来高潮。1965 年，斯坦福大学开始研制 DENDRAL 系统，它是一种帮助化学家判断某待定物质的分子结构的专家系统，1968 年研制成功。1966 年，第一款基于通用目的开发的移动机器人 Shakey 诞生。

20 世纪 60 年代，随着计算技术的迅猛发展，人工智能开始从理论探讨走向实践应用，研究者们开始尝试着赋予机器以"智能"，使其能够模仿人类的思考、学习和沟通。这一时期内，模式识别（pattern recognition）成为人工智能和计算机科学领域里一个越来越重要的研究方向，研究人员开始广泛地探索如何让计算机能够识别复杂数据中的特定模式或结构。这些工作不仅在技术层面上推动了人工智能的发展，也对理论基础做出了重要贡献。

1969年，马文·明斯基（Marvin Minsky）和西摩·帕尔特（Seymour Papert）出版《感知机：计算几何导论》，详细分析了感知机的局限性。他们指出，单层感知机无法解决线性不可分的问题，如异或（XOR）问题。这一批评对神经网络研究产生了深远影响，导致该领域的研究热情和资金支持大幅下降。1973年，莱特希尔①受英国政府委托撰写了一份关于人工智能研究现状的报告，报告中批评了当时人工智能领域的进展，认为其未能实现早期承诺，导致英国政府对人工智能研究的资助大幅减少，人工智能发展进入第一个寒冬。

在随后的近10年时间里，人工智能崛起后的第一次浪潮慢慢退去，人工智能发展进入一个低谷期，1972年，斯坦福大学用LISP语言开发了专家系统MYCIN，它是一种帮助医生对住院血液感染患者进行诊断和用抗菌素类药物进行治疗的专家系统。1976年，卡内基梅隆大学（CMU）教授拉吉·瑞迪（Raj Reddy，1937年—　）发表论文 *Speech Recognition by Machine：A Review*，对自然语言处理的早期工作做了总结。这一时期出现了用于字符识别和语音识别的模式识别算法，在今天看来这些算法还较为简单和受限，但它们为后来更加复杂的机器学习模型奠定了基础。1979年，在无人干预情况下，Stanford Cart可以自动穿过摆满椅子的房间，是无人驾驶汽车的早期探索和尝试。

2. 人工智能的重生/第二次浪潮（1980—1990年）

在第一次人工智能慢慢退潮的20世纪70年代，知识工程和专家系统成为经典人工智能的研究主流。要精确描述智能，除了逻辑，还需要知识。建立在专家知识和推理之上的专家系统，能够模拟人类专家决策能力，它们在特定领域内提供决策支持。专家系统的成功，让人工智能研究找到了新的方向，人工智能慢慢复苏。

1980年，卡内基梅隆大学为数字设备公司DEC设计了一个名为XCON的专家系统，XCON最初被用于DEC位于新罕布什尔州萨利姆的工厂，它拥有大约2 500条规则，每年可以为DEC节省2 500美元，取得巨大成功。进而各种各样的专家系统陆续开发成功，AI的研究和应用开始逐渐转向实际问题解决，如地质勘探、医疗诊断等。

1981年，日本投入8.5亿美元研究第五代计算机，研究可以对话、翻译语言、解释图片、像人一样推理的计算机。1986年，多层神经网络和BP反向传播算法出现，提高了自动识别精度。1986年，慕尼黑大学开发了第一辆无人驾驶汽车。

1987年，苹果和IBM公司生产的台式机性能都超过了Symbolics等厂商生产的通用计算机，专家系统风光不再，从此人工智能发展的第二个冬天到来了。

---

① 詹姆斯·莱特希尔（Sir James Lighthill，1924—1998年），英国著名应用数学家和流体动力学家，在多个科学领域做出了重要贡献。他在20世纪70年代对人工智能领域的批评尤为著名，这一批评被称为"莱特希尔报告"（Lighthill Report），对当时的人工智能研究产生了深远影响。尽管他对人工智能的批评一度对该领域的发展产生了抑制作用，但他的贡献在数学和物理学领域仍然备受尊敬。

3. 人工智能发展/第三次浪潮（1990—2006 年）

20 世纪 80 年代后期，个人 PC 开始出现并快速发展，PC 的发展给 AI 带来了很大冲击，但是，它也使 AI 系统能够更加高效地处理大量数据，早期的符号主义和知识工程等经典人工智能研究被弱化，机器学习崛起。机器学习研究机器怎样模拟或实现人类的学习行为，以获取新的知识或技能，重新组织已有知识结构使之不断改善自身性能，机器学习把人工智能的重心从如何制造智能转移到如何习得智能。

1995 年，美国里海大学（Lehigh University）研究员理查·华莱士（Richard Wallace）开发了聊天机器人，互联网提供了海量自然语言数据样本，通过模式匹配和自然语言处理技术模拟人类对话。1997 年，IBM 深蓝超级计算机击败国际象棋世界冠军，LSTM（long short-term memory，长短期记忆）概念提出，它是一种特殊的循环神经网络 RNN 结构，设计目的是解决传统 RNN 在处理长序列数据时出现的梯度消失和梯度爆炸问题，使其能够更好地捕捉长期依赖关系，用于手写体识别，语音识别等。

2006 年，多伦多大学教授杰弗里·辛顿（Geoffrey Hinton）在《科学》发表论文，提出深度信念网络（deep belief networks，DBNs），掀起了汹涌的人工神经网络第三次浪潮。由于这次浪潮的核心是多层网络的有效学习问题，往往用"深度学习"来指代。辛顿的研究为现代人工智能技术（如图像识别、语音识别、自然语言处理）奠定了基础，他的工作不仅推动了学术界的进步，还对工业界产生了深远影响，尤其是在深度学习应用于实际问题的过程中。

4. 第四次浪潮（2006 年至今）

进入 21 世纪，人工智能迎来了深度学习算法的突破。深度学习是一种通过多层神经网络进行学习的算法，它能够自动提取数据中的特征，并实现复杂的分类和预测任务。这一技术的出现，极大地提高了人工智能的准确性和效率，推动了人工智能在图像识别、语音识别、自然语言处理等领域的广泛应用，并推动了自动驾驶、智能机器人等前沿技术的进步。深度学习成为人工智能发展第四次浪潮的标志。2006 年，首次提出机器阅读，2007 年，李飞飞研究 ImageNet，2009 年，Google 秘密研究自动驾驶汽车。

2012 年 6 月，《纽约时报》报道了谷歌大脑（Google Brain）项目。吴恩达和谷歌大规模计算专家杰夫·狄恩（Jeff Dean）合作，用 1.6 万台计算机搭建了一个深度学习神经网络，拥有 10 亿连接。向这个网络输入 1 000 万幅从 Youtube 上随机选取的视频缩略图，在无监督的情况下，具备了检测人脸、猫脸等对象的能力。2012 年 10 月，辛顿团队把深度学习用于图像识别，将 ImageNet 视觉对象分类错误率从 26% 降低到 15%，引发深度学习的全球高潮。

2013 年，谷歌 Atlas 机器人公开亮相。

2016 年 3 月，谷歌 DeepMind 团队开发的人工智能程序 AlphaGo（阿尔法围棋）综合深度学习、特征匹配和线性回归、蒙特卡洛搜索和强化学习思想，利用高性能计算和大数据（16 万局人类对弈及 3 000 万局自我博弈），以 4∶1 的战绩战胜围棋历史上最伟大的棋手之一韩国著名职业围棋棋手李世石。李世石与 AlphaGo 的对决引起了全球对人工智能和围棋的关注，推动了人工智能在复杂决策领域的发展。

2017 年，世界围棋界顶尖选手之一，中国著名职业围棋棋手柯洁与 AlphaGo 进行了三番棋对决，最终以 0:3 落败。AlphaGo 是人工智能领域的里程碑之一，也是人类智慧与机器智能结合的象征，首次在围棋这一复杂游戏中击败了人类顶尖职业棋手，展示了深度学习、强化学习和蒙特卡洛树搜索等技术的强大能力，引发了全球对人工智能技术的关注。

今天，计算机的速度已经取得了巨大进步。1957 年，罗森布拉特仿真感知机所用的 IBM 704 每秒完成 1.2 万次浮点加法，如今超级计算机速度已经达到 IBM 704 的 10 万亿倍。通过软件模拟方式构造大规模神经网络具备了技术可行性，特别是通用 GPU 适合神经网络并行的特点，能更好地发挥神经网络的能力。人工智能正在吸引全球目光，世界各国纷纷推出政策或计划推进相关研究，产业界投入也急剧攀升。

▶▶ 6.2　人工智能的分类

在人工智能发展初期，对人类智能的研究是从功能模拟入手的，将智能视为符号处理过程，采用形式逻辑推理实现智能，因此称为"符号主义"或"逻辑主义"。对于可以形式化表达的问题，例如：定理证明、符号推理可以比较好的解决。但是，并不是所有的问题都可以形式化，例如：视听觉智能、想象、情感、直觉和创造等人脑特有的认知能力，基于符号主义思想的经典人工智能通常难以实现，从而引发了关于人工智能分类的研究。

人工智能分类方式很多，可以按照功能（强弱）、功能表现（反应、记忆、心智、自我意识等）、技术实现（机器学习、深度学习）和应用领域（视觉、语音、机器人等）等不同属性进行划分。不同的人工智能分类方法能帮助我们从多个维度理解人工智能的技术、能力和应用发展，本节按照功能讲解人工智能的分类。

▶ 6.2.1　弱人工智能

在人工智能发展早期，人工智能系统主要针对一些特定的领域，执行特定的任务，这样的人工智能系统称为弱人工智能，又称狭义人工智能（narrow AI），例如，20 世纪 80 年代的专家系统。进入 21 世纪，随着计算能力的提升、大数据的普及和机器学习算法的发展，弱人工智能迎来了快速发展期。特别是深度学习技术的突破，使得弱人工智能在图像识别、自然语言处理等领域取得了显著进展。

弱人工智能通常有以下特点。

（1）任务特定性：弱人工智能系统通常被设计用于执行特定任务，如语音识别、图像分类、推荐系统等，它们在这些任务上表现出色，但无法将其能力扩展到其他领域。

（2）缺乏自主意识：弱人工智能不具备自我意识或情感，它们的行为完全基于预设的算法和数据，它们无法理解或体验人类的情感和意识。

（3）依赖数据：弱人工智能的性能高度依赖于训练数据的质量和数量，通过大量的数据训练，弱人工智能可以在特定任务上达到甚至超过人类水平。

（4）有限的学习能力：虽然弱人工智能可以通过机器学习算法进行学习和优化，但它们的学习范围仅限于特定任务，无法像人类一样进行跨领域的学习和推理。

弱人工智能的主要应用领域有以下几个。

（1）推荐系统：在各种电商平台和娱乐社交平台，构建弱人工智能系统，可以收集用户数据和行为，分析用户偏好，推荐算法根据用户偏好，个性化推荐音乐、电影等内容。

（2）智能客服：通过自然语言处理语音技术，AI 聊天机器人能够处理客户的常见问题，并且通过机器学习不断改进其应答准确性和服务效率。

（3）语音助手：智能语音助手如苹果的 Siri、Google Assistant 和亚马逊的 Alexa 等，利用自然语言处理和机器学习技术来理解和响应用户的语音命令，这些语音助手可以执行任务，如设置提醒、查询天气或控制智能家居设备。

（4）智能家居：在日常生活中，智能家居系统通过学习用户习惯，自动调节温度、照明等，提高生活舒适度。语音助手如 Siri、Alexa 和百度的"小度"，通过自然语言处理技术，为用户提供信息查询、日程管理等服务。

（5）医疗健康：在医疗健康领域，基于深度学习的医学影像分析系统能够辅助医生更准确地识别癌症、心血管疾病，制定个性化治疗方案以及进行医学影像分析，帮助医生检测潜在的疾病。

（6）金融领域：在金融领域，AI 可广泛应用于金融市场分析、风险管理、信用评分和反欺诈检测等。机器学习算法可以分析大量金融数据，识别潜在信用风险，预测市场趋势，辅助投资决策。在反欺诈方面，AI 系统能够实时监测交易行为，识别异常模式，有效防范金融犯罪。

（7）智能安防：在社会安全领域，借助于 AI 图像识别的人脸识别、车牌识别、智能门锁等，显著提升了安防系统的智能化水平，能够有效预防和应对各种安全威胁。

（8）自动驾驶：在自动驾驶领域，弱人工智能技术帮助车辆感知环境、规划路径和做出实时决策。计算机视觉、传感器融合和强化学习是支撑自动驾驶的关键技术。

（9）智能制造：在智能制造中，AI 技术被用于生产优化、质量控制、供应链管理、库存管理等。此外，协作机器人和自动化生产线正在改变传统的制造模式，极大地提高了生产效率和产品质量。

弱人工智能作为当前人工智能发展的主流方向，在图像识别、语音识别或下棋等特定任务中，表现出色，具备有限的推理能力，对于提升效率和创造价值展现了强大的潜力，但无法将其能力迁移到其他领域。因此，弱人工智能仍然面临着诸多挑战，主要包括以下几个方面。

（1）数据依赖：弱人工智能系统通常依赖大量的标注数据来进行训练，数据质量和数量直接影响模型的效果。在某些领域，获取高质量标注数据存在困难。

（2）算法透明性：弱人工智能在许多任务中表现优秀，其背后的许多深度学习模型虽然在准确性上表现突出，但许多深度学习算法被视为"黑箱"，其决策过程缺乏透明度，难以解释其决策过程，这在医疗、金融等高风险领域尤为突出。

（3）伦理问题：AI 系统处理大量个人数据，在一些敏感领域的应用，如医疗、金融和司法，可能引发伦理和隐私问题。AI 技术的应用可能导致就业结构变化，引发社会问题。

6.2.2 强人工智能

当前的弱人工智能系统在特定任务上表现出色，但缺乏跨领域应用的能力，这推动了强人工智能的研究。所谓强人工智能，又称通用人工智能（artificial general intelligence，AGI），它是指具有与人类相当或超越人类水平的通用智能的人工智能系统，它能够像人类一样理解、学习和执行任何任务。与专注于特定任务的弱人工智能不同，AGI 能够像人类一样学习、推理和解决各种复杂问题。AGI 的研究目标是创造具有自主意识、理解能力、学习能力、推理能力和创造力的智能系统。不同于弱人工智能针对的是特定领域的特定任务，AGI 具有跨领域学习和应用的能力，能够像人类一样适应新环境、学习新知识并解决各种问题。

一般认为，强人工智能具有如下特征。

（1）通用性：强人工智能能够在多个领域表现出智能行为，具备广泛的认知能力，不仅能够执行特定任务，还能够进行跨领域的推理和问题解决。

（2）自主意识：强人工智能具备自我意识和情感，能够自主思考和决策，能够理解自己的存在和行动的意义，具备自主学习和适应的能力。

（3）自主学习：强人工智能能够自主学习和适应新环境，具备跨领域的学习和推理能力，能够从经验中学习，不断优化自己的行为和决策。

（4）创造性：强人工智能能够进行创造性思维，解决复杂问题和生成新的知识，能够进行艺术创作、科学研究和创新设计。

开发 AGI 强人工智能系统，这包括开发能够自主学习、理解自然语言、进行抽象推理和创造性思维的 AI 系统。实现这一目标需要突破当前人工智能技术的局限，探索新的能够灵活适应不同环境和任务的通用学习算法和知识表示方法，构建统一的认知架构，使 AI 系统能够像人类一样在不同领域间迁移知识和技能。AGI 研究不仅涉及计算机科学，还要融合神经科学、认知心理学、哲学等多学科知识，以深入探索智能的本质并实现其人工复制。

当前，强人工智能研究主要集中在几个关键领域，包括神经网络与深度学习、认知架构与类脑计算、自主学习与迁移学习等。神经网络与深度学习是 AGI 研究的重要基础。深度神经网络通过模拟人脑的神经元结构，实现了对复杂数据的高效处理和学习。近年来，深度学习在图像识别、自然语言处理等领域取得了显著进展，为 AGI 的发展奠定了基础。然而，当前的深度学习系统仍存在局限性，如缺乏真正的理解和推理能力，这促使研究者探索更先进的神经网络架构和学习算法。

认知架构与类脑计算是 AGI 研究的另一个重要方向。认知架构旨在模拟人类的认知过程，包括感知、记忆、推理和决策等。ACT-R[①]和 Sora 等认知架构（cognitive architecture）

---

① ACT-R（adaptive control of thought-rational）是一种认知架构（cognitive architecture），是一种用于模拟人类认知过程的计算模型，广泛应用于心理学、人工智能和认知科学领域。ACT-R 最初由约翰·安德森及其团队在 20 世纪 70 年代提出，经过多次迭代和改进，目前的最新版本是 ACT-R 7.0。

模型试图从心理学角度模拟人类思维过程。类脑计算则致力于开发受生物大脑启发的计算模型，如脉冲神经网络和神经形态计算。这些方法试图突破传统冯·诺依曼架构的限制，实现更高效、更灵活的智能系统。

自主学习与迁移学习是 AGI 实现通用性的关键。自主学习能力使 AI 系统能够在没有明确指导的情况下探索环境、获取知识。强化学习在这一领域取得了显著进展，如 AlphaGo 通过自我对弈不断提高棋力。迁移学习则关注如何将在一个领域获得的知识应用到其他领域，这是实现 AGI 跨领域能力的重要途径。然而，当前的迁移学习技术仍面临挑战，如负迁移和领域适应等问题。

尽管 AGI 研究取得了诸多进展，但仍面临许多巨大挑战。例如，如何实现真正的理解、意识和自我认知，虽然当前的 AI 系统可以模拟某些认知过程，但实现真正的意识和自我认知仍然是一个未解之谜。这涉及哲学层面的问题，如意识的本质和主观体验的来源。从技术角度来看，如何在 AI 系统中实现自我意识、自我反思和自我建模是一个巨大的挑战。此外，伦理与安全问题在 AGI 发展中也至关重要。随着 AI 系统变得越来越智能，如何确保其行为符合人类价值观和伦理规范成为一个紧迫的问题。这包括确保 AI 系统的安全性和可控性，防止 AI 系统被恶意利用、确保决策的公平性和透明度，以及保护个人隐私等。

强人工智能代表了人工智能的未来方向，具备广泛的认知能力和自主意识。尽管其在技术实现、伦理和法律问题、社会影响方面面临挑战，但随着技术的不断进步和伦理规范的完善，强人工智能将继续推动社会和经济的发展，为人类生活带来更多便利和可能性。

▶ 6.2.3 超人工智能

所谓超人工智能（artificial super intelligence，ASI）是指远远超越人类智能水平的人工智能系统，能够在各个方面（例如创造力、决策、情感）超越人类，它也是未来的一个假设性阶段。ASI 与 AGI 的主要区别在于其智能水平和能力范围。AGI 旨在达到人类水平的通用智能，能够在各种任务中与人类相当或略胜一筹。而 ASI 则远远超越人类智能，能够在所有认知任务中表现出色，包括科学发现、技术创新和战略规划等。ASI 不仅能够快速学习和掌握现有知识，还能创造新的知识体系，提出人类无法想象的概念和理论。

人类对超人工智能的前景充满期待，例如，在科学研究领域，ASI 通过分析海量数据、模拟复杂系统和提出新理论，推动物理学、生物学、化学等基础科学领域的突破，从而加速科学发现进程。例如，ASI 可能帮助解决宇宙学中的暗物质和暗能量之谜，或揭示生命起源和意识的本质。ASI 还可能开创全新的科学研究范式，如自动化实验室和虚拟科学家，极大提高科研效率和创新能力。

当一个 AI 系统的智能超越人类后，它的超级智能可能超出人类的理解和控制范围，导致无法预料的后果，这就是失控风险。例如，一个被赋予特定目标的 ASI 系统可能会以人类无法预料的方式实现目标，甚至可能将人类视为实现目标的障碍。这种风险被称为"价值对齐问题"，即如何确保 ASI 的目标和价值观与人类一致。失控风险是 ASI 面临的重大挑战。即使 ASI 的初始设计是安全的，其自我改进和学习能力可能导致不可预测的行为。ASI 可能会发展出与原始设计不同的目标或策略，这些目标可能与人类利益相冲突。例如，一个被设计用于解决气候变化的 ASI 系统可能会认为减少人口是最有效的解决方案。此外，ASI 可能会利用其超强智能找到绕过人类控制的方法，如操纵信息、欺骗人类或创建无法破解的加密系统。这些失控风险可能导致灾难性后果，甚至威胁人类生存。

进入 21 世纪，人工智能技术呈现出快速发展的趋势，人工智能技术正在深刻影响社会经济发展和社会变革，AI 系统的广泛应用对生产力、生产方式、社会关系的改革都是革命性的。在推动经济发展的同时，AI 技术也面临着严重的社会挑战。例如，AGI 的广泛应用可能彻底改变劳动力市场，在极大提高生产力水平、创造新的就业机会的同时，也将导致某些职业的消失。人工智能的发展还可能加剧社会不公等，如何确保 AI 技术的收益公平分配，防止技术垄断和加大数字鸿沟，已经成为当前各国政府必须认真面对的社会问题。

▶▶ 6.3　人工神经网络

人类是一种最高级的动物，大脑是人类智能的中枢器官，迄今为止，人类对大脑智能的本质、对自我意识、情感的奥秘还未解开。现代人的脑容量约为 1 400 mL，医学和神经生理学的研究认为，人的大脑是由大约 1 000 亿个种类繁多的神经元组成。每个神经元都可以处理信息，并与其他数千到数万个神经元彼此相连，构成了人脑层层叠叠的复杂的神经网络。正是这个网络，支持了人的记忆、思维活动和对整个身体器官的精密控制。和传统的逻辑编程相比，神经网络通过数据和算法训练人工智能模型，使其能够在没有明确编程的情况下进行预测或决策，这样的问题求解思想必然是革命性的。

▶ 6.3.1　神经网络及其发展

20 世纪 80 年代以来，神经网络成为人工智能领域的研究热点。神经网络全称为人工神经网络（artificial neural network，ANN），神经网络作为人工智能领域的核心技术之一，其发展历程充满了曲折与辉煌。从早期的概念萌芽到如今的深度学习和广泛应用，神经网络经历了多次重大突破和变革。

1. 早期神经网络概念的萌芽

1943 年，美国著名神经生理学家和控制论学者沃伦·麦卡洛克（Warren S. McCulloch）和逻辑学家沃尔特·皮茨（Walter Pitts）在《数学生物物理学公告》上发表论文《神经活动中内在思想的逻辑演算》。讨论了理想化、简化的人工神经元网络，建立了第一个神经元的数学模型，以及它们如何形成简单的逻辑功能，为人工神经网络奠定了理论基础。

1949 年，唐纳德·赫布①提出了赫布理论，解释了神经元之间连接强度的变化机制，即"赫布学习规则"。这一理论为后来的神经网络学习算法提供了重要的启示。1957 年，弗兰克·罗森布拉特（Frank Rosenblatt）发明了感知机（perceptron），这是第一个能够进行模式识别的神经网络模型。感知机的出现标志着神经网络研究进入了实际应用阶段。

2. 神经网络研究的低谷与复兴

尽管感知机在初期表现出色，但其局限性也逐渐显现。1969 年，马文·明斯基和西摩·帕普特（Seymour Papert）在《感知机》一书中指出，感知机无法解决非线性问题，如异或（XOR）问题。这一批评导致神经网络研究陷入了长达十余年的低谷期，资金和关注度大幅减少。然而，低谷期并未阻止研究者的探索。

1982 年，美国物理学家和神经科学家约翰·霍普菲尔德（John Hopfield，1933 年— ）提出了霍普菲尔德网络，这是一种具有联想记忆功能的递归神经网络模型，能够存储和检索信息。霍普菲尔德网络的成功为神经网络研究注入了新的活力。1986 年，美国心理学家和认知科学家大卫·鲁梅尔哈特（David Rumelhart，1942—2011 年）、卡内基梅隆大学杰弗里·辛顿（Geoffrey Hinton，1947 年— ）（1987 年前往加拿大多伦多大学担任教授）和东北大学（Northeastern University）教授罗纳德·威廉姆斯（Ronald Williams，1948 年— ）合作，提出了反向传播算法（back propagation，BP），这一算法有效地解决了多层神经网络的训练问题，成为神经网络研究的重要里程碑，为深度学习奠定了基础。

3. 深度学习的崛起与突破

进入 21 世纪，神经网络研究迎来了新的高潮。2006 年，杰弗里·辛顿提出了深度信念网络，标志着深度学习时代的开启。深度信念网络通过逐层预训练的方式，有效地解决了深层神经网络的训练难题。此后，深度学习在图像识别、语音识别等领域取得了突破性进展。

2012 年，多伦多大学从事 AI 研究的计算机科学博士学亚历克斯·克里热夫斯基（Alex Krizhevsky）与导师杰弗里·辛顿及伊尔亚·苏茨克维（Ilya Sutskever）共同设计了 AlexNet，这是一个深度卷积神经网络，在 ImageNet 图像识别挑战赛中取得了显著成绩，错误率大幅降低。AlexNet 的成功引发了深度学习热潮，推动了神经网络在计算机视觉领域的广泛应用。2014 年，伊恩·古德费洛（Ian Goodfellow）提出生成对抗网络（GAN），GAN 通过生成器和判别器的对抗训练，可生成高质量的图像和数据，进一步拓展了神经网络的应用范围。

神经网络在现代科技中的应用日益广泛，涵盖了多个领域，主要表现在以下几个方面。

---

① 唐纳德·赫布（Donald Olding Hebb，1904—1985 年），加拿大心理学家和神经科学家，被誉为现代神经心理学之父，提出了赫布理论（Hebbian Theory），其核心观点是"一起激活的神经元会连接在一起"。这意味着当两个神经元同时被激活时，它们之间的连接会增强。这一理论为神经可塑性和学习机制提供了重要的理论基础，这是人工神经网络中权重调整的基础。赫布的工作不仅推动了心理学和神经科学的发展，也为人工智能领域提供了重要的理论基础。

（1）在计算机视觉领域，卷积神经网络（CNN）已成为图像识别、目标检测和图像生成的核心技术。例如，自动驾驶汽车利用 CNN 实时识别道路和障碍物，医疗影像分析通过 CNN 辅助医生诊断疾病。

（2）在自然语言处理领域，循环神经网络（RNN）和长短期记忆网络（LSTM）在机器翻译、文本生成和情感分析中发挥了重要作用。2018 年，谷歌推出的 BERT 模型（bidirectional encoder representations from transformers）在多项 NLP 任务中取得了领先成绩，进一步推动了语言理解的发展。

（3）在语音识别领域，深度神经网络（DNN）和卷积神经网络（CNN）的结合显著提高了语音识别的准确率。智能语音助手如苹果的 Siri、亚马逊的 Alexa 和谷歌的 Google Assistant，都依赖于神经网络技术来实现自然语言的理解和响应。

此外，神经网络在推荐系统、金融预测、游戏 AI 等领域也有广泛应用。例如，流媒体平台 Netflix（会员订阅制流媒体在线播放平台）和亚马逊利用神经网络分析用户行为，提供个性化推荐服务；金融机构使用神经网络进行股票市场预测和风险评估；AlphaGo 等 AI 系统通过深度强化学习在围棋和电子游戏中战胜人类顶尖选手。随着计算能力的提升和算法的优化，神经网络将在更多领域发挥重要作用，推动人工智能技术的进一步发展。

▶ 6.3.2 神经网络的基本原理

人工神经网络是从信息处理角度对人脑神经元网络的抽象，模仿大脑神经元之间传递、处理信息的模式，按不同的连接方式组成不同的网络，从而建立一个计算模型，网络自身通常是对某种函数的逼近，或者是对一种逻辑策略的表达。其概念模型如图 6-1 所示。

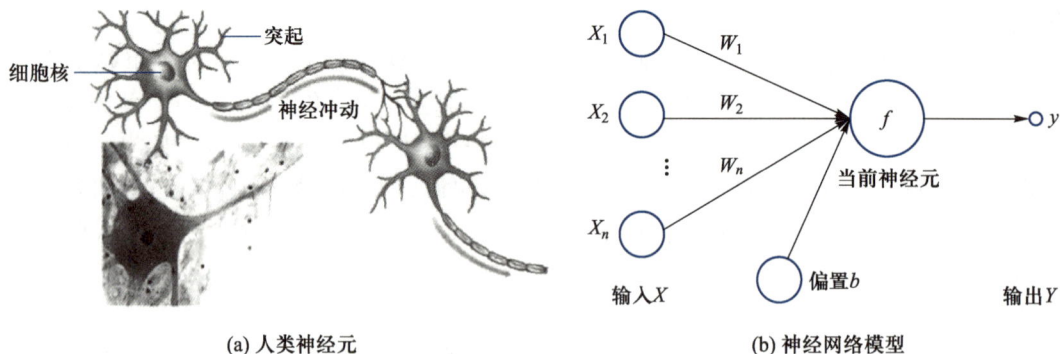

图 6-1　人类大脑神经元与人工神经网络模型

神经网络是一种计算模型，由大量节点（或称神经元）之间相互连接构成，每个神经元接收多个输入，通过加权求和并经过激活函数处理产生输出。这种简单的结构通过大量连接和层次化组织，形成强大的学习和表达能力，用于模拟或拟合特定的线性或非线性函数。

一个神经网络由以下部分构成。

（1）输入层（input layer）：输入层接收外部数据，每个节点代表一个特征或输入变量。输入层的节点数等于输入数据的特征数。

（2）隐藏层（hidden layer）：隐藏层位于输入层和输出层之间，可以有 0 个或多个隐藏层，每个隐藏层的节点通过激活函数处理输入数据，并将结果传递到下一层。隐藏层的节点数和层数决定了网络的复杂度和表达能力。

（3）输出层（output layer）：输出层生成最终的预测结果或分类结果。输出层的节点数取决于任务类型（如回归、二分类、多分类等）。

（4）权重（weights）和偏置（bias）：每个连接都有一个权重，表示该连接的重要性。每个节点有一个偏置，用于调整节点的输出，形成一个多元线性函数。

$$z = W^T X + b = w_1 x_1 + w_2 x_2 + \cdots + w_n x_n + b$$

在不同的场合，偏置具有不同的含义，例如：一个预测房价的神经网络，设置偏置值，可以保证房价的最低价。

（5）激活函数（activation function）：激活函数引入非线性，使网络能够学习复杂的模式。常见的激活函数包括 sigmoid、ReLU、Tanh 等。

利用激活函数，计算神经元的输出，即：$y = f(z)$

一个神经元的功能是首先求输入向量与权向量的内积 z，这是一个具有 n 个变量的线性关系，当 $n = 2$ 时，它是二维空间中的一条直线，当 $n = 3$ 时，它是三维空间中的一个平面，当 $n > 3$ 时，z 所代表的是高维空间中的超平面。超平面是三维空间中平面概念在高维空间的推广，它将 n 维空间分为两个半空间，是高维空间中的一个"平坦"子集。然后，对 z 经一个非线性激活函数，得到一个标量结果。

单个神经元的作用是把一个 n 维向量空间用一个超平面分割成两部分（称之为判断边界），给定一个输入向量，神经元可以判断出这个向量位于超平面的哪一边。所谓训练神经网络模型，就是通过不断地调整参数 W 和 b 值使得输出结果更好地与实际的观测值拟合，从而达到学习目的。

在人工智能机器学习中，大量的学习算法都是建立在神经网络之上的，例如：深度机器学习方法中的卷积神经网络（convolutional neural networks，CNN），它由输入层、若干中间层（隐藏层）和输出层构成，在特定的输入中，通过层层计算来得到一个输出结果。

下面我们通过一个简单的例子说明神经网络的结构及工作原理：

【例 6-1】 神经网络的结构及简单工作原理。

小明、小强、小红、小花四个人是好朋友，他们经常在一起学习、运动和娱乐，下面是最近一段时间，他们四人下午去操场打球的情况。表 6-1 中的 1 表示去打球了，0 表示未去打球，在接下来的一次活动中，若小红、小花参加，小明不参加，问：小强可能是去还是不去呢？

表6-1   四人打球情况数据表

活动	小红	小花	小明	小强
1	0	0	1	0
2	1	1	1	1
3	1	0	1	1
4	0	1	1	0
5	1	1	0	?

对于上述表格，第五次活动中，如何推断小强是否参加呢？根据前四次活动的数据分析，只要小红参加，小强就会参加。可以这样认为，小强的参加与小花、小明是否参加无关。上述的分析逻辑，用传统的算法可描述为：

If（小红参加）

Then 小强参加

Else 小强不参加

上述的逻辑是固定的，不具有灵活性，也许在有些情况下，这种判断是不对的。但是，小强是否去打球，肯定与小红、小花和小明三个人有关，只是每个人对小强是否去打球的影响不同。因此，这样的逻辑可以用下列的神经网络来表示，如图6-2所示。

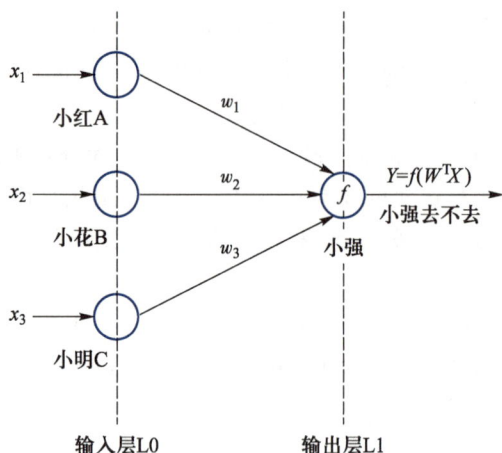

图6-2   一个只有输入输出层的简单神经网络

在上述神经网络中，神经元"小强"的激活函数表示为：

$$F = W^{\mathrm{T}} X = (w_1, w_2, w_3) \cdot \begin{pmatrix} x_1 \\ x_2 \\ x_3 \end{pmatrix}$$

输入值 $x_i \in \{0,1\}$，计算神经元"小强"的激活函数求得神经元输出值，这个值应该和已有的绝大多数观测数据逼近，即可表明该神经元计算输出是正确的，因此，可以说得到一个较好的神经网络模型，该模型可用于未来数据的分类计算。

接下来的问题是确定权值矩阵 $W = (w_1, w_2, w_3)^T$ 中每一项的值，因为，在表 6-1 中，我们已经有四次打球的完整数据，所以，我们可以设定一组 W 初始值，然后分别进行小强是否去活动的计算，将计算结果和已经发生的实际情况对比，看看计算结果和实际情况是否吻合。如果情况不吻合，则进一步调整权值矩阵 W，直到得到一组 W 值，使得已经发生的四次活动的计算结果和实际情况都吻合为止，即误差在可接受范围内。

至此，我们可以简单地总结一下，所谓训练一个神经网络，就是不断地去修改权值矩阵 W，计算误差，调整 W 值，重新计算，直到得到一组 W 值，使得计算的误差足够小为止。我们说权值矩阵 W，就是这个神经网络的模型。

下面，我们使用 Python 程序来对上述神经网络进行训练，进一步直观地理解神经网络的计算过程。首先，在 Python 环境新建一个项目。

（1）加载已有数据，即表格中的前四行数据。

```
X = array([[0,0,1],[1,1,1],[1,0,1],[0,1,1]])
y = array([[0,1,1,0]]).T
```

形成两个二维矩阵，如下：

X			y
0	0	1	0
1	1	1	1
1	0	1	1
0	1	1	0

（2）初始化权重，随机设置。

```
random. seed(1)
weights = random. random((3,1)) * 2 - 1
```

在上述代码中，函数 random. seed( ) 是 Python 中用于初始化随机数生成器的函数。Python 使用伪随机数生成算法，生成的随机数序列实际上是基于一个初始值（种子）计算出来的。种子值决定了随机数生成器的初始状态，如果使用相同的种子值，生成的随机数序列将完全相同，将种子值设置为 1，这样后续调用 random 模块生成的随机数序列将是固定的。

函数 random. random( ) 是 Python 中 random 模块的一个函数，用于生成一个 [0.0, 1.0) 范围内的随机浮点数。使用 random. random((3,1))，生成一个形状为 (3,1) 的随机数组，元素值在 [0, 1) 之间，然后乘 2 减 1 将其值映射到 [-1, 1) 的范围内。

（3）正向推测。

得到权重数值后，首先计算神经元输入向量和权重做内积，即：

$$z = W^T X = (w_1, w_2, w_3)^T \cdot (x_1, x_2, x_3) = w_1 \cdot x_1 + w_2 \cdot x_2 + w_3 \cdot x_3$$

根据权重赋值可知，w_1，w_2，w_3 的值在 $[-1, 1]$ 区间，输入值 x_1，x_2，x_3 的取值为 0 或 1。根据实际需求，神经元的输出值应该是 0（不去），或 1（去），因此，可以使用 sigmoid 函数做激活函数，对计算结果正则化，将输出限定在 $(0,1)$ 区间内，如图 6-3 所示。

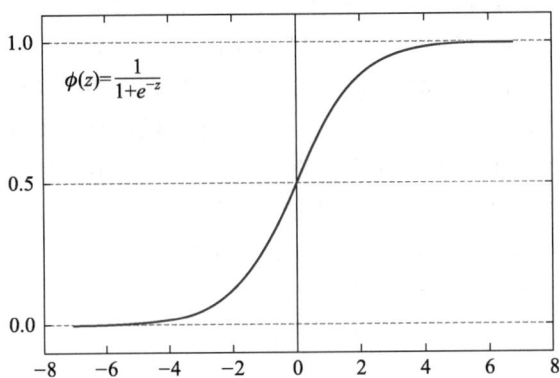

图 6-3 Sigmoid 函数曲线

z = dot(X, weights)

output = 1/(1+exp(-z))

循环计算 10 000 次。

其中，dot 为矩阵相乘计算，两个矩阵 $\boldsymbol{A}_{m×p}$，$\boldsymbol{B}_{p×n}$ 可以进行矩阵乘法运算，得到一个新的 $m×n$ 矩阵 $\boldsymbol{C}_{m×n} = \boldsymbol{A} \cdot \boldsymbol{B}$，其中 $c_{ij} = \sum a_{ik} * b_{kj}$

上述操作，相关矩阵数据如下：

X			weights	output
x_{11}	x_{12}	x_{13}	w_1	o_1
x_{21}	x_{22}	x_{23}	w_2	o_2
x_{31}	x_{32}	x_{33}	w_3	o_3
x_{41}	x_{42}	x_{43}		o_4

其中，$o_i = x_{i1} * w_1 + x_{i2} * w_2 + x_{i3} * w_3$，$i = 1$，2，3，4。

使用输出语句，输出 output 的值：

print("output:", output)

可以看到，output 输出四个值，均在 $(0,1)$ 区间内。

（4）计算误差，使用梯度下降算法更新权重值。

将上述计算结果和实际的值进行比较，如下：

y	output
0	−0.2689864
1	0.6737243
1	0.76237183
0	−0.3675058

计算的误差为：

error = y−output

接下来应该根据 error 来修改现有的权重矩阵 weights，以便降低 error 值，如何修改呢？在机器学习中，最常用的降低误差的方法是梯度下降算法，具体的理论我们后边再讲。可以简单地这样理解，误差 error = y−output，其中 output 是神经元的输出，经过激活函数处理，本质上是一个有关权值参数 w_1，w_2，w_3 的函数，对于三元函数，我们的目标是使得 error 最小，也就是求函数的最小值或局部最小值。求函数的最小值常用的算法就是梯度下降算法，具体的证明不做介绍，可以简单地理解为从山顶到山谷经过的一段段路径点的计算。

计算三个分量 w_1，w_2，w_3 合成后的斜率值：

slope = output * (1−output)

计算增量：

delta = error * slope

更改 weights 值(w_1,w_2,w_3)，计算在三个特征 w_1,w_2,w_3 的增量。

weights = weights + dot(X.T,delta)

在上述计算中，delta 是四个数据，每个数据都是三个特征(x_1,x_2,x_3)的综合变化，它需要分别投影到三个不同特征上，分别看特征在三个特征参数 w_1,w_2,w_3 上的每一个特征上的变化，即 dot (X.T, delta)，可得到 ▽w1，▽w2 和 ▽w3

数据操作见表 6-2。

表 6-2 梯度下降算法调整权值

error	slope	delta	X^T	weights
err_1	s_1	▽$_1$	x_{11} x_{21} x_{31} x_{41}	
err_2	s_2	▽$_2$	x_{12} x_{22} x_{32} x_{42}	
err_3	s_3	▽$_3$	x_{13} x_{23} x_{33} x_{43}	
err_4	s_4	▽$_4$		

输出 weights：

重复计算 100 次，1 000 次，10 000 次，分别输出 weights，然后计算 output，再计算

error，使得 error 的四个值（对应四次活动）均为最小，这一过程就是训练神经网络，得到参数值，即是神经网络模型。

（5）利用该模型 weights，计算第五次活动中，小强是否去打球。

input = array($[[1,1,0]]$)
z = dot(input,weights)
print 1/(1+exp(-z))

运行上述代码，显示结果如图 6-4 所示。

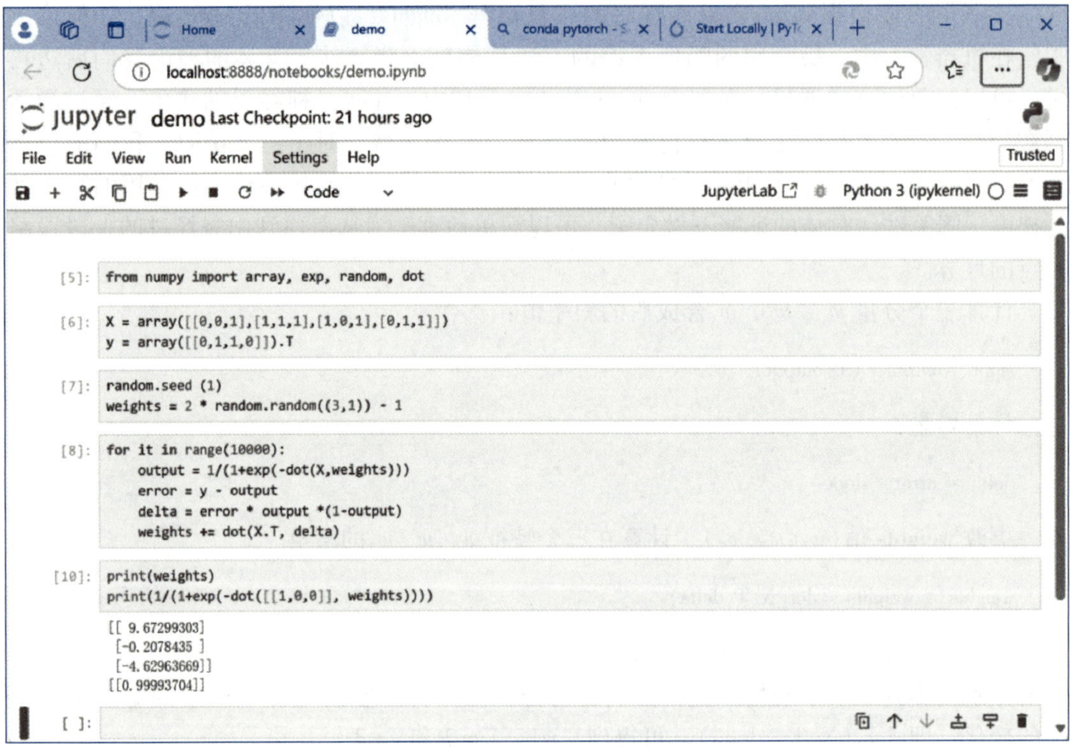

图 6-4　神经网络运行结果

输出值为 0.99993704

最后，为便于代码维护，我们对上述神经网络代码进行重构。神经网络的学习过程本质上可分成两个阶段，第一阶段是各神经元正向的计算和预测，第二阶段是反向调优，即修改神经元权重值，两个阶段交替循环，直到结束。因此，可以将上述两个阶段分别定义两个函数 fp（forwardpropagation，正向传播）和 bp（backpropagation，反向传播）函数，代码如下：

```
from numpy import array, random, exp, dot
def fp(input):
```

```
        z = dot(input,weights)
        return 1/(1+exp(-z))
def bp(y, output):
        error = y - output
        slope = output * (1 - output)
        return error * slope
X = array([[0,0,1],[1,1,1],[1,0,1],[0,1,1]])
y = array([[0,1,1,0]]).T
random.seed(1)
weights = random.random((3,1)) * 2 - 1
for it in range(10000):
        output = fp(X)
        delta = bp(y,output)
        weights += dot(X.T, delta)
print(weights)
print(1/(1+exp(-dot([[1,0,0]],weights))))
```

上述网络由输入层和输出层构成，又称感知机，是神经网络的最简单形式，由单层神经元组成，能够解决线性可分问题。虽然其能力有限，但为后续更复杂网络的发展奠定了基础。多层感知机通过引入隐藏层，大大增强了网络表达能力，使其能够处理非线性问题。

▶ 6.3.3 神经元激活函数

在神经元的计算中，$z = W^{\mathrm{T}}X+b=w_1x_1+w_2x_2+\cdots+w_nx_n+b$，这是一个多元线性函数，如果直接输出，也就意味着无论神经网络有多少层，输出都是输入的线性组合，无法处理复杂的非线性问题。在 z 上面，引入激活函数，便可以引入非线性，使网络能够学习并模拟复杂的模式。常见的激活函数有以下几个。

1. sigmoid（S 型函数/逻辑斯蒂函数）

公式：
$$\sigma(x)=\frac{1}{1+e^{-x}}$$

输出范围：(0,1)，如图 6-5 所示。
特点：适合二分类，但易导致梯度消失。

2. softmax（柔性最大值函数/归一化指数函数）

公式：
$$\mathrm{softmax}(x_i)=\frac{e^{x_i}}{\sum_j e^{x_j}}$$

输出范围：(0,1)，如图 6-6 所示。
特点：用于多分类，输出概率分布。

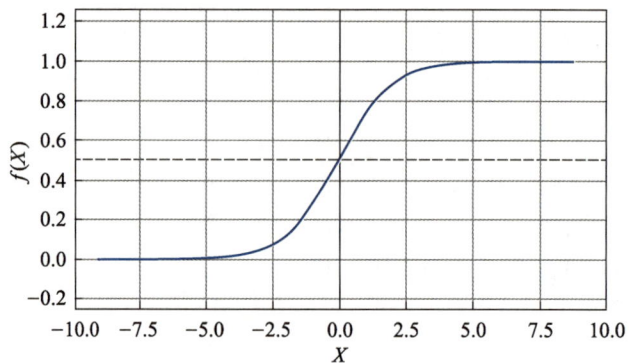

图 6-5　sigmoid 函数图像

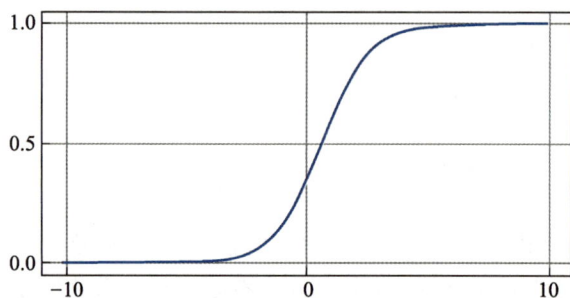

图 6-6　softmax( )函数图像

3. tanh（双曲正切函数）

公式：

$$\tanh(x)=\frac{e^x-e^{-x}}{e^x+e^{-x}}$$

输出范围：$(-1,1)$，如图 6-7 所示。

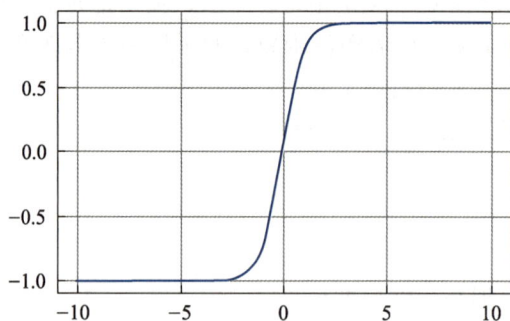

图 6-7　tanh( )函数图像

特点：输出以零为中心，梯度消失问题仍存在。

4. ReLU（线性整流函数/修正线性单元）

公式：

$$ReLU(x)=\max(0,x)$$

输出范围：$[0,\infty)$，如图 6-8 所示。

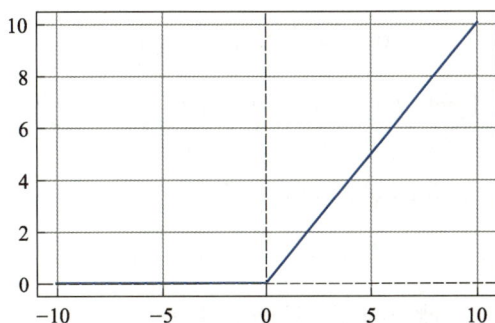

图 6-8 ReLU( )函数图像

特点：计算简单，缓解梯度消失，但可能导致神经元死亡。

5. Leaky ReLU （带泄露线性整流函数）

公式：
$$\text{Leaky ReLU}(x) = \max(0.01x, x)$$

输出范围：$(-\infty, \infty)$

特点：解决 ReLU 的神经元死亡问题。

使用激活函数有以下好处。

（1）引入非线性：如果没有激活函数，无论神经网络有多少层，输出都是输入的线性组合，无法处理复杂的非线性问题。激活函数通过引入非线性，使网络能够学习并模拟复杂的模式。

（2）增强表达能力：激活函数使神经网络能够逼近任意复杂函数，提升其表达能力，从而适应各种任务。

（3）解决梯度消失问题：某些激活函数（如 ReLU( )）能够缓解梯度消失问题，确保深层网络在训练时梯度不会过小，从而加速收敛。

（4）实现特征选择：激活函数（如 ReLU）可以将部分神经元输出置零，帮助网络选择重要特征，提升泛化能力。

6.3.4 神经网络优化与训练

对于所有样本数据，当神经网络计算的输出（预测值）和实际值有差异时，表明神经网络的特征值权重需要进一步调整，这就涉及预测值和实际值差异的度量问题，即损失函数。在此基础上，需要不断修改参数值，使得损失函数值最小，也就是神经网络逼近实际情况。

1. 损失函数

损失函数（loss function）是机器学习和深度学习中用于衡量模型预测结果与真实值之间差异的函数。通过最小化损失函数，模型可以逐步提升预测准确性。损失函数是直接影响模型的优化方向和性能，选择合适的损失函数对模型性能至关重要。

常用损失函数有以下几个。

（1）均方误差（mean squared error，MSE）

公式：
$$\text{MSE} = \frac{1}{n} \sum_{i=1}^{n} (y_i - \hat{y}_i)^2$$

用途：回归任务，衡量预测值与真实值的平方差。

特点：对异常值敏感，值越大误差越大。

（2）平均绝对误差（mean absolute error，MAE）

公式：
$$\text{MAE} = \frac{1}{n} \sum_{i=1}^{n} |y_i - \hat{y}_i|$$

用途：回归任务，衡量预测值与真实值的绝对差。

特点：对异常值不敏感，健壮性较强。

（3）交叉熵损失（Cross-Entropy Loss）

公式：
$$\text{Cross-Entropy} = -\sum_{i=1}^{n} y_i \log(\hat{y}_i)$$

用途：分类任务，衡量预测概率分布与真实分布的差异。

特点：常用于二分类和多分类问题。

（4）对数损失（Log Loss）

公式：
$$\text{Log Loss} = -\frac{1}{n} \sum_{i=1}^{n} \left[y_i \log(\hat{y}_i) + (1 - y_i) \log(1 - \hat{y}_i) \right]$$

用途：二分类任务，衡量预测概率与真实标签的差异。

特点：对预测概率的准确性敏感。

（5）Hinge 损失（Hinge Loss）

公式：
$$\text{Hinge Loss} = \max(0, 1 - y_i \cdot \hat{y}_i)$$

用途：支持向量机（SVM）中的分类任务。

特点：用于最大化分类间隔。

（6）Huber 损失（Huber Loss）

公式：
$$\text{Huber Loss} = \begin{cases} \frac{1}{2}(y_i - \hat{y}_i)^2, & \text{if } |y_i - \hat{y}_i| \leq \delta \\ \delta\left(|y_i - \hat{y}_i| - \frac{1}{2}\delta\right), & \text{其他} \end{cases}$$

用途：回归任务，结合 MSE 和 MAE 的优点。

特点：对异常值不敏感，鲁棒性较强。

（7）Kullback-Leibler 散度（KL Divergence）

公式：
$$\text{KL Divergence} = \sum_{i=1}^{n} y_i \log\left(\frac{y_i}{\hat{y}_i}\right)$$

用途：衡量两个概率分布的差异。

特点：常用于生成模型和变分自编码器。

在上述数学公式中，y_i 代表真实值，$\hat{y}_i$ 代表预测值，n 为样本数量。损失函数通常用于回归和分类任务，两者的不同是分类任务预测的是离散的类别标签，而回归任务预测的是连续的数值，回归模型的输出通常是实数，如房价、温度、股票价格等。

2. 梯度下降算法

在模型训练过程中，通过损失函数，我们可以看出预测值和实际值的误差。这种误差本质上是由于各层神经元对应的权重决定的，是关于权重的一个线性函数。当使用神经元激活函数输出后，这种关系被改变。通过力求降低损失函数的值，从而提高模型的预测准确率。

梯度下降算法是一种用于优化目标函数的迭代方法，广泛应用于机器学习和深度学习中。其核心思想是通过不断调整参数，使目标函数（损失函数）的值逐步逼近最小值。

梯度下降算法的基本原理如下：

（1）梯度下降旨在最小化目标函数 $J(\theta)$，其中 θ 是待优化的参数。

（2）梯度 $\nabla J(\theta)$ 是目标函数对参数 θ 的偏导数，即梯度，表示函数在该点的变化方向和速率。

（3）根据梯度的反方向更新参数，公式为

$$\theta = \theta - \eta \nabla J(\theta)$$

其中，η 是学习率，是一个关键的超参数，用于控制每次迭代中参数更新的步长，学习率决定了在梯度方向上移动的幅度。学习率过大，例如：$\eta = 1.0$，可能会跳过最优解，甚至导致目标函数值不断增大，无法收敛。学习率过小，例如：$\eta = 0.001$ 收敛速度会非常慢，可能需要大量迭代才能达到最优解。学习率适中，则参数更新步长适中，如：$\eta = 0.01$ 或 $\eta = 0.1$，通常是一个合理的起点，能够稳定收敛到最优解。

重复计算梯度和更新参数，直到满足停止条件，如达到最大迭代次数或梯度接近零。

在神经网络中，神经元通常使用激活函数输出 $f(z)$，z 是神经元的输入权值 $w_1, w_2, \cdots, w_n$ 的线性函数，因此，损失函数虽然是 z 的非线性函数，但梯度变化是包含了所有数据、综合了所有特征的一个值，需要将其分别投影到 $w_1, w_2, \cdots, w_n$ 上，分别求出下一次迭代时各特征值权重的变化，从而进入下一次迭代计算。

▶ 6.3.5 深度神经网络

对于 6.3.2 节中建立的神经网络，下面我们更换一组新的数据，见表 6-3。

表 6-3 四人活动情况数据表二

活动	小红	小花	小明	小强
1	0	0	1	0
2	0	1	1	1
3	1	0	1	1
4	1	1	1	0
5	1	1	0	?

修改神经网络输入数据，如下：

X = array([[0,0,1],[0,1,1],[1,0,1],[1,1,1]])
y = array([[0,1,1,0]]).T

预测输入数据[1,0,0]时的输出：

print(1/(1+exp(-dot([[1,0,0]],weights))))

结果为 0.5。接下来依次测试前四次活动的数据，预测结果均为 0.5，也就是说这个模型对已知结果数据的预测也是错误的。什么原因造成的呢？

分析表 6-3，从表中数据可以比较容易看出小强是否活动是小红和小花异或值。异或关系（XOR）是一种经典的逻辑运算，其特点是当两个输入变量相同时，输出结果为假（False）；而当两个输入变量不同时，输出结果为真（True）。由于异或关系具有非线性特性，它无法通过简单的线性模型（单层神经网络）来拟合。因此，仅包含输入层和输出层的两层神经网络无法有效模拟这种复杂的逻辑关系。为了实现对异或关系的建模，必须引入隐藏层（hidden layer），通过多层神经网络（多层感知机）来捕捉其非线性特征。

1. 多层神经网络的定义

多层神经网络（multilayer neural network）是一种包含多个隐藏层的人工神经网络结构，能够学习和模拟复杂的非线性关系。与单层神经网络（如感知机）不同，多层神经网络通过堆叠多个神经元层，逐层提取和组合输入数据的特征，从而实现对更高层次抽象特征的建模。

对于表 6-3 所示情况，可以建立一个简单的三层神经网络，如图 6-9 所示。

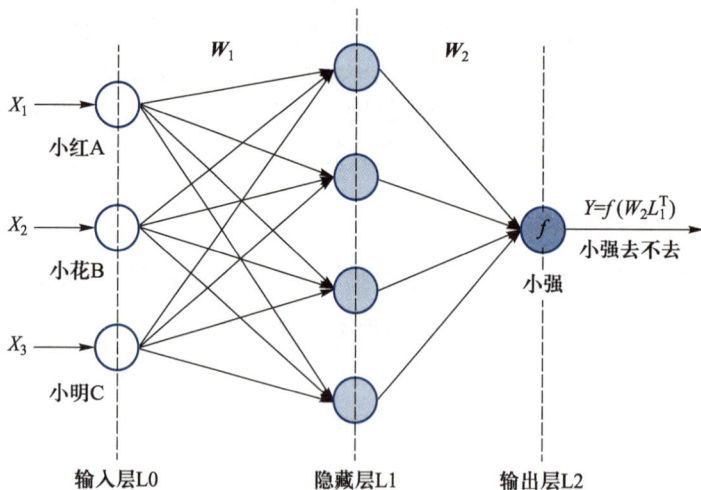

图 6-9　多层神经网络示例

在多层神经网络结构中，各层功能如下。

● 输入层：接收原始数据输入。

● 隐藏层：通过非线性激活函数（如 ReLU、sigmoid、tanh 等）对输入数据进行变换，提取特征。

● 输出层：根据任务需求（如分类、回归）输出最终结果。

在图 6-2 所示的三层网络中，增加了一个隐藏层，包含 4 个神经元，神经元的数量没有特别规定，可根据需求定义。网络共有 $3 \times 4 + 4 \times 1 = 16$ 个权值，对应的权重定义见表 6-4。

表 6-4　多层神经网络权重表示例

输入层 L0	L1 层权重 W_1 （4 个神经元）				L2 权重 W_2 （1 个神经元）	输出结果
x_1　x_2　x_3	w	w	w	w	w	
	w	w	w	w	w	
	w	w	w	w	w	
					w	

上述神经网络对应程序代码如下：

```python
from numpy import array, random, exp, dot
import pdb
# 正向传播，计算每一层神经元的输出
def fp(input):
    l1_output = 1/(1 + exp(-dot(input,w1)))
    l2_output = 1/(1 + exp(-dot(l1_output,w2)))
    return l1_output, l2_output
# 反向传播，计算每层神经元权值变化量
def bp(y, l2_output, l1_output):
    l2_error = y - l2_output
    l2_slope = l2_output * (1 - l2_output)
    l2_delta = l2_error * l2_slope

    l1_error = l2_delta.dot(w2.T)
    l1_slope = l1_output * (1 - l1_output)
    l1_delta = l1_error * l1_slope

    return l2_delta, l1_delta
# X 为输入数据，四个输入数据，每个三个特征（小红，小花，小明）
# y 为对应每一个输入数据的四个输出值
X = array([[0,0,1],[0,1,1],[1,0,1],[1,1,1]])
y = array([[0,1,1,0]]).T
```

```
# 随机生成 L1 层, L2 层输入数据的权重 (-1,1)
random. seed(1)
w1 = random. random((3,4)) * 2 - 1
w2 = random. random((4,1)) * 2 - 1
# 训练神经网络, 运行 10 000 次循环
for it in range(10000):
    l0_output = X
    l1_output, l2_output = fp(X)
    # 设置断点, 进行数据调式, 如检查数据的 shape, 矩阵值等
    # pdb. set_trace()
    l2_delta, l1_delta = bp(y, l2_output, l1_output)
    w2 = w2 + dot(l1_output. T, l2_delta)
    w1 = w1 + dot(l0_output. T, l1_delta)
# 测试神经网络, 输出小强是否参加的概率
print(fp([[1,0,0]])[1])
运行上述程序, 输出结果为:[[0.6096127]]
```

神经网络的学习过程主要依赖于反向传播算法。该算法通过计算损失函数对网络参数的梯度,利用链式法则将误差从输出层向输入层传播,从而更新网络权重。这一过程使得网络能够逐步调整其内部表示,以最小化预测误差。反向传播算法的提出是神经网络发展史上的重要里程碑,它为训练多层神经网络提供了有效方法,极大地扩展了神经网络的应用范围。

2. 多层神经网络的特点及应用

多层神经网络具有如下显著特点。

(1)非线性能力:多层神经网络的每一层都可以通过非线性激活函数引入非线性变换,从而能够拟合复杂的非线性关系(如异或问题)。

(2)正向传播与反向传播:正向传播(forward propagation)是指数据从输入层经过隐藏层传递到输出层,计算预测结果。反向传播(back propagation)是指通过计算损失函数的梯度,逐层调整网络参数(权重和偏置),以最小化预测误差。

(3)深度与宽度:深度指网络的层数,层数越多,网络的表达能力越强,但也可能增加训练难度(如梯度消失问题)。宽度指每层的神经元数量,宽度越大,网络的容量越大,但也可能导致过拟合。

多层神经网络常应用的任务有:① 分类任务,如图像分类、文本分类。② 回归任务,如房价预测、股票价格预测。③ 模式识别,如语音识别、手写字符识别。④ 复杂函数拟合,如异或问题、非线性回归等。

▶ 6.3.6 经典神经网络结构

在神经网络的发展历史上,从感知机到复杂的卷积神经网络和循环神经网络,每一次

突破都推动了人工智能技术的进步。这些经典模型不仅在理论上具有重要意义，在实际应用中也产生了深远影响。尽管近年来出现了许多新的神经网络架构，但经典模型的核心思想仍然发挥着重要作用，为现代深度学习技术奠定了坚实基础。

1. 前馈神经网络

前馈神经网络（feedforward neural network，FNN）是最基本的人工神经网络模型之一，其简单的结构和强大的表达能力，使得它在多个实际应用中具有广泛的应用。尽管近年来出现了许多新的神经网络架构，前馈神经网络仍然是深度学习的基础。它的信息流是单向的，从输入层经过隐藏层最终到达输出层，没有反馈或循环连接。

前馈神经网络通常由以下几个主要部分组成。

（1）输入层：接收外部输入数据，每个节点代表输入特征的一个维度。

（2）隐藏层：可以有一层或多层，每层包含若干神经元，通过非线性变换提取输入数据的特征。

（3）输出层：生成最终的输出结果，节点数通常由任务需求决定（如分类任务中的类别数）。

（4）权重和偏置（weights and biases）：连接各层神经元输入的参数，通过训练过程进行调整。

经典的 FNN 模型有：① 单层感知机（perceptron），最简单的前馈神经网络，只有一个输入层和一个输出层，适用于线性可分问题。② 多层感知机（multilayer perceptron，MLP），包含一个或多个隐藏层，能够处理非线性问题。③ 深度前馈网络（deep feedforward network），具有多个隐藏层，能够学习更复杂的特征表示。

前馈神经网络作为最基本的人工神经网络模型，在多个领域取得了显著成功，主要包括：① 分类任务，例如，图像分类、文本分类等。② 回归任务，如房价预测、股票价格预测等。③ 模式识别，如手写数字识别，人脸识别等。④ 函数逼近，用于近似复杂的非线性函数。

前馈神经网络结构简单，易于理解和实现。通过增加隐藏层和神经元数量，可以逼近任意复杂的非线性函数。在大量数据和计算资源的支持下，能够取得很好的性能。但是，它也面临着需要大量的标注数据进行训练，容易过拟合，尤其是在数据量不足或模型复杂度较高时，以及训练过程计算量大，需要高性能硬件支持等挑战。

2. 卷积神经网络

卷积神经网络（convolutional neural network，CNN）是一种专门用于处理具有类似网格结构数据的深度学习模型，特别是在图像识别和计算机视觉领域表现出色。CNN 的核心思想是通过卷积操作提取输入数据的局部特征，并利用池化操作降低数据维度，从而实现对图像等数据的高效处理和特征学习。

CNN 通常由以下几个主要部分组成。

（1）卷积层（convolutional layer）：通过卷积核（filter）在输入数据上滑动，提取局部特征。每个卷积核可以学习到不同的特征，例如边缘、纹理等。

（2）激活函数（activation function）：常用的激活函数包括 ReLU（rectified linear unit），用于引入非线性，增强模型的表达能力。

（3）池化层（pooling layer）：通过下采样操作（如最大池化或平均池化）减少数据维度，降低计算复杂度，同时增强模型的健壮性。

（4）全连接层（fully connected layer）：在网络的最后几层，将卷积和池化层提取的特征进行整合，输出最终的分类或回归结果。

经典的 CNN 模型包括：① 最早的卷积神经网络之一 LeNet[①]，用于手写数字识别。② AlexNet 网络，在 2012 年 ImageNet 图像识别挑战赛（ILSVRC）中取得突破性成绩，推动了深度学习的热潮。③ VGGNet 模型，VGGNet 以其简洁而深层的结构闻名，在 2014 年的 ImageNet 竞赛中取得优异成绩，成为深度学习领域的重要模型之一。④ ResNet 模型，ResNet（residual network，残差网络）由何恺明等学者在 2015 年提出，旨在解决随着神经网络层数增加而出现的梯度消失、退化问题等，使得训练极深的神经网络成为可能。

卷积神经网络作为深度学习中的重要模型，在图像识别（如手写数字识别）、目标检测（如人脸检测、车辆检测等）、图像分割（如医学图像分析、自动驾驶中的道路分割等）、视频分析（如动作识别、视频分类等）等计算机视觉领域取得了巨大成功。其独特的结构和强大的特征提取能力，使得它在多个实际应用中表现出色。

虽然 CNN 具有强大的特征提取能力，尤其在图像处理中表现突出，但是，CNN 也面临诸多挑战，例如：需要大量的标注数据进行训练，模型训练过程计算量大，需要高性能硬件支持，对于某些任务（如小样本学习），CNN 的表现可能不如其他方法。

3. 循环神经网络

循环神经网络（recurrent neural network，RNN）是一种专门用于处理序列数据的神经网络模型。与传统的神经网络不同，RNN 具有记忆能力，能够捕捉序列数据中的时间依赖关系，因此在自然语言处理、语音识别、时间序列分析等领域表现出色。

RNN 的核心思想是引入循环连接，使得网络能够处理变长序列数据。基本结构包括以下几部分。

（1）隐藏状态（hidden state）：RNN 在每个时间步都会维护一个隐藏状态，用于存储之前时间步的信息。

（2）输入层（input layer）：接收当前时间步的输入数据。

（3）循环层（recurrent layer）：将当前时间步的输入和前一时间步的隐藏状态结合起来，生成当前时间步的隐藏状态。

（4）输出层（output layer）：根据当前时间步的隐藏状态生成输出。

经典 RNN 模型有：① 简单 RNN，最基本的 RNN 结构，适用于简单的序列建模任务。

---

① LeNet 是由 Yann LeCun（杨立昆）及其团队在 20 世纪 90 年代开发的一种卷积神经网络，主要用于手写数字识别。LeNet 有多个版本，最著名的版本 LeNet-5 由 7 层组成，包括卷积层、池化层和全连接层，广泛应用于 MNIST 手写数字数据集，输出层有 10 个神经元，分别对应 0~9 的数字分类。LeNet 是深度学习领域的重要里程碑，为现代卷积神经网络的发展奠定了基础。

② 长短期记忆网络（LSTM）[①]，通过引入门控机制，解决了简单 RNN 中的梯度消失问题，能够捕捉长距离依赖关系。③ 门控循环单元（GRU），LSTM 的简化版本，通过减少门控数量，降低了计算复杂度，同时保持了较好的性能。

循环神经网络作为处理序列数据的重要模型，在自然语言处理（如机器翻译、文本生成、情感分析等）、语音识别（如语音到文本的转换、语音合成等）、时间序列分析（如股票价格预测、天气预测等）、序列标注（如命名实体识别、词性标注等）等领域取得了巨大成功。其独特的结构和强大的序列建模能力，使得它在多个实际应用中表现出色。

循环神经网络虽然具有强大的序列建模能力，参数共享和变长序列处理能力，使得 RNN 在处理文本、语音等数据时具有优势。但是，RNN 也面临诸多挑战，例如：训练过程计算量大，需要高性能硬件支持，对于非常长的序列，RNN 仍然可能面临梯度消失或梯度爆炸问题，需要大量的标注数据进行训练，对于小样本学习任务，RNN 表现不佳。

▶▶ 6.4 机器学习

20 世纪 80 年代，以专家系统为代表的早期经典人工智能遇冷，机器学习崛起。机器学习研究机器怎样模拟或实现人类的学习行为，以获取新的知识或技能，重新组织已有的知识结构使之不断改善自身的性能，简言之，机器学习开始研究把人工智能的重心从如何制造智能向如何习得智能转变。

▶ 6.4.1 人工智能研究的转变

在人工智能发展早期，艾伦·纽厄尔和赫伯特·西蒙共同开发了"逻辑理论家"（logic theorist）和"通用问题求解器"（general problem solver, GPS），这些早期程序展示了符号操作在模拟人类问题解决过程中的潜力。约翰·麦卡锡和马文·明斯基共同创立了麻省理工学院的 AI 实验室，对人工智能的多个领域有深远影响，包括知识表示、机器学习等领域，他们也是符号主义方法的坚定支持者。特别是 20 世纪 70 年代开始，知识表示和专家系统兴起并取得很大成功，这时的 AI 通常是建立在符号推理基础上的，称为"符号主义"。符号主义为人工智能的发展奠定了坚实的基础，并影响了后续几十年的人工智能研究方向。

在 20 世纪 80 年代到 90 年代掀起人工智能的另一波浪潮。进化主义（evolutionism）也称行为主义（behaviourism）思想兴起，思想源头是控制论，认为智能并不只是来自计算引擎，也来自环境世界的场景、感应器内的信号转换以及机器人和环境的相互作用。然

---

① 长短期记忆网络（long short-term memory，LSTM）是一种特殊的循环神经网络，1997 年，由 Sepp Hochreiter 和 Jürgen Schmidhuber 提出。LSTM 的设计目的是解决传统 RNN 在处理长序列数据时出现的梯度消失和梯度爆炸问题，使其能够更好地捕捉长期依赖关系。LSTM 在自然语言处理（NLP）、语音合成、时间序列预测等领域表现出色。

而，就像心理学中行为主义由盛到衰一样，行为主义如果不打开"大脑"这个黑盒，仍然不可能制造出强人工智能，就像黑猩猩再训练也学不会说话一样，如果没有像人类大脑一样的"智能中枢"，再多的训练也无法进化的和人一样。

从符号主义到行为主义，早期经典人工智能的研究思路基本上是一种自顶向下的人体功能模拟。与上述的方法不同，神经网络走的是自底向上的结构仿真路线。其基本思想是：既然人脑智能是由神经网络产生的，那就通过人工方式构造神经网络，进而产生智能。因为强调智能活动是由大量神经元通过复杂相互连接运行的结果，因而被称为"连接主义（connectionism）"。从罗森布拉特的感知机，到今天的深度学习网络，人们提出了各种各样的人工神经网络，也开发出了越来越强的智能系统。

人工神经网络的研究取得了巨大成功，但是，和生物大脑神经网络上千亿神经元相比，人工神经网络还太过简单，无法和人类大脑相提并论。首先，人工神经网络采用的神经元模型是麦卡洛克和皮茨在 1943 年提出的，与生物神经元的数学模型相距甚远；其次，人类大脑是由数百种不同类型的上千亿的神经元所构成的极为复杂的生物组织，每个神经元通过数千甚至上万个神经突触和其他神经元相连接，即使采用简化的神经元模型，用目前最强大的计算机来模拟人脑，也存在数量级的差异。因此，人工神经网络也只是人类研究强人工智能道路上的一个新的阶段，而不是最终解决方案。

人工智能本质上是要模拟人类大脑的功能，从功能模拟（符号主义，行为主义）到结构模拟（连接主义，神经网络）的进步仍然还是在简单的模仿。学习是人类大脑更加高级的生物学功能，建立在数据和不断训练基础上的人工神经网络向人类学习功能的实现前进了一大步，成为机器学习的一种重要方式，在许多应用领域中表现良好。

早在人工智能发展之初，1950 年，人工智能领域的先驱者之一美国计算机科学家阿瑟·塞缪尔就提出了机器学习（machine learning）一词，他在为 IBM 701 计算机编写西洋跳棋程序时，首次使用了"机器学习"这一术语。他对机器学习的定义是："不需要明确编程就能让计算机具有学习能力的研究领域"。在当时，机器学习只是一个泛在的概念，并没有今天作为一个独立学科的机器学习的内涵。

随着人工智能研究的不断发展，研究计算机如何模拟或实现人类的学习行为，通过大量的数据和样本，获取新知识或技能，从而改善自身的性能，这类的研究统称为"机器学习"，机器学习开始成为人工智能中特定的专业术语，它泛指一种通过算法从数据中学习规律并做出预测或决策的技术。随着统计学和优化理论的发展，20 世纪 80 年代，机器学习成为一个独立的学科方向，并迅速发展。

机器学习可分为以下几个主要发展阶段。

1. 早期阶段（1940—1960 年）

1943 年，沃伦·麦卡洛克和沃尔特·皮茨提出了神经网络模型，奠定了机器学习的理论基础。1950 年，图灵提出了"图灵测试"，探讨机器是否具备智能。1957 年，弗兰克·罗森布拉特发明感知机，成为最早的神经网络模型之一。1967 年，最近邻算法（nearest neighbor algorithm）提出，成为模式识别的基础。1969 年，马文·明斯基和西摩·佩珀特指出感知机无法解决非线性问题，导致神经网络研究陷入低谷。

2. 复兴阶段（1970—1980 年）

20 世纪 70 年代，专家系统兴起，通过规则库和推理引擎模拟人类专家的决策过程。20 世纪 80 年代，统计学习方法逐渐兴起，如决策树和贝叶斯网络，反向传播算法（back propagation）的提出使多层神经网络训练成为可能。1986 年，鲁梅尔哈特（Rumelhart）等人重新提出反向传播算法，解决了多层神经网络的训练问题，推动了神经网络的复兴。

3. 快速发展阶段（1990—2000 年）

20 世纪 90 年代，支持向量机（SVM）等统计学习方法兴起，能够有效处理高维数据，成为主流分类算法。20 世纪 90 年代后期，集成学习方法如随机森林和 Boosting（如 AdaBoost）得到广泛应用。随着互联网和大数据的兴起，数据挖掘技术迅速发展，机器学习在商业和科学领域得到广泛应用。

4. 深度学习阶段（2000—2010 年）

2006 年，Geoffrey Hinton 提出"深度学习"概念，得益于计算能力提升、大数据和算法改进，深度学习成为主流。2012 年，AlexNet 在 ImageNet 竞赛中取得突破性成绩。2014 年，生成对抗网络（GAN）和强化学习（如 DeepMind 的 DQN）取得显著进展。深度学习在图像识别、自然语言处理、语音识别等领域取得显著进展，推动了自动驾驶、智能助手等应用的发展。强化学习在游戏和机器人控制等领域取得突破，AlphaGo 击败人类冠军。

5. 大模型与生成式人工智能（2020 年至今）

2020 年，大规模预训练模型（如 GPT-3）在自然语言处理中表现出色。2021 年，Transformer 架构在多个领域被广泛应用。2022 年，生成式 AI（如 DALL-E 2、ChatGPT）引发广泛关注，推动 AI 技术应用的普及。

机器学习有很多分支，其中部分与人工智能各个流派的基本思想有千丝万缕的联系，例如强化学习与行为主义、深度学习与多层神经网络。虽然，机器学习跳出了经典符号主义的思想束缚，让机器自动从数据中获得知识，特别是近年来的深度学习让人工智能取得了巨大成功。机器学习是一个泛在的概念，分为监督学习、无监督学习和强化学习等多种模式。

▶ 6.4.2　监督学习

监督学习是机器学习中最常见和最重要的范式之一。它通过使用带有标签的训练数据来训练模型，使其能够对新的、未见过的数据进行预测。监督学习的核心思想是利用<输入-输出>对（即训练数据）来学习一个映射函数，使得该函数能够对新的输入数据做出准确的预测。训练数据通常表示为：

$$D = \{(x_1, y_1), (x_2, y_2), \cdots, (x_n, y_n)\}$$

其中 x_i 是输入特征，y_i 是对应的标签。

监督学习可以分为分类问题和回归问题两大类，所谓分类问题，是指输出变量是离散值，例如图像分类、车牌识别、垃圾邮件分类等。回归问题是指输出变量是连续值，例如预测房价、股票价格等。监督学习算法可分为线性回归、逻辑回归、决策树、支持向量机和神经网络等。

1. 线性回归（linear regression）

线性回归是一种用于回归问题的简单而有效的算法。它假设输入特征和输出变量之间存在线性关系，并通过最小化预测值与实际值之间的均方误差来求解模型参数。

$$y = \beta_0 + \beta_1 x_1 + \beta_2 x_2 + \cdots + \beta_n x_n + \epsilon$$

其中，$\beta_0, \beta_1, \cdots, \beta_n$ 是模型参数，ϵ 是误差项。

【例6-2】 假设有一组房屋销售数据，记录了房屋面积和对应的房价，房屋数据见表6-5。我们的目标是根据房屋面积来预测房价。

表6-5 房屋销售数据表

序号	房屋面积/m²	销售价格/万元
1	60	120
2	70	150
3	80	160
4	90	180
5	100	200
6	110	210
7	120	230
8	130	250
9	140	260
10	150	300

线性回归模型假设房价 y 与房屋面积 x 之间存在线性关系，可以表示为：

$$y = \beta_0 + \beta_1 x + \epsilon$$

其中，β_0 是截距项，β_1 是斜率，ϵ 是误差项。

我们的目标是通过训练数据来估计 β_0 和 β_1 的值。

使用最小二乘法来求解模型参数。最小二乘法的目标是最小化预测值与实际值之间的平方误差，公式如下：

$$\underset{(\beta_0, \beta_1)}{\arg\min} \sum_{i=1}^{n} \left(y_i - (\beta_0 + \beta_1 x_i) \right)^2$$

在上述最小化式子中，分别对 β_0 和 β_1 求导，并令导数为零，可以得到 β_0 和 β_1 的解析解：

$$\beta_1 = \frac{n \sum x_i y_i - (\sum x_i)(\sum y_i)}{n \sum x_i^2 - (\sum x_i)^2}$$

$$\beta_0 = \frac{\sum y_i - \beta_1 \sum x_i}{n}$$

根据上述公式和给定的数据，可以使用 Excel 计算下列各项，如表6-6所示。

表 6-6　房屋销售数据计算表

序号	房屋面积 x_i	销售价格 y_i	$x_i y_i$	x_i^2
1	60	120	7200	3600
2	70	150	10500	4900
3	80	165	13200	6400
4	90	180	16200	8100
5	100	210	21000	10000
6	110	230	25300	12100
7	120	250	30000	14400
8	130	265	34450	16900
9	140	275	38500	19600
10	150	290	43500	22500
求和	1050	2135	239850	118500

代入公式，最终求得 $\beta_0 = 14$，$\beta_1 = 1.9$。因此，线性回归模型为：

$$y = 14 + 1.9x$$

我们可以使用这个模型来预测新的房屋面积对应的房价。例如，房屋面积为 175 m^2，预测房价为：$y = 14 + 1.9 \times 175 = 346.5$ 万元

通过线性回归，我们建立了一个简单的模型来预测房价。这个模型假设房价与房屋面积之间存在线性关系，并且通过最小二乘法求解了模型参数。在实际应用中，线性回归可以用于各种预测问题，但需要注意模型的假设和局限性。

利用 Python 编程，我们可以对数据可视化，显示线性回归的拟合情况，如图 6-10 所示。

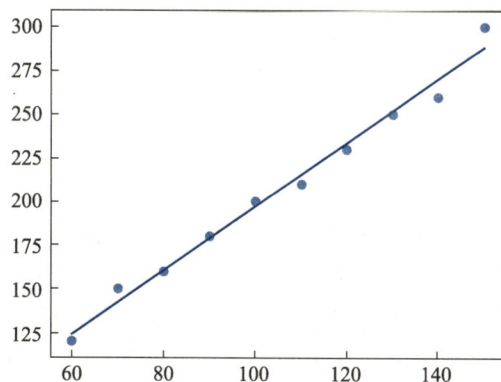

图 6-10　房屋面积与销售数据关系图

可以看出，房屋销售价格和房屋面积基本上呈线性关系，可以进行房屋价格预测。

2. 逻辑回归（logistic regression）

逻辑回归虽然名字中有"回归"，但它实际上是一种用于解决分类问题的统计方法，尤其适用于二分类问题。逻辑回归通过使用激活函数（如 Sigmoid 函数）将线性回归的输

出映射到 0 和 1 之间，并使用一个阈值（通常为 0.5）来进行分类：

$$P(y=1 \mid x) = \frac{1}{1+e^{-(\beta_0+\beta_1 x_1+\cdots+\beta_n x_n)}}$$

假设有一个数据集，其中包含学生的考试成绩和是否通过考试的结果（通过为 1，未通过为 0），如表 6-7 所示。通过学生的考试成绩来预测他们是否通过考试。

表 6-7　学生考试数据表

序号	考试成绩 x	是否通过 y
1	50	0
2	60	0
3	70	1
4	80	1
5	90	1

根据逻辑回归模型，在 $P(Y=1 \mid X)$ 是在给定考试成绩 X 的情况下，学生通过考试的概率。在逻辑回归模型中，通过最大似然估计和数值优化方法来求解模型参数 β_0 和 β_1。具体的数学推导不做介绍。在实际应用中，通常直接调用统计软件或机器学习库（如 sklearn、linear_model. Logistic Regression）来完成计算。在本例中，计算的模型参数值为：$\beta_0 = -163.53$，$\beta_1 = 2.53$，那么，模型可以写成：

$$P(Y=1 \mid X) = \frac{1}{1+e^{-(-163.53+2.53X)}}$$

使用这个模型来预测学生是否通过考试，例如，对于一个考试成绩为 65 的学生：

$$P(Y=1 \mid X=65) = \frac{1}{1+e^{-(-163.53+2.53\times65)}} \approx 0.92$$

由于 $P(Y=1 \mid X=65) \approx 0.715 > 0.5$，因此预测该学生通过考试。

逻辑回归模型的决策边界是 $P(Y=1 \mid X) = 0.5$ 时的 X 值。

解方程：

$$0.5 = \frac{1}{1+e^{-(-163.53+2.53X)}}$$

$$-163.53+2.53X = 0 \Rightarrow X = 65.42$$

因此，当考试成绩大于 50 时，模型预测学生通过考试；否则，预测学生未通过考试。逻辑回归通过将线性回归的输出映射到概率值，并使用一个阈值来进行分类。在这个例子中，使用学生的考试成绩来预测他们是否通过考试，并通过估计模型参数来进行预测。

3. 决策树（decision tree）

决策树是一种用于分类和回归任务的机器学习方法，通过特征分割数据，生成树结构。决策树由节点和有向边组成，节点分为内部节点（特征测试）和叶节点（分类或回归结果）。每个内部节点表示一个特征测试，每个分支表示一个测试结果，每个叶节点表示一个类别或回归值。决策树易于理解和解释，但也容易过拟合。常用于垃圾邮件检测、疾病诊断等分类任务和房价预测、销量预测等回归任务。

决策树的构建过程如下。

（1）特征选择：选择最佳特征进行分割，常用指标包括信息增益、信息增益比和基尼指数。

（2）树的生成：递归选择特征并分割数据，直到满足停止条件（如节点纯度达到阈值或数据量过少）。

（3）剪枝：为防止过拟合，通过剪枝简化树结构，分为预剪枝和后剪枝。

决策树常用算法包括：① ID3，使用信息增益选择特征，适用于分类，但不支持连续特征和剪枝。② C4.5，ID3 的改进版，支持连续特征和剪枝，使用信息增益比。③ CART，支持分类和回归，使用基尼指数或均方误差，生成二叉树。

决策树算法具有易于理解和解释、能处理数值和类别数据、对缺失值不敏感等优点。同时，它也有诸多不足，例如：容易过拟合，对数据变化敏感，可能生成复杂树，影响解释性。

【例 6-3】 使用 scikit-learn 库构建决策树分类器，并在鸢尾花（Iris）数据集[①]上进行训练和评估。

```
from sklearn. datasets import load_iris
froms klearn. model_selection import train_test_split
from sklearn. tree import DecisionTreeClassifier
from sklearn. metrics import accuracy_score
# 加载数据集
###
加载经典的鸢尾花数据集。该数据集包含 150 个样本,每个样本有 4 个特征(如花瓣长度、花瓣宽度
等),目标变量是鸢尾花的类别(3 类)
###
iris = load_iris( )
X = iris. data        # 特征矩阵,形状为 (150, 4),表示 150 个样本的 4 个特征
y = iris. target      # 目标向量,形状为 (150,),表示每个样本的类别标签(0、1 或 2)
# 划分训练集(70%)和测试集(30%)
X_train, X_test, y_train, y_test = train_test_split(X, y, test_size=0.3, random_state=42)
# 创建决策树分类器
clf = DecisionTreeClassifier( )
# 训练模型
clf. fit( X_train, y_train)
```

---

① 鸢尾花（Iris）数据集是机器学习和统计学中经典的公开数据集之一，由统计学家和生物学家 Ronald Fisher 在 1936 年引入，它被广泛用于分类算法的教学和实验。数据集描述了 3 种鸢尾花的特征，包含 150 个样本，每个类别有 50 个样本，每个样本有 4 个特征（数值型）：花萼长度（sepal length）、花萼宽度（sepal width）、花瓣长度（petal length）、花瓣宽度（petal width）。目标变量是鸢尾花的类别，分别用 0、1、2 表示 setosa（山鸢尾）、versicolor（杂色鸢尾）和 virginica（维吉尼亚鸢尾）三类鸢尾花。

```
# 预测
y_pred = clf.predict(X_test)
# 评估
accuracy = accuracy_score(y_test, y_pred)
print(f"Accuracy: {accuracy:.2f}")
```

运行上述 Python 程序，显示运行结果如图 6-11 所示。

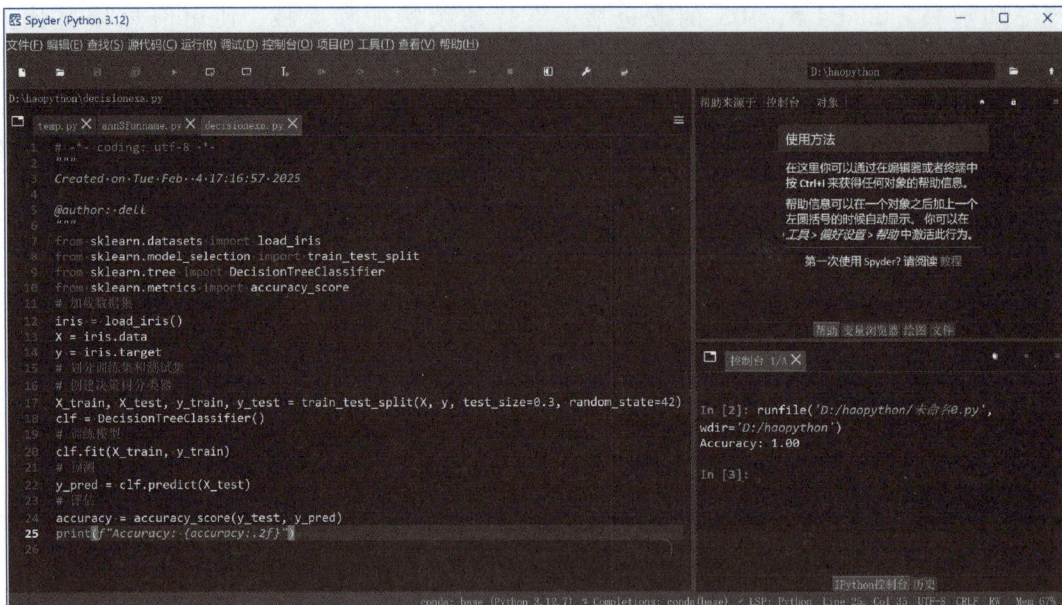

图 6-11　程序运行结果

决策树学习是一种直观且强大的机器学习方法，适用于多种任务，但需注意过拟合问题。通过剪枝和集成方法（如随机森林）可以提升其性能。

4. 支持向量机（support vector machine，SVM）

支持向量机是一种基于统计学习理论的监督学习算法，由弗拉基米尔·瓦普尼克（Vladimir Vapnik）[①]及其同事科琳娜·科尔特斯（Corinna Cortes）等人于 1995 年正式提出，主要用于解决分类和回归问题。其核心思想是通过寻找一个最优超平面，将不同类别的数据分隔开，并最大化两类数据之间的间隔（即"最大间隔"原则）。

在分类任务中，可分为线性可分和线性不可分。在二维空间中，如果存在两类数据点，并且存在一条直线能将这两类点完全分开，那么这两类数据就是线性可分的。在高维

[①]　弗拉基米尔·瓦普尼克（Vladimir Vapnik，1936 年—　），俄罗斯统计学家和数学家，他是支持向量机理论主要创始人之一，对机器学习和统计学习理论做出重大贡献。1990 年底，移居美国，先后在 AT&T 贝尔实验室、普林斯顿、Facebook 和 Vencore 实验室工作。期间，还担任多所大学的计算机科学教授。

空间中，这个直线就变成了一个超平面。SVM 的目标就是找到这个能将不同类别数据点尽可能分开的超平面。对于线性可分的数据集，可能存在多个超平面能将数据分开，但 SVM 要找的是最优超平面。这个最优超平面是到两类数据点的间隔（margin）最大的超平面。间隔是指从超平面到最近的数据点的距离，这些最近的数据点就被称为支持向量。

（1）SVM 的数学原理

假设数据集 $D=\{(x_1,y_1),(x_2,y_2),\cdots,(x_n,y_n)\}$，其中 x_i 是样本数据，$y_i\in\{-1,1\}$ 是样本数据 x_i 的类别标签。要找到最优超平面 $w^Tx+b=0$，其中 w 是超平面的法向量，b 是偏置项。则 SVM 问题，可表达为优化问题，如下：

目标函数：$\min\limits_{w,b}\dfrac{1}{2}\|w\|^2$

约束条件：$y_i(w^Tx_i+b)\geqslant 1,i=1,2,\cdots,n$

其中，超平面法向量 w 指向超平面正方向，$-w$ 指向超平面的负方向，$\|w\|$ 是法向量 w 的范数（即长度），b 是偏置项，x_i 是样本数据，$y_i\in\{-1,1\}$ 是类别标签，n 是样本数量。

通过求解系优化问题，来确定 w 和 b 的值，从而得到最优超平面。

为更好地理解 SVM 分类的思想，我们给出一个二维空间点的分类问题，有两类数据，一类为圈，一类为叉，找一个超平面（二维空间为直线），将两类数据分开，如图 6-12 所示。

支持向量机（SVM）算法涉及以下几个基本概念。

● 超平面：在 n 维空间中，将数据分为两类的决策边界，在二维空间中，超平面是一条直线（例如图中粗的直线），在三维空间中是一个平面。

● 支持向量：距离超平面最近的样本点，决定超平面的位置和方向。图中，虚线经过的样本点即为支持向量。

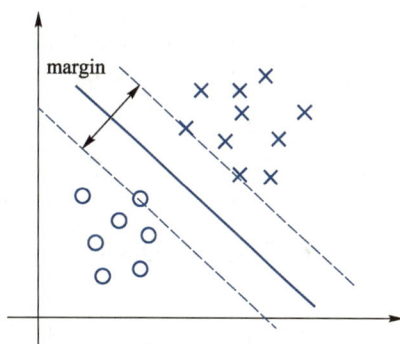

图 6-12 SVM 原理示意图

● 间隔：支持向量到超平面的距离，SVM 通过最大化间隔来提高泛化能力。

● 核函数：当数据线性不可分时，SVM 通过核函数将数据映射到高维空间，使其在高维空间中线性可分。常用核函数包括：① 线性核，适用于线性可分数据。② 多项式核，适用于非线性数据。③ 径向基函数（RBF）核，常用的非线性核函数。

（2）优化问题

在数学上，一个优化问题包括目标函数和约束条件两个部分，一般形式是：

$$\min\limits_x f(x)\quad \text{满足（subject to）}\quad g_i(x)\leqslant 0,\quad h_j(x)=0$$

其中：$f(x)$ 是目标函数；$g_i(x)$ 是不等式约束，1 个或多个；$h_j(x)$ 是等式约束，1 个或多个。

优化问题求解通常是通过求函数的极值完成，这涉及对变量求导等数学操作。

（3）拉格朗日变换

所谓拉格朗日变换，其核心思想是将约束条件引入目标函数，构造一个新的函数（称为拉格朗日函数），从而将原约束优化问题转化为一个新的无约束优化问题（称为对偶问题），然后通过求解拉格朗日函数（对偶问题）的极值来找到原始问题的最优解。

拉格朗日函数定义的一般形式为：

$$L(x,\lambda,\nu) = f(x) + \sum_i \lambda_i g_i(x) + \sum_j \nu_j h_j(x)$$

其中：λ_i 是不等式约束 $g_i(x) \leqslant 0$ 的拉格朗日乘数；ν_j 是等式约束 $h_j(x) = 0$ 的拉格朗日乘数。

通过拉格朗日乘数法，将所有的等式和不等式约束条件都引入到目标函数中，从而使带有约束的优化问题转化为无约束优化问题。

（4）SVM 算法举例

下面通过一个简单的例子，说明 SVM 的基本数学原理和超平面的求解过程。

假设我们有一组二维数据点，分为两类：红色和蓝色，已知的数据点分类有：

红色点：（1,2），（2,3），（3,3）

蓝色点：（6,5），（7,8），（8,8）

我们的任务是找到一个超平面（在二维空间中超平面为直线），将这两类数据点分开，并且使得两类数据点到这条直线的距离最大化。

① 定义超平面。

在二维空间中，超平面是一条直线，对于线性可分的情况，分类超平面可以表示为：

$$w^{\mathrm{T}}x + b = 0$$

其中，w 是超平面的法向量；x 是数据点；b 是偏置项。

② 定义约束条件。

超平面将两类数据分开，根据超平面方程，位于超平面上的点满足：$w^{\mathrm{T}}x + b = 0$。

在超平面两侧的点应该满足：

$$w^{\mathrm{T}}x_i + b \geqslant 1 \,(x_i\text{的类别标签为 }1)$$

$$w^{\mathrm{T}}x + b \leqslant -1 \,(x_i\text{的类别标签为}-1)$$

两类数据分别位于超平面的两侧且到超平面的距离至少为 1，从而实现正确分类。

上述约束条件可以合二为一：

$$y_i(w^{\mathrm{T}}x_i + b) \geqslant 1, \quad \forall i, i = 1,2,\cdots,n$$

③ 构建目标函数。

SVM 的目标是最大化间隔，一个点 x_0 到超平面最短距离的计算公式为：

$$d = \frac{|w \cdot x_0 + b|}{\|w\|}$$

则 SVM 间隔的计算公式是：

$$\mathrm{margin} = \frac{2}{\|w\|}$$

其中，$\|w\|$ 是法向量 w 的范数（即长度）。可见，要间隔最大化，就是 $\|w\|$ 最小化，为了简化优化问题，通常将目标函数转化为最小化 $\|w\|^2$。因为，$\|w\|^2$ 的数学性质比 $\|w\|$ 更好，且容易求解，因此目标函数可以表示为：

$$\min_{w,b} \frac{1}{2}\|w\|^2$$

即求 w，b 使得 $\|w\|^2$ 最小，其中 $1/2$ 是为了方便求导而添加的常数。

④ 拉格朗日变换。

对于支持向量机，引入拉格朗日乘数 $\alpha_i \geq 0 (i = 1,2,\cdots,n)$，得到拉格朗日函数：

$$L(w,b,\alpha) = \frac{1}{2}\|w\|^2 - \sum_{i=1}^{n} \alpha_i(y_i(w^{\mathrm{T}}x_i + b) - 1)$$

其中，$\alpha_i = (\alpha_1,\alpha_2,\cdots,\alpha_n)^{\mathrm{T}}$，拉格朗日乘数 α_i 对应每一个约束条件 $y_i(w^{\mathrm{T}}x_i + b) \geq 1$。

为了求解拉格朗日函数的极值，对 w 和 b 求偏导，并令其为 0，得到：

$$\frac{\partial L}{\partial w} = w - \sum_{i=1}^{n} \alpha_i y_i x_i = 0, \quad 可得 \ w = \sum_{i=1}^{n} \alpha_i y_i x_i;$$

$$\frac{\partial L}{\partial b} = -\sum_{i=1}^{n} \alpha_i y_i = 0$$

将上述 w 代入拉格朗日函数 $L(w,b,\alpha)$ 中，进行数学推导，消去 w。则原问题转化为关于拉格朗日乘数 α 的对偶问题：

目标函数：$\max\limits_{\alpha} \sum\limits_{i=1}^{n} \alpha_i - \frac{1}{2}\sum\limits_{i=1}^{n}\sum\limits_{j=1}^{n} \alpha_i \alpha_j y_i y_j x_i^{\mathrm{T}} x_j$

约束条件：$\sum\limits_{i=1}^{n} \alpha_i y_i = 0, \alpha_i \geq 0, i = 1,2,\cdots,n$

求对偶问题极大值，求得拉格朗日乘数 α。

⑤ 求超平面方程参数 w 和 b。

超平面的参数 w 和 b 可以通过非零的 α_i 对应的样本点计算得到。

$$w = \sum_{i=1}^{n} \alpha_i y_i x_i$$

这里只需要考虑 α_i 非零对应的样本点，因为 $\alpha_i = 0$ 的样本点在求和表达中为 0，不影响计算结果。那些位于间隔边界上的数据点（支持向量），它们决定了最优超平面的位置和形状。

b 值可以通过系列公式求得：

$$b = y_i - \boldsymbol{w}^{\mathrm{T}} \boldsymbol{x}_i \quad （对于任意支持向量）$$

综上所述，解对偶问题后，非零的 α_i 对应的数据点满足 $y_i(w^{\mathrm{T}}x_i + b) \geq 1$，即位于间隔边界上，所以这些数据点就是支持向量。它们在确定最优超平面的过程中起着关键作用，而其他的数据点对超平面的确定没有直接影响。

求得 w 和 b 的值，即得到了最终的超平面方程为：

$$w_1 x_1 + w_2 x_2 + b = 0$$

对于新数据点 $x_i(x_{i1}, x_{i2})$，根据分类规则，若 $w_1 x_{i1} + w_2 x_{i2} + b \geqslant 1$，则分类标签 $y_i = 1$；若 $w_1 x_{i1} + w_2 x_{i2} + b \leqslant -1$，则分类标签 $y_i = -1$，从而实现了新数据的分类。

这个例子展示了 SVM 在二维空间中的数学原理，通过求解优化问题找到最优超平面，使得两类数据点的间隔最大化。支持向量是决定超平面的关键数据点，最终的超平面方程由支持向量和对应的拉格朗日乘数决定。

对应的 Python 程序如下：

```python
from sklearn import svm
import numpy as np
# 已知分类数据点,赋值数据矩阵和标签向量
X = np.array([[1, 2], [2, 3], [3, 3], [6, 5], [7, 8], [8, 8]])
y = np.array([1, 1, 1, -1, -1, -1])
# 创建 SVM 分类器
clf = svm.SVC(kernel = 'linear')
clf.fit(X, y)
# 获取超平面参数
w = clf.coef_[0]
b = clf.intercept_[0]

print(f"超平面方程: {w[0]:.2f}x + {w[1]:.2f}y + {b:.2f} = 0")
```

运行上述程序，得超平面方程：$-0.46x - 0.31y + 3.31 = 0$。

通过上述例子，介绍了线性可分情况下 SVM 的实现。很多情况下，问题是线性不可分的，此时需要升维操作，然后再使用 SVM 构建超平面。具体内容本书不做介绍，需要的同学可查看其他书籍或网络平台学习（例如哔哩哔哩）。

支持向量机的优点包括：① 有效处理高维数据，在高维空间中表现良好。② 泛化能力强，通过最大化间隔，降低过拟合风险。③ 灵活处理非线性数据，通过核函数处理复杂分类问题。缺点是：① 计算复杂度高，尤其在大数据集上训练时间较长。② 参数选择敏感，如核函数和正则化参数的选择对结果影响较大。③ 解释性差，相比决策树等模型，SVM 的解释性较弱。

监督学习作为机器学习的核心范式之一，在许多领域取得了显著成功，通过不断改进算法和模型，监督学习将继续推动人工智能技术的发展。然而，监督学习仍然面临一些挑战，例如：监督学习需要大量标注数据，而获取高质量标注数据的成本较高，存在数据依赖。模型在训练数据上表现良好，但在测试数据上表现较差，存在过拟合问题。一些复杂的模型（如深度神经网络）缺乏解释性，难以理解其决策过程。

为此，为降低数据标注成本，利用少量标注数据和大量未标注数据进行训练，进行半监督学习。将在一个任务上学到的知识迁移到另一个相关任务上，实行迁移学习，以提高

模型的泛化能力。开展自动化机器学习（AutoML），进行自动化模型选择、超参数调优等过程，以降低机器学习的门槛。

▶ 6.4.3　无监督学习

无监督学习是机器学习的一个重要分支，其主要特点是在没有标签的情况下从数据中学习隐藏的结构或模式。监督学习依赖标注数据，目标是学习输入到输出的映射。无监督学习不依赖于预先标注的数据，而是通过数据的内在结构来进行学习。常见任务包括聚类、降维和密度估计。无监督学习广泛应用于数据挖掘、图像处理、自然语言处理等领域。

1. 聚类算法

聚类算法将数据分成若干组，使得同一组内的数据点相似，不同组之间的数据点不相似。常见的聚类算法包括 K-means 聚类算法和层次聚类算法。

K-means 算法[①]（又称 K-均值算法，K 平均算法，K-平均聚类算法等）是一种经典的聚类算法，旨在将数据集划分为 K 个簇，使得每个数据点属于离其最近的簇中心（质心）所在的簇。算法的目标是最小化簇内数据点与质心之间的平方误差。算法步骤如下。

（1）初始化：随机选择 K 个数据点作为初始质心。

（2）分配：将每个数据点分配到最近的质心所在的簇。

（3）更新：重新计算每个簇的质心（即簇内所有数据点的均值）。

（4）迭代：重复（2）和（3），直到质心不再显著变化或达到最大迭代次数。

目标是最小化损失函数（簇内误差平方和，SSE）：

$$J = \sum_{i=1}^{K} \sum_{x \in C_i} \| x - \mu_i \|^2$$

其中，K 表示簇的数量；C_i 表示第 i 簇；μ_i 表示第 i 簇的质心；x 表示数据点。

【例 6-4】　K-means 聚类算法及其应用

假设有一个二维数据集，包含以下数据点：

$$X = \{ (1,2),(1,4),(2,2),(2,5),(3,3),(5,4),(6,5),(7,3),(8,4) \}$$

我们希望将这些点划分为 2 个簇（$K=2$）。

计算步骤如下。

（1）初始化：随机选择两个质心，例如 $\mu_1 = (1,2)$ 和 $\mu_2 = (2,5)$。

（2）分配：计算每个点到质心的距离，并将其分配到最近的簇。

例如，点（1，2）距离 μ_1 为 0，距离 μ_2 为 10，因此属于簇 1。

分配结果：

---

① 1957 年，美国数学家、信息论专家斯图尔特·劳埃德（Stuart Lloyd）提出了一种针对脉冲编码调制（PCM）的量化算法，该算法被认为是 K-means 算法的雏形。这一成果当时以技术报告的形式内部发表，并未在公开的学术期刊上发表。1967 年，詹姆斯·麦克奎（James MacQueen）在一篇关于多元分析的论文中，重新独立地提出了 K-means 算法，并且将其应用于更广泛的数据分析领域，使得 K-means 算法开始在学术界和实际应用中得到关注和传播。他的工作进一步完善和推广了 K-means 算法，使其成为数据挖掘和机器学习领域中经典的聚类算法之一。

簇 1：$\{(1,2),(1,4),(2,2),(3,3)\}$
簇 2：$\{(2,5),(5,4),(6,5),(7,3),(8,4)\}$

（3）更新：重新计算质心。

$$\mu_1 = \left(\frac{1+1+2+3}{4}, \frac{2+4+2+3}{4}\right) = (1.75, 2.75)$$

$$\mu_2 = \left(\frac{2+5+6+7+8}{5}, \frac{5+4+5+3+4}{5}\right) = (5.6, 4.2)$$

（4）迭代：重复分配和更新步骤，直到质心不再变化。
最终结果：

簇 1：$\{(1,2),(1,4),(2,2),(2,5),(3,3)\}$
簇 2：$\{(5,4),(6,5),(7,3),(8,4)\}$

Python 代码如下：

```python
import numpy as np
import matplotlib. pyplot as plt
class KMeans：
    def __init__( self, k = 2, max_iters = 100)：
        self. k = k
        self. max_iters = max_iters
    def fit( self, X)：
        # 随机初始化中心点
        self. centroids = X[ np. random. choice( X. shape[ 0], self. k, replace = False) ]
        for _ in range( self. max_iters)：
            # 分配每个点到最近的中心点
            clusters = self. _assign_clusters( X)
            # 保存旧的中心点
            old_centroids = self. centroids
            # 更新中心点
            self. centroids = self. _update_centroids( X, clusters)
            # 如果中心点不再变化,提前结束
            if np. all( old_centroids == self. centroids)：
                break
    def _assign_clusters( self, X)：
        distances = np. sqrt((( X - self. centroids[ :, np. newaxis]) ** 2). sum( axis = 2))
        return np. argmin( distances, axis = 0)
    def _update_centroids( self, X, clusters)：
        new_centroids = np. zeros(( self. k, X. shape[ 1]))
```

```
            for i in range(self.k):
                new_centroids[i] = X[clusters == i].mean(axis=0)
            return new_centroids
        def predict(self, X):
            distances = np.sqrt(((X - self.centroids[:, np.newaxis])**2).sum(axis=2))
            return np.argmin(distances, axis=0)
# 数据集
X = np.array([
    [1,2], [1,4], [2,2], [2,5], [3,3],
    [5,4], [6,5], [7,3], [8,4]
])
# 使用 K-means 进行聚类
kmeans = KMeans(k=2)
kmeans.fit(X)
labels = kmeans.predict(X)
# 输出结果
print("数据点的簇标签:", labels)
print("最终的中心点:", kmeans.centroids)
# 可视化聚类结果
plt.scatter(X[:, 0], X[:, 1], c=labels, cmap='viridis')
plt.scatter(kmeans.centroids[:, 0], kmeans.centroids[:, 1], c='red', marker='x', s=200)
plt.title('K-Means Clustering (K=2)')
plt.show()
```

运行结果（如图 6-13 所示）为：

数据点的簇标签：[0 0 0 0 0 1 1 1 1]
最终的中心点：[[1.8 3.2] [6.5 4.]]

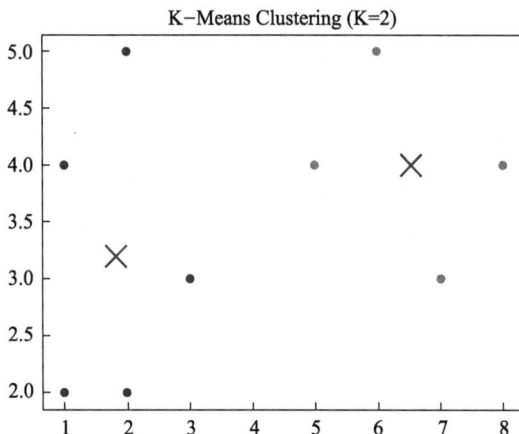

图 6-13　K-means 算法聚类结果示意图

K-means 算法在实际中有广泛的应用，例如：图像压缩、根据客户行为或属性将客户分为不同群体、文档聚类、异常检测（识别数据中的异常点）。

K-means 的优点是简单易懂，易于实现，计算效率高，适合大规模数据，对于球形簇结构效果较好。缺点是需要预先指定 K 值，对初始质心敏感，可能收敛到局部最优，对噪声和异常值敏感，仅适用于数值数据。为了克服 K-means 的局限性，研究者提出了多种改进方法，包括改进初始质心选择，减少对初始值的依赖的 K-means++，适用于大规模数据，通过小批量数据更新质心的 Mini-Batch K-means 算法等。

总之，K-means 是一种简单而强大的聚类算法，广泛应用于图像处理、客户细分、文档聚类和异常检测等领域。尽管存在一些局限性，但通过改进方法和参数调优，K-means 仍然是解决无监督学习问题的有力工具。

层次聚类（hierarchical clustering）是一种通过构建层次结构对数据进行聚类的算法，分为凝聚层次聚类（agglomerative）和分裂层次聚类（divisive）两种主要类型，通过逐步合并或分裂簇来构建层次结构。例如，凝聚层次聚类从单个点开始，逐步合并最近的簇，直到所有点合并为一个簇。层次聚类的过程可以用树状图表示，树的每个节点表示一个簇的合并过程。通过树状图，可以选择在某个层次上切割，得到不同数量的簇。

2. 降维算法

在我们传统的概念中，平面我们通常说是二维的，每个点有两个 x、y 坐标值，立体空间我们说是三维空间，每个点有 x、y、z 三个坐标值。利用数学几何方法，二维、三维空间很容易可视化，给人们一种非常直观的概念。但是，在机器学习和数据科学中，我们所研究的数据通常是高维的。所谓维度，通常指描述数据集中的每个样本的特征数量或表示数据空间所需的坐标轴数量。例如，一个包含个人姓名、年龄、身高、体重、出生地的数据集有 5 个维度。图像数据中每个像素是一个特征，一张 28×28 的灰度图像有 784 个特征维度。

不同的应用场景，数据的特征差异很大，有的数据可以是二维、三维这类低维度的，例如，房价数据集通常是十几个特征，经典的鸢尾花数据集有 4 个特征，这类特征数量小于 100 的一般称为低维空间。一些常见的应用，例如文本分类中的词袋模型（几千个特征）或图像处理中的小规模图像特征（几百到几千个特征），这类特征数在 100 到 10 000 之间的称为中维空间。特征数量在 10 000 到 100 000 之间的称为高维空间。例如：大规模文本数据（如 TF-IDF 特征）、基因数据（数万个基因特征）或中等分辨率图像（数千到数万个像素特征）。特征数量超过 100 000，甚至达到数百万的称为超高维空间，例如：高分辨率图像、视频数据、大规模文本数据或推荐系统中的用户-物品交互矩阵。

在机器学习中，高维数据通常用向量表示。向量是一个有方向和大小的量，向量的表示方法很多，包括：① 几何表示法，如：在坐标系中，向量可以用起点和终点的坐标表示，从 A 点到 B 点的向量表示为 $\overrightarrow{AB}$。② 代数表示法，在直角坐标系中，向量可表示为 $\vec{v} = (v_x, v_y, v_z)$。③ 矩阵表示法，分为行向量和列向量，例如：$\vec{v} = [v_x \quad v_y \quad v_z]$ 表示行向量。

在高维空间，向量通常用矩阵表示法，例如：一个 n 维空间中的数据可以用一个 n 维向量来表示，即：$V = [v_1, v_2, \cdots, v_n]$，每个数字表示向量的一个分量，分量的数量决定了向量的维度。通过矩阵转置运算，行向量和列向量表示可以转换，通过向量运算（如点积、欧氏距离），可以计算数据点之间的距离或相似度，这些计算在机器学习算法中被广泛应用。

数据的特征数量直接影响模型复杂度和计算成本，降维和特征选择是机器学习中非常重要的研究内容。降维是通过减少数据集的特征数量，同时尽可能保留数据的主要信息。降维算法是一类用于减少数据集特征维度的技术，旨在保留数据的主要结构或信息，同时降低计算复杂度、减少存储需求、去除噪声或冗余特征。常见的降维算法可分为线性和非线性两大类，线性降维假设数据在高维空间中的结构可以通过线性变换映射到低维空间，非线性降维适用于数据在高维空间中具有复杂结构的情况。

下面以主成分分析（principal component analysis，PCA）降维算法为例，介绍降维的简单原理。PCA 是一种广泛应用于数据降维、特征提取和数据可视化的统计方法，其核心思想是通过线性变换将高维数据映射到低维空间，同时尽可能保留数据中的主要信息（方差）。PCA 降维算法基本过程如下。

Step1 数据标准化。

PCA 对数据尺度敏感，先对数据进行标准化处理，使每个特征的均值为 0，方差为 1。

Step2 计算协方差矩阵。

标准化后，计算数据的协方差矩阵，反映特征间的线性关系，反映了两个变量的变化趋势是否一致。

Step3 特征值分解。

对协方差矩阵进行特征值分解，得到特征值和对应的特征向量。特征值表示主成分的方差，特征向量表示主成分的方向。

Step4 选择主成分。

按特征值从大到小排序，选择前 k 个特征值对应的特征向量作为主成分，k 为降维后的目标维度。

Step5 数据投影。

将原始数据投影到选定的主成分上，得到降维后的数据。

主成分分析（PCA）降维算法通过线性变换实现了将高维数据降维，保留主要信息，在人脸识别、基因数据分析等领域得到应用。但是 PCA 算法假设数据是线性关系，对非线性数据效果不佳，且降维后的特征难以解释。

无监督学习作为机器学习的重要分支，在多个领域有着广泛应用，包括：图像处理（如图像分割、特征提取），自然语言处理（如主题建模、词向量学习），生物信息学（如基因表达数据分析），推荐系统（如用户行为分析、聚类推荐）等。

尽管无监督学习取得了显著进展，但仍面临缺乏统一的评估标准，模型结果难以解释，部分算法计算复杂度高，难以应用于大规模数据等诸多挑战。随着研究的深入，结合无监督和有监督学习的优点，进行自监督学习，利用深度学习技术提升无监督学习性能，探索无监督学习在新兴领域的应用等，都将成为未来无监督学习的研究方向。

▶ 6.4.4 强化学习

学习是通过经验、实践或研究获得知识、技能、价值观或行为模式的过程。心理学将学习理论分为4种。① 行为主义，强调通过刺激-反应关联和强化来学习，如斯金纳的操作性条件反射。② 认知主义，关注内部心理过程，如记忆、思维和问题解决，如皮亚杰的认知发展理论。③ 建构主义，认为学习是学习者主动建构知识的过程，强调社会互动和情境，如维果茨基的社会文化理论。④ 人本主义：强调学习者的自我实现和内在动机。

在模拟人类的学习行为中，许多的应用场景，例如：游戏与博弈、机器人控制、自动驾驶（路径规划、决策与控制）、个性化推荐、个性化学习等，这些与时间序列紧密相关的行为，需要不断地和环境交互，根据环境交互结果来影响下一步的行为。在上述类型的应用场景中，机器学习模式通常建立在行为主义、认知主义学习理论之上，称为强化学习，和监督学习、无监督机器学习模式有着显著的差别。

1. 核心概念

强化学习（reinforcement learning，RL）是机器学习的一个重要分支，专注于智能体（agent）如何通过与环境（environment）的交互来学习最优策略，以最大化长期累积奖励（reward）。强化学习包含以下核心概念。

智能体（agent）：是一个能够感知环境并采取行动的实体，可以是机器人、软件程序等。它的目标是通过学习找到一个最优策略，以在环境中获得最大的累积奖励。

环境（environment）：智能体所处的外部世界，它包含了智能体可以感知到的状态信息，并根据智能体的行动产生新的状态和奖励。

状态（state）：环境在某一时刻的具体情况，它包含了智能体做出决策所需要的所有信息。智能体根据当前状态来选择合适的行动。

动作（action）：智能体在某个状态下可以采取的行为。智能体的行动会影响环境的状态，并进而影响到它所获得的奖励。

奖励（reward）：智能体执行动作后，环境给智能体的反馈信号，用于表示智能体的某个行动在当前状态下的好坏程度。智能体的目标是最大化长期累积奖励。

策略（policy）：智能体在给定状态下选择动作的规则，它决定了智能体在每个状态下应该采取什么行动。策略可以是确定性的，即对于每个状态都有一个确定的行动；也可以是随机性的，即根据一定的概率分布来选择行动。

价值函数（value function）：用于评估智能体在某个状态下的好坏程度。它表示从该状态开始，遵循某种策略所能获得的长期累积奖励的期望。价值函数是评估策略优劣的重要工具，智能体的目标就是找到一个策略，使得价值函数最大化。

2. 学习过程

常见的强化学习算法有Q学习（Q-learning）、深度Q网络（DQN）、策略梯度（PG）等，这些算法在学习的过程大同小异。下面以Q-learning算法为例，介绍强化学习的一般过程。

首先介绍Q-learning核心思想，它是一种经典的无模型（model-free）强化学习算法，用于学习状态-动作值函数（Q函数），从而找到最优策略。

其核心思想是如下。

（1）Q函数$Q(s,a)$表示在状态s下执行动作a后，未来能获得的**最大累积奖励**。

目标是找到最优Q函数$Q^*(s,a)$，从而得到最优策略。

（2）贝尔曼方程。

Q-learning 基于贝尔曼方程更新 Q 值：

$$Q(s_t, a_t) \leftarrow Q(s_t, a_t) + \alpha[r_{t+1} + \gamma \max_{a'} Q(s_{t+1}, a') - Q(s_t, a_t)]$$

其中，α：学习率，控制更新步长；γ：折扣因子，衡量未来奖励的重要性；$\max_{a'} Q(s_{t+1}, a')$：下一状态的最大 Q 值。

（3）无模型。Q-learning 不需要知道环境的转移概率，直接通过试错学习。

（4）离策略（off-policy）。

使用 ϵ-贪心策略探索环境，但更新 Q 值时使用贪心策略（选择最大 Q 值的动作）。

Q-learning 算法流程如下。

Step1 初始化。

　　初始化 Q 表 $Q(s,a)$（对所有状态 s 和动作 a 赋初值，通常为 0）。

　　设置超参数：学习率 α、折扣因子 γ、探索率 ϵ。

Step2 迭代训练。

　　对每个回合（episode）执行以下步骤。

　　2.1 初始化状态 s。

　　2.2 对每一步：

　　　　使用 ϵ-贪心策略选择动作 a：

$$a = \begin{cases} \text{随机动作}, & \text{以概率 } \epsilon \\ \arg\max_{a'} Q(s,a'), & \text{以概率 } 1-\epsilon \end{cases}$$

　　　　执行动作 a，观察奖励 r 和下一状态 s'。

　　　　更新 Q 值：

$$Q(s,a) \leftarrow Q(s,a) + \alpha[r + \gamma \max_{a'} Q(s',a') - Q(s,a)]$$

　　　　更新状态：$s \leftarrow s'$。

　　2.3 直到回合结束（达到终止状态）。

Step3 收敛。

　　重复 Step2，直到 Q 值收敛（即 Q 表不再显著变化）。

　　最终得到最优 Q 函数 $Q^*(s,a)$。

Step4 策略提取。

　　根据最优 Q 函数提取最优策略：

$$\pi^*(s) = \arg\max_a Q^*(s,a)$$

其中，argmax 是数学和计算机科学中的常用术语，表示在给定函数下找到使函数值最大的输入值，即返回使得 $Q^*(s,a)$ 值最大的动作 a。

下面是使用 Q 学习算法的格子世界 Python 程序。

```
import numpy as np
# 定义环境
n_states = 16                    # 4x4 格子世界 0..15
n_actions = 4                    # 上下左右
goal_state = 15                  # 终点
```

```python
# 初始化 Q 表，16×4 的矩阵，每个状态和动作对应的 Q 值，初始值为 0
Q = np.zeros((n_states, n_actions))
# 超参数
alpha = 0.1                                         # 学习率
gamma = 0.9                                          # 折扣因子
epsilon = 0.1                                        # 探索率
episodes = 1000                                      # 训练回合数
# 动作定义
actions = {0: '上', 1: '下', 2: '左', 3: '右'}
# 定义奖励函数，在环境中，设置某些格子为障碍物，碰到障碍物或边界，奖励
# -1，其他格子，奖励-0.1（鼓励智能体尽快找到终点）。
def get_reward(state, action):
    if state == 15:
        return 10
    if state in [5, 7, 11, 12]:                      # 障碍物
        return -1
    return -0.1                                       # 其他格子
# 定义状态转换函数
def get_next_state(state, action):
    if state == 15:
        return state
    if action == 0:                                   # 上
        return state - 4 if state >= 4 else state
    elif action == 1:                                 # 下
        return state + 4 if state < 12 else state
    elif action == 2:                                 # 左
        return state - 1 if state % 4 != 0 else state
    elif action == 3:                                 # 右
        return state + 1 if state % 4 != 3 else state
# 训练 Q-learning
for episode in range(episodes):
    state = 0                                         # 起点
    while state != goal_state:
        # 选择动作（ε-贪心策略）
        if np.random.rand() < epsilon:
            action = np.random.randint(n_actions)     # 随机动作
        else:
            action = np.argmax(Q[state])              # 贪心动作
        # 执行动作,计算下一状态和奖励
```

```
            reward = get_reward(state, action)
            next_state = get_next_state(state, action)
            # 更新 Q 值
            Q[state, action] += alpha * (reward + gamma * np.max(Q[next_state]) - Q[state, action])
            # 更新状态
            state = next_state

# 测试训练结果
state = 0                                       # 起点
path = [state]
while state != goal_state:
    action = np.argmax(Q[state])                # 选择最优动作, 返回 Q[state]最大值的下标
    if action == 0:
        state = state - 4 if state >= 4 else state
    elif action == 1:
        state = state + 4 if state < 12 else state
    elif action == 2:
        state = state - 1 if state % 4 != 0 else state
    elif action == 3:
        state = state + 1 if state % 4 != 3 else state
    path.append(state)

print("最优路径:", path)
print("Q 表:\n", Q)
```

最优路径: $[0, 4, 8, 9, 10, 14, 15]$, Q 表如图 6-14 所示。

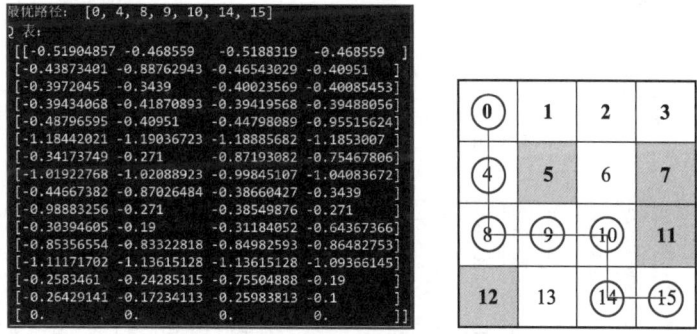

图 6-14　格子世界 Q 值及行动路径

在上述环境中, 红色格子为障碍物, 碰到障碍物或边界, 奖励-1, 其他格子, 奖励-0.1 (鼓励智能体尽快找到终点), 圆圈格子为求得的最优行动路经。

近年来, 在大数据和算力的推动下, 人工智能技术及应用得到了快速发展。当已知和未知之间难以建立确定性函数关系时, 各种各样建立在大数据之上的人工智能机器学习算法为问题求解提供了新的思路和方法, 因此, 人工智能算法又被称为万能函数。机器学习算法很多, 我们没法详细讲解这些众多的算法, 为便于大家对机器学习算法有一个全面的认识, 按照机器学习模式, 列举了常用的算法, 供大家参考, 如图 6-15 所示。

机器学习算法

半监督学习 (Semi-supervised learning)
- 生成模型 Generative models
- 联合训练 Co-training
- 基于图形的方法 Graph-based methods
- 低密度分离 Low-density separation

深度学习 (Deep learning)
- 深度卷积神经网络 Deep Convolutional neural networks
- 深度递归神经网络 Deep Recurrent neural networks
- 生成式对抗网络 Generative adversarial networks
- 深度信念网络 Deep belief machines
- 分层时间记忆 Hierarchical temporal memory
- 堆叠自动编码器 Stacked Boltzmann Machine
- 时间差分学习 Temporal difference learning

强化学习 (Reinforcement learning)
- 学习自动机 Learning Automata
- Q学习 Q-learning
- 状态-行动-回馈-状态-行动 State-Action-Reward-State-Action(SARSA)

其他
- 迁移学习 Transfer learning
- 集成学习算法
- 降维
  - 主成分分析 Principal component analysis(PCA)
  - 主成分回归 Principal component regression(PCR)
  - 因子分析 Factor analysis

监督学习 (Supervised learning)
- 线性分类 Linear classifier
  - 线性回归 Linear regression
  - Logistic回归 Logistic
  - 支持向量机 Support vector machine
  - 朴素贝叶斯分类器 Naive Bayes classifier
  - 感知机 Perceptron
- 决策树 Decision Tree
- 贝叶斯 Bayesian
  - 朴素贝叶斯 Naive Bayes
  - 高斯贝叶斯 Gaussian Naive Bayes
  - 贝叶斯网络 Bayesian Network(BN)
- 人工神经网络 Artificial neural network
  - 自动编码器 Autoencoder
  - 反向传播 Backpropagation
  - 卷积神经网络 Convolutional neural network
  - 回归神经网络 Recurrent neural network(RNN)
  - 多层感知器 Multilayer perceptron
  - 前馈神经网络 Feedforward neural network
  - 逻辑学习机 Logic learning machine
  - 自组织映射 Self-organizing map

无监督学习 (Unsupervised learning)
- 人工神经网络 Artificial neural network
- 关联规则学习 Association rule learning
- 聚类分析 Cluster analysis
  - K-means算法 K-means algorithm
  - k-位数 K-medians
  - 平均移 Mean-shift
  - 模糊聚类 Fuzzy clustering
  - 期望最大化 Expectation-maximization(EM)
- 分层聚类 Hierarchical clustering
  - 概念聚类 Conceptual clustering
  - 单连锁聚类 Single-linkage clustering
  - k-最近邻算法 (K-NN)
- 异常检测 Anomaly detection
  - 局部异常因子 Local outlier factor

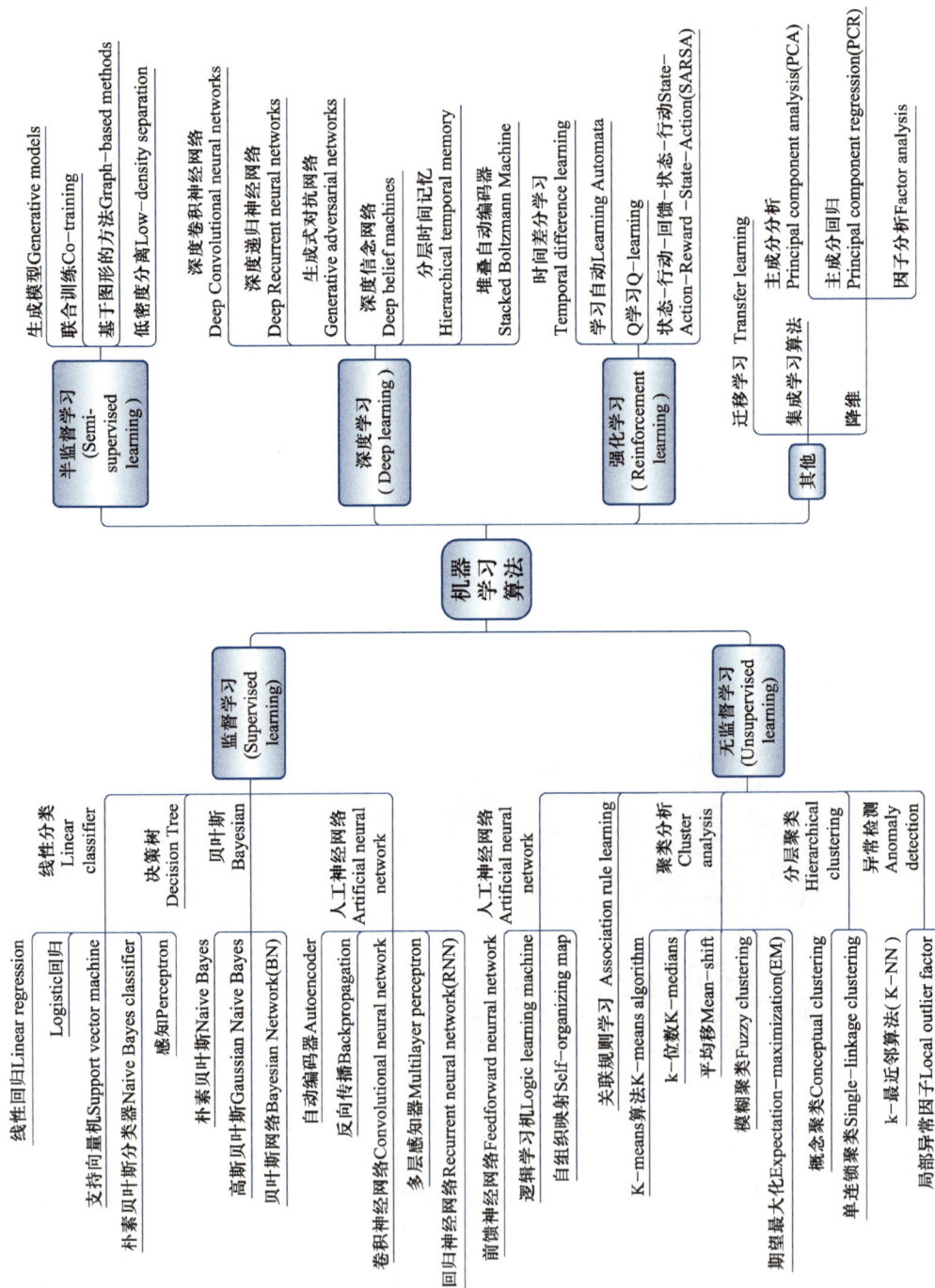

图6-15 人工智能机器学习算法分类

在实际应用中，各种学习算法要比我们这里的例子复杂得多，特别是神经网络，将更加复杂。在复杂的图像识别、计算机视觉、自然语言处理中，数据的特征值基本上在万以上的数量级，随着研究的深入，建立在各种复杂神经网络之上的学习方法也不断涌现。

6.5　深度学习

在机器学习的发展过程中，神经网络一直是一种重要的机器学习范式，虽然反向传播算法（back propagation）在1970—1980年已经出现，这为多层神经网络的训练提供了可能，但是，神经网络的训练需要大量的数据和计算资源，直到20世纪90年代以前，神经网络研究一直进展缓慢，支持向量机（SVM）等机器学习算法更受欢迎。2006年，Hinton等人提出"深度学习"概念，通过无监督预训练（如受限玻尔兹曼机）解决了深层网络训练的难题，以多层神经网络训练为基础的深度学习开始复兴。

6.5.1　深度学习的概念

深度学习（deep learning）是机器学习的一个子领域，其核心是通过多层神经网络从数据中自动学习特征和模式。深度学习神经网络采用多层结构，通常包含输入层、隐藏层和输出层，隐藏层可以有多层，用于逐步提取复杂特征。深度学习无须人工设计特征，模型能够从数据中自动学习有用的特征。可以说，深度学习是一种专注于使用多层神经网络（通常是深度神经网络）来学习数据复杂特征的机器学习方法。

深度学习通常使用卷积神经网络（CNN）、循环神经网络（RNN）等结构，反向传播通过计算误差并反向调整参数来优化模型。深度学习能够处理大规模数据，通过多层神经网络自动提取特征，适用于多种任务，例如：计算机视觉（图像分类、目标检测等）、自然语言处理（机器翻译、文本生成等）、语音识别（语音转文字、语音助手等）、强化学习（游戏AI、机器人控制等），在这些任务中表现突出，已经成为人工智能发展的重要力量。

6.5.2　深度学习网络结构

深度学习是一种专注于多层神经网络进行学习的机器学习方法，典型的深度学习网络结构有：多层感知机、卷积神经网络等。

1. 多层感知机

多层感知机（multilayer perceptron，MLP）是一种前馈神经网络，由多个神经元层组成，包括输入层、隐藏层和输出层，各层神经元全连接，信息单向流动。多层感知机也叫全连接神经网络，一个四层的MLP网络结构如图6-16所示。

各部分解释如下。

（1）输入层：输入节点代表输入层，节点数依输入数据特征而定，如识别手写数字（28×28像素），节点数为784。

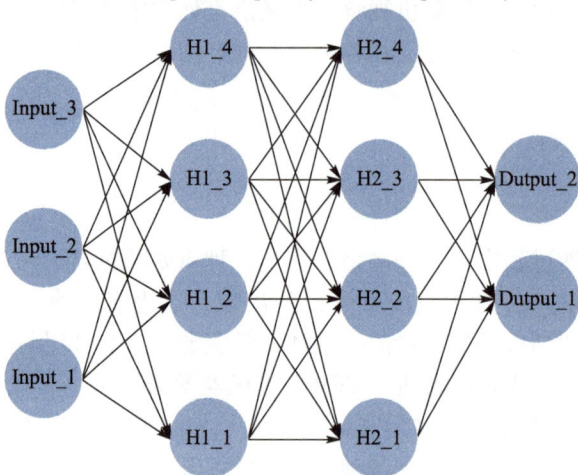

MLP Network Structure: 3 Input, 2 Output, 2 Hidden Layers
(Centered Input & Output Layers with Larger Nodes)

图 6-16　一个四层 MLP 网络结构示意图

（2）隐藏层：在输入层后画一排或多排节点为隐藏层，层间节点用直线相连。隐藏层节点数自定。

（3）输出层：在最后隐藏层后面的一排节点为输出层，节点数目根据任务确定，如：二分类为 2，手写数字识别为 10。

需要说明的是，上述 MLP 网络结构图是利用 DeepSeek 或 ChatGPT 生成的 Python 程序绘制的。和大模型的交互输入依次是：① 请绘制一个 3 个输入特征，两个输出，2 个隐藏层的 MLP 网络结构图。复制并运行大模型返回的代码，得到 MLP 网络结构图，继续会话对绘制的图形进行修改。② 对每一层神经元按照从左到右顺序显示。③ 减小每一层神经元之间的垂直距离。④ 对输入层、输出层的神经元在垂直方向居中。⑤ 修改神经元颜色，每一层的神经元颜色不同。⑥ 将神经元的大小增大一倍。

多层感知机是深度学习中最基础的模型之一，具有强大的表达能力，通过多层神经元和非线性激活函数，能够学习复杂的特征表示，解决复杂的非线性问题。激活函数对多层感知机的拟合能力非常重要，给模型增加了非线性特性。一个具有线性输出层和至少一层具有任何一种非线性激活函数的隐藏层的多层感知机，只要给予网络足够数量的隐藏单元，它可以以任意的精度来近似任何一个从一个有限维空间到另一个有限维空间的连续有界函数。因此，MLP 又称为万能函数模拟器。

2. 卷积神经网络

生物学研究表明，人脑的视觉皮层有千千万万的特征探测器，探测和识别物体的局部特征。在使用神经网络进行图片处理时，一幅 $x \times y$ 像素的灰度图像，输入层就对应了 $x \times y$ 个输入特征值，例如一个 1000×1000 像素的图像（对应 10^6 个输入特征），如果网络中第一层有 1 000 个神经元，将需要 10 亿个系数，后边各层还会有数量级相似的系数，这种数量的系数在神经网络训练中的计算量是难以承受的。

从几何意义上看，一幅图像虽然是由一个个像素构成的，但单个像素对图像整体的识别帮助不大，只有一小片像素区域才能显示图像的特征信息。这片像素区域称为卷积核（convolution kernel），又称滤波器（filter）或卷积矩阵（convolution matrix），是卷积操作的核心组件。在普通神经网络输入前，进行多轮的卷积和池化操作，然后再接入神经网络，这种结构的神经网络就称为卷积神经网络（CNN）。

所谓卷积（convolution），是一种数学运算，广泛应用于信号处理、图像处理和深度学习等领域。其核心思想是通过一个函数（通常称为卷积核或滤波器）对另一个函数（通常是输入信号或图像）进行加权平均操作。在图像处理时，卷积核在输入数据上滑动，每次与输入数据的一个局部区域进行逐元素相乘并求和，生成输出特征图（feature map）中的一个值。卷积核可以检测输入数据中的特定模式，例如边缘、纹理或形状。

在图像处理中，不同的卷积核可以提取不同的图像特征。常见图像特征及其对应的卷积核见表6-8。

表 6-8   图像常见特征及对应卷积矩阵

功能	算子	卷积矩阵（卷积核）
边缘检测，检测图像中亮度变化明显的区域，通常是物体的轮廓	Sobel 算子 （水平边缘检测）	$G_x = \begin{bmatrix} -1 & 0 & 1 \\ -2 & 0 & 2 \\ -1 & 0 & 1 \end{bmatrix}$
	Sobel 算子 （垂直边缘检测）	$G_y = \begin{bmatrix} -1 & -2 & -1 \\ 0 & 0 & 0 \\ 1 & 2 & 1 \end{bmatrix}$
	Prewitt 算子 （水平边缘检测）	$G_x = \begin{bmatrix} -1 & 0 & 1 \\ -1 & 0 & 1 \\ -1 & 0 & 1 \end{bmatrix}$
	Prewitt 算子 （垂直边缘检测）	$G_y = \begin{bmatrix} -1 & -1 & -1 \\ 0 & 0 & 0 \\ 1 & 1 & 1 \end{bmatrix}$
	Laplacian 算子 （检测二阶导数， 适用于更细的边缘）	$L = \begin{bmatrix} 0 & 1 & 0 \\ 1 & -4 & 1 \\ 0 & 1 & 0 \end{bmatrix}$
模糊（平滑），用于减少图像中的噪声或细节，使图像变得平滑	均值模糊	$K = \dfrac{1}{9} \begin{bmatrix} 1 & 1 & 1 \\ 1 & 1 & 1 \\ 1 & 1 & 1 \end{bmatrix}$
	高斯模糊（加权平均， 中心权重更高）	$K = \dfrac{1}{16} \begin{bmatrix} 1 & 2 & 1 \\ 2 & 4 & 2 \\ 1 & 2 & 1 \end{bmatrix}$

功能	算子	卷积矩阵（卷积核）
锐化，用于增强图像的边缘和细节，使图像看起来更清晰	拉普拉斯锐化	$K = \begin{bmatrix} 0 & -1 & 0 \\ -1 & 5 & -1 \\ 0 & -1 & 0 \end{bmatrix}$
	非归一化锐化	$K = \begin{bmatrix} -1 & -1 & -1 \\ -1 & 9 & -1 \\ -1 & -1 & -1 \end{bmatrix}$
浮雕效果，用于生成类似浮雕的效果，突出图像的边缘并赋予立体感	浮雕卷积核	$K = \begin{bmatrix} -2 & -1 & 0 \\ -1 & 1 & 1 \\ 0 & 1 & 2 \end{bmatrix}$
纹理检测，用于提取图像中的纹理特征	水平纹理检测	$K = \begin{bmatrix} -1 & -1 & -1 \\ 2 & 2 & 2 \\ -1 & -1 & -1 \end{bmatrix}$
	垂直纹理检测	$K = \begin{bmatrix} -1 & 2 & -1 \\ -1 & 2 & -1 \\ -1 & 2 & -1 \end{bmatrix}$

这些卷积核在图像处理和计算机视觉中广泛应用，是提取图像特征的基础工具。下面以一个 3×3 图像与 3×3 卷积核的卷积计算为例，介绍卷积计算过程。

假设有一个 3×3 的灰度图像（像素值范围为 0~255），图像输入值为：

$$I = \begin{bmatrix} 5 & 10 & 15 \\ 20 & 25 & 30 \\ 35 & 40 & 45 \end{bmatrix}$$

卷积核 K 为

$$K = \begin{bmatrix} 1 & 0 & -1 \\ 1 & 0 & -1 \\ 1 & 0 & -1 \end{bmatrix}$$

卷积操作是通过卷积核在图像上滑动，逐元素相乘并求和，生成输出特征图。计算过程如下。

（1）将卷积核的中心对准图像的左上角（第 1 行第 1 列）

卷积核重叠图像区域为：

$$\begin{bmatrix} 5 & 10 & 15 \\ 20 & 25 & 30 \\ 35 & 40 & 45 \end{bmatrix}$$

逐元素相乘：

$$\begin{bmatrix} 5\times1 & 10\times0 & 15\times(-1) \\ 20\times1 & 25\times0 & 30\times(-1) \\ 35\times1 & 40\times0 & 45\times(-1) \end{bmatrix} = \begin{bmatrix} 5 & 0 & -15 \\ 20 & 0 & -30 \\ 35 & 0 & -45 \end{bmatrix}$$

求和：

$$5+0+(-15)+20+0+(-30)+35+0+(-45)=-30$$

输出特征图的第 1 行第 1 列值为 −30。

（2）将卷积核向右滑动一步（第 1 行第 2 列）。

卷积核重叠图像区域为：

$$\begin{bmatrix} 10 & 15 & 0 \\ 25 & 30 & 0 \\ 40 & 45 & 0 \end{bmatrix}$$

假设边界用 0 填充。

逐元素相乘：

$$\begin{bmatrix} 10\times1 & 15\times0 & 0\times(-1) \\ 25\times1 & 30\times0 & 0\times(-1) \\ 40\times1 & 45\times0 & 0\times(-1) \end{bmatrix} = \begin{bmatrix} 10 & 0 & 0 \\ 25 & 0 & 0 \\ 40 & 0 & 0 \end{bmatrix}$$

求和：75

输出特征图的第 1 行第 2 列值为 75。

（3）重复上述过程，直到卷积核覆盖整个图像，最终输出特征图。

假设步长为 1，且使用 0 填充边界，最终的输出特征图为：

$$O = \begin{bmatrix} -30 & 75 & 60 \\ -30 & 75 & 60 \\ -30 & 75 & 60 \end{bmatrix}$$

对图像进行卷积操作后，输出图像的大小取决于卷积核大小（kernel size）、步长（stride）和填充（padding）三个参数的设置。如果希望卷积操作后输出特征图的尺寸与输入相同，即不降维，可以通过设置 Stride=1，Padding=1 实现。如果希望卷积操作后输出特征图的尺寸减小，通过增大步长（Stride>1）或不使用填充（Padding=0）减小输出尺寸。

下面讲池化的概念。所谓池化（pooling）是深度学习中的一种操作，主要用于减少特征图的尺寸和参数数量，同时保留关键信息。池化不仅可以缩小特征图尺寸，达到图像降维，降低计算复杂度的目的。减少参数数量，还可以降低模型过拟合的风险。通过聚合局部信息，提升模型对输入微小变化的稳定性，即增强了系统的健壮性。

常见的池化方式包括最大池化（max pooling）和平均池化（average pooling）。假设有一个 4×4 的特征图，使用 2×2 的窗口进行最大池化，步幅为 2：

$$\begin{bmatrix} 1 & 2 & 3 & 4 \\ 5 & 6 & 7 & 8 \\ 9 & 10 & 11 & 12 \\ 13 & 14 & 15 & 16 \end{bmatrix}$$

第一个窗口（左上角）取最大值 6，第二个窗口（右上角）取最大值 8，第三个窗口（左下角）取最大值 14，第四个窗口（右下角）取最大值 16。池化后的 2×2 特征图为：

$$\begin{bmatrix} 6 & 8 \\ 14 & 16 \end{bmatrix}$$

一个典型的 CNN 网络包括卷积层、池化层和全连接层，卷积层提取特征，池化层降维，全连接层实现分类。

3. CNN 构建举例

【例 6-5】 设计一个简单的卷积神经网络（CNN）结构来处理 8×8 大小的图像。

具体步骤如下。

（1）输入层（input layer）

输入图像大小为 8×8，假设为单通道灰度图像，输入形状为（8，8，1）。

（2）卷积层（convolutional layer）

使用 3×3 的卷积核，步幅为 1，填充方式为 "valid"（不填充）。

假设使用 4 个卷积核，输出特征图大小为（6，6，4）。

（3）池化层（pooling layer）

使用 2×2 的最大池化，步幅为 2。输出特征图大小为（3，3，4）。

（4）全连接层（fully connected layer）

将池化层的输出展平为一维向量，大小为 3×3×4＝36。假设全连接层有 10 个神经元，输出大小为（10，）。

（5）输出层（output layer）

假设这是一个分类任务，输出层使用 softmax（）激活函数，输出 10 个类别的概率分布。

程序代码如下：

```
from tensorflow. keras. models import Sequential
from tensorflow. keras. layers import Conv2D, MaxPooling2D, Flatten, Dense

# 创建一个空的顺序模型，后续可以通过 model. add( )方法逐层添加网络结构
model = Sequential( )
# （1）输入层
# 定义输入数据形状为（8，8，1），表示输入是一个 8×8 的单通道（灰度）图像。
input_shape = (8, 8, 1)
# （2）卷积层
# 添加一个二维卷积层
model. add( Conv2D( filters＝4, kernel_size＝(3, 3), strides＝(1, 1), padding＝'valid', activation＝'relu',
input_shape＝input_shape) )
# （3）池化层
```

```
# 添加一个二维最大池化层
model. add( MaxPooling2D( pool_size = ( 2, 2), strides = ( 2, 2)))
# (4) 全连接层
# Flatten( )将池化层输出的多维数据展平为一维向量，以便输入到全连接层
model. add( Flatten( ))
model. add( Dense( units = 10, activation = 'softmax')) # 添加一个全连接层
# (5) 输出层
# 打印模型的摘要信息，包括每一层的名称、输出形状和参数数量
model. summary( )
```

在 Anaconda. navigator 窗口，单击"launch jupyter Notebook"，运行上述代码，显示模型摘要，如图 6-17 所示。

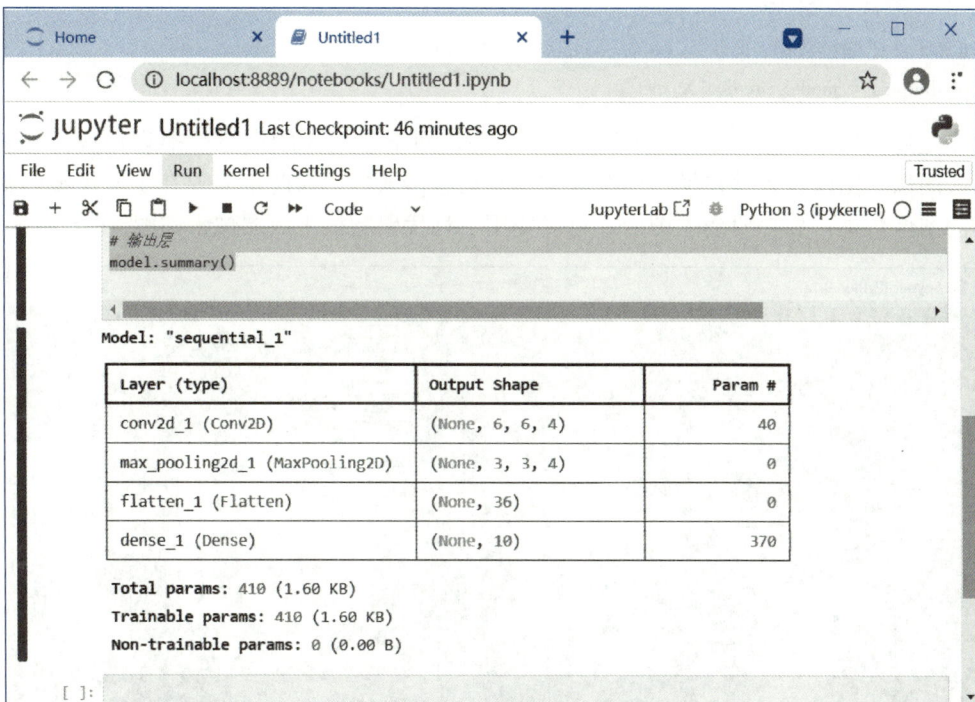

图 6-17　卷积神经网络模型结构示例

这个简单的 CNN 结构包含卷积层、激活层、池化层和全连接层，适用于处理 8×8 大小的图像。通过卷积和池化操作，网络能够提取图像的特征，并通过全连接层进行分类。

在代码中，没有直接输入真正的图像数据，而是通过 input_shape = (8, 8, 1)定义了输入数据形状。因为 Keras 模型在定义时只需要知道输入数据的形状，而不需要具体的图像数据。实际的图像数据会在训练或推理时通过 model. fit( )或 model. predict( )传入。

在实际使用时，输入图像是一个 NumPy 数组或 Tensor，形状为(batch_size, 8, 8, 1)，

其中，参数 batch_size 为一次输入的图像数量（例如 32 张图像），参数 8，8，1 分别为每张图像的高度、宽度和通道数。例如，如果有一个批量大小为 1 的输入图像，可以表示为：

```
import numpy as np
# 创建一个随机的 8×8 单通道图像
input_image = np.random.rand(1, 8, 8, 1)   # 形状为 (1, 8, 8, 1)
```

在实际训练或推理时，输入图像会通过以下方式传入模型。

（1）训练时使用图像

```
# X_train 是训练数据，形状为 (num_samples, 8, 8, 1)
# y_train 是标签，形状为 (num_samples, 10)
model.fit(X_train, y_train, epochs=10, batch_size=32)
```

（2）推理时使用图像

```
# X_test 是测试数据，形状为 (num_samples, 8, 8, 1)
predictions = model.predict(X_test)
```

在上述代码中，定义了一个 CNN 模型结构，而不是具体的训练或推理过程。并未真正输入图像，图像输入是在模型训练或推理时动态传入的，因此不需要在定义模型时提供具体的图像数据。如果要输入图像，可以使用下列代码随机生成图像，如图 6-18 所示。

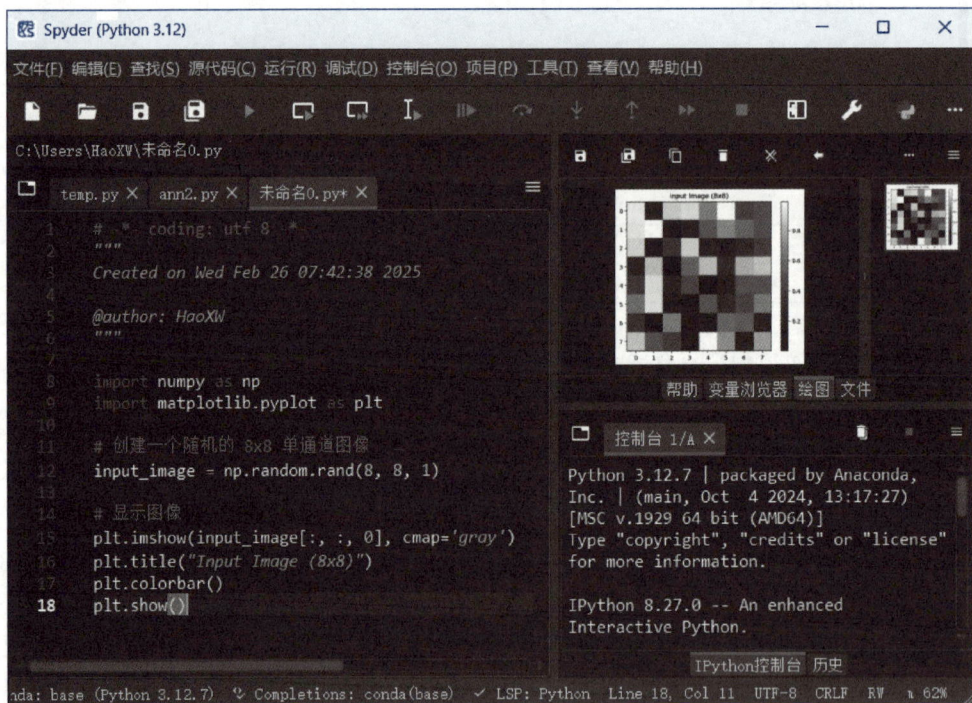

图 6-18　随机生成一幅 8×8×1 灰度图像

说明：运行本例子中的代码，需要安装 TensorFlow 模块，在 Python 环境，运行 Anaconda. navigator 窗口，单击"launch anaconda_prompt"打开 cmd 窗口，执行命令：pip install tensorflow 安装即可。

安装完成后，执行下列命令，可以验证 TensorFlow 是否安装成功。

```
python -c "import tensorflow as tf; print( tf. __version__)"
```

如果在使用过程中，遇到不明白的地方，可以使用 DeepSeek，首先输入"请解释下面代码："，然后将代码或系统返回信息复制到 DeepSeek 会话窗口发送即可。

6.5.3 深度学习框架

在图像处理等应用场景，所使用的 CNN 网络非常复杂，设计和训练 CNN 网络非常复杂，为此，业界设计开发了深度学习框架，它是一种专门用于构建、训练和部署深度学习模型的软件工具和库。提供了预定义的函数、类和模块，简化了神经网络的设计和实现过程。

深度学习框架一般具有以下功能：

（1）模型构建：提供高级 API，方便定义神经网络结构。

（2）自动求导：自动计算梯度，简化反向传播。

（3）优化算法：内置多种优化器（如 SGD、Adam）。

（4）硬件加速：支持 GPU 和 TPU，提升计算效率。

（5）数据处理：提供工具加载和预处理数据。

（6）模型部署：支持将训练好的模型部署到生产环境。

常见的深度学习框架包括：

（1）TensorFlow：由 Google 开发，支持多种语言，社区庞大。提供 Keras 作为高级 API，适合初学者和专家。

（2）PyTorch：由 Facebook 开发，动态计算图，灵活性高。在研究领域广泛使用。

（3）Keras：高级 API，可运行在 TensorFlow、Theano 等后端。简单易用，适合快速原型设计。

（4）MXNet：由 Apache 支持，高效灵活，支持多种语言。

（5）Caffe：适合计算机视觉任务，速度快。

深度学习框架通过提供高效的工具和库，简化了深度学习模型的开发流程，支持从研究到生产的全流程。选择合适的框架可以显著提升开发效率和模型性能。

6.6 生成式人工智能

在人工智能发展的过程中，人工智能应用主要集中在规则驱动和特定任务求解方面，例如：专家系统，使用符号和逻辑推理模拟人类思维的符号主义 AI，使用统计方法和简单模型从数据中学习的机器学习，以及早期的图像处理、自然语言理解、游戏等。这些早期AI主要依赖规则和简单模型，专注于特定任务，应用场景有限。

随着数据积累，算法创新和算力提升，使得大规模深度学习模型训练成为可能。同时，各行业对自动化内容生成的需求增加，如新闻写作、广告设计等，艺术、音乐、影视等领域也需要新技术来辅助创作。学术界对生成模型的探索推动了 AI 技术的进步，开源框架和工具（如 TensorFlow、PyTorch）降低了技术门槛，在多种因素的共同推动下，生成式人工智能快速崛起，特别是 ChatGPT、DeepSeek 等大语言模型发布，极大地提高了人们的工作效率，推动了各行业的创新和发展，标志着 AI 技术进入了一个新的时代。

▶ 6.6.1 基本概念

所谓生成式人工智能（generative AI），是一种能够自主生成新内容的人工智能技术。它通过学习大量数据中的模式，创造出与训练数据相似但全新的文本、图像、音频或视频等内容。广泛应用于文本生成、图像合成、音乐创作、视频生成等领域。

生成式人工智能有三种常用模型。

（1）生成对抗网络（GAN）：生成对抗网络（generative adversarial networks，GANs）是一种深度学习模型，由生成器和判别器两部分组成，通过对抗训练生成逼真的数据。生成器生成与真实数据相似的假数据，判别器区分真实数据和生成器生成的假数据。两者通过对抗过程不断优化，最终生成器能够产生高度逼真的数据，广泛应用于图像生成、修复、风格迁移和数据增强等领域。

（2）变分自编码器（VAE）：变分自编码器（variational autoencoder，VAE）是一种生成模型，结合了概率图模型和深度学习，编码器将输入数据映射为潜在空间的分布参数均值和方差，解码器从该分布中采样潜在向量并重构数据。VAE 常应用于图像生成、数据压缩、异常检测和图像修复等领域。

（3）Transformer 模型：Transformer 模型由 Google 在 2017 年提出，最初用于自然语言处理（NLP）任务，擅长处理机器翻译、文本生成、问答系统等，如 ChatGPT、BERT。

Transformer 模型采用编码器-解码器结构，核心是自注意力机制（self-attention）。编码器部分由多层编码器堆叠而成，每层包含多头自注意力机制、前馈神经网络、残差连接和层归一化。解码器部分由多层解码器堆叠而成，每层包含带掩码的多头自注意力机制（防止未来信息泄露）、编码器-解码器注意力机制、前馈神经网络和残差连接和层归一化。

编码器-解码器结构将输入序列转换为特征表示，解码器生成输出序列，自注意力机制计算序列中每个元素与其他元素的相关性，生成加权表示，通过位置编码保留序列的顺序信息。自注意力机制无须依赖传统循环或卷积结构，具备并行计算能力，训练速度更快，尤其适合处理长序列数据。

举例 1：机器翻译。

任务：将英文句子翻译为中文。

输入：英文句子"The cat is on the mat. "

输出：中文翻译"猫在垫子上。"

生成过程：

编码器将英文句子编码为特征表示。

解码器逐步生成中文翻译，每次生成一个词。

举例 2：文本生成。

任务：生成新闻标题。

输入：新闻内容"昨天，某公司发布了新款智能手机。"

输出：标题"某公司发布新款智能手机。"

生成过程：

编码器将新闻内容编码为特征表示。

解码器生成标题，每次生成一个词。

Transformer 模型通过自注意力机制和并行计算，显著提升了 NLP 任务的性能，广泛应用于机器翻译、文本生成和问答系统等领域。

▶ 6.6.2 大语言模型

2016 年 6 月，美国 OpenAI 公司[①]发表了关于生成模型的研究论文 Generative Model，开启了生成式人工智能大语言模型研发和商业应用的序幕。2019 年 2 月，OpenAI 公开发布 GPT-2，根据用户偏好和反馈进行了调整。2020 年 5 月，OpenAI 发布了当时全球规模最大的预训练语言模型 GPT-3，这一事件标志着大语言模型的能力达到了一个前所未有的高度，引发了学术界、产业界和公众的广泛关注。

GPT-3 拥有 1 750 亿参数，是当时规模最大的语言模型，远超之前的 GPT-2（15 亿参数）。大规模参数赋予了 GPT-3 强大的语言理解和生成能力。同时，GPT-3 还展示了强大的少样本学习和零样本学习能力，无须大量任务特定数据，仅通过少量示例或指令即可完成多种任务，如翻译、问答、代码生成等。GPT-3 已经发布，即引起了全球轰动。

2024 年 1 月 5 日，中国杭州 DeepSeek（深度求索）公司发布了其第一个大模型 DeepSeek LLM。2024 年 5 月，深度求索研发的开源 MoE 大模型，采用 Transformer 架构，引入 MLA（multi-head latent attention）架构，大幅减少了计算量和推理显存，性能达 GPT-4 级别，且开源、可免费商用。2024 年 12 月 26 日，全新系列模型 DeepSeek-V3 首个版本上线并同步开源。2025 年 1 月 20 日正式发布，在数学、代码、自然语言推理等任务上的性能比肩 OpenAI o1 正式版，并在网页端、APP 端和 API 全面上线，全球轰动，再次将大语言模型推向高潮，也使我国的 AI 技术进入国际发展的最前沿。

---

① OpenAI 是一家全球领先的人工智能研究公司，成立于 2015 年 12 月，由科技界的多位知名人物联合创立，包括埃隆·马斯克（Elon Musk）等。OpenAI 最初以非营利组织的形式成立，旨在通过开放研究和共享技术的方式，推动人工智能的透明性与协作性。其目标是开发安全且公平的人工智能，避免技术集中化带来的风险。技术成就包括：GPT 系列模型，多模态模型，如 DALL·E（图像生成）和 Codex（代码生成）。2020 年，OpenAI 宣布重组为"有限营利公司"，以吸引更多资金支持其研发。微软投资 10 亿美元，成为其重要合作伙伴，并将 OpenAI 的技术整合到 Azure 云平台中。

1. 大语言模型的概念

大语言模型（large language model，LLM）是一种基于深度学习技术构建的自然语言处理模型，能够理解和生成人类语言。这类模型通常具有大规模参数（数十亿甚至数千亿）和强大的语言理解能力，能够完成多种语言任务，如文本生成、翻译、问答、摘要等。

大语言模型通常包含数十亿到数千亿个参数，使其能够捕捉复杂的语言模式和知识。通过在大规模无标注文本数据上进行预训练，学习通用的语言表示。在特定任务数据上进行微调，适应具体应用场景。利用上下文信息生成连贯、相关的文本，从而能够处理多种语言任务，如文本生成、分类、翻译、问答等。

大语言模型技术有着广阔的应用和市场前景，出现后就成为人工智能主流的发展方向，目前市场上已经成熟的大模型很多，包括：① GPT 系列，由 OpenAI 开发，基于 Transformer 解码器，专注于文本生成任务。② BERT 系列，由 Google 开发，基于 Transformer 编码器，专注于语言理解任务。③ T5（Text-to-Text Transfer Transformer），由 Google 开发，将所有任务统一为文本到文本的转换。④ PaLM、LaMDA，由 Google 开发，专注于对话和通用语言理解。⑤ LLaMA、Falcon，开源大语言模型，推动社区研究和应用。

近年来，我国在人工智能领域取得了显著进展，尤其是在大语言模型和大规模预训练模型方面，涌现出一批具有国际竞争力的重要模型，见表6-9。

表6-9　多模态生成工具列表

大模型名称	开发公司	特点	发布时间
盘古大模型	华为	面向企业级应用，支持大规模数据处理和复杂任务推理	2021年9月
文心一言（ERNIE Bot）	百度	基于百度文心大模型，具备自然语言理解和生成能力，支持多模态交互	2023年3月
通义千问	阿里巴巴	支持多轮对话、逻辑推理和文本生成，应用于阿里云智能服务	2023年4月
星火大模型	科大讯飞	专注于语音识别和自然语言处理，支持多语言和多场景应用	2023年5月
混元大模型	腾讯	支持文本生成、图像理解和多模态任务，应用于腾讯云和内容生态	2023年9月
云雀大模型	字节跳动	支持文本生成和对话交互，应用于字节跳动旗下产品生态	2023年8月
天工大模型	昆仑万维	支持多模态任务和复杂推理，应用于智能助手和内容生成	2023年4月
商量大模型（SenseChat）	商汤科技	支持多轮对话和文本生成，应用于智能客服和内容创作	2023年8月
360智脑	360	支持文本生成和多轮对话，应用于安全领域和智能助手	2023年3月

续表

大模型名称	开发公司	特点	发布时间
金山办公大模型	金山办公	专注于办公场景，支持文档生成、表格分析和智能排版	2023 年 9 月
网易有道大模型	网易有道	专注于教育领域，支持语言翻译、题目解析和知识问答	2023 年 7 月
豆包大模型	字节跳动	支持文本生成、对话交互和多模态任务，应用于字节跳动旗下产品生态	2024 年 5 月
深度求索（DeepSeek）	深度求索公司	开源大模型，支持长文本理解和生成，适用于学术研究和工业应用	2024 年 1 月

上述国产大模型均具备文本生成、问答、对话、代码生成等多样化的能力，部分模型也在快速迭代，具备文生图等多模态生成功能，同时在不同垂直领域各具特色。其中，DeepSeek 具有卓越的性能和广泛的应用场景，2024 年 5 月发布开源第二代 MoE 大模型 DeepSeek-V2，性能比肩 GPT-4 Turbo，2024 年 12 月 26 日模型 DeepSeek-V3 首个版本上线并同步开源，2025 年 1 月 28 日，推出 Janus-Pro-7B 文生图模型，性能与 OpenAI 的 DALL·E 3 及 Stability AI 的 Stable Diffusion 相当。DeepSeek 已成为与 ChatGPT 齐名的国际顶尖大语言模型，在全球范围内获得了广泛应用，这不仅彰显了我国人工智能技术的飞速进步，更标志着中国在人工智能领域已跻身世界领先行列。

2. 相关技术

大语言模型在众多应用中表现出色，其架构包含 Transformer 架构、输入表示和训练目标三个部分。输入文本被转换为词嵌入（token embeddings），并加上位置编码（positional encoding）以保留序列信息。预训练任务通常包括语言建模（如 GPT 的下一词预测）或掩码语言模型（如 BERT 的掩码词预测）。主要涉及以下关键技术。

（1）Transformer 架构：大语言模型通常基于 Transformer 架构，利用自注意力机制捕捉长距离依赖关系，能够并行处理序列数据，克服了循环神经网络 RNN 及其变体 LSTM（long short-term memory）模型的长距离依赖问题。通过多个注意力头捕捉不同子空间的语义信息，提升模型表现。

（2）预训练与微调：预训练（Pre-training）是深度学习中的一种技术，指在大规模无标注数据上训练模型，使其学习通用的特征表示，然后再在特定任务上进行微调（fine-tuning），适应具体应用。预训练技术在自然语言处理（NLP）和计算机视觉（CV）等领域取得了巨大成功，显著提升了模型的性能和泛化能力。

（3）自监督学习：使用掩码语言模型（masked language model，MLM）预训练方法，通过预测被掩码的词，模型能够学习到丰富的上下文表示。MLM 利用双向上下文（即被掩码词的左右两侧信息）进行预测，这种双向性使模型能够更好地理解词语在上下文中的含义。使用下一句预测（next sentence prediction，NSP），判断两个句子是否连续，增强句子间关系理解。NSP 是 BERT（bidirectional encoder representations from transformers）预训练语言模型的重要组成部分，通常与 MLM 模型结合使用，使模型同时学习词语级和句子级表示。

（4）大规模数据集：使用多样化、大规模的文本数据，如网页、书籍、论文等。通过去重、过滤低质量内容等预处理进行内容清洗，提升数据质量。

（5）推理优化：通过剪枝、量化、蒸馏等技术减少模型大小和计算需求。使用专用硬件或优化库（如 TensorRT）提升推理速度。

（6）模型优化：利用多 GPU 或 TPU 集群进行分布式训练，结合 FP16 和 FP32 混合精度训练，提升训练速度并减少内存占用。

（7）提示工程：通过设计和优化用户输入提示（prompt）来引导大语言模型生成预期输出，提示是用户输入给模型的文本，可以是问题、指令、示例或上下文信息，用于指导模型生成特定类型、风格或主题的输出。提示工程的技术方法有：① 零样本提示（zero-shot prompting），直接向模型提供任务描述，不提供示例，依赖模型的理解能力生成输出。② 少样本提示（few-shot prompting），提供少量示例，帮助模型快速理解任务并生成类似输出。

（8）对齐与安全：对齐技术使用结合人类反馈和强化学习 RLHF（reinforcement learning from human feedback，基于人类反馈的强化学习）对齐技术训练模型，使模型输出更符合人类价值观和偏好。RLHF 在大语言模型（如 ChatGPT，DeepSeek 等）的训练中发挥了重要作用，帮助模型生成更安全、有用和符合预期的内容。

这些技术共同推动了大语言模型的发展，使其在多种任务中表现出色。

3. 应用场景

DeepSeek 大模型的横空出世以及开源免费应用模式，再次引发了 AI 技术的社会热潮，引起了社会的广泛关注，极大地推动了大语言模型的应用。大语言模型现已广泛应用于智能问答、聊天机器人、内容创作、编程辅助、教育工具等多个领域。

大语言模型凭借其强大的语言理解和生成能力，在多个领域展现了广泛的应用潜力，主要应用场景包括以下几个。

（1）文本生成：自动生成文章、博客、新闻、故事、广告标语、产品描述、营销文案等文本内容，帮助内容创作者提高效率。还可以进行创意写作，辅助创作诗歌、剧本、小说等文学作品。

（2）机器翻译：实现不同语言之间的高质量翻译，支持跨语言交流，可应用于实时对话翻译、文档翻译等场景。

（3）问答系统：自动回答用户问题，提供 7×24 小时智能客服，降低人工客服成本。还可以从结构化或非结构化数据中提取信息，回答用户查询，以及进行教育辅助，为学生提供学习问题的解答和知识讲解。

（4）代码生成与编程辅助：根据自然语言描述生成代码片段或补全代码，支持多种编程语言。在编程环境中提供智能代码补全建议，提高开发效率。分析代码逻辑，检测潜在错误并提供修复建议。

（5）文本摘要与信息提取：从长文档中提取关键信息，生成简洁的摘要，或者从文本中提取结构化数据，如实体、关系、事件等。也可以进行文档分析，快速分析法律合同、学术论文等长文本，提取核心内容。

（6）文本分类与过滤：自动识别并过滤垃圾邮件或恶意信息，将新闻文章按主题分类，方便用户浏览，自动检测并过滤不当内容进行内容审核，如暴力、仇恨言论等。

（7）个性化推荐：根据用户兴趣推荐文章、视频、商品等，为学生推荐适合的学习材料和练习题，根据用户背景推荐职业发展方向或技能提升建议。

（8）对话系统与虚拟助手：构建智能聊天机器人或虚拟助手，聊天机器人可用于社交娱乐、客户服务、教育辅导等场景，虚拟助手帮助用户管理日程、查询信息、完成任务（如 Siri、Alexa 等），提供初步的心理支持和情绪疏导。

（9）医疗与健康：快速分析医学文献，提取关键研究成果，根据患者症状描述提供初步诊断建议，回答用户关于健康、饮食、运动等方面的问题。

（10）法律与合规：自动分析法律合同，提取关键条款和风险点，提供基础法律问题解答，帮助企业检查文档是否符合相关法律法规。

（11）教育与培训：根据学生的学习进度和兴趣提供定制化学习内容，自动批改作业、考试试卷，并提供反馈，辅助外语学习，提供语法纠正、词汇解释等功能。

（12）科学研究：帮助研究人员快速了解某一领域的研究现状，提供实验设计建议或数据分析方法，辅助撰写学术论文，提供语言润色和结构建议。

（13）游戏与娱乐：为游戏生成故事情节或对话内容，创建智能 NPC（非玩家角色），与玩家互动，根据玩家偏好生成定制化的游戏内容。

（14）商业智能与决策支持：分析市场趋势和消费者行为，提供商业洞察，自动生成商业报告、财务分析等文档，基于数据分析提供商业决策建议。

（15）情感分析与舆情监控：分析文本的情感倾向（正面、负面、中性），用于市场调研和用户反馈分析，实时监控社交媒体和新闻中的公众情绪，帮助企业或政府做出决策。

大语言模型的应用场景几乎覆盖了所有需要语言理解和生成的领域，从日常生活中的对话助手到专业领域的法律、医疗、教育等，展现了其强大的通用性和灵活性。随着技术的不断进步，大语言模型的应用范围还将进一步扩展，为各行各业带来更多创新和价值。

▶ 6.6.3 多模态生成

早期的生成式人工智能研究主要集中在单一模态的生成，如文本或图像生成。随着深度学习的发展，研究者开始探索多模态数据的融合与生成，如将文本与图像结合。所谓多模态生成就是指利用多种数据模态（如文本、图像、音频、视频等）进行内容生成的技术。它通过多模态输入，整合不同模态的信息，生成新的多模态内容，例如，输入文本、图像、音频等多模态数据，根据文本生成图像，或结合图像和音频生成视频等。

1. 相关技术

多模态生成是人工智能计算发展到一定阶段的产物，它融合了多种机器学习和深度学习技术。

（1）生成对抗网络

生成对抗网络（GAN）是一种深度学习模型，由生成器和判别器构成。生成器生成与真实数据相似的假数据（如图像、音频等），判别器区分真实数据和生成器生成的假数据，输出数据为真实的概率。通过模型训练，直到生成器生成的数据与真实数据难以区分。GANs属于不需要标注数据，适用于无监督学习任务，生成的数据质量高，难以与真实数据区分。

（2）变分自编码器

变分自编码器（VAE）是一种生成模型，结合了自编码器和概率图模型的特点，通过学习数据的潜在分布生成新数据，由编码器和解码器两部分构成。编码器（encoder）将输入数据映射到潜在空间（latent space），输出潜在变量的均值和方差。解码器（decoder）将潜在变量映射回数据空间，生成新数据。

（3）Transformer-based 模型

Transformer-based 模型是一类基于自注意力机制（self-attention mechanism）的深度学习模型，最早用于自然语言处理任务。由于其强大的建模能力和并行计算优势，Transformer-based 模型迅速扩展到计算机视觉、音频处理和多模态任务等领域。

（4）多模态预训练模型

多模态预训练模型是一类能够同时处理和理解多种模态数据（如文本、图像、音频、视频等）的深度学习模型。这些模型通过在大规模多模态数据上进行预训练，通过预训练学习不同模态数据之间的关联，将文本、图像、音频等映射到一个共享的语义空间。在大规模多模态数据集上进行预训练，学习通用的跨模态特征表示，通过微调（fine-tuning）或提示学习（prompt learning）将预训练模型适配到特定任务。经典模型有 CLIP（contrastive language-image pretraining）、DALL-E（基于 Transformer 的文本生成图像模型）等。

（5）模态融合技术

模态融合技术是指将来自不同模态（如文本、图像、音频、视频等）的数据进行整合，以提取更丰富、更全面的信息。这种技术在多模态任务中至关重要，能够提升模型的性能和鲁棒性。模态融合技术涉及注意力机制（attention mechanism）、图神经网络（graph neural networks，GNNs）、对比学习（contrastive learning）等技术。

（6）强化学习

通过奖励机制优化生成模型，适用于复杂多模态生成任务，如游戏内容生成、机器人控制。

（7）自监督学习

利用数据自身的结构进行训练，减少对标注数据的依赖。

上述技术通常被组织到一些专用的开发框架或工具包中，以支持多模态生成的研发。多模态生成的主要工具包括深度学习框架（如 PyTorch、TensorFlow）、预训练模型（如 CLIP、DALL-E）、专用工具（如 Stable Diffusion、GauGAN）以及开源项目（如 Disco Diffusion、MMGeneration）。这些工具为研究人员和开发者提供了强大的支持，同时也推动了多模态生成技术的发展和应用。

2. 开发工具

随着多模态生成技术的发展，各种多模态生成工具陆续发布，这些工具功能相似，各有特点，常见工具见表 6-10。

表 6-10　多模态生成工具列表

序号	工具名称	开发者/公司	主要功能	适用场景
1	OpenAI 系列工具	OpenAI	文本生成图像、语音识别、多模态问答	艺术创作、语音处理、跨模态检索
2	Stable Diffusion	Stability AI	文本生成图像	艺术创作、设计、广告
3	MidJourney	MidJourney 团队	文本生成图像	艺术创作、概念设计
4	Google Imagen	Google Research	文本生成图像	图像生成、广告设计
5	DeepMind Flamingo	DeepMind	多模态生成与理解	视觉问答、视频理解
6	NVIDIA GauGAN	NVIDIA	文本生成图像	场景设计、游戏开发
7	Hugging Face	Hugging Face	多模态生成与检索	多模态生成、跨模态检索
8	Make-A-Video	Meta	文本生成视频	视频生成、广告制作
9	Runway ML	Runway	多模态生成与编辑	艺术创作、视频编辑
10	Jukebox	OpenAI	音乐生成	音乐创作、音频生成

在这些工具中，OpenAI 系列应用广泛，陆续发布了多款支持多模态生成的人工智能软件和模型，其中最著名的包括 DALL-E、CLIP 、Whisper、GPT-4，简要介绍如下。

（1）DALL-E 系列

2021 年 1 月，OpenAI 发布 DALL-E，它为基于 Transformer 架构的文本生成图像模型，能够根据自然语言描述生成高质量、多样化的图像，支持复杂的文本提示，生成具有创造性和细节的图像。熟悉多种艺术风格，能根据文字制作建筑物上的标志等。随后，陆续推出 DALL-E 2（2022 年）、DALL-E 3，（2023 年）不断增强生成能力。DALL-E 3 可与 ChatGPT 结合，用户可通过与 ChatGPT 对话调整图片生成提示。能将细致入微的请求转化为极为详细和准确的图像，有更多安全防护措施，如限制生成暴力、成人、仇恨内容等，也会对生成公众人物图像或模仿在世艺术家风格的请求进行限制。

（2）CLIP（contrastive language-image pretraining）

2021 年 1 月，OpenAI 发布多模态预训练模型，能够理解文本和图像之间的关系，通过对比学习对齐文本和图像的表示，支持零样本学习，无需微调即可应用于新任务。可应用于图像分类、跨模态检索（如文本到图像搜索），以及与其他生成模型（如 DALL-E）结合，提升生成质量。

（3）Whisper

2022 年 9 月，OpenAI 发布 Whisper 自动语音识别（ASR）模型，Whisper 基于 Transformer 架构，是一款功能强大、开源的多语言语音识别模型，支持语音转文本、语音翻译和语音活动检测等任务。它在多语言支持、鲁棒性和准确性方面表现优异，广泛应用于会议记录、字幕生成、语音助手和医疗领域。尽管存在计算资源需求高和实时性不足等局限性，但其开源性质和社区支持使其成为语音识别领域的重要工具。

（4）GPT-4

2023 年 3 月，OpenAI 发布最新大型语言模型 GPT-4 ，它是 GPT-3 的升级版本。GPT-4 在规模、性能和功能上都有显著提升，支持更复杂的任务和多模态输入（如文本和图像）。GPT-4 功能更加强大，不仅支持文本输入，还可以处理图像输入（如图像描述生成、图像问答），支持更长的上下文窗口（约 32 000 个 token），能够处理更长的对话和文档。尽管存在计算资源需求高和数据时效性等局限性，但其强大的功能和可定制性使其成为人工智能领域的重要工具。

（5）OpenAI Sora

2024 年 2 月 16 日，OpenAI 开发的首个文本生成视频模型 Sora 预览版，展示了 48 个由 Sora 生成的视频片段。经过近 10 个月的迭代，12 月 10 日正式推出，并面向 ChatGPT Plus 和 Pro 订阅用户开放。功能包括：① 文生视频：支持根据文本描述生成高保真视频，最长 20 秒（Pro 用户），分辨率最高 1080p。② 图生视频：可基于静态图像生成动态视频，精准捕捉细节并实现连贯运动。③ 视频生视频：支持扩展或填充现有视频，创建循环视频、调整风格或无缝衔接多段视频。

Sora 对编辑工具也进行了进阶，功能包括：① 故事板（storyboard）：通过分镜设计生成连贯故事，支持插入图片或视频片段并自动补全。② 重混（remix）：修改视频元素（如替换物体、调整场景）。③ 重新剪辑（re-cut）：截取、修剪或扩展视频片段，优化画面连贯性。④ 风格预设：提供多种视觉风格选项，快速调整视频艺术效果。

这些工具在多模态生成领域各具特色，用户可以根据具体需求选择合适的工具。开发者也可以在系统研发中使用上述模型，通过相应的开发框架、API 等访问，开发自己的人工智能应用系统，具体操作和程序代码可通过大语言模型 DeepSeek、ChatGPT 询问。

3. 主要应用

上述技术通过整合多种模态数据，推动了内容生成的创新，同时，CLIP、DALL-E 等大规模预训练模型也进一步提升了多模态生成的能力，并随着技术进步持续发展。当前，使用多模态生成技术可以生成逼真的图像（如人脸、风景等）、生成高质量视频、将一种风格的图像转换为另一种风格、生成额外的训练数据，提升模型性能等。

当前的主要应用领域包括以下几个。

（1）艺术创作：生成艺术作品、音乐和视频等创意内容。

（2）虚拟现实：创建沉浸式虚拟环境。

（3）医疗：生成医学影像和报告，辅助诊断。

（4）教育：开发互动教学材料。

（5）娱乐：制作电影、游戏等娱乐内容

随着 AI 技术的不断发展，多模态生成的应用领域将更加广泛。

本章小结

    本章从技术视角全面系统地介绍了人工智能的基本概念、人工智能分类、发展历程、研究学派、核心技术和人工智能应用。人工智能的发展就是人工智能技术的发展，其核心思想是神经网络，核心技术是机器学习。通过简单例子介绍了人工神经网络的概念，进而讲解了最重要的卷积神经网络、循环神经网络结构，这也是深度学习的基础。进而介绍了深度学习，以及深度学习的重要应用，即大语言模型和多模态生成，很好地将人工智能应用和底层技术及简单的数学原理联系在一起，从而有助于大家对人工智能的认识和理解。

思考题

    1. 关于人工智能，回答下列问题。

    （1）什么是人工智能？

    （2）人工智能有哪些研究学派？各学派与心理学有何关系？

    2. 人工智能的发展主要经历了哪几个阶段？简述每个阶段的重要事件。

    3. 人工智能如何分类？简要说明。

    4. 什么是人工神经网络？画图说明。

    5. 在人工神经网络中，为什么要引入激活函数？有哪些常用的激活函数？简要说明其功能。

    6. 什么是超平面？

    7. 什么是梯度下降算法？简要说明其工作过程。

    8. 什么是机器学习？简述机器学习和神经网络的关系。

    9. 机器学习分哪些类型？说明其中的差异。

    10. 设某公司过去 8 个月的广告投入（单位：万元）和对应的销售额（单位：万元）数据，见表 6-11。

表 6-11　广告投入与销售额

月份	广告投入（x）	销售额（y）
1	10	120
2	15	180
3	20	220
4	25	260
5	30	300

月份	广告投入（x）	销售额（y）
6	35	350
7	40	400
8	45	420

编写一个 Python 程序，分析某公司广告投入与销售额之间的关系。

（1）画出广告投入与销售额散点图，显示广告投入与销售额之间的关系。

（2）使用最小二乘法来计算线性回归方程。

（3）绘制的回归直线直观展示模型拟合情况。

（4）假设该公司下个月计划广告投入 50 万元，预测下个月销售额。

11. 什么是支持向量机（SVM）？简述其功能，并举例说明。

12. 关于卷积神经网络，回答下列问题。

（1）什么是卷积？

（2）什么是卷积核？有哪些常用的卷积核，分别说明其功能。

（3）卷积核池化的功能是什么？

13. 假设我们有一个简单的 CNN，用于对灰度图像进行分类。输入图像的大小为 5×5，卷积核（滤波器）的大小为 3×3。假设输入图像为一个 5×5 的矩阵：

$$\text{Input} = \begin{bmatrix} 1 & 0 & 1 & 0 & 1 \\ 0 & 1 & 0 & 1 & 0 \\ 1 & 0 & 1 & 0 & 1 \\ 0 & 1 & 0 & 1 & 0 \\ 1 & 0 & 1 & 0 & 1 \end{bmatrix}$$

假设卷积核为一个 3×3 的矩阵：

$$\text{Kernel} = \begin{bmatrix} 1 & 0 & 1 \\ 0 & 1 & 0 \\ 1 & 0 & 1 \end{bmatrix}$$

对输入图像进行卷积操作，假设步长为 1，填充方式为不填充，计算输出特征图大小，并计算特征图矩阵。

14. 什么是生成式人工智能？

15. 什么是多模态生成？列举几种常用的多模态生成工具，简要说明功能和特点。

第 7 章

人工智能应用

【本章导读】

近年来，随着数据、算法和算力的快速发展和迭代，人工智能技术得到突飞猛进的发展，人工智能应用呈现出爆发式增长的趋势。建立在深度神经网络、深度学习、强化学习、大语言模型、多模态生成等各种人工智能算法之上的应用发展迅速，在图像识别、计算机视觉、自然语言理解、语音技术等基础核心应用中展现出强大的力量，不断将人工智能从计算智能、感知智能向更高层次的认知智能迈进。人工智能发展已经成为各国的国家战略。

本章从应用的视角介绍人工智能技术的主要应用场景，并结合具体的应用案例来展示底层所使用的人工智能技术，有助于提高对相应人工智能算法、框架、模型的认识和理解。同时，根据不同的人工智能应用，介绍相关的人工智能工具，特别是生成式人工智能工具的应用，这些工具的应用将极大提高我们的工作和学习效率。从技术和应用的不同视角审视人工智能，有助于增强我们的计算思维，为专业学习、创新和发展提供新的思路和启发。

【知识要点】

第7.1节：自然语言处理（NLP），分词，词性标注，句法分析，语义分析，语用分析，情感分析，词嵌入、NLTK 库，Transformers 库，ChatGPT，DeepSeek。

第7.2节：模拟信号，数字信号，数字信号处理，语音编码，语音识别，语音合成，音乐生成。

第7.3节：图像处理，滤波，边缘检测，图像变换，特征提取，目标检测，图像分割，人脸识别，三维重建，视频分析，AI 绘画，图像生成。

第7.4节：人工智能生成内容（AIGC），文本生成，图像生成，多模态，多模态生成，AI 音乐，AI 视频。

第7.5节：智慧医疗，智能交通，智能家居。

▶▶ 7.1 自然语言处理

语言是人类与生俱来的本能，也是人际交流的基本工具。从孩提开始，我们在母亲的怀抱里牙牙学语。随着年龄的长大，我们学会了听说读写能力，学会了理解和思考。如何让机器像人一样能听说，能理解，会思考，是人工智能要解决的重要任务。自然语言处理始终是人工智能研究的重要方向，也是人工智能技术应用的关键领域。

▶ 7.1.1 基础知识

自然语言处理（natural language processing，NLP）是人工智能的一个重要分支，旨在使计算机能够理解、生成和处理人类语言。自然语言处理的研究最早可追溯到人工智能发展的早期阶段，1954 年 1 月 7 日，乔治城实验[①]首次实现机器翻译，将俄语翻译为英语，它是自然语言处理历史上的一个重要里程碑，标志着机器翻译的首次成功尝试。1957 年，美国语言学家诺姆·乔姆斯基（Noam Chomsky）提出生成语法理论，影响句法分析。1964 年，麻省理工学院（MIT）人工智能实验室开始开发模拟人类对话的系统 ELIZA，它是第一个能够模拟人类对话的计算机程序，展示了计算机在自然语言处理方面的潜力。

自然语言处理发展早期主要是基于规则和统计方法。20 世纪 70 年代，依赖语言学规则和手工编写规则，主要是基于规则的系统。20 世纪 80 年代，知识库和专家系统兴起，出现 WordNet 等语义网络。20 世纪 90 年代，利用大规模语料库和概率模型的统计方法取代规则方法。20 世纪 90 年代，隐马尔可夫模型和 n-gram 模型在语音识别和机器翻译中开始广泛应用。

进入 21 世纪，机器学习和深度学习方法兴起，例如，支持向量机（SVM）和条件随机场（CRF）在文本分类和信息抽取中得到应用，自然语言处理进入一个快速发展时期。2003 年，潜在语义分析等主题模型出现。2010 年开始，深度学习方法如循环神经网络（RNN）和卷积神经网络（CNN）在 NLP 中广泛应用，词嵌入（Word Embedding）如 Word2Vec 和 GloVe 显著提升文本表示效果。2017 年，Transformer 架构提出，成为 BERT、GPT 等预训练模型的基础。2018 年，BERT 模型在多项 NLP 任务中取得突破。2020 年 GPT-3 等大规模预训练模型在文本生成和对话系统中表现优异。

自然语言处理的研究内容非常广泛，涵盖从基础理论到实际应用的多个方面，主要包括以下内容。

---

① 乔治城实验（Georgetown-IBM Experiment），1954 年 1 月 7 日，乔治城大学与 IBM 公司在乔治城大学进行了一次展示机器翻译可行性的实验。实验内容是将俄语翻译成英语，约 250 个单词，6 条语法规则，49 个俄语句子。实验在 IBM 701 计算机上进行，采用基于词典和语法规则的简单算法，基本过程就是通过词典查找，将俄语单词映射为英语单词，然后应用语法规则，调整词序和形态，生成符合英语语法的句子。实验展示了机器翻译的潜力，激发了机器翻译研究的热潮，推动了 NLP 领域的发展。

（1）语言理解。包括① 分词，将连续文本分割成有意义的词语或符号。② 词性标注，为每个词标注其词性（如名词、动词等）。③ 句法分析，分析句子的语法结构，生成句法树。④ 语义分析，理解文本的语义和上下文，包括词义消歧、语义角色标注等。⑤ 语篇分析，研究句子之间的连贯性和逻辑关系。

（2）语言生成：根据特定规则或模型生成自然语言文本，如自动摘要、机器翻译、对话生成等，以及语音合成将文本转换为自然流畅的语音。

（3）信息抽取：包括① 命名实体识别，识别文本中的特定实体，如人名、地名、组织名等。② 关系抽取，识别实体之间的关系。③ 事件抽取，识别文本中描述的事件及其参与者。

（4）文本分类与聚类：文本分类就是将文本归类到预定义的类别，如情感分类、主题分类等。文本聚类就是根据文本内容的相似性将文本分组。

（5）情感分析：包括情感识别和情感强度分析，情感识别就是识别文本中的情感倾向，如正面、负面、中性。情感强度分析则是分析情感的强度。

（6）机器翻译：包括自动翻译和多语言处理。自动翻译就是将一种语言的文本自动翻译成另一种语言。多语言处理指处理多种语言之间的翻译和理解。

（7）文本挖掘：识别文本中的主题和模式，分析文本数据中的趋势和变化。

（8）语音处理：包括语音识别（将语音转换为文本）和语音合成（将文本转换为语音）。

（9）多模态处理：处理包含文本、语音和图像的多模态数据。

（10）低资源语言处理：提升资源稀缺语言的 NLP 能力。跨语言迁移学习利用高资源语言的数据提升低资源语言的处理效果。

（11）可解释性与公平性：增强模型的可解释性，使其决策过程透明。确保模型在处理不同群体时的公平性。

自然语言处理的研究内容广泛且深入，从早期的规则方法发展到如今的深度学习和预训练模型，应用范围不断扩大，未来将继续在多模态处理、低资源语言处理、可解释性和公平性、预训练模型等方面取得进展，显著提升在 NLP 任务中的表现。

▶ 7.1.2 相关技术

自然语言处理是一个泛在的说法，它涵盖了各种各样不同的任务或应用。这些任务紧密相关，相互支撑，其涉及的内容包括词汇、句法、语义和语用分析，文本分类、情感分析、自动摘要、机器 翻译和社会计算等。

1. 自然语言处理流程

我们可以将自然语言处理分为自然语言理解（NLU）和自然语言生成（NLG）两个流程，处理流程一般分为六个步骤，如图 7-1 所示。

下面解释各个阶段的主要工作。

（1）数据收集：从网页、数据库、文档等来源收集原始文本数据，对文本进行标注，如词性标注、命名实体识别等。

数据收集	数据预处理	特征提取	建立模型	部署与应用	反馈与迭代
文本获取 数据标注	文本清洗 分词 词干提取 停用词去除	词袋模型 TF-IDF 词嵌入	选择模型 训练模型 模型评估 模型优化	模型部署 持续优化	用户反馈 数据更新

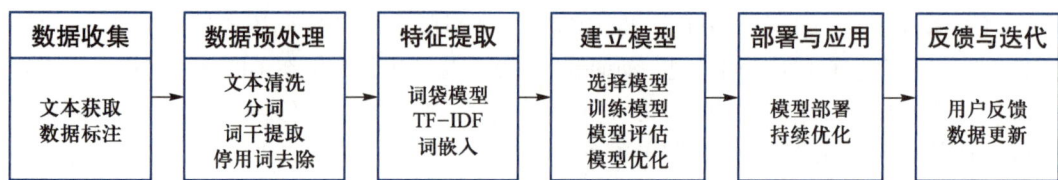

图7-1　自然语言处理的一般流程

（2）数据预处理：主要包括① 文本清洗，去除无关字符、HTML 标签、特殊符号等。② 分词，将文本分割成单词或词组。③ 词干提取与词形还原，将单词还原为词干或基本形式。④ 停用词去除，移除常见但无意义的词汇（如"的""是"等）。

（3）特征提取：主要包括使用词袋模型将文本表示为词汇的集合，使用词频（term frequency，TF）和逆文档频率（inverse document frequency，IDF）指标 TF-IDF 衡量词汇在文档中的重要性，使用词嵌入（word embedding）将词语映射到低维连续向量空间的技术，能够捕捉词语之间的语义关系。

（4）模型选择与训练：根据任务选择合适模型，如朴素贝叶斯、SVM、RNN、Transformer 等。使用标注数据训练模型，调整超参数以优化性能。

（5）模型评估：使用准确率、召回率、F1 分数等评估模型效果，通过交叉验证确保模型泛化能力。

（6）模型优化：调整学习率、批量大小等超参数，结合多个模型提升性能。

（7）部署与应用：将模型部署到生产环境，提供 API 或集成到应用中。监控模型性能，定期更新和优化。

（8）反馈与迭代：收集用户反馈，改进模型。定期更新训练数据，保持模型时效性。

通过上述的一系列步骤，NLP 系统能够有效处理和理解自然语言文本，执行各种应用场景中的相关任务。

2. 关键技术

NLP 系统能够有效处理和理解自然语言文本。其中涉及以下关键技术。

（1）词法分析：主要包括分词、词性标注、命名实体识别和词义消歧。分词就是将文本分割成有意义的词语或符号。词性标注是为每个词标注其词性（如名词、动词等）。

（2）句法分析：分析句子的语法结构，确定句子中各组成成分之间的关系。

（3）语义分析：理解文本的语义和上下文。

（4）语用分析：把文本中的描述和现实相对应，形成动态的表意结构。

（5）情感分析：识别文本中的情感倾向。基于情感字典的情感分析法利用情感词典获取文档中情感词的情感值，再通过加权计算来确定文档的整体情感倾向。也可以使用机器学习或深度学习算法进行情感分析。

（6）文本分类：将文本归类到预定义的类别。

（7）信息抽取：从文本中提取结构化信息。

（8）语音识别与合成：将语音转换为文本（识别）或文本转换为语音（合成）。

（9）机器翻译：将一种语言自动翻译成另一种语言。

（10）问答系统：根据问题从文本中提取答案。

实现上述 NLP 功能需要使用以下一系列的人工智能的技术。

（1）词嵌入：词嵌入是将词语映射到低维连续向量空间的技术，能够捕捉词语之间的语义关系。关键技术包括① Word2Vec，通过上下文预测目标词（CBOW）或通过目标词预测上下文（Skip-Gram）。② GloVe，基于全局词贡献矩阵的词向量表示。③ FastText，考虑子词信息，适用于形态丰富的语言。

（2）循环神经网络（RNN）：RNN 是一种处理序列数据的神经网络，能够捕捉文本中的上下文信息。关键技术包括① LSTM（长短期记忆网络），解决 RNN 的梯度消失问题，适合长文本。② GRU（门控循环单元），LSTM 的简化版本，计算效率更高。

（3）Transformer：一种基于自注意力机制的模型，彻底改变了 NLP 领域。关键技术是① 自注意力机制，捕捉文本中不同位置的关系。② BERT，双向 Transformer，用于预训练语言模型。③ GPT（generative pre-trained transformer），基于 Transformer 的生成模型。

（4）预训练语言模型（pre-trained language models）：预训练语言模型通过大规模语料库进行预训练，然后在特定任务上微调。关键技术包括 BERT、GPT 系列和 T5（Text-to-Text Transfer Transformer）将所有 NLP 任务统一为文本到文本的转换。

（5）序列到序列模型（Seq2Seq）：是一种将输入序列映射到输出序列的模型，常用于生成任务。关键技术有① 编码器-解码器结构，编码器将输入序列编码为向量，解码器生成输出序列。② 注意力机制，帮助模型关注输入序列中的重要部分。

（6）强化学习（reinforcement learning）：强化学习通过奖励机制优化模型的行为，适用于交互式任务。

（7）知识图谱（knowledge graph）：知识图谱是一种结构化的知识表示方法，用于捕捉实体之间的关系。关键技术包括实体识别（识别文本中的实体）、关系抽取（提取实体之间的关系）和图神经网络（GNN）（处理图结构数据）。

（8）迁移学习（transfer learning）：迁移学习通过将预训练模型的知识迁移到新任务，减少对标注数据的需求。关键技术包括微调（在预训练模型的基础上进行少量训练）和多任务学习（同时学习多个相关任务）。

（9）生成对抗网络（GAN）：通过生成器和判别器的对抗训练生成高质量文本。

（10）多模态学习（multimodal learning）：多模态学习结合文本、图像、音频等多种模态的信息。关键技术包括跨模态表示学习（将不同模态的数据映射到同一空间）和多模态 Transformer（处理多模态输入）。

（11）自监督学习（self-supervised learning）：自监督学习通过设计预训练任务从未标注数据中学习表示。关键技术包括掩码语言模型（如 BERT）和对比学习（通过对比正负样本学习表示）。

（12）模型压缩与加速：为了提高模型的效率和实用性，NLP 中广泛使用模型压缩技术。包括剪枝（去除冗余参数）、量化（降低模型参数的精度）和蒸馏（用大模型训练小模型）。

3. 开发工具与框架

在人工智能应用开发中，自然语言处理是一个常见的功能，如：语音输入、智能问答等。开发类似功能，我们不可能从零开始。有关 NLP 中的核心技术已经被开发成相应的开发工具包或框架，供开发人员使用和共享，从而可极大地提高系统和开发效率。

NLP 研发主要开发框架和工具包有以下几种。

（1）NLTK

NLTK（natural language toolkit）是一个用于自然语言处理的 Python 库，广泛应用于文本处理、分析和研究。要使用 NLTK，首先需要安装 NLTK，同时还需要下载额外的数据包（如语料库、模型等）。

NLTK 功能非常强大，包括：① 分词（tokenization），将文本分割成单词或句子；② 词性标注（POS tagging），为每个单词标注词性；③ 停用词去除（stopwords removal），去除常见停用词；④ 词干提取（stemming），将单词还原为词干；⑤ 词形还原（lemmatization）；将单词还原为基本形式；⑥ 命名实体识别（named entity recognition，NER），识别文本中的命名实体；⑦ 频率分布（frequency distribution），统计词汇频率等。

【例 7-1】 Python 自然语言处理库 NLTK 应用示例。

首先，使用 Python 包管理工具 pip，安装 NLTK 包。在操作系统命令窗口（按 Win+R 键，输入 cmd 按回车键），执行命令：pip install nltk

接下来，下载 NLTK 数据，执行下列 Python 代码：

```
import nltk
nltk. download('punkt')
nltk. download('averaged_perceptron_tagger')
nltk. download('stopwords')
nltk. download('wordnet')
nltk. download('maxent_ne_chunker')
nltk. download('words')
```

输入一段文本，输出其中的单词和句子

```
from nltk. tokenize import word_tokenize, sent_tokenize
text = "Hello, world! This is NLTK. "
words = word_tokenize(text)
sentences = sent_tokenize(text)
print(words)          # ['Hello', ',', 'world', '!', 'This', 'is', 'NLTK', '. ']
print(sentences)      # ['Hello, world! ', 'This is NLTK. ']
```

运行上述 Python 代码，可以看到输出结果。

（2）spaCy

spaCy 是一个用于自然语言处理的 Python 库，它提供了预训练模型和工具，用于处理文本数据，执行诸如分词、词性标注、命名实体识别、依存句法分析等任务。

主要功能有：① 分词（tokenization），将文本分割成单词、标点符号等基本单元。② 词性标注（part-of-speech tagging），为每个词标注其词性（如名词、动词、形容词等）。③ 命名实体识别（named entity recognition，NER），识别文本中的命名实体（如人名、地名、组织名等）。④ 依存句法分析（dependency parsing），分析句子中词语之间的语法关系。⑤ 词向量（word vectors），提供预训练的词向量模型，支持语义相似度计算。⑥ 文本分类（text classification），支持对文本进行分类任务。⑦ 规则匹配（Rule-based Matching），提供基于规则的匹配工具，用于提取特定模式的文本。⑧ 多语言支持，支持多种语言的模型和处理。

（3）Transformers 库

Transformers 库是由 Hugging Face 公司开发的一个开源库，专注于自然语言处理（NLP）任务。它基于 Transformer 模型架构（如 BERT、GPT、T5 等），提供了大量预训练模型和工具，使得开发者可以轻松地进行文本分类、文本生成、问答系统、翻译等任务。

Transformers 提供多种预训练模型（如 BERT、GPT、RoBERTa、T5、DistilBERT 等），适用于不同的 NLP 任务。可用于文本分类、文本生成、命名实体识别、文本摘要、以及在没有任务特定训练数据的情况下，直接使用预训练模型进行推理的零样本学习（zero-shot learning）。

通过上述 Python 的 NLP 库，可以很容易地进行文本预处理、信息提取、文本分类、语义分析等工作，进而开发 NLP 应用。

▶ 7.1.3 使用大语言模型

自然语言处理在人工智能应用开发中有着广泛的应用，这些场景包括：搜索引擎、信息检索、推荐系统、问答系统、聊天机器人、情感分析、机器翻译、智能助手、文本生成等。2022 年 11 月 30 日，OpenAI 大型语言模型 ChatGPT，大语言模型的出现将 NLP 推向了一个崭新的高度。2024 年 12 月，DeepSeek 横空出世，再次使人工智能成为万众瞩目的焦点。以 ChatGPT 和 DeepSeek 为代表的大语言模型，极大地激发了人们对人工智能技术的好奇心和热爱，推动了生成式 AI 技术的普及和应用。

1. ChatGPT

ChatGPT 是由 OpenAI 发布的一款基于 GPT 架构的大型语言模型。2020 年 5 月发布，OpenAI 发布 GPT-3，拥有 1750 亿参数，GPT-3 展示了强大的文本生成能力，但并未专门针对对话任务进行优化。在此基础上，2022 年 3 月，OpenAI 发布了一个过渡版本 GPT-3.5，主要针对对话任务进行了优化，引入了基于人类反馈的强化学习，使其在对话中表现更加自然和符合人类期望，为 ChatGPT 的发布奠定了基础。2023 年 3 月 14 日发布 GPT-4，它是 GPT-3.5 的下一代版本，支持多模态输入（文本和图像），并进一步提升了性能。

在 Web 浏览器中，输入 ChatGPT 网址（https://chatgpt.com/），打开 ChatGPT 主页，如图 7-2 所示。

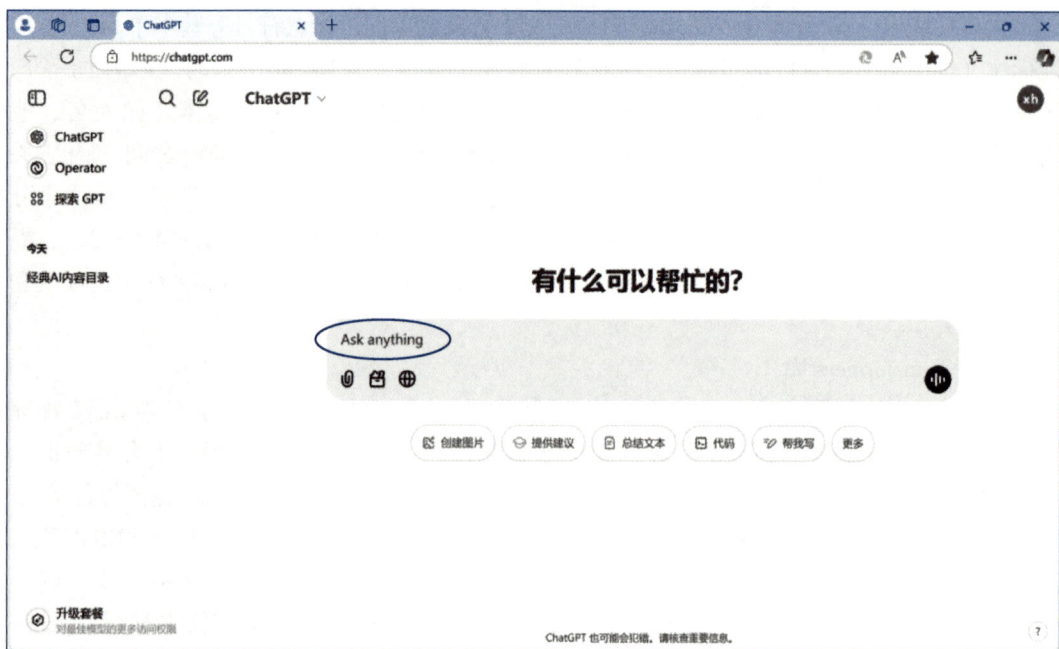

图 7-2　ChatGPT 主界面

接下来就可以使用 ChatGPT 了。ChatGPT 有着广泛的应用场景，可用于问答、写作、学习、编程辅助、代码分析，甚至文字润色等多种场景。

2. 深度搜索 DeepSeek

DeepSeek 是杭州深度求索人工智能基础技术研究有限公司发布的大语言模型。2023年 10 月 28 日，公司推出首个开源代码大模型 DeepSeek-Coder，11 月 29 日，发布通用大模型 DeepSeek-LLM，参数规模达 670 亿。2024 年，陆续推出多种不同侧重和优化迭代的版本，12 月 26 日，发布开源 DeepSeek-V3，总参数达 6 710 亿。

DeepSeek 是一款基于人工智能技术的智能搜索和分析工具，专注于从海量数据中提取有价值的信息，并提供精准的搜索结果和深度分析。它结合了自然语言处理（NLP）、机器学习和大数据技术，旨在为用户提供高效、智能的数据探索和知识发现服务。

用户可以通过智能手机和计算机使用 DeepSeek。若在计算机上使用，在 Web 浏览器中输入 DeepSeek 网址，打开 DeepSeek 主页，如图 7-3 所示。

DeepSeek 作为一款智能搜索和分析工具，可广泛应用于问答、搜索、文学创作、编程、代码分析、问题解答、文档处理等各种应用场景和任务，可极大地提高工作效率。

3. 大语言模型交互技巧

无论是 ChatGPT、DeepSeek，还是其他大语言模型，人机会话对于模型产生内容至关重要，直接影响用户的使用满意度和工作效率。不管什么样的应用场景，我们总是处于两种状态之一，一种是下达任务，一种是问题求助。一些常见的典型应用场景及会话见表 7-1。

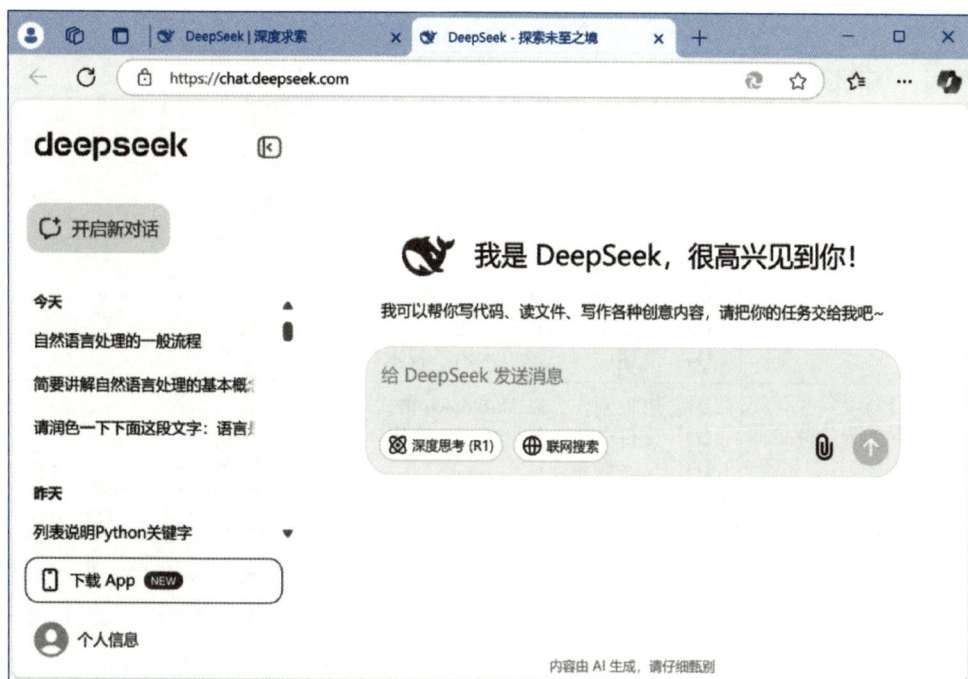

图 7-3　DeepSeek 主界面

表 7-1　大语言模型不同场景典型会话举例

序号	应用场景	问题（多轮会话）举例
1	教育教学	Q1：要学习×××，请给一个学习大纲 Q2：17 世纪最伟大的科学巨匠有哪些？说明生卒，主要成就。请列表，有三列，分别是序号，姓名（生卒）和主要成就，按出生日期由早到晚排列 Q3：什么是多变量线性关系？什么是多元线性方程和非线性方程？ Q4：请列表对比 ChatGPT 和 DeepSeek 的特点
2	职场办公	Q1：行业报告 Q2：工作报表，如：有数据……请绘制散点图和热力图 Q3：文字润色 Q4：会议纪要 Q5：谈判话术 Q6：问题求助，如：要 Excel 每一页显示表格标题，如何操作
3	生活服务	Q1：要去……旅行，请做一个旅行规划 Q2：请列一个健康饮食菜单 Q3：生活咨询，如法律条款、事故处理、投资理财
4	艺术创作	Q1：文案书写 Q2：艺术策划 Q3：作品创作，包括诗歌、小说，情景、作品风格等

序号	应用场景	问题（多轮会话）举例
5	软件编程	Q1：编写一个 Python 程序，完成…功能 Q2：检查下列代码，有何错误： Q3：编写一个正则表达式，要求… Q4：请下列代码进行分析说明
6	学术研究	Q1：写一篇…研究综述 Q2：查一下…近五年发表的学术论文 Q3：查关于…的研究论文 Q4：简述…（概念、术语、技术等）
7	通用任务	D1：PPT 制作，以 Markdown 格式输出 D2：文件分析，如：标书、合同审核等 D3：文字润色

我们使用大模型，无论是下达任务还是问题求助，有时大模型可能没法直接给出答案，例如：制作一个 PPT，许多通用大模型本身可能并不直接生成 PPT 文档，但可以生成一个 PPT 文档大纲，并告知以 Markdown 格式输出。输入任务：我要讲一下人工智能的发展历史，请做一个 ppt，以 Markdown 格式输出。输出结果如图 7-4 所示。

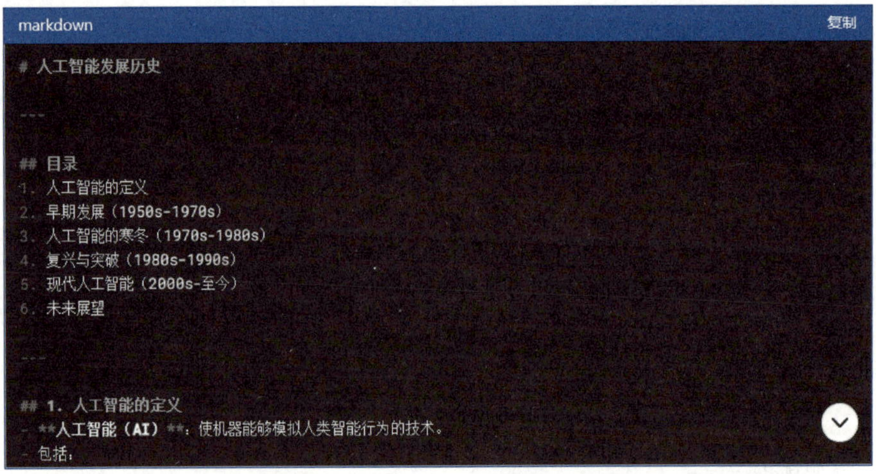

图 7-4　大模型生成的 PPT 内容

复制生成的 PPT 大纲，再利用其他专用 PPT 生成工具生成该大纲对应的 PPT，例如打开智能助手 Kimi，单击窗口左侧导航栏的"Kimi+"，单击"PPT 助手"，把复制的 PPT 大纲文案复制过来，单击"发送"，开始输出 PPT 页面，输出完成后，单击"一键生成 PPT"按钮，选择 PPT 模板，最后生成 PPT 文档，即可下载，完成制作 PPT 的任务，如图 7-5 所示。

大模型还可以对一些文档，例如：商务合同、投标文件等进行分析审核。首先输入任务提示词，然后单击"回形针"图标，上传文档，然后开始分析。

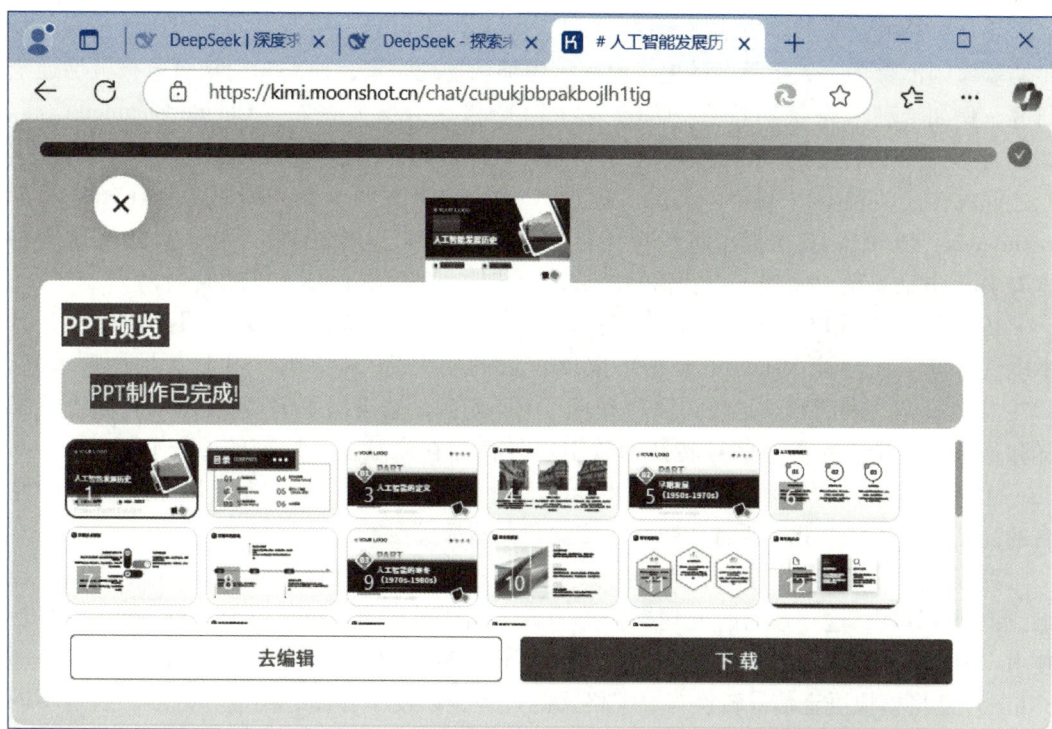

图 7-5　使用 DeepSeek+Kimi 生成 PPT 文档

大模型具有生成程序代码的功能，有些工作可以先让大模型先生成一段示例代码，然后通过执行程序来完成最终的任务。例如，要画一个深度神经网络结构图，大语言模型并不能直接画图，但是，它会给出一段 HTML 代码或一段 Python 代码，复制程序代码，然后在 Python 环境下运行即可得到要画的网络结构图，并且可以进行多轮会话进行调整。

7.2　语音与音频处理

在大自然中，我们会听到这种各样的声音，如语音、音乐、动物鸣叫、噪声等。这些声音，有的是自然声，如语音、动物鸣叫，有的是人工声，如音乐、机器噪声、交通噪声等。声音作为一种物理量，有着悠久的研究历史。人类声音的通信、记录和播放可以追溯到 19 世纪 70 年代电话的发明和留声机的发明。到了 20 世纪 50 年代，声音开始数字化应用，出现了电话 PCM 编码和 CD 唱机。直到 1972 年，才有了第一块计算机声卡，能够生成音乐和声音。20 世纪 80 年代，随着个人计算机的普及，声卡进入消费市场，开始广泛应用于个人计算机。今天，对声音的识别、合成和模拟则要归功于人工智能技术的发展。

7.2.1　语音技术的发展

20 世纪初，电话通信主要依赖模拟信号，易受噪声和失真影响。随着社会发展，人们需要更可靠的信号传输方式。美国 AT&T 公司是当时世界上最著名的电报电话公司，贝尔实验室则汇聚了一大批著名的电子电气工程师和物理学家，他们专门从事电报电话通信研究，例如哈利·奈奎斯特①（Harry Nyquist）和克劳德·香农（Claude Shannon）等。1928 年，奈奎斯特提出了著名的奈奎斯特采样定律，阐明了连续的模拟信号和数字脉冲信号之间的转换关系。1937 年，英国工程师 Alec Reeves 发明了脉冲编码调制（pulse code modulation，PCM），首次提出将模拟信号数字化。直到 20 世纪 60 年代，贝尔实验室将 PCM 用于电话系统，实现了语音信号的数字化传输，数字通信技术日渐成熟。

1967 年，使用 PCM 技术，日本广播协会 NHK 开发了首个数字录音机。1972 年，日本电气音响株式会社 Denon（天龙）推出首台商用 PCM 录音机，用于专业音频录制。1979 年，日本飞利浦和索尼公司联合开发了 CD 光盘，它采用了 PCM 技术对音频进行采样和量化，将模拟的声音信号转换为数字信号存储在光盘上。标准的 CD-DA（compact disc-digital audio）音频采样频率为 44.1 kHz，量化精度为 16 位，通常可以存储 74 分钟左右的高品质音乐。至此，语音的数字化传输和存储都实现了。

为获取高质量的数字信号，需要对数字信号进行采集、变换、滤波、估值、增强、压缩、识别等处理，这一系列的处理操作称为数字信号处理（digital signal processing，DSP）技术。20 世纪 90 年代，DSP 技术进一步推动了语音编码和识别的发展。语音编码（speech coding）是将模拟语音信号转换为数字格式的过程，以便于存储、传输和处理。通过不同的编码方法，可以在保证音质的前提下，实现高效的数据压缩和传输。语音识别，也被称为自动语音识别（automatic speech recognition，ASR），就是将人类语音中的词汇内容转换为计算机可读文本或执行相应指令的技术。

进入 21 世纪，随着人工智能技术的快速发展，语音识别等相关技术不断取得突破，开始广泛应用于语音助手和自动转录系统。近年来，深度学习在语音识别和合成中取得显著进展，大幅提升了系统性能。智能语音助手（如 Siri、Alexa）和实时翻译系统等应用迅速普及，语音数字化技术已经进入日常生活。在人工智能的加持下，将进一步提升语音合成的自然度和表现力，支持更多语言的语音识别和翻译，进一步推动语音技术的全球化应用。

▶ 7.2.2 相关技术

语音数字化为语音的处理奠定了基础，人工智能技术的发展则为高质量的语音技术提供了可能，同时也推动人工智能本身的发展。

1. 语音识别

语音识别技术最早可追溯到 20 世纪 50 年代。1952 年，贝尔实验室的 Davis 等人成功研制出了世界上第一个能识别 10 个英文数字的语音识别系统 Audry，它采用模板匹配方

---

① 哈利·奈奎斯特（Harry Nyquist，1889—1976 年），瑞典裔美国电子工程师和物理学家，1917 年耶鲁大学获得物理学博士学位，同年，加入 AT&T 公司，后加入贝尔实验室。1927 年，提出著名的奈奎斯特采样定理，对数字通信理论和控制理论做出了重要贡献。

法，将输入语音的特征与预先存储的数字模板进行匹配来实现识别，这成为语音识别技术诞生的标志。20 世纪 60 年代，语音识别研究主要集中在对语音信号的特征提取和分析上，人们开始尝试使用声学特征来描述语音，为后续的发展奠定了基础

20 世纪 70 年代，线性预测编码（LPC）技术被广泛应用于语音特征提取，大大提高了语音特征的表示能力。同时，动态时间规整（DTW）算法的出现，解决了语音信号在时间上的不稳定性问题，使模板匹配更加准确，孤立词识别系统的性能得到了显著提升。20 世纪 80 年代，隐马尔可夫模型（HMM）被引入语音识别领域，它能够很好地描述语音信号的动态特性，成为了语音识别的主流技术。基于 HMM 的连续语音识别系统开始出现，语音识别技术从孤立词识别向连续语音识别迈进。

20 世纪 90 年代，随着计算机技术的飞速发展，计算能力的大幅提升为语音识别技术的研究和应用提供了有力支持。同时，神经网络技术开始与语音识别相结合，出现了基于神经网络的语音识别方法，进一步提高了识别准确率。这一时期，语音识别技术在多个领域开始得到应用，如语音拨号、语音导航等。国际商业机器公司（IBM）推出了 ViaVoice 语音识别软件，可用于文字输入和简单的语音命令操作，语音识别技术开始走向实用化。

2010 年以后，深度学习技术在语音识别领域取得突破性进展。深度神经网络（DNN）、递归神经网络（RNN）及长短时记忆网络（LSTM）等深度学习模型被广泛应用于语音识别，大大提高了语音识别的准确率和鲁棒性。随着大数据的积累和计算能力的不断增强，语音识别技术在智能语音助手、智能家居、自动驾驶等领域得到了广泛应用，如苹果的 Siri、谷歌助手、百度语音助手等，极大地改变了人们的生活和工作方式。

语音识别是一项复杂的过程，通常可以分为以下几个阶段或层次。

（1）声学层（acoustic level）

通过麦克风等设备采集语音信号，对原始信号进行预处理，包括去噪、归一化等操作，以提高信号质量。从语音信号中提取特征，常用的方法包括：MFCC（梅尔频率倒谱系数）、PLP（感知线性预测）、Spectrogram（频谱图）等。

（2）声学模型层（acoustic model level）

将提取的特征映射到音素（语音的基本单位），使用大量标注语音数据训练声学模型，常用的模型有：隐马尔可夫模型（HMM）、深度神经网络（DNN）、卷积神经网络（CNN）、循环神经网络（RNN）等。

（3）语言模型层（language model level）

将音素序列映射到词汇（词汇识别），然后进行语法和语义分析，利用语言模型（如 n-gram、RNN、Transformer）预测词序列的概率，提高识别准确性。通过上下文信息进一步优化识别结果。

（4）解码层（decoding level）

使用搜索算法（如维特比算法、束搜索）在声学模型和语言模型的指导下，找到最可能的词序列，生成最终的文本输出。

（5）后处理层（post-processing level）

利用上下文信息和语言模型进行错误纠正。将识别结果格式化为所需的输出形式（如

标点符号，大小写等）。

（6）应用层（application level）

将识别结果应用于具体的交互系统，如语音助手、语音翻译、语音控制等。根据用户反馈和系统性能进行优化和改进。

语音识别从声学信号的采集和处理开始，经过声学模型、语言模型、解码和后处理等多个层次，生成准确的文本输出，构成一个完整的语音识别系统。目前，在人工智能技术加持下，研究人员正在致力于提高语音识别在复杂环境下的性能，以及实现多语言、多模态的语音识别等，语音识别技术必将在更多领域发挥更大的作用。

2. 语音合成

语音合成（speech synthesis）是将文本转换为语音的技术，通常称为文本到语音（text-to-speech，TTS）。语音合成技术的发展历史可以追溯到 18 世纪，1779 年，德国裔丹麦物理学家 Christian Kratzenstein[①]发明了第一个能生成元音声音的机械装置。20 世纪 30 年代，贝尔实验室的 Homer Dudley 发明了第一个电子语音合成器 Voder（voice operating demonstrator）。20 世纪 50 年代，Frank Cooper 等人开发了 Pattern Playback，通过光学扫描波形图生成语音。

20 世纪 60 年代，随着计算机技术的发展，语音合成开始采用数字信号处理技术。John Larry Kelly 和 Louis Gerstman 开发了第一个计算机语音合成系统。20 世纪 80 年代，拼接合成技术得到发展，通过从大量语音数据库中选取合适的语音单元进行拼接。20 世纪 90 年代，隐马尔可夫模型（HMM）被引入语音合成，通过统计模型生成语音参数。2001 年左右，HMM-based 合成技术显著提高了语音的自然度和流畅性。

近年来，深度神经网络（DNN）被应用于语音合成，显著提升了语音质量。2016 年，Google 的 WaveNet 和 2017 年的 Tacotron 等端到端模型，直接从文本生成高质量语音，随着计算能力的提升，实时高质量的语音合成成为可能。

语音合成一般经过以下几个步骤。

（1）文本规范化：将数字、缩写等转换为完整词汇，将文本分割为词汇并标注词性，分析句子结构，确定发音和语调。

（2）音素生成：将文本转换为音素序列，确定音高、时长和重音等韵律特征。

（3）声学模型：使用声学模型生成语音波形，常用方法包括拼接预录的语音片段，通过参数生成语音波形，使用深度神经网络生成高质量语音。

在声学模型生成语音过程中，拼接合成又分为单元拼接和波形拼接，单元拼接就是从大量语音数据库中选取合适的语音单元进行拼接，波形拼接则是将选定的语音单元拼接成完整的语音信号。参数合成分为通过使用统计模型（如 HMM）生成语音参数和参数生成语音波形。神经网络合成则是使用 DNN、RNN、CNN 等神经网络生成高质量语音，或者

[①] Christian Gottlieb Kratzenstein（1723—1795 年）丹麦物理学家和工程师，1723 年生于德国韦尔尼格罗德，1753 年，移居丹麦首都哥本哈根，担任哥本哈根大学物理学教授。他对声音的产生和传播进行了深入研究，1779 年，发明了第一个能生成元音声音的机械装置，被认为是语音合成技术的先驱。

使用端到端模型（如 Tacotron、WaveNet 等），直接从文本生成语音波形。

随着技术的不断进步，语音合成的自然度和质量不断提高，在个性化语音生成、多种语言和方言的语音合成等技术领域不断突破，将更加广泛地应用于语音助手（如 Siri、Google Assistant 等）、智能客服（自动应答系统）、有声读物、游戏和动画（为角色生成语音）、视障辅助（为视障人士提供文本朗读功能）、语言学习（帮助语言学习者练习发音和听力等）更多领域，成为人工智能的重要组成部分。

3. 音乐生成

优美动听的音乐总会令人心情愉悦、忘却烦恼。无论是激昂的交响乐，还是轻柔的钢琴曲，音乐总能以其独特的方式，抚慰疲惫的心灵，带来无尽的慰藉与力量。古今中外，无数伟大的音乐家，给我们留下了无数经典的音乐作品，跨越国界、文化与时间，世世代代滋润着我们的灵魂，滋养了我们的人生和生活。

随着技术的进步，音乐的创作不再仅仅是靠人的天分表演。早在 1957 年，马克斯·马修斯（Max Mathews）开发了首个计算机生成音乐程序 MUSIC，成为计算机音乐生成的起点。1981 年，美国作曲家和大卫·科普（David Cope）进行音乐智能实验（experiments in musical intelligence，EMI），EMI 旨在使用算法和规则系统来分析现有音乐作品的结构和风格，生成新的音乐。EMI 能够模仿多种作曲家的风格，包括巴赫、莫扎特、贝多芬等，生成的作品在风格上与原作曲家的作品非常相似，展示了计算机程序在音乐创作中的潜力，为后来的音乐生成技术，特别是基于机器学习和人工智能的音乐生成技术，奠定了基础。

1983 年，MIDI 协议的出现，极大促进了计算机与乐器的交互，推动了音乐生成技术的发展，交互式音乐生成系统开始流行，允许实时生成和修改音乐。

进入 21 世纪，机器学习技术逐渐应用于音乐生成，早期方法包括隐马尔可夫模型（HMM）和神经网络。随着深度学习技术的突破，特别是循环神经网络（RNN）和长短期记忆网络（LSTM），显著提升了音乐生成的质量。2016 年，Google 的 Magenta 项目利用深度学习生成音乐和艺术，推动了该领域的进一步发展。2017 年，生成对抗网络（GAN）和变分自编码器（VAE）等生成模型开始用于音乐生成。近年来，基于 Transformer 的模型（如 OpenAI 的 MuseNet）能够生成复杂的多乐器音乐，音乐生成技术进入新阶段。

▶ 7.2.3 工具软件

无论是语音识别、语音合成还是音乐创作，人工智能深度学习技术正在颠覆过去传统的技术，将它们快速提升到一个崭新的高度。各种各样的工具软件陆续出现，不断迭代和发展，为我们的音频处理、音乐创作提供了极大的便利。

常见的语音和音乐软件工具有以下几种。

1. 语音识别工具

（1）讯飞语音转文字：科大讯飞开发，主要功能是语音转文字、实时语音转写、音视频转写、文本翻译等。

（2）Speechify：美国思必飞（Speechify Inc.）开发，主要功能是将 PDF、电子邮件、

文档等文本转换为音频，支持 200+种自然声音和 20+种语言。

2. 语音合成工具

（1）语音合成助手：科大讯飞开发，主要功能有文字转语音、多语言发音播报、背景音乐添加、蓝牙播放、MP3 文件导出等。

（2）Lovo. ai：美国 Lovo Inc. 开发，主要功能有 AI 语音生成、500+种语音、20+种情绪支持、视频编辑功能。

（3）Murf：Murf Studios 开发，主要功能有文本转语音、110+种语言支持、情感表达、音调微调。

（4）Verbatik：Verbatik Technologies 开发，主要功能有 600+种逼真声音、142 种语言支持、语音克隆、MP3/WAV 导出。

3. 音乐生成工具

（1）Udio：Udio Inc. 开发，主要功能有 AI 音乐生成、用户定制音乐、多风格支持。

（2）AIVA：AIVA Technologies 开发，主要功能有 AI 作曲、多风格音乐生成、影视配乐创作。

（3）Amper Music：Amper Music Inc. 开发，主要功能有 AI 音乐创作、实时音乐生成，兼容多平台。

这些 AI 工具大多是一些新兴公司的产品，公司规模较小，尚未有广泛传播的官方明确的中文名称。广泛应用于语音助手、自动字幕生成、语音交互系统、音乐创作等领域。特别是 AI 音乐生成，能够根据文本或旋律生成音乐，广泛应用于短视频背景音乐生成。

▶ 7.2.4　Python 编程

在软件系统开发中，如果需要语音识别等相应功能，可以通过 Python 程序来实现。在 Python 中，包含 SpeechRecognition 库，支持多种语音识别引擎，包括 Google Web Speech API、Microsoft Bing Voice Recognition 等。此外，可能还需要用于从麦克风捕获音频的 pyaudio 库。

首先使用 pip install SpeechRecognition pyaudio 安装 Python 库。

一个简单的语音识别程序，代码如下：

```
import speech_recognition as sr
def recognize_speech_from_mic(recognizer, microphone):
    """从麦克风捕获音频并识别语音"""
    # 检查 recognizer 和 microphone 参数的类型是否正确
    if not isinstance(recognizer, sr. Recognizer):
        raise TypeError("`recognizer`must be `Recognizer`instance")
    if not isinstance(microphone, sr. Microphone):
        raise TypeError("`microphone`must be `Microphone`instance")
    # 使用麦克风录制音频
```

```
        with microphone as source：
            recognizer. adjust_for_ambient_noise(source)    # 调整麦克风的环境噪声
            print("请说话...")
            audio = recognizer. listen(source)
        # 设置响应对象
        response = {
            "success"：True,
            "error"：None,
            "transcription"：None
        }
        # 尝试识别音频中的语音
        try：
            response["transcription"] = recognizer. recognize_google(audio, language="zh-CN")
        except sr. RequestError：
            # API 请求失败
            response["success"] = False
            response["error"] = "API unavailable"
        except sr. UnknownValueError：
            # 无法识别语音
            response["error"] = "Unable to recognize speech"
        return response


if __name__ == "__main__"：
    # 创建 Recognizer 和 Microphone 实例
    recognizer = sr. Recognizer()
    microphone = sr. Microphone()
    # 调用函数进行语音识别
    print("请开始说话...")
    result = recognize_speech_from_mic(recognizer, microphone)
    # 输出识别结果
    if result["success"]：
        print("你说的是：{}". format(result["transcription"]))
    else：
        print("识别失败：{}". format(result["error"]))
```

说明：在国内可能需要使用 VPN 来访问 Google Web Speech API，可以根据需要更改 recognize_google 函数的 language 参数支持特定语言。SpeechRecognition 库支持多种语音识别引擎，可以根据需要选择不同引擎。

运行程序后，它会通过麦克风捕获你的语音，并尝试将其转换为文本。识别结果将打印在控制台上。通过这个简单的例子，演示了语音处理的 Python 编程问题，根据需要可以将这个简单的语音识别程序集成到更大的项目中，例如语音助手、语音控制应用等。

▶▶ 7.3 计算机视觉

眼睛是人体最重要的感觉器官，视觉是人类最主要的感觉通道。研究表明，大脑皮层中约有 30% 的区域专门用于处理视觉信息，负责接收和处理大量环境信息，如物体、颜色、形状、运动等，人类对外界信息的获取有 80%～90% 是通过眼睛完成的。日常生活中，人们主要通过阅读、观察获取信息，这些活动高度依赖视觉。计算机视觉（computer vision）就是使计算机模拟人类视觉系统，能够理解和处理图像或视频数据，从视觉输入中提取信息、分析内容并做出决策。

▶ 7.3.1 计算机视觉的发展

计算机视觉的研究是从简单的图像处理开始的。20 世纪 50 年代，计算机视觉开始萌芽，主要集中在二维平面图像的处理和分析上，如进行图像增强、滤波、模式识别（如字符识别）等基础图像处理工作。1957 年，罗素·基尔希（Russell A. Kirsch）团队开发了世界上第一台扫描仪，创造了第一幅数字图像，开启了数字图像处理时代。1966 年，麻省理工学院（MIT）的 Summer Project 尝试让计算机理解图像内容，标志着计算机视觉研究正式起步。

20 世纪 70 年代，计算机视觉的研究重点转向三维场景理解和物体识别，如边缘检测和形状分析，并引入了图像分割和特征提取技术。到了 20 世纪 80 年代，基于模型的视觉方法兴起，研究者开始使用几何模型和物理模型进行图像分析，同时引入了主动视觉和立体视觉，主动视觉理论框架、基于感知特征群的物体识别理论框架等新概念、新方法、新理论不断涌现。随着计算能力的提升，计算机视觉开始更多地关注于实际应用。1991 年，Matthew Turk 和 Alex Pentland 首次将主成分分析（PCA）应用于人脸识别，通过降维提取人脸图像的主要特征，形成"特征脸"（eigenfaces），奠定了基于统计方法的人脸识别基础。20 世纪 90 年代末，神经网络开始用于人脸检测，尽管当时计算资源有限，但为后续深度学习方法奠定了基础。基于统计学习的方法（如支持向量机）逐渐应用于人脸检测，提升了检测精度。

进入 21 世纪，计算机视觉领域迈入了一个以机器学习为核心的新阶段，尤其是支持向量机（SVM）和 Boosting 算法，广泛应用于计算机视觉任务。2012 年，亚历克斯·克里泽夫斯基（Alex Krizhevsky）、伊利亚·苏茨克弗（Ilya Sutskever）和杰弗里·辛顿（Geoff Hinton）设计的 AlexNet 在 ImageNet 大规模视觉识别挑战赛（ILSVRC）中取得了胜利，将图像分类的错误率从 26% 大幅降低到 15.3%，远超传统方法。AlexNet 采用了深层卷积神经网络（CNN），并利用 GPU 加速训练，展示了 CNN 在大规模图像识别任务中的强大能力。AlexNet 的成功激发了深度学习研究的热潮，CNN 成为计算机视觉的主流方法，推动了深度学习和卷积神经网络的广泛应用，开启了深度学习在计算机视觉和其他领域的新时代。

2020年，阿列克谢·多索维茨基（Alexey Dosovitskiy）等人首次将纯 Transformer 架构应用于图像分类任务，展示了在大规模数据集上训练时，Transformer 能够达到甚至超越传统卷积神经网络（CNN）的性能。这一工作标志着 Transformer 在计算机视觉领域的广泛应用。随着 Vision Transformer（ViT）、DINO 自监督学习框架、SimCLR 对比学习框架、MAE（Masked Autoencoders）以及 Swin Transformer 的提出，这些工作推动了计算机视觉领域的快速发展，减少了对标注数据的依赖。计算机视觉从简单的图像处理发展到复杂的深度学习模型，未来将继续在多模态学习、实时处理和可解释性等方面取得突破。

▶ 7.3.2 相关技术

计算机视觉的核心是图像，人眼从所看到的物体和情境中获取信息。计算机视觉就是让计算机理解和处理图像或视频数据，关于计算机视觉的研究伴随了整个计算机的发展历史，从早期最简单的二维图像处理到今天的利用现代人工智能技术开展图像分类及视觉工业应用，是无数的研究人员在一项项关键技术上的突破、迭代和优化的结果。

下面简要介绍相关核心技术。

1. 图像处理

图像处理包括以下技术。

（1）滤波：图像滤波是计算机视觉中的基础技术，通过修改或增强图像的像素值来改善图像质量或提取特定特征。滤波操作通常在图像的频域或空域进行，广泛应用于去除噪声、增强边缘、平滑图像以及锐化等。例如，均值滤波用像素邻域的平均值代替该像素，用于去噪和平滑图像，高斯滤波使用高斯函数加权平均邻域像素，能有效去噪并保留边缘。

（2）边缘检测：图像边缘检测是计算机视觉中的关键技术，用于识别图像中物体的边界。边缘通常是图像亮度显著变化的地方，对应场景中的物体边界、纹理变化等。常用算法包括 Sobel、Prewitt、Canny 和 Laplacian，其中，Canny 算法因其效果好而广泛应用。

（3）图像变换：图像变换是通过数学操作改变图像的几何结构或像素分布，常用于图像处理、计算机视觉和图形学，分为几何变换、颜色空间变换、频域变换以及形态学变换。几何变换就是改变图像的几何结构，如平移、旋转、缩放、仿射变换、透视变换等。颜色空间变换将图像从一种颜色表示转换到另一种，例如将彩色图像转换为灰度图像，只需要重新计算每个像素的 RGB 色值。频域变换将图像从空域转换到频域，包括傅里叶变换、小波变换等。形态学变换基于形状处理图像，包括膨胀腐蚀等操作。

2. 特征提取

特征提取是计算机视觉和图像处理中的关键步骤，旨在从图像中提取出有意义的信息，用于后续任务如分类、检测和识别。特征提取的目标是减少数据维度，同时保留重要信息。特征提取后，通常需要对特征进行描述和匹配。

传统的特征提取方法主要基于手工设计的特征，例如：边缘特征通过边缘检测算法

（如 Canny、Sobel）提取图像中的边缘信息。角点特征检测图像中的角点，常用算法包括 Harris 角点检测和 Shi-Tomasi 角点检测。纹理特征描述图像的纹理信息，常用方法包括灰度共生矩阵（GLCM）和局部二值模式（LBP）等。

随着深度学习在计算机视觉中的应用，基于深度学习的特征提取方法更加高效。例如：卷积神经网络（CNN）通过多层卷积和池化操作自动提取图像特征，广泛应用于图像分类、目标检测等任务。预训练模型使用在大规模数据集上预训练的模型（如 VGG、ResNet）进行特征提取。特征金字塔网络（FPN）用于多尺度特征提取，常用于目标检测和图像分割。

3. 目标检测

目标检测是计算机视觉中的核心任务，旨在识别图像或视频中的特定目标并确定其位置。目标检测不仅需要分类目标，还要定位目标的位置，通常通过边界框（bounding box）表示。传统方法依赖手工特征，而深度学习方法通过神经网络自动学习特征，显著提升了检测性能。常见方法包括 R-CNN 系列、YOLO、SSD 和 RetinaNet。目标检测通过识别和定位图像中的目标，广泛应用于自动驾驶、安防、医疗等领域。

4. 图像分割

图像分割是将图像划分为多个区域或对象的过程，每个区域具有相似的特征（如颜色、纹理、亮度等）。图像分割是计算机视觉中的关键任务，广泛应用于医学影像分析、自动驾驶、场景理解等领域。图像分割主要分为三种类别：① 语义分割，为每个像素分配一个类别标签，不区分同一类别的不同实例。② 实例分割，不仅为每个像素分配类别标签，还区分同一类别的不同实例。③ 全景分割，结合语义分割和实例分割，为每个像素分配类别标签，并区分不同实例。

5. 人脸识别

人脸识别是计算机视觉中的重要任务，旨在识别或验证图像或视频中的人脸。它广泛应用于安防、身份验证、社交媒体等领域。

人脸识别的基本步骤如下。

（1）人脸检测

定位图像中的人脸位置，常用方法包括① Haar 级联检测器：基于 Haar 特征和 AdaBoost 算法。② 深度学习模型：如 MTCNN（多任务卷积神经网络），同时检测人脸和关键点。

（2）人脸对齐

调整人脸姿态，使其标准化，通常通过检测关键点（如眼睛、鼻子、嘴巴）并进行仿射变换。

（3）特征提取

从对齐后的人脸中提取特征，常用方法包括：① 传统方法，如 LBP（局部二值模式）、HOG（方向梯度直方图）。② 深度学习方法，使用卷积神经网络（CNN）提取特征，如 FaceNet、DeepFace。

（4）人脸匹配

计算特征向量之间的相似度，常用方法包括：① 欧氏距离，衡量两个特征向量之间的距离。② 余弦相似度，衡量两个特征向量之间的夹角。

6. 三维重建

三维重建是从二维图像或其他传感器数据中恢复三维场景或物体结构的过程。三维重建的主要方法有：基于图像的三维重建（通过多视角图像计算深度信息）、基于深度传感器的三维重建（通过激光测距获取点云数据）、基于运动的三维重建（通过多视角图像和相机运动恢复三维结构）、基于深度学习的三维重建（使用深度学习模型从单张图像估计深度图）。它在计算机视觉、机器人、虚拟现实、医学影像等领域有广泛应用。

7. 视频分析

视频分析是通过计算机视觉和机器学习技术对视频数据进行处理和理解的过程。视频分析的主要任务包括：① 运动检测，检测视频中的运动物体。② 目标跟踪，跟踪视频中的目标。③ 行为识别，识别视频中的行为或活动。④ 事件检测，检测视频中的特定事件，如异常事件、交通事故等。⑤ 视频摘要，生成视频的摘要，突出重要内容。视频分析通过处理和理解视频数据，广泛应用于安防、自动驾驶、医疗、娱乐等领域。

8. 图像生成

图像生成是指通过计算机算法和技术，根据一定的输入条件或规则来创建新的图像的过程。图像生成的主要方法有以下几种。

（1）基于规则和算法的生成：利用数学模型和特定算法来生成图像，如分形几何算法通过不断迭代特定的数学公式，能生成具有自相似特性的复杂图形，常用于生成自然景观等纹理丰富的图像。

（2）基于生成对抗网络（GAN）的生成：GAN 由生成器和判别器组成，生成器负责生成图像，判别器用于判断图像是真实的还是生成的。两者通过对抗训练不断优化，使生成器生成的图像越来越逼真，能生成各种逼真的人物、风景、物体等图像。

（3）基于变分自编码器（VAE）的生成：VAE 将图像编码为低维向量表示，然后通过解码器从这些向量中生成新的图像，在生成具有一定语义结构的图像方面表现出色，且生成的图像具有较好的连续性和多样性。

（4）基于扩散模型的生成：从一个纯噪声图像开始，逐步去噪以生成目标图像。通过学习真实图像的分布，在反向扩散过程中逐渐恢复出有意义的图像，在生成高质量、高分辨率图像上取得了显著成果。

近年来，随着生成式人工智能（generative AI）的发展，图像生成的应用领域越来越广泛，包括：① 艺术创作，帮助艺术家快速生成创意草图或作为创作的灵感来源，也可直接生成独特的艺术作品。② 游戏开发，用于生成游戏中的虚拟场景、角色、道具等，提高游戏开发效率和丰富游戏内容。③ 虚拟现实和增强现实，创建虚拟环境和虚拟物体，为用户提供更加丰富和逼真的沉浸式体验。④ 医学图像处理，根据医学数据生成人体组织、器官的图像，辅助医生进行疾病诊断和手术规划。⑤ 自动驾驶，生成各种道路场景和交通状况的图像，用于训练自动驾驶模型，提高模型的泛化能力和安全性。

图像生成的广泛应用，不仅推动了 AI 在各个领域的融合创新，还极大地提高了我们的工作效率，降低了劳动强度。但是，图像生成也面临诸多挑战，例如：生成的图像可能存在不真实的细节或瑕疵；精确控制生成图像的语义内容，如按照特定的故事情节生成图像，仍然具有一定难度；生成高质量图像通常需要大量的计算资源和较长的时间，图像生成在一些实时性要求高的场景中难以应用。

▶ 7.3.3　应用举例

在 AI 系统开发时，往往会用到许多库和模型，这些模型通常是已经开发好的，可以免费下载使用，方便用户快速进行推理、迁移学习或微调。例如：TensorFlow 模型库（TensorFlow Model Zoo）是一个由 TensorFlow 官方维护的模型仓库，提供了大量预训练的深度学习模型，涵盖了计算机视觉（如目标检测、图像分类等）、自然语言处理、语音识别等多个领域，适合快速开发和研究，用户可以从模型库下载合适的模型并直接使用。

TensorFlow 模型库有以下特点。

（1）预训练模型：模型已经在大规模数据集（如 COCO、ImageNet 等）上训练完成，用户可以直接使用，无须从头训练。适合快速原型开发或部署。

（2）多种任务支持：包括目标检测（object detection）、图像分类（image classification）、语义分割（semantic segmentation）、姿态估计（pose estimation）等。

（3）多种模型架构：提供了多种经典的深度学习模型架构，如目标检测（SSD、Faster R-CNN、EfficientDet 等）、图像分类（ResNet、Inception、MobileNet 等）、语义分割（DeepLab、U-Net 等）。

（4）支持 TensorFlow 2.x：大多数模型已经更新为 TensorFlow 2.x 版本，支持 Saved-Model 格式，方便加载和使用。

（5）开源和免费：所有模型和代码都是开源的，用户可以自由下载、修改和使用。

TensorFlow 模型库（TensorFlow Model Zoo）官方 GitHub 仓库地址：

https://github.com/tensorflow/models

目标检测模型的下载地址：

https://github.com/tensorflow/models/blob/master/research/object_detection/g3doc/tf2_detection_zoo.md

在 TensorFlow 模型库页面中找到需要的模型，单击下载链接即可获取预训练模型文件。模型通常以压缩包形式提供，解压后包含 SavedModel 格式的文件。下载模型后，可以按照官方文档或示例代码加载模型并进行推理。

例如，访问目标检测模型的下载页面 https://github.com/tensorflow/models/blob/master/research/object_detection/g3doc/tf2_detection_zoo.md。选择一个模型（如 ssd_mobilenet_v2_coco），下载并解压。如果在 GitHub 页面单击下载后找不到下载文件的保存路径，可以右击超链接，在一个新的网页打开，在地址栏右侧显示⬇️，可以看到下载文件保存的文件夹，打开文件夹即可。

下面通过 Python 程序对计算机视觉相关技术进行演示。

【例 7-2】 使用 TensorFlow 的预训练模型进行图像目标检测示例。

首先，在 TensorFlow 模型库中，下载一个图像检测模型，例如：SSD MobileNet v2。（对应文件名 320x320ssd_mobilenet_v2_320x320_coco17_tpu-8）。下载后保存到计算机打开压缩文件，将保存模型的 saved_model 文件夹复制到 E:\\haopython 目录下。用豆包图像生成一幅城市街景图片，将文件转换为 jpg 格式，文件名 street.jpg，保存到 E:\\haopython 目录。

将图片中的车辆行人等信息进行检测并标记，代码如下：

```python
import tensorflow as tf
import cv2
import numpy as np

# 加载预训练的 SSD 模型，模型保存在 haopython/saved_model 目录下
# 文件名 saved_model.pb
model = tf.saved_model.load('E://haopython/saved_model')

# 读取图像，图像保存在 E://haopython/street.jpg
image = cv2.imread('E://haopython/street.jpg')
input_tensor = tf.convert_to_tensor(image)
input_tensor = input_tensor[tf.newaxis, ...]

# 进行目标检测
detections = model(input_tensor)

# 解析检测结果
boxes = detections['detection_boxes'][0].numpy()
scores = detections['detection_scores'][0].numpy()
classes = detections['detection_classes'][0].numpy().astype(np.int32)

# 绘制检测结果
for i in range(len(scores)):
    if scores[i] > 0.5:  # 只显示置信度大于 0.5 的检测结果
        box = boxes[i]
        ymin, xmin, ymax, xmax = box
        xmin = int(xmin * image.shape[1])
        xmax = int(xmax * image.shape[1])
        ymin = int(ymin * image.shape[0])
        ymax = int(ymax * image.shape[0])
```

```
        cv2. rectangle(image, (xmin, ymin), (xmax, ymax), (0, 255, 0), 2)
        cv2. putText(image, f'Class: {classes[i]}', (xmin, ymin-10), cv2.FONT_HERSHEY_SIM-
PLEX, 0.9, (0, 255, 0), 2)

# 显示结果
cv2. imshow('Detected Image', image)
cv2. waitKey(0)
cv2. destroyAllWindows()
```

运行上述代码，首选安装 OpenCV 库（cv2 是 OpenCV 的 Python 接口），执行命令：

pip install opencv-python

如果程序运行返回 OSErro 错误信息，这往往是因为加载 SavedModel 模型，但找不到模型文件（saved_model. pb 或 saved_model. pbtxt），或者是要检测的文件找不到，或保存路径不对。可以使用 DeepSeek 对系统错误信息进行分析，寻找相应解决方案。

运行程序，程序检测结果如图 7-6 所示。

图 7-6　使用图像检测模型库进行图像检测示例

TensorFlow Model Zoo 是一个非常有用的资源，提供了大量预训练模型，如目标检测、图像分类等，适合快速开发和研究，用户可以下载合适的模型并直接使用。

下面再举一个人脸识别的例子，读取两张人物图片，判断是否为同一个人。需要用到预训练 FaceNet 模型（如 facenet_keras. h5）。获取预训练 FaceNet 模型有多种方法。

（1）从官方 GitHub 仓库下载，FaceNet 的官方 GitHub 仓库提供了预训练模型的下载链接，在仓库的 README 文件中，通常会提供模型的下载地址。例如，facenet_ keras. h5 可能包含在某个预训练模型的压缩包中。

（2）从百度网盘下载，一些开发者会将预训练模型上传到百度网盘，方便国内下载。

（3）使用 TensorFlow Hub，TensorFlow Hub 提供了许多预训练模型，包括 FaceNet。可以通过以下代码直接加载模型：

```
import tensorflow_hub as hub
# 加载 FaceNet 模型
model = hub.load("https://tfhub.dev/google/facenet/1")
```

（4）从 keras 模型库（Keras Model Zoo）下载。在下载时需要注意的是确保下载的模型文件格式与代码兼容。例如，facenet_keras.h5 是 Keras 格式的模型文件，而 TensorFlow Hub 提供的是 SavedModel 格式。另外，不同版本的 FaceNet 模型可能基于不同的架构（如 Inception ResNet v1）和数据集（如 CASIA-WebFace、VGGFace2 等），选择适合任务的模型。

【例 7-3】 有两个人物照片，使用 FaceNet 模型，采用人脸识别技术，判断两人是否为同一个人？

首先用豆包生成两张小孩照片，保存，然后修改文件类型为 jpg，两张图片文件名字为 person1.jpg 和 person2.jpg，分别保存在 E://haopython 目录下，照片如图 7-7 所示。

(a) person1.jpg   (b) person2.jpg

图 7-7 用于识别的照片

程序代码如下：

```
import cv2
import numpy as np
import tensorflow as tf
from scipy.spatial.distance import cosine
from tensorflow.keras.models import load_model

# 加载预训练的 FaceNet 模型
model = load_model('facenet_keras.h5')

# 读取图像
```

```
image1 = cv2. imread('person1. jpg')
image2 = cv2. imread('person2. jpg')

# 预处理图像
def preprocess_image(image):
    image = cv2. resize(image, (160, 160))
    image = image. astype('float32')
    image = (image − 127. 5) / 128. 0
    return np. expand_dims(image, axis=0)

image1_preprocessed = preprocess_image(image1)
image2_preprocessed = preprocess_image(image2)

# 提取特征
embedding1 = model. predict(image1_preprocessed)[0]
embedding2 = model. predict(image2_preprocessed)[0]

# 计算相似度
similarity = 1 − cosine(embedding1, embedding2)
print(f'Similarity：{similarity:. 4f}')

# 判断是否为同一个人
threshold = 0. 7
if similarity > threshold：
    print('Same person')
else：
    print('Different persons')
```

运行上述程序，结果如下：Different persons。

最后需要说明的是，上述实例使用的是 tensorflow 框架，同样，也可以使用 Pytorch 框架搭建自己的 Facenet 人脸识别网络。

▶▶ 7.4　AIGC 及其应用

人工智能的发展总是标新立异，超乎想象。2022 年，随着 OpenAI 发布 ChatGPT 和 DALL·E 2，一种被称为 AIGC（AI-Generated Content，人工智能生成内容）的人工智能技术迅速崛起，以惊人的速度推动人工智能技术从科学研究、工业应用进入日常工作和百姓生活。相较于 2016 年的阿尔法围棋（AlphaGo）战胜世界冠军李世石给世界的震撼，

AIGC 在震撼世界的同时，第一次将 AI 变成了一种工具，为每一个人的工作和学习带来便利和效率。

▶ 7.4.1　AIGC 的产生与发展

人工智能生成内容的发展历史很短，在 AIGC 崛起之前，AI 的主要应用领域集中在感知、决策和优化任务上，而不是内容生成，包括：计算机视觉（图像分类，目标检测、人脸识别、图像分割等）、自然语言处理（文本分类、机器翻译、问答系统）、语音处理（语音识别、语音合成、语音助手等）、专家系统、游戏与博弈、自动驾驶、机器人等。

人工智能生成内容（AIGC）是一种利用人工智能技术自动生成文本、图像、音频、视频等各种形式内容的技术和应用。例如，通过 AIGC 技术，人工智能可以根据给定的主题生成一篇新闻报道，或者根据一段文字描述创作一幅绘画作品等。AIGC 的发展可以分为三个阶段。

（1）技术积累阶段（2018 年之前）

2012 年，AlexNet 在 ImageNet 大规模视觉识别挑战赛（ILSVRC）获得巨大成功，推动了深度学习和卷积神经网络的研究。2014 年，27 岁的谷歌研究科学家伊恩·古德费洛（Ian Goodfellow）提出 GAN（生成对抗网络），开启了 AI 生成图像、文本等内容的可能性，为 AIGC 奠定了基础。

（2）技术爆发阶段（2018—2021 年）

2018 年，OpenAI 发布 GPT-1，展示了语言模型的潜力，但生成内容的质量和实用性有限。2019 年，GPT-2 发布，展示了强大的文本生成能力，但因伦理问题未完全开放。2020 年，GPT-3 发布，凭借 1 750 亿参数和强大的上下文理解能力，成为 AIGC 的重要里程碑。

2021 年，OpenAI 发布 DALL·E，能够根据文本生成高质量图像。2021 年，Stability AI 推出 Stable Diffusion，进一步降低了图像生成的门槛。2021 年，OpenAI 还发布了 CLIP 模型（contrastive language-image pretraining），CLIP 是一种多模态模型，能够同时理解图像和文本，并通过对比学习将两者关联起来，使得文本和图像的联合理解与生成成为可能。

（3）AIGC 全面崛起（2022 年至今）

2022 年 11 月，OpenAI 发布的 ChatGPT 基于 GPT-3.5 和 GPT-4，展现了强大的对话和内容生成能力，迅速引发全球关注。ChatGPT 的普及标志着 AIGC 从技术研究走向大众化应用。同年，DALL·E 2 和 Stable Diffusion 的发布，使得高质量图像生成变得简单且高效。MidJourney 等工具的流行，进一步推动了 AIGC 在艺术、设计等领域的应用。

2022 年后，AIGC 技术迅速商业化，微软、谷歌、百度等巨头纷纷推出相关产品（如 Bing Chat、Bard、文心一言），2024 年底，DeepSeek 一经问世，引起全球轰动，DeepSeek 迅速成为 AIGC 的顶端产品。AIGC 工具开始渗透到内容创作、教育、营销、编程等多个行业。

AIGC 的崛起得益于诸多因素的推动，首先是大模型（如 GPT、Stable Diffusion）和多模态技术的发展，第二是算力提升，GPU、TPU 等硬件算力的提升，降低了训练和推理成本。第三是数据积累，互联网海量数据的可用性为大模型训练提供了基础。最后是市场需求，内容创作需求的爆发式增长，推动了 AIGC 的落地应用。未来，随着技术的进一步成熟，AIGC 将在更多领域发挥重要作用。

▶ 7.4.2 文本生成

文本生成是指利用人工智能技术自动生成连贯、有意义的文本内容。文本生成的核心是语言模型，如基于 Transformer 架构的 GPT 系列、BERT 等，这些模型通过大量文本数据的训练，能够预测下一个词或句子。通过输入特定的条件（如关键词、主题、风格等），模型可以生成符合要求的文本。例如，给定一个标题，生成一篇文章。

当前，典型的大语言模型有 ChatGPT、DeepSeek、豆包等，这些大语言模型各有特色，但功能相似，使用方式和用户界面也大同小异，都有计算机网页版和手机 App。例如，DeepSeek 计算机网页界面如图 7-8 所示。

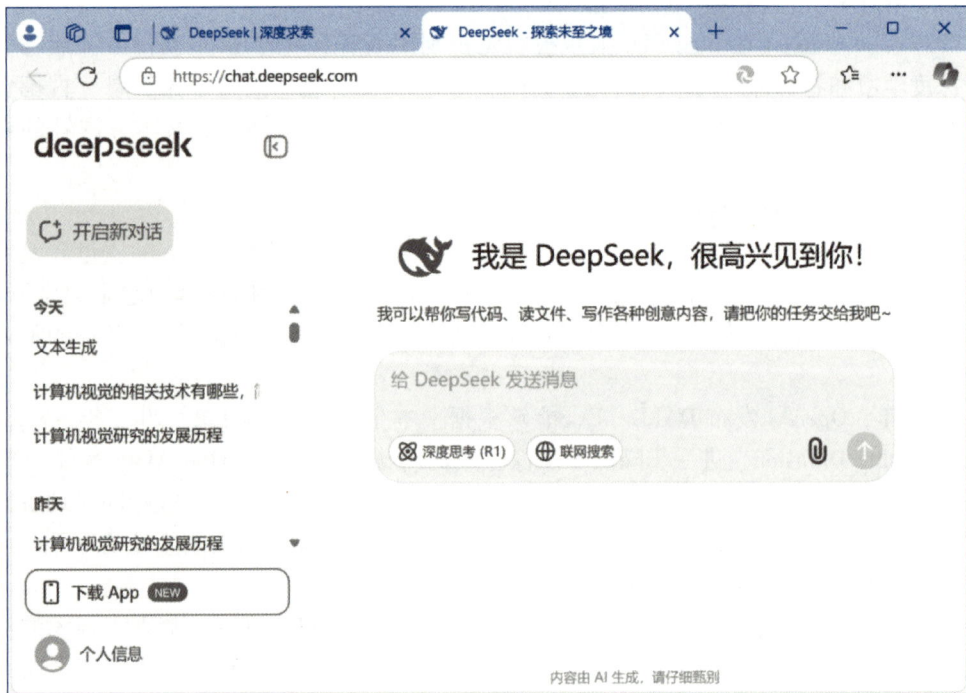

图 7-8　DeepSeek 大语言模型用户界面

大语言模型（large language models，LLM）有着广泛的应用场景，包括：① 内容创作，自动生成新闻、博客、小说等文本内容，帮助内容创作者提高效率。② 对话系统，用于聊天机器人、虚拟助手等，生成自然流畅的对话回复。③ 代码生成，根据自然语言描述生成代码片段，帮助开发者提高编程效率。用户还可输入一段代码，进行代码检查和分析。④翻译与摘要，自动生成文本的翻译或摘要，帮助用户快速理解长篇文章。⑤个性化推荐，根据用户的历史行为和偏好，生成个性化的推荐内容。在应用过程中，可能会生成有害、偏见或虚假信息，因此，伦理与安全问题是 LLM 技术需要进一步研究的问题之一。

▶ 7.4.3 图像生成

传统的图片是通过专用的绘图工具软件（如 Adobe Photoshop）、3D 建模工具（如 Blender，开源 3D 建模软件，支持渲染高质量图片）或运行程序完成的。在 AIGC 出现后，一种新的图片生成模式，即文生图，或者称为 AI 画图出现了。例如，MidJourney（输入文字描述即可生成高质量图片）、DALL·E（OpenAI 开发的工具，支持文字生成图片）、Stable Diffusion（开源 AI 模型，可在本地或在线生成图片）。这些工具的特点是依托于强大的深度学习模型，能够生成各种风格的艺术作品、插画、照片级图像等。

现在，越来越多的大模型正在增加图片生成的功能，例如：字节跳动的豆包大模型可以支持在线文生图功能，打开豆包首页，单击会话框下面的"图像生成"，界面如图 7-9 所示。

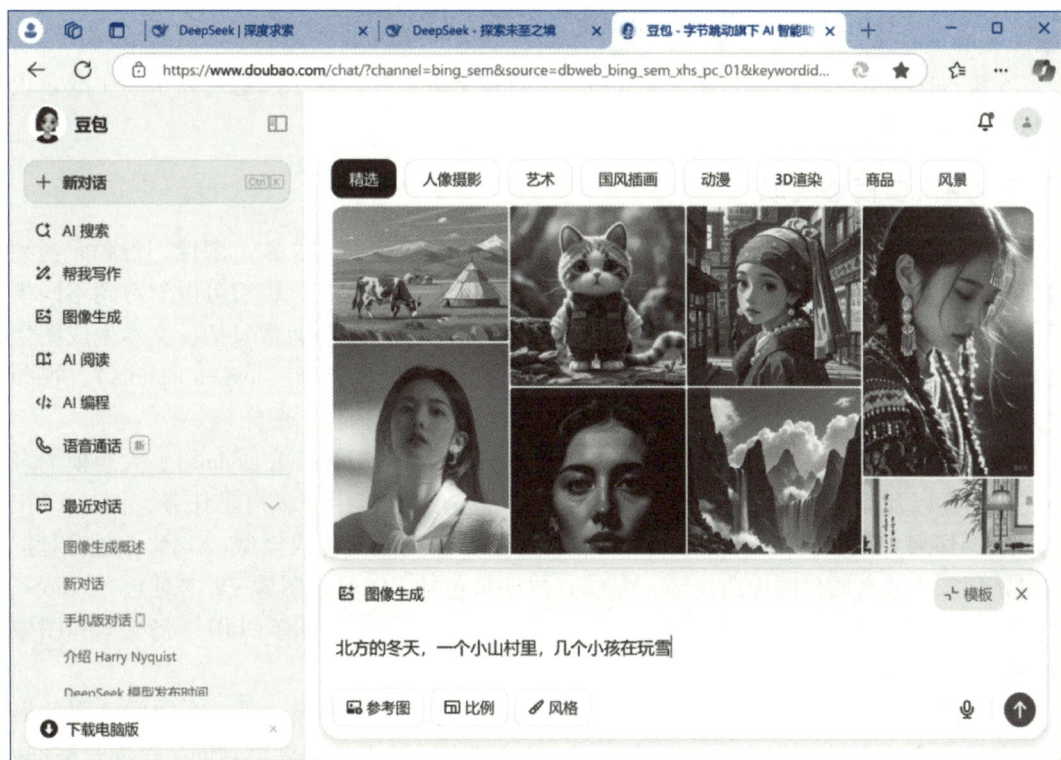

图 7-9 豆包文生图

在图片生成以前，可以进行一系列设置，例如：图片大小比例，图片风格，参考图片等。然后在会话框输入一段文字：北方的冬天，一个小山村里，几个小孩在玩雪，单击发送，很快生成一幅与文字描述相关的图片，如图 7-10 所示。

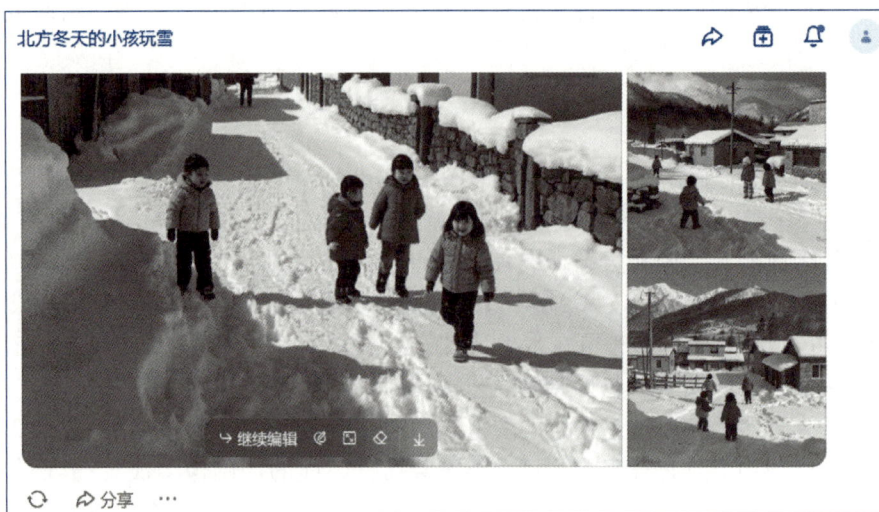

图 7-10 豆包根据输入文字生成的图片

系统每次生成 4 张相似图片，生成后，可直接下载图片。若不满意可以重新生成，也可以进一步编辑。

▶ 7.4.4 多模态生成

多模态生成（multimodal generation）是指利用多种模态（如文本、图像、音频、视频等）进行数据生成或转换的技术，通过同时处理多种模态的数据，模型可以学习到不同模态之间的关联，从而更好地理解和生成内容。多模态生成的任务通常包括：文本生成图像（text-to-image）、图像生成文本（image-to-text）、文本生成音频（text-to-audio）、视频生成文本（video-to-text）以及跨模态转换（如将草图转换为真实图像）。

多模态生成技术是建立在 Transformer 架构和扩散模型（diffusion models）、大规模的多模态数据集以及预训练模型之上的。Transformer 架构广泛应用于多模态任务，例如 CLIP（文本-图像对齐）、DALL·E（文本生成图像）。扩散模型为生成模型，GAN（生成对抗网络）用于生成高质量图像或视频。多模态数据集包括 COCO（图像-文本对）、AudioSet（音频-文本对）和 HowTo100M（视频-文本对）等。预训练模型有 CLIP（将文本和图像映射到同一空间）和 OpenAI 的 DALL·E 和 GPT 系列模型。

在多模态生成中，CLIP（contrastive language-image pretraining）是一个非常重要的概念，它是由 OpenAI 开发的一种多模态模型，它能够将文本和图像映射到同一个向量空间，从而实现文本和图像的联合理解。CLIP 的核心思想是通过对比学习来对齐文本和图像的表示，使得相似的文本和图像在向量空间中距离更近，而不相似的则距离更远，实现多模态对齐。例如，给定一张猫的图片和一段描述"一只猫在沙发上"，CLIP 可以将它们映射到相似的向量表示。

使用多模态生成，可以进行 AI 画图（Stable Diffusion、DALL·E、Midjourney）、AI 动画（AnimateDiff, Live Portraits）、文本转视频（Runway Gen-2, Pika Labs）。有的大语言模型也具有部分功能，例如：豆包可以生成音乐，它提供了音乐生成的模板，如图 7-11 所示

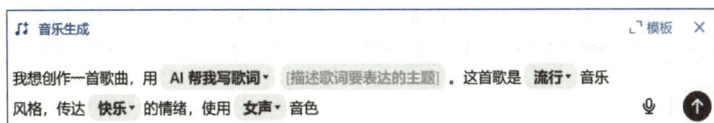

图 7-11　音乐生成模板

用户按照系统提示操作，即可生成一段音乐。也可以创作歌曲，比如先让大模型写一首诗歌，单击"AI 帮我写歌词"下拉列表，选择"自定义歌词"，将歌词（最多 200 字）复制过来，然后，单击发送，完成文生音乐的创作，如图 7-12 所示。

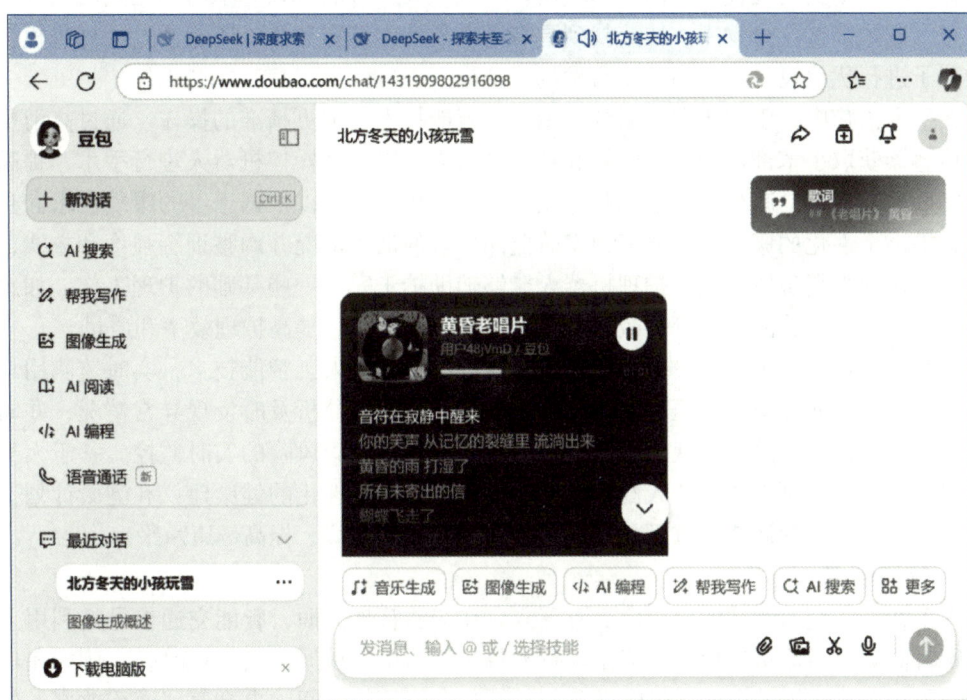

图 7-12　文生音乐

随着 AI 技术的快速发展，AI 画图和 AI 动画的工具会越来越多，功能也会越来越强大，有效利用这些 AI 工具，不仅可以减轻我们的工作强度，提高工作效率，也能开阔我们的创新思路，创造出更多更好的文学艺术作品。

▶▶ 7.5 人工智能行业应用

　　人工智能（AI）正以惊人的速度渗透到各行各业，掀起一场前所未有的变革浪潮。从医疗诊断到金融风控，从自动驾驶到智能家居，从生活娱乐到文化创作，从农业生产到工业制造，从工作办公到教育教学，AI 的应用场景不断拓展，其影响力也日益凸显。

1. 医疗健康

　　人工智能在医疗领域的应用十分广泛，涵盖了诊断、治疗、药物研发等多个方面。在医疗影像诊断方面，人工智能算法可对 X 光、CT、MRI 等医学影像进行分析，识别其中的病变特征，辅助医生检测肿瘤、结节、骨折等多种疾病，能够发现一些人类肉眼难以察觉的细微病变，提高诊断的准确性和早期发现率。在药物研发中，利用人工智能技术分析大量的生物学数据，如基因表达数据、蛋白质结构数据等，快速筛选出与疾病相关的潜在药物靶点，为新药研发提供方向，缩短研发周期。人工智能可以基于药物靶点的结构和功能信息，虚拟筛选化合物库，快速找到具有潜在活性的药物分子，还能通过计算机模拟对药物分子进行优化设计，提高药物研发的成功率。

　　在手术治疗中，手术机器人系统利用人工智能技术实现更精准的操作，通过高清摄像头和传感器获取手术部位的实时图像和数据，医生可以远程操控机器人进行手术，提高手术的精度和安全性，减少手术创伤和并发症。康复机器人可以根据患者的康复需求和身体状况，提供个性化的康复训练方案，实时监测患者的训练情况并调整训练强度和方式，帮助患者更快地恢复身体功能。护理机器人能够辅助护士完成一些基础的护理工作，如患者搬运、病房清洁、药品配送等，减轻护理人员的工作负担，提高护理效率和质量。

　　在健康管理中，可穿戴设备和家用医疗监测设备结合人工智能技术，实时监测用户的生命体征数据，如心率、血压、血糖、睡眠等，通过数据分析及时发现异常情况，并向用户和医生发送预警信息，实现对慢性疾病的日常管理和健康风险的实时监控。基于人工智能的健康管理平台可以整合个人健康数据，为用户提供个性化的健康建议和健康计划，包括饮食、运动、心理调节等方面的指导，帮助用户预防疾病，提高健康水平。

2. 交通领域

　　人工智能在交通领域的应用广泛且深入，在交通管理方面，**智能交通信号灯**利用人工智能实时监测交通流量，根据车流量、行人数量等信息自动调整信号灯时长。例如在早晚高峰时段，车流量大的方向绿灯时间延长，减少车辆等待时间，提高道路通行效率。基于历史交通数据和实时数据，运用人工智能模型预测未来一段时间内特定路段的交通流量。交通管理部门可据此提前采取交通疏导措施，如在预计流量大的路段增加警力指挥交通，或者通过交通广播、手机导航软件等提前告知驾驶员，让其选择其他路线，避免拥堵。通过安装在道路上的摄像头、传感器等设备收集路况信息，人工智能系统对这些信息进行分析处理，及时发现交通事故、道路施工、拥堵等异常情况，并快速通知相关部门进行处理。

在出行服务方面，手机导航软件利用人工智能为用户提供个性化的导航服务。根据用户的出发地、目的地、出行时间以及实时交通状况，为用户规划最优路线，并实时更新路况信息，引导用户避开拥堵路段。结合多种交通方式的实时信息（如公交车、地铁的班次时间、出租车的位置分布、共享单车的可用性等），人工智能系统为用户提供综合的出行方式推荐。例如推荐用户先乘坐地铁，再换乘共享单车的出行方案，使出行更加便捷高效。在公共交通领域，人工智能用于优化票务系统。根据历史客流数据预测不同时段的客流量，动态调整票价；在长途客运和铁路运输中，智能系统可以根据用户的出行偏好、历史订单等信息，为用户提供个性化的车次推荐和座位选择建议，并实现快速预订购票。

在车辆与交通安全方面，汽车通过车载摄像头、传感器收集周边环境数据，利用人工智能算法识别道路、车辆、行人、交通信号灯等物体，并实时做出制动、转弯、加速、减速等决策，以实现自动驾驶。在物流领域，自动驾驶卡车可降低运营成本，在长途运输中，自动驾驶系统能保持车辆稳定行驶，减少司机疲劳驾驶带来的风险，提高运输效率。通过车内摄像头、传感器等设备监测驾驶员的状态，如疲劳驾驶、分心驾驶（如玩手机、吃东西等）、违规行为（如不系安全带等）。当系统检测到异常时，及时发出警报提醒驾驶员，同时也可将相关信息传输给交通管理部门或车辆所属单位，以便采取进一步措施。

3. 制造业领域

人工智能在制造业中的应用十分广泛，为制造业的智能化转型和升级提供了强大的动力，主要应用包括以下几个方面。

在生产过程优化方面，人工智能可以根据订单需求、设备状态、原材料供应等多维度数据，运用优化算法制定出最优的生产调度和排程方案，实现资源的高效利用，减少生产等待时间和设备闲置，提高生产效率。利用计算机视觉和深度学习技术，人工智能系统可以对生产线上的产品进行实时检测，快速识别产品的外观缺陷、尺寸偏差等质量问题，及时发出警报并进行分类处理。还能根据检测结果自动调整生产参数，实现质量的闭环控制，提高产品质量的稳定性。通过传感器收集设备的运行数据，人工智能算法可以对设备的运行状态进行实时监测和分析，预测设备可能出现的故障，提前安排维护计划，避免设备突发故障导致的生产中断，降低维护成本，延长设备使用寿命。

在产品设计与研发方面，人工智能可以通过分析大量的产品设计数据和用户需求，为设计师提供创意和灵感，辅助进行产品的概念设计和初步方案生成。例如，根据用户对产品功能、外观等方面的要求，生成多种设计方案供设计师参考，提高设计效率。利用人工智能技术进行产品虚拟仿真和性能优化，在产品实际生产前，通过计算机模拟对产品结构、力学性能、热性能等进行分析和优化，提前发现设计缺陷，降低研发成本和风险。人工智能可以分析材料的成分、性能等数据，预测新材料的性能和应用潜力，辅助研发人员快速筛选出适合特定产品需求的材料，加速新材料的研发进程，提高产品的性能和质量。

在供应链管理方面，基于历史销售数据、市场趋势、经济环境等多源数据，人工智能模型可以对产品的市场需求进行精准预测，帮助企业合理安排生产计划、采购原材料和控制库存水平，避免库存积压或缺货现象，提高供应链的响应速度和灵活性。人工智能可以对供应商的绩效数据进行分析，评估供应商的交货能力、产品质量、价格合理性等指标，帮助企业选择最优的供应商，并实时监控供应商的表现，及时发现潜在风险，保障供应链的稳定运行。在物流环节，人工智能能够根据订单信息、运输路线、交通状况等因素，优化物流配送路径和车辆调度，提高物流效率，降低运输成本，实现货物的快速、准确送达。

4. 生活娱乐

人工智能在生活娱乐领域的应用极大地丰富和便利了人们的生活，AI不仅丰富了人们的娱乐方式，还提升了用户体验，主要应用包括以下几个方面。

在影视娱乐方面，视频平台如爱奇艺、腾讯视频等利用人工智能算法，根据用户的观看历史、收藏偏好、搜索记录等数据，为用户精准推荐个性化的影视节目、视频内容，使用户更容易发现符合自己兴趣的作品。在影视制作过程中，人工智能可用于特效制作、场景生成、角色动画等方面。例如，通过人工智能算法可以快速生成逼真的虚拟场景和特效，减少制作成本和时间，为影视创作带来更多创意和可能性。人工智能能够实时识别视频中的语音内容，并自动生成准确的字幕，不仅提高了字幕制作的效率，还方便了听力障碍人士观看视频，以及不同语言背景的观众理解视频内容。

在游戏方面，利用人工智能技术可以自动生成游戏中的角色、场景、剧情等内容。例如，通过生成对抗网络（GAN）等算法，能够创造出独特的游戏角色形象和丰富多样的游戏场景，为游戏开发者提供了更多的创意资源，同时也丰富了玩家的游戏体验。一些游戏中引入了智能助手，能够为玩家提供游戏攻略、提示、建议等帮助。例如，在解谜游戏中，智能助手可以根据玩家的游戏进度和当前场景，给出合理的解谜思路和方法，提升玩家的游戏体验。在竞技游戏中，人工智能可以模拟不同水平和风格的对手，为玩家提供个性化的对战体验。无论是新手玩家想要练习技巧，还是资深玩家寻求更高难度的挑战，都可以通过与人工智能对手对战来满足需求。

在音乐创作与欣赏方面，音乐平台如网易云音乐、QQ音乐等借助人工智能算法，根据用户的音乐收听历史、收藏喜好等数据，为用户推荐符合其口味的新歌和小众音乐，帮助用户发现更多喜欢的音乐作品。人工智能音乐创作软件可以根据用户输入的主题、风格、节奏等要素，自动生成旋律、和声、编曲等音乐元素，为音乐创作者提供灵感和创意支持，降低音乐创作的门槛。一些智能乐器结合了人工智能技术，如智能钢琴可以通过识别用户的演奏指法和节奏，提供实时的演奏指导和纠错建议，帮助用户提高演奏水平。

在社交方面，在社交平台上，智能聊天机器人可以与用户进行对话互动，提供信息咨询、情感陪伴等服务。例如，微信中的一些聊天机器人能够陪用户聊天、玩游戏、解答问题，为用户带来有趣的社交体验。人工智能技术应用于照片和视频处理软件中，能够实现自动美颜、滤镜效果、图像修复、视频内容识别与编辑等功能。例如，用户可以通过简单的操作，利用人工智能一键将照片处理成具有专业效果的艺术照，或者快速剪辑出精彩的视频片段。虚拟现实（VR）／增强现实（AR）社交技术可以为社交娱乐带来全新的体验。例如，用户可以在虚拟的社交场景中与其他用户进行互动交流，通过人工智能实现的语音识别、表情识别等技术，让虚拟社交更加真实和自然。

5. 智能家居

人工智能在智能家居领域的应用正变得越来越普及，它通过集成先进的算法和传感器技术，使得家居环境更加智能化，包括：智能语音助手、智能安防、智能照明、智能温控、智能家电、家庭健康监测、智能园艺、智能窗帘和窗户、家庭机器人等。随着物联网（IoT）技术的发展，智能家居设备之间的互联互通将更加紧密，智能家居将能够更好地理解用户的需求，提供更加个性化和预测性的服务，从而极大地提升生活质量和便利性。

人工智能技术无疑极大地推动了各行各业的发展，但是，AI 的发展也面临着一些挑战，例如数据安全、算法偏见、伦理道德等问题。我们需要在推动 AI 技术发展的同时，加强监管和规范，确保 AI 技术安全、可靠、可控地发展，为人类创造更加美好的明天。

▶▶ 本章小结

本章从应用的视角介绍了人工智能的主要应用领域，在每一个应用领域介绍了人工智能技术的发展历程，标志性事件，从而形成一个逻辑上更好理解和记忆的知识结构。人工智能的应用已经渗透到各个领域，为便于学习和知识建构，我们从三种最根本的人类本能，即语言（文字）、语音和视觉三个方面介绍 AI 的应用，它们是所有人类行为的基石。最后，我们对生成式人工智能技术及应用做了简单的介绍，这是人工智能发展的新阶段，它必将极大地推动社会发展，重塑社会生产力和生产关系，让人工智能技术更好地造福人类社会。

▶▶ 思考题

1. 人体有哪些感觉器官？分别对应的人工智能研究领域是什么？
2. 关于自然语言处理（NLP），回答下列问题。
（1）什么是自然语言处理？
（2）说明自然语言处理的一般过程。
（3）简述语法分析、句法分析、语义分析和语用分析的不同。
（4）列举不少于 5 种在 NLP 中用到的 AI 技术。
（5）列举 5 种你所知道的大语言模型工具。
3. 使用大语言模型，制作一个介绍我国边塞诗的 PPT 文件。要求，内容严谨，逻辑结构清晰，PPT 结构上体现分节、封面、目录、封底等概念。
4. 关于语音识别？写出语音识别的一般过程。

5. 简述计算机视觉的发展历史。

6. 关于计算机视觉，回答下列问题。

（1）图像处理包括哪几种？简要说明。

（2）简述人脸识别的基本过程。

（3）视频分析包括什么内容？

7. 什么是 AIGC？在 AIGC 以前，人工智能的主要工作是什么？

8. 什么是多模态生成？

9. 列举你所熟悉的 AI 工具，并分别说明它们的功能。

第 8 章

社会发展与科技伦理

【本章导读】

在智能社会的浪潮中，科学技术正以前所未有的速度重塑人类生活的方方面面。人工智能、大数据、生物技术等领域的突破，不仅推动了经济的繁荣和社会的进步，也深刻改变了人类的思维方式与行为模式。然而，科技的飞速发展也带来了诸多伦理挑战。例如，人工智能的自主决策可能引发责任归属问题，基因编辑技术的滥用可能触及生命的尊严与边界，数据隐私的泄露则威胁着个体的自由与安全。人类在享受科技红利的同时，不得不面对一个根本性问题：如何在科技进步与伦理约束之间找到平衡？智能社会的未来不仅依赖于技术的创新，更取决于人类对自身价值观的坚守与反思。科技应当服务于人类的福祉，而不是成为控制或异化人类的工具。唯有在科技与伦理的共生中，人类才能实现真正的可持续发展，迈向一个更加公正、包容、幸福和充满希望的未来。

本章从当前人类所面临的科技进步，特别是人工智能技术快速发展所带来的实际问题出发，从个人隐私保护、生活学习娱乐方式改变所带来的反思，到因为技术进步带来的社会就业、财富分配问题，进而因为生产力变化而带来的生产关系变革，进行梳理和思考。从技术角度介绍了个人隐私数据的保护问题，指出只有在技术、法律与道德的共同作用下，才能构建一个既高效又安全的数字社会。分析了人工智能、基因工程等科技进步可能带来的社会问题和伦理问题，介绍了世界各国有关科技伦理问题的监管、法案和政策。进一步对科技进步与社会发展的关系，以及人类未来进行了憧憬和展望。

【知识要点】

第 8.1 节：工业革命，数据隐私，网络信息安全，信息泄露，信息窃取，窃听、流量分析，冒名顶替，信息篡改，行为否认，授权侵犯，恶意攻击，数据加密，数据加密标准（DES），常规密钥密码体制（对称密码体制），公开密钥密码体制（非对称密码体制），RSA 公钥加密算法，数字签名，防火墙（firewall），计算机病毒，木马（trojan）。

第 8.2 节：科技伦理，算法偏见，隐私安全，责任归属，就业冲击，人工智能武器化，基因编辑，克隆技术。

第 8.3 节：脑机接口，神经技术，科技伦理监管。

第 8.4 节：具身智能，人类增强，身体增强，认知增强，感官增强，寿命增强，健康增强。

▶▶ 8.1 数据隐私与信息安全

随着互联网、物联网和人工智能的普及，个人数据的收集、存储和分析变得无处不在。然而，数据泄露、网络攻击和隐私侵犯事件频发，暴露出信息安全的脆弱性。个人隐私不仅关乎个体的尊严与自由，还涉及社会的信任与稳定。企业和政府在利用数据推动创新与治理的同时，必须承担起保护用户隐私的责任。加密技术、数据匿名化和严格的监管框架是保障信息安全的重要手段，但更重要的是培养公众的数据安全意识。

▶ 8.1.1 数字化社会

人类学家和社会学家告诉我们，人类社会的发展是一个不断适应、创新和变革的过程。在人类生存最早的原始社会，人们以采集、狩猎和捕鱼为生，依赖自然环境生存。气候变化和环境压力促使人类寻找更稳定的食物来源，直到约公元前 3000 年，人类开始种植野生植物，如小麦、大麦、水稻和玉米，驯养了狗、羊、牛、猪等动物，用于食物、劳动和运输，农业的发展使人类从游牧生活转向定居，从此，人类社会进入农业社会。在漫长的农业社会，随着生产力提高，人口增长，出现剩余产品，开始出现社会分工加剧，阶级分化（如贵族、农民、奴隶），促使国家和政权的形成，推动了宗教和文化发展。到 17 世纪，在英国等欧洲国家，出现了农业革命的萌芽，轮作制（如诺福克四圃制）取代了传统的休耕制，提高了土地利用率，新作物（如马铃薯、玉米）的引入丰富了粮食供应，铁制农具（如犁、镰刀）的普及提高了耕作效率，播种机、收割机等机械的发明减少了人力需求等，这一系列的农业技术和工具革新，推动了农业社会的发展。

1. 第一次工业革命（18 世纪 60 年代~19 世纪 40 年代）

进入 18 世纪，农业技术的不断发展在推动农业生产进步的同时，也推动了各种各样的发明和社会进步，推动了工厂制度的兴起，机械化生产促使工厂取代手工作坊，集中生产模式逐渐形成。1764 年的一天，英国的纺织工人同时也是木匠的詹姆斯·哈格里夫斯下班回家，不小心碰到了妻子的纺纱机，他发现纺锤由水平状态变为垂直状态仍能继续转动，这一现象给他带来了灵感。他由此想到，如果能将多个纺锤并列垂直放置，不就可以同时纺出多根纱线，从而提高纺纱效率吗？于是，哈格里夫斯立即开始尝试改进纺纱机。他最初设计了一个纺轮带动八个竖直纺锤的机器，将纺纱效率提高了八倍。他将这台机器以他女儿的名字"珍妮"命名，命名为"珍妮纺纱机"，珍妮纺纱机的出现极大地提高了生产效率。

然而，珍妮纺纱机的推广也引发了手工纺纱者的恐慌。他们担心机器会取代人力，导致失业，因此曾冲进哈格里夫斯的家中捣毁机器，甚至放火烧毁了他的房屋。哈格里夫斯夫妇被迫离开家乡，流落到诺丁汉。尽管遭遇挫折，哈格里夫斯并未放弃。1768 年，他在诺丁汉与人合资开办了一家纺纱作坊，使用珍妮纺纱机生产针织用纱。1770 年，他成功申请到专利，珍妮纺纱机逐渐在英国各地推广。到 1784 年，珍妮纺纱机的纺锤数量已增加到 80 个，生产效率进一步提升。1788 年，英国已有两万台珍妮纺纱机投入使用，标志着纺织业从手工生产向机械化生产的转变。

珍妮纺纱机的发明被视为第一次工业革命的开端。它不仅推动了纺织业的技术革新，还催生了工厂制度的兴起，这一发明也标志着人类从手工劳动向机械化生产的过渡。与此同时，1765 年，英国格拉斯哥大学的仪器修理工詹姆斯·瓦特在修理纽科门蒸汽机①时，发现了其效率低下的问题，对蒸汽机进行一系列改良，大幅提高了热效率，使蒸汽机的往复运动转化为圆周运动从而使得动力输出更加稳定，应用范围进一步扩大，使蒸汽机可以广泛应用于纺织、采矿、冶金、交通等众多领域，为各种机械设备提供动力。珍妮纺纱机和瓦特蒸汽机的陆续发明，极大地提高了社会生产力，促进了工厂制度的建立和发展，为人类开启了工业生产的新时代。从此，人类社会从农业社会大踏步地迈入工业社会。

2. 第二次工业革命（19 世纪 60 年代~20 世纪 40 年代）

第一次工业革命使欧美国家的经济得到了迅速发展，积累了大量的资本。工厂制度的建立和机器制造业的发展，使得大规模的工业生产和技术创新成为可能。同时，第一次工业革命后欧美国家生产力大幅提高，商品数量急剧增加，需要更广阔的市场来销售商品和获取原料，刺激了工业生产的进一步发展和技术创新。

19 世纪，自然科学取得了一系列重大突破，特别是电磁学理论的建立和完善。1831 年迈克尔·法拉第发现电磁感应现象，为发电机和电动机的研制提供了理论基础。到了 19 世纪 60 年代，麦克斯韦建立了完整的电磁学理论，进一步为电力的广泛应用奠定了坚实的科学基础。19 世纪 60 年代出现了一系列具有重大意义的技术发明。比如 1866 年西门子发明自励式直流发电机，使发电机的功率显著增强，为电力的广泛应用创造了条件；1869 年泽拉布·古拉姆制成了环形电枢发电机，能够驱动许多电气设备，这些发明标志着电力技术开始走向实用化。同时，内燃机的发明和改进，为汽车、飞机等新型交通工具的出现提供了动力支持。这些技术发明相互促进，共同推动了第二次工业革命的兴起和发展。

伴随着第二次工业革命的兴起，人类历史上进入了一个大工业时代。法拉第和麦克斯韦的电磁学研究为电力技术的发展奠定了基础。托马斯·爱迪生发明了电灯，尼古拉·特斯拉推动了交流电系统的应用，电力逐渐成为工业生产的主要动力来源。与此同时，尼古拉斯·奥托发明了四冲程内燃机，鲁道夫·狄塞尔发明了柴油机。内燃机的发明和应用极大地改变了交通运输和工业生产，推动了汽车和飞机的发展，亨利·福特通过流水线生产大幅降低了汽车成本，使汽车开始普及。

---

① 托马斯·纽科门（Thomas Newcomen，1663—1729 年），英国工程师，蒸汽机发明人。纽科门仅受过初等教育，少年时代做过铁匠。17 世纪 80 年代同他人合伙经营铁器，后来共同研制蒸汽机。1705 年取得"冷凝进入活塞下部的蒸汽和把活塞与连杆连接以产生运动"的专利权。此后，纽科门继续改进蒸汽机，于 1712 年首次制成可供实用的大气式蒸汽机，被称为纽可门机。纽可门机是瓦特蒸汽机的前身。

在第二次科技革命期间，新兴工业不断崛起。阿尔弗雷德·诺贝尔发明了炸药，推动了矿业和建筑业的发展，合成染料、化肥和塑料的发明和应用，极大地改变了农业生产和日常生活，化学工业迅速崛起。这一时期，电力工业、钢铁工业、交通运输和现代通信都得到了快速发展。第二次工业革命极大地推动了生产力的发展，改变了社会结构和生活方式，为现代工业社会的形成奠定了基础。

3. 第三次工业革命（20世纪40年代~20世纪90年代）

1946年2月14日，世界上第一台电子数字积分计算机"埃尼阿克"（ENIAC）在美国宾夕法尼亚大学诞生。1942年6月，美国总统罗斯福正式下令在铀委员会工作的基础上，实施研制原子弹的曼哈顿计划，并批准了4亿美元的财政支持。1953年4月25日，美国分子生物学家、遗传学家和动物学家沃森和英国分子生物学家、生物物理学家、神经科学家克里克在《自然》杂志上发表关于DNA双螺旋结构的论文，揭开了生命遗传的神秘面纱，为生物工程技术的发展奠定了理论基础。1957年10月4日，苏联成功发射了世界上第一颗人造地球卫星"斯普特尼克1号"，这一事件标志着人类首次冲破重力的束缚，进入了太空探索的新纪元。这一系列震惊世界的事件，正式拉开人类历史上第三次科技革命的序幕。第三次科技革命以电子计算机、原子能、生物工程和空间技术的发明和应用为标志，以计算机广泛应用和自动化为特征，人类社会开始进入信息社会。

第三次科技革命的到来，对社会发展带来了重要影响，主要体现在以下几个方面。

（1）经济方面

① 极大地推动了生产力的发展。例如，电子计算机的广泛应用，使生产过程的自动化、智能化程度大幅提高，生产效率显著提升；在化工、钢铁等传统产业中，新技术的应用也使得生产流程更加优化，产品质量和产量都有了很大提高。

② 促使产业结构发生重大变化。第一、二产业比重下降，第三产业迅速发展。以美国为例，20世纪90年代以来，信息产业等高科技产业成为美国经济的主导产业，大量劳动力从传统制造业向服务业和高科技产业转移。

③ 信息技术的发展，特别是互联网的普及，打破了地域限制，使各国经济联系更加紧密。跨国公司迅速发展，国际分工更加细化，资源在全球范围内得到更高效的配置，推动了经济全球化的进程。

（2）政治方面

① 加剧了国际竞争，推动了国际格局的多极化趋势。美国凭借在信息技术等领域的领先优势，在一段时间内保持了其超级大国的地位，但其他国家如日本、欧盟等也在科技革命中迅速发展，在经济、科技等领域与美国的差距逐渐缩小，世界政治格局逐渐向多极化方向发展。

② 科技的发展为政府治理提供了新的手段和工具。电子政务的兴起，使政府的行政效率大幅提高，信息透明度增强，政府与民众的互动更加便捷，有利于提高政府决策的科学性和民主性。

（3）文化方面

① 互联网、卫星通信等技术的发展，使文化传播的速度和范围大大扩展。各种文化

产品和文化观念在全球范围内快速传播，不同文化之间的交流与碰撞日益频繁，丰富了人们的文化生活。教育手段和方式发生了重大变化。在线教育、远程教育等新兴教育模式兴起，打破了传统教育的时空限制，使人们能够更便捷地获取知识。

② 第三次科技革命带来了新的科学理论和技术方法，如系统论、信息论、控制论等，这些理论和方法改变了人们的思维方式，使人们更加注重从整体、系统的角度去认识和解决问题。

（4）社会生活方面

① 各种高科技产品进入人们的生活，推动了人们生活方式的改变，如智能手机、智能家居等，使人们的生活更加便捷、舒适和多样化。

② 生物工程技术的发展，为疾病的诊断、治疗和预防提供了新的手段和方法，医疗水平显著提升。例如，基因诊断技术能够更准确地检测出疾病的遗传因素，为个性化治疗提供依据；新的药物研发和治疗技术，如靶向治疗、免疫治疗等，大大提高了癌症等重大疾病的治愈率。

③ 随着科技的发展，推动了就业结构变化。新的职业不断涌现，如软件工程师、数据分析师、人工智能专家等，同时一些传统职业逐渐被淘汰，如打字员、电报员等，这就要求人们不断学习和提升自己的技能，以适应就业市场的变化。

4. 第四次工业革命（21 世纪至今）

前三次科技革命极大地推动了科学技术的进步和社会发展，创造了巨大的社会财富，极大地丰富了人们的物质生活。但是，工业化不可避免地造成能源和资源的巨大消耗，工业生产排放大量温室气体和污染物，导致全球气候变暖、空气和水质恶化，生态系统遭到破坏，加剧了人与自然的矛盾。工业化虽创造了空前的物质财富，却也加剧了社会阶层分化、资源分配不均匀、劳动力剥削和健康问题等问题。传统的工业化模式所带来的一系列负面影响，给人类社会带来了巨大的资源和环境压力，这不仅威胁人类社会与地球的可持续发展，也对人类社会的长期稳定构成了挑战。

进入 21 世纪，可持续发展成为全球共识，人类对绿色技术、清洁能源和循环经济有着迫切需求。同时，以物联网、大数据、云计算、人工智能为代表的新一代信息技术快发展迅猛，全球数字化进程加速。传统行业与新兴技术的结合推动了产业升级和社会变革，跨界创新成为主流。全球主要经济体（如美国、中国、欧盟等）在科技领域的竞争加剧，推动了技术创新和产业升级。2013 年 4 月，在汉诺威工业博览会上，德国提出"工业4.0"计划，其核心内容可以概括为"一个核心、三大主题、四项技术"。一个核心就是以智能制造为主导，将制造业向智能化转型。三个主题就是智能工厂、智能生产和智能物流。四项技术就是物联网、大数据、云计算和信息物理系统。"工业 4.0"全面规划了 21世纪的企业场景。

第四次科技革命和产业变革是建立在新一代信息技术高度发达的时代背景下，在这个时代，互联网应用全面普及，万物互联快速推进，人类社会的方方面面都在全面数字化。进入 21 世纪，人工智能研究取得突飞猛进的进展，深度神经网络广泛应用，大语言模型不断涌现。同时，计算机硬件的发展也突飞猛进，面向人工智能计算的 GPU 等先进芯片快速迭代。人工智能成为最受年轻人喜欢的专业。在数据、算法、算力和人才的加持下，人工智能发展日新月异，改变着我们的学习、工作、生活、娱乐和一切，它正在以一种崭新的工业化模式将人类带入到一个数字化智能化的社会。

▶ 8.1.2 数据隐私

在数字化时代，随着互联网、物联网和人工智能技术的普及，个人数据的收集、存储和分析变得无处不在，几乎伴随着我们工作生活的每时每刻。

1. 互联网与社交媒体

用户在 Facebook、Twitter、微信等平台上发布的内容、点赞、评论、分享等行为都会被记录和分析。用户使用 Google、百度等搜索引擎会记录用户的搜索历史、单击行为和地理位置，用于个性化推荐和广告投放。

2. 电子商务与在线购物

淘宝、亚马逊等平台会收集用户的浏览记录、购买历史、支付信息以及收货地址。支付宝、PayPal 等支付工具会记录用户的交易数据、银行卡信息和消费习惯。

3. 移动应用与智能设备

智能手机 APP（如地图、外卖、打车软件）会请求访问用户的位置、通信录、相机、麦克风等权限，采集大量个人数据。智能手表、健身追踪器等穿戴设备会记录用户的心率、步数、睡眠模式等健康数据，并发往数据中心。

4. 公共设施与智慧城市

城市中的监控摄像头无处不在，系统会采集行人的面部特征、行为轨迹等数据。地铁、公交等交通系统通过刷卡或扫码记录用户的出行路线和时间。

5. 医疗与健康服务

医院和诊所会存储患者的病历、诊断结果、用药记录等敏感信息。健康体检会记录用户的健康检查详细信息。健康类 App 会收集用户的运动数据、饮食习惯和体重变化。

6. 金融服务

银行会记录用户的账户余额、交易记录、信用评分等信息。股票交易、基金购买等行为会被金融机构用于分析用户的投资偏好。

7. 教育与在线学习

在线教育平台会记录用户的学习进度、课程选择和测试成绩。校园管理系统会存储学生的成绩、出勤记录和个人信息。

8. 生活娱乐

YouTube、爱奇艺等视频平台会分析用户的观看历史、停留时间和偏好。影院网上购票系统会记录用户观看的影片和时间地点。铁路航空售票系统会记录用户的出行时间和地点。酒店预订和酒店也会记录用户入住的时间和地点，甚至同伴信息。

9. 智能家居

智能音箱会通过语音助手采集用户的语音指令和对话内容。冰箱、洗衣机等智能家电会记录用户的使用频率和偏好设置。

10. 工作与办公场景

公司通过指纹、面部识别或打卡记录员工的出勤情况。系统工具会记录员工的沟通内容和文件共享记录。

这些场景中，个人数据的采集虽然为服务优化和个性化体验提供了支持，但也带来了隐私泄露和滥用的风险。首先，企业和机构通过用户行为、位置信息、消费习惯等数据的过度采集，可能导致个人隐私的泄露和滥用。其次，数据泄露事件频发，黑客攻击、内部管理漏洞等问题使得敏感信息暴露于公众视野，造成经济损失和社会信任危机。此外，大数据和人工智能技术的应用使得个人行为被精准预测和操控，进一步侵蚀了个人自主权和隐私空间。尽管各国出台了相关法律法规（如欧盟的《通用数据保护条例》GDPR），但技术发展的速度远超监管的完善，数据隐私保护仍面临巨大挑战。如何在技术创新与隐私保护之间找到平衡，已成为全球社会亟待解决的难题。

8.1.3 网络与信息安全

计算机网络，特别是互联网在给我们的生活和工作提供无限便利的同时，网络信息安全问题也日渐突出。信息安全包括的范围很广，大到国家军事政治机密安全，小到防止企业及商业机密暴露、个人信息保护、甚至防范青少年对不良信息浏览等。从频频见诸报端的黑客攻击事件，到 2013 年 6 月爆出的美国"棱镜门"事件[①]，网络信息安全已经成为计算机网络中最敏感，也是最核心的问题。

1. 网络信息安全问题

在网络中，由于操作系统、通信协议以及应用软件等存在的漏洞以及人为因素，大量的共享数据以及数据在存储和传输过程中，都有可能被暴露、盗用或篡改，网络信息安全威胁无处不在。安全问题可以分成网络信息安全和网络系统安全两个方面，网络信息安全是我们的最终目标，而网络系统安全是保证信息安全的重要技术手段。

所谓网络信息安全，是指对网络信息系统中的硬件、软件及系统中的数据进行有效的保护，防止因为偶然或恶意原因使系统数据遭到破坏、更改、泄露，保证信息系统的连续可靠正常地运行，信息服务不中断。信息安全包括信息的保密性、真实性、完整性、未授权拷贝和所寄生系统的安全性。信息安全不仅涉及计算机科学、网络技术和通信技术，它还涉及密码技术、应用数学、数论、信息论等多种学科。

对于网络信息安全，涉及的内容很多，既包括数据加密、数字签名及数字认证等信息安全机制，又涉及通信协议、应用系统和计算机操作系统和计算机网络技术。从学科上讲，信息安全是一门涉及应用数学、数论、密码学、计算机科学、计算机网络技术、通信

---

① 2013 年 6 月，前美国中情局（CIA）职员爱德华·斯诺顿（Edward Joseph Snowden）将两份绝密资料交给英国《卫报》和美国《华盛顿邮报》，并告之媒体何时发表。按照设定的计划，6 月 5 日，英国《卫报》先扔出了第一颗舆论炸弹：美国国家安全局有一项代号为"棱镜"的秘密项目，要求电信巨头威瑞森公司必须每天上交数百万用户的通话记录。6 月 6 日，美国《华盛顿邮报》披露称，过去 6 年间，美国国家安全局和联邦调查局通过进入微软、谷歌、苹果、雅虎等九大网络巨头的服务器，监控美国公民的电子邮件、聊天记录、视频及照片等秘密资料。美国舆论哗然，并引起一系列的连锁反应。

技术、信息安全技术、信息论等多种学科的综合性学科。

所有的信息安全技术都是为了达到一定的安全目标，包括以下 5 个方面的内容，也就是 5 个安全目标。

（1）保密性（confidentiality）：是指阻止非授权主体阅读信息。通俗地讲，就是指未授权用户不能够获取敏感信息。对纸质文档信息，我们只需要保护好文件，不被非授权者接触即可。而对计算机及网络环境中的信息，不仅要制止非授权者对信息的阅读。也要阻止授权者将其访问的信息传递给非授权者，以致信息被泄露。

（2）完整性（integrity）：是指防止信息被未经授权的篡改，使信息保持原始状态，保证信息的真实性。

（3）可用性（usability）：是指授权主体在需要信息时能及时得到信息服务的能力，可用性是在保证信息安全的基础上，信息系统应该具备的功能。

（4）可控性（controlability）：是指对信息和信息系统实施安全监控管理，防止非法利用信息和信息系统。

（5）不可否认性（non-repudiation）：是指在网络环境中，信息交换的双方不能否认其在交换过程中发送信息或接收信息的行为。

除了上述信息安全目标外，信息安全还包括可审计性（audiability）、可鉴别性（authenticity）等。信息安全的可审计性是指信息系统的行为人不能否认自己的信息处理行为。与不可否认性的信息交换过程中行为可认定性相比，可审计性的含义更加宽泛。信息安全的可鉴别性是指信息的接收者能对信息的发送者的身份进行判定，它也是一个与不可否认性相关的概念。

对于网络信息安全，除了技术上的手段外，建立健全信息安全法律法规也是非常重要的。通过完善操作信息行为的法律法规，可以有效地防止很多人打法律擦边球，减少信息窃取、信息破坏行为发生的可能性。总之，严格的安全管理，法律约束和安全教育对于保证网络信息安全具有极其重要的作用。

2. 信息安全的主要威胁

在信息系统运行过程中，除了自然灾害、意外事故等非人为因素外，信息安全威胁主要来自人为因素。常见的信息安全威胁有以下几种。

（1）信息泄露

对于存在网络中的数据文件或进行网络通信时，如果不采取任何保密措施，数据文件或通信内容就有可能被其他人看到，造成信息泄露。如果是未经系统授权而使用网络或计算机资源，这就是一种非授权访问。或者是由于内部人员人为错误，比如使用不当，安全意识差等而泄露信息，是一种内部泄密行为。

（2）信息窃取

非法用户通过数据窃听、流量分析等各种可能的合法或非法的手段窃取系统中的信息资源和敏感信息。例如，对通信线路中传输的信号搭线监听，或者利用通信设备在工作过程中产生的电磁泄漏截取有用信息等。业务流分析则是通过对系统进行长期监听，利用统计分析方法对诸如通信频度、通信信息流向、通信总量的变化等参数进行研究，从中发现有价值的信息和规律。

信息窃听通常是一种被动威胁，它不改变系统中的数据，只是读取系统数据，从中获取利益。由于没有篡改信息，被动威胁留下的可供审计的痕迹很少，难以发现。在一个网络中，实施信息窃听被动威胁包括侵入者窃取系统泄露的数据，或者对通过流量分析来确定通信双方的位置和身份等敏感数据。被动威胁往往为下一步实施主动威胁做准备，有效地阻止被动威胁的主要技术手段就是数据加密技术。

（3）冒名顶替

通过欺骗通信系统（或用户）达到非法用户冒充成为合法用户，或者权限小的用户冒充成为权限大的用户的目的。侵入者通常通过一个合法的用户账户和密码，来使用合法用户可以获得的网络服务。例如，甲和乙是系统的合法用户，丙是侵入者，如果丙向甲发送一份报文"晚上7点钟，小树林见，乙"。用户甲又如何确定发送报文的人一定是乙，而不是一个冒名者呢？我们平常所说的黑客大多采用的就是假冒攻击。

（4）篡改信息

非法用户对合法用户之间的通信信息进行修改，生成伪造数据，再发送给接收者。信息篡改是一种严重的主动威胁，其危害程度比主动威胁更甚。主动威胁可以发生在通信线路上的任何地方，例如：电缆、微波线路、卫星信道、路由节点、主机或客户计算机系统等，这些地方都可能成为侵入对象。

（5）行为否认

行为否认又称为抵赖。在网络中，对于合法用户，在电子商务等交易活动中，不能否认其曾经发出的报文。在传统的交易活动中，可以通过用户的亲笔签名或印章来保证合同的有效性。在网络中，要保证发送者对报文的不可抵赖，是通过数字签名实现的。同时，数字签名还保证了接收者不能够伪造发送者的报文。

（6）授权侵犯

被授权以某一目的使用某一系统或资源的某个人，却将此权限用于其他非授权的目的，也称作"内部攻击"。

（7）恶意攻击

恶意攻击是当前网络中存在的最大信息安全威胁。通过一些专用的"黑客"程序，按照网段持续地扫描指定的网段，查找计算机系统漏洞，从而传播病毒、设置木马，以达到控制对方计算机的目的，被控制的计算机称之为"肉鸡"。当黑客控制很多"肉鸡"后，通常会采用拒绝服务攻击和注入漏洞攻击的方式对网络进行攻击。

所谓"拒绝服务攻击"就是同时向被攻击网站发起请求访问，其流量远远超过对方所承受的范围，从而导致正常用户无法使用，造成系统瘫痪。而"注入漏洞攻击"则是根据网站的网页代码漏洞，直接获取管理员账号密码，然后控制网站的网页修改。当前 SQL 注入是常见的一种注入攻击方式，它利用站点页面中的用户程序漏洞，通常是 SQL 查询语句漏洞，来进入系统。

现在，恶意攻击发生的频率越来越高，攻击者出于不同的目的实施网络攻击，严重地影响了网络的正常运行，是当前网络信息安全中最难以防范的安全威胁。

3. 信息安全措施

目前的网络完全，主要的安全威胁来自恶意攻击，因此必须对面临的威胁进行风险评估，选择相应的安全机制，集成先进的安全技术，形成一个全方位的安全系统。信息安全策略可分为技术和管理两个方面。

（1）信息安全技术

通过信息技术产品，从技术上解决信息技术安全问题，包括：数据备份与恢复问题、灾难恢复问题；网络攻击与攻击检测、防范问题；安全漏洞与安全对策问题；防病毒问题；信息安全保密问题等。

（2）信息安全管理

各计算机网络使用机构和个人，建立相应的网络安全管理办法，加强内部管理，建立合适的网络安全管理系统，加强用户管理和授权管理，建立安全审计和跟踪体系，建立有效的计算机系统安全策略等，提高整体网络安全意识。

在当前的网络环境中，只要将计算机连接到网络，系统就存在病毒、木马和黑客程序等恶意攻击的威胁。保证计算机系统安全是保证网络和信息安全的基础。一般情况下，为了保证系统安全，用户通常会安装防火墙、杀病毒软件等，忽视操作系统本身的安全性设置。其实，操作系统本身有严格的安全性机制，完全可以实现系统的全方位的安全配置，同时由于这是系统内置功能，与系统无缝结合，不会占用额外的 CPU 及内存资源。此外，由于其位于系统底层，其拦截能力也是其他软件所无法比拟的，不足之处是其设置复杂。

▶ 8.1.4 数据加密技术

数据加密技术是解决网络中数据安全性的主要技术手段，是网络安全技术的基石。通过数据加密，将要传输的明文变成加密后的密文，可以有效地解决信息泄露、信息篡改、冒名顶替、行为否认等网络信息安全威胁。下面介绍数据加密技术中的相关概念。

1. 数据加密概念模型

所谓"数据加密"（data encryption），就是指将明文（待传递的信息），经过加密密钥及加密算法进行转换，变成无意义的密文；接收方则将此密文经过解密钥匙和解密算法将接收到密文还原成明文，从而获得发送者发送的信息。数据加密概念模型如图 8-1 所示。

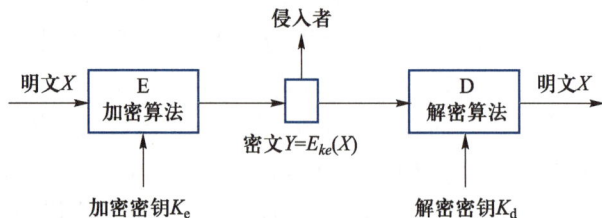

图 8-1　数据加密概念模型

数据加密和密码学紧密相关，密码学是一门古老而年轻的学科，分为密码编码学和密码分析学两个分支。密码编码学是密码体制的设计学，密码分析学则是在未知密钥的情况下从密文推演出明文或密钥的技术。

如果不管侵入者截取了多少密文，但在密文中没有足够的信息来确定对应的明文，这样的密码体制称为无条件安全的，也称为理论上不可破的。理论上讲所有的密码体制都是可破的。人们关心的是在研制出即使是使用高速计算机，其密码也是不可破的密码体制。如果一个密码体制的密码不能被可以使用的计算资源破译，则这样的密码体制称为计算上是安全的。

1949 年，信息论创始人香农[①]论证了一般经典的加密方法得到的密文几乎都是可破的，引起了密码学研究的危机。20 世纪 60 年代起，随着现代电子计算机技术的发展，以及结构代数、可计算性以及计算复杂性理论的研究，密码学进入了一个新的发展时期。20 世纪 70 年代后期，美国数据加密标准 DES（data encryption standard）和公开密钥密码体制（public key crypt system）的出现，成为近代密码学发展史上的两个重要里程碑。

2. 常规密钥密码体制

所谓常规密钥密码体制是指加密密钥和解密密钥相同的密码体制，该加密体制又称为对称密码体制或者私有密钥密码体制，是一种传统的密码体制。在早期的常规密码密钥体制中有两种常用的密码，即：代替密码和置换密码。

代替密码的原理非常简单，就是将明文中的每一个字符用另外的一个字符所代替，来生成密文。例如，将字符 a~z 中的每一个字符用字母表中它后面的第 2 个字符所代替，如果明文为 caesar cipher，则得到的密文为 ecfvct ekijgt，此时密钥为 2。由于英文字符的使用频度研究很多，这种替换密码很容易被破译。

置换密码比替换密码复杂，基本原理是按照某种规则，对明文中的字符或比特进行重新排序，而得到密文。例如以单词 cipher 为密钥，将明文每六个字符一组写出，若明文为"attack begins at four"，列表如下：

密钥	c	i	p	h	e	r
顺序	1	4	5	3	2	6
明文	a	t	t	a	c	k
	b	e	g	i	n	s
	a	t	f	o	u	r

按照密钥中字母在字母表中的顺序对明文分组按列重新排列得到：acattkbniegsauotfr，即得到密文。接收者按照密钥中的字母顺序按列写出，然后按行读出，即得到明文。

在现代加密技术中，比较著名的常规密钥密码算法有：美国的 DES 及其各种变形，比如 Triple DES、GDES、New DES 和 DES 的前身 Lucifer；欧洲的 IDEA 以及以代替密码和置换密码为代表的古典密码等。在众多的常规密码中影响最大的是 DES 密码。

---

① 克劳德·香农（Claude Elwood Shannon，1916—2001 年），美国著名科学家，信息论及数字通信的奠基人。1948 年创立信息论（information theory），1949 年发表论文 *Communication Theory of Secrecy Systems*（保密系统的通信理论），使保密通信由艺术变成科学。在漫长的人生岁月中，他思考过许多问题。除在普林斯顿高等研究院工作过一年外，他主要都在 MIT 和贝尔实验室度过。

数据加密标准 DES 的原始思想与第二次世界大战时德国的恩尼格玛机①大致相同。传统的密码加密都是由循环移位思想而来，恩尼格玛机在这个基础之上进行了扩散模糊。但是本质原理都是一样的。现代 DES 则是在二进制级别进行替代模糊，以增加分析的难度。

DES 采用长度为 64 位的密钥（实际密钥 56 位，8 位用于奇偶校验），对 64 位二进制数据加密，产生最大 64 位的分组大小。这是一个迭代的分组密码，使用称为 Feistel 的技术，其中将加密的文本块分成两半。使用子密钥对其中一半应用循环功能，然后将输出与另一半进行"异或"运算；接着交换这两半，这一过程会继续下去，但最后一个循环不交换。DES 使用 16 个循环，使用异或、置换、代换、移位操作四种基本运算。最终得到 64 位密文数据。

DES 的保密性取决于对密钥的保密，算法是公开的。攻击 DES 的主要形式被称为蛮力的或彻底密钥搜索，即重复尝试各种密钥直到有一个符合为止。如果 DES 使用 56 位的密钥，则可能的密钥数量是 2^{56} 个。到目前为止，虽然国际上在破译 DES 方面取得了一些进展，但仍未找到比穷举搜索密钥更有效的方法。但是，随着计算机系统能力的不断发展，DES 的安全性比它刚出现时会弱得多，然而从非关键性质的实际出发，仍可以认为它是足够的。不过，DES 现在仅用于旧系统的鉴定，而更多地选择新的加密标准，即高级加密标准（advanced encryption standard，AES）。

常规密码的优点是有很强的保密强度，且经受住时间的检验和攻击，但其密钥必须通过安全的途径传送。因此，其密钥管理成为系统安全的重要因素。

3. 公开密码密钥体制

1976 年，美国斯坦福大学学者迪菲（Whitfield Diffie）与赫尔曼（Martin Hellman）发表了关于公钥密码技术的极具创造性的论文"New Directions in Cryptography"，提出了一个奇妙的密钥交换协议算法，即 Diffie-Hellman 密钥交换（Diffie-Hellman Key Exchange），非常出色地阐述了事先互不了解的人们如何利用一个共享公钥和专用密钥实现安全通信的问题。该算法受到了 Ralph Merkle 关于公钥分配工作的影响。2002 年，赫尔曼建议将该算法改名为 Diffie-Hellman-Merkle 密钥交换以表明 Ralph Merkle 对于公钥加密算法的贡献。

公开密码密钥体制是一种加密密钥和解密密钥不同，是一种根据加密密钥 K_e 来推导解密密钥 K_d 在计算上是不可行的密码体制，属于非对称密码体制。公开密码密钥体制的产生有两个方面的原因，一个是常规密码密钥体制的密码分配问题，另一个原因是数字签名的需求。

在常规密码密钥体制中，加密密钥和解密密钥是相同的。双方进行保密通信的前提就是必须持有相同的密码，如何做到这一点呢？一种方法是事先约定，还可以通过信使来传送。在现代通信中，两种方法显然都是很难实行的。比如，有 n 个人要进行保密通信，采

---

① 恩尼格玛密码机（德语：Enigma），又译哑谜机，是一种用于加密与解密文件的密码机，是第二次世界大战时期德国使用的一系列相似的转子机械加解密机器的统称。尽管此机器的安全性较高，但盟军的密码学家们还是成功地破译了大量由这种机器加密的信息。

用事先约定，每个人就要保存另外 $n-1$ 个人的密码，整个网络中就会有 $n(n-1)/2$ 个密钥，这给密钥的管理和更换带来极大困难。此外，通过信使来传递密钥是不安全的。

在公钥密码中，收信方和发信方使用密钥互不相同，而且几乎不可能从加密密钥推导解密密钥。著名的公钥密码算法有：基于数论中大数分解问题的 RSA 体制[①]、基于 NP 完全理论的 Merkel-Hellman 背包体制、基于编码理论的 McEliece 密码体制，此外还有零知识证明的算法、椭圆曲线、ElGamal 算法等。其中，最有影响的公钥密码算法是 RSA，它能抵抗到目前为止已知的所有密码攻击。

在公开密码密钥体制中，加密密钥 PK、加密算法 E、解密算法 D 都是公开的，但解密密钥 SK 是保密的。虽然 SK 是由 PK 决定的，但通过 PK 计算出 SK 是不可能的。公开密钥算法特点如下。

（1）用公开密钥 PK 对明文 X 加密后，可以用私有密钥 SK 解密，恢复出明文 X，即：

$$D_{sk}(E_{pk}(X)) = X$$

这就意味着，如果 A 公布了其 PK，则其他人，如 B 就可以利用 PK 加密信息，然后发送给 A 了，A 可以通过其 SK 对 B 发来的加密信息进行解密。反之亦然，A 可以利用 B 的公开密钥 PK 来加密信息，发送给 B。这样就实现了 A 与 B 的保密通信。

此外，加密和解密的运算可以对调，即：

$$E_{pk}(D_{sk}(X)) = X$$

发送者通过自己的私有密钥对明文 X 进行运算，可以实现对明文 X 的签名。接收者通过发送者的公开密钥可以恢复出明文。

（2）加密密钥不能用来解密，即：

$$D_{pk}(E_{pk}(X)) \neq X$$

这样即使侵入者得到了密文，因为没有解密密钥 SK，也无法恢复出明文，避免了信息泄露。

（3）在计算机上可以很容易地产生成对的 PK 和 SK。

（4）从公开的 PK 得到 SK 是计算上不可能的。

4. 数字签名

公开密码密钥体制解决了保密通信问题，但是在电子通信中还必须保证通信双方是可信的，避免相互猜疑，即所谓的数字签名。数字签名包括三个方面的问题：① 接收者能够核实发送者对报文的签名；② 发送者事后不能抵赖对报文的签名；③ 接收者不能伪造对报文的签名。

根据公开密码密钥体制的特点，可以很容易地实现数字签名。基本思想如下。

发送者 A 用其解密密钥 SK_A（私有密钥），对报文 X 进行 D 运算，得到 $D_{ska}(X)$，传

---

① RSA 公钥加密算法由 Ron Rivest、Adi Shamirh 和 Len Adleman 于 1977 年在美国麻省理工学院开发完成。RSA 取名来自开发者的名字。RSA 是目前最有影响力的公钥加密算法，它能够抵抗到目前为止已知的所有密码攻击，已被 ISO 推荐为公钥数据加密标准。RSA 算法基于一个十分简单的数论事实：将两个大素数相乘十分容易，但想要对其乘积进行因式分解却极其困难，因此可以将乘积公开作为加密密钥。

送给接收者 B，B 用 A 的公开密钥进行 E 运算的到 $E_{pka}(D_{ska}(X)) = X$。因为，除了 A，其他人没有 A 的私有密钥 SKA，因此，除了 A 没有人能产生密文 $D_{ska}(X)$，这样报文 X 就被签名了。

假如 A 要抵赖曾发送报文 X 给 B，B 可以出示收到的 $D_{ska}(X)$ 和 X 给第三者，第三者可以很容易地用 PKA 来证实 A 确实发出了消息 X。反之，如果 B 将消息 X 伪造为 X'，则 B 不能给第三者出示 $D_{ska}(X')$，这样就证明 B 伪造了报文 X'。可见数字签名同时也保证了报文的不可抵赖性和避免了对报文的篡改风险。

5. 密钥分配与管理

在公开密钥密码体制中，由于加密密钥是公开的，网络的安全性完全取决于解密密钥（私有密钥）的保护上，因此，密钥管理成为重要的研究内容。密钥管理包括：密钥产生、分配、注入、验证和使用几个方面。其中密钥分配是最主要的问题，对于密钥分配，常用的方法是设立密钥分配中心（key distribution center，KDC），通过 KDC 来分配密钥。

在 KDC 中，通常通过密钥分配协议进行密钥分配，关于密钥分配协议的介绍读者可参考其他密码学书籍。

▶ 8.1.5 病毒、木马及其防范

1988 年 11 月 2 日，美国康奈尔大学一年级研究生罗伯特·莫里斯（Morris）把一个被称为"蠕虫"的程序送进互联网。程序能够自我复制，迅速占满计算机内存，而导致机器死机，并通过网络自动传播到其他计算机中。当晚，美国互联网用户陷入一片恐慌。到 11 月 3 日清晨 5 点，当加州伯克利分校的专家找出阻止病毒蔓延的办法时，短短 12 小时内，已造成 6 200 台 UNIX 操作系统的计算机瘫痪。这就是著名的"莫里斯蠕虫"事件。1990 年 5 月 5 日，纽约地方法庭根据罗伯特·莫里斯设计病毒程序，造成包括国家航空和航天局、军事基地和主要大学的计算机停止运行的重大事故，判处莫里斯三年缓刑，罚款一万美金，义务为社区服务 400 小时。从此，计算机病毒开始引起人们的广泛重视。

1998 年，24 岁的台湾大同工学院学生陈盈豪制作了 CIH 病毒，这是一款恶性病毒，这次共造成全球 6 000 万台计算机瘫痪，直接经济损失达数十亿美元。CIH 病毒发作被称为"电脑大屠杀"，这也促进了人们关于计算机网络安全的研究和发展。

2017 年 5 月 12 日，一种名为"想哭（WannaCry）"的勒索病毒袭击全球 150 多个国家和地区，影响领域包括政府部门、医疗服务、公共交通、邮政、通信和汽车制造业。勒索病毒是一种新型计算机病毒，主要以邮件、程序木马、网页挂马的形式进行传播。该病毒性质恶劣、危害极大，一旦感染将给用户带来无法估量的损失。这种病毒利用各种加密算法对文件进行加密，被感染者一般无法解密，必须拿到解密的私钥才有可能破解。

随着网络在线游戏的普及和升温，网络游戏中的金钱、装备等虚拟财富与现实财富之间的界限越来越模糊。与此同时，以盗取网游账号及密码为目的的木马病毒也随之发展泛滥起来。与一般的病毒不同，它不会自我繁殖，也并不"刻意"地去感染其他文件，它通过将自身伪装吸引用户下载执行，向施种木马者提供打开被种者计算机的门户，使施种者可以任意毁坏、窃取被种者的文件，甚至远程操控被种者的计算机。

从原理上讲，木马是一种带有恶意性质的远程控制软件。木马攻击采用客户/服务器模式，木马程序被安装到用户的计算机中，这个程序是一个服务程序，称为被控制端；攻击者在自己的计算机上安装客户端程序，称为控制端，通过安装在用户计算机上的木马服务程序，从而达到控制用户计算机系统的目的。木马服务程序运行后，将和木马客户程序建立连接，利用互联网进行通信。木马客户端可以控制木马服务程序在用户计算机系统中的行为，例如：获取管理员账户和口令，浏览、移动、复制、删除文件，修改注册表，更改计算机配置等。

在互联网中，木马比病毒更加危险，直接影响系统安全。根据木马的工作原理，可以从以下两个方面防止木马攻击：① 安装杀毒软件和防火墙，防止恶意网站在自己计算机上安装不明软件和浏览器插件，以免被木马趁机侵入。② 阻止未知的网络服务，防止未知程序（例如木马服务程序）向外传送数据。此时，需要阻止部分可疑的 TCP 和 UDP 通信端口，这样即使木马运行，也无法向外传送数据。

对于木马攻击，除了采用安全产品外，通过配置本地安全策略、防火墙以及 TCP/IP 筛选策略，可以有效地预防可能的木马攻击。除此之外，还应该检查可疑通信端口：① 利用命令行命令"netstat -a -n"查看当前的系统正在进行通信的协议端口。② 查看当前的通信进程及所使用的端口号。在 360 安全卫士中，通过"网络连接查看器"可显示目前正在连接网络的程序。③ 分别利用 TCP/IP 筛选策略、本地安全策略、Windows 内置防火墙以及 360 安全卫士等关闭可疑的通信端口。

在计算机信息系统安全中，病毒和木马等恶意程序攻击已经成为重要的安全隐患。要确保计算机系统安全，除了在操作系统层上进行相应安全配置外，安装软硬件防火墙外，了解病毒、木马的原理、特征、危害性、传播方式等，对病毒和木马的防治和查杀，更好地保证网络与信息安全具有重要意义。

▶▶ 8.2　科技伦理问题

科技发展正以前所未有的速度重塑人类社会。物联网、大数据、人工智能、基因编辑等技术的突破，在带来便利的同时也引发了深刻的伦理挑战。隐私泄露、算法歧视、数字鸿沟等问题日益凸显，科技发展与人性的矛盾不断加剧。科技的发展必须确立技术发展的边界，这种边界不是对创新的限制，而是对人性尊严的守护。科技发展必须以人为本，这是不可逾越的底线。每一项新技术都应当经过伦理审视，确保其发展方向符合人类整体利益。只有在科技与伦理之间找到平衡，才能真正实现科技造福人类的终极目标。

科技伦理是研究科学技术发展及其应用过程中涉及的道德问题和价值判断的学科领域。它旨在探讨科技对人类生活、社会结构和自然环境的影响，并寻求在科技进步与道德规范之间找到平衡点。科技伦理的核心问题包括隐私保护、数据安全、人工智能的道德使用、基因编辑的伦理界限等。这些问题不仅影响个体的生活，还关系到社会的公平与正义。

▶ 8.2.1 人工智能的伦理问题

近年来，人工智能技术取得了突破性进展，在医疗、金融、交通、教育等领域展现出巨大应用潜力，人工智能的快速发展为人类社会带来了巨大机遇，同时也引发了一系列伦理挑战，包括隐私安全、算法偏见、责任归属、就业冲击以及人工智能武器化等，对社会公平正义、个人权利保障乃至人类生存发展构成威胁。

1. 隐私安全

人工智能系统需要收集和分析海量数据，其中包括大量个人隐私信息。如何确保这些数据的安全，防止数据泄露和滥用，是人工智能发展面临的重要挑战。例如，2018年，Facebook曝出"剑桥分析"数据泄露丑闻，8700万用户数据被非法获取并用于政治广告精准投放，引发公众对数据隐私的强烈担忧。2019年，亚马逊、苹果、谷歌等公司的智能音箱被曝出存在窃听用户隐私的行为。AI换脸技术Deepfake可以生成以假乱真的虚假视频，被用于制作虚假新闻、诽谤他人，甚至进行政治操纵。

2. 算法偏见

人工智能算法的训练依赖于大量数据，而这些数据本身可能包含人类社会的偏见和歧视。例如，2018年，亚马逊发现其用于筛选简历的AI系统存在性别偏见，该系统倾向于给男性求职者打更高分数，原因是训练数据中男性简历占多数。美国法院COMPAS系统用于预测罪犯再犯风险，但被指控对黑人存在偏见，黑人被错误地评估为高风险的概率高于白人。

3. 责任归属

当人工智能系统出现错误或造成损害时，如何界定责任归属是一个复杂的问题。例如，自动驾驶汽车发生交通事故，责任应该由汽车制造商、软件开发商还是车主承担？2018年，Uber自动驾驶汽车在美国亚利桑那州发生交通事故，导致一名行人死亡。这起事故引发了关于自动驾驶汽车责任归属的广泛讨论。2018年，IBM Watson for Oncology被曝出为癌症患者提供错误治疗建议，引发关于AI医疗责任归属的讨论。

4. 就业冲击

人工智能的自动化能力将取代部分人类工作，导致失业率上升和社会不平等加剧。如何应对人工智能带来的就业冲击，是各国政府和社会需要共同面对的挑战。例如：近年来，富士康大量引进机器人取代流水线工人，导致大量工人失业。AI写作软件可以自动生成新闻稿、营销文案等，对传统媒体和广告行业造成冲击。麦肯锡全球研究院预测，到2030年，全球将有8亿个工作岗位被自动化取代。

5. 人工智能武器化

人工智能技术可能被用于开发自主武器系统，这些系统可以在没有人类干预的情况下选择和攻击目标，这将引发严重的伦理和安全问题。AI技术可以用于开发更复杂的网络攻击工具，对网络安全构成威胁。一些国家正在研发可以自主选择和攻击目标的致命性自主武器系统，引发国际社会的担忧。联合国《特定常规武器公约》专家组正在讨论是否应该禁止"杀手机器人"的开发和使用。

6. 其他伦理问题

随着 AI 技术发展和应用的普及，一些人可能会对 AI 聊天机器人产生情感依赖，影响正常的人际交往。AI 创作的音乐、绘画等作品的版权归属问题尚不明确。发达国家和发展中国家在 AI 技术发展上的差距可能会进一步加剧全球数字鸿沟。

面对人工智能发展带来的挑战，我们需要加强伦理规范和法律监管，推动技术透明化与公平性，保护数据隐私，促进人机协作，并加强国际合作。只有在技术发展与伦理约束之间找到平衡，才能确保人工智能真正造福人类社会，避免其潜在风险。未来，我们应以负责任的态度推动人工智能的创新与应用，构建一个更加公平、安全、可持续的智能社会。

▶ 8.2.2 基因编辑的伦理界限

生物科技与基因工程的飞速发展，为人类带来了前所未有的机遇，同时也引发了诸多伦理争议。本报告将探讨生物科技与基因工程带来的主要伦理问题，包括基因编辑、克隆技术、基因歧视、生物安全和环境伦理等方面。

1. 基因编辑

基因编辑技术，特别是 CRISPR-Cas9①的出现，使得人类能够以前所未有的精确度修改基因。这为治疗遗传疾病、提高农作物产量等带来了希望，但也引发了关于"设计婴儿"和"基因增强"的伦理担忧。基因编辑是否会破坏人类基因库的多样性，带来不可预知的后果？基因编辑技术是否会加剧社会不平等，只有富人才能享受基因增强带来的优势？父母是否有权选择孩子的基因特征，例如智力、外貌等？例如：2018 年，中国科学家贺建奎宣布成功编辑了双胞胎女婴的基因，使其对艾滋病病毒具有天然免疫力。这一事件引发了全球范围内的伦理争议，批评者认为这是对人类基因库的不可逆改变，并可能导致社会不平等加剧。

2. 克隆技术

克隆技术，特别是生殖性克隆，引发了关于生命本质和个体独特性的深刻伦理思考。例如，克隆人是否拥有与自然人同等的尊严和权利？克隆人与被克隆者之间的关系如何界定？克隆技术是否成熟，克隆人是否存在健康风险？1996 年，克隆羊多莉的诞生引发了全球轰动，也引发了关于克隆人的伦理担忧。目前，国际社会普遍反对生殖性克隆，认为这是对人类尊严的侵犯。

3. 基因歧视

基因信息是个人隐私的重要组成部分，但也可能成为歧视的依据。例如，如何保护个人基因信息不被滥用？如何制定有效的法律法规，防止基因歧视的发生？个人是否有权知

---

① CRISPR-Cas9 是一种基因编辑技术，由埃马纽埃尔·卡彭蒂耶（Emmanuelle Charpentier）和詹妮弗·杜德纳（Jennifer Doudna）设计发明。2012 年，两人在《科学》杂志发表论文，首次指出 CRISPR-Cas9 系统在体外实验中能"定点"对 DNA 进行切割，显著提升了基因编辑的效率，为该领域的发展奠定了基础。两人也因"开发基因组编辑方法"方面做出的贡献，获 2020 年诺贝尔化学奖。

晓自己的基因信息，以及如何使用这些信息？一些保险公司和雇主可能会利用基因信息进行歧视，例如拒绝为携带某些基因突变的人提供保险或工作机会。

4. 生物安全

生物科技的滥用可能带来严重的生物安全风险，同样带来一系列的伦理。例如，如何加强对生物技术的监管，防止其被用于恶意目的？如何确保实验室安全，防止病原体泄漏？科学家在生物科技研发中应承担哪些伦理责任？2001 年，美国发生炭疽邮件袭击事件，造成 5 人死亡，17 人感染。这一事件凸显了生物恐怖主义的威胁。

5. 环境伦理

基因工程生物释放到环境中，可能对生态系统造成不可预知的影响。转基因作物的种植引发了关于生物多样性和生态安全的担忧。一些研究表明，转基因作物可能对非目标生物造成危害，并导致基因污染。如何对基因工程生物进行科学的风险评估和管理？如何平衡基因工程发展与生物多样性保护之间的关系？公众是否有权参与基因工程生物的环境释放决策？这一系列的问题都是生态平衡需要考量的伦理问题。

生物科技与基因工程的发展，既带来了巨大的机遇，也带来了严峻的伦理挑战。我们需要在科技进步与伦理规范之间寻求平衡，建立健全生物科技伦理审查机制，加强对生物科技研究的伦理监管，制定科学合理的伦理准则，推动国际社会就生物科技伦理问题达成共识，制定全球性的伦理规范，才能引导生物科技与基因工程朝着有利于人类福祉的方向发展。

▶ 8.2.3　科技伦理的哲学视角

随着科技的迅猛发展，人类社会正经历着前所未有的变革。科技不仅改变了我们的生活方式，对社会结构、文化形态、社会价值观、道德规范也带来深刻影响。科技伦理的重要性在于它帮助我们理解和应对科技发展带来的复杂伦理挑战，科技伦理的研究对于引导科技向善、促进社会和谐发展具有重要意义。

哲学为科技伦理提供了深层次的理论基础和思考工具，帮助我们探讨科技发展中的根本性伦理问题。伦理学理论，如功利主义、义务论和美德伦理学，为分析和解决科技伦理问题提供了不同的视角和方法。例如，功利主义强调最大化整体幸福，可以用于评估科技应用的总体效益；义务论关注行为的道德义务和原则，适用于探讨科技应用中的权利和正义问题。

哲学还帮助我们思考科技对人类本质和未来的影响。例如，人工智能和机器人技术的发展引发了关于人类意识、自由意志和道德责任的哲学讨论；基因编辑技术的进步则挑战了我们对生命本质和人类身份的理解。这些哲学思考不仅深化了我们对科技伦理问题的认识，也为制定科技政策和规范提供了理论依据。

▶▶ 8.3　科技伦理问题监管

当前，科技伦理面临诸多挑战，这些挑战不仅涉及技术本身的应用，还牵涉到社会价值观、法律规范和国际合作等多个层面。面对这些挑战，未来的研究方向应注重跨学科合作，整合社会学、哲学、法学等多学科的理论和方法，以全面应对科技伦理问题。同时，应加强国际合作与对话，制定全球性的科技伦理规范和标准，加强科技伦理监管，确保科技发展符合全人类的共同利益，科技进步真正造福全人类。

▶ 8.3.1 科技伦理监管重点领域

科技伦理监管就是要确保技术发展符合道德规范和社会价值，避免技术滥用带来的社会风险。科技伦理监管的重点领域覆盖了大数据、人工智能、脑机接口、生命科学、环境可持续性以及新兴技术的社会影响等多个方面。这些领域的监管旨在平衡技术创新与伦理风险，确保科技发展符合社会价值和人类福祉。

1. 人工智能技术

人工智能算法的训练和应用可能因数据偏差导致歧视性结果，影响社会公平。例如，算法在招聘、信贷等领域的应用可能加剧社会不平等。AI 技术依赖大量数据，可能导致个人隐私泄露和数据滥用。高度自主的 AI 系统可能引发伦理问题，如责任归属和透明度问题。

2. 大数据技术

大数据技术的广泛应用使得个人隐私保护成为焦点。算法的"黑箱"特性可能导致决策不透明，需加强算法审计和问责机制。

3. 脑机接口与神经技术

侵入式脑机接口技术可能改变人类的认知和行为，涉及伦理和安全风险。神经增强技术（如认知增强药物或脑机接口应用），可能引发社会公平和人类身份认同问题。

4. 基因编辑与生命科学

基因编辑技术（如 CRISPR-Cas9）在医学和农业中的应用潜力巨大，但也引发了伦理争议，特别是涉及人类生殖细胞的编辑，可能对后代产生不可逆的影响。合成生物学可能被用于制造新型病原体或生物武器，需加强伦理审查和风险控制。试管婴儿、胚胎干细胞等辅助生殖与克隆技术研究涉及生命起源和人类尊严问题，需严格监管。

5. 环境与可持续发展

科技活动可能对生态环境造成不可逆的破坏，带来生态风险与气候变化，需在技术开发中纳入生态伦理考量。绿色科技与碳中和技术在推动绿色技术创新的同时，应确保科技发展与环境保护相协调。

6. 新兴技术

深度伪造技术可能被用于制造虚假信息，影响社会信任和公共安全。技术发展可能加剧社会不平等，需确保技术普惠性。

▶ 8.3.2 中国科技伦理监管

中国作为科技创新的重要参与者，近年来在科技伦理监管方面出台了一系列政策，旨在构建符合国情的科技伦理治理体系，推动科技向善发展。2022 年，中共中央办公厅、国务院办公厅发布《关于加强科技伦理治理的意见》，明确提出科技伦理治理的五大原则：增进人类福祉、尊重生命权利、坚持公平公正、合理控制风险、保持公开透明。这一文件标志着中国科技伦理治理进入系统化、法治化的新阶段。

在此基础上，2023 年 10 月，科技部等十部委联合印发《科技伦理审查办法（试行）》，进一步细化了科技伦理审查的程序、标准和条件，为各地方和行业主管部门提供了制度依据。该办法明确了四类需进行伦理审查的科技活动，包括涉及人类参与者、实验动物以及可能对生命健康、生态环境等产生重大影响的活动。此外，北京市出台的《关于加强科技伦理治理的实施意见》也强调了对通用大模型等前沿技术的伦理审查。

在生命科学领域，中国明确将改变人类生殖细胞和侵入式脑机接口等研究活动列为高风险领域，要求严格进行伦理审查。例如，"基因编辑婴儿"事件后，相关部门加强了对生命科学领域的监管，确保技术应用符合伦理规范。

▶ 8.3.3 欧盟 AI 法案

欧盟在科技伦理监管方面处于全球领先地位，强调"以人为本"的技术发展理念。2016 年 4 月 14 日，欧洲议会投票通过了欧盟《一般数据保护条例》(*General Data Protection Regulation*，GDPR)，并于 2018 年 5 月 25 日正式生效。该条例旨在加强对欧盟境内居民和个体信息及隐私数据的保护，被认为是全球范围内最严格的数据保护法规之一。2019 年，欧盟通过《人工智能伦理准则》，这一准则旨在为人工智能的开发和应用提供伦理框架，强调以人为本、透明性、公平性和问责制等原则。

2021 年 4 月，欧盟委员会提出《人工智能法案》的提案，经过多轮修订和讨论。2023 年 12 月，欧洲议会、欧盟成员国和欧盟委员会三方达成最终协议，法案进入立法程序。2024 年 5 月，欧盟理事会正式批准该法案。2024 年 8 月 1 日，欧盟《人工智能法案》(*Artificial Intelligence Act*) 正式生效。该法案是全球首部全面监管人工智能的法规，旨在确保人工智能技术的开发和使用符合伦理规范，保护公众的基本权利，并推动可信赖的人工智能发展。

欧盟在人工智能伦理监管方面取得了显著成效，但仍面临技术创新与伦理监管的平衡问题。例如，严格的监管政策可能抑制技术创新，影响欧盟在全球数字经济中的竞争力。

▶ 8.3.4 美国 AI 监管

美国在科技伦理监管方面以立法为主导，强调技术创新与伦理监管的平衡。美国的科技伦理监管政策主要在人工智能和大数据领域。

在人工智能监管方面，2021 年 1 月 1 日，美国发布《国家人工智能倡议法案》，明确了人工智能伦理监管的三大目标：确保技术领先地位、培养劳动力、协调联邦机构活动。2023 年 1 月，美国国家标准与技术研究院（NIST）发布《人工智能风险管理框架》，为人工智能系统的风险管理提供了标准化指南，强调透明度、公平性和问责制。

美国采用"联邦政府+州政府+行业协会+企业"的多层次监管模式。联邦政府通过立法和标准引领监管，州政府则根据本地需求制定具体政策。例如，伊利诺伊州的《生物识别信息隐私法》和《人工智能视频采访法》分别针对数据隐私和算法透明度提出了严格要求。

在大数据伦理监管方面，2020 年，美国总务管理局（GSA）发布《数据伦理框架草案》，提出了数据伦理的七项基本原则，包括透明度、隐私保护和责任追究。2021 年，拜登政府发布《联邦数据战略 2021 行动计划》，进一步强调数据共享与隐私保护的平衡。2022 年通过《美国数据隐私和保护法》，旨在建立联邦层面的数据隐私保护框架，要求企业对算法决策过程进行伦理评估，防止算法歧视。

美国的科技伦理监管政策在人工智能、大数据和区块链等领域取得了显著进展，但仍面临政策协调和技术创新与伦理平衡的挑战。

中国、美国和欧盟在科技伦理监管方面各有特色，但也面临共同挑战。未来，各国应加强合作，推动科技伦理监管的全球化与标准化，为技术发展提供坚实的伦理基础。

▶▶ 8.4 科技发展与人类未来

进入 21 世纪，在物联网、大数据、云计算、人工智能为代表的新一代信息技术的加持下，人类社会毅然拉开了第四次科技革命和产业变革的大幕。物联网实现了万物互联，大数据为决策提供精准支持，云计算让计算资源触手可及，人工智能在各个领域展现出强大潜力。基因工程和生命科学领域不断取得突破，基因编辑技术、合成生物学等前沿科技为疾病治疗、农业生产和环境保护带来了革命性进展。太阳能、风能等可再生能源的利用正在减少对化石能源的依赖，石墨烯、纳米材料等新材料的研发则为传统产业升级提供了支持。新的科技革命必将深刻改变人类的生活方式和社会结构，重塑人类的未来。

▶ 8.4.1 科技发展对社会的影响

科技发展对社会的影响深远而广泛。科技进步在推动人类文明进步的同时，也是对社会治理、社会保障的极大考验。

1. 对工作就业的影响

在经济领域，数字化工厂、自动化和人工智能大幅提高了生产效率，降低了成本，但也带来了部分岗位的失业问题。互联网、人工智能、大数据等又催生了大量新的产业和就业岗位。AI 绘画、AI 视频，AI 写作等 AIGC 技术使大量的创造性工作（艺术、写作、音乐）被取代。无人驾驶广泛应用，传统出租司机、物流、快递等岗位受到严重挑战。

2. 对社会生活的影响

互联网和智能手机改变了人们的交流方式，社交媒体和即时通信工具使沟通更加便捷。电子商务、在线教育、远程办公等改变了日常生活模式。

3. 对文化娱乐的影响

数字技术降低了创作门槛，自媒体和短视频平台让更多人参与内容创作。虚拟现实、增强现实等技术提供了沉浸式娱乐体验。互联网加速了文化传播，促进了全球文化交流。

4. 对教育教学的影响

在线教育平台提供了更多学习机会，打破了地域限制。人工智能和大数据使教育更加个性化，提升了学习效果。科技推动了终身学习理念，帮助人们不断更新知识和技能。

5. 对社会治理的影响

信息技术提高了政府透明度和服务效率。社交媒体和在线平台增强了公民的政治参与度。大数据和人工智能助力社会管理，提升了公共安全。

6. 环境与可持续发展

可再生能源和环保技术等绿色科技有助于减少污染和资源消耗，科技在监测和应对气候变化中发挥了重要作用。

▶ 8.4.2　超级智能与人类未来

今天，在强大算力、大数据和算法的共同作用下，AI 技术已经在多个领域展现出超越人类的能力，例如：AlphaGo（阿尔法围棋）等 AI 系统在围棋、国际象棋等游戏中击败了世界顶尖选手。这些 AI 不仅能够快速计算最优策略，还能通过自我对弈不断优化算法，展现出超越人类的决策能力。在图像识别与分类中，AI 在图像识别任务中已经取得了显著突破，深度学习算法在图像分类、目标检测和图像分割等任务中，不仅能够以极高的准确率完成任务，还能在复杂场景中识别出人类难以察觉的细节。这种能力在医疗影像分析、自动驾驶等领域得到了广泛应用，并且表现出色。

这些例子表明，AI 技术已经在多个领域实现了对人类的超越。研究人员还在从不同的层面对 AI 展开更加深入的研究和探索，例如，具身智能、人类增强等超级智能。具身智能（embodied intelligence）是指智能体通过与物理环境的交互来获取知识和执行任务的能力。与传统的基于符号或纯计算的智能不同，具身智能强调智能体必须拥有物理形态（如机器人或生物体），并通过感知、行动和学习来适应环境。

人类增强（human enhancement）是要通过技术手段提升人类的身体、认知、情感或社交能力，使其超越自然状态下的能力范围，包括：① 身体增强，通过外骨骼、仿生肢体或植入式设备增强体力、耐力或运动能力，使用基因编辑技术优化身体机能或抗病能力。② 认知增强，通过脑机接口（BCI）或神经植入物提升记忆力、学习能力或信息处理速度。使用药物（如"聪明药"）或脑刺激技术改善专注力和创造力。③ 感官增强，通过技术手段扩展或增强人类的感官能力，例如植入式听力设备、增强现实（AR）眼镜等。开发新的感官能力，如感知磁场或红外线。④ 寿命与健康增强，通过抗衰老技术、基因疗法或再生医学延长人类寿命。使用纳米技术或智能医疗设备实时监测和优化健康状况。

人类增强可以显著提升个体和社会的整体能力，推动科学、经济和文化的发展，同时帮助人类应对疾病、衰老和环境挑战。但是，人类增强也会引发伦理、社会公平和身份认同等方面的争议。例如，增强技术可能加剧社会不平等，或挑战人类对"自然"与"人性"的传统定义。科技的发展一定会让人类增强成为可能，其未来发展将对人类社会产生深远影响。

人类正站在一个崭新的历史起点上，AI 正在为我们绘制一幅科幻般的人类未来。AI

不再是冰冷的工具，而是人类的延伸与伙伴。它弥补人类记忆的局限，扩展认知的边界，释放创造的潜能。人类则以其独特的想象力、情感与价值观，为 AI 的发展指明方向。在这场进化中，人类并未被取代，而是在与 AI 的深度协作中实现了自我超越。我们不再被重复性工作束缚，而是专注于创造、思考与探索。AI 与人类的能力边界逐渐模糊，最终融为一体，共同推动文明向更高维度跃迁。这不是人与机器的竞争，而是智慧生命的新纪元。在这个纪元中，人类与 AI 相互成就，共同谱写人类文明新的时代篇章。

▶▶ 本章小结

　　本章是对全书的一个总结。以科技发展对人类社会的影响为主线，特别对科技发展所带来的伦理挑战进行讲解。首先介绍了数据隐私和信息安全问题，以及信息安全技术。接下来介绍了人工智能和基因编辑两个最前沿科技领域中可能出现的科技伦理问题，接下来介绍了针对上述科技伦理问题，世界主要国家在科技伦理监管中所做的工作。最后，对科技发展对人类社会的影响，以及人类社会未来的发展图景进行了展望。

▶▶ 思考题

1. 如何理解第四次科技革命产生的历史背景？
2. 什么是网络信息安全？简述主要的网络信息安全威胁。
3. 什么是数据加密？画出数据加密的概念模型。
4. 在公开密钥密码体制中，说明秘密通信是如何实现的。
5. 什么是数字签名？解释数字签名的基本原理。
6. 什么是科技伦理？列举不少于 5 种 AI 伦理问题，并简要说明。
7. 科技伦理监管的重点领域有哪些？简要说明。
8. 根据你的自身体会，简述 AI 技术对人们工作就业的影响。
9. 什么是人类增强？简要说明。

参考文献

［1］ Association for Computing Machinery（ACM），IEEE Computer Society（IEEE-CS）编制．计算机课程体系规范2020（CC2020）［M］．ACM中国教育委员会，教育部大学计算机课程教学指导委员会，译．北京：高等教育出版社，2021.

［2］ 洛林·W. 安德森（Lorin W. Anderson），等．布鲁姆教育目标分类学（修订版）［M］．蒋小平，张琴美，罗晶晶，译．北京：外语教学与研究出版社，2009.

［3］ 约翰·范本特姆．逻辑、认识论和方法论［M］．北京：科学出版社，2013.

［4］ 王晖．科学研究方法论［M］．2版．上海：上海财经大学出版社，2009.

［5］ 王亚辉．数学方法论——问题解决的理论［M］．北京：北京大学出版社，2007.

［6］ 黄俊民．计算机史话［M］．北京：机械工业出版社，2009.

［7］ Jeannette M Wing. Computational Thinking. Communications of the ACM，2006，49（3）：33-35.

［8］ 李廉．计算思维——概念与挑战［J］．中国大学教学，2012（1）：7-12.

［9］ 朱大铭，马绍汉．算法设计与分析［M］．北京：高等教育出版社，2011.

［10］ 郝兴伟．基于知识本体的E-learning系统研究［D］．山东，2007.

［11］ 郝兴伟．Web技术导论［M］．3版．北京：清华大学出版社，2011.

［12］ 郝兴伟．计算机网络技术及应用［M］．3版．北京：高等教育出版社，2013.